近代物理学

（第二版）

王正行　编著

北京大学出版社

PEKING UNIVERSITY PRESS

图书在版编目(CIP)数据

近代物理学/王正行编著. —2 版. —北京:北京大学出版社,2010.5
ISBN 978-7-301-16632-1

Ⅰ. 近… Ⅱ. 王… Ⅲ. 物理学 Ⅳ. O41

中国版本图书馆 CIP 数据核字(2010)第 036791 号

书　　　　名:近代物理学(第二版)
著作责任者:王正行　编著
责 任 编 辑:瞿　定　顾卫宇
标 准 书 号:ISBN 978-7-301-16632-1/O · 0814
出 版 发 行:北京大学出版社
地　　　　址:北京市海淀区成府路 205 号　100871
网　　　　址:http://www.pup.cn
电　　　　话:邮购部 62752015　发行部 62750672　编辑部 62752021
　　　　　　出版部 62754962
电 子 邮 箱:zpup@pup.pku.edu.cn
印 刷 者:三河市博文印刷有限公司
经 销 者:新华书店
　　　　　　730 毫米×980 毫米　16 开本　30 印张　507 千字
　　　　　　1995 年第 1 版
　　　　　　2010 年 5 月第 2 版　2020 年 8 月第 4 次印刷
定　　　　价:59.00 元

内 容 简 介

　　本书的主题是讲述相对论和量子力学的基本概念和物理图像，以及支配物质运动和变化的基本相互作用，并在此基础上讨论物质结构的粒子、原子核、原子、分子、固体、量子液体直到天体和宇宙各个层次的性质、特点和规律，其中讨论了阿哈罗诺夫 - 玻姆效应、光子和中子在引力场中的效应、超流、超导与超导量子干涉器件、核物质与致密星体结构等基本物理研究的前沿和热点问题，特别是蔡林格等人著名的中子衍射实验，而对许多传统问题也都采取了新颖的讲法. 第二版又增加了黑体辐射与声子比热的逆问题、转动参考系与萨纳克效应等内容.

　　本书的习题绝大多数都是从物理学家的研究工作中提取的实际问题，需要算出可与实验比较的具体数值. 做这种题目，可以获得做研究工作的感觉和体验. 在与本书配套的辅助教材《在解题中学习近代物理》中，给出了这些习题的详细解答，和相关的一些经验、故事、分析和评论，反映了近代物理发展中人性化的一面.

　　本书起点不高，讨论深入，叙述简洁，信息量大，读者对象是大学低年级学生，以及对近代物理学基本问题如相对论和量子力学有兴趣的一般读者，可以作为理工科大学和师范院校有关专业近代物理、量子物理、原子物理等基础课的教材或教学参考书，也可供需要了解和学习近代物理相关问题的科学研究和工程技术人员阅读和参考.

第二版自序

本书第一版是铅排的，只留下底片作重印用．2004 年第 7 次印刷时，做了一些修订，可以说是修订版．这次用电脑改排，作进一步的修改，算是第二版．

除了订正一些新发现的错误和更新物理常数外，本版增加了少量有助于理解的阐述和评论，和个别的具体论题．这主要涉及狭义和广义相对论，也涉及反映过去十多年来有关进展和当前关注热点的一些内容．

随着航天技术的进步，人类从远古地域文明到当今全球文明的过渡虽然还没有全面完成，而发展的前锋则已迈入属于星际文明之起点的深空探测了．斯蒂芬·霍金预言人类将在这个世纪向其他星球移民，二十一世纪显然是星际文明的世纪．星际文明的技术基础是宇宙飞船的动力能源和时空坐标的定位导航．飞船动力的能源有赖于可控核能的开发，其理论基础涉及量子力学，而飞船定位导航的理论基础就是相对论．本书第一版问世以来，我接到过许多关于相对论的读者来信，其中有的就是来自航天领域的朋友，给我留下了深刻的印象．这表明相对论已经不是纯粹的物理理论，不再只是属于少数物理学家的圈子，它开始成为技术专家们关心的问题，受到更广泛的社会关注．

特别是，与董太乾教授的多次讨论，使我对这方面的情况和问题有了具体的了解．他是量子电子学的专家，他们做的原子钟安装在我国上天的人造卫星上，所以他和他在航天领域的合作者们都十分关心对钟的问题：如何把天上的钟与地上的钟对准？这既涉及狭义相对论，也涉及广义相对论．时钟是人造卫星或飞船等航天器的心脏，是运用卫星网络来进行精确定位与导航的核心部件．卫星或飞船可以飞得很高，很远．时间的微小误差，会在远处投射出巨大的距离误差．对他们来说，这不是单纯的理论问题，而是重要的实际问题．他拿给我看一篇论文，作者是美国原子频标的资深专家和工程师，文章发表在权威的 IEEE (国际电气和电子工程师学会会刊)，其中专门有一小节关于相对论效应对原子钟灵敏度的影响，标题是"相对论"，既给出了狭义相对论时间膨胀引起的频率改变，也给出了广义相对论引力红移引起的频率改变．论文发表于 1992 年．这意味着，经过一个世纪的发展，相对论已经和正在逐步转化成为航天技术理论基础不可或缺的一个部分．

地球在自转，所以对钟会涉及转动坐标系的问题，也就是萨纳克 (Sagnac)

效应. 狭义相对论的书只讲惯性系, 不讲这个效应. 广义相对论的书重点在引力场, 也很少提到这个问题. 工科的书上倒是有, 可是是为了讲激光陀螺, 视角不同. 考虑到本书的风格与定位, 这里也只能用比较直观的方法从物理上来讲, 对深入的理论和分析有兴趣的读者, 可以进一步参阅有关的论著, 例如坦盖里尼 (F.R. Tangherlini) 的《广义相对论导论》第二章 "转动坐标系", 或朗道与里弗希兹的《经典场论》第 89 节 "转动" (早期的版本是 10.11 节).

航天和深空探测必然会提出和联系到天体与宇宙的问题. 看看国外的近代物理课本, 天体和宇宙这一章都是压轴的重头戏. 梯普勒和莱沃林 (P.A.Tipler and R.A. Llewellyn) 的 *Modern Physics*, 这一章更是放在网上而不是印在书上, 以便随时补充和更新. 因为这是星际文明的 "地理", 是为将来生活在星际文明时代的人预先充电和积累常识.

写本书第一版时, 我正在教普通物理, 在力、热、电、光、近这五部分中, 近代物理补充的东西较多, 我想为学生写一本教材和参考书. 作为基础课教材, 主要是讲述成熟和公认的东西, 比较专门和鲜为人知的内容很少, 与研究性的专著不同, 一般都不引文献注出处, 所以我只在书末开列了主要参考书目. 出版后我才发现, 不乏把本书当作研究工作的参考来阅读和引用的读者. 一次王文清教授对我说: "我正在看你的近代物理!" 我听了一愣. 她是化学教授, 何以会对近代物理感兴趣? 原来, 她当时正在与 ICTP (国际理论物理中心) 的萨拉姆 (A. Salam) 教授合作研究遗传基因方面的问题, 在低温做实验, 需要恶补超导的知识. 这类例子还可举出一些, 还有读者的来信. 所以在这一版中, 我在一些比较专门或读者有可能想深入了解的地方给出文献, 为这类读者提供进一步查阅的方便. 与此同时, 也对引用的一些比较专门的图表注明了出处. 没有加注的比较普通的图表, 多数都可在书末所列的主要参考书中查到.

本版采用的基本物理常数, 取自美国劳伦斯伯克利国家实验室 (Lawrence Berkeley National Laboratory) 粒子数据组 2006 年发布的数据, 见 W.-M. Yao *et al.* (Particle Data Group), *Journal of Physics*, **G33** (2006) 1, 更新的结果可以在网站 http://pdg.lbl.gov/ 上获得.

本书第二版的准备和出版, 得到北京大学物理学院特别是院长叶沿林教授和副院长刘玉鑫教授的鼎力支持, 以及北京大学出版社特别是责任编辑的大力帮助, 我在此表示衷心的感谢. 错误与不妥之处, 请各位读者指正.

作者

2009 年秋于北京大学物理学院

第一版自序 (节录)

我们为《近代物理学》这门课程设定的主题，是用普通物理的风格来讲述相对论和量子力学的基本概念和物理图像，以及支配物质运动和变化的基本相互作用，并在此基础上讨论物质结构从粒子、原子核、原子、分子、固体、气体和凝聚态直到天体和宇宙各个层次的性质、特点和规律，而把原子结构作为重点. 在讲述时，我们避免把每一部分讲成近代物理中自成体系的独立分支，而是力图让学生对近代物理学基础从整体上有一基本、具体和定量的了解.

本书普通物理的风格，我们主要是指现象描述与理论分析并重，从物理现象和实验的分析来形成物理图像和概念，提出物理定律和公式，建立物理模型和理论，并在进一步的实验中求得支持和发展. 典型的做法，就是从简单具体的实例中得出结论，然后指出这个结论的适用范围. 此外，定量分析只用简单的数学，即代数运算和微积分，至多是简单的常微分方程.

对于狭义相对论，已有许多成功的做法可供参考. 困难在于如何找到一种方法，像电磁学中讲高斯定律那样，用普通物理的风格和程度来定量地讲授量子力学和广义相对论的基本内容. 我们采用的一种做法，就像在波动光学中引入惠更斯 - 菲涅耳原理和菲涅耳 - 基尔霍夫积分那样，是适当地引入一些第二性的原理和公式，从而避开从第一原理出发会遇到的数学困难，例如避开薛定谔方程的微扰论求解，通过适当的物理考虑给出散射波的玻恩近似公式和跃迁概率的费米公式，直接从它们出发来推导卢瑟福散射公式和讨论各种粒子物理过程；又如绕过爱因斯坦引力场方程的求解，直接从施瓦西度规和能量角动量守恒出发来讨论广义相对论的可观测效应，等等.

我们不是像通常那样沿历史的线索，而是按逻辑的线索来安排内容. 比如先讲光电效应和康普顿效应等光量子的动力学性质，再讲其统计性质普朗克黑体辐射定律；先讲电子的波动性，再讲氢原子结构的玻尔理论，等等. 一个合乎逻辑的知识结构可以使学生长期受益，有利于他们将来进一步扩充知识范围，处理新吸收的信息. 不过我们无意追求理论的系统与完整，因为这是普通物理. 普通物理最重要的是使学生掌握一些典型和具体的实例.

本书并没有专门安排一章统计物理，但是讲了光子气体、声子气体、自由电子气体和玻色 - 爱因斯坦凝聚. 只要学生掌握了这几个具体例子，他不难自己归纳出量子统计的基本特征和规律.

本书这种论述方式是与传统学习方式迥然不同的另一种学习方式: 让学生在学习一些具体知识时, 不知不觉地学到了重要的物理原理和规律. 我想这在一定意义上就是杨振宁先生多次强调的渗透式的学习. 实际现象和事实是物理学的基础和出发点. 学物理最重要的是各种具体物理现象, 它们是物理概念和理论的源泉. 新的物理现象, 一定孕育着新的物理. 我希望把学生的兴趣和注意力从公式演算和解题技巧引导到了解和熟悉具体物理现象上来. 本书的行文, 常常是直接把学生领进物理现象和推理的情景之中, 让他自己去感觉、去体验、去发现、去思索, 从而获得对它们具体和实在的了解.

在内容选择上, 除了近代物理中成熟、定型、已有定论的基本内容外, 还适当涉及一些正在研究、尚未定型、可以争辩的 open problem, 比如中微子有没有质量? 质子会不会衰变? 我们的宇宙是封闭的还是开放的? 核物质的压缩和相变, 等等. 涉及这些问题, 是为了让学生接触近代物理正在发展的活跃前沿, 只要求学生知道和了解, 不必也不可能要求学生深入理解. 其次, 本书选入了一些传统课程的较深题材, 例如穆斯堡尔效应, 超流与超导, 几个广义相对论效应的定量分析, 基本相互作用和电弱相互作用的统一, 等等. 选入这些内容, 是为了使学生扩大视野和提高视角, 以加深对近代物理学基础的理解; 在讲法上尽量深入浅出, 着重讲清物理图像和概念, 只要求学生能够理解而不一定完全掌握. 最后, 对于占全书 70% 以上的近代物理学基本内容, 则讲清讲透, 要求学生完全掌握并能运用. 把课程的内容和对学生的要求区分成上述三个层次, 是我们对这门课程改革的主要指导思想之一.

最难处理的是第二类内容. 例如如何用简单初浅的办法来估计一个粒子物理过程发生概率的数量级, 1950 年 E. 费米在耶鲁大学西里曼讲座中就做过尝试, 而直到最近国外出版的粒子物理教材中这种尝试还在继续. 可以说, 如何把传统课程的较深题材深入浅出地在普通物理的水准下讲出来, 这本身就是一个需要研究和探索的课题, 还没有成熟、定型、被普遍接受的讲法. 在这个意义上, 5.6 节中子单缝和双缝衍射实验, 5.7 节 N-A 形状弹性散射, 6.2 节卢瑟福散射公式, 7.9 节规范不变性原理, 7.10 节阿哈罗诺夫 - 玻姆效应, 12.7 节声子, 13 章超流与超导, 14.2 节原子核的几何性质, 14.8 节核物质, 15.6 节相互作用, 15.7 节电弱统一和中间玻色子, 16 章广义相对论的基本概念, 17 章天体和宇宙, 以及其他一些章节的有些内容的处理, 都只能当作 Seminar 式的可以争辩的尝试.

作者 1994 年秋于北京中关村

目 录

在本世纪初，发生了三次概念上的革命，它们深刻地改变了人们对物理世界的了解，这就是狭义相对论 (1905 年)、广义相对论 (1916 年) 和量子力学 (1925 年).

—— 杨振宁
《爱因斯坦对理论物理学的影响》，1979

1　引　言

1.1　从经典物理到近代物理

20 世纪初，物理学基本观念经历了三次影响深远的革命. 作为这三次革命的标志和成果，就是狭义相对论、广义相对论和量子力学的建立.

a. 狭义相对论

狭义相对论修改了关于时间和空间的观念. 在相对论建立之前，物理学关于时间和空间的观念，是牛顿 (Isaac Newton) 的 绝对时空观念. 牛顿绝对时空观念，认为时间与空间互相独立，各都具有绝对的含意，与物质和运动的情形无关. 而在速度接近光速的高速领域，物理研究的经验表明，时间与空间互相联系，并不互相独立. 它们作为统一的 四维时空 的不同侧面，与惯性参考系的选择有关，只有统一的四维时空，才具有与惯性参考系选择无关的绝对意义. 这就是爱因斯坦 (Albert Einstein) 狭义相对论的时空观念. 爱因斯坦于 1905 年提出他的 相对性原理 和 光速不变性原理，在此基础上建立了狭义相对论. 按照狭义相对论，只有当所涉及的速率 v 比光速 c 小得多时，即

$$\frac{v}{c} \ll 1, \tag{1.1}$$

牛顿绝对时空观念才近似适用，而当所涉及的速度可与光速相比时，应代之以相对论的时空观念.

b. 广义相对论

爱因斯坦 1916 年进一步建立了广义相对论. 广义相对论的基础，是根据惯性质量与引力质量相等提出的 等效原理. 等效原理认为局部范围的引力场等效于加速的非惯性参考系. 把等效原理与狭义相对论相结合，就会发现时钟与标尺会受到引力场的影响，从而时空性质不仅依赖于参考系的选择，还依赖于物质及其运动的情形，而不具有任何绝对的含意. 这就是爱因斯坦 广义相对论的时空观念. 只有当引力场较弱时，亦即

$$\frac{G_{\mathrm{N}} M}{c^2 r} \ll 1, \tag{1.2}$$

才能近似忽略物质对时空性质的影响. 其中 G_{N} 是万有引力常数, M 是产生引力场的质量, r 是场点到引力中心的距离.

c. 量子力学

量子力学是物理学研究的经验扩充到微观领域的结果. 它修改了物理学中关于物理世界的描述以及物理规律的陈述的基本观念, 影响更深远.

19 世纪末, 相继发现天然放射性、X 射线和阴极射线, 物理学研究深入到原子结构的微观物理世界. 探索微观世界所积累的物理经验逐渐表明, 微观现象的基本特征是 波粒二象性. 对于波粒二象性所包含的物理, 玻恩 (Max Born) 于 1926 年提出了波函数的 统计诠释, 认为描述微观现象波动性的波函数只是用来计算测量结果出现概率的数学工具, 不具有实在的物理含意. 这就在两个方面改变了物理学的基本观念: 一是关于物理世界的描述方式, 即物理图像问题; 另一是关于物理规律的表达形式, 即因果关系问题.

对宏观物理现象, 例如海鸥在天空的飞翔, 可以用时空中的轨迹来描述, 有一幅直观而且实在的物理图像. 微观物理现象不同, 虽然可以形象地描述两束电子波的干涉, 或者氢原子中的电子云分布, 但这是概率幅的波而不是物理实在的干涉或分布. 在照相底片的乳胶或云室中探测到的电子是实在的, 但却不能在时空中追踪它的运动. 量子力学不再能在时空中描绘一幅既直观形象而又具有物理实在性的图像.

在宏观物理中, 原因与结果之间一定可以找到明确肯定的联系. 天王星轨道意外的摄动一定对应某种原因. 这种观念直接导致了海王星的发现, 而这种关于原因与结果之间有决定性联系的因果观念则被称为 拉普拉斯 (Laplace) 决定论的因果关系. 微观物理则不同. 在电子束的双缝衍射中, 不可能预言电子将肯定落到屏幕上哪一点. 它落到屏幕上任何一点都是可能的, 只能预言它落到屏幕上每一点的概率有多大. 在钴 60 的 β 衰变中, 不可能预言钴核将肯定在什么时刻放出电子. 它在任何时刻都可能衰变, 只能预言它在某一时刻衰变的概率有多大. 量子力学表达的物理规律是统计性的, 在原因与结果之间不再能给出明确肯定的联系, 对一定的物理条件, 它只能预言可以测到哪些结果, 以及测到每一种可能结果的概率是多少.

一个物理过程的作用量 S 可以写成

$$S = \int_{t_1}^{t_2} L(q, \dot{q}, t) \mathrm{d}t, \tag{1.3}$$

其中 $L(q, \dot{q}, t)$ 称为体系的拉格朗日 (Lagrange) 函数, 定义为体系动能与势能之差, 作为广义坐标 q 与广义速度 $\dot{q}$ 的函数. 在数量级上, S 大致比例于能量与时间的乘积, 或动量与位移的乘积. 量子力学表明, 只有当作用量 S 比约化普朗克 (Planck) 常数 $\hbar$ 大得多时, 亦即

$$S \gg \hbar, \tag{1.4}$$

才能近似忽略量子效应, 而使用轨道的描述和拉普拉斯决定论的因果关系. 当所涉及的物理过程其作用量可与约化普朗克常数相比时, 微观现象的波粒二象性就很明显, 而要代之以波函数的描述和统计性的因果关系. 这就是量子力学关于微观世界的物理图像和微观规律的因果关系方面给物理学基本观念所带来的巨大改变.

d. 近代物理学

以相对论和量子力学的基本观念作为标准, 可以把物理学划分为 *经典物理学* 和 *近代物理学*. 以牛顿绝对时空观念和拉普拉斯决定论因果关系为基础, 能够在时空中给出直观而且实在的描述的物理学, 属于经典物理学; 以爱因斯坦相对论时空观念或统计性因果关系为基础的物理学, 则属于近代物理学. 近代物理学按其基本观念又可分成三部分. 采用相对论时空观念, 但保留时空中的直观描述和决定论因果关系的, 称为 *相对论物理学*. 采用统计性因果关系和波函数的描述, 但保留绝对时空观念的, 称为 *非相对论性量子物理学*. 既采用相对论时空观念又采用统计性因果关系和波函数的描述的, 称为 *相对论性量子物理学*.

经典物理学是在宏观和低速领域物理经验的基础上建立起来的物理概念和理论体系, 其基础是牛顿力学和麦克斯韦 (Maxwell) 电磁学. 近代物理学则是在微观和高速领域物理经验的基础上建立起来的概念和理论体系, 其基础是相对论和量子力学. 表 1.1 给出了这种按领域的划分, 注意我们用符号 $\sim$ 表示数量级相近的意思, 见 17.2 节末 (404 页) 的进一步说明.

表 1.1 经典物理学和近代物理学

	低速 $(v \ll c)$	高速 $(v \lesssim c)$
宏观 $(S \gg \hbar)$	经典物理学	相对论物理学
微观 $(S \sim \hbar)$	非相对论性量子物理学	相对论性量子物理学

必须指出, 在相对论和量子力学建立以后的当代物理学研究中, 虽然大量的是近代物理学问题, 但也有不少属于经典物理学问题. 在这本近代物理学中, 我们不讨论这种当代物理前沿中的经典物理问题. 此外, 当代物理研究前沿中, 还有一些并不属于传统经典物理的问题. 例如关于相变、非平衡态热力学、化学反

应过程以及各种物理现象中的孤立波的研究, 正在形成一个被称之为混沌的广大领域, 或者根据其数学特征而被称之为非线性科学的领域. 又如把物理的研究方法和思维方式延伸运用于社会乃至人文现象, 衍生发展出来的经济物理、金融物理、交通物理和社会物理 (sociophysics) 等领域. 它们也都不是这本近代物理学所要讨论的范围.

观念的转变 从经典物理到近代物理, 在观念上发生了深刻的转变. 经典物理现象覆盖了我们的日常生活, 我们的生活经验和从中形成的观念、图像与直觉往往可以直接借用到经典物理中来. 而近代物理涉及的微观与高速现象, 对我们是完全陌生的. 进入近代物理, 是进入一个陌生的国度. 我们不能先验地把日常生活的经验和观念一成不变地拿到近代物理中来, 这是产生障碍、困扰和不解的主要根源. 我们要注意从各种近代物理的实验现象中积累经验, 从中形成与之相适应的观念和图像, 久而久之, 形成新的物理直觉, 在观念上完成从经典物理到近代物理的转变.

1.2 近代物理学的基本问题

近代物理学的主体, 是讨论作为近代物理学基础的相对论和量子力学的基本概念和规律, 并在此基础上分别讨论从微观到宏观直到宇观的物质结构各个层次的性质和规律. 这包括粒子, 原子核, 原子, 分子, 固体、液体凝聚态和气体, 天体和宇宙等领域, 而其中作为近代物理学诞生地和最早研究的领域, 是原子物理学.

a. 电磁相互作用为主的层次

原子是一个原子核与若干电子构成的体系. 把电子束缚在原子核周围的相互作用, 主要是原子核的正电荷与电子的负电荷之间的库仑相互作用. 分子是一些原子核与若干电子构成的束缚体系, 支配分子结构的主要相互作用也是粒子间的库仑相互作用. 固体和液体作为大量原子核与电子束缚形成的规则或不规则空间排列体系, 主要也是受粒子间库仑相互作用的支配. 气体分子间的碰撞和微弱的相互吸引, 同样也主要是粒子间库仑相互作用的表现. 粒子一般还有磁矩, 它们之间还存在磁相互作用, 它比粒子间的库仑相互作用要小几个数量级. 一般地说, 粒子间的电磁相互作用, 是从微观原子结构到宏观凝聚态这样广大范围的物质结构中占支配地位的相互作用.

在物质结构的这些层次, 粒子的电荷都是基本电荷 e 的整数倍. 我们把粒子电荷的这一特征, 称为电荷的 量子化. 荷电粒子间的库仑相互作用比例于基本

电荷的平方. 在实际物理问题中, 表征电磁相互作用强度的是无量纲组合常数

$$\alpha = \frac{e^2}{4\pi\varepsilon_0\hbar c} = \frac{1}{137.0}. \tag{1.5}$$

这里我们采用国际单位制, ε_0 是真空介电常数. α 被称为 *精细结构常数*, 它最早出现于与原子光谱精细结构有关的公式中.

b. 万有引力相互作用为主的层次

从天体到宇宙范围的物理世界可称为 *宇观世界*. 在宇观世界的物质结构层次, 起支配作用的是粒子之间的万有引力相互作用. 构成体系的粒子数目达到宇观数量级, 正负电荷和不同磁矩方向的混杂, 把电磁相互作用屏蔽和局限在宏观的小范围. 而粒子数目的增加, 使万有引力的作用突出出来.

在引力场较弱的情形, 牛顿万有引力定律近似适用. 在引力场较强的情形, 就要代之以爱因斯坦的广义相对论. 无论是弱引力场还是强引力场, 与电磁相互作用相比, 万有引力都是十分弱的一种相互作用. 万有引力相互作用的强度比例于相互作用粒子的质量. 在宇观层次的实际天体物理问题中, 可以用无量纲组合常数

$$\frac{G_{\mathrm{N}}m_{\mathrm{p}}^2}{\hbar c} = 5.91 \times 10^{-39} \tag{1.6}$$

来表征万有引力相互作用强度. 其中 m_{p} 是质子质量, G_{N} 是万有引力常数.

c. 强相互作用为主的层次

原子核作为一个微观粒子的体系, 主要的成员是质子 p 和中子 n. 质子与中子合称 *核子*, 记为 N. 质子之间有静电排斥, 而仍能束缚在原子核内, 这是由于核子之间存在一种比电磁相互作用强得多的 *强相互作用*. 核子间的强相互作用又称 *核力*. 核力当核子间距较小时为斥力, 距离较大时为吸力, 并且随距离的增大而很快衰减.

把核子束缚在原子核内的结合能相当高, 原子核内的核子动能相当大, 它们处于周围核子强作用的环境之中. 所以, 原子核内的核子与自由核子不同, 有一定概率处于核子内部激发的状态, 称为 *核子共振态*, 记为 N* 和 Δ. 原子核内核子动能足够大时, 也可能通过核子间的碰撞产生 π 介子或 K 介子, 甚至质量更高的其它强作用粒子. 所以, 原子核是一个相当复杂的多粒子体系, 其中大部分是核子, 也有可能包含别的粒子.

d. 粒子物理层次

研究各种粒子的性质、变化和相互作用规律, 是 *粒子物理* 层次的问题. 表1.2 给出了不通过强相互作用衰变的粒子的一些基本性质, 我们将在第 15 章来

表 1.2　不通过强相互作用衰变的粒子的一些基本性质

分类	名称	粒子	反粒子	质量/(MeV/c²)	平均寿命/s	自旋/ℏ	L_e	L_μ	L_τ	B	S	Y	I	I_s
									（反粒子的符号相反）					
	光子	γ	γ	$<6\times10^{-23}$	稳定	1								
轻子	e中微子	ν_e	$\bar\nu_e$	$<2\times10^{-6}$	$>7\times10^9\,m_\nu c^2/\mathrm{eV}$	1/2	1	0	0	0				
	μ中微子	ν_μ	$\bar\nu_\mu$	$<2\times10^{-6}$	$>7\times10^9\,m_\nu c^2/\mathrm{eV}$	1/2	0	1	0	0				
	τ中微子	ν_τ	$\bar\nu_\tau$	$<2\times10^{-6}$	$>7\times10^9\,m_\nu c^2/\mathrm{eV}$	1/2	0	0	1	0				
	电子	e^-	e^+	0.51099892	$>1.5\times10^{34}$	1/2	1	0	0	0				
	μ子	μ^-	μ^+	105.658369	2.19703×10^{-6}	1/2	0	1	0	0				
	τ子	τ^-	τ^+	1776.99	290.6×10^{-15}	1/2	0	0	1	0				
介子	π介子	π^+	π^-	139.57018	2.6033×10^{-8}	0	0	0	0	0	0	0	1	1
		π^0	π^0	134.9766	0.84×10^{-16}	0	0	0	0	0	0	0	1	0
		π^-	π^+	139.57018	2.6033×10^{-8}	0	0	0	0	0	0	0	1	-1
	K介子	K^+	K^-	493.667	1.2385×10^{-8}	0	0	0	0	1	1	1	1/2	1/2
		K^0	$\bar K^0$	497.648	$\left\{\begin{array}{l}5.114\times10^{-8}\\0.8953\times10^{-10}\end{array}\right.$	0	0	0	0	1	1	1	1/2	$-1/2$
	η介子	η^0	η^0	547.51	$\hbar/(1.30\,\mathrm{keV\cdot s})$	0	0	0	0	0	0	0	0	0
重子	核子	p	$\bar p$	938.27203	$>6.6\times10^{36}$	1/2	0	0	0	1	0	1	1/2	1/2
		n	$\bar n$	939.56536	885.7	1/2	0	0	0	1	0	1	1/2	$-1/2$
	Λ超子	Λ^0	$\bar\Lambda^0$	1115.683	2.631×10^{-10}	1/2	0	0	0	1	-1	0	0	0
	Σ超子	Σ^+	$\bar\Sigma^-$	1189.37	0.8018×10^{-10}	1/2	0	0	0	1	-1	0	1	1
		Σ^0	$\bar\Sigma^0$	1192.642	7.4×10^{-20}	1/2	0	0	0	1	-1	0	1	0
		Σ^-	$\bar\Sigma^+$	1197.449	1.479×10^{-10}	1/2	0	0	0	1	-1	0	1	-1
	Ξ超子	Ξ^0	$\bar\Xi^0$	1314.83	2.90×10^{-10}	1/2	0	0	0	1	-2	-1	1/2	1/2
		Ξ^-	$\bar\Xi^-$	1321.31	1.639×10^{-10}	1/2	0	0	0	1	-2	-1	1/2	$-1/2$
	Ω超子	Ω^-	$\bar\Omega^+$	1672.45	0.821×10^{-10}	1/2	0	0	0	1	-3	-2	0	0

作具体的讨论.

粒子物理的一个基本问题是：粒子间有哪些基本相互作用，它们有什么性质和规律，以及它们如何支配粒子间的作用和变化. 现在已经了解，粒子间的基本相互作用有四种. 除了电磁相互作用、万有引力相互作用和强相互作用，还有一种弱相互作用，它的作用距离很短，它的强度通常是在电磁相互作用与万有引力相互作用之间.

粒子物理的另一基本问题是：粒子是否有结构，如果有的话，它们的组成单元是什么，它们如何由这些结构单元构成. 现在的了解和看法是，具有强相互作用的粒子，如核子、核子共振态、各种介子和超子，都有结构，由称为 夸克 的结构单元以及在夸克间传递强相互作用的 胶子 构成，统称为 强子. 而光子和轻子没有结构，它们本身就是最基本的结构单元.

从这种观点看，核子之间的强相互作用，是构成核子的夸克之间强相互作用的结果. 在这个意义上，核子以及其它各种由夸克构成的强子，也属于强相互作用为主的层次.

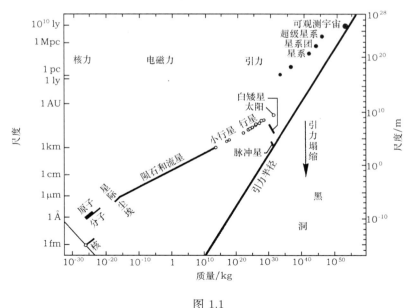

图 1.1

概括地说，支配各种粒子运动的基本规律是相对论和量子力学，而存在于各种粒子间的基本相互作用有强相互作用、电磁相互作用、弱相互作用和万有引力相互作用四种. 在不同情况下，占支配地位的相互作用不同，这就形成了微观、宏观和宇观的各个物质结构层次. 所以, 近代物理学就是研究粒子运动的基本规律和粒子间的基本相互作用, 以及在这些基本规律和相互作用支配下物质结构各个层次的性质、特点和规律的物理学. 宇宙中物质结构各个层次的质量和尺度见图 1.1[1], 我们将在后面依次来具体讨论这张图的物理内容.

1.3 单位和常数

a. 单位

本书采用国际单位制 SI. 在单位的选择上, 在物质结构的不同层次, 有各自习惯和方便的选择. 在宏观凝聚态层次, 长度用 米 (m), 能量用 焦耳 (J), 国际单位制的基本单位 米、千克、秒 等就是针对我们日常生活世界这一宏观物质结构层次而选定的.

在粒子物理和原子核层次, 长度单位用 飞米 (fm), 能量单位用 兆电子伏 (MeV) 和 吉电子伏 (GeV),

$$1\text{fm} = 10^{-15}\text{m}, \qquad 1\text{MeV} = 10^6\text{eV}, \qquad 1\text{GeV} = 10^9\text{eV},$$

$$1\text{eV} = 1.602\,176\,487\,(40) \times 10^{-19}\text{J}, \tag{1.7}$$

括号中的数值是最后两位的标准偏差. fm 是核子大小的数量级, MeV 是原子核内核子结合能的数量级, 而 GeV 是核子静质能的数量级. 核物理学家和粒子物理学家习惯上把 fm 称为 费米, 以纪念著名核物理和粒子物理学家费米 (E. Fermi).

在原子和分子层次, 长度单位用 埃 (Å) 或 纳米 (nm), 能量单位用 电子伏 (eV) 和 千电子伏 (keV),

$$1\text{Å} = 10^{-10}\text{m}, \qquad 1\text{nm} = 10^{-9}\text{m}, \qquad 1\text{keV} = 10^3\text{eV}.$$

Å 是原子大小的数量级, 是国际单位制中允许暂时并用的单位. eV 是原子中外层电子结合能的数量级, keV 是重元素内层电子结合能的数量级.

在天体层次, 习惯上用太阳半径 $R_\odot$ 作为长度比较的一个相对标准, 用太阳质量 $M_\odot$ 作为质量比较的一个相对标准,

$$1R_\odot = 6.961 \times 10^8\text{m}, \tag{1.8}$$

$$1M_\odot = 1.988\,44(30) \times 10^{30}\text{kg}. \tag{1.9}$$

在星系的层次, 国际单位制允许并用的两个方便的长度单位是 天文单位 (AU) 和 秒差距 (pc). 天文单位是一个质量无限小的物体围绕太阳运行的无摄动圆周轨道半径的长度, 其恒星角速度为 0.017 202 098 950 弧度／日. 这实际就是

---

[1] J. Kleczek, *The Universe*, D. Reidel Publishing Company, Dordrecht, Holland, 1976, p.128.

地球轨道半长径,

$$1\mathrm{AU} = 1.495\,978\,706\,60(20) \times 10^{11}\mathrm{m}. \tag{1.10}$$

秒差距是 1 天文单位所张的角度为 1 角秒的距离,

$$1\mathrm{pc} = 3.085\,677\,580\,7(4) \times 10^{16}\mathrm{m} = 206\,265\mathrm{AU}. \tag{1.11}$$

此外, 也常用 光年 (ly) 作为长度比较的相对标准,

$$1\mathrm{ly} = 9.461 \times 10^{15}\mathrm{m} = 63\,240\mathrm{AU}. \tag{1.12}$$

b. 常数

近代物理学中最基本的两个物理常数, 是与相对论相联系的 光速 c, 和与量子力学相联系的 约化普朗克常数 $\hbar$. 约化普朗克常数 $\hbar$ 定义为普朗克常数 (h) 除以 2π.

$$c = 2.997\,924\,58 \times 10^{8}\mathrm{m/s}, \tag{1.13}$$

$$\hbar = \frac{h}{2\pi} = 1.054\,571\,628(53) \times 10^{-34}\mathrm{J \cdot s}. \tag{1.14}$$

在原子分子层次, 占支配地位的相互作用是电磁相互作用, 表征电磁相互作用强度的 基本电荷 e 是一基本物理常数,

$$e = 1.602\,176\,487(40) \times 10^{-19}\mathrm{C}. \tag{1.15}$$

此外, 还有联系微观物理量与宏观物理量的两个基本常数, 即 玻尔兹曼 (Boltzmann) 常数 k_{B} 和 阿伏伽德罗 (Avogadro) 常数 N_{A},

$$k_{\mathrm{B}} = 1.380\,6504(24) \times 10^{23}\mathrm{J/K}, \tag{1.16}$$

$$N_{\mathrm{A}} = 6.022\,141\,79(30) \times 10^{23}/\mathrm{mol}. \tag{1.17}$$

实际上, 玻尔兹曼常数是微观能量单位 开尔文 (K) 与宏观能量单位 焦耳(J) 的比值, 阿伏伽德罗常数是宏观质量单位 克(g) 与微观质量单位 原子质量单位 (u) 的比值, 所以这两个常数是单位换算常数. 1 原子质量单位等于碳 12 原子质量的 1/12, 即,

$$1\mathrm{u} = \frac{1\mathrm{g}}{N_{\mathrm{A}}} = 1.660\,538\,782(83) \times 10^{-27}\mathrm{kg}. \tag{1.18}$$

在微观物理量的具体计算中, 更方便的是用

$$1\mathrm{u} = 931.5\mathrm{MeV}/c^2, \tag{1.19}$$

$$k_{\mathrm{B}} = 8.617 \times 10^{-5}\mathrm{eV/K}, \tag{1.20}$$

和下述组合常数

$$\frac{e^2}{4\pi\varepsilon_0} = 14.40\mathrm{eV \cdot \mathring{A}} = 1.440\mathrm{eV \cdot nm} = 1.440\mathrm{MeV \cdot fm}, \tag{1.21}$$

$$\hbar c = 1973\mathrm{eV \cdot \mathring{A}} = 197.3\mathrm{eV \cdot nm} = 197.3\mathrm{MeV \cdot fm}. \tag{1.22}$$

上述二式中前两个数用于原子分子层次较方便，后一个数用于原子核与粒子层次较方便. 这两个数 1.440 与 197.3 的比值，就是精细结构常数 $\alpha = 1/137.0$.

在天体和宇宙层次，万有引力相互作用占支配地位，**万有引力常数** G_N 是一基本物理常数，

$$G_N = 6.674\,28(67) \times 10^{-11} \mathrm{m}^3/(\mathrm{kg} \cdot \mathrm{s}^2). \tag{1.23}$$

在实际计算中，更方便的是用

$$G_N = 6.708\,81(67) \times 10^{-39} \hbar c (\mathrm{GeV}/c^2)^{-2} \tag{1.24}$$

$$= 5.906\,13 \times 10^{-39} \hbar c/m_p^2, \tag{1.25}$$

其中后一个数就是前面给出的无量纲组合常数 $G_N m_p^2/\hbar c$.

c. 普朗克单位

可以用 $c, \hbar$ 和 G_N 这三个常数组合出量纲为时间、长度和质量的三个量，

$$t_P = \frac{l_P}{c} = \sqrt{\frac{\hbar G_N}{c^5}} = 5.391\,24(27) \times 10^{-44}\,\mathrm{s}, \tag{1.26}$$

$$l_P = \sqrt{\frac{\hbar G_N}{c^3}} = 1.616\,252(81) \times 10^{-35}\,\mathrm{m}, \tag{1.27}$$

$$m_P = \frac{\hbar}{c\,l_P} = \sqrt{\frac{\hbar c}{G_N}} = 2.176\,44(11) \times 10^{-8}\,\mathrm{kg}, \tag{1.28}$$

分别称之为**普朗克时间**、**普朗克长度** 和 **普朗克质量**. 普朗克用它们作为时间、长度和质量的单位，建立了一个单位制[1]，称为 **普朗克单位制** 或 **自然单位制**. 在这个单位制中，所有量的单位都可以用它们表示和计算出来，是固定和不能改变的. 所以这是没有量纲的单位制. 特别是，速度的单位是 $l_P/t_P = c$, 从而作用量的单位是 $l_P \cdot m_P c = \hbar$. 所以在普朗克单位制中 $c = \hbar = 1$, 于是还有 $G_N = 1$. 此外，再用 k_B 定义 **普朗克温度**

$$T_P = \frac{1}{k_B}\frac{\hbar}{t_P} = \frac{1}{k_B}\sqrt{\frac{\hbar c^5}{G_N}} = 1.416\,785(71) \times 10^{32}\,\mathrm{K}, \tag{1.29}$$

并用它作为温度的单位，则又有 $k_B = 1$. 这就是说，在普朗克单位制中常数 $c, \hbar,$ G_N 和 k_B 都等于 1，物理公式得到极大的简化. 这是物理学家特别是整天推公式做计算的理论物理学家偏爱和使用普朗克单位的最实际的原因.

$c, \hbar, G_N$ 和 k_B 是基本物理常数，所以普朗克单位包含了最基本的物理，这是它受到重视的更深层的原因. 因此，普朗克时间、长度、质量和温度被列入了国际推荐的基本物理常数表. 我们将在本书的最后再回到这个问题.

---

[1] M. Planck, *Sitzungsber. Dtsch. Akad. Wiss. Berlin, Math-Phys. Tech. Kl.*, 440 (1899).

从今以后，空间和时间本身都已成为
影子，两者的结合才保持独立的存在.
—— H. 闵可夫斯基
《时间与空间》，1907

2 狭义相对论时空性质

2.1 迈克耳孙 - 莫雷实验

19 世纪的物理学家，以为光波是一种实在的波动，并且设想有一种传播光波的特殊媒质，称为*以太* (Aether). 如果真的存在这种以太，地球在其中运动，应能感受到迎面吹来的“以太风”. 迈克耳孙 (A. Michelson) 和莫雷 (E. Morley) 的实验，就是为了测量这种以太风.

实验原理如图 2.1. 光线 SA 被半涂银镜 A 分成 AB 和 AC 两束，经反射镜 B 与 C 反射回 A, 汇合成 AD, 发生干涉. 干涉情形取决于汇合前两束光的光程差.

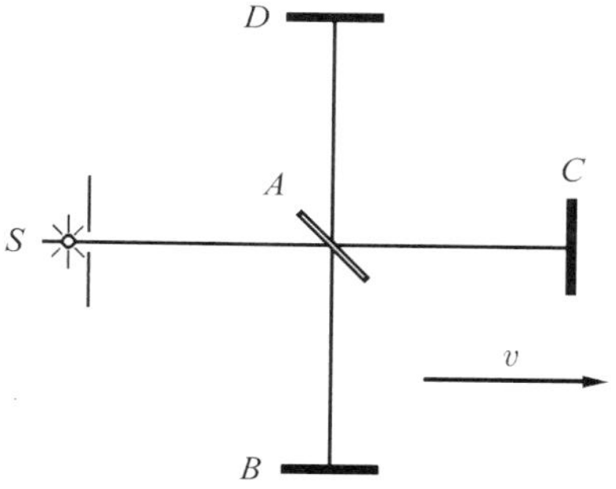

图 2.1

设仪器在 SC 方向随地球公转，以速度 v 相对于以太运动. 从以太参考系来看，光路 ABA 和 ACA 成为 $AB'A'$ 和 $AC'A'$, 分别如图 2.2 和 2.3 所示. $AB'A'$ 的长度为

$$\frac{2d}{\sqrt{1-v^2/c^2}} \approx 2d\Big(1+\frac{v^2}{2c^2}\Big),$$

其中 $d=\overline{AB}=\overline{AC}$. $AC'A'$ 的长度等于光走过 AC' 和 $C'A'$ 的时间乘以光速 c, 有

$$\Big(\frac{d}{c-v}+\frac{d}{c+v}\Big)c = 2d\cdot\frac{c^2}{c^2-v^2} \approx 2d\Big(1+\frac{v^2}{c^2}\Big).$$

因此，两条路径的光程差为

$$d\cdot\frac{v^2}{c^2}.$$

若把整个仪器在水平面内转 90°, 这个差值将变号，因而转动过程中干涉条纹的位移正比于 $2d\cdot v^2/c^2$. 这个效应相当精细. 为了在转动中避免振动引起条纹畸变，仪器装在一块漂浮于水银面上的重石板上. 为了增大 d 值，利用了多次反射，达到 $d\approx 11\text{m}$, 或 2×10^7 个黄光波长. v 若取地球公转速率 $3\times 10^4\text{m/s}$,

则有

$$2d \cdot \frac{v^2}{c^2} = 2d \times 10^{-8} = 0.4\text{个黄光波长},$$

故预期的位移是干涉条纹间距的 0.4 倍. 实际观测到的位移比此预期值的 1/20
还小, 所以地球相对于以太的速率肯定小于地球公转速率的 1/4.

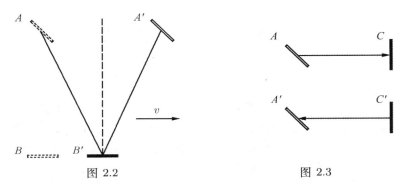

图 2.2   图 2.3

迈克耳孙 - 莫雷实验是 19 世纪最出色的实验之一. 它的原理很简单, 但却
关系到一场后果深远的科学革命. 因此在他们以后的一个多世纪中, 被重复做过
多次, 用不同波长的光、用星光、用现代激光器发出的高度单色光, 在高山上、
在地面下、在不同的大陆, 在不同的季节. 可以说, 在一定精确度内, 光速 c 的变
化为 0, 测不到以太风. 确切地说, 光速在逆行和顺行时相等, 偏差小于 10m/s.

2.2 爱因斯坦相对性原理

迈克耳孙 - 莫雷实验以及其它许多探寻以太的实验都是否定的结果, 这意味
着自然界并不存在以太. 庞伽莱 (H. Poincaré) 头一个意识到这一点, 他在 1900
年写道: "我们的以太真的存在吗? 我相信, 再精确的观测也决不能揭示任何比
相对位移更多的东西." 爱因斯坦与他独立地得出了同样的结论, 而且表达得更
为明确和透彻. 他在 1905 年的论文中写道: "引入以太是多余的, 因为我这里
提出的观念将不需要具有特殊性质的 '绝对静止的空间'."

没有以太, 就意味着光波并不是一种实在的波动. 那么, 光波究竟是什么
呢? 光的量子理论表明, 光由具有一定能量和动量的光量子组成, 光波只是用
来计算光子出现概率的数学上的波. 我们将在第 4 章来讨论这个问题.

除了表明光波不是一种实在的波动外, 迈克耳孙 - 莫雷实验更积极的结果,
是揭示了光最重要的运动学特征: 真空中的光速与测量它的参考系无关, 在两
个作相对运动的惯性参考系中测到的光速相同. 也就是说, 光速在所有惯性参

考系中都相同. 爱因斯坦首先认识到光的这一性质是一条基本物理原理, 称之为 *光速不变性原理*.

根据光的电磁理论, 光速 c 是一切电磁辐射在真空中传播的速率,

$$c = \frac{1}{\sqrt{\varepsilon_0 \mu_0}},\tag{2.1}$$

其中 ε_0 是真空介电常数, μ_0 是真空导磁率. 所以, 光速不变性意味着电磁规律的表述也不依赖于惯性参考系的选择, 相对性不仅是力学现象的特征, 也是电磁和光学现象的特征.

爱因斯坦指出, 有两个普遍的事实支持把相对性作为一条基本的物理原理. 首先, 相对性在力学现象中有效程度相当高. 其次, 光速不变性表明电磁和光学现象也有相对性. 这就使他相信, 自然定律的表述在所有惯性参考系都相同. 这样推广了的相对性原理, 称为 *爱因斯坦相对性原理*, 简称 *相对性原理*. 相应地, 把这样推广以前的相对性原理称为 *伽利略 (Galileo) 相对性原理*, 它只是说, 力学定律的表述在所有惯性参考系都相同.

光速不变性原理和相对性原理, 是爱因斯坦狭义相对论的两条基本原理, 是相对论推理的出发点. 它们是互相联系的. 光速是电磁和光学定律的一个基本成分, 在这个意义上, 可以把光速不变性看成相对性原理的一个特例, 包含在相对性原理之中. 另一方面, 也正是由于有光速不变性, 才有可能把伽利略相对性推广到光学以至于一切自然定律, 表述成爱因斯坦相对性原理.

历史的注记 爱因斯坦提出相对论的论文, 题目是《运动物体的电动力学》. 他是想从静止参考系的麦克斯韦方程, 通过参考系的变换, 得到运动参考系的方程, 从而讨论当时的 *单极感应 (unipolar induction) 问题* [1]. 当导体静止而磁铁运动时, 在磁铁周围产生的电场会在导体中引起电流; 当磁铁静止而导体运动时, 在导体中的感生电动势也会引起电流. 他指出, 这里的电流只与导体和磁铁的相对运动有关, 而与是导体还是磁铁运动无关, 电磁现象也具有相对性. 这两种情形表面上的不对称, 是由于没有恰当考虑时间空间与电磁过程的关系. 电磁现象的相对性意味着光速不变性. 根据光速不变性来重新分析和审定时间与空间的概念, 结果就是他的狭义相对论.

2.3 时间的相对性

光速不变性, 为时间和空间测量提供了一种客观而且现实的测量方法. 在

---

[1] 可参阅 J.P. Wesley, *Found. Phys. Lett.*, **3** (1990) 471, 和 H. Montgomery, *Eur. J. Phys.*, **25** (2004) 171, 以及他们所引的文献.

这种测量中, 要使相对运动的两个观测者测量的光速相同, 他们对时间和长度的测量就不会相同. 这种对于光速的经验, 迫使我们把在日常生活经验的基础上形成的绝对时空观, 修改成更精确的相对的时空观.

a. 异地对钟

如何校对不同地点 A 和 B 的两个钟? 可以用光作信号, 因为光速是已知的. 测出 A 和 B 间的距离 d, 然后从 A 向 B 发射一束光. 如果发光时 A 的钟指在 t_A, 则在光到达 B 时把 B 的钟拨到

$$t_B = t_A + \frac{d}{c}, \tag{2.2}$$

这两个钟就对准了. 用这种方法, 可以把同一参考系中不同地点的钟都校准, 使它们同步.

用光信号异地对钟的办法很多, 例如, 在 A 和 B 连线中点发出的光, 到达 A 和 B 的时刻相同. 可以证明, 用不同办法异地对钟, 结果都一致.

b. 同时的相对性

在一个参考系中校准同步的两个钟, 在另一相对它运动的参考系中看是否还同步呢? 设有两个观测者, S 在站台上, S' 在相对站台高速运动的列车上. S' 可用列车中部的灯来校准车头和车尾的钟, 如图 2.4. 因为灯光向前和向后的速率都是 c, 开灯后, 灯光应同时到达车头和车尾.

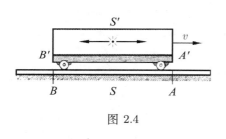

图 2.4

地上的 S 看来, 灯光向前和向后的速率也都是 c. 但由于列车以速度 v 向前运动, 传到车尾的灯光比传到车头的灯光少走一段路, 因而灯光先到车尾, 后到车头. 所以, S' 校准了的两个钟, S 看并未校准. 换句话说, 从 S' 看是同时的两件事, 从 S 看一先一后, 发生于不同时刻. 就是说, 同时的概念是相对的, 与观测者的运动情形有关.

c. 爱因斯坦膨胀

钟的时标可以用光速来刻度. 例如, 设 S' 的钟放在列车地板上, 从它发出一束竖直向上的光, 被车顶的镜子反射回来. 测得车高 h, 就可用光速 c 刻度钟的这段走时 T_0,

$$2h = cT_0. \tag{2.3}$$

这种装置称为 *爱因斯坦光子钟*, 简称 *光钟*.

从静止观测者 S 来看, 由于列车向前运动, 光沿一等腰三角形的两腰传播, 如图 2.5. 于是

$$2l = cT,$$

其中 l 是腰长, T 是 S 测得的光束传播时间. 由于光速都是 c, 而路程 $2l$ 比 $2h$ 长, 所以 S 测得的时间 T 比 S' 的 T_0 要长. 也就是说, S 发现 S' 的钟慢了.

等腰三角形的底边是这段时间列车驶过的路程 vT, 根据几何关系可以写出

$$l^2 = h^2 + \left(\frac{1}{2}vT\right)^2,$$

代入前面得到的 h 和 l, 就有

$$\frac{1}{4}c^2T^2 = \frac{1}{4}c^2T_0^2 + \frac{1}{4}v^2T^2,$$

移项化简后成为

$$T = \frac{T_0}{\sqrt{1 - v^2/c^2}}. \qquad (2.4)$$

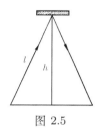

图 2.5

这是相对论最著名的方程之一, 它表明, 从静止观测者看来, 运动的时钟变慢了. 或者说, 运动参考系中的时间膨胀了. 时钟变慢的因子是 $\sqrt{1 - v^2/c^2}$, 时间膨胀的因子是 $1/\sqrt{1 - v^2/c^2}$, 依赖于运动参考系的速率 v. 这种运动参考系中时间的膨胀, 称为 *爱因斯坦膨胀*. T_0 是与钟相对静止的观测者读得的时间, 称为钟的 *固有时*, 也称为 *原时*.

必须指出, 根据相对性原理, 从 S' 看来, 由于 S 相对于他运动, 所以 S 的钟变慢了, 因子也是 $\sqrt{1 - v^2/c^2}$. 让 S' 做一个类似的实验测量 S 的钟, 不难看出这个论断是对的.

由于日常生活中遇到的速度比光速小得多, 膨胀因子十分接近于 1, 所以我们并没有这种生活经验. 但是许多精细的实验, 确定无疑地证实了这种时间膨胀效应.

d. 光速的作用

钟只能直接给出它所在地点的 *当地时*. 为了比较两个地点的时间, 要把两地的钟对准. 把各地的钟都与一点的对准, 才能定义与地点无关的 *共有时*. 在这个意义上, 作为对钟信号的速度, 光速是时间定义的一部分. 异地对钟是相对论的核心, 也是理解相对论的关键.

要对准两个参考系的钟, 必须有这两个参考系都能参照的共同基准. 光速对两个惯性系相同, 就可以用来作为共同的基准. 所以光不仅是对钟的信号, 还是

标定时间的基准,这就是前面描述的爱因斯坦光子钟. 它用光传播的距离来标定时间, 以光速作为比例常数把时间与长度对应起来. 反之, 也可用光传播的时间来标定距离, 以光速作为比例常数把长度与时间对应起来, 这就是现在定义 米长的做法. 与天文单位光年一样, 实际上这都是一种用光来丈量长度的 光尺.

爱因斯坦不是设法协调光速不变性与先验的绝对时空观, 而是根据光速不变性来重新审定时间与空间的概念. 用光速作为时标的基准, 为同时性给出一个可以精确操作的定义, 就创建了一种全新的时空观.

2.4 长度的相对性

a. 长度的相对性

让 S 和 S' 测量列车的长度. S' 的测量很简单, 用米尺从车头 A' 量到车尾 B', 就得到列车长度 L_0. 这个长度称为列车 固有长度, 因为是由与它相对静止的观测者量得的.

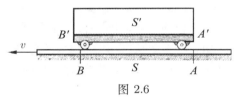

图 2.6

静止观测者 S 如何量运动列车的长度呢? 可在某一时刻同时记下车头和车尾经过站台的位置 A 和 B, 然后用米尺量出站台上这两点之间的距离 L, 就是他量得的列车长度, 如图 2.4.

但是, 同时是相对的. 从 S 来看, A 与 A' 和 B 与 B' 同时对齐, 所以 AB 就是车长. 但从 S' 来看, A 和 B 两处的钟并没有对准, 站台向后掠过, B 处的钟比 A 处的慢了一些, A 与 A' 先对齐, B 与 B' 后对齐, 在 A 与 A' 对齐时他看到的情形如图 2.6, 所以列车要比 AB 长. 这就是说, 长度是相对的, 相对运动的两个观测者看法不同, 静止观测者看到的运动物体缩短了.

b. 洛伦兹收缩

两个观测者为了比较他们量得的长度, 需要一个共同的标准. 光速可用作这种标准, 它对 S 和 S' 都是 c. 他们的相对速率 v 也可用作这种标准, 根据相对性原理, 如果 S 看到 S' 的速率是 v, 则 S' 看到 S 的速率也是 v. 我们用 c, 而把用 v 的做法留给读者去思考. 当然, 两种做法结果相同.

S' 从车尾向车头发射一束光, 到达车头后再反射回来. 测出光从发出到返回所用时间 T_0, 就可由光速定出车长,

$$2L_0 = cT_0. \tag{2.5}$$

从 S 来看, 光从车尾传到车头的时间 T', 与从车头返回车尾的时间 T'', 满足

$$cT' = L + vT',$$

$$cT'' = L - vT''.$$

总的时间为

$$T = T' + T'' = \frac{L}{c-v} + \frac{L}{c+v} = \frac{2Lc}{c^2 - v^2} = \frac{2L/c}{1 - v^2/c^2}. \tag{2.6}$$

这个 T 正是 S 测量车尾的钟走过的时间. 代入时间膨胀公式 (2.4), 就有

$$\frac{T_0}{\sqrt{1 - v^2/c^2}} = \frac{2L/c}{1 - v^2/c^2}.$$

由于 (2.5), 化简后得

$$L = L_0 \sqrt{1 - v^2/c^2}. \tag{2.7}$$

这是相对论的另一个最著名的方程. 它表明, 从静止观测者来看, 运动的尺子缩短了. 缩短的因子是 $\sqrt{1 - v^2/c^2}$, 与它沿尺长方向的速率 v 有关. 这种缩短称为 洛伦兹 (Lorentz) 收缩.

c. 尺子垂直于运动方向的情形

为了测量车高 $A'D'$, 地面观测者 S 可用竖立的杆. 在车头经过时同时记下 A', D' 两点在杆上的位置 A 和 D. 量出这两点的距离 AD, 就是他量得的车高.

从上节异地对钟的办法容易看出, 放在 A, D 处的两个钟, 若被 S 校准了, 则从 S' 来看也是同步的. 在与运动速度垂直的方向上不同地点发生的两件事, 如果在 S 系是同时的, 则在 S' 系也是同时的. 所以, 他们都看到 A 与 A' 和 D 与 D' 同时对齐, $A'D' = AD$.

这就表明, 垂直于运动方向的尺子长度不变, 与它的速率无关. 洛伦兹收缩只发生于沿着运动的方向.

2.5 洛伦兹变换和速度叠加

a. 洛伦兹变换

考虑静止坐标系 S 与运动坐标系 S'. 设它们在初始时刻重合, S' 沿 x 轴匀速运动, 速率为 v, 如图 2.7. 若有一事件 P, 它在 S 系的时空坐标为 (x, y, z, t), 在 S' 系的时空坐标为 (x', y', z', t'). 这两组时空坐标之间的关系是什么?

先看横坐标. 设事件 P 在横轴上投影于 C. 在 S 系中有

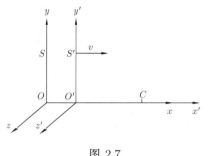

图 2.7

$$\overline{O'C} = \overline{OC} - \overline{OO'} = x - vt.$$

而在 S' 系中 $O'C$ 的固有长度为 x', 所以

$$x' = \frac{x - vt}{\sqrt{1 - v^2/c^2}}. \qquad (2.8)$$

再看纵坐标. 由于与运动方向垂直, 长度不变, 所以

$$y' = y, \qquad z' = z. \qquad (2.9)$$

　　最后看时间坐标. 由于初始时刻 S 与 S' 重合, 所以 O 与 O' 点的两个钟起点相同. 但从 S' 来看, S 系中其他地点的钟起点就不同, 没有对准. 只要知道这些钟与 O 点的时差, 也就知道了它们与 O' 的时差. 这可从对钟的过程算出. 为了对钟, S 从 O 点发一束射向 C 的光, 如图 2.8. 光射到 C 点时, S 就把 C 点的钟对准. 但从 S' 来看, 由于 C 向左运动, 应在 C' 点与光相会, 所以 C 点的钟比 O 点的快了光走过 $C'C$ 的时间. 光走过 OC 的时间是 OC/c, 乘以 v 就得 $C'C$. 于是所差时间为

$$\frac{\overline{C'C}}{c} = \frac{1}{c} \cdot v \cdot \frac{\overline{OC}}{c} = \frac{v}{c^2} \cdot \overline{OC}.$$

从 S 看, 这段时间就是

$$\frac{v}{c^2} \cdot x.$$

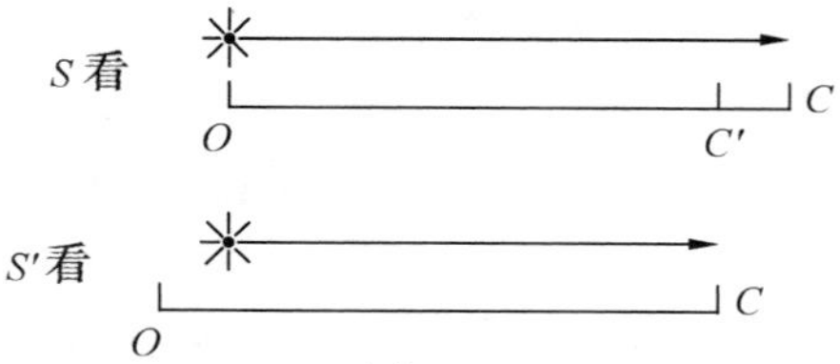

于是从 S' 看来, 事件 P 的时刻 t' 应等于时刻 t 减去上述时差后乘以膨胀因子, 即

$$t' = \frac{t - \frac{v}{c^2} x}{\sqrt{1 - v^2/c^2}}. \qquad (2.10)$$

S 看

O　　　　　　　　　　C'　C

S' 看

O　　　　　　　　　　　　C

图 2.8

　　归纳起来, 我们得到一组变换方程

$$(2.11) \qquad \begin{cases} x' = \dfrac{x - vt}{\sqrt{1 - v^2/c^2}}, \\ y' = y, \\ z' = z, \\ t' = \dfrac{t - \frac{v}{c^2} x}{\sqrt{1 - v^2/c^2}}, \end{cases}$$

这就是著名的 洛伦兹变换, 狭义相对论的时空观完全包括在这一组方程之中.

当 $v \ll c$ 时, 洛伦兹变换简化为下述 伽利略变换:

$$\begin{cases} x' = x - vt, \\ y' = y, \\ z' = z, \\ t' = t. \end{cases} \tag{2.12}$$

这时时间膨胀因子和洛伦兹收缩因子近似为 1, 钟的快慢和尺的长短与它们的运动无关, 时间和空间的测量都不依赖于惯性参考系的选择而具有绝对的含意, 这就是牛顿的绝对时空观念.

b. 纵向速度叠加

如果列车相对于地面的速度是 v, 而 P 相对于列车的速度是 u', 试问 P 相对于地面的速度 u 是多少?

从洛伦兹变换可反解出

$$\begin{cases} x = \dfrac{x' + vt'}{\sqrt{1 - v^2/c^2}}, \\ t = \dfrac{t' + \frac{v}{c^2} x'}{\sqrt{1 - v^2/c^2}}, \end{cases} \tag{2.13}$$

于是有

$$u = \frac{\mathrm{d}x}{\mathrm{d}t} = \frac{\mathrm{d}x' + v\mathrm{d}t'}{\mathrm{d}t' + \frac{v}{c^2}\mathrm{d}x'} = \frac{\frac{\mathrm{d}x'}{\mathrm{d}t'} + v}{1 + \frac{v}{c^2}\frac{\mathrm{d}x'}{\mathrm{d}t'}} = \frac{v + u'}{1 + vu'/c^2}, \tag{2.14}$$

其中

$$u' = \frac{\mathrm{d}x'}{\mathrm{d}t'}. \tag{2.15}$$

(2.14) 式就是相对论的 纵向速度 叠加公式. 当 $v, u' \ll c$ 时, 它简化成伽利略变换的纵向速度叠加公式

$$u = v + u'. \tag{2.16}$$

不难看出: 首先, 相对论纵向速度叠加公式比伽利略变换给出的 $v + u'$ 要小; 其次, 若 v 和 u' 比 c 小, 则 u 也比 c 小; 第三, 若 $u' = c$, 则有 $u = c$. 第二点说明光速 c 是极限速度, 用速度叠加不可能获得超过光速的速度. 第三点就是光速不变性, 光相对于列车是 c, 相对于地面也是 c.

c. 横向速度变换

如果列车相对于地面的速度是 v, 而 P 相对于列车的速度为 $\boldsymbol{u}' = (u_x', u_y')$, 试问 P 相对于地面的速度 $\boldsymbol{u} = (u_x, u_y)$ 是多少?

u_x 就是纵向速度叠加的结果, 即

$$u_x = \frac{v + u_x'}{1 + vu_x'/c^2}. \tag{2.17}$$

为了求 u_y, 设有运动参考系 S'', 沿 x' 轴以速度 u_x' 相对于列车 S' 运动. 在 S'' 系中, P 沿 x'' 轴速度分量 $u_x'' = 0$, 只有沿 y'' 轴的分量 u_y''. 从 S' 看, S'' 的钟变慢了, 所以

$$u_y' = u_y''\sqrt{1 - u_x'^2/c^2}.$$

类似地,

$$u_y = u_y''\sqrt{1 - v'^2/c^2}.$$

其中 v' 是 S'' 相对于地面 S 的速度,

$$v' = \frac{v + u_x'}{1 + vu_x'/c^2}.$$

由于

$$\sqrt{1 - v'^2/c^2} = \left[1 - \frac{1}{c^2}\left(\frac{v + u_x'}{1 + vu_x'/c^2}\right)^2\right]^{1/2} = \frac{1}{1 + vu_x'/c^2}\sqrt{\left(1 - \frac{v^2}{c^2}\right)\left(1 - \frac{u_x'^2}{c^2}\right)},$$

于是得

$$u_y = u_y''\frac{1}{1 + vu_x'/c^2}\sqrt{\left(1 - \frac{v^2}{c^2}\right)\left(1 - \frac{u_x'^2}{c^2}\right)} = \frac{u_y'\sqrt{1 - v^2/c^2}}{1 + vu_x'/c^2}. \tag{2.18}$$

这就是相对论的 横向速度 变换公式. 类似地, 如果 P 相对于列车还有 z' 轴方向的速度 u_z', 则还有

$$u_z = \frac{u_z'\sqrt{1 - v^2/c^2}}{1 + vu_x'/c^2}. \tag{2.19}$$

2.6 支持洛伦兹变换的实验

a. 地面上的 μ 子流

μ^- 子可由 π^- 介子衰变产生, 或在高能碰撞中产生, 例如

$$\pi^- \to \mu^- + \bar{\nu}_\mu, \tag{2.20}$$

$$\nu_\mu + n \to \mu^- + p. \tag{2.21}$$

然后, 它会衰变成电子和中微子,

$$\mu^- \to e^- + \bar{\nu}_e + \nu_\mu. \tag{2.22}$$

在 μ^- 子静止的参考系中, 它产生和衰变于空间同一点. 在这个参考系中测得 μ 子的 固有寿命 约为 2.2×10^{-6}s.

在大气上层, 高能宇宙射线与原子核碰撞而产生的 μ 子速度极高, 接近光速 c. 若按这个平均寿命计算, 则它们通过的平均距离只有

$$(3.0 \times 10^8 \text{m/s}) \times (2.2 \times 10^{-6} \text{s}) = 660 \text{m}.$$

而地球大气约有 100km 厚, 所以它们应该在到达地面之前基本上都衰变而消失在大气里. 但实际上地面宇宙射线 μ 子流高达 $500/(\text{s·m}^2)$. 这个辐射流引起生物变异, 从而已经影响了人类的进化. 为什么这些宇宙射线 μ 子能够穿过大气层到达地面呢? 这是由于时间膨胀效应, 地面参考系测得的 μ 子 "运动寿命" 比其 "静止寿命" 长得多.

例题 1 到达地面的宇宙射线 μ 子平均速率至少有多大? 假定它们垂直穿过 100km 大气层.

解 运动 μ 子平均寿命至少为

$$\tau = \frac{100 \times 10^3 \text{m}}{3.0 \times 10^8 \text{m/s}} = 0.33 \times 10^{-3} \text{s}.$$

代入时间膨胀公式, 由于 μ 子静止寿命 $\tau_0 = 2.2 \times 10^{-6}$s, 有

$$\frac{v}{c} = \left[1 - \left(\frac{\tau_0}{\tau}\right)^2\right]^{1/2} \approx 1 - \frac{1}{2}\left(\frac{\tau_0}{\tau}\right)^2 = 1 - \frac{1}{2}\left(\frac{2.2 \times 10^{-6}}{0.33 \times 10^{-3}}\right)^2$$

$$= 1 - 2.2 \times 10^{-5} = 0.999\,978.$$

b. π 介子的寿命

实验测得 $\pi^{\pm}$ 介子的固有寿命为 2.60×10^{-8}s. 当它的速率 $v = 0.913c$ 时, 在实验室中测得它的寿命为 6.37×10^{-8}s. 这些数据确实符合时间膨胀公式. 由 $v/c = 0.913$ 算得的时间膨胀因子

$$\sqrt{1 - v^2/c^2} = \sqrt{1 - (0.913)^2} = 0.408.$$

由此算得固有寿命

$$6.37 \times 10^{-8}\text{s} \times 0.408 = 2.60 \times 10^{-8}\text{s},$$

与测量结果一致[1].

2.60×10^{-8}s 这个时间对于实验测量相当合适. 它足够长, 使得 $\pi^{\pm}$ 介子在碰撞产生后能在衰变之前停下来, 从而让人测它的固有寿命 τ_0. 它又不太长, 使得以接近光速运动的 $\pi^{\pm}$ 介子也不至于飞出实验室 (10—20m).

c. 双胞胎效应

假设有一对双胞胎 A 与 B, A 留在地球上, B 乘宇宙飞船到遥远的行星去

---

[1] D.S. Ayres *et al.*, *Phys. Rev.*, **D3** (1971) 1051.

旅行. 根据时间膨胀, A 看到 B 的钟慢了, 因而 B 将变得比 A 年轻. 但是反过来, B 看到 A 的钟慢了, 因而 A 将变得比 B 年轻. 试问当 B 旅行回来他们再次相会时, 究竟谁年轻了呢?

显然, 如果他们的生命流逝有差别, 也是很小的, 现在我们还不可能做这种实际观测. 不过上世纪六十年代原子钟问世以后, 已经可以做等效的实验. 在实验室把两台原子钟非常仔细地对准后, 把其中一台放到飞机上去绕地球飞行, 然后再拿回实验室与另一台比较, 走得慢的那台就 "年轻" 了[1].

这个实验并不像初看那样简单. A 与 B 都不处于惯性系, 他们的情形并不对称, 经历的时差可以计算出来. 算得的观测量只有 10^{-7}s 的量级, 效应相当精细. 能够引起这种精细效应的因素都必须考虑到. 这里主要有两个物理因素. 一个是地球的自转, 使得地球参考系偏离了惯性系, 这对实验室的钟有影响. 另一个是地球引力场随飞机高度的变化, 对飞机上的钟有影响. 这两者都是广义相对论效应, 将在第 16 章 16.3 和 16.4 节分别进行讨论.

这个问题在相对论建立之初提出时, 被称为 双胞胎佯谬. 当初不能做实验, 只能在理论上讨论, 被当作一个训练相对论思维的思想实验. 在做过上述等效的实验, 并观测到了相对论所预言的效应之后, 称之为 双胞胎效应 更恰当. 今天人类文明已经进入航天时代, 相对论的时钟效应正在逐渐成为人类航天活动实际经验的一部分.

中国古代神话有 "天上方一日, 地上已七年" 的说法, 这当然不是周密的科学推理, 但却表现了我们民族超越生活经验的丰富想象力.

d. X 射线脉冲双星的蚀

如果光速与光源或观测者的运动速度有关, 我们就可以写成

$$c' = c + kv, \tag{2.23}$$

其中 c 是在光源静止的参考系中的光速, c' 是在运动参考系中的光速, v 是这两个参考系的相对速率, k 是由实验确定的参数. 根据伽利略相对性, $k = \pm 1$, 而根据相对论, $k = 0$. 由实验测出 k 的值, 就可对理论作出判断.

观测 X 射线脉冲双星的蚀, 就是一个这种实验[2]. 这种双星体系中, 有一颗是 X 射线脉冲星. 当它被另一颗星遮住时, 我们接收不到它发来的 X 射线, 就发生了蚀. 如果 X 射线速率 (光速) 与它的运动速度有关, 则它在离开地球和朝向地球这两种情况下发出的 X 射线速率不同, 从而使我们观测到的蚀开始和

---

[1] J.C. Hafele and R.E. Keating, *Science*, **177** (1972) 166, 168.

[2] K. Brecher, *Phys. Rev. Lett.*, **39** (1977) 1051.

结束的快慢不同. 但是没有观测到这种效应. 在这个观测中, $v/c \approx 10^{-3}$, 测得 $k < 2 \times 10^{-9}$, 支持相对论.

e. π 介子的 γ 衰变

在高能加速器中产生的 π 介子, 其相对于实验室的速率非常接近光速. 它在飞行过程中衰变, 发出 γ 射线. γ 射线是波长极短的电磁波, 它相对于 π 介子的速率是光速 c. 所以, γ 射线相对于实验室的速度, 是光速与一非常接近于光速的速度叠加. 根据伽利略相对性, 结果差不多是光速的 2 倍, 而根据相对论, 应该正好等于光速. 测出这种 γ 射线的速率, 就可以检验相对论. 在一个实验中, π 介子的速率 $v = 0.999\,75\,c$, 测得 γ 射线速率为 $(2.997\,7 \pm 0.000\,4) \times 10^{8} \text{m/s}$. 这个结果直接证实了爱因斯坦的光速不变性原理[1].

f. 斯坦福直线加速器中的电子

在斯坦福 (Stanford) 直线加速器中心 (SLAC) 的电子直线加速器中, 电子沿一个三公里长的真空管道飞行, 被电磁场反复加速. 每加速一次, 电子的速率都增加一点, 但随着电子速率越来越接近光速, 所增加的速率越来越少, 加速越来越困难. 这直接验证了相对论的速度叠加法则.

这个加速器可把电子能量加速到 20GeV. 当把电子加速到 10GeV 时, 电子速度达到

$$(1 - 0.13 \times 10^{-8})\,c,$$

即只比光速小 0.39 m/s. 增加另一半能量 10GeV, 在以这个速度运动的参考系中, 几乎可使电子的速率增加 $3 \times 10^{8} \text{m/s}$, 但在实验室系中, 却只增加 0.29m/s, 使电子速率达到比光速只小 0.10m/s.

有意思的是, 在以这个速度随电子运动的参考系中, 三公里长的加速器缩短到只有七、八厘米. 在这种情况下, 日常关于时间、空间和速度的概念都不再适用.

2.7 四维时空间隔

a. 四维不变量

根据经典时空观, 时间和长度都与参考系无关, 具有不变的绝对含意. 而在相对论中, 它们都是相对的, 与参考系有关. 那么, 在相对论中有没有与参考系无关的不变量呢?

---

[1] T. Alvager *et al.*, *Phys. Lett.*, **12** (1964) 260.

如果 事件 $P(x,y,z,t)$ 表示 $t=0$ 时从坐标原点发出的光在 t 时刻到达 x,y,z 处, 则有

$$x^2 + y^2 + z^2 - c^2t^2 = 0.$$

在运动参考系 S' 中, 这个事件为 $P(x',y',z',t')$, 同样有

$$x'^2 + y'^2 + z'^2 - c^2t'^2 = 0.$$

于是

$$x'^2 + y'^2 + z'^2 - c^2t'^2 = x^2 + y^2 + z^2 - c^2t^2. \tag{2.24}$$

从洛伦兹变换很容易验证上式普遍成立, 并不局限于从原点发出的光. 所以, 对于任一事件 $P(x,y,z,t)$, 我们有一个与参考系无关的不变量[①]

$$s^2 = x^2 + y^2 + z^2 - c^2t^2. \tag{2.25}$$

b. 四维间隔

上面给出的 s 称为事件 $P(x,y,z,t)$ 与事件 $O(0,0,0,0)$ 的 时空间隔 或 四维间隔, 简称 间隔. 一般地, 可以定义两个事件 $P_1(x_1,y_1,z_1,t_1)$ 和 $P_2(x_2,y_2,z_2,t_2)$ 之间的四维时空间隔 s 为

$$s^2 = (x_2 - x_1)^2 + (y_2 - y_1)^2 + (z_2 - z_1)^2 - c^2(t_2 - t_1)^2. \tag{2.26}$$

用洛伦兹变换可以验证, 它也是与参考系无关的不变量.

若两个事件发生于同一时刻, $t_1 = t_2$, 则 s 就是这两个事件之间的空间距离. 若两个事件发生于同一地点, $r_1 = r_2$, 则间隔 s 正比于这两个事件之间的时间间隔. 一般地, 间隔 s 是两事件之间空间距离与时间间隔的特殊组合. 虽然不同观测者测得的空间距离与时间间隔不同, 但测得的四维时空间隔 s 却是相同的. 所以, 相对论表明时空间隔是比时间和距离更基本更普遍的概念. 我们日常关于时间和长度不变的观念, 只是时空间隔不变性在一固定参考系中的表现.

时空间隔不变性是相对论在理论上最重要的发现, 它把爱因斯坦的相对性原理和光速不变性原理统一地纳入一种四维几何的数学框架, 使得相对论成为物理学最基本的原理性理论, 而不简单地是一种唯象理论. 实际上, 可以在时空间隔不变性的基础上建立整个相对论, 这就是下一节闵可夫斯基空间的物理.

例题 2 在宇宙飞船上同时的两件事, 相距 4m. 从地面上看, 它们相距 5m. 试问从地面上看它们相隔多少时间?

解 它们的时空间隔在飞船上已测得为

$$s^2 = (4^2 - 0)\mathrm{m}^2 = 16\mathrm{m}^2.$$

---

① 这里采用的定义, 见 A. 爱因斯坦, 《狭义与广义相对论浅说》, 杨润殷译, 上海科学技术出版社, 1964 年, 75 页.

在地面上间隔的方程为

$$s^2 = 5^2 \text{m}^2 - (c\Delta t)^2.$$

联立两式消去 s^2, 就解得 $c|\Delta t| = 3\text{m}$, 因而时间间隔 $|\Delta t| = 10^{-8}\text{s}$.

c. 类空间隔与类时间隔

由于间隔是不变量, 与参考系无关, 所以 s^2 是大于、小于或等于 0, 也与参考系无关, 反映了间隔本身的性质. 于是, 可把间隔按 s^2 大于、小于和等于 0 而分为三类.

对于 $s^2 > 0$ 的间隔, 总可找到一个参考系, 在其中两个事件同时发生于空间两点. 在这个参考系中, 间隔就等于两个事件间的空间距离. 所以 $s^2 > 0$ 的间隔称为 类空间隔.

对于 $s^2 < 0$ 的间隔, 总可找到一个参考系, 在其中两个事件发生于空间同一点的两个不同时刻. 在这个参考系中, 间隔就正比于这两个事件的时间间隔. 所以 $s^2 < 0$ 的间隔称为 类时间隔.

对于 $s^2 = 0$ 的间隔, 在任何参考系中都表示这两个事件之间是通过光信号联系的, 所以称为 类光间隔.

可以把类时间隔写成

$$s^2 = -c^2\tau^2, \tag{2.27}$$

其中 τ 就是在两个事件发生于空间同一点的参考系中这两个事件的时间间隔, 也就是放在那一点的钟走过的 固有时 或 原时.

d. 因果性条件

由类空间隔联系的两个事件, 可由适当的参考系变换把它们发生的时间先后次序颠倒过来, 所以它们之间不可能存在任何因果联系.

相反, 由类时和类光间隔联系的两个事件, 不可能用参考系变换把它们发生的时间先后次序颠倒过来, 所以它们之间允许存在某种因果联系. 也就是说, 两个事件之间存在因果联系的一个必要条件, 是它们之间的四维时空间隔是类时或类光的,

$$s^2 = -c^2\tau^2 = (x_2 - x_1)^2 + (y_2 - y_1)^2 + (z_2 - z_1)^2 - c^2(t_2 - t_1)^2 \leqslant 0. \tag{2.28}$$

满足这个因果性条件的两个事件, 它们之间的空间距离 Δr 和时间间隔 Δt 满足

$$\frac{\Delta r}{\Delta t} \leqslant c, \tag{2.29}$$

亦即可以用不大于光速的信号把它们联系起来.

2.8 闵可夫斯基空间

a. 闵可夫斯基空间

引入虚数

$$w = \mathrm{i}ct \tag{2.30}$$

来代替通常的时间坐标 t, 可把四维时空间隔不变性写成

$$s^2 = x'^2 + y'^2 + z'^2 + w'^2 = x^2 + y^2 + z^2 + w^2, \tag{2.31}$$

其中时间坐标 w 与空间坐标 x, y, z 在形式上完全对称. 二次型 $x^2 + y^2 + z^2 + w^2$ 的不变性, 意味着四维坐标 (x, y, z, w) 所描述的空间类似于三维欧几里得 (Euclid) 空间, 它的几何学类似于欧几里得几何学. 这个四维空间被称为 闵可夫斯基 (Minkowski) 空间 或 闵可夫斯基世界, 简称 闵氏空间、时空 或 世界.

一个事件 $P(x, y, z, t)$ 相应于闵可夫斯基空间中的一个点, 称为 时空点 或 世界点. 一个物理事件的间隔

$$s = (x^2 + y^2 + z^2 + w^2)^{1/2},$$

是它到原点的四维距离. 两个物理事件 $P_1(x_1, y_1, z_1, w_1)$ 和 $P_2(x_2, y_2, z_2, w_2)$ 之间的间隔 s,

$$s^2 = (x_2 - x_1)^2 + (y_2 - y_1)^2 + (z_2 - z_1)^2 + (w_2 - w_1)^2, \tag{2.32}$$

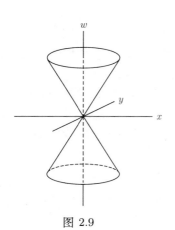

图 2.9

则是它们之间的 世界距离. 而一个运动物体的四维时空坐标变化在闵可夫斯基空间中划出的曲线, 则称为这个物体的 世界线.

因为坐标 w 是虚数, 四维距离有实数、虚数和零三种情形. 根据与原点的四维距离, 可以把闵可夫斯基空间分成三个区域. 与原点的四维距离为实数的区域称为类空区域, 与原点的四维距离为虚数的区域称为类时区域, 与原点的四维距离为零的区域称为 类光区域.

类光区域是个以坐标原点为顶点, 以时间轴 w 为轴线的三维圆锥面, 图 2.9 是它的 wxy 投影. 从物理上看, 这个锥面是由从坐标原点发出的光的世界线构成的, 所以称为 光锥.

光锥是一个分界面. 在光锥里面的区域是类时区域, 任何一个世界点与原点的间隔都是类时的, 它们与原点之间可以有因果联系. 在光锥外面的区域是

类空区域, 任何一个世界点与原点的间隔都是类空的, 它们与原点之间不会有因果联系. 而在光锥上的任何一个世界点与原点的间隔都是类光的, 它们之间通过光信号联系.

从一个惯性参考系变到另一惯性参考系时, 闵可夫斯基空间的这种划分不改变, 光锥变到光锥, 类空区域变到类空区域, 类时区域变到类时区域.

b. 世界几何学

闵可夫斯基空间的几何学, 被称为 世界几何学. 世界几何学与欧几里得几何学不完全相同, 因为坐标 w 是虚数. 由于有一个坐标是虚数, 四维距离可以是虚数 (类时间隔), 两个世界点的世界距离为 0 时它们不一定重合 (类光间隔). 只要注意到这种差别, 我们还是可以借用欧几里得几何学的概念和方法来处理相对论问题, 而这往往是很形象和方便的.

例题 3　用几何方法, 从四维间隔不变性推导洛伦兹变换.

解　事件 $P(x, y, z, w)$ 与 $O(0, 0, 0, 0)$ 的四维间隔不变, 表明从坐标系 S 到 S' 的变换相应于闵可夫斯基空间中坐标轴绕原点的转动. 考虑在 (x, w) 平面内绕原点的转动, 见图 2.10. 这时 $y' = y$, $z' = z$, 而据图可写出下述几何关系

$$\begin{cases} x' = x\cos\phi + w\sin\phi, \\ w' = -x\sin\phi + w\cos\phi, \end{cases} \tag{2.33}$$

其中 ϕ 是转角. 当 P 在 w' 轴上时, 有下述物理关系

$$\tan\phi = -\frac{x}{w} = \mathrm{i}\beta, \tag{2.34}$$

其中

$$\beta = \frac{v}{c}, \tag{2.35}$$

$v = x/t$ 是 S' 与 S 的相对速度. 从而

$$\begin{cases} \cos\phi = \dfrac{1}{\sqrt{1-\beta^2}}, \\ \sin\phi = \dfrac{\mathrm{i}\beta}{\sqrt{1-\beta^2}}. \end{cases} \tag{2.36}$$

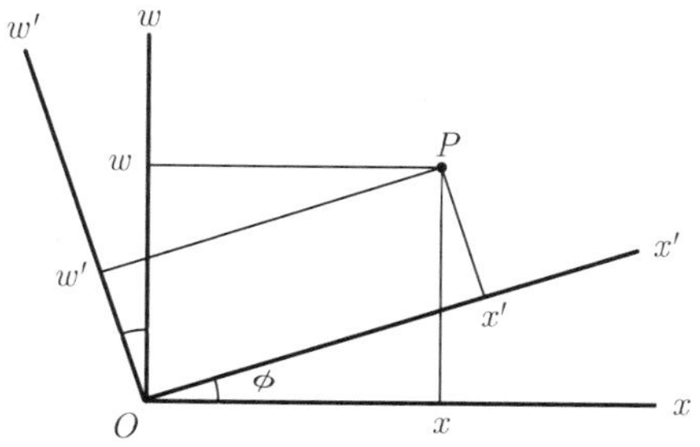

图 2.10

代回 (2.33) 式, 就得到洛伦兹变换公式.

例题 4　用上题的结果讨论洛伦兹收缩和爱因斯坦膨胀.

解　在 S' 中静止的两点, 在闵可夫斯基空间中相应于与 x' 轴垂直的两条世界线, 如图 2.11. 它们与 x' 轴交点间的距离 L_0, 为 S' 看到的这两点间距离; 与 x 轴交点间的距离 L, 为 S 看到的这两点间距离. 其关系为

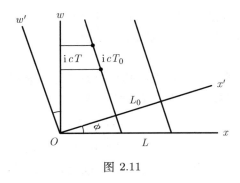

图 2.11

$$L = \frac{L_0}{\cos\phi} = L_0\sqrt{1-\beta^2}. \qquad (2.37)$$

类似地，在 S' 中同一地点先后两事件的时间差 T_0，相应于与 x' 轴垂直的一线段 $\mathrm{i}cT_0$. 在 S 中，这两事件的时间差 T 相应于此线段在 w 轴的投影，

$$\mathrm{i}cT = \mathrm{i}cT_0\cos\phi,$$

$$T = T_0\cos\phi = \frac{T_0}{\sqrt{1-\beta^2}}. \qquad (2.38)$$

c. 虚角度的三角函数

在上述两例中写出的三角函数，是用 (x,w) 平面中直角三角形的边与角来定义的，如图 2.12. 它们的定义是：

$$\tan\phi = \frac{b}{a}, \quad \sin\phi = \frac{b}{c}, \quad \cos\phi = \frac{a}{c}. \qquad (2.39)$$

由于角 ϕ 的对边 b 是虚数，上述定义中的角度 ϕ 是虚数，可以写成

$$\phi = \mathrm{i}Y. \qquad (2.40)$$

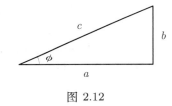

图 2.12

虚角度 ϕ 的这些三角函数，实际上是实数 Y 的双曲函数，

$$\tan\phi = \mathrm{i}\,\mathrm{th}\,Y, \qquad \sin\phi = \mathrm{i}\,\mathrm{sh}\,Y, \qquad \cos\phi = \mathrm{ch}\,Y. \qquad (2.41)$$

从虚角度 ϕ 与速度 β 的关系 (2.34)，可得 Y 与 β 的关系

$$\mathrm{th}\,Y = \beta, \qquad (2.42)$$

它给出闵可夫斯基空间中坐标转动的角度 ($\sim Y$) 与参考系相对速度 $\beta = v/c$ 的关系. 在下一章讨论粒子运动学时，我们还要回到这个关系上来.

d. 光速的意义

时空间隔四个分量 $x, y, z, w = \mathrm{i}ct$ 在几何坐标上对称，对间隔不变量 s 它们等效，在参考系变换时它们互相转化. 所以它们量纲相同，本应取相同的量度单位. 只是由于历史上的原因，对三个称为长度的实分量规定了单位 米，而对称为时间的虚分量规定了单位 秒. 光速 $c = 299\,792\,458$ m/s 是这两个单位的 换算因子. 国际单位制中用光速来定义米，就体现了这个观念. 在这个意义上，c 的数值并没有特别的物理含意，虽然它是相对论的基本物理常数.

类似的例子，在物理学中还可举出一些. 例如做功与传热，本是传递能量改

变内能的两种方式. 但在历史上, 却为功和热量分别规定了两个不同的单位焦耳和卡. 热功当量 $J = 4.18$ 焦耳 / 卡, 就是这两个单位的换算因子. 又如能量与温度, 本是同一物理量, 但却分别规定了两个不同的单位焦耳与开尔文, 玻尔兹曼常数 $k_B = 1.380\,650\,4 \times 10^{-23}$J/K 就是它们的换算因子. 还有一个例子就是质量与原子质量, 它们也是同一物理量, 但却分别规定了两个不同的单位克与原子质量单位, 而它们的换算因子则是阿伏伽德罗常数 $N_A = 6.022\,141\,79 \times 10^{23}$/mol.

在物理学理论和实验发展的历史上, 每当在物理理论上取得重大进展, 在物理观念上实现了新的统一, 相应的 "基本物理常数" 就下降到单位换算因子的地位; 而每当实验技术上能够实现这种单位转换, 相应的换算因子就变成了单位换算的定义值. 这看起来像是一条物理学理论观念和实验技术发展的历史规律.

e. 闵可夫斯基空间的物理

从爱因斯坦的相对性和光速不变性到闵可夫斯基的四维时空间隔不变性, 不是简单的逻辑推演, 而是认识的飞跃. 从四维时空间隔不变性出发, 可以得到相对论的全部结果. 所以, 可以把四维时空间隔不变性作为相对论的基本假设和出发点, 用以代替相对性和光速不变性这两条基本假设. 简单地说, 相对论是闵可夫斯基空间的物理.

以相对性和光速不变性为基本原理的表述物理而直观, 以四维时空间隔不变性为基本原理的表述则形式简洁、优美而普遍. 理论物理追求形式的简洁、优美和普遍, 因为这更易于被接受和推广. 所以在理论性的论述中, 多数都是以四维时空间隔不变性为基础和出发点, 把相对论表述为闵可夫斯基空间的物理. 下一章狭义相对论的质点力学, 我们就按这种思路展开.

3 狭义相对论质点力学

3.1 粒子的运动学描述

a. 用洛伦兹变换描述粒子的运动

描述粒子运动的时空坐标 $P(x, y, z, \mathrm{i}ct)$, 相应于从原点指向世界点 P 的空间 - 时间 四维矢量. 它的大小就是四维间隔 s,

$$s^2 = x^2 + y^2 + z^2 - c^2 t^2. \tag{3.1}$$

从惯性参考系 S 到 S' 的洛伦兹变换, 相应于闵可夫斯基空间中 $(x, \mathrm{i}ct)$ 平面绕原点的坐标转动. 这种坐标转动保持四维矢量的大小不变. 写成矩阵形式, 就是

$$\begin{pmatrix} x' \\ y' \\ z' \\ \mathrm{i}ct' \end{pmatrix} = \begin{pmatrix} \cos\phi & 0 & 0 & \sin\phi \\ 0 & 1 & 0 & 0 \\ 0 & 0 & 1 & 0 \\ -\sin\phi & 0 & 0 & \cos\phi \end{pmatrix} \begin{pmatrix} x \\ y \\ z \\ \mathrm{i}ct \end{pmatrix}, \tag{3.2}$$

其中转角 ϕ 相应于 S' 相对 S 沿 x 轴的速度 v,

$$\tan\phi = \mathrm{i}\beta, \qquad \beta = \frac{v}{c}. \tag{3.3}$$

代入上述关系, 可得下面更常用的形式

$$\begin{pmatrix} x' \\ y' \\ z' \\ ct' \end{pmatrix} = \begin{pmatrix} \gamma & 0 & 0 & -\gamma\beta \\ 0 & 1 & 0 & 0 \\ 0 & 0 & 1 & 0 \\ -\gamma\beta & 0 & 0 & \gamma \end{pmatrix} \begin{pmatrix} x \\ y \\ z \\ ct \end{pmatrix}, \tag{3.4}$$

其中

$$\gamma = \frac{1}{\sqrt{1 - \beta^2}} \tag{3.5}$$

是用相对速度 β 表示的爱因斯坦时间膨胀因子.

选择随粒子运动的参考系 S', 就可用洛伦兹变换来描述粒子相对于 S 沿 x 轴的匀速直线运动, 并用上述矩阵来计算.

例题 1 设 S' 系相对于 S 以速度 $\beta' = v'/c$ 沿 x 轴运动，S'' 系相对于 S' 以速度 $\beta'' = v''/c$ 沿 x' 轴运动，求 S'' 系相对于 S 的速度 $\beta = v/c$.

解 相继运用两次洛伦兹变换，和矩阵乘法，就有

$$\begin{pmatrix} x'' \\ y'' \\ z'' \\ ct'' \end{pmatrix} = \begin{pmatrix} \gamma'' & 0 & 0 & -\gamma''\beta'' \\ 0 & 1 & 0 & 0 \\ 0 & 0 & 1 & 0 \\ -\gamma''\beta'' & 0 & 0 & \gamma'' \end{pmatrix} \begin{pmatrix} x' \\ y' \\ z' \\ ct' \end{pmatrix}$$

$$= \begin{pmatrix} \gamma'' & 0 & 0 & -\gamma''\beta'' \\ 0 & 1 & 0 & 0 \\ 0 & 0 & 1 & 0 \\ -\gamma''\beta'' & 0 & 0 & \gamma'' \end{pmatrix} \begin{pmatrix} \gamma' & 0 & 0 & -\gamma'\beta' \\ 0 & 1 & 0 & 0 \\ 0 & 0 & 1 & 0 \\ -\gamma'\beta' & 0 & 0 & \gamma' \end{pmatrix} \begin{pmatrix} x \\ y \\ z \\ ct \end{pmatrix}$$

$$= \begin{pmatrix} \gamma & 0 & 0 & -\gamma\beta \\ 0 & 1 & 0 & 0 \\ 0 & 0 & 1 & 0 \\ -\gamma\beta & 0 & 0 & \gamma \end{pmatrix} \begin{pmatrix} x \\ y \\ z \\ ct \end{pmatrix},$$

其中

$$\gamma = \gamma'\gamma''(1 + \beta'\beta''),$$
$$\gamma\beta = \gamma'\gamma''(\beta' + \beta''),$$

所以

$$\beta = \frac{\beta' + \beta''}{1 + \beta'\beta''}.$$

可以看出，这正是纵向速度叠加公式.

b. 快度

用实数 Y 来表示转角 ϕ,

$$\phi = iY, \tag{3.6}$$

可以把用转角 ϕ 表示的洛伦兹变换改写成

$$\begin{pmatrix} x' \\ y' \\ z' \\ ct' \end{pmatrix} = \begin{pmatrix} \mathrm{ch}\,Y & 0 & 0 & -\mathrm{sh}\,Y \\ 0 & 1 & 0 & 0 \\ 0 & 0 & 1 & 0 \\ -\mathrm{sh}\,Y & 0 & 0 & \mathrm{ch}\,Y \end{pmatrix} \begin{pmatrix} x \\ y \\ z \\ ct \end{pmatrix}. \tag{3.7}$$

Y 的几何意义，实际上就是 (x, ict) 平面中坐标轴绕原点转过的角度. Y 的

物理意义, 可从它与相对速度 β 的关系看出. 从它们的关系 $\mathrm{th}\,Y = \beta$ 可以解出

$$Y = \frac{1}{2}\ln\frac{1+\beta}{1-\beta}, \tag{3.8}$$

图 3.1 给出了 Y 随速度 β 的变化关系. 可以看出, Y 与速度 β 之间具有单值和单调的关系. 所以 Y 与速度 β 一样, 描述 S' 相对于 S 运动的快慢. 因此, 我们把 Y 称为 快度, 英文是 rapidity. (3.7) 式则是用快度来表示的洛伦兹变换.

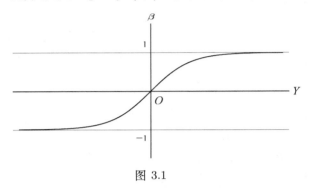

图 3.1

从图 3.1 可以看出, 速度很小时, 快度近似等于速度,

$$Y \approx \beta, \qquad 当 |\beta| \ll 1; \tag{3.9}$$

而速度接近光速时, $|\beta| \lesssim 1$, 速度 β 的微小改变, 对应于快度 Y 的较大改变. 所以, 在粒子速度十分接近光速的高能物理中, 描述粒子的运动, 用快度比用速度更合适.

例题 2 试用快度重做上题.

解 根据洛伦兹变换的几何意义, 从 S 到 S' 转过 Y', 从 S' 到 S'' 又转过 Y'', 所以从 S 到 S'' 共转过

$$Y = Y' + Y''.$$

换算成速度, 为

$$\beta = \mathrm{th}\,Y = \mathrm{th}\,(Y' + Y'') = \frac{\mathrm{th}\,Y' + \mathrm{th}\,Y''}{1 + \mathrm{th}\,Y' \cdot \mathrm{th}\,Y''} = \frac{\beta' + \beta''}{1 + \beta'\beta''}.$$

例题 3 有两个粒子, 在 S 系中沿 x 轴运动, 快度差为 ΔY. 试求它们在 S' 系中的快度差 $\Delta Y'$.

解 设两个粒子在 S 系中的快度分别为 Y_1 和 Y_2, S' 相对于 S 的快度为 Y, 则它们在 S' 系中的快度分别为

$$Y_1' = Y_1 + Y,$$
$$Y_2' = Y_2 + Y.$$

于是
$$\Delta Y' = Y_2' - Y_1' = Y_2 + Y - Y_1 - Y = Y_2 - Y_1 = \Delta Y,$$
即相对快度在洛伦兹变换下不变. 两个粒子的相对速度就没有这样简单的关系.

由于快度在相继两次洛伦兹变换中相加, 相对快度在洛伦兹变换下不变, 使得计算十分简便. 所以在高能物理学中, 更多的是用快度而不是速度来进行数据处理和理论分析.

用快度来表示的爱因斯坦时间膨胀因子是
$$\gamma = \mathrm{ch}\, Y. \tag{3.10}$$

3.2 粒子的动力学关系

a. 动量能量四维矢量

描述粒子的动力学性质, 需要选择一组合适的力学量. 它应该是一个四维矢量, 以保证动力学关系在洛伦兹变换下不变, 从而满足爱因斯坦相对性原理和光速不变性原理的要求. 它的空间分量在低速近似下应还原为经典力学的动量, 从而能使动力学关系在低速近似下过渡到经典的牛顿力学, 因为在低速范围牛顿力学已为实验所证实. 把这个四维矢量记为 (p_x, p_y, p_z, ip_0), 则它的洛伦兹变换为
$$\begin{pmatrix} p_x' \\ p_y' \\ p_z' \\ p_0' \end{pmatrix} = \begin{pmatrix} \gamma & 0 & 0 & -\gamma\beta \\ 0 & 1 & 0 & 0 \\ 0 & 0 & 1 & 0 \\ -\gamma\beta & 0 & 0 & \gamma \end{pmatrix} \begin{pmatrix} p_x \\ p_y \\ p_z \\ p_0 \end{pmatrix}. \tag{3.11}$$
引入常数 m, 把它的间隔写成
$$p_x^2 + p_y^2 + p_z^2 - p_0^2 = -m^2 c^2. \tag{3.12}$$
现在来讨论三个空间分量
$$\boldsymbol{p} = (p_x, p_y, p_z), \tag{3.13}$$
要求它在低速下还原为经典动量. 选择参考系 S' 随粒子运动, 则 $p_x' = p_y' = p_z' = 0$, $p_0' = mc$. 由上述洛伦兹变换 (3.11) 的逆变换可得
$$\begin{pmatrix} p_x \\ p_y \\ p_z \\ p_0 \end{pmatrix} = \begin{pmatrix} \gamma & 0 & 0 & \gamma\beta \\ 0 & 1 & 0 & 0 \\ 0 & 0 & 1 & 0 \\ \gamma\beta & 0 & 0 & \gamma \end{pmatrix} \begin{pmatrix} p_x' \\ p_y' \\ p_z' \\ p_0' \end{pmatrix} = \begin{pmatrix} \gamma m v \\ 0 \\ 0 \\ \gamma m c \end{pmatrix},$$

即

$$\boldsymbol{p} = \gamma m \boldsymbol{v}, \tag{3.14}$$

$$p_0 = \gamma m c. \tag{3.15}$$

由于 $v/c \ll 1$ 时 $\gamma \approx 1$, 所以, 若 m 为粒子的经典质量, 则 $\boldsymbol{p}$ 在低速近似下成为粒子的经典动量 $m\boldsymbol{v}$. 于是我们把 $\boldsymbol{p}$ 称为粒子的 相对论动量, 简称 动量, 而把这样引入的四维间隔不变量 m 称为粒子的 质量. 由于 γ 依赖于粒子速度 v, 所以粒子相对论动量 $\boldsymbol{p}$ 并不简单地正比于速度 $\boldsymbol{v}$.

再来讨论时间分量 p_0. 把 (3.12) 式两边对时间求微商, 有

$$p_0 \frac{\mathrm{d}p_0}{\mathrm{d}t} = \boldsymbol{p} \cdot \frac{\mathrm{d}\boldsymbol{p}}{\mathrm{d}t}.$$

若把 $\mathrm{d}\boldsymbol{p}/\mathrm{d}t$ 定义为粒子受的力,

$$\boldsymbol{F} = \frac{\mathrm{d}\boldsymbol{p}}{\mathrm{d}t}, \tag{3.16}$$

并注意 $p_0 = \gamma m c$, $\boldsymbol{p} = \gamma m \boldsymbol{v}$, 就有

$$\frac{\mathrm{d}}{\mathrm{d}t}(p_0 c) = \boldsymbol{v} \cdot \boldsymbol{F}.$$

上式右边是外力对粒子的功率, 所以左边应该是粒子能量的变化率. 于是我们有

$$p_0 = \frac{E}{c}, \tag{3.17}$$

其中 E 是粒子的能量. 代入 $p_0 = \gamma m c$, 就有

$$E = \gamma m c^2 = \frac{mc^2}{\sqrt{1 - \beta^2}}. \tag{3.18}$$

粒子静止时, 上式成为

$$E_0 = mc^2. \tag{3.19}$$

这个式子就是著名的 爱因斯坦质能关系, E_0 称为粒子 静质能, 它表明粒子在静止时也具有一定能量, 这个能量正比于粒子质量, 比例常数为光速的平方. 通过粒子间的相互作用与转化, 粒子静质能可以转化为新粒子静质能和动能, 粒子动能也可以转化成新粒子的静质能. 粒子 动能 可以定义为粒子能量与其静质能之差,

$$E_k = E - E_0 = \gamma m c^2 - mc^2 = (\gamma - 1)mc^2. \tag{3.20}$$

从上述质量的定义可以看出, 在狭义相对论里, 质量是物体能量动量四维矢量的不变长度的量度, 是联系物体能量与动量的物理量. 而爱因斯坦质能关系进一步表明, 质量是物体静质能的量度.

例题 4 设粒子在 S 系中的运动方向为 (θ, φ), θ 为粒子速度 $\boldsymbol{u}$ 与 x 轴的夹角, φ 是 $\boldsymbol{u}$ 在 yz 平面的投影与 y 轴的夹角. 试求它在 S' 系中的运动方向

(θ', φ'), S' 以速度 v 沿 x 轴方向运动.

解 这是一个运动学问题, 可以用时空坐标洛伦兹变换 (3.4) 和速度的定义来做, 也可以用动量能量洛伦兹变换 (3.11) 和动量与速度的关系 (3.14) 来做. 我们采用后者, 而把前者留给读者去练习. 演算如下:

$$\tan\varphi' = \frac{p'_z}{p'_y} = \frac{p_z}{p_y} = \tan\varphi,$$

所以

$$\varphi' = \varphi.$$

$$\tan\theta' = \frac{\sqrt{p'^2_y + p'^2_z}}{p'_x} = \frac{\sqrt{p^2_y + p^2_z}}{\gamma p_x - \gamma\beta p_0}$$

$$= \frac{\tan\theta}{\gamma(1 - \beta p_0/p_x)} = \frac{\tan\theta}{\gamma(1 - v/u_x)}.$$

其中用到 $p_0/p_x = c/u_x$, $u_x = u\cos\theta$.

例题 5 粒子速度多大时, 它的动能等于静质能?

解 由动能等于静质能这一条件, 得

$$E_\text{k} = (\gamma - 1)mc^2 = mc^2,$$

$$\gamma = \frac{1}{\sqrt{1 - \beta^2}} = 2,$$

所以

$$\frac{v}{c} = \beta = \sqrt{\frac{3}{4}} = 0.866.$$

b. 牛顿近似

在力的定义式中代入 $\boldsymbol{p} = \gamma m\boldsymbol{v}$, 注意 γ 还依赖于粒子速度 v, 可以算得

$$\boldsymbol{F} = \gamma m\frac{\text{d}\boldsymbol{v}}{\text{d}t} + \frac{\text{d}\gamma}{\text{d}t}m\boldsymbol{v} = \gamma m\boldsymbol{a} + \gamma^3 m\boldsymbol{v}\frac{\boldsymbol{v}\cdot\boldsymbol{a}}{c^2}, \tag{3.21}$$

其中

$$\boldsymbol{a} = \frac{\text{d}\boldsymbol{v}}{\text{d}t} \tag{3.22}$$

是粒子加速度. 可以看出, 一般地力 $\boldsymbol{F}$ 并不与加速度 $\boldsymbol{a}$ 平行. 当 $v/c \ll 1$ 时, 对 v^2/c^2 作级数展开, 保留到 0 级, 得到牛顿近似

$$\boldsymbol{F} \approx m\boldsymbol{a}. \tag{3.23}$$

再看动能 E_k. 同样地对 v^2/c^2 作级数展开, 有

$$E_\text{k} = \gamma mc^2 - mc^2 = mc^2(\gamma - 1) = mc^2\left[\left(1 - \frac{v^2}{c^2}\right)^{-1/2} - 1\right]$$

$$= mc^2 \left[\left(1 + \frac{1}{2}\frac{v^2}{c^2} + \frac{3}{8}\frac{v^4}{c^4} + \cdots \right) - 1 \right]$$

$$= \frac{1}{2}mv^2 \left(1 + \frac{3}{4}\frac{v^2}{c^2} + \cdots \right). \tag{3.24}$$

当 $v/c \ll 1$ 时，略去 v^2/c^2 以上的小量，就得经典力学的动能

$$E_k \approx \frac{1}{2}mv^2. \tag{3.25}$$

如果从牛顿力学出发，把相对论力学看作它的推广，则相对论动量 $\boldsymbol{p} = \gamma m \boldsymbol{v}$ 中的 γm 相当于粒子的惯性质量，所以有人把它称为粒子的相对论质量，而把 m 称为粒子静质量. 粒子相对论质量随速度的升高而增加，速度为 0 时等于粒子静质量. 不过，使用这个概念要特别小心. 虽然对于动量来说，把粒子质量 m 换成相对论质量 γm 就推广到相对论情形，但是对于动力学方程和动能等的表达式就没有这样简单的推广. γm 是运动学因子 γ 和动力学因子 m 的组合，所以相对论质量 γm 在相对论中并不是一个基本的概念.

物理学尽管在本质上是逻辑的，但仍不可避免会带有历史的印痕. 我们先接受和熟悉了在宏观低速范围适用的牛顿近似，因而容易先入为主地以它作为进一步思考的依据和出发点，试图用它来约束和规范后来的发展. 以惯性概念为基础的"相对论质量"和"静质量"，就是在相对论建立初期产生和遗留下来的，需要知道但最好不用这类术语和概念.

c. γ 和 E_k 的测量

布谢勒 (Bucherer) 实验[1](1909 年). 这个实验测量相对论质量 γm 随速度的变化，也就是测量 γ 随速度的变化. 使放射性 β 衰变发出的电子束先通过滤速器以确定其速度 v, 然后进入匀强磁场 $\boldsymbol{B}$ 并测出电子的回旋半径 R. 由相对论的动力学方程 (3.16), 有

$$\frac{\mathrm{d}\boldsymbol{p}}{\mathrm{d}t} = -e\boldsymbol{v} \times \boldsymbol{B} = -\frac{e}{\gamma m}\boldsymbol{p} \times \boldsymbol{B},$$

可得电子回旋的角速度为

$$\boldsymbol{\omega} = \frac{e}{\gamma m}\boldsymbol{B}.$$

代入 $\omega = v/R$, 就有

$$\gamma m = \frac{eBR}{v}.$$

图 3.2 中的圆点是用上式测得的 $\gamma m/m$, 曲线是用 (3.5) 式算得的 γ, 理论与实验符合得相当好，γ 随速度的升高而增加.

---

[1] A.H. Bucherer, *Ann. Physik.*, **28** (1909) 513.

伯托齐 (Bertozzi) 实验[1] (1964 年). 使电子先通过静电加速器获得动能 E_k, 然后进入一个真空室. 测量电子飞越的时间和距离, 可得电子速度 v. 动能 $E_k = eV$ 可由加速电压 V 测出, 也可测量电子打在靶上转化成的热量. 两种测量互相印证, 结果相同. 图 3.3 中的圆点是测量的结果, 曲线用 (3.20) 式算出, 两者相符. 斜线是牛顿力学的预言, 它表示 v^2 与 E_k 成正比, 粒子速度可以无限制地增加. 实验证实了相对论的论断, 随着动能 E_k 的增加, 粒子速度趋向于光速.

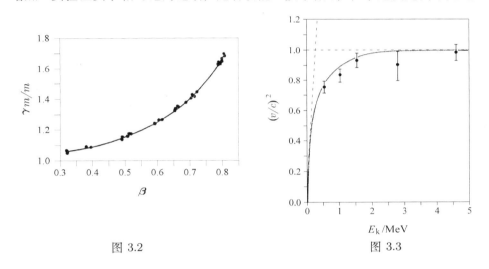

图 3.2　　　　　　　　　　　　图 3.3

3.3 能量动量关系的讨论

a. 质量的几种情形

从引进质量的 (3.12) 式看, 这样定义的质量可以是实数、零或虚数. 当粒子速度 $v < c$ 时, 四维动量能量间隔是类时的, $m^2 > 0$; 当 $v = c$ 时, 间隔是类光的, $m^2 = 0$; 而当 $v > c$ 时, 间隔是类空的, $m^2 < 0$. 也就是说, 速度小于光速的粒子质量是实数, 速度等于光速的粒子质量为零, 而速度大于光速的粒子质量为虚数[2].

质量为正实数和零的情形, 在物理上已经熟悉. 而负实数和虚数的情形, 物理上还不了解. 不过, 它们已经包含在相对论的理论框架之中. 虚质量超光速, 涉及因果性等许多基本问题, 包含一些特异的物理, 这就不是本书的范围. 我们只讨论正实数和零的情形.

---

[1] W. Bertozzi, *Am. J. Phys.*, **32** (1964) 551.

[2] G. Feinberg, *Phys. Rev.*, **159** (1967) 1089.

b. 动质能三角形

动量 - 能量四维矢量的关系 (3.12) 可用 (3.17) 式改写成

$$E^2 = (pc)^2 + (mc^2)^2. \tag{3.26}$$

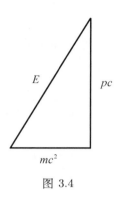

图 3.4

它可用一直角三角形来表示, 与动量相联系的能量 pc 和静质能 mc^2 分别为两个直角边, 总能量 E 为斜边, 简称 动质能三角形, 如图 3.4. 底边 mc^2 是不变量, 与参考系无关; 斜边 E 随高 pc 的改变而改变, 两者都与参考系有关. 对于 $v \ll c$ 的经典情形, 动量项很小, $E \approx mc^2$; 对于 $v \sim c$ 的 极端相对论情形, 动量项很大, $E \approx pc$,

$$E = \begin{cases} mc^2, & \text{当 } v \ll c \text{ 时}, \\ pc, & \text{当 } v \lesssim c \text{ 时}. \end{cases} \tag{3.27}$$

记住了动质能三角形, 就很容易记住上述公式.

例题 6　已知电子静质能为 0.511MeV, 试求当它具有动能 3.00MeV 时的动量是多少？

解　$E = mc^2 + E_k = 0.511\text{MeV} + 3.00\text{MeV} = 3.511\text{MeV}$,

$$pc = \sqrt{E^2 - (mc^2)^2} = \sqrt{(3.511\text{MeV})^2 - (0.511\text{MeV})^2} = 3.47\text{MeV},$$

所以

$$p = 3.47\text{MeV}/c.$$

c. 零质量粒子

在经典力学中, 质量是物质存在的象征, 没有质量, 就没有动量和能量, 也没有任何其它可观测性质, 所以什么也没有. 在相对论中情形不同. 在相对论中, 质量是动量 - 能量四维矢量的间隔不变量. 在类光间隔的情形质量等于 0, 但动量和能量都可以不等于 0. 根据动质能关系, 这种零质量粒子的能量动量关系简化为

$$E = pc, \tag{3.28}$$

它表示零质量粒子的能量与动量成正比, 比例常数是光速 c. 所以, 零质量粒子的能量完全是动能. 早在相对论建立之前, 对电磁辐射就已经发现了上述关系.

由于是类光间隔的情形, 零质量粒子总是以光速运动. 我们还可从 $m \to 0$ 的极限来看. 把粒子能量的公式 (3.18) 改写成

$$E \cdot \sqrt{1 - v^2/c^2} = mc^2,$$

如果粒子质量趋于 $0, m \to 0$, 它就成为

$$E \cdot \sqrt{1 - v^2/c^2} \to 0.$$

为了满足这个条件, 并不一定要求 $E \to 0$, 也可以是 $v \to c$. 所以, 一个质量为零的粒子, 必定以光速运动.

极端相对论情形的能量动量关系与零质量粒子的一样. 这是由于在极端相对论情形, 粒子速度非常接近光速, 动能比静质能大得多, 总能量基本上全是动能, 与零质量粒子一样.

上述分析得到了实验的支持. 光子具有能量和动量, 并且以光速运动, 而从未测到静止的光子, 所以光子质量为零. 在放射性衰变中发现的中微子虽然已有实验证明具有很小的质量 (见 15.8 节 e 和 17.4 节 d), 但在许多问题中仍可近似认为是以光速运动的零质量粒子. 引力子是理论上预言的一种传递万有引力相互作用的零质量粒子, 在实验上还没有发现. 因为引力太弱, 单个引力子携带的能量太少, 现有的实验技术还达不到这种精度.

光子质量为零, 或者说, 光速是极限速度, 不仅是实验的结果. 根据把电磁与弱相互作用统一的电弱统一模型, 麦克斯韦方程具有规范对称性, 光子质量严格为零 (见 7.9 节 b).

零质量粒子没有静质能, 意味着它没有内部结构, 是最基本的粒子. 反过来说, 有质量的粒子是不是一定有内部结构? 这要靠粒子物理的发展来回答. 根据现有的模型, 认为电子 e^- 和电子性中微子 $\bar{\nu}_e$ 属同一结构层次, 它们与上夸克 u 和下夸克 d 共同构成第一代费米子, 都可看作没有内部结构的 点粒子.

d. 用快度表示的能量和纵向动量

对高能物理实验中的出射粒子, 测量的往往是它沿入射粒子束方向的纵向动量 $p_{/\!/}$ 和与入射束垂直的横向动量 $p_\perp$. 若选 x 轴在入射束方向, 用 θ 表示出射粒子动量 $\boldsymbol{p}$ 与 x 轴的夹角, 则

$$p_{/\!/} = p\cos\theta, \qquad p_\perp = p\sin\theta. \tag{3.29}$$

当 $\boldsymbol{p}$ 与 x 轴平行时, 换到 $\boldsymbol{p}' = 0$ 的 S' 系中, 粒子静止, $p'_0 = mc$, 有

$$\begin{pmatrix} p_x \\ p_y \\ p_z \\ p_0 \end{pmatrix} = \begin{pmatrix} \operatorname{ch}Y & 0 & 0 & \operatorname{sh}Y \\ 0 & 1 & 0 & 0 \\ 0 & 0 & 1 & 0 \\ \operatorname{sh}Y & 0 & 0 & \operatorname{ch}Y \end{pmatrix} \begin{pmatrix} 0 \\ 0 \\ 0 \\ mc \end{pmatrix} = \begin{pmatrix} mc\operatorname{sh}Y \\ 0 \\ 0 \\ mc\operatorname{ch}Y \end{pmatrix},$$

即

$$p_{/\!/} = p_x = mc \cdot \operatorname{sh}Y, \tag{3.30}$$

$$p_0 = mc \cdot \text{ch}\, Y, \tag{3.31}$$

其中 Y 是粒子相对于实验室系的快度. 上述两式的几何含意是: 四维矢量 $(\boldsymbol{p}, \text{i}p_0)$ 在 $(x, \text{i}ct)$ 平面内, 长度为 $\text{i}mc$, 与 $\text{i}ct$ 轴夹角为 $\text{i}Y$, 它在 $\text{i}ct$ 轴投影为 $\text{i}p_0$, 在 x 轴投影为 $p_{/\!/}$.

当 $\boldsymbol{p}$ 与 x 轴不平行时, 换到 $p_x' = 0$ 的 S' 系中, 有

$$\begin{pmatrix} p_x \\ p_y \\ p_z \\ p_0 \end{pmatrix} = \begin{pmatrix} \text{ch}\, Y & 0 & 0 & \text{sh}\, Y \\ 0 & 1 & 0 & 0 \\ 0 & 0 & 1 & 0 \\ \text{sh}\, Y & 0 & 0 & \text{ch}\, Y \end{pmatrix} \begin{pmatrix} 0 \\ p_y' \\ p_z' \\ p_0' \end{pmatrix} = \begin{pmatrix} p_0' \,\text{sh}\, Y \\ p_y' \\ p_z' \\ p_0' \,\text{ch}\, Y \end{pmatrix},$$

这时 $p_y' = p_y, \ p_z' = p_z,$ 而

$$p_{/\!/} = p_x = m_\perp c \cdot \text{sh}\, Y, \tag{3.32}$$

$$p_0 = m_\perp c \cdot \text{ch}\, Y, \tag{3.33}$$

其中 Y 是粒子相对于实验室系 S 的纵向快度, 而

$$m_\perp c = p_0' = \sqrt{m^2 c^2 + p_x'^2 + p_y'^2 + p_z'^2} = \sqrt{m^2 c^2 + p_y^2 + p_z^2}. \tag{3.34}$$

这样定义的 $m_\perp$ 称为 粒子纵向等效质量, 它表明, 由于粒子的横向运动, 使粒子在纵向的等效质量从 m 增加到 $m_\perp$.

上述三式的几何含意是: 四维矢量 $(\boldsymbol{p}, \text{i}p_0)$ 在 $(x, \text{i}ct)$ 平面内的投影长度为 $\text{i}m_\perp c$, 它与 $\text{i}ct$ 轴夹角为 $\text{i}Y$, 它在 $\text{i}ct$ 轴的投影为 $\text{i}p_0$, 在 x 轴的投影为 $p_{/\!/}$. 我们可以等效地把粒子看成只有纵向运动, 但其质量为 $m_\perp$.

联立 (3.32) 和 (3.33) 式消去 $m_\perp c$, 可得

$$\frac{p_{/\!/}}{p_0} = \text{th}\, Y = \frac{\text{e}^Y - \text{e}^{-Y}}{\text{e}^Y + \text{e}^{-Y}},$$

由此可以解出

$$Y = \frac{1}{2} \ln \frac{p_0 + p_{/\!/}}{p_0 - p_{/\!/}}, \tag{3.35}$$

这是高能物理实验中根据纵向动量 $p_{/\!/}$ 和粒子能量 $p_0 c$ 来计算粒子纵向快度 Y 的常用公式.

例题 7　已知粒子在 S 系的快度 Y 和等效质量 $m_\perp$, 试求它在 S' 系的能量 E' 和纵向动量 $p_{/\!/}'$. 设 S' 沿 x 轴运动, 相对于 S 的快度为 Y'.

解　粒子在 S' 系的快度为 $Y - Y'$, 等效质量仍为 $m_\perp$, 故有

$$E' = p_0' c = m_\perp c^2 \cdot \text{ch}\, (Y - Y'),$$

$$p_{/\!/}' = m_\perp c \cdot \text{sh}\, (Y - Y').$$

3.4 相互作用多粒子体系

a. 动量和能量守恒

一个不受外力的自由粒子, 其动量和能量都不随时间改变, 四维矢量 $(\boldsymbol{p}, \mathrm{i}p_0)$ 是常矢量,

$$\frac{\mathrm{d}}{\mathrm{d}t}(\boldsymbol{p}, \mathrm{i}p_0) = \left(\frac{\mathrm{d}\boldsymbol{p}}{\mathrm{d}t}, \frac{\mathrm{i}}{c}\frac{\mathrm{d}}{\mathrm{d}t}p_0 c\right) = \left(\boldsymbol{F}, \frac{\mathrm{i}}{c}\boldsymbol{v} \cdot \boldsymbol{F}\right) = 0. \tag{3.36}$$

对于两个粒子的体系, 其总动量 - 能量四维矢量为

$$(\boldsymbol{p}, \mathrm{i}p_0) = (\boldsymbol{p}_1, \mathrm{i}p_{10}) + (\boldsymbol{p}_2, \mathrm{i}p_{20}) = (\boldsymbol{p}_1 + \boldsymbol{p}_2, \mathrm{i}(p_{10} + p_{20})). \tag{3.37}$$

若体系不受外力, 则

$$\frac{\mathrm{d}\boldsymbol{p}}{\mathrm{d}t} = \frac{\mathrm{d}\boldsymbol{p}_1}{\mathrm{d}t} + \frac{\mathrm{d}\boldsymbol{p}_2}{\mathrm{d}t} = \boldsymbol{F}_{12} + \boldsymbol{F}_{21},$$

其中 $\boldsymbol{F}_{12}$ 为粒子 2 对粒子 1 的力, $\boldsymbol{F}_{21}$ 为粒子 1 对粒子 2 的力. 根据牛顿第三定律, $\boldsymbol{F}_{12} + \boldsymbol{F}_{21} = 0$, 所以体系的总动量守恒,

$$\frac{\mathrm{d}\boldsymbol{p}}{\mathrm{d}t} = 0. \tag{3.38}$$

再看体系的 p_0,

$$\frac{\mathrm{d}}{\mathrm{d}t}(p_0 c) = \frac{\mathrm{d}}{\mathrm{d}t}(p_{10} c) + \frac{\mathrm{d}}{\mathrm{d}t}(p_{20} c) = \boldsymbol{v}_1 \cdot \boldsymbol{F}_{12} + \boldsymbol{v}_2 \cdot \boldsymbol{F}_{21}$$

$$= \boldsymbol{F}_{12} \cdot (\boldsymbol{v}_1 - \boldsymbol{v}_2) = \boldsymbol{F}_{12} \cdot \frac{\mathrm{d}\boldsymbol{r}_{12}}{\mathrm{d}t},$$

其中

$$\boldsymbol{r}_{12} = \boldsymbol{r}_1 - \boldsymbol{r}_2$$

是粒子 1 相对于粒子 2 的坐标. 若 $\boldsymbol{F}_{12}$ 是保守力, 则 $\mathrm{d}(p_0 c)/\mathrm{d}t$ 式右边为体系势能的减少率 $-\mathrm{d}E_\mathrm{p}/\mathrm{d}t$, 而左边为体系动能增加率 $\mathrm{d}E_\mathrm{k}/\mathrm{d}t$, 所以体系总能量守恒, 有

$$\frac{\mathrm{d}E}{\mathrm{d}t} = 0, \qquad E = p_0 c + E_\mathrm{p}. \tag{3.39}$$

高能物理实验中测量的是两个粒子散射前后的能量, 粒子相距很远, 可以略去势能.

对于多粒子体系, 可以类似地讨论, 结论相同.

例题 8 一个中性 π^0 介子在静止时衰变为两个 γ 光子, $\pi^0 \to 2\gamma$. 已知 π^0 的质量 $m_{\pi^0} = 135.0\mathrm{MeV}/c^2$, 试求每个光子 γ 的能量 E_γ 和动量 p_γ.

解 衰变前 π^0 的动量为 0, 由动量守恒可知衰变后的两个 γ 光子动量大小相等方向相反, 从而它们的能量相等. 于是由能量守恒可算出 E_γ, 再由 E_γ 算出 p_γ.

$$E_\gamma = \frac{1}{2} m_{\pi^0} c^2 = \frac{1}{2} \times 135.0\text{MeV} = 67.5\text{MeV},$$

$$p_\gamma = \frac{E_\gamma}{c} = 67.5\text{MeV}/c.$$

b. 不变质量

对于两个粒子的体系，其总动量 - 能量四维矢量的间隔是与参考系无关的不变量，

$$\boldsymbol{p}^2 - p_0^2 = (\boldsymbol{p}_1 + \boldsymbol{p}_2)^2 - (p_{10} + p_{20})^2 = -m^2 c^2, \tag{3.40}$$

这样定义的 m 称为体系的 不变质量. 一般地说，体系的不变质量并不等于组成体系的粒子的质量之和，$m \neq m_1 + m_2$. 若体系是由一个母粒子静止衰变成的，则体系的不变质量就等于母粒子质量.

对于多粒子体系，可以类似地定义它的不变质量，以上讨论也同样适用.

例题 9 在高能加速器中产生的中性 K^0 介子，是一种不稳定的粒子，它在静止时可以衰变成一对电荷相反的 π 介子，$\text{K}^0 \to \pi^+ + \pi^-$. 荷电 π 介子的质量 $m_{\pi^\pm} = 139.6\text{MeV}/c^2$, 若实验测出它们的动量 $p_\pi = 206.0\text{MeV}/c$, 试由此计算 K^0 介子的质量.

解 K^0 介子衰变前的动量为零. 根据动量守恒，衰变后两个 π 介子的动量大小相等方向相反，从而它们的能量相等，

$$p_{\pi^0}^2 = m_\pi^2 c^2 + \boldsymbol{p}_\pi^2,$$

$$m_{\text{K}}^2 c^2 = p_{\text{K}^0}^2 - \boldsymbol{p}_{\text{K}^0}^2 = p_{\text{K}^0}^2 = (2p_{\pi^0})^2,$$

所以

$$m_{\text{K}} = \frac{2p_{\pi^0}}{c} = 2\sqrt{m_\pi^2 + \left(\frac{p_\pi}{c}\right)^2}$$

$$= 2 \times \sqrt{(139.6\text{MeV}/c^2)^2 + (206.0\text{MeV}/c^2)^2} = 497.7\text{MeV}/c^2.$$

c. Q 值

实验中最常遇到的多粒子过程是粒子的衰变

$$\text{A} \to \text{A}_1 + \text{A}_2 + \cdots, \tag{3.41}$$

和粒子的反应

$$\text{A}_1 + \text{A}_2 \to \text{A}_3 + \text{A}_4 + \cdots. \tag{3.42}$$

过程前后粒子总动能的改变，即末态与初态粒子总动能之差，称为过程的 Q 值，

$$Q = E_{\text{kf}} - E_{\text{ki}}. \tag{3.43}$$

在粒子没有内部激发时，其能量为动能与静质能之和，$E = E_{\text{k}} + mc^2$, 这里 m

是粒子质量. 于是由总能量守恒, 可以推出

$$Q = (m_\mathrm{i} - m_\mathrm{f})c^2, \tag{3.44}$$

其中 m_i 是过程前所有粒子质量之和, m_f 是过程后所有粒子质量之和.

例题 10 已知 $m_\mathrm{n} = 939.6\mathrm{MeV}/c^2$, $m_\mathrm{p} = 938.3\mathrm{MeV}/c^2$, $m_\mathrm{e} = 0.511\mathrm{MeV}/c^2$, $m_\nu = 0$. 计算下列衰变的 Q 值:

$$\mathrm{n} \to \mathrm{p} + \mathrm{e}^- + \overline{\nu}_\mathrm{e},$$

$$\mathrm{p} \to \mathrm{n} + \mathrm{e}^+ + \nu_\mathrm{e}.$$

解 $Q(\mathrm{n} \to \mathrm{pe}^-\overline{\nu}_\mathrm{e}) = (m_\mathrm{n} - m_\mathrm{p} - m_\mathrm{e} - m_\nu)c^2$

$$= (939.6 - 938.3 - 0.511)\mathrm{MeV} = 0.789\mathrm{MeV},$$

$$Q(\mathrm{p} \to \mathrm{ne}^+\nu_\mathrm{e}) = (m_\mathrm{p} - m_\mathrm{n} - m_\mathrm{e} - m_\nu)c^2$$

$$= (938.3 - 939.6 - 0.511)\mathrm{MeV} = -1.811\mathrm{MeV}.$$

例题 11 计算下列反应的 Q 值, 有关粒子的质量可查表 1.2:

$$\pi^- + \mathrm{p} \to \mathrm{K}^0 + \Lambda^0,$$

$$\mathrm{K}^- + \mathrm{p} \to \Lambda^0 + \pi^0.$$

解 $Q(\pi^- + \mathrm{p} \to \mathrm{K}^0 + \Lambda^0) = [(m_{\pi^-} + m_\mathrm{p}) - (m_{\mathrm{K}^0} + m_{\Lambda^0})]c^2$

$$= (139.6 + 938.3 - 497.6 - 1115.7)\mathrm{MeV} = -535.4\mathrm{MeV},$$

$$Q(\mathrm{K}^- + \mathrm{p} \to \Lambda^0 + \pi^0) = [(m_{\mathrm{K}^-} + m_\mathrm{p}) - (m_{\Lambda^0} + m_{\pi^0})]c^2$$

$$= (493.7 + 938.3 - 1115.7 - 135.0)\mathrm{MeV} = 181.3\mathrm{MeV}.$$

$Q > 0$ 的过程称为 *放热过程*, 这种过程能否发生, 与初始粒子动能无关. $Q < 0$ 的过程称为 *吸热过程*, 只有在一定情况下, 过程才有可能满足能量守恒的要求. 例题 10 中的质子衰变过程不能满足能量守恒, 因而是不可能的. 一般地说, 吸热的衰变都是不可能的. 吸热的反应也只有当入射粒子动能高于一定数值时才有可能, 如例题 11 中的第一个反应.

3.5 粒子的衰变

a. 两体衰变

两体衰变是最简单也最常见的衰变. 前面讨论的 $\pi^0 \to 2\gamma$ 和 $\mathrm{K}^0 \to \pi^+\pi^-$, 衰变产物是两个动量和能量相等的粒子. 一般地, 若 A 静止地衰变为 A$_1$ 和 A$_2$,

$$\mathrm{A} \to \mathrm{A}_1 + \mathrm{A}_2, \tag{3.45}$$

可以写出动量守恒和能量守恒方程：

$$0 = \boldsymbol{p}_1 + \boldsymbol{p}_2,$$

$$mc^2 = \sqrt{\boldsymbol{p}_1^2 c^2 + m_1^2 c^4} + \sqrt{\boldsymbol{p}_2^2 c^2 + m_2^2 c^4},$$

其中 m, m_1 和 m_2 分别是粒子 A, A_1 和 A_2 的质量，$\boldsymbol{p}_1$ 和 $\boldsymbol{p}_2$ 是粒子 A_1 和 A_2 的动量. 现在的情形，动量是一维的，共有 5 个变量，2 个方程，若知道了粒子的质量，就可以解出两个动量

$$p_1 = p_2 = \frac{c}{2m} \sqrt{[m^2 - (m_1 + m_2)^2][m^2 - (m_1 - m_2)^2]},$$

由此就可算出相应的能量

$$E_1 = \sqrt{p_1^2 c^2 + m_1^2 c^4} = \frac{m^2 + m_1^2 - m_2^2}{2m} c^2, \tag{3.46}$$

$$E_2 = mc^2 - E_1 = \frac{m^2 + m_2^2 - m_1^2}{2m} c^2. \tag{3.47}$$

例题 12　中性 Λ^0 超子静止时可衰变成质子 p 与 π^- 介子，$\Lambda^0 \to p + \pi^-$. 已知 $m_{\Lambda^0} = 1115.7 \text{MeV}/c^2$, $m_p = 938.3 \text{MeV}/c^2$, $m_{\pi^-} = 139.6 \text{MeV}/c^2$, 试求质子与 π 介子的动量和能量.

解　$p_p = p_{\pi^-} = \dfrac{c}{2m_{\Lambda^0}} \left\{ \left[m_{\Lambda^0}^2 - (m_p + m_{\pi^-})^2 \right] \left[m_{\Lambda^0}^2 - (m_p - m_{\pi^-})^2 \right] \right\}^{1/2}$

$$= 100.5 \text{MeV}/c,$$

$$E_{kp} = \frac{m_{\Lambda^0}^2 + m_p^2 - m_{\pi^-}^2}{2m_{\Lambda^0}} - m_p c^2 = \frac{(m_{\Lambda^0} - m_p)^2 - m_{\pi^-}^2}{2m_{\Lambda^0}} c^2 = 5.4 \text{MeV},$$

$$E_{k\pi^-} = Q - E_{kp} = (m_{\Lambda^0} - m_p - m_{\pi^-})c^2 - E_{kp} = 32.4 \text{MeV}.$$

它们的动能也可以用算出的动量来算：

$$E_{kp} = \sqrt{p_p^2 c^2 + m_p^2 c^4} - m_p c^2 = 5.4 \text{MeV},$$

$$E_{k\pi^-} = \sqrt{p_{\pi^-}^2 c^2 + m_{\pi^-}^2 c^4} - m_{\pi^-} c^2 = 32.4 \text{MeV}.$$

b. 三体衰变

三体衰变

$$A \to A_1 + A_2 + A_3 \tag{3.48}$$

的四维动量能量守恒方程

$$(0, E) = (\boldsymbol{p}_1, E_1) + (\boldsymbol{p}_2, E_2) + (\boldsymbol{p}_3, E_3) \tag{3.49}$$

有 13 个变量，而只有 4 个方程，故有 9 个独立变量. 通常选定一个粒子动量 $\boldsymbol{p}_1$ 的方向，也还有 7 个独立变量. 所以三体衰变比两体衰变复杂得多，这里只讨论几个具体例子. 这几个例子都能简化为两体衰变问题，可用上述两体衰变的公式. 不过也可用别的解法. 我们将给出几种不同的解法.

例题 13 在中子静止衰变 $n \to p + e^- + \overline{\nu}_e$ 中, 电子最大动能是多少? 已知 $m_n = 939.6 \text{MeV}/c^2$, $m_p = 938.3 \text{MeV}/c^2$, $m_e = 0.511 \text{MeV}/c^2$, $m_{\overline{\nu}} = 0$.

解 当电子性反中微子 $\overline{\nu}_e$ 带走的能量为零时, 电子动能最大. 这时相当于两体衰变, 用前面的公式, 得电子最大动能为

$$E_{ke} = E_e - m_e c^2 = \frac{m_n^2 + m_e^2 - m_p^2}{2m_n} - m_e c^2$$

$$= \frac{(m_n - m_e)^2 - m_p^2}{2m_n} c^2 = 0.788 \text{MeV}.$$

上节例题 10 已算得这个衰变的 Q 值为 0.789 MeV, 所以电子最大动能占了 Q 值的极大部分. 这是由于质子质量很大, 带走的动能很小.

例题 14 在 μ^- 子静止衰变 $\mu^- \to e^- + \overline{\nu}_e + \nu_\mu$ 中, 电子最大动能是多少? 已知 $m_{\mu^-} = 105.7 \text{MeV}/c^2$, $m_e = 0.511 \text{MeV}/c^2$, $m_\nu = 0$.

解 这个衰变的 Q 值为

$$Q = (m_{\mu^-} - m_e) c^2 = 105.2 \text{MeV}.$$

由于 μ^- 静止, 这也就是电子 e^-、电子性反中微子 $\overline{\nu}_e$ 和 μ 子性中微子 ν_μ 的总动能. 当 $\overline{\nu}_e$ 和 ν_μ 的运动方向都与电子相反时, 电子动能最大. 用 p_ν 表示 $\overline{\nu}_e$ 和 ν_μ 的总动量, 则其总能量为 $p_\nu c$, 有

$$p_e = p_\nu,$$

$$Q = E_e - m_e c^2 + p_\nu c = E_e - m_e c^2 + p_e c$$
$$= E_e - m_e c^2 + \sqrt{E_e^2 - m_e^2 c^4}.$$

由此得出

$$E_e = \frac{Q^2}{2(Q + m_e c^2)} + m_e c^2,$$

$$E_{ke} = E_e - m_e c^2 = \frac{Q^2}{2m_{\mu^-} c^2} = 52.3 \text{MeV}.$$

这时电子动能 E_{ke} 接近 Q 值的一半, 这是由于电子质量很小, 接近于零质量粒子, 基本上与中微子平分了 Q 值.

例题 15 在 K^+ 介子静止衰变 $K^+ \to \pi^0 + e^+ + \nu_e$ 中, 正电子 e^+ 和 π^0 介子的最大能量是多少? 已知 $m_{K^+} = 493.7 \text{MeV}/c^2$, $m_{\pi^0} = 135.0 \text{MeV}/c^2$, $m_{e^+} = 0.511 \text{MeV}/c^2$, $m_\nu = 0$.

解 当 $E_\nu = 0$ 时, 正电子 e^+ 和 π^0 介子能量最大,

$$m_{K^+} c^2 = \sqrt{p^2 c^2 + m_{\pi^0}^2 c^4} + \sqrt{p^2 c^2 + m_{e^+}^2 c^4},$$

其中 $p = p_{\pi^0} = p_{e^+}$. 代入数值, 有

$$493.7\text{MeV} = \sqrt{(pc)^2 + (135.0\text{MeV})^2} + \sqrt{(pc)^2 + (0.511\text{MeV})^2}.$$

严格求解较繁, 我们来做近似. pc 必定很大, 右边两项相加才会是大数 493.7. 略去小量 0.511, 就有

$$493.7\text{MeV} = \sqrt{(pc)^2 + (135.0\text{MeV})^2} + pc.$$

由此解出

$$p = 228.4\text{MeV}/c,$$

所以

$$E_{e^+} = \sqrt{p^2c^2 + m_{e^+}^2 c^4} = \sqrt{(228.4\text{MeV})^2 + (0.511\text{MeV})^2} = 228.4\text{MeV},$$

$$E_{\pi^0} = \sqrt{p^2c^2 + m_{\pi^0}^2 c^4} = \sqrt{(228.4\text{MeV})^2 + (135.0\text{MeV})^2} = 265.3\text{MeV}.$$

用两体衰变公式 (3.46) 和 (3.47), 算得的精确解分别为 228.3927 MeV 和 265.3073 MeV, 可见上述近似相当好.

3.6 两体反应

a. 动心系和反应有效能

考虑两个粒子的碰撞. 在做实验时, 常常是用一个高能粒子去打静止的靶, 而在做理论分析时, 用粒子系总动量为零的参考系更方便. 使粒子系总动量为零的参考系称为 动量中心系, 简称 动心系, 它的定义式为

$$\boldsymbol{p} = \boldsymbol{p}_1 + \boldsymbol{p}_2 = 0, \tag{3.50}$$

或用速度写成

$$\gamma_1 m_1 \boldsymbol{v}_1 + \gamma_2 m_2 \boldsymbol{v}_2 = 0, \tag{3.51}$$

其中 m_1 和 m_2 是粒子的质量, $\gamma_1 = 1/\sqrt{1 - v_1^2/c^2}$, $\gamma_2 = 1/\sqrt{1 - v_2^2/c^2}$. 对于经典力学, $\gamma_1 = \gamma_2 = 1$, 这个定义与质心系的定义一致, 动心系也就是质心系. 但在相对论中, 由于 γ_1 和 γ_2 与粒子速率有关, 或者由于有零质量粒子, 动心系一般不再与质心系重合. 注意动心和质心的英文分别是 center of momentum 和 center of mass, 缩写都是 c.m., 前者是相对论力学的概念, 后者是其近似牛顿力学的概念.

我们来求从实验室系 S_L 到动心系 $S_{c.m.}$ 的变换. 在实验室系中, 入射粒子 m_1 的动量 $\boldsymbol{p}_1$ 沿 x 轴, 靶粒子 m_2 静止. 它们在动心系的动量 - 能量四维矢量可用洛伦兹变换分别写出为

$$
\begin{pmatrix} p_1^* \\ 0 \\ 0 \\ E_1^*/c \end{pmatrix} = \begin{pmatrix} \gamma & 0 & 0 & -\gamma\beta \\ 0 & 1 & 0 & 0 \\ 0 & 0 & 1 & 0 \\ -\gamma\beta & 0 & 0 & \gamma \end{pmatrix} \begin{pmatrix} p_1 \\ 0 \\ 0 \\ E_1/c \end{pmatrix},
$$

$$
\begin{pmatrix} p_2^* \\ 0 \\ 0 \\ E_2^*/c \end{pmatrix} = \begin{pmatrix} \gamma & 0 & 0 & -\gamma\beta \\ 0 & 1 & 0 & 0 \\ 0 & 0 & 1 & 0 \\ -\gamma\beta & 0 & 0 & \gamma \end{pmatrix} \begin{pmatrix} 0 \\ 0 \\ 0 \\ m_2 c \end{pmatrix},
$$

由此可得

$$
p_1^* = \gamma(p_1 - \beta E_1/c), \tag{3.52}
$$
$$
E_1^* = \gamma(-\beta p_1 c + E_1), \tag{3.53}
$$
$$
p_2^* = -\gamma\beta m_2 c, \tag{3.54}
$$
$$
E_2^* = \gamma m_2 c^2. \tag{3.55}
$$

其中动心系相对于实验室系沿 x 轴运动的速度 β, 可由动心系条件 $p_1^* + p_2^* = 0$ 解出为

$$
\beta = \frac{p_1 c}{E_1 + m_2 c^2}, \qquad E_1 = \sqrt{p_1^2 c^2 + m_1^2 c^4}. \tag{3.56}
$$

我们再来求动心系中的总能量 $E^* = E_1^* + E_2^*$. 这可由 E_1^* 与 E_2^* 的表达式相加, 但运算较繁. 由于动心系中 $p^* = p_1^* + p_2^* = 0$, E^*/c^2 就是体系的不变质量. 由四维间隔不变式

$$
-(E^*/c)^2 = p_1^2 - (E_1/c + m_2 c)^2,
$$

代入 $E_1^2 = p_1^2 c^2 + m_1^2 c^4$, 就可得到

$$
E^{*2} = 2E_1 m_2 c^2 + m_1^2 c^4 + m_2^2 c^4. \tag{3.57}
$$

动心系总能量 E^* 又称为 反应有效能, 因为它可全部转化为反应生成物的静质能. 在高能物理实验中, 入射粒子能量 E_1 比粒子静质能 $m_1 c^2$ 和 $m_2 c^2$ 大得多, 后两项可以忽略,

$$
E^* \approx \sqrt{2E_1 m_2 c^2}. \tag{3.58}
$$

由此可见, 要想使反应有效能 E^* 增加 n 倍, 就要把实验室系的能量 E_1 增加 n^2 倍. 这不仅使得能量利用率很低, 而且也使得反应有效能的增加越来越困难.

为什么不直接在动心系中做实验呢? 为此, 设计出了 对撞机, 或叫 储存环. 把沿着一个方向加速的粒子储存在一个环形真空管道中, 把沿着相反方向加速的粒子储存在另一环形真空管道中, 然后再把它们引出来对头碰撞. 若两束粒子的质量相同, 能量相等, 这时的实验室参考系就是动心系, 加速的能量就是反应有效能, 极大地提高了能量利用率.

b. 反应阈能

吸热反应所需要的能量, 是由入射粒子的动能来提供的. 只有当入射粒子能量等于或大于某一阈值 $E_{\rm th}$ 时, 反应才可能发生. 这个阈值就称为该反应的 阈能. 与阈能相应的入射粒子动能

$$E_{\rm kth} = E_{\rm th} - m_1 c^2, \tag{3.59}$$

称为该反应的 阈动能.

在阈能反应时, 反应产物在动心系静止, 没有动能, 反应有效能全部转化为产物静质能, 由 (3.57) 式, 有

$$\sqrt{2E_{\rm th} m_2 c^2 + m_1^2 c^4 + m_2^2 c^4} = m_3 c^2 + m_4 c^2 + \cdots,$$

由此可以解出

$$E_{\rm th} = \frac{(m_3 c^2 + m_4 c^2 + \cdots)^2 - (m_1^2 c^4 + m_2^2 c^4)}{2 m_2 c^2}, \tag{3.60}$$

$$E_{\rm kth} = \frac{m_{\rm f}^2 c^4 - m_{\rm i}^2 c^4}{2 m_2 c^2} = -Q \cdot \frac{m_{\rm i} + m_{\rm f}}{2 m_2}, \tag{3.61}$$

其中 Q 是反应 Q 值, 而 $m_{\rm i}$ 和 $m_{\rm f}$ 分别是初态和末态总质量,

$$m_{\rm i} = m_1 + m_2, \tag{3.62}$$

$$m_{\rm f} = m_3 + m_4 + \cdots. \tag{3.63}$$

例题 16 两高能质子碰撞产生 π^0 介子, $\mathrm{p} + \mathrm{p} \to \mathrm{p} + \mathrm{p} + \pi^0$, 试求此反应的阈动能, 已知 $m_{\rm p} = 938.3 \mathrm{MeV}/c^2$, $m_{\pi^0} = 135.0 \mathrm{MeV}/c^2$.

解 $Q = (m_{\rm p} + m_{\rm p}) c^2 - (m_{\rm p} + m_{\rm p} + m_{\pi^0}) c^2 = -m_{\pi^0} c^2 = -135.0 \mathrm{MeV}$,

$$E_{\rm kth} = -Q \cdot \frac{(m_{\rm p} + m_{\rm p}) + (m_{\rm p} + m_{\rm p} + m_{\pi^0})}{2 m_{\rm p}} = -Q \left(2 + \frac{m_{\pi^0}}{2 m_{\rm p}} \right)$$

$$= 135.0 \times \left(2 + \frac{135.0}{2 \times 938.3} \right) \mathrm{MeV} = 279.7 \mathrm{MeV}.$$

例题 17 为了通过反应 $\mathrm{p} + \mathrm{p} \to \mathrm{p} + \mathrm{p} + \mathrm{p} + \bar{\mathrm{p}}$ 来发现反质子 $\bar{\mathrm{p}}$, 加速器的能量应有多大? 质子与反质子质量相同, 都是 $938.3 \mathrm{MeV}/c^2$.

解 $Q = (2 m_{\rm p} - 4 m_{\rm p}) c^2 = -2 m_{\rm p} c^2$,

$$E_{\rm kth} = -Q \cdot \frac{6 m_{\rm p}}{2 m_{\rm p}} = -3Q = 6 m_{\rm p} c^2 = 6 \times 938.3 \mathrm{MeV} = 5.630 \mathrm{GeV}.$$

美国劳仑斯伯克利国家实验室 (LBNL) 的同步质子加速器 Bevatron, 把设计能量改为 6.2GeV, 其目的就是为了寻找反质子. 改建后不久, 张伯莱 (O. Chamberlain) 和赛格雷 (E.G. Segrè) 就用它于 1955 年发现了反质子, 并因此获 1959 年诺贝尔物理学奖.

c. 角分布的变换

粒子运动方向处于立体角 $\mathrm{d}\Omega$ 中的概率

$$W(\cos\theta, \varphi)\mathrm{d}\Omega$$

一般来说依赖于其运动方向角 (θ, φ), θ 和 φ 是其运动方向相对于选定极轴的极角和幅角. $W(\cos\theta, \varphi)$ 称为粒子的 角分布函数, 是实验中一重要观测量, 满足概率归一化条件

$$\int W(\cos\theta, \varphi)\mathrm{d}\Omega = 1. \tag{3.64}$$

如果末态粒子只有两个, 没有自旋或极化, 则在动心系中它们的运动方向是各向同性的,

$$W^*(\cos\theta^*, \varphi^*) = \frac{1}{4\pi}. \tag{3.65}$$

在实验室系中, 末态粒子运动集中于朝前方向, 不再各向同性. 初态粒子能量越高, 末态分布就越集中于朝前方向. 对于一般情形, 末态粒子运动方向与过程的动力学性质有关, 它们的分析与表示也是在动心系更简单. 所以, 我们需要知道角分布从动心系到实验室系的变换.

选择入射束方向 x 轴为球坐标极轴. 由于概率在变换中不变,

$$W^*(\cos\theta^*, \varphi^*)\mathrm{d}\Omega^* = W(\cos\theta, \varphi)\mathrm{d}\Omega,$$

有

$$W(\cos\theta, \varphi) = W^*(\cos\theta^*, \varphi^*)\mathrm{d}\Omega^*/\mathrm{d}\Omega, \tag{3.66}$$

于是要知道角度间的变换和计算 $\mathrm{d}\Omega^*/\mathrm{d}\Omega$,

$$\frac{\mathrm{d}\Omega^*}{\mathrm{d}\Omega} = \frac{\sin\theta^*\mathrm{d}\theta^*\mathrm{d}\varphi^*}{\sin\theta\mathrm{d}\theta\mathrm{d}\varphi} = \frac{\mathrm{d}\cos\theta^*}{\mathrm{d}\cos\theta}\frac{\mathrm{d}\varphi^*}{\mathrm{d}\varphi}. \tag{3.67}$$

可以利用 3.2 节例题 4 的结果,

$$\tan\varphi^* = \tan\varphi, \tag{3.68}$$

$$\tan\theta^* = \frac{\tan\theta}{\gamma(1 - v/u\cos\theta)}, \tag{3.69}$$

其中 v 是动心系 $\mathrm{S_{c.m.}}$ 相对于实验室系 S 的速度, u 是粒子在实验室系的速度. 由第一个关系有

$$\frac{\mathrm{d}\varphi^*}{\mathrm{d}\varphi} = 1, \tag{3.70}$$

但由第二个关系来算 $\mathrm{d}\cos\theta^*/\mathrm{d}\cos\theta$ 太繁.

直接利用洛伦兹变换和动量 - 能量四维矢量的不变间隔

$$p^*\cos\theta^* = \gamma(p\cos\theta - \beta E/c),$$

$$E^*/c = \gamma(-\beta p\cos\theta + E/c),$$

$$-m^2c^2 = p^2 - E^2/c^2.$$

上述三式对 $\cos\theta$ 求微商, 就有

$$p^* \frac{\mathrm{d}\cos\theta^*}{\mathrm{d}\cos\theta} = \gamma\left[\frac{\mathrm{d}p}{\mathrm{d}\cos\theta}\cos\theta + p - \frac{\beta}{c}\frac{\mathrm{d}E}{\mathrm{d}\cos\theta}\right],$$

$$0 = \gamma\left[-\beta\left(\frac{\mathrm{d}p}{\mathrm{d}\cos\theta}\cos\theta + p\right) + \frac{1}{c}\frac{\mathrm{d}E}{\mathrm{d}\cos\theta}\right],$$

$$0 = p\frac{\mathrm{d}p}{\mathrm{d}\cos\theta} - \frac{E}{c^2}\frac{\mathrm{d}E}{\mathrm{d}\cos\theta}.$$

从后二式解出 $\mathrm{d}p/\mathrm{d}\cos\theta$ 和 $\mathrm{d}E/\mathrm{d}\cos\theta$, 代入第一式即有

$$\frac{\mathrm{d}\cos\theta^*}{\mathrm{d}\cos\theta} = \frac{p}{\gamma p^*\left(1 - \frac{v}{u}\cos\theta\right)}, \tag{3.71}$$

其中用到了 $u = pc^2/E$.

最后得到在实验室系中的角分布为

$$W(\cos\theta, \varphi) = W^*(\cos\theta^*, \varphi^*) \cdot \frac{p}{\gamma p^*\left(1 - \frac{v}{u}\cos\theta\right)}, \tag{3.72}$$

当动心系角分布各向同性时, 它成为

$$W(\cos\theta, \varphi) = \frac{1}{4\pi}\frac{p}{\gamma p^*\left(1 - \frac{v}{u}\cos\theta\right)}. \tag{3.73}$$

3.7　相对论多普勒效应

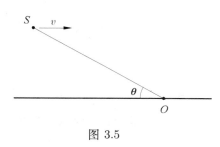

图 3.5

考虑一个运动辐射源. 例如一颗相对于地球的速度为 v 的星体, 或者一个相对于观测者的速度为 v 的发光原子, 其辐射频率 ν, 波长 λ. 设地面观测方向与其运动方向成 θ 角, 如图 3.5. 试问地面观测者 O 测得的频率 ν' 是多少?

a. 纵向多普勒效应

设地面观测者 O 在光源正前方, $\theta = 0$. 由于光源以速度 v 朝 O 飞来, O 观测到的波长为

$$\lambda' = (c - v)T' = \frac{(c-v)T}{\sqrt{1 - v^2/c^2}},$$

其中 T' 是地面观测者测到的周期, T 是光源固有周期, 它们满足爱因斯坦时间

膨胀关系

$$T' = \frac{T}{\sqrt{1 - v^2/c^2}}. \tag{3.74}$$

于是地面观测者测得的频率为

$$\nu' = \frac{c}{\lambda'} = \frac{c\sqrt{1 - v^2/c^2}}{(c - v)T} = \nu\sqrt{\frac{1 + v/c}{1 - v/c}}. \tag{3.75}$$

设地面观测者在光源正后方, $\theta = \pi$, 则上式中 v 应换成 $-v$, 得

$$\nu' = \nu\sqrt{\frac{1 - v/c}{1 + v/c}}. \tag{3.76}$$

上述二式表明, 在运动光源正前方的观测者测得的频率增加, $\nu' > \nu$, 在运动光源正后方的观测者测得的频率减少, $\nu' < \nu$. 这称为光的 纵向多普勒 (Doppler) 效应. 光的纵向多普勒效应与经典力学中声波的纵向多普勒效应在上述特征上定性相似, 但定量上不同. 特别是, 在这里起作用的只是光源与观测者的相对速度, 而不必区分是光源还是观测者在运动. 这是由于光的传播不依赖于任何媒体, 在两个相对运动的参考系中光速相同.

b. 横向多普勒效应

静止观测者在与光源运动方向垂直的方向上也可以观测到频率的改变. 这是光所特有的, 称为光的 横向多普勒效应. 当 $\theta = \pi/2$ 时, 由爱因斯坦膨胀 (3.74) 式直接可得

$$\nu' = \nu\sqrt{1 - v^2/c^2}, \tag{3.77}$$

即在运动光源横向观测到的频率比其固有频率小, $\nu' < \nu$.

c. 一般情形

一般地, 地面观测者在与光源速度成 θ 角的方向上观测到的频率为

$$\nu' = \nu\frac{\sqrt{1 - v^2/c^2}}{1 - v\cos\theta/c}, \tag{3.78}$$

而纵向公式 (3.75)、 (3.76) 和横向公式 (3.77) 都是它的特例. 为了证明这个结果, 我们从光波的相位不变性出发.

平面简谐波可以用复数表示为

$$A(x, y, z, t) = A_0 e^{i(\boldsymbol{k} \cdot \boldsymbol{r} - \omega t)}, \tag{3.79}$$

其中 A_0 是其常数振幅, $\boldsymbol{k}$ 是描述光波传播的 波矢量, 其方向在相位传播的方向, 其大小是波长倒数的 2π 倍, 而 ω 是光波的 圆频率, 有

$$k = \frac{2\pi}{\lambda}, \qquad \omega = 2\pi\nu. \tag{3.80}$$

在迈克耳孙 - 莫雷实验中干涉条纹没有移动, 说明光从沿地球运动方向转到垂直地球运动方向的过程中, 在干涉仪两臂传播的光程没有变化. 这就是说, 从一个惯性参考系 S 变换到另一惯性参考系 S' 时, 光波的相位没有变化,

$$\boldsymbol{k}' \cdot \boldsymbol{r}' - \omega' t' = \boldsymbol{k} \cdot \boldsymbol{r} - \omega t, \tag{3.81}$$

其中 $(\boldsymbol{r}', t')$ 是 S' 系中的空间时间坐标, $(\boldsymbol{k}', \omega')$ 是 S' 系中的波矢量和圆频率. 以上性质称为光波的 相位不变性.

上式的几何意义, 是闵可夫斯基空间中 $(\boldsymbol{k}, i\omega/c)$ 构成四维矢量, 它与四维矢量 $(\boldsymbol{r}, ict)$ 的标量积与坐标系的转动无关, 具有坐标转动下的不变性.

于是我们可以写出从地面观测者的参考系到光源参考系的洛伦兹变换

$$\begin{pmatrix} k_x \\ k_y \\ k_z \\ \omega/c \end{pmatrix} = \begin{pmatrix} \gamma & 0 & 0 & -\gamma\beta \\ 0 & 1 & 0 & 0 \\ 0 & 0 & 1 & 0 \\ -\gamma\beta & 0 & 0 & \gamma \end{pmatrix} \begin{pmatrix} k'_x \\ k'_y \\ k'_z \\ \omega'/c \end{pmatrix},$$

其中 $(\boldsymbol{k}', \omega'/c)$ 是在地面参考系的观测者 O 测得的值, $(\boldsymbol{k}, \omega/c)$ 是在光源参考系的值, $\beta = v/c$. 上述洛伦兹变换的第四分量为

$$\omega/c = \gamma(-\beta k'_x + \omega'/c),$$

代入

$$k'_x = k'\cos\theta = \frac{2\pi}{\lambda'}\cos\theta = \frac{2\pi\nu'}{c}\cos\theta,$$

和 $\omega = 2\pi\nu$, $\omega' = 2\pi\nu'$, 就有

$$\frac{2\pi\nu}{c} = \gamma\left(-\beta \cdot \frac{2\pi\nu'}{c}\cos\theta + \frac{2\pi\nu'}{c}\right),$$

从中就可解出

$$\nu' = \frac{\nu}{\gamma(1 - \beta\cos\theta)} = \nu \cdot \frac{\sqrt{1-\beta^2}}{1 - \beta\cos\theta}. \tag{3.82}$$

这里所依据的相位不变性反映了光子的运动学特征, 下一章将深入讨论这个问题.

按这里提出的假设，从点光源发出的光束能量在传播中不是连续分布到越来越大的空间，而是由数目有限并局限于空间各点的能量子组成，它们能运动，但不能再分割，只能整个地被吸收或产生.

—— A. 爱因斯坦

《关于光的产生和转化的一个启发性观点》, 1905

4 辐射的量子性

4.1 光 电 效 应

光的干涉、衍射和偏振现象，表明光的传播具有波动性，满足波的 叠加原理. 光是一种电磁辐射. 具有波动性和满足叠加原理，是电磁辐射的一个基本性质.

电磁辐射的另一基本性质，是它在与物质相互作用时表现出的 量子性: 它表现为一粒一粒分立的个体，每一粒都具有确定的能量和动量，它们在与物质相互作用时，只能整个地产生或被吸收. 一个物理量如果具有一些最小单元而不能再连续地分割，我们就说它是 量子化 的，而把相应的最小单元称为它的 量子. 光电效应表明光的能量是量子化的，不能无限任意地分割.

紫外光照射到金属表面，能使金属中的电子从金属表面飞出来，这个现象称为 光电效应. 实验示意如图 4.1. 紫外光 I 照射到阴极 K 上，电路中即有电流 i 流过. 这种电流称为 光电流. 产生光电流，说明光照能使阴极中的电子飞出来. 这种电子称为 光电子. 为了消除空气分子的干扰，阴极 K 与阳极 A 都密封在抽成真空的玻璃管中.

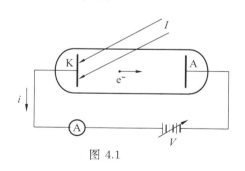

图 4.1

光电效应的基本特征和规律有四点. 首先，从光照开始到光电流出现的弛豫时间 τ 非常短，即使光强减弱到 $I \sim 10^{-10} \mathrm{W/m^2}$ [①]，弛豫时间 τ 也小于 $10^{-9}\mathrm{s}$. 可以说，光电流几乎是在光照下立即出现的.

---

① 我们用符号 $\sim$ 表示数量级相近的意思，见 3 页对表 1.1 的说明和 404 页 17.2 节末的进一步说明.

其次, 光的频率 ν 与端电压 V 一定时, 光电流 i 与光强 I 成正比, $i \propto I$. 也就是说在光照下从阴极飞出的光电子数与光强成正比.

第三, 光的频率 ν 与强度 I 一定时, V-i 特性曲线有两个特点: 饱和电流 i_{s} 与光强成正比, $i_{\mathrm{s}} \propto I$, 即饱和光电子数与光强成正比; 电压在反向增加时, 存在一个使光电流减小到零的 反向截止电压 V_0, 它与光强无关, 即光电子动能有一与光强无关的上限,

$$E_{\mathrm{k}} = eV_0, \tag{4.1}$$

如图 4.2 所示.

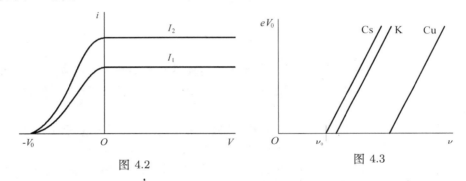

图 4.2   图 4.3

最后, 光电流的反向截止电压 V_0 与光的频率 ν 成线性关系, 如图 4.3. 这可以写成

$$eV_0 = h(\nu - \nu_0), \tag{4.2}$$

其中 ν_0 是能够发生光电效应的最低频率, 称为光电效应的 截止频率 或 红限, 与阴极材料有关, 与光强无关. 斜率 h 与阴极材料无关, 是一普适常数. 上式称为光电效应定律, 可以用 $E_{\mathrm{k}} = eV_0$ 改写成

$$h\nu = E_{\mathrm{k}} + h\nu_0. \tag{4.3}$$

如何从物理上解释光电效应的这些特征和规律?

金属中的电子被晶格离子束缚在金属内, 具有较低的势能. 要使它脱离金属表面而飞出来, 必须给它一定能量 A, 称为这种金属表面的 脱出功. 光电子动能 E_{k} 与脱出功 A 之和, 就是它从光照所获得的能量 E,

$$E = E_{\mathrm{k}} + A. \tag{4.4}$$

产生光电流的弛豫时间很短, 说明光电子的能量 E 是从照射的光束一次性获得的, 而不是多次积累的结果. 所以, 光束每次传递给光电子的能量是一定的. 把上述能量关系与光电效应定律 (4.3) 式对比就可以看出, 光束传递给电子的每一

份能量 E 正比于光的频率 ν,

$$E = h\nu. \tag{4.5}$$

对于一定的阴极材料, 脱出功 A 是一定的. 照射光的频率 ν 降低, 则光电子的最大动能 E_k 减小. 频率降到红限 ν_0 时, 光电子最大动能减为 0, 这时光束传给光电子的能量完全用作脱出功,

$$h\nu_0 = A. \tag{4.6}$$

　　光电子数的多少, 反映了照射光束传递给电子的能量份额的多少. 所以, 光电流与光强成正比这一实验事实, 也支持上述观点: 光强越大, 光束中所含的能量份额就越多, 于是在光照下产生的光电子数也就越多.

　　(4.5) 式是普朗克 1900 年首先作为一个基本假设提出来的, 称为 普朗克关系. 比例常数 h 称为 普朗克常数, 是微观物理的基本常数. 普朗克在研究黑体辐射的能谱时, 首先认识到电磁辐射的能量是量子化的, 其能量子为 $h\nu$. 爱因斯坦于 1905 年进一步认识到, 电磁辐射的能量不仅在数值上是量子化的, 存在不能连续分割的最小单元 $h\nu$, 它在空间中也不连续分布, 而是局限于空间各点. 爱因斯坦把电磁辐射这种局限于空间各点的能量子称为 光量子, 现在简称 光子. 普朗克因为发现能量子获 1918 年诺贝尔物理学奖. 爱因斯坦则因为根据普朗克能量子假设和光量子观点发现光电效应定律, 以及建立相对论, 获 1921 年诺贝尔物理学奖. 公式 (4.3) 又称 爱因斯坦公式 或 爱因斯坦定律.

　　测量光电效应中反向截止电压 V_0 与照射光的频率 ν, 由图 4.3 中直线斜率就可定出普朗克常数 h. 密立根 (R.A. Millikan) 于 1914 年用 Na, Mg, Al, Cu 等做阴极, 首先从光电效应实验测定了普朗克常数 h.

4.2 X 射线及其在晶体上的衍射

　　通常把波长约在 0.01Å 到 10Å 这个范围的电磁波称为 X 射线 或 X 光, 可用 X 射线管来产生. X 射线管工作原理如图 4.4 所示, 它由密封在高真空中的阴极 K 与阳极 A 组成. 阴极 K 一般用钨做成, 由一低压灯丝 F 加热. 在阳极 A 与阴极 K 之间加上约几万到几十万 V 的高电压. 从阴极发射出的热电子, 在高压加速下, 以几十到几百 keV

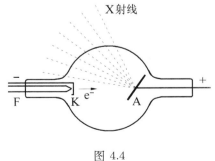

图 4.4

的能量高速射到阳极 A 上. 阳极通常用 Mo, W, Cu 等金属做成, 在高速电子轰击下, 就会发射 X 射线. 这样发射的 X 射线, 可用照相底片或一些专门仪器探测到. 伦琴 (W.C. Röntgen) 于 1895 年用照相底片探测和发现了 X 射线, 因此获 1901 年诺贝尔物理学奖.

X 射线在晶体点阵上会产生衍射, 这表明 X 射线是一种电磁辐射. 由于波长比晶格间距小, X 射线在固体材料中有很强的穿透本领. 波长越短, 穿透本领就越大, 即 X 射线越硬. 根据 X 射线的硬度, 可以粗略估计其波长. 而较精确地测量 X 射线波长, 要利用晶体对 X 射线的衍射.

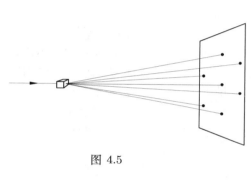

图 4.5

(1) 劳厄法. 冯·劳厄 (M. von Laue) 1912 年发现晶体对 X 射线的衍射, 因此获 1914 年诺贝尔物理学奖. 劳厄法适用于连续谱 X 射线, 又称 白 X 射线 或 多色 X 射线. 当连续谱 X 射线束沿特定方向射到一块单晶上时, X 射线受到晶格点阵的衍射, 使得某一波长的单色 X 射线集中在一些特定方向出射, 用照相底片可以记录到规则分布的亮点, 如图 4.5.

选择三个晶轴方向为斜坐标轴 x, y, z, 把入射束与它们的夹角记为 $\alpha_0, \beta_0, \gamma_0$, 把出射束与它们的夹角记为 α, β, γ, 则波长为 λ 的 X 射线的衍射加强条件为

$$\begin{cases} m_1\lambda = a\left(\cos\alpha - \cos\alpha_0\right), \\ m_2\lambda = b\left(\cos\beta - \cos\beta_0\right), \\ m_3\lambda = c\left(\cos\gamma - \cos\gamma_0\right), \end{cases} \quad (4.7)$$

其中 m_1, m_2, m_3 为整数, a, b, c 为沿坐标轴方向的晶格间距, 如图 4.6.

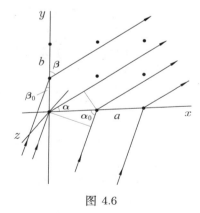

图 4.6

上述公式称为劳厄方程, 它对于给定的波长 λ 和入射方向 $(\alpha_0, \beta_0, \gamma_0)$ 不一定有解 (α, β, γ), 只有在特定的入射方向才有衍射. 对于简单立方晶体, $a = b = c$, 劳厄方程简化为

$$4a^2\sin^2\frac{\phi}{2} = (m_1^2 + m_2^2 + m_3^2)\lambda^2, \quad (4.8)$$

其中 ϕ 为入射束与出射束的夹角,

$$\cos\phi = \cos\alpha\cos\alpha_0 + \cos\beta\cos\beta_0 + \cos\gamma\cos\gamma_0. \tag{4.9}$$

劳厄衍射既证实了晶体由原子点阵构成, 也证实了 X 射线具有波动性. 已知 X 射线波长, 就可由劳厄衍射测量晶格常数 a, b, c, 和测定晶体点阵结构. 反之, 若已知晶格常数, 则可用劳厄法测定 X 射线的波长.

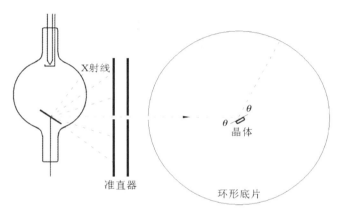

图 4.7

(2) 布拉格法. 这是布拉格父子 (W.H. Bragg, W.L. Bragg) 1913 年发明的. 他们用单色 X 射线照射到单晶上, 如图 4.7. 旋转晶体, 连续改变入射角 θ, 在弯成环形的底片上可以记录到一些对中点对称的线. 波长 λ 与晶格常数 d 以及角度 θ 之间的关系可由图 4.8 推出为

$$2d\sin\theta = n\lambda, \quad n = 1, 2, 3, \cdots, \tag{4.10}$$

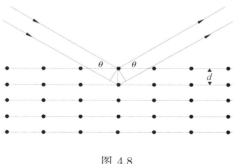

图 4.8

它称为 **布拉格公式**. 波长 λ 一定时, 改变角度 θ, 则满足此条件的晶面相应于底片上的一条亮线. 测量底片上亮线的位置, 就可从晶格常数来确定波长, 或者从波长来确定晶格常数. 布拉格父子因为在用 X 射线分析晶体结构方面的贡献, 共同获 1915 年诺贝尔物理学奖.

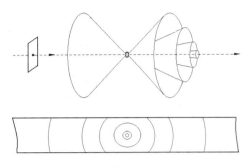

图 4.9

(3) 德拜 - 谢勒 (Debye-Scherrer) 法. 用单色 X 射线照射到多晶或晶体粉末上, 则各种入射角都有, 出射线为以入射线为中轴的一系列锥面, 在底片上截成一系列同心圆, 如图 4.9 所示.

对连续谱 X 射线, 除了 X 射线波长的测量, 还要进行相应 X 射线强度的测量. 图 4.10 是一种 X 射线测谱计的示意. 波长由角度 θ 来测量, 相应强度由一稀薄气体电离室来测量. 电离电流正比于 X 射线强度, 测量电离电流, 就可测定 X 射线强度.

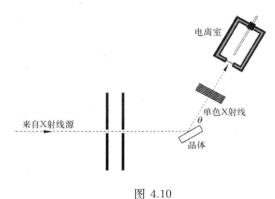

图 4.10

4.3 X 射线轫致辐射谱

用钨做阳极的 X 射线管产生的 X 射线谱, 如图 4.11 所示. 它有下列特征. 首先, X 射线谱连续分布, 有一最短波长 λ_0. 最短波长 λ_0 与加速电压 V 成反比, 比例常数与靶的材料无关, 具有普适性,

$$\lambda_0 V = 普适常数. \tag{4.11}$$

其次, 若把与最短波长 λ_0 相应的频率记为 ν_0, 则 X 射线谱的强度在频率不太高时近似为

$$I(\nu) = 常数 \cdot Z(\nu_0 - \nu), \tag{4.12}$$

其中 Z 为阳极材料的原子序数.

第三, X 射线辐射在空间的分布, 在频率不太高时像偶极振子的辐射分布, 在频率高时偏向向前方向.

产生 X 射线的物理机制, 可用下式表示:

$$e^- + 核 \longrightarrow 核 + e^- + h\nu. \tag{4.13}$$

上式表示, 一个高速电子射入阳极, 被阳极原子核的静电库仑场减速, 同时发射出能量为 $h\nu$ 的 X 光量子, 如图 4.12 所示. 这种带电粒子在运动中受到阻力而产生的辐射, 称为 轫致辐射. 所以 X 射线管产生的 X 射线谱, 称为 X 射线 轫致辐射谱.

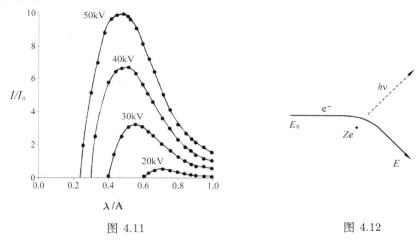

图 4.11   图 4.12

原子核的质量比电子的大得多, 上述过程中原子核的动能可以忽略, 于是 X 光量子 $h\nu$ 应等于电子动能的减小,

$$h\nu = E_{k0} - E_k = eV - E_k. \tag{4.14}$$

当电子动能减小到 0 时, 发射的 X 光量子能量最大, 相应的频率最高, 波长最短,

$$h\nu_0 = eV, \tag{4.15}$$

$$\lambda_0 V = \frac{hc}{e}. \tag{4.16}$$

这就解释了 X 射线轫致辐射谱的短波限 (4.11) 式, 并且给出其中普适常数为 hc/e.

测出加速电压 V 与相应的最短波长 λ_0, 就可用上式算出普朗克常数 h. 这是早期测量普朗克常数最精确的方法之一. 中国近代物理学家叶企孙于 1920 年这样测定的普朗克常数, 在国际上被当作标准值沿用了十多年. 阳极表面脱出功和固体的能带结构会对 $h\nu_0$ 值有几电子伏特的影响, 这是精确测量时需要考虑的因素.

(4.12) 式可以这样来解释: 在轫致辐射中, 电子受到的阻力正比于 Zv^2, 亦即正比于 ZE_k, 根据 (4.14) 和 (4.15) 式, 也就是正比于 $Z(\nu_0 - \nu)$. 所以辐射强度正比于 $Z(\nu_0 - \nu)$.

由于阳极很薄, 入射电子只受到一个原子核的阻力, 被多个原子核阻碍的多次事件很少, 所以辐射在空间的分布与偶极辐射的分布类似.

例题 1　X 射线管的加速电压 V 为 $10\,\text{kV}$ 时, X 射线轫致辐射谱的最短波长 λ_0 是多少?

解　利用公式 (4.16), 并用在数值计算中更方便的组合常数 $\hbar c$, 就有
$$\lambda_0 = \frac{hc}{e \cdot V} = \frac{2\pi \hbar c}{e \cdot V} = \frac{2\pi \times 1973\,\text{eV} \cdot \text{Å}}{10 \times 10^3\,\text{eV}} = 2\pi \times 0.1973\,\text{Å} = 1.24\,\text{Å}.$$

4.4　康普顿效应

实验装置如图 4.13. 用波长 λ_0 的 X 射线准直后入射到石墨上. 被石墨散射后, 在 θ 方向用晶体反射测波长 λ, 用电离室测强度 I. 康普顿的实验结果如图 4.14, 它具有以下特征. 首先, 在不同方向 θ, 除原波长 λ_0 外, 还观测到较长波长

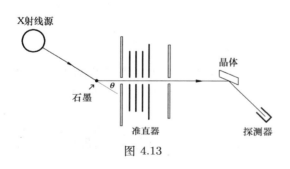

图 4.13

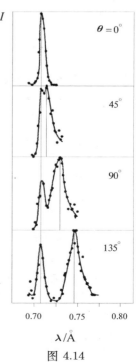

图 4.14

$\lambda > \lambda_0$ 的 X 射线, 波长的增加 $\Delta\lambda = \lambda - \lambda_0$ 称为 康普顿位移. 其次, θ 增加时, 康普顿位移 $\Delta\lambda$ 增加, λ 的强度增大, 而 λ_0 的强度减小. 第三, $\Delta\lambda$ 与散射物质无关, 而当散射物质的原子序数 Z 增大时, λ_0 的强度增大, λ 的强度减小.

上述效应称为 康普顿效应, 是康普顿 (A.H. Compton) 于 1923 年首先发现的. 康普顿因此获 1927 年诺贝尔物理学奖.

如何解释康普顿效应的上述特征？康普顿和德拜的解释，采用了光子的概念. 把光量子看作一个粒子，除了能量 E，还有动量 p. 根据普朗克关系 (4.5)，有

$$p = \frac{E}{c} = \frac{h\nu}{c} = \frac{h}{\lambda}. \tag{4.17}$$

这个关系既与麦克斯韦电磁理论的光压结果一致，又与零质量粒子的动量能量关系相符.

由光电效应可知，电子在原子中的束缚能只相当于紫外光子的能量，比 X 光子的能量小得多. 于是，康普顿效应可以看成 X 光子与自由电子的散射，电子在散射前静止. 设光子在散射前后的动量和能量分别为 $(\boldsymbol{p}_0, E_0)$ 和 $(\boldsymbol{p}, E)$，电子在散射后获得动量 $\boldsymbol{p}_\mathrm{e}$ 和动能 E_k，散射光子和电子动量与入射光子动量的夹角分别为 θ 和 ψ，如图 4.15. 于是根据动量守恒和能量守恒可以写出

$$p_\mathrm{e}^2 = p_0^2 + p^2 - 2p_0 p \cos\theta, \tag{4.18}$$

$$E_0 - E = E_\mathrm{k}. \tag{4.19}$$

其中 (4.19) 式可改写成

$$(p_0 - p)c = \sqrt{p_\mathrm{e}^2 c^2 + m^2 c^4} - mc^2,$$

$$p_\mathrm{e}^2 = (p_0 - p + mc)^2 - m^2 c^2$$

$$= p_0^2 + p^2 - 2p_0 p + 2(p_0 - p)mc.$$

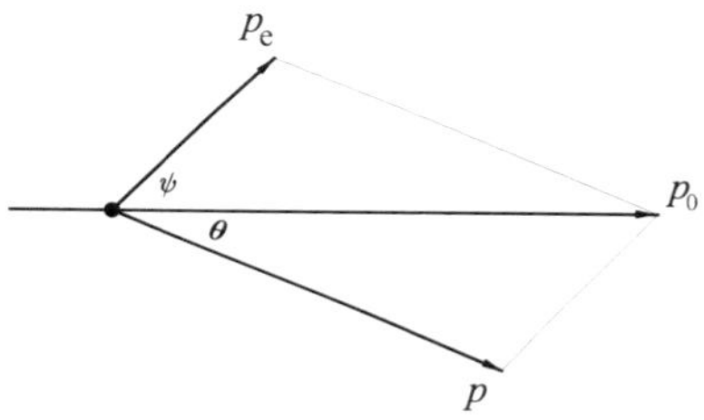

图 4.15

与 (4.18) 式相减，得

$$(p_0 - p)mc = p_0 p(1 - \cos\theta),$$

$$\frac{1}{p} - \frac{1}{p_0} = \frac{1}{mc}(1 - \cos\theta).$$

代入光子动量与波长的关系 (4.17)，即得

$$\Delta\lambda = \lambda - \lambda_0 = \lambda_\mathrm{e}(1 - \cos\theta), \tag{4.20}$$

$$\lambda_\mathrm{e} = \frac{h}{mc}. \tag{4.21}$$

(4.20) 式称为 康普顿方程，它给出康普顿位移 $\Delta\lambda$ 与散射角 θ 的关系. (4.21) 式定义的 λ_e 称为电子的 康普顿波长，可以算得

$$\lambda_\mathrm{e} = \frac{h}{mc} = \frac{2\pi\hbar c}{mc^2} = \frac{2\pi \times 197.3\,\text{MeV·fm}}{0.511\,\text{MeV}}$$

$$= 0.024\,26\,\text{Å}.$$

由图 4.15 写出动量守恒的分量表达式

$$p_0 = p\cos\theta + p_\mathrm{e}\cos\psi,$$

$$p\sin\theta = p_\mathrm{e}\sin\psi,$$

还可推出电子反冲角 ψ 的公式

$$
\begin{aligned}
\tan\psi &= \frac{p\sin\theta}{p_0 - p\cos\theta} = \frac{\sin\theta}{p_0/p - \cos\theta} = \frac{\sin\theta}{\lambda/\lambda_0 - \cos\theta} \\
&= \frac{\sin\theta}{(1 + \lambda_{\mathrm{e}}/\lambda_0)(1 - \cos\theta)} = \frac{1}{(1 + \lambda_{\mathrm{e}}/\lambda_0)\tan\frac{\theta}{2}},
\end{aligned}
\tag{4.22}
$$

其中用到了光子动量与波长的关系和康普顿方程.

康普顿方程已被实验测量完全证实. 反冲角公式也通过在云室中测量反冲原子的方向得到证实. 这时是 X 光子与束缚在原子中的电子散射, 原子作为一个整体被反冲, 应把电子康普顿波长 λ_{A} 换成原子康普顿波长 $\lambda_{\mathrm{A}} = h/m_{\mathrm{A}}c$, m_{A} 是原子质量. 原子康普顿波长很短, 相应的康普顿位移 $\Delta\lambda \approx 0$.

当 $\Delta\lambda \approx 0$ 时, 波长在散射前后没有改变, 这种散射称为 *汤姆孙* (Thomson) 散射. 表 4.1 是康普顿散射与汤姆孙散射的比较.

表 4.1 康普顿散射与汤姆孙散射的比较

	康普顿散射	汤姆孙散射
散射类型	光 - 电子散射	光 - 原子散射
波长改变	$\lambda_0 \to \lambda$	$\lambda_0 \to \lambda_0$
康普顿波长	λ_{e}, 不能忽略	λ_{A}, 可以忽略
理论解释	量子	经典与量子一致
适用范围	$\lambda \sim \lambda_{\mathrm{e}}$, 即 X 射线和 γ 射线区域	$\lambda \gg \lambda_{\mathrm{A}}$, 即可见光, 微波, 射电波等

以下这段话, 是康普顿 1923 年论文 《X 射线在轻元素上散射的量子理论》 的结论: "对这个理论的实验证明, 非常令人信服地表明, 辐射量子既带有能量, 又带有定向的动量."

例题 2 波长 0.300Å 的 X 射线被一电子产生 $60°$ 的康普顿散射, 求散射光子的波长和散射后电子的动能.

解 先用康普顿方程求散射光子波长,

$$
\begin{aligned}
\lambda &= \lambda_0 + \Delta\lambda = \lambda_0 + \lambda_{\mathrm{e}}(1 - \cos\theta) \\
&= 0.300\,\text{Å} + 0.024\,\text{Å} \times (1 - \cos 60°) = 0.312\,\text{Å}.
\end{aligned}
$$

再用能量守恒求电子动能

$$
\begin{aligned}
E_{\mathrm{k}} &= h\nu_0 - h\nu = \frac{hc}{\lambda_0} - \frac{hc}{\lambda} = 2\pi\hbar c\left(\frac{1}{\lambda_0} - \frac{1}{\lambda}\right) \\
&= 2\pi \times 1973\,\text{eV} \cdot \text{Å} \times \left(\frac{1}{0.003\,\text{Å}} - \frac{1}{0.312\,\text{Å}}\right) = 1.59\,\text{keV}.
\end{aligned}
$$

4.5 电子偶的产生和湮没

正负电子对称为 电子偶. 正电子的电荷与电子相反, 带一个单位的基本正电荷, 而它的质量与电子相同. 它们互为正反粒子: 可以把正电子称为电子的反粒子, 也可把电子称为正电子的反粒子.

正电子是 1928 年首先由狄拉克 (P.A.M. Dirac) 在理论上预言, 而 1932 年由安德孙 (C.D. Anderson) 在宇宙射线中观测到的. 狄拉克的基本思想将在 15.1 节介绍. 图 4.16 是安德孙当时在加州理工学院 (Caltech) 用威耳逊云室拍得的径迹照片. 整个云室放在强磁场中, 磁场垂直纸面向里. 粒子穿过铅板后速度减慢, 径迹曲率由小变大. 由此可知粒子自下而上运动. 知道了粒子运动方向, 就可根据磁场方向判断出粒子带正电荷. 根据粒子穿过铅板前后径迹曲率改变的幅度, 他肯定地证明了这种粒子比质子轻得多, 并判定它的质量与电子一样. 所以, 这张照片是正电子存在的第一个证据, 安德孙因此获 1936 年诺贝尔物理学奖.

根据能量守恒和电荷守恒, 一个能量足够高的 γ 光子可以衰变为正负电子偶,

$$\gamma \longrightarrow e^+ + e^- \qquad (4.23)$$

实际上没有观测到这种过程, 这是因为在 e^+e^- 动心系, 衰变前有动量, 衰变后无动量, 动量不守恒.

实际观测表明, 只有当 γ 光子在原子核 A 附近经过时, 才有可能衰变为正负电子偶. 这个过程可以写成

$$\gamma + A \longrightarrow A + e^+ + e^- \qquad (4.24)$$

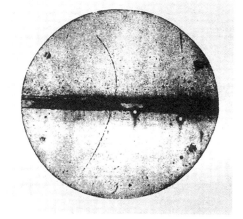

图 4.16

原子核 A 的质量很大, 它能带走光子动量, 从而保证动量守恒. 而带走的能量很少, 能让光子的大部分能量都转移给正负电子偶.

例题 3 试计算通过反应 $\gamma A \to Ae^+e^-$ 产生正负电子偶的 γ 光子能量下限 (产生阈能) E_m 和波长上限 λ_M.

解 $E_m = 2m_ec^2 = 2 \times 0.511\,\text{MeV} = 1.02\,\text{MeV}$,

$$\lambda_M = \frac{h}{p_m} = \frac{hc}{E_m} = \frac{h}{2m_ec} = \frac{1}{2}\lambda_e = \frac{1}{2} \times 0.024\,26\,\text{Å} = 0.012\,13\,\text{Å}.$$

与电子偶的产生相反的过程, 是电子偶的 湮没. 当正负电子相遇时, 由于静

电库仑相互作用, 它们会围绕共同的质心旋转, 形成一个不稳定的束缚体系, 称为 电子偶素. 电子偶素可以存在大约 10^{-10}s 的极短暂时间, 然后衰变成两个 γ 光子.

$$e^+ + e^- \longrightarrow 电子偶素 \longrightarrow \gamma + \gamma. \tag{4.25}$$

这里必须有两个光子, 才能保证动量守恒. 与 (4. 24) 完全相反的过程

$$e^+ + e^- + A \longrightarrow A + \gamma \tag{4.26}$$

虽然能够产生单个光子, 但它要求 e^+, e^-, A 三体相遇, 所以概率很小.

例题 4 试计算过程 $e^+e^- \to 2\gamma$ 产生的光子在动心系的最小能量.

解 由能量动量守恒,

$$2m_e c^2 = E_{\gamma 1} + E_{\gamma 2},$$

$$0 = \boldsymbol{p}_{\gamma 1} + \boldsymbol{p}_{\gamma 2},$$

和光子的能量动量关系 $E_\gamma = p_\gamma c$, 可以解得

$$E_{\gamma 1} = E_{\gamma 2} = m_e c^2 = 0.511\,\mathrm{MeV}.$$

4.6 光子的吸收

表 4.2 是我们已经讨论过的光子与物质相互作用的小结. 光子会与物质中的电子与原子核发生相互作用, 其中光电效应、康普顿效应和电子偶的产生这三项, 会引起光在物质中穿过时被吸收和散射, 使光强衰减.

表 4.2 光子与物质相互作用的小结

	波长	作用类型	量子性
光电效应	紫外光	光子 - 电子散射	能量
韧致辐射	X 光	电子被阻尼发光	能量
康普顿效应	X 光	光子 - 电子散射	能量、动量
电子偶产生	γ 射线	光子转变为电子偶	能量、动量
电子偶湮没	γ 射线	电子偶转变为光子	能量、动量

根据光量子的观点, 可以把光束的强度 I 写成

$$I = Nh\nu, \tag{4.27}$$

其中 N 为单位时间通过单位截面的光子数, 称为 光子数通量, $h\nu$ 则为每个光子的能量. 光束在物质中穿过时, 在距离 $\mathrm{d}x$ 内光子数通量的减小 $-\mathrm{d}N$ 与光子数通量 N 和距离 $\mathrm{d}x$ 成正比,

$$\mathrm{d}N = -\mu N \mathrm{d}x, \tag{4.28}$$

其中比例常数 μ 称为 衰减常数, 表示单位距离内的衰减率. 由上式解出光子数通量

$$N = N_0 \mathrm{e}^{-\mu x}, \qquad (4.29)$$

把它代入光强的表达式 (4.27), 得

$$I = N_0 h\nu \mathrm{e}^{-\mu x} = I_0 \mathrm{e}^{-\mu x}, \qquad (4.30)$$

其中 N_0 是入射的光子数通量, I_0 是入射光强,

$$I_0 = N_0 h\nu. \qquad (4.31)$$

由 (4.30) 式可以求出光束强度衰减到 $I_0/2$ 的距离 d,

$$d = \frac{1}{\mu} \ln 2. \qquad (4.32)$$

这个距离称为 半吸收厚度, 它与衰减常数 μ 成反比.

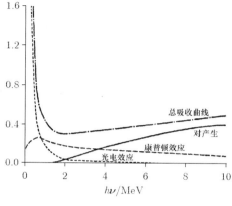

图 4.17

实验表明, 对于 $h\nu$ 一定的光子, 不同材料的吸收本领不同, 例如铅的吸收本领比铝的大. 对于同一材料, 例如铅, $h\nu$ 小而波长长的吸收大, 为 软 X 射线; $h\nu$ 大而波长短的吸收小, 为 硬 X 射线. 衰减常数与光子能量的关系称为 衰减曲线, 如图 4.17.

例题 5 对于 X 射线的吸收来说, 多厚的铝与 6.0mm 的铅等效? 设铝的衰减常数 $\mu_{\mathrm{Al}} = 0.044/\,\mathrm{mm}$, 铅的衰减常数 $\mu_{\mathrm{Pb}} = 5.8/\,\mathrm{mm}$.

解 对 X 射线的衰减等效的条件是

$$\frac{I}{I_0} = \mathrm{e}^{-\mu_{\mathrm{Al}} x_{\mathrm{Al}}} = \mathrm{e}^{-\mu_{\mathrm{Pb}} x_{\mathrm{Pb}}},$$

由此得到 $\mu_{\mathrm{Al}} x_{\mathrm{Al}} = \mu_{\mathrm{Pb}} x_{\mathrm{Pb}}$, 于是

$$x_{\mathrm{Al}} = \frac{\mu_{\mathrm{Pb}}}{\mu_{\mathrm{Al}}} x_{\mathrm{Pb}} = \frac{5.8/\,\mathrm{mm}}{0.044/\,\mathrm{mm}} \times 6.0\,\mathrm{mm} = 791\,\mathrm{mm}.$$

4.7 穆斯堡尔效应

穆斯堡尔效应是一种无反冲 γ 射线的共振吸收现象. 如果 γ 光子具有动量, 原子核在发射 γ 射线时就会受到反冲. 设原子核质量 m, 发射前静止, 发射后具有反冲动量 p 和动能 E_{k}. γ 光子动量 p_γ, 能量 E_γ. 原子核由于发射 γ 光子, 内部能量状态改变, 发射前后能量改变 E. 根据能量守恒有

$$E = E_\gamma + E_{\mathrm{k}}. \qquad (4.33)$$

根据动量守恒和光子的动量能量关系, 有

$$p = p_\gamma = \frac{E_\gamma}{c} = \frac{E - E_k}{c}. \tag{4.34}$$

于是原子核的动能

$$E_k = \frac{p^2}{2m} \approx \frac{E^2}{2mc^2}, \tag{4.35}$$

这里用非相对论的动量能量关系, 因为 $E_k \ll mc^2$. 由于原子核带走反冲动能 E_k, 光子能量比 E 少 E_k, 所以发射光谱频率的峰位于 E 值左边 E_k 处.

类似地, 原子核在吸收 γ 光子时也会获得动量和能量, 以上的讨论同样适用, 只是 (4.33) 式右边应换成减号, 吸收光子的能量满足

$$E'_\gamma = E + E_k, \tag{4.36}$$

其中原子核动能 E_k 的近似公式仍是 (4.35). 所以, 吸收光子能量比 E 多 E_k, 吸收光谱频率的峰位于 E 值右边 E_k 处, 吸收光谱与发射光谱的峰分开 $2E_k$, 如图 4.18. 当反冲动能 E_k 比谱线半宽度 $\Delta E/2$ 小, $2E_k \lesssim \Delta E$, 吸收光谱和发射光谱的峰就会有重叠, 如图 4.18(a). 这时, 从一个原子核发出的 γ 光子频率等于另一同类原子核吸收 γ 光子的频率, 能够引起后者共振和吸收. 这种吸收称为 共振吸收.

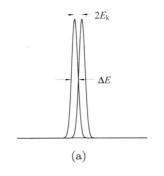 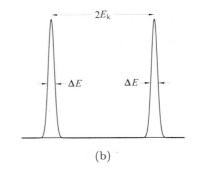

图 4.18

一个原子发出的光, 很容易被另一同类原子共振吸收, 因为这时 $E \sim 1\,\mathrm{eV}$, $\Delta E \sim 10^{-7}\,\mathrm{eV}$, 而 $mc^2 \sim 1000A\,\mathrm{MeV}$, A 是这种原子的质量数, 由 (4.35) 式算得 $E_k \sim 10^{-10}\,\mathrm{eV}$, 有 $E_k \ll \Delta E$. 对于原子核, 情形就不同. 这时 $E \sim 100\,\mathrm{keV}$, $\Delta E \sim 10^{-5}\,\mathrm{eV}$, 算出的 $E_k \sim 1\,\mathrm{eV}$, 所以反冲动能比谱线宽度大得多, $E_k \gg \Delta E$, 不能发生共振吸收, 如图 4.18(b).

为了消除原子核在发射和吸收 γ 射线时的反冲, 可以把发射和吸收 γ 射线的放射性核都放在晶体格点上. 这时是整块晶体被反冲, 上述公式中的 m 应取

整块晶体的宏观质量, 反冲动能可以忽略. 再放在低温环境中, 消除晶格热振动产生的多普勒效应, 就有可能实现 无反冲 γ 射线的共振吸收. 穆斯堡尔 (R.L. Mössbauer) 1958 年做了这个精细的实验[1], 1961 年获诺贝尔物理学奖.

反冲对 γ 射线能量引起的移动, 是放射源运动的多普勒效应. 这个效应的实验装置如图 4.19. 用 ^{191}Ir 放射源, 发射 $E_\gamma = 129\,\text{keV}$ 的 γ 射线, 线宽 $\Delta E = 4.6 \times 10^{-6}\,\text{eV}$, 而反冲动能 $E_\text{k} = 0.047\,\text{eV}$. 把它放在转动圆盘上, 使它有一运动速度 v. 于是在实验室系看到的能量 E_γ^* 可由下述洛伦兹变换给出,

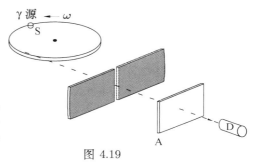

图 4.19

$$E_\gamma^* = \gamma(-\beta cp + E_\gamma) = \gamma E_\gamma (1 - \beta) \approx E_\gamma \left(1 - \frac{v}{c}\right).$$

让这束 γ 射线射到同样的 ^{191}Ir 吸收体 A 上, 在背后用探测器 D 计数. 如果发生共振吸收, 则 D 的计数会明显下降. 共振条件为

$$\left| E_\gamma - E_\gamma^* \right| \approx \left| \frac{v}{c} \right| E_\gamma \ll \Delta E_\gamma, \tag{4.37}$$

由此可估计出

$$|v| \leqslant \frac{\Delta E_\gamma}{E_\gamma} c = \frac{4.6 \times 10^{-6}}{1.29 \times 10^5} \times 3.00 \times 10^{10}\,\text{cm/s} = 1.1\,\text{cm/s}.$$

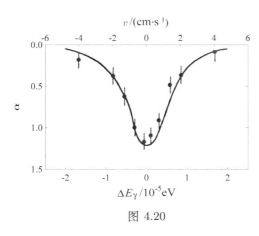

图 4.20

放射源的速度可由转盘角速度 ω 来调节. 图 4.20 是测量到的共振吸收曲线. 可以看出, 只要很小的速度就偏离了共振点, 所以这是非常精细的效应.

本节的分析用到了原子核内部能量状态的概念, 和根据能量守恒写出的原子核内部状态改变的能量差与发射或吸收光子频率的关系. 类似的概念和关系, 将在第 6 章关于原子结构问题的讨论中进一步展开. 关于谱线宽度的概念, 则将在第 10 章 10.7 节专门讨论.

① R.L. Mössbauer, *Zeitschrift für Physik*, **151** (1958) 124.

4.8 引力场中的光子

a. 星光的引力红移

光子具有能量 $h\nu$, 等效地就具有质量 m,

$$m = \frac{h\nu}{c^2}. \tag{4.38}$$

于是, 光子在引力场中具有引力势能. 根据能量守恒, 从星球表面射到地面的光子, 能量从 $h\nu_0$ 减小到 $h\nu$, 即

$$h\nu_0 - \frac{GMh\nu_0/c^2}{R} = h\nu,$$

其中 M 为星球质量, R 为星球半径. 写出上式时, 只考虑星球的引力场, 而忽略了地球的引力场, 并设 $\Delta\nu/\nu \ll 1$. 从上式可求出光子在星球表面的频率 ν_0 与到达地面处的频率 ν 的关系,

$$\nu = \nu_0\left(1 - \frac{GM}{c^2R}\right). \tag{4.39}$$

这个结果表明, 光从星球传播到地面, 频率降低, 波长增加, 比起地面上同类原子发出的光, 颜色向光谱红端移动. 这个效应称为星光的 引力红移.

从上式可以求出

$$\frac{\Delta\nu}{\nu_0} = \frac{\nu - \nu_0}{\nu_0} = -\frac{GM}{c^2R}. \tag{4.40}$$

对于太阳, $M = 1.99 \times 10^{30}$kg, $R = 6.96 \times 10^8$m, 可以算得

$$\frac{\Delta\nu}{\nu_0} = -2.12 \times 10^{-6}.$$

观测值与它之比为 1.05 ± 0.05.

必须指出, 引力红移是非常精细的效应, 发光原子热运动和恒星运动所引起的谱线多普勒移动, 都比引力红移大得多. 观测星光引力红移是很困难的.

例题 6 在实验室测得氢原子光谱 H_α 线波长为 656.210nm, 试求太阳光谱中这条谱线的红移 $\Delta\lambda = \lambda - \lambda_0$.

解 从频率 ν 与 ν_0 的关系, 可求出波长 λ 与 λ_0 的关系,

$$\lambda = \frac{c}{\nu} = \frac{c}{\nu_0(1 - GM/c^2R)} = \frac{\lambda_0}{1 - GM/c^2R},$$

所以

$$\Delta\lambda = \lambda - \lambda_0 = \lambda_0\left(\frac{1}{1 - GM/c^2R} - 1\right) \approx \frac{GM}{c^2R}\lambda_0$$

$$= 2.12 \times 10^{-6} \times 656.210\,\text{nm} = 0.139\,\text{nm}.$$

b. γ 射线的引力蓝移

1959 年庞德 (R.V. Pound) 与瑞布卡 (G.A. Rebka, Jr.) 在哈佛塔做了一个著名的实验[①]. 他们把发射 14.4keV γ 光子的 ^{57}Co 放射源放在塔顶, 在塔底测量它射来的 γ 光子频率 ν, 比较它与原频率 ν_0 的差别. 可写出光子在地面重力场中的能量守恒关系

$$h\nu_0 + \frac{h\nu_0}{c^2} gH = h\nu,$$

其中 H 为塔高, g 为重力加速度, $h\nu_0/c^2$ 为光子在塔顶的等效质量. 从上式可得

$$\nu = \nu_0 \Big(1 + \frac{gH}{c^2}\Big), \tag{4.41}$$

$$\frac{\Delta\nu}{\nu_0} = \frac{\nu - \nu_0}{\nu_0} = \frac{gH}{c^2}. \tag{4.42}$$

它们表明, γ 光子从塔顶射向塔底, 能量从 $h\nu_0$ 增加到 $h\nu$, 频率从 ν_0 增加到 ν, 谱线向蓝端移动.

代入塔高 $H = 22.6\text{m}$, 算得

$$\Big(\frac{\Delta\nu}{\nu_0}\Big)_{\text{计算}} = 2.46 \times 10^{-15},$$

而测量结果是

$$\Big(\frac{\Delta\nu}{\nu_0}\Big)_{\text{实验}} = (2.57 \pm 0.26) \times 10^{-15}.$$

这是非常精细的效应, 他们用一年前刚发现的穆斯堡尔效应, 才测出了 γ 光子频率这么微小的蓝移.

本节的分析从爱因斯坦质能等效原理给出的光的粒子性出发, 用到了惯性质量与引力质量等效的原理. 在 16.7 节, 我们还要从光的波动性出发, 运用广义相对论的等效原理, 再给出这两个问题的另一种分析.

4.9 电磁波的统计诠释

a. 辐射的波粒二象性

一方面, 电磁辐射在传播过程中突出表现出波动的特征, 能够发生干涉、衍射、偏振, 可以用波长、频率和相位的概念来描述, 适用波的叠加原理. 另一方面, 它在与物质相互作用时又突出表现出粒子的特征, 在光电效应、 X 射线轫致辐射、康普顿效应、电子偶的产生与湮没、穆斯堡尔效应以及引力场中的

[①] R.V. Pound and G.A. Rebka, Jr., *Phys. Rev. Lett.*, **3** (1959) 439.

行为中，都像粒子一样，具有能量和动量，适用粒子的能量动量守恒定律. 在实际上，电磁辐射的这种双重个性总是同时表现出来，并非在某些情形具有波动性，在另一些情形具有粒子性. 例如在康普顿效应中，要用晶体衍射测量 X 光波长，利用了 X 光的波动性质；要用能量动量守恒来解释康普顿位移，又用到了 X 光的粒子性质.

事实上，描述辐射粒子性的能量 E 和动量 p，与描述它的波动性的频率 ν 和波长 λ 存在普朗克关系 (4.5) 以及 (4.17) 式. 改用波的圆频率 ω 和波矢量 $\boldsymbol{k}$，

$$\omega = 2\pi\nu, \tag{4.43}$$

$$k = \frac{2\pi}{\lambda}, \tag{4.44}$$

可以把它们写成更对称的关系

$$E = \hbar\omega, \tag{4.45}$$

$$\boldsymbol{p} = \hbar\boldsymbol{k}. \tag{4.46}$$

这就是联系辐射波动性与粒子性的基本关系，其中的比例常数 $\hbar$ 是 约化普朗克常数，$\hbar = h/2\pi$.

上述关系与狭义相对论的基本要求是一致的. 在 3.7 节讨论光的多普勒效应时曾指出，要使简谐波

$$A(x, y, z, t) = A_0 \mathrm{e}^{\mathrm{i}(\boldsymbol{k} \cdot \boldsymbol{r} - \omega t)} \tag{4.47}$$

的相位 $(\boldsymbol{k} \cdot \boldsymbol{r} - \omega t)$ 在洛伦兹变换下不变，波矢量 $\boldsymbol{k}$ 与圆频率 ω 合起来应构成闵可夫斯基空间的四维矢量 $(\boldsymbol{k}, \mathrm{i}\omega/c)$. 代入 (4.45) 和 (4.46) 式，有

$$(\boldsymbol{p}, \mathrm{i}E/c) = \hbar(\boldsymbol{k}, \mathrm{i}\omega/c), \tag{4.48}$$

即辐射的动量 $\boldsymbol{p}$ 与能量 E 合起来应构成闵可夫斯基空间的四维矢量 $(\boldsymbol{p}, \mathrm{i}E/c)$，它与 $(\boldsymbol{k}, \mathrm{i}\omega/c)$ 成比例，比例常数 $\hbar$. 而根据相对论力学，四维矢量 $(\boldsymbol{p}, \mathrm{i}E/c)$ 描述粒子的动力学特征.

根据粒子性与波动性的这种联系，还可以把光的简谐波 (4.47) 式用描述光子的动量和能量改写成

$$A(x, y, z, t) = A_0 \mathrm{e}^{\mathrm{i}(\boldsymbol{p} \cdot \boldsymbol{r} - Et)/\hbar}. \tag{4.49}$$

辐射的这种双重性质称为辐射的 波粒二象性. 它不同于弹性介质中的经典波动，因为它具有与波动特征相联系的粒子特征；它也不同于经典的粒子，因为它具有与粒子特征相联系的波动特征. 我们把这种既不同于经典波动性又不同于经典粒子性的波粒二象性称为微观世界的 量子性. 问题在于，经典波动图像与经典粒子图像是完全不同的两个图像，我们如何才能把量子的波动性与粒子性统一在一个自洽的图像之中？

b. 双缝干涉实验的分析

根据辐射的波粒二象性, 我们先来重新分析光的双缝干涉实验, 见图 4.21. 从光源来的光经过狭缝 1 和 2, 分成两束相干的波 A_1 和 A_2, 它们各自的强度分别为 I_1 和 I_2,

$$I_1 = |A_1|^2, \qquad I_2 = |A_2|^2. \tag{4.50}$$

根据波的叠加原理, 在底片上记录的光波强度不是 $I_1 + I_2$, 而是这两束相干光叠加以后的强度 I,

$$I = |A_1 + A_2|^2 = |A_1|^2 + |A_2|^2 + A_1^* A_2 + A_2^* A_1 = I_1 + I_2 + \text{干涉项}. \tag{4.51}$$

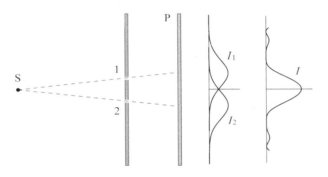

图 4.21

另一方面, 底片记录光强的物理过程, 是光子与底片原子相互作用的过程, 光子在这种过程中具有粒子的特征. 换句话说, 底片记录到的是一个一个具有确定能量和动量的光子. 底片记录到的光强实际上是光子的数目,

$$I = Nh\nu. \tag{4.52}$$

所以, 当光源足够强, 底片上接收到大量光子时, 底片上某一点的光强正比于在该点记录到的光子数, 而底片上两点的光强之比, 正比于在这两点记录到的光子数之比.

但是, 如果光源十分弱, 使得底片上每次只能记录到一个光子, 这时底片上一点的光强含意又是什么呢?

c. 泰勒的实验

泰勒 (G.I. Taylor) 于 1909 年做了一个实验[1]. 他用极微弱的光源照明一根细长的缝衣针, 拍下缝衣针影子的照片. 由于照明光源极微弱, 曝光时间持续了

---

[1] G.I. Taylor, *Proc. Cambridge Phil. Soc.*, **15** (1909) 114.

2000 小时, 约 3 个月. 这样拍得的照片, 和用强光源在短时间曝光下拍的一样, 是清楚而且线条分明的衍射图样.

泰勒实验说明, 虽然每一个光子落到底片上什么位置是 随机的, 而长时间曝光所记录的大量光子的 统计分布, 则呈现出清晰的衍射图样. 这表明, 底片上的光强分布可以诠释为光子出现概率的分布: 底片上一点的光强, 正比于在该点记录到一个光子的概率, 而底片上两点的光强之比, 正比于在这两点记录到光子的概率之比.

d. 统计诠释

根据以上的分析, 我们可以对描述电磁波的函数 $A(r,t)$ 作如下的诠释: 函数 $A(r,t)$ 的模的平方 $|A(r,t)|^2$ 正比于 t 时刻在 r 处找到 1 个光量子的概率[①].

按照这个 统计诠释, $A(r,t)$ 不是物理量, 只是用来计算测量概率的数学函数. 由于它不是物理量, 不表示任何物理实在, 经典电磁学为它所设想的以太也就不需要了. 在这一点上, 统计诠释的合理性得到了狭义相对论的支持.

这是一个完全统计性的诠释. 采用这个诠释, 我们就有了一个自洽的图像, 既保持光的波动性, 又保持光的粒子性, 把它们二者纳入了一个在逻辑上一致的概念框架之中! 必须注意, 这里的统计性不同于系综的统计性, 是单个光子所具有的统计性. 泰勒实验证明, 干涉现象不是大量光子相互作用的结果, 单个光子就有波动性.

采用统计诠释, 意味着我们在原则上接受对测量结果只能作出统计性的预言: 测量结果是许多可能值中的一个, 我们不可能预言肯定是哪一个值, 而只能预言测得某一可能值的概率是多少. 这是一种统计性的因果关系. 在物理学基本规律的表述中接受和采用统计性的因果关系, 是一件意义深远的事, 我们将在下一章进一步讨论这一点.

4.10 光子的测不准关系

现在来讨论光子不同于经典粒子的基本特征. 根据波粒二象性和波函数的统计诠释, 我们来分析光的单缝衍射实验, 见图 4.22. 让波长为 λ 的单色光, 沿 z 轴垂直入射到沿 x 轴宽度为 d 的狭缝上. 由于光通过狭缝时发生衍射, 出射光

---

① 严格地说, 数学上没有单个光子的坐标表象波函数, 经典理论的函数 $A(r,t)$ 在量子理论里不是函数而是算符. 不过由于在量子理论里 $|A(r,t)|^2$ 是计算 t 时刻在 r 处的光子数的算符, 所以这里和后面相关的讨论在物理上是恰当的. 严格的讨论属于量子电动力学的范围, 有兴趣的读者请参阅作者的《量子力学原理》第八章和《简明量子场论》第 3 章.

不再限定在原来的入射方向, 而散布在一衍射角为 $\Delta\theta$ 的范围内. 衍射角 $\Delta\theta$ 、狭缝宽度 d 和入射波长 λ 之间满足下述衍射反比关系,

$$d\Delta\theta \sim \lambda. \tag{4.53}$$

这是在波动光学中已经熟知的结果. 现在我们从光子的观点来看这个衍射反比关系的含意.

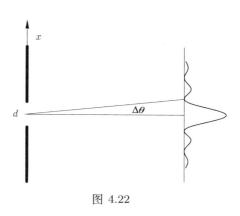

图 4.22

a. 光子坐标与动量的测不准关系

从光子的观点来看, 这个实验表明, 一个动量为 $p_z = h/\lambda$ 的光子垂直入射到狭缝上, 经过狭缝以后, 动量不再在原来的入射方向, 而是在衍射角 $\Delta\theta$ 中的某一方向. 如果在狭缝后面用一照相底片来探测这个光子, 则统计诠释表明, 不可能知道它将落在哪一点, 但可以知道它将落在某一点的概率有多大. 由于衍射波散布在 $\Delta\theta$ 的范围内, 所以它落在 $\Delta\theta$ 范围内的可能性最大.

入射的是波长确定的单色平面波, 光子具有确定的动量. 平面波的振幅处处相同, 所以光子的位置完全不确定, 处处的概率都相同. 狭缝可看成一个在 x 方向测量光子位置的装置, 通过狭缝的光子, 它在 x 方向的坐标就被测定了, 误差范围 $\Delta x \sim d$. 但是, 通过狭缝的光子已不再保持原来方向, 它的动量在 x 方向不完全确定, 范围 $\Delta p_x \sim p_z\Delta\theta$. 利用波粒二象性的关系 $p_z = h/\lambda$, 就可以把衍射反比关系 (4.53) 改写成光子坐标与动量的关系

$$\Delta x \Delta p_x \sim h. \tag{4.54}$$

这个关系表明, 如果测量光子在 x 方向的坐标, 则势必破坏原来对它在 x 方向的动量的知识, 使之产生一个不确定 Δp_x. 对坐标 x 测量得越精确, 即 Δx 越小, 则相应地动量 p_x 的不确定性 Δp_x 就越大, 它们之间满足上述反比关系. 对于 y 和 z 轴方向, 可以得到类似的关系. 严格的理论分析给出

$$\begin{cases} \Delta x \Delta p_x \geqslant \hbar/2, \\ \Delta y \Delta p_y \geqslant \hbar/2, \\ \Delta z \Delta p_z \geqslant \hbar/2. \end{cases} \tag{4.55}$$

这组关系表明, 由于光子具有波粒二象性, 如果同时测量它的坐标和相应的动量, 则测量精度在原则上必然受到上述关系的限制. 所以我们称之为光子

坐标与动量的 测不准关系.

b. 光子时间与能量的测不准关系

下面再来讨论光子时间与能量的测不准关系. 根据波粒二象性的基本关系 (4.45), 对于圆频率 ω 一定的单色光, 光子具有确定的能量. 由于单色光的振幅 不随时间变化, 在任何时刻都有可能测量到这个光子. 如果我们让这束光穿过 一个可以开关的闸门, 把闸门打开一段时间 Δt 以后再关上, 则穿过闸门的光就 是一个只传播一段时间 Δt 的波列. 在 Δt 的时间内光传播的距离为 $\Delta L = c\Delta t$, 所以这是一个长度为 $\Delta L = c\Delta t$ 的波列.

一个长度有限的波列, 就不再是一个频率确定的单色光, 它应该由许多圆频 率在 $\omega - \Delta\omega/2$ 到 $\omega + \Delta\omega/2$ 范围内的波叠加而成. 这个频率范围 $\Delta\omega$, 应使得在 Δt 时间内以频率 $\omega + \Delta\omega/2$ 传播的波和以频率 $\omega - \Delta\omega/2$ 传播的波产生相位差 2π, 从而使得当它们在波列的中点同相位相加时, 在波列的两端反相位相消. 于 是

$$\Delta t\left(\omega + \frac{\Delta\omega}{2}\right) - \Delta t\left(\omega - \frac{\Delta\omega}{2}\right) \sim 2\pi,$$
$$\Delta t\Delta\omega \sim 2\pi. \tag{4.56}$$

这个式子表示波列的长度 (正比于 Δt) 与谱线的宽度 (正比于 $\Delta\omega$) 成反比. 这是 在波动光学中已经熟知的时间相干性反比关系. 用普朗克关系 (4.45), 可以把它 改写成光子的关系

$$\Delta t\Delta E \sim h. \tag{4.57}$$

严格的理论分析给出

$$\Delta t\Delta E \geqslant \frac{\hbar}{2}, \tag{4.58}$$

它表明如果我们测量光子的时间精确到 Δt, 则光子的能量就不确定到 ΔE, 由于 光子具有波粒二象性, 同时测量光子的时间和能量, 测量精度在原则上必然受 到上述条件的限度. 所以我们把它称为光子时间与能量的测不准关系.

5 粒子的波动性

5.1 电 子

a. 阴极射线的荷质比

电子是最早发现的基本粒子. 1897 年汤姆孙 (J.J. Thomson) 发现电子所用的实验装置如图 5.1. K 和 A 是密封在真空中的一对电极. 加上电压后, 会有一束射线从阴极 K 射出, 由阳极 A 以及 A′ 的狭缝准直后, 射到对着阴极的荧光屏上, 使荧光屏产生一亮斑. 由于是从阴极射出的, 人们把这种射线称为 阴极射线.

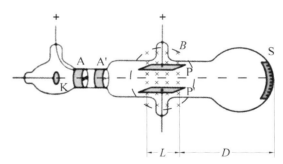

图 5.1

为了检验阴极射线是否带电, 汤姆孙在阴极射线通过的路径上用另一对电极 P 和 P′ 加上一个均匀电场 **E**. 阴极射线如果是由带电荷 $-e$ 的粒子组成的, 它在电场作用下, 就受到一个与射线方向垂直的偏转力 $-e\mathbf{E}$. 已知电场 **E** 的大小和方向, 就可以从射线的偏转方向判断电荷的正负, 从偏转的程度判断电荷的大小. 用这个方法, 汤姆孙发现阴极射线是由一些带负电的粒子组成的.

为了测量电荷的大小, 他在 P 和 P′ 之间又加上一个与射线和电场都垂直的磁场 **B**. 这个磁场也可使射线上下偏转. 调节 **E** 和 **B**, 使得它们对射线的偏转力刚好抵消, 则射线就没有偏转. 这时电场力和磁场力大小相等,

$$eE = evB,$$

其中 E 和 B 分别是电场强度和磁感应强度的大小, v 是阴极射线粒子运动的速率. 由此可以测出粒子的速率 v:

$$v = \frac{E}{B}. \tag{5.1}$$

然后去掉电场 E. 在只有磁场 B 的情况下, 粒子将沿一半径为 r 的圆弧运动,

$$evB = \frac{mv^2}{r},$$

m 为粒子质量. 由粒子的偏转测出圆弧半径 r, 就可测出粒子电荷 e 与质量 m 之比,

$$\frac{e}{m} = \frac{v}{rB}. \tag{5.2}$$

汤姆孙用这种方法测出了阴极射线的荷质比 e/m, 从而得出结论: 阴极射线是由质量比离子小得多的粒子组成的, 这种粒子带负电 $-e$. 他称这种粒子为 微粒, 而现在大家把这种粒子称为 电子.

b. 电子的电荷与质量

汤姆孙在测定 e/m 后不到两年, 又单独测定了 e. 他的方法是测定饱和蒸汽中带电雾滴的数目和电荷总量. 由此可以算出电子电荷的平均值. 汤姆孙测得的值是

$$e = 1 \times 10^{-19} \text{C}.$$

后来密立根改进和发展了汤姆孙的方法, 经过几年的反复测量, 得到

$$e = 1.594 \times 10^{-19} \text{C},$$

这已经很接近现在的国际推荐值, 即 (1.15) 式.

由密立根的油滴实验得出的结论是: 电荷是量子化的, 任何电荷只能是基本电荷 e 的整数倍. 在物理上看, 电荷是表征电磁相互作用的常数, 电荷量子化源于物质结构的原子性. 此外, 粒子物理的夸克模型假设, 夸克作为构成强相互作用粒子的基本单元, 其电荷是基本电荷 e 的 $\pm 1/3$ 或 $\pm 2/3$. 这一模型已获得许多实验的支持, 但直接寻找这种分数电荷的实验努力也还没有肯定的结果. 密立根由于在测定基本电荷和光电效应方面的贡献, 获 1923 年诺贝尔物理学奖.

电子质量 m 与基本电荷 e 一样, 也是基本物理常数. 它的国际推荐值是

$$m = 9.109\,382\,15(45) \times 10^{-31} \text{kg}, \tag{5.3}$$

而在实际计算中最方便和最常用的则是组合常数

$$mc^2 = 0.510\,998\,910(13) \text{ MeV}$$

$$\approx 0.511\,0 \text{ MeV}. \tag{5.4}$$

c. 电子的经典模型

假设电子是一个半径为 r_e 的球. 如果电荷 $-e$ 均匀分布在球内, 则它的静电自能为

$$\frac{3}{5}\frac{1}{4\pi\varepsilon_0}\frac{e^2}{r_e}.$$

如果电荷 $-e$ 均匀分布在球面, 则它的静电自能为

$$\frac{1}{2}\frac{1}{4\pi\varepsilon_0}\frac{e^2}{r_e}.$$

一般地, 半径为 r_e 的带电球静电自能为

$$\alpha\frac{1}{4\pi\varepsilon_0}\frac{e^2}{r_e},$$

系数 α 与电荷分布情形有关.

再假设电子静质能 mc^2 完全来自它的静电自能, 并且 $\alpha=1$, 则有

$$mc^2 = \frac{1}{4\pi\varepsilon_0}\frac{e^2}{r_e}. \tag{5.5}$$

由此可以求出

$$r_e = \frac{1}{mc^2}\frac{e^2}{4\pi\varepsilon_0} = \frac{1.440\,\text{MeV·fm}}{0.5110\,\text{MeV}} = 2.818\,\text{fm}. \tag{5.6}$$

这个半径称为电子的 经典半径, 它是我们对于电子的大小至今所能作出的最常被提到的一个估计. 它看起来太大了.

5.2　德布罗意波

光在传播过程中表现出波动性, 而在与物质的相互作用中则表现出粒子性. 德布罗意 (L. de Broglie) 从光的波粒二象性得到启发而首先想到, 电子在阴极射线与偏转电磁场的相互作用中表现出粒子性, 会不会在另一些过程中表现出波动性? 更一般地, 通常认为具有粒子特征的电子、质子、中子等粒子, 是否也具有波动的特征?

德布罗意从理论上猜测, 波粒二象性不只是光所具有的独特性质, 而应该是遍及整个物理世界的一种普遍的现象. 按照这个猜测, 德布罗意假设联系光的波动性与粒子性的关系

$$E = \hbar\omega, \tag{5.7}$$

$$\boldsymbol{p} = \hbar\boldsymbol{k}, \tag{5.8}$$

对于粒子也同样成立. 具有能量 E 和动量 $\boldsymbol{p}$ 的粒子可以用一简谐平面波来描述, 平面波的圆频率 ω 和波矢量 $\boldsymbol{k}$ 正比于粒子的能量 E 和动量 $\boldsymbol{p}$.

对于光子来说, 由于它的质量为 0, 能量与动量成正比, 存在能量动量关系 $E = pc$, 所以上述两个关系并不互相独立. 对于有质量的粒子来说, 能量与动量之间不存在比例关系, 上述二式是彼此独立的. (5.7) 式是普朗克假设的推广, 而 (5.8) 式就应看作一个新的独立的假设, 称为 *德布罗意假设* 或 *德布罗意关系*.

利用波长 λ 与波矢量的大小 k 的关系 $\lambda = 2\pi/k$, 可以把德布罗意关系 $p = \hbar k$ 改写成相应波长 λ 与动量 p 的关系

$$\lambda = \frac{h}{p}. \tag{5.9}$$

它表示粒子的波长与它的动量成反比, 粒子动量越大, 波长就越短. 由于普朗克常数 h 太小, 只有微观粒子的波长才有可观测的效应.

例题 1 计算下列情形的德布罗意波长: 质量 1000 kg, 速度 10 m/s 的汽车; 质量 10 g, 速度 500 m/s 的子弹; 质量 1 μg, 速度 1 cm/s 的烟尘; 质量 0.511 MeV/c^2, 动能 100 eV 的电子; 和质量 938.3 MeV/c^2, 动能 1 GeV 的质子.

解 前三种情形都是宏观物质, 把 $p = mv$ 代入德布罗意关系 $\lambda = h/p$, 有

$$\lambda_{汽车} = \frac{6.6 \times 10^{-34} \text{J} \cdot \text{s}}{1000 \text{kg} \times 10 \text{m/s}} = 6.6 \times 10^{-38} \text{m},$$

$$\lambda_{子弹} = \frac{6.6 \times 10^{-34} \text{J} \cdot \text{s}}{10^{-2} \text{kg} \times 500 \text{m/s}} = 1.3 \times 10^{-34} \text{m},$$

$$\lambda_{烟尘} = \frac{6.6 \times 10^{-34} \text{J} \cdot \text{s}}{10^{-9} \text{kg} \times 10^{-2} \text{m/s}} = 6.6 \times 10^{-23} \text{m}.$$

后两种情形是微观粒子, 由关系

$$\sqrt{p^2 c^2 + m^2 c^4} = mc^2 + E_{\text{k}}$$

解出动量 p 为

$$p = \frac{1}{c} \sqrt{E_{\text{k}}(E_{\text{k}} + 2mc^2)}. \tag{5.10}$$

对于电子的情形, 因为 $E_{\text{k}} \ll mc^2$, 上式成为经典公式

$$p = \sqrt{2mE_{\text{k}}}. \tag{5.11}$$

把它代入德布罗意关系, 有

$$\lambda = \frac{h}{p} = \frac{2\pi\hbar c}{\sqrt{2mc^2 \cdot E_{\text{k}}}} = \frac{2\pi \times 1973 \text{eV} \cdot \text{Å}}{\sqrt{2 \times 0.511 \times 10^6 \text{eV} \times 100 \text{eV}}} = 1.23 \text{Å}.$$

对于质子的情形, 因为 $E_{\text{k}} \sim mc^2$, 要用 (5.10) 式, 有

$$\lambda = \frac{h}{p} = \frac{2\pi\hbar c}{\sqrt{E_{\text{k}}(E_{\text{k}} + 2mc^2)}} = \frac{2\pi \times 197.3 \text{MeV} \cdot \text{fm}}{\sqrt{1000 \times (1000 + 2 \times 938.3) \text{MeV}^2}} = 0.731 \text{fm}.$$

德布罗意假设粒子具有的这种波, 称为 *德布罗意波*. 德布罗意波是简谐的

平面波，利用普朗克关系 $E = \hbar\omega$ 和德布罗意关系 $\boldsymbol{p} = \hbar\boldsymbol{k}$，可把波函数写成

$$\psi(\boldsymbol{r}, t) = Ce^{i(\boldsymbol{k}\cdot\boldsymbol{r} - \omega t)} = Ce^{i(\boldsymbol{p}\cdot\boldsymbol{r} - Et)/\hbar}. \tag{5.12}$$

上述波函数称为 德布罗意波函数. 德布罗意波函数应对所有惯性参考系都成立，这就要求它的相位 $(\boldsymbol{p}\cdot\boldsymbol{r} - Et)/\hbar$ 在洛伦兹变换下不变，亦即要求 $(\boldsymbol{p}, iE/c)$ 构成四维矢量. 由此可知，这里的 E 应该是粒子的相对论性总能量，而对粒子的普朗克关系 $E = \hbar\omega$ 和德布罗意关系 $\boldsymbol{p} = \hbar\boldsymbol{k}$ 与狭义相对论的要求是一致的.

进一步的研究表明，德布罗意波是描述自由粒子运动的波，是量子力学基本方程在自由粒子情形的解. 德布罗意在 1923—1924 年期间提出电子具有波动性的上述猜测，拉开了量子力学革命的序幕，导致薛定谔波动力学的建立. 德布罗意因此获 1929 年诺贝尔物理学奖.

5.3 电子晶体衍射实验

X 射线具有波动性的证据，是它在晶体上产生的衍射图样. 为了检验电子是否像猜测的那样具有波动性，德布罗意建议用电子束照射晶体，观测是否会产生衍射. 上节例题 1 估算出动能 100eV 的电子德布罗意波长的数量级约为 1Å，与晶格间距的数量级相同，所以选择晶体来做这种实验是恰当的. 戴维孙与革末 (C.J. Davisson, L.H. Germer) 的实验选择单晶，对应于 X 射线在单晶上的劳厄衍射. 汤姆孙 (G.P. Thomson) 的实验选择多晶，对应于 X 射线在多晶上的德拜 - 谢勒衍射. 这两个实验都完成于 1927 年. 戴维孙和 G.P. 汤姆孙因为从实验上发现了电子在晶体上的衍射，两人同获 1935 年诺贝尔物理学奖.

a. 戴维孙 - 革末实验

实验装置如图 5.2. 从电子枪射出的电子束，被电压 V 加速，准直以后照射到镍单晶靶上. 探测器 D 接到灵敏电流计，由电流强度测电子束的衍射强度. D 可在一圆弧上移动，以改变角度 ϕ. 图 5.3 是在加速电压 V 一定时，测得的衍射电流强度随衍射角 ϕ 的变化. 随着衍射角 ϕ 从 0 逐渐增大，衍射电流强度从极大值逐渐减小，在某一角度减到极小，然后逐渐增加，在另一角度增到极大. 图 5.4 是在一固定角度 ($\phi = 50°$) 上，测得的衍射电流强度随

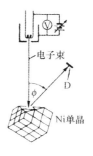

图 5.2

加速电压 V 的变化. 加速电压确定了入射电子束的德布罗意波长，所以图 5.4 给出了在一定角度 ϕ 衍射强度随入射波长的变化，它表明只有在某一特定波长

时，衍射才有极大．

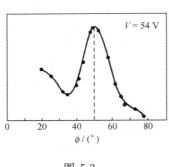

图 5.3

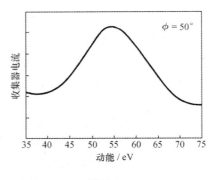

图 5.4

从波动观点来分析上述观测结果，可以画出图 5.5．在加速电压 $V = 54\mathrm{V}$ 时，入射电子束德布罗意波长为

$$\lambda = \frac{h}{p} = \frac{2\pi\hbar c}{\sqrt{E_\mathrm{k} \cdot 2mc^2}} = \frac{2\pi \times 1973\,\mathrm{eV} \cdot \text{Å}}{\sqrt{54\,\mathrm{eV} \times 2 \times 0.511 \times 10^6\,\mathrm{eV}}} = 1.67\,\text{Å}.$$

另一方面，分别在两层晶格上反射的波相干加强的条件为布拉格关系

$$2d\sin\theta = n\lambda. \tag{5.13}$$

d 是晶格间距，可用 X 光测得为 $d = 0.91\,\text{Å}$．$\theta = 90° - \phi/2$，代入 $V = 54\mathrm{V}$ 时的衍射极大角 $\phi = 50°$，有 $\theta = 65°$．这是 $n = 1$ 的第一级极大，由上式算得

$$\lambda = 2d \cdot \sin\theta = 2 \times 0.91\,\text{Å} \times \sin 65° = 1.65\,\text{Å}.$$

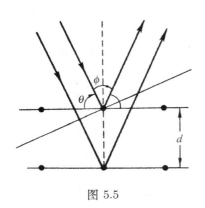

图 5.5

这个值与用德布罗意关系从加速电压算得的 1.67 Å 基本相符，这就验证了德布罗意的假设．

由加速电压算得的波长 1.67 Å 比由晶体衍射测得的 1.65 Å 稍大，这是由于电子进入晶体表面时还会在晶格电场加速下获得一定动能，其值等于晶体表面脱出功．所以，入射电子的实际动能比 54 eV 大，上面用 54 eV 来算，低估了电子的动能．

从图 5.3 和图 5.4 还可以看出，观测到的衍射电流强度极大的峰很宽．这是由于电子能量低，波长长，穿入晶体不够深，只有表层晶体对衍射波有贡献，所以极大的峰不会很尖锐．

b. 汤姆孙实验

汤姆孙用加速电压 10—60kV 的气体放电管产生的阴极射线照射到极薄的金属箔上, 在屏上可得到衍射图样, 如图 5.6. 图样中心为一亮斑, 周围是一些暗亮相间的同心环. 这是由于金, 银, 铅等通常的金属都是多晶结构, 由许多无规分布的小单晶构成. 当波长 λ 给定时, 总有一些小单晶的取向与入射束满足布拉格关系 (5.13), 所以衍射束的极值在 2θ 方向, 形成一个圆锥面, 与屏面相截成圆环.

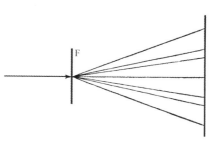

用德布罗意关系从加速电压算出波长 λ, 代入布拉格关系, 就可以由 θ 角算出晶格间距 d. 表 5.1 是这样用阴极射线测出的晶格间距与用 X 射线测得的晶格间距的比较. 这两种方法测出的晶格间距相同, 表明阴极射线与 X 射线一样具有波动性, 这就证实了德布罗意的猜测.

图 5.6

表 5.1 用阴极射线和 X 射线测得的晶格间距之比较 (单位 Å)

金属	阴极射线		X 射线
Al	4.06	4.00	4.05
Pb	4.99		4.92
Au	4.18	3.99	4.06
Pt	3.88		3.91

5.4 电子双缝衍射实验

这是蒋森 (C. Jönsson) 1961 年做的实验[1]. 他使从灯丝 F 发射的电子经过 50 kV 的电压加速以后, 穿过阳极上的小孔照射到铜箔做的双狭缝上, 如图 5.7. 双狭缝的缝宽 $a = 0.5\,\mu m$, 缝间距离 d 为 1—2μm. 电子束的德布罗意波长为 $\lambda = 5.48 \times 10^{-2}$ Å, 比缝宽 a 和缝距 d 都小得多. 在缝后距离 $D = 35$ cm 处的荧

① Claus Jönsson, *Z. Phys.*, **161** (1961) 454; *Am. J. Phys.*, **42** (1974) 5.

光屏或照相底片上得到了清晰的等间距等强度的双缝衍射条纹，如图 5.8(a). 相邻条纹间距 s 可由下式算出，

图 5.7

$$s = \frac{D\lambda}{d} \approx \frac{35\,\text{cm} \times 0.055\,\text{Å}}{2\,\mu\text{m}} \approx 1\,\mu\text{m},$$

可见图样的条纹极其微小. 为了把这些条纹放大，他在缝与屏之间放置了一些静电透镜.

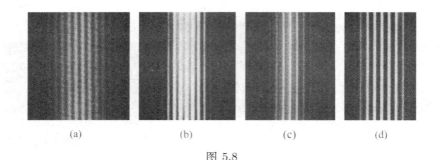

(a)   (b)   (c)   (d)

图 5.8

这个实验除波长较短、缝距较小外，与 1803 年托马斯·杨 (Thomas Young) 首次证实光具有波动性的著名双缝干涉实验几乎一样. 这个实验的结果，明确地显示了电子束的波动性. 除了电子的双缝衍射实验外，他还做了三缝、四缝和五缝的实验，结果都清晰地显示出电子具有波动的特征，如图 5.8(b)(c)(d).

梅尔里 (G. Merli) 等人后来又做了电子双棱镜的实验[①]，在原理上与蒋森的电子双缝实验一样. 图 5.9 的一组照片是他们 1976 年发表的. 在电子流

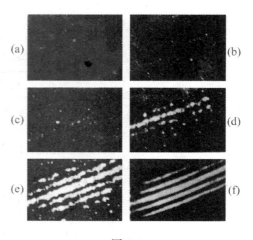

图 5.9

密度低时，屏幕上只出现一些稀疏而无规则的亮点. 随着电子流密度的增加，屏幕上的亮点增加，逐渐显现出衍射条纹. 当电子流密度很大，或者底片曝光时间

---

① P.G. Merli *et al.*, *Am. J. Phys.*, **44** (1976) 306.

足够长时, 则衍射条纹就十分清晰, 如图 5.9 中从 (a)— (f) 所示. 这种现象, 与泰勒对光所做的实验完全一样 (见 4.9 节 c).

5.5 中子晶体衍射实验

中子衍射现象发现于 1936 年. 这里我们先讨论中子在晶体上衍射的三种实验, 然后讨论中子晶体衍射的一个实际应用.

a. 热中子在单晶上的衍射

这个实验是兹因 (N.H. Zinn)1947 年做的[1]. 他用美国阿贡国家实验室 (ANL) 从链式反应堆中引出的中子束, 让它通过石墨, 减速到室温. 与室温相应的动能数量级为

$$E_k \sim k_B T = 8.617 \times 10^{-5}\,\text{eV} \cdot \text{K}^{-1} \times 300\text{K} = 0.0259\,\text{eV} \approx \frac{1}{40}\,\text{eV}.$$

这种具有室温动能的中子称为 热中子, 它的德布罗意波长为

$$\lambda = \frac{h}{p} = \frac{2\pi\hbar c}{\sqrt{2m_n c^2 E_k}} = \frac{2\pi \times 1973\,\text{eV} \cdot \text{Å}}{\sqrt{2 \times 939.6 \times 10^6\,\text{eV} \times 0.0259\,\text{eV}}} = 1.78\,\text{Å}.$$

他把这种热中子束照射到方解石晶体上, 用 BF₃ 正比计数器记录在不同衍射角 ϕ 的中子流强. BF₃ 正比计数器中充有 BF₃ 气体, 其中 ^{10}B 同位素吸收中子后会放出 α 粒子, 使 BF₃ 气体电离. 电离电流正比于 α 粒子动能. 于是, 由电离电流就可测出衍射中子束的强度. 实验测量结果与电子在单晶上的衍射类似, 在某一角度 ϕ 处达到极大, 如图 5.10 所示.

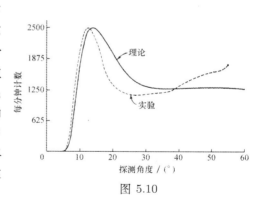

图 5.10

b. 单色中子在多晶上的衍射

这是沃朗 (E.O. Wollan) 和夏尔 (C.G. Shull) 1948 年做的实验[2]. 他们用从美国橡树岭国家实验室 (ORNL) 的石墨反应堆中引出的中子束, 使它在 NaCl 晶体上反射. 在给定的散射角 θ 方向, 只有波长满足布拉格条件

$$\lambda = 2d \cdot \sin\theta$$

① N.H. Zinn, *Phys. Rev.*, **71** (1947) 752.

② E.O. Wollan and C.G. Shull, *Phys. Rev.*, **73** (1948) 830.

的中子, 反射束的强度才有极大. 调节 θ 角, 就可选出具有一定波长的单色中子. 他们把这种单色中子束照射到金刚石多晶上. 用 BF_3 正比计数器测量在不同衍射角 ϕ 的衍射强度, 结果如图 5.11. 不同的衍射峰, 对应于在金刚石晶体中不同晶面上的衍射. 峰位上圆括号中的数字, 是晶面的指数.

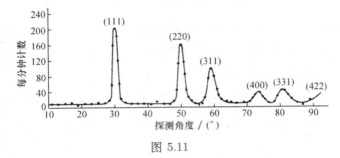

图 5.11

c. 连续谱中子在单晶上的衍射

图 5.12

这是沃朗、夏尔和马耐 (M.C. Marney) 所做的一个实验. 他们使波长 0.5—3.0 Å 的连续谱中子照射到厚 0.35 cm 的 NaCl 单晶上, 透过以后, 照到距 NaCl 6.4 cm 的照相底片上. 在底片上蒙上一层 0.5 mm 厚的铟. 铟在吸收中子后会放出电子, 使底片感光. 底片上记录下来的衍射图样如图 5.12, 与连续谱 X 射线在单晶上衍射的劳厄像十分相似. 夏尔与布洛豪斯 (B.N. Brockhouse) 因用中子散射研究凝聚态物质的先驱性工作而获 1994 年诺贝尔物理奖.

d. 用中子衍射测晶格结构

反应堆是很好的热中子源. 热中子动能平均值约为 0.025 eV, 分布在 0.1—0.0001 eV 之间. 动能在这个范围内的中子, 德布罗意波长在 0.3—30 Å 之间, 与晶格间距的范围相同. 所以热中子在晶体上的衍射, 可以用来测定晶格结构. 表 5.2 是用 X 射线和用中子衍射测量晶格结构的比较. 可以看出, 它们各有所长, 互相补充.

表 5.2 X 射线与中子衍射法的比较

射线类型	作用类型	特点
X 射线	与荷电粒子作用	对 Z 值小的轻元素不灵敏
中子束	与核子 - 磁矩作用	可测轻元素和磁性材料

5.6 中子单缝和双缝衍射实验

这是蔡林格 (A. Zeilinger) 等人于 1988 年做的实验[①]. 实验装置如图 5.13. 他们用法国劳厄 - 朗之万 (Langevin) 研究所高通量反应堆的极冷中子束, 使之先经过由准直缝 S_1, S_2 和 $120°$ 石英棱镜构成的单色化系统. 再由更小的窗口 S_3 从被棱镜色散的中子中选出一定波长的中子束, 照射到狭缝 S_5 上. 最后由扫描缝 S_4 的 BF_3 正比计数器记录不同位置的出射中子流密度.

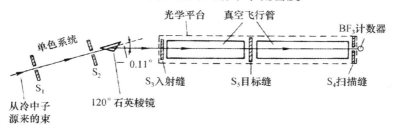

图 5.13

狭缝的结构如图 5.14. 狭缝用硼玻璃做成, 其中加了 10% 的 Gd_2O_3, 以增加对中子的吸收, 从而减少中子反射对测量结果的干扰. 缝高 400 μm, 宽约 150 μm. 缝边是高度抛光和平行的, 两边平行度在 400 μm 高度内的偏离不超过 1 μm. 在实验中, 只在这 400 μm 高度的中部 60 μm 范围有中子束通过.

在单缝衍射实验中, 中子束的平均德布罗意波长 $\lambda = 19.26 \pm 0.02\,\text{Å}$, 波长分布在 $\pm 0.70\,\text{Å}$ 的宽度内, 用光学显微镜测得缝宽 $d = 92.1 \pm 0.3\,\mu\text{m}$. 测量了 100 个扫描位置, 每一位置重复测量 23 次, 每次计数 500 s, 整个实验延续约两周, 结果如图 5.15. 可以看出, 它具有夫琅禾费 (Fraunhofer) 单缝衍射的特征, 主极强宽约 200 μm, 各次极强宽约 100 μm. 从缝到测量点的距离约为 5 m. 由强度为 0 的条件

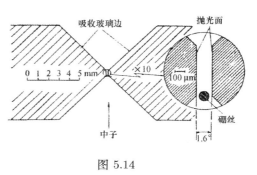

图 5.14

$$d \cdot \sin\theta = n\lambda, \tag{5.14}$$

① A. Zeilinger, *Rev. Mod. Phys.*, **60** (1988) 1067.

代入 $\theta \approx 100\mu m/5m = 2 \times 10^{-5}$ 和 $d = 92.1\mu m$，可以算得

$$\lambda = d \cdot \sin\theta \approx d \cdot \theta = 92.1 \times 2 \times 10^{-5} \mu m = 18.4\,\text{Å}.$$

这个波长的值比独立测得的 $\lambda = 19.26\,\text{Å}$ 略小. 是什么原因引起这种偏差, 还没有找到合理的解释.

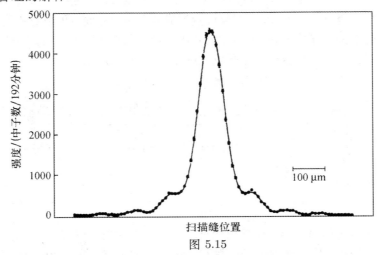

图 5.15

在狭缝中央插入一根硼丝, 就成为一个双狭缝. 在双缝衍射实验中, 中子束的平均德布罗意波长 $\lambda = 78.45 \pm 0.02$ Å, 波长分布的宽度为 ± 1.40 Å. 用显微镜测得硼丝直径为 104.1 μm, 左边缝宽 21.9 μm, 右边缝宽 22.5 μm. 测量重复 15 次, 每次每个扫描点计数 500 s, 整个测量持续约 210 小时, 结果如图 5.16 所示.

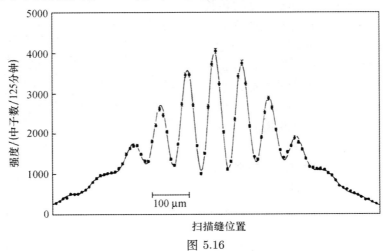

图 5.16

可以看出，它具有夫琅禾费双缝衍射的基本待征. 两个主极强间没有次极强，只有一条暗线. 相邻主极强间距离都相等，约为 74.84 μm. 从缝到测量点的位置约为 5 m. 在衍射角 θ 很小，$\sin\theta \approx \theta$ 时，N 缝衍射主极强的半角宽度 $\Delta\theta$ 满足

$$\Delta\theta = \frac{\lambda}{Nd}, \tag{5.15}$$

d 是缝间距离，代入 $N = 2$，$\Delta\theta = 74.84\mu m/(2 \times 5m) = 7.484 \times 10^{-6}$，$d = [104.1 + (21.9 + 22.5)/2]\mu m = 126.3\mu m$，可以算出

$$\lambda = Nd\Delta\theta = 2 \times 126.3\mu m \times 7.484 \times 10^{-6} = 18.90\,\text{Å}.$$

这个波长的值与独立测得的 $\lambda = 18.45$ Å 基本相符. 图 5.16 中强度分布有微小的不对称，这是由于两个缝的宽度不严格相等，有一点点差别.

5.7 N-A 形状弹性散射

核子 N 打到靶核 A 上，会被靶核散射. 如果靶核的内部能量和状态在散射过程中没有改变，这种散射就称为 弹性散射. 散射的性质依赖于核子 N 与靶核 A 的相互作用. 如果核子间的相互作用就像刚球一样，只有互相接触才有作用，则 N-A 弹性散射的性质主要取决于靶核的几何形状，所以这种散射又称为 形状弹性散射.

如果把入射核子束看成德布罗意平面波，靶核是一半径为 R 的刚性球，则 N-A 弹性散射就是一束平面入射波在球形障碍物上的衍射，如图 5.17. 这个情形近似地相当于光在圆屏上的夫琅禾费衍射，衍射图样类似于艾里 (Airy) 斑，中心是一亮斑，周围是一些暗亮相间的同心环. 艾里斑的强度分布是

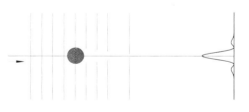

图 5.17

$$I(\theta) = I_0 \left[\frac{2\mathrm{J}_1(x)}{x}\right]^2, \tag{5.16}$$

其中

$$x = \frac{2\pi R}{\lambda}\sin\theta, \tag{5.17}$$

而 $\mathrm{J}_1(x)$ 是 x 的一阶贝塞尔函数，它的前三个零点是

$$x_1 = 0, \qquad x_2 = 1.220\,\pi, \qquad x_3 = 1.635\,\pi. \tag{5.18}$$

图 5.18 是分布函数 $[2\mathrm{J}_1(x)/x]^2$ 的曲线.

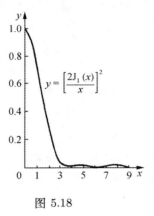

图 5.18

图 5.19 是用 1 GeV 的质子 p 在 ^{16}O 核上弹性散射的测量结果, 横坐标是在实验室系的散射角 θ, 纵坐标给出在该角度测到的散射质子强度. 注意纵坐标是对数标尺. 可以看出, 它具有艾里斑的基本特征: 中心是一亮斑, 在 10° 附近是第一暗环, 然后是第一亮环, 在 20° 附近是第二暗环, 等等. 质子德布罗意波长 $\lambda = 0.731\mathrm{fm}$(见 5.2 节例题 1). 在上述公式中代入此数, 并第一个暗环的 $\theta = 10°$, $x_2 = 1.220\pi$, 可以算出 ^{16}O 核的半径为

$$R = \frac{x_2\lambda}{2\pi\sin\theta} = \frac{0.610\lambda}{\sin\theta} = \frac{0.610 \times 0.731\,\mathrm{fm}}{\sin 10°} = 2.57\,\mathrm{fm}. \tag{5.19}$$

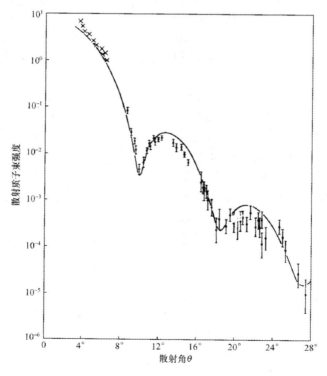

图 5.19

这个估值与用电子在 ^{16}O 核上散射测得的 2.60 fm 相当接近. 实际的 N-A 相互作用相当复杂, 这里采用的刚球模型过于简化, 用艾里斑的公式是很粗略的近似, 这个例子中数值 2.57 与 2.60 的符合在一定程度上是偶然的巧合. 严格的计算要考虑 N-A 相互作用的细节, 并求解相应的波动方程.

图 5.20 是用 84 MeV 的中子 n 在铝, 铜和铅核上弹性散射的测量结果, 与 p+^{16}O 的结果十分相似. 这种实验现在被广泛用来研究原子核的结构以及核子与原子核间的相互作用. 图中靶恩是截面单位, 见第 6 章 6.2 节 c.

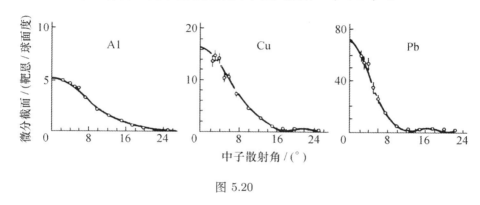

图 5.20

5.8 引力场的效应

科莱拉 (R. Collela) 、奥弗豪瑟 (A.W. Overhauser) 和维纳 (S.A. Werner) 于 1974 年研究了地球引力场对中子波长的影响[1]. 他们使用的实验装置是晶体干涉仪, 所以这个实验又称为 中子引力干涉实验, 取三人姓氏的字首, 简称 COW 实验.

a. 晶体干涉仪

晶体干涉仪由一块长约 8 cm, 直径约 5 cm 的 Si 单晶柱制成. 把它削成 "山" 字形, 如图 5.21. 前、中、后三片间距相等, 互相平行, 厚度约为几毫米. 它们的法线沿适当的晶轴方向. 入射中子束穿过前片后分为两束, 即沿原入射方向的透射束, 和在晶面上发生布拉格衍射的衍射束. 这两束穿过中片后分成四束, 其中的两束在穿过后片后重新会合为一束, 发生干涉, 如图所示.

中子干涉仪很像光学中的马赫 - 蔡德尔 (Mach-Zehnder) 干涉仪. 两干涉束

分开的距离，受单晶尺寸的限制．它是鲍恩斯 (U. Bonse) 和哈特 (M. Hart) 首先用来研究 X 射线的干涉的．后来，鲍恩斯和拉乌赫 (H. Rauch) 等人合作，用它来研究与 X 射线波长接近的中子束的干涉．他们在干涉仪的两条支路里插入厚度不同的铝片，以改变其相位差，于 1974 年首次观测到中子束的干涉效应．

b. 中子引力干涉实验

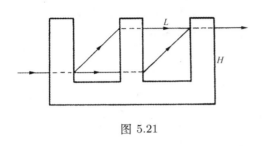

图 5.21

中子引力干涉实验的原理如图 5.21. 上下两束被干涉仪分开的高度差为 H，它们沿水平方向传播的距离为 L. 由于地球引力场的影响，上束中子动量 p_2 比下束中子动量 p_1 小，

$$\frac{p_1^2}{2m} - \frac{p_2^2}{2m} = m'gH,$$

其中 m 是中子惯性质量，m' 是中子引力质量．这是在重力场中中子的能量守恒关系，g 是重力加速度．由于实验使用慢中子束，这里我们采用非相对论的动量能量关系．从上式求出中子动量差

$$p_1 - p_2 \approx \frac{mm'gH}{p_1}, \tag{5.20}$$

代入德布罗意关系 $p = h/\lambda = \hbar k$，就得到上下束的相位差

$$\Delta\phi = k_1 L - k_2 L = (p_1 - p_2)\frac{L}{\hbar} \approx \frac{mm'gHL}{\hbar p_1}. \tag{5.21}$$

它表明，两束中子的相位差 $\Delta\phi$ 与它们所包围的面积 HL 成正比．

代入 H, L, p_1 的实验值，可以算出这个相位差 $\Delta\phi \approx 19 \times 2\pi$. 为了测量这么大的相位差，科莱拉他们把整个仪器安装在一平板上．平板可以以入射束为轴转动，上下束的高度差为 $H\sin\alpha, \alpha$ 为仪器平面与水平面的夹角．于是两束的相位差为

$$\Delta\phi \approx \frac{mm'gHL}{\hbar p_1}\sin\alpha. \tag{5.22}$$

转动平板改变 α，使上下束相位差改变，探测到的干涉强度应有周期性改变．当 $\alpha = 0°$ 时，两束高度差为 0, 相位相同，强度应为极大．图 5.22 是用波长为 1.419 Å 的中子束测量到的中子引力干涉强度振荡的结果．$\alpha = 0°$ 时强度并不正好在极大，而且振荡的振幅也不是常数．这是由于实际上晶体干涉仪的三片并不完全一样，使得上下两束有附加的相位差．

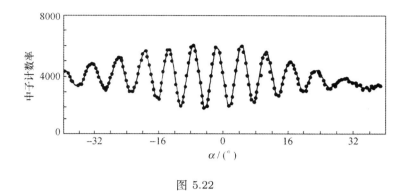

图 5.22

c. 中子引力干涉实验的意义

这个实验是第一次用宏观方法做中子干涉，研究了地球重力场对中子波长的影响[1]. 测量结果在千分之一的精度内与理论的预言相符. 这是证明万有引力在微观领域同样适用的第一个直接的实验. 此外，根据对上式中系数的实验分析，还进一步验证了中子惯性质量与引力质量相等，

$$m = m'. \tag{5.23}$$

在上述相位差 $\Delta\phi$ 的表达式中出现的是惯性质量与引力质量的乘积 mm'. 所以，当它们相等时，相位差依赖于质量的平方 m^2. 这是又一意义深远的结果. 在经典力学中，惯性质量描述质点获得一定加速度所需的力的大小，引力质量描述该质点在引力场中受力的大小，它们分别出现在牛顿第二定律方程的两边. 如果惯性质量与引力质量相等，它们就从方程两边消去，从而所有质点在引力场中的行为与它的质量无关. 这一论断称为 *弱等效原理*，它是爱因斯坦建立广义相对论的基础和出发点 (参看第 16 章广义相对论的基本概念). 现在，中子引力干涉实验表明，中子在引力场中的干涉行为与它的质量有关，弱等效原理不再是普遍成立的，广义相对论的基本原理与微观量子行为不相容.

中子引力干涉实验还突出了质量概念在经典力学和在微观量子现象中的不同. 在经典力学中粒子的质量直接描述它的惯性，而在微观量子现象中粒子的质量通过动量而联系于它的波长. 与此相应地，在微观量子现象中描述粒子运动的最基本的力学量是动量而不是速度.

---

[1] 杨振宁，《相位与近代物理》，在中国科学技术大学研究生院讲授的课程，1985 年，§1.1 地球引力对中子波长的影响 —— COW 实验.

5.9 波函数的统计诠释

a. 粒子的波粒二象性

阴极射线称为电子束, 因为实验表明, 它的组成单元具有一定的质量和电荷, 它们在传播中携带一定的动量和能量, 在与其它物质相互作用时, 这一定的质量和电荷在有限的空间和时间范围内起作用, 这一定的动量和能量按相应的守恒定律与其它物质相互传递和交换. 这些性质都是通常的粒子所具有的. 基于同样的考虑, 把从反应堆引出的中子束和从加速器得到的质子束称为粒子束. 这里, 用 "粒子" 这个术语来概括实验所表现出的上述性质. 也就是说, 如果研究对象具有一定的质量、电荷以及其它一些固定不变的特征, 在运动或与其它物质相互作用时具有动量和能量这样满足守恒定律的物理量, 并且它们都只在有限的空间和时间范围起作用, 就把它称为 粒子, 而把这些性质称为 粒子性.

在另一方面, 戴维孙 - 革末和汤姆孙实验又表明阴极射线能在晶体上产生衍射, 蒋森实验表明它可以产生双缝和多缝衍射. 同样, 从反应堆引出的中子束可以在晶体上产生衍射, 从加速器得到的质子束在原子核上的散射就像光在圆盘上的夫琅禾费衍射, 慢中子束可以在晶体干涉仪上产生干涉, 等等. 在这些实验中, 阴极射线、反应堆中子束和加速器质子束具有一定的波长和频率, 满足叠加原理, 在空间和时间中无限展开. 这些性质都是通常波动的特征, 所以我们说它们是波束, 具有波动性. 一个过程如果在空间和时间中无限展开, 能用波长和频率的概念来描述, 满足叠加原理, 有干涉和衍射现象, 就说它是一个 波, 具有波动性.

实际上, 无论是阴极射线、反应堆中子束、加速器质子束还是其它粒子束, 都与光束一样, 在每个实验中总是既表现出粒子性, 又表现出波动性. 只是在有些实验中粒子性突出一些, 在另一些实验中波动性突出一些. 例如阴极射线在 Ni 单晶上衍射的戴维孙 - 革末实验, 出射电子束的角分布具有清晰的衍射特征, 从而被当作电子具有波动性的实验证据. 而在这个实验中, 阴极射线从加速电场获得动量和能量, 出射束在电离室与气体分子碰撞引起电离和产生电离电流等, 又表现出明显的粒子特征. 类似地, 仔细分析电子双缝实验、中子衍射和干涉实验、 N-A 弹性散射实验以及其它微观粒子的实验, 都会看到, 电子、中子、质子等微观粒子与光子一样, 同时既有粒子性, 又有波动性, 亦即具有波粒二象性.

在这个意义上, 电子、中子、质子等微观粒子与光子没有本质的区别, 它们都是具有波粒二象性的微观量子客体. 它们不同于经典粒子, 因为它们具有与粒子特征相联系的波动特征. 它们也不同于经典波动, 因为它们具有与波动特征相联系的粒子特征. 所以, 我们面临与光子的情形完全相同的问题. 经典粒子图像与经典波动图像是完全不同的两个图像, 如何才能把量子的粒子性与波动性统一在一个自洽的图像之中?

b. 波函数的统计诠释

对于自由粒子, 例如阴极射线, 反应堆中子束和加速器质子束, 用德布罗意平面波来描述,

$$\psi(\boldsymbol{r}, t) = C e^{i(\boldsymbol{p} \cdot \boldsymbol{r} - Et)/\hbar}. \tag{5.24}$$

对于处于相互作用中的粒子, 例如衍射实验中在晶格附近受晶格离子作用的电子和中子, N-A 弹性散射中在核 A 附近受原子核作用的核子, 在原子中受原子核作用的电子等, 也可以用相应的适当波函数 $\psi(\boldsymbol{r}, t)$ 来描述. 这种波函数在物理上的确切含意是什么? 梅尔里等人的实验结果 (见图 5.9) 清楚地回答了这个问题.

图 5.9 中显示的弱电子束双棱镜衍射图样, 当照射时间很短时, 只是一些杂乱无规地散布在屏上的亮点. 这表明电子在荧光屏上任何位置都可能出现, 对于每一个电子, 并不能肯定地预测它将出现在什么位置. 当照射时间逐渐增加时, 荧光屏上的亮点逐渐增多, 分布逐渐显现出清晰的衍射条纹. 这就表明, 波的强度, 亦即波函数的模的平方, 正比于在 t 时刻在 $\boldsymbol{r}$ 处找到一个电子的概率,

$$P \propto |\psi(\boldsymbol{r}, t)|^2. \tag{5.25}$$

这就是对粒子波函数 $\psi(\boldsymbol{r}, t)$ 的 统计诠释. 玻恩 1926 年通过对散射过程的分析首先提出了粒子波函数的统计诠释, 并因此获 1954 年诺贝尔物理学奖[1].

统计诠释认为波函数 $\psi(\boldsymbol{r}, t)$ 描述的是单个粒子, 而不是大量粒子的体系. 因为在电子衍射实验中, 可以把入射电子束的强度减弱到每次只有一个电子入射并被荧光屏记录下来, 以保证相继两个电子之间没有任何关联, 而长时间照射以后在荧光屏上得到的仍是同样清晰的衍射条纹.

统计诠释认为在物理上有测量意义的是波函数的模方, 而不是波函数本身. 实验上的干涉和衍射现象, 表明波函数满足叠加原理, 而测量概率并不满足叠加原理. 认为波函数的模方正比于测量概率, 就不会与叠加原理发生矛盾.

统计诠释认为波函数 $\psi(\boldsymbol{r}, t)$ 的模方表示 t 时刻在 $\boldsymbol{r}$ 处测量到粒子的概率, 而不是测量到的粒子的某一物理量. 根据这种诠释, 波函数不是一个物理量, 而

---

[1] 参阅关洪主编,《科学名著赏析·物理卷》, 山西科学技术出版社, 2006 年, 224 页.

是用来计算测量概率的数学量. 所以, 有时又把波函数称为 概率幅, 而把它所描绘的波称为 薛定谔波 或 ψ 波. 与弹性媒质中的声波这样宏观的经典波不同, 薛定谔波没有直接的物理含意, 不是任何物理实在的波动. 这种波虽然在空间和时间中无限展开, 但与只在有限空间和时间范围起作用的粒子图像并不矛盾. 统计诠释为我们提供了一个把波动性和粒子性在微观量子客体上统一起来的自洽的途径.

这里关于粒子波函数 $\psi(\boldsymbol{r}, t)$ 的统计诠释, 与上一章关于光波的函数 $A(\boldsymbol{r}, t)$ 的统计诠释完全一样. 这意味着在微观物理中粒子的波动性与辐射的波动性在实质上是一样的, 电子、中子、质子等粒子与光子在这个意义上没有本质的区别. 换句话说, 经典物理学把物质区分为实物与场两大类, 这只是在宏观条件下的一种近似, 没有本质的意义. 在第 10 章辐射场的统计性质中, 我们将进一步讨论这个问题.

c. 统计性因果关系

统计诠释意味着我们在原则上只能对测量的结果作出统计性预言. 从培根 (Francis Bacon)、笛卡儿 (René Descartes)、伽利略和牛顿以来, 自然科学的一个传统信念就是认为, 自然规律的基本特征在于, 从确定的原因, 必定能引导出确定的结果. 这种类型的因果关系, 就是拉普拉斯决定论的因果关系. 拉普拉斯曾经断言, 只要给出全部的初始条件, 他就能算出整个宇宙的发展和演化. 整个牛顿力学和麦克斯韦电磁学, 都体现了拉普拉斯的这种信念, 完全是用这种决定论的因果形式来表述的. 而统计诠释认为, 即使我们知道了全部的初始条件, 对测量结果也只能作出统计性的预言. 测量结果是许多可能值中的某一个, 只能预言测得某一可能值的概率是多少, 而不能预言肯定是哪个值. 所以, 统计诠释所包含的是一种统计性的因果关系. 在物理学的基本规律中引入统计性的因果关系, 这就在物理学基本观念上引起了一场影响深远的革命.

人类对于自然界的探索, 长期以来所追求的一个目标, 是获得对自然界尽可能完全和确定的理解. 从决定论的因果关系到统计性的因果关系, 无疑是在这种追求方向上的倒退. 一个在牛顿力学和麦克斯韦电磁学的经典物理学精神熏陶下成长起来的物理学家, 一个善于观察和分析日常生活的宏观事物而对决定论因果关系深信不移的人, 要放弃这种信念改而接受统计性的因果关系, 不是简单和容易的事. 自从 1926 年玻恩提出统计诠释以来, 在物理学界、科学界乃至于哲学界都引起了激烈的争论, 一直持续至今而尚未平息. 不过, 这种争论基本上是非物理的. 波函数的统计诠释已被绝大多数在前沿工作的物理学家所接受. 玻恩因为提出波函数的统计诠释而获诺贝尔物理学奖, 就是这种认同的一个佐证.

5.10 粒子的测不准关系

在光子的情形, 根据光的波动性, 可以得到空间的衍射反比关系和时间相干性反比关系. 再根据对描述电磁波的函数 $A(\boldsymbol{r}, t)$ 的统计诠释, 和联系波动性与粒子性的关系 $\boldsymbol{p} = \hbar \boldsymbol{k}$, $E = \hbar \omega$, 就可以把空间的衍射反比关系和时间相干性反比关系改写成光子的坐标动量测不准关系和时间能量测不准关系. 这些分析可以完全照搬到粒子的情形, 得到同样的测不准关系. 这里不再重复物理上这种类似的讨论, 而是给出一个比较数学和形式化的分析.

a. 波的衍射反比关系

为了简单起见, 我们讨论一维的波动. 波函数 $\psi(x, t)$ 可以展开成傅里叶 (Fourier) 积分

$$\psi(x, t) = \frac{1}{2\pi} \int_{k_0 - \Delta k/2}^{k_0 + \Delta k/2} \varphi(k) \mathrm{e}^{\mathrm{i}(kx - \omega t)} \mathrm{d}k, \tag{5.26}$$

它表示波 $\psi(x, t)$ 是波数在 $k_0 - \Delta k/2$ 到 $k_0 + \Delta k/2$ 之间的一系列德布罗意波的叠加, 叠加系数 $\varphi(k)$ 一般依赖于 k. 设区间 Δk 足够小, 则叠加出来的波 $\psi(x, t)$ 是波数在 k_0 附近有一分布宽度 Δk 的准单色波. 把平面波的相位在 k_0 点展开, 近似有

$$kx - \omega t \approx k_0 x - \omega_0 t + \left[x - \left(\frac{\mathrm{d}\omega}{\mathrm{d}k} \right)_0 t \right] (k - k_0),$$

其中

$$\omega_0 = \omega(k_0), \qquad \left(\frac{\mathrm{d}\omega}{\mathrm{d}k} \right)_0 = \frac{\mathrm{d}\omega}{\mathrm{d}k} \Big|_{k=k_0}.$$

于是近似有

$$\psi(x, t) \approx \frac{1}{2\pi} \varphi(k_0) \mathrm{e}^{\mathrm{i}(k_0 x - \omega_0 t)} \int_{-\Delta k/2}^{\Delta k/2} \exp \left\{ \mathrm{i} \left[x - \left(\frac{\mathrm{d}\omega}{\mathrm{d}k} \right)_0 t \right] k \right\} \mathrm{d}k$$

$$= \frac{\varphi(k_0)}{\pi} \frac{\sin\{[x - (\mathrm{d}\omega/\mathrm{d}k)_0 t] \Delta k/2\}}{x - (\mathrm{d}\omega/\mathrm{d}k)_0 t} \mathrm{e}^{\mathrm{i}(k_0 x - \omega_0 t)}, \tag{5.27}$$

这是一个振幅依赖于坐标 x 和时间 t 的平面波. 在给定时刻 t, 振幅明显不为零的区域 Δx 满足条件

$$\Delta x \Delta k \sim 2\pi, \tag{5.28}$$

这相当于光的衍射反比关系. 给定时刻的波形 $\psi(x, t)$ 如图 5.23. 类似地, 在给定 x 处, 振幅明显不为零的时间间隔 Δt 满足条件

$$\Delta t \Delta \omega \sim 2\pi, \tag{5.29}$$

这相当于光的时间相干性反比关系，其中

$$\Delta\omega = \left(\frac{\mathrm{d}\omega}{\mathrm{d}k}\right)_0 \Delta k. \tag{5.30}$$

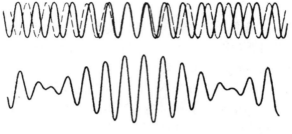

图 5.23

b. 粒子的测不准关系

在波的衍射反比关系中代入联系波数 k 与粒子动量 p_x 的德布罗意关系 $p_x = \hbar k$, 就得到粒子坐标 x 与动量 p_x 的测不准关系

$$\Delta x \Delta p_x \sim h. \tag{5.31}$$

类似可得 y 和 z 方向的测不准关系. 严格的结果是

$$\begin{cases} \Delta x \Delta p_x \geqslant \hbar/2, \\ \Delta y \Delta p_y \geqslant \hbar/2, \\ \Delta z \Delta p_z \geqslant \hbar/2, \end{cases} \tag{5.32}$$

与光子的一样.

相仿地, 在波的时间相干性反比关系中代入联系波的圆频率 ω 与粒子能量 E 的普朗克关系 $E = \hbar\omega$, 就得时间 t 与能量 E 的测不准关系

$$\Delta t \Delta E \sim h. \tag{5.33}$$

严格的结果是

$$\Delta t \Delta E \geqslant \hbar/2, \tag{5.34}$$

与光子的一样.

c. 测不准关系的物理含意

上述分析表明, 测不准关系 (5.32) 和 (5.34) 是薛定谔波的不确定关系 (5.28) 和 (5.29) 对粒子的测量结果所加的限制. 薛定谔波的不确定关系 $\Delta x \Delta k \sim 2\pi$, 表示波的空间范围如果是 Δx, 则波数的不确定范围就是 Δk. 而根据统计诠释和德布罗意关系, 粒子坐标 x 的测量值将散布在 Δx 内, 粒子动量 p 的测量值将散布在 Δp_x 内. 严格点说, Δx 是测量粒子坐标的标准偏差或测不准量, Δp_x

是测量粒子动量的标准偏差或测不准量. 所以把它们之间满足的关系称为 测不准关系. 对于其它几个测不准关系, 可以类似地讨论.

测不准关系表明, 由于具有波动性, 粒子坐标与相应的动量不能同时测准, 它们的测不准量受 $\Delta x \Delta p_x \geqslant \hbar/2$ 的限制. 如果设法提高测量坐标 x 的精度, 减少误差 Δx, 则同时测量相应动量 p_x 的精度必定下降, 误差 Δp_x 增加. 这两个测量误差的乘积至少是普朗克常数的数量级. 相反, 如果设法提高测量动量分量 p_x 的精度, 减少误差 Δp_x, 则同时测量相应坐标 x 的精度必定下降, 误差 Δx 增加, 使得它们的乘积满足测不准关系.

类似地, 由于具有波动性, 粒子的能量与测定这个能量的时间也不可能同时测准, 它们的测不准量受 $\Delta t \Delta E \geqslant \hbar/2$ 的限制. 如果提高了测量能量 E 的精度, 减少误差 ΔE, 则测定它的时间范围 Δt 就相应增大. 相反, 如果缩短测量的时间范围 Δt, 则测量能量 E 的误差 ΔE 必定增大, 它们的乘积至少是普朗克常数的数量级.

时间和能量的测不准关系有一重要推论. 如果一个微观量子体系是不稳定的, 它的 平均寿命 为 τ. 根据时间和能量的测不准关系, 由于只能在时间范围 τ 内测量, 测得的体系能量必定有一分布, 宽度为 Γ, 满足关系

$$\tau \Gamma \sim \hbar. \tag{5.35}$$

这个关系有很重要的实际用途. 在理论上, 是通过计算一个不稳定状态的平均寿命, 用它来估计能量的范围. 在实验上, 则可根据测到的能谱宽度, 用它来估计不稳态的寿命.

d. 两个假想实验

为了从物理上具体理解微观过程的这种测不准性, 我们来分析两个假想实验. 先来看 海森伯 (Heisenberg) γ 光子显微镜 实验[①]. 用显微镜测电子横坐标 x, 需要用一束光来照明, 如图 5.24. 从电子上散射的光束, 射向显微镜物镜的孔径角为 θ. 由于光的波动性, 电子即使可以当成一个几何点, 光束经过透镜所成的像也是一个圆的衍射斑 (艾里斑). 所以电子坐标的测不准为

$$\Delta x \sim \frac{\lambda}{\sin \theta}.$$

波长 λ 越短, 孔径角 θ 越大, 则测量精度越高.

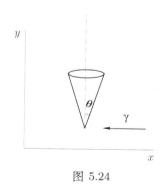

图 5.24

① W. 海森伯, 《量子论的物理原理》, 王正行等译, 科学出版社, 1983 年, 16 页.

　　另一方面, 光子具有动量, 在电子上散射时会引起电子反冲, 改变电子的动量 (康普顿散射). 观测到的散射光子方向在孔径角 θ 的范围内, 所以它的动量在 x 方向的误差范围为

$$\Delta p_x \sim \frac{h\nu}{c}\sin\theta,$$

ν 是光的频率. 根据动量守恒, 这也就是反冲电子在 x 方向动量的误差范围. 照明光的波长越短, 电子所受的康普顿反冲就越强, 动量的误差就越大. 结合上述两式, 就有

$$\Delta x \Delta p_x \sim \frac{\lambda}{\sin\theta}\cdot\frac{h\nu}{c}\sin\theta = h,$$

这正是 x 方向坐标与动量的测不准关系.

　　再来看 爱因斯坦光子箱 实验[①]. 为了测量从一箱中发出的光的能量, 可以用一弹簧秤, 如图 5.25. 称出光子箱质量的减少 m, 用爱因斯坦质能关系, 就可算出发射的光能 E,

$$E = mc^2.$$

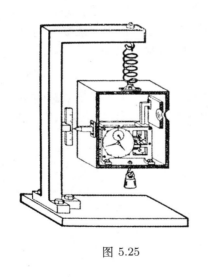

图 5.25

窗口快门由一个钟来控制, 可以用它测量发射光能量的时间间隔 t. 初看钟与秤互不相关, 似乎可以使 $\Delta t\cdot\Delta E$ 任意小. 爱因斯坦 1930 年在第六届索尔维 (Solvay) 会议上用这个假想实验向玻尔 (Niels Bohr) 问难. 玻尔想了一夜, 作答如下: 发出光能量以后, 光子箱质量减少, 上升 x, 钟跟着上升 x, 引力场减弱, 使钟变快 (参阅第 4.8 节引力场中的光子, 和第 16.7 节光频在引力场中的移动), 所以 t 与 E 有关联. 图 5.25 是经过玻尔修改的设计. 从原子钟的光子在重力场中的能量守恒关系

$$h\nu + \frac{h\nu}{c^2}gx = h\nu_0,$$

可以求出钟的误差

$$\frac{\Delta t}{t} = -\frac{\Delta\nu}{\nu} \sim g\frac{\Delta x}{c^2}.$$

　　① 参阅 P. 罗伯森, 《玻尔研究所的早年岁月 (1921—1930)》, 杨福家等译, 科学出版社, 1985 年, 143 页.

另一方面, 秤的误差为

$$\Delta m \sim \frac{\Delta p_x}{v} > \frac{\Delta p_x}{gt}.$$

综合上二式, 注意 $\Delta E = \Delta m \cdot c^2$, 就有

$$\Delta t \cdot \Delta E \sim gt \frac{\Delta x}{c^2} \cdot \frac{\Delta p_x}{gt} c^2 = \Delta x \Delta p_x \sim h,$$

这正是时间与能量的测不准关系.

e. 海森伯测不准原理

坐标与相应的动量不能同时测准, 时间与相应的能量不能同时测准, 这是微观现象具有波粒二象性的物理基础, 是支配量子现象的一条基本原理, 称为 *海森伯测不准原理*. 海森伯测不准原理的上述定量表达式, 则称为 *海森伯测不准关系*. 海森伯 1927 年发现测不准关系, 1932 年获诺贝尔物理学奖.

由于坐标与相应的动量在原则上不能同时测准, 若测准了粒子的位置, 它的速度就完全不确定, 从而它在下一时刻的位置也就完全不确定. 因而, 不再能在位形空间中描绘出粒子运动的轨道. 轨道是宏观和经典物理的概念和图像, 微观粒子的运动只能用并不代表物理实在的薛定谔波来描述.

普朗克常数出现在测不准原理的定量表述之中, 作为坐标与动量或时间与能量不能共同测准的限度, 在微观量子现象中, 具有基本的意义, 是量子物理最基本的常数. 由于普朗克常数非常小, 所以这种测不准非常小, 只有在微观现象中才明显表现出来. 在可以略去测不准的误差的宏观现象中, 轨道概念近似适用.

注意这里说的 "同时" 测准坐标与动量, 并不是在一次操作中既测准坐标也测准动量, 而是在 "同一个态" 上既测准坐标也测准动量. 在实验上, 坐标与动量的测量不能在一次操作中完成, 而要分两次进行. "同时" 是英文 simultaneously 惯用的译名, 其实译成 "共同" 或 "都" 更准确些, 就像把 simultaneous eigenstate 译成 "共同本征态", 把 simultaneous equations 译成 "联立方程" 那样.

6   卢瑟福 - 玻尔原子模型

6.1   原子模型问题

阴极射线实验表明，电子是原子的组成单元之一. 电子带负电，质量约为原子质量几千分之一，所以原子中电子以外的部分应带正电，质量占整个原子质量的绝大部分. 那么，原子中的电荷和质量如何分布，即原子的结构如何？这就是原子模型问题.

a. 卢瑟福模型的提出

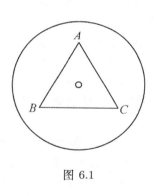

图 6.1

上世纪初，原子结构开始成为物理学研究的前沿，对原子模型曾有各种猜测. 图 6.1 是 1903 年 J.J. 汤姆孙在美国耶鲁大学西里曼 (Silliman) 讲座中所画的原子模型[1]. 他假设原子中有 Z 个电子 (图中有 A, B, C 三个电子), 各带电荷 $-e$, 嵌在连续分布的总电量为 Ze 的正电荷中. 由于电子很轻，很容易在扰动下围绕平衡位置振动，产生辐射. 他假定电子振荡频率就是原子的光谱频率，由此估计出原子半径约为 1Å. 再假设电子按同心环分布，还可解释元素的周期性.

除了汤姆孙模型，还有一些别的模型. 其中 1904 年提出的长冈半太郎行星模型，假设正电核集中于原子中心，电子围绕中心运动，已接近今天的认识. 这些模型都只是猜测，没有直接的实验证据，既不能肯定，也不能否定.

最初的实验研究，是用电子在金属膜上散射. 勒纳 (P.E.A. von Lenard) 从 1903 年起做这种电子散射实验，做了多年，得出的结论是：较高速的电子很容易穿透原子，所以原子不像是半径约为 1Å 的实体，"原子是十分空虚的".

具有启发性的，是 1909 年盖革 (H. Geiger) 和马斯登 (E. Marsden) 的 α 粒子散射实验. 他们用天然放射性镭发射的 α 粒子照射在铂箔 F 上，如图 6.2. 被

---

[1]杨振宁，《基本粒子发现简史》，上海科学技术出版社，1963 年，4 页.

散射的 α 粒子打在硫化锌荧光屏 S 上，会产生一个亮点，可以用放大镜 M 看
到. 他们发现，绝大部分 α 粒子平均只偏转 2°—3°. 但约有 1/8000 的 α 粒子偏
转角大于 90°，甚至接近 180°.

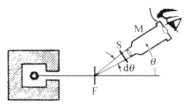

图 6.2

α 粒子质量比电子大得多，不会被电子散
射. 对 α 粒子的作用，主要来自原子中的正电荷.
正电荷如果是连续分布在半径约为 1 Å 的球内，则
α 粒子在与原子核相擦的掠入射时受正电荷的斥
力最大，偏转角最大. 对于动能 $E = 7.68\,\text{MeV}$ 的 α
粒子在 $Z = 79$ 的金箔上散射，用经典力学和库仑
定律，可估计出 α 粒子的偏转角 $\theta < 1.0 \times 10^{-3}\text{rad}$，
与盖革 - 马斯登的实验结果不符.

卢瑟福 (E. Rutherford) 进一步分析，大角偏转会不会是多次同方向小角偏
转的结果？如果是，则大角偏转的偏转角分布应遵从多次偏转的高斯分布律，
偏转的均方根角应与碰撞次数的平方根，即箔厚的平方根成正比. 这两点都与
当时的实验不符. 卢瑟福形容 α 粒子在金箔上的散射"就像 15 英寸[①]的炮弹打
在一张纸上又被反射回来一样"不可理解. 所以， 1911 年卢瑟福提出另外一种
假设：原子中的全部正电荷和绝大部分质量集中在一个很小的空间区域中. 这
就是原子的 有核模型 或 卢瑟福模型，它假设原子是由一个原子核和围绕原子核
运动的若干电子所组成，原子核带正电，体积很小而质量很大. 一年以后，这个
假设为盖革 - 马斯登的出色实验所证实.

b. 经典力学分析的适用性

卢瑟福的分析使用经典力学，而恰巧经典力学对 α 粒子散射是近似适用的.
这涉及两个条件：轨道概念近似适用的条件，和牛顿方程近似适用的条件. 我们
不作严格论证，只给出直观和定性的说明.

如果在运动过程中粒子坐标和动量取测不准关系所容许的近似值而其误差
可以忽略，轨道概念就近似适用. 这时粒子的运动由一波包来描写，它由一些动
量范围在 Δp 内的德布罗意波叠加而成，空间坐标范围在 Δx 内. 对 α 粒子散
射的情形， Δx 应小于原子半径 r，Δp 应小于 α 粒子在原子核正电荷作用下动
量的改变，于是

$$\Delta x \cdot \Delta p < r \cdot \frac{Z'Ze^2}{4\pi\varepsilon_0 r^2} \cdot \frac{r}{v} = \frac{Z'Ze^2}{4\pi\varepsilon_0 v},$$

其中 Z' 是 α 粒子电荷数， Z 是原子核电荷数， v 是 α 粒子速度. 代入测不准

---

① 1 英寸 =2.54cm.

关系，并用 α 粒子动能 E 来表示 v, 就有

$$E < (Z'Z\alpha)^2 \cdot 2mc^2, \tag{6.1}$$

其中 m 为 α 粒子质量， $\alpha = e^2/4\pi\varepsilon_0\hbar c$ 为精细结构常数. 上式就是在 α 粒子散射中轨道概念近似适用的条件. 天然放射性元素发射的 α 射线能量约为 $5\,\mathrm{MeV}$, 满足这个条件，所以可用轨道概念来描述.

牛顿方程近似适用的条件，定性地说，要求波包在运动中保持狭小的范围，使得在波包范围内库仑能的变化很平缓，从而力的大小及其变化都有明确的含意. 在 α 粒子与原子核距离不太小时，这个条件也能满足.

c. 卢瑟福散射的普遍意义

现在把 α 射线被重原子核的散射称为 *卢瑟福散射*. 卢瑟福散射实验的普遍意义，在于它开创了一种实验方法，用粒子束的散射实验，来研究引起散射的空间区域的物质结构. 今天用高能粒子束在原子核上的散射来研究原子核的结构，用高能粒子束在核子上的散射来研究核子的结构，都是承袭了卢瑟福用 α 射线在原子上的散射来研究原子结构这一基本方法. 在这个意义上，当初卢瑟幅所作的经典力学分析倒不具有普遍意义. 所以，我们将用近代物理的观点来分析这个问题，而在稍后再给出一个简单的经典力学分析作为对比.

在光学里我们知道，为了分辨细微的结构，必须使用波长短的光. 仪器的分辨本领，约与所用的波长同数量级. 所以，为了"看"清原子的结构，用来"照明"的波，其波长必须比原子的尺度 ($\sim 1\,\text{Å}$) 要小. 如果用电子束来照射，要求分辨本领达到 $0.01\,\text{Å}$, 从德布罗意关系可以算出电子动能必须满足

$$\begin{aligned} E &= \frac{p^2}{2m} = \frac{1}{2m}\left(\frac{h}{\lambda}\right)^2 = \frac{(2\pi\hbar c)^2}{2mc^2}\frac{1}{\lambda^2} \\ &> \frac{(2\pi \times 197.3\,\mathrm{MeV \cdot fm})^2}{2 \times 0.511\,\mathrm{MeV} \times (1000\,\mathrm{fm})^2} = 1.5\,\mathrm{MeV}, \end{aligned}$$

这里 m 是电子质量. 而轨道概念近似适用的条件是

$$E < (Z'Z\alpha)^2 \cdot 2mc^2 = (79/137.0)^2 \times 2 \times 0.511\,\mathrm{MeV} = 0.34\,\mathrm{MeV},$$

只是上述 $1.5\,\mathrm{MeV}$ 的约 $1/5$, 所以轨道概念不再适用. 这就说明当时为什么很难从勒纳的电子散射实验得出明确的结论，因为当时的理论分析都是基于经典概念.

如果用 α 射线来照射，当 $E = 5\,\mathrm{MeV}$ 时，满足轨道概念近似适用的条件，而它的德布罗意波长

$$\lambda = \frac{h}{p} = \frac{2\pi\hbar c}{\sqrt{2mc^2 E}} = \frac{2\pi \times 197.3\,\mathrm{MeV \cdot fm}}{\sqrt{2 \times 4 \times 939\,\mathrm{MeV} \times 5\,\mathrm{MeV}}} = 6.4\,\mathrm{fm},$$

已经小于原子尺度的万分之一. 波长这么短的 α 射线能够大部分都穿透原子区域, 说明原子中大部分区域都是空虚的, 其构成单元大小的数量级不大于这个数值. 要做出明确的结论, 还需做定量分析和与实验比较.

6.2 卢瑟福散射公式

设 α 粒子质量 m, 电荷数 Z', 动能 E, 沿 z 轴方向射向位于坐标原点的原子核, 原子核电荷数为 Z. 入射 α 粒子束可用一德布罗意波来描述, 其空间分布为

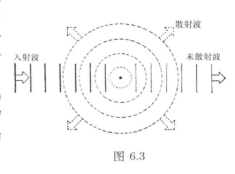

图 6.3

$$\psi_{入射}(\boldsymbol{r}) = \mathrm{e}^{\mathrm{i}kz}, \qquad (6.2)$$

其波矢量沿 z 轴方向, 大小满足德布罗意关系 $p = \hbar k$, 如图 6.3. 用非相对论的能量动量关系, 可以写成

$$\hbar k = p = \sqrt{2mE}. \qquad (6.3)$$

a. 玻恩近似

由于 α 粒子与原子核静电场的库仑相互作用, 它的德布罗意波在每一场点都会发生散射, 产生球面散射波, 其复振幅正比于该点德布罗意波的复振幅, 和该点静电场与 α 粒子相互作用势能. 总散射波等于所有这些球面次波的叠加, 可以写成

$$\psi_{散射}(\boldsymbol{r}) = -\frac{1}{4\pi} \int \frac{\mathrm{e}^{\mathrm{i}k|\boldsymbol{r}-\boldsymbol{r}'|}}{|\boldsymbol{r}-\boldsymbol{r}'|} \, \mathrm{e}^{\mathrm{i}kz'} \frac{2m}{\hbar^2} V(\boldsymbol{r}') \mathrm{d}^3\boldsymbol{r}', \qquad (6.4)$$

其中 $\boldsymbol{r}'$ 为引起散射的场点, 即球面次波的源点, $V(\boldsymbol{r}')$ 为场点 $\boldsymbol{r}'$ 处的相互作用势能,

$$V(\boldsymbol{r}) = \frac{1}{4\pi\varepsilon_0} \frac{Z'Ze^2}{r}. \qquad (6.5)$$

$\psi_{散射}(\boldsymbol{r})$ 的上述公式称为散射波函数的 玻恩近似. 从下一章确定粒子波函数的薛定谔方程出发, 可以证明当入射粒子动能远大于它在库仑场中的势能时, 玻恩近似适用.

相互作用 $V(\boldsymbol{r})$ 只在坐标原点较强, 可作近似

$$|\boldsymbol{r}-\boldsymbol{r}'| \approx r - \frac{\boldsymbol{r}\cdot\boldsymbol{r}'}{r},$$

于是 $\psi_{散射}(\boldsymbol{r})$ 可化成从原点出射的球面散射波,

$$\psi_{散射}(\boldsymbol{r}) \approx f(\theta)\frac{\mathrm{e}^{\mathrm{i}kr}}{r}, \tag{6.6}$$

其中 $f(\theta)$ 为此球面散射波的振幅系数,

$$f(\theta) = -\frac{1}{4\pi}\frac{2m}{\hbar^2}\int \mathrm{e}^{\mathrm{i}(\boldsymbol{k}_0\cdot\boldsymbol{r}'-\boldsymbol{k}\cdot\boldsymbol{r}')}V(\boldsymbol{r}')\mathrm{d}^3\boldsymbol{r}', \tag{6.7}$$

$\boldsymbol{k}_0$ 为入射平面波波矢量, $\boldsymbol{k}$ 为散射球面波波矢量, 它们的大小都是 k. 代入光滑截断的库仑相互作用 $V(\boldsymbol{r}) = Z'Ze^2\mathrm{e}^{-\alpha r}/4\pi\varepsilon_0 r$, 算出上述积分后取截断因子 $\alpha \to 0$, 可得

$$f(\theta) = -\frac{2m}{\hbar^2}\frac{Z'Ze^2}{4\pi\varepsilon_0 q^2}, \tag{6.8}$$

$$q = |\boldsymbol{k} - \boldsymbol{k}_0| = 2k\sin\frac{\theta}{2}, \tag{6.9}$$

θ 为 $\boldsymbol{k}$ 与 $\boldsymbol{k}_0$ 的夹角, 即散射方向与入射方向的夹角.

b. 卢瑟福散射公式

入射波 $\psi_{入射}(\boldsymbol{r})$ 是平面波, 如果它的振幅的平方正比于找到 α 粒子的概率密度, 则在单位时间内穿过单位截面的 α 粒子数正比于 α 粒子的速度 $\hbar k/m$. 类似地, 散射波 $\frac{f(\theta)}{r}\mathrm{e}^{\mathrm{i}kr}$ 是球面波, 如果它的振幅平方正比于找到 α 粒子的概率密度, 则在单位时间内穿过立体角 $\mathrm{d}\Omega$ 的 α 粒子数正比于

$$\left|\frac{f(\theta)}{r}\right|^2\frac{\hbar k}{m}r^2\mathrm{d}\Omega,$$

其中 $r^2\mathrm{d}\Omega$ 为散射 α 粒子穿过的面元. 于是单位时间内穿过单位面积入射的每一 α 粒子, 散射到立体角 $\mathrm{d}\Omega$ 中的概率正比于

$$\mathrm{d}\sigma = \frac{\left|\dfrac{f(\theta)}{r}\right|^2\dfrac{\hbar k}{m}r^2\mathrm{d}\Omega}{\hbar k/m} = |f(\theta)|^2\mathrm{d}\Omega. \tag{6.10}$$

代入散射振幅 $f(\theta)$ 的表达式, 就得

$$\mathrm{d}\sigma = \left(\frac{Z'Ze^2}{4\pi\varepsilon_0 \cdot 4E}\right)^2\frac{\mathrm{d}\Omega}{\sin^4\dfrac{\theta}{2}}. \tag{6.11}$$

$\mathrm{d}\sigma$ 具有面积的量纲, 称为 微分散射截面. 上式称为 卢瑟福散射公式, 卢瑟福当初是用经典力学推得的. 上节已经指出, 在卢瑟福散射问题中经典轨道概念和牛顿方程都近似适用. 必须指出, 上式在经典力学中是严格的, 而在这里是玻恩近似的结果. 这就是说, 经典力学只是量子力学在一定条件下的近似.

上面写出微分散射截面 $\mathrm{d}\sigma$ 时, 用到了波函数的统计诠释: 波函数的模的平方正比于找到粒子的概率密度. 所以, 卢瑟福散射公式与实验的符合, 或者说与

经典力学的符合, 实际上正是当初玻恩提出波函数统计诠释的实验依据.

c. 微分散射截面的几何意义

最后来讨论微分散射截面的几何意义. 在写出 $d\sigma$ 的表达式时, 用到了微分散射截面的定义

$$d\sigma = \frac{\text{单位时间被一个靶粒子散射到 } d\Omega \text{ 的粒子数}}{\text{单位时间入射到单位靶面上的粒子数}}. \tag{6.12}$$

在这个定义里, 分子上的 $d\Omega$ 没有量纲, 而分母上的 "单位靶面" 具有 (面积)$^{-1}$ 的量纲, 所以 $d\sigma$ 具有面积的量纲. 可以假设靶粒子具有一个有效截面积 σ, 入射到这个面上的粒子都会被靶粒子散射; 反之, 被靶粒子散射到某一立体角 $d\Omega$ 内的粒子, 一定来自有效截面积 σ 的某一小面积元 $d\sigma$. 于是, 如果入射粒子束流在面积 σ 上的面密度是均匀的, 则小面积元 $d\sigma$ 越大, 对应的散射粒子就越多, 而它与总有效截面积 σ 的比值, 则给出粒子被散射到某一立体角元 $d\Omega$ 中的概率. 这就是微分散射截面 $d\sigma$ 的几何意义. 把它对立体角求积分, 得到的结果 σ 称为 散射全截面, 简称 散射截面. 对于卢瑟福散射有

$$\sigma = \int d\sigma = \int |f(\theta)|^2 d\Omega = \left(\frac{Z'Ze^2}{4\pi\varepsilon_0 \cdot 4E}\right)^2 \int \frac{d\Omega}{\sin^4 \dfrac{\theta}{2}}. \tag{6.13}$$

散射截面 σ 的几何意义, 就是靶核的有效截面.

必须注意, 由于轨道概念一般不再适用, 散射到某一立体角 $d\Omega$ 的粒子, 原则上可以来自有效截面积 σ 上的任何一点, 仅当轨道概念近似适用时, 微分截面 $d\sigma$ 才对应于有效截面 σ 上的某一特定区域.

散射截面的单位是 靶恩 (barn), 简称 靶, 符号 b,

$$1\text{b} = 10^{-28}\,\text{m}^2, \qquad 1\text{mb} = 10^{-3}\text{b}, \qquad 1\mu\text{b} = 10^{-6}\text{b}.$$

Ag 原子核的半径约为 5.6 fm, 它的几何截面大约就是 1b.

6.3 卢瑟福散射公式的实验验证

a. 实验测量的公式

设靶箔面积 A, 厚度 t, 单位体积内原子数 N, 则靶箔总原子数为 NAt. 假若靶箔足够薄, 使得对于射入的 α 粒子束来说, 前后的靶原子互不遮蔽, 则可认为 NAt 个原子均匀分布在面积 A 上, 单位面积上有 Nt 个原子. 如果有 n 个 α 粒子射到面积 A 上, 其中 dn 个散射到立体角 $d\Omega$ 内, 则根据微分散射截面的定

义，有

$$d\sigma = \frac{1}{Nt}\frac{dn}{n},\tag{6.14}$$

这就是实验测量微分散射截面的公式. 代入卢瑟福散射公式，可以得到

$$\frac{dn}{d\Omega} = nNt\left(\frac{Z'Ze^2}{4\pi\varepsilon_0 \cdot 4E}\right)^2 \frac{1}{\sin^4\frac{\theta}{2}}.\tag{6.15}$$

b. 卢瑟福公式的实验验证

盖革和马斯登做实验仔细检验了这个公式. 当时还没有计数器和电子技术，用眼睛长时间凝视 ZnS 荧光屏，需要高度的细心和训练. 检验包含如下四个方面.

首先，$dn/d\Omega \propto t$. 他们用 8 MeV 的 α 粒子源，把 θ 固定在 25° 附近，改变金属箔的厚度，结果如图 6.4，$dn/d\Omega$ 对 t 的线性关系十分明显. 这表明，即使在这样中等大小的角度，主要还是单次散射. 如果是多次散射，根据统计理论，大角度散射概率应正比于散射次数的平方根，亦即正比于厚度的平方根，$dn/d\Omega \propto t^{1/2}$.

其次，$dn/d\Omega \propto Z^2$. 他们用厚度近似相等的不同材料做实验，结果如图 6.5，证实了这个关系. 这个实验比头一个难得多，因为要比较的不同材料厚度并不严格相等.

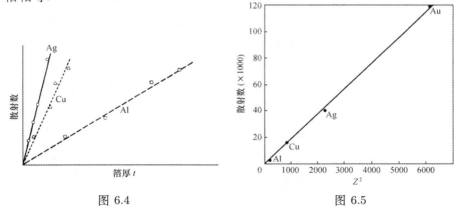

图 6.4   图 6.5

第三，$dn/d\Omega \propto 1/E^2$. 为了改变 α 粒子速度，他们用一些薄云母片来减速. 用别的独立实验测定云母片对 α 粒子的减速本领. 结果如图 6.6，与预期关系符合得很好，其中横坐标是 α 粒子的相对动能. 注意这个图是双对数坐标.

最后，$dn/d\Omega \propto 1/\sin^4\frac{\theta}{2}$. 这是卢瑟福散射公式最突出和最重要的特征. 当角度由小变大时，$dn/d\Omega$ 改变达 5 个数量级. 他们用金箔，θ 从 5° 到 150°. 结

果如图 6.7, 与卢瑟福公式符合得相当好.

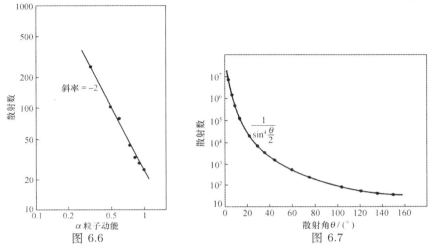

图 6.6   图 6.7

实验证实了卢瑟福公式的所有预言, 这就证实了原子的有核模型.

c. 原子核半径的上限

根据实验结果, 来估计在这个实验中 α 粒子与原子核接近到什么程度, 这是一个经典力学问题. 在与原子核正碰而反弹回来 ($\theta = 180°$) 的情形, α 粒子被原子核库仑场减速到 0 的那一刻, 距离原子核最近. 由能量守恒关系

$$E = \frac{1}{4\pi\varepsilon_0}\frac{Z'Ze^2}{d},$$

即可由 α 粒子动能 E 算出这个最近距离 d,

$$d = \frac{Z'Ze^2}{4\pi\varepsilon_0 E}. \tag{6.16}$$

对于 $E = 7.68\,\mathrm{MeV}$ 和金核 $Z = 79$, 有

$$d = \frac{Z'Ze^2}{4\pi\varepsilon_0 E} = \frac{2 \times 79 \times 1.44\,\mathrm{MeV} \cdot \mathrm{fm}}{7.68\,\mathrm{MeV}} = 29.6\,\mathrm{fm}.$$

如果不是正碰, 瞄准距离 b 不等于 0, 散射角 θ 小于 180°, 如图 6.8. 这时需要知道散射角 θ 与瞄准距离的关系. 可用隆格 - 楞茨 (Ronge- Lenz) 矢量来求这个关系.

对于有心力场平方反比力

$$\boldsymbol{F} = \frac{\kappa\boldsymbol{r}}{r^3}, \tag{6.17}$$

从牛顿第二定律容易证明下述隆格 - 楞茨矢量守恒:

$$\boldsymbol{e} = \frac{\boldsymbol{r}}{r} - \frac{\boldsymbol{L} \times \boldsymbol{p}}{\kappa m}, \tag{6.18}$$

其中 m 为体系的折合质量，$\boldsymbol{p}$ 和 $\boldsymbol{L}$ 分别为粒子动量和对力心的角动量. 取入射粒子与 z 轴所在平面为 xz 平面，则在入射时有

$$\boldsymbol{e} = -\boldsymbol{k} + \frac{Lp}{\kappa m}\,\boldsymbol{i} = \frac{bp^2}{\kappa m}\,\boldsymbol{i} - \boldsymbol{k} = \frac{2bE}{\kappa}\,\boldsymbol{i} - \boldsymbol{k},$$

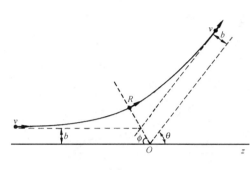

图 6.8

其中 $\boldsymbol{i}$ 和 $\boldsymbol{k}$ 分别为沿 x 和 z 轴的单位矢量，$L = bp$ 为粒子入射时的角动量，b 为瞄准距离. 在距原子核最近的点 R，根据轨道对 OR 的对称性，粒子动量与 OR 垂直. 由 $\boldsymbol{e}$ 的定义式可以看出，这时它沿 OR 方向. 由于 $\boldsymbol{e}$ 是常矢量，R 点的 $\boldsymbol{e}$ 等于入射时的 $\boldsymbol{e}$, 可用上式来定 OR 的方向. 从图 6.8 和上式可写出

$$\tan\phi = \frac{2bE}{\kappa}, \qquad \phi = \frac{1}{2}(\pi - \theta),$$

其中 ϕ 是 OR 与 $-z$ 轴的夹角，θ 是散射方向与 z 轴的夹角. 由上述二式即得散射角 θ 与瞄准距离 b 的关系

$$\cot\frac{\theta}{2} = \frac{2bE}{\kappa}. \tag{6.19}$$

在库仑场的情形，

$$\kappa = \frac{Z'Ze^2}{4\pi\varepsilon_0}. \tag{6.20}$$

于是，从散射角 θ 可算出瞄准距离 b, 而知道了瞄准距离 b, 就可由能量和角动量守恒算出 α 粒子与原子核的最近距离 $r_{\mathrm{m}} = \overline{OR}$,

$$\begin{cases} E = \dfrac{p_{\mathrm{m}}^2}{2m} + \dfrac{\kappa}{r_{\mathrm{m}}}, \\ bp = r_{\mathrm{m}}p_{\mathrm{m}}, \end{cases} \tag{6.21}$$

其中 p_{m} 是粒子在 R 点的动量. 把上述 (6.21) 式与 (6.19) 式联立消去 b 和 p_{m}, 就得

$$r_{\mathrm{m}} = \frac{\kappa}{2E}\left(1 + \frac{1}{\sin\dfrac{\theta}{2}}\right). \tag{6.22}$$

例题 1   RaC$'$(^{214}Po) 放出的 α 粒子动能为 7.68 MeV, 在金箔 ($Z = 79$) 上散射，$\theta = 150°$ 时卢瑟福散射公式还适用. 求此散射中 α 粒子与金核的最近距离 r_{m}.

解 把数值代入上述 r_m 的公式, 可算得

$$r_\mathrm{m} = \frac{Z'Ze^2}{4\pi\varepsilon_0} \frac{1}{2E}\left(1 + \frac{1}{\sin\frac{\theta}{2}}\right)$$

$$= \frac{2 \times 79 \times 1.44\,\mathrm{MeV \cdot fm}}{2 \times 7.68\,\mathrm{MeV}}\left(1 + \frac{1}{\sin 75°}\right) = 30.1\,\mathrm{fm}.$$

(6.22) 式表明, 散射角 θ 越大, 相应的最近距离 r_m 就越小. 当 $\theta = 180°$ 时, $r_\mathrm{m} = \kappa/E$, 这也就是正碰时的 d. 实验表明 θ 大到 150° 时卢瑟福公式仍适用, 这就说明金核半径小于 30.1 fm, 比原子半径小 4—5 个数量级. 现在用高能粒子在原子核上的散射, 不仅可以测出原子核的半径, 还可测出原子核的密度分布 (参阅第 5.7 节 N-A 形状弹性散射, 和第 14.2 节原子核的几何性质).

d. 实验上的两个具体问题

最后, 再讨论实验上的两个具体问题. 首先, 在计算引起散射的总原子数时, 我们假设靶足够薄, 使得前后的原子互不遮蔽. 如果原子是一个半径为 r 的实体, 这就要求靶箔薄到只含一层原子. 如果原子核的半径比原子半径小得多, 原子大部分空间是空虚的, 靶就可以包含许多层原子. 在一个原子的几何截面 πr^2 内, 可以包含互不遮蔽的原子核数应大于 $\pi r^2/\pi r_\mathrm{m}^2$, 这也就是靶可包含的互不遮蔽的原子层数. 每层原子厚 $2r$, 所以靶箔厚度可达

$$t_\mathrm{m} = \frac{\pi r^2}{\pi r_\mathrm{m}^2} \cdot 2r = \left(\frac{r}{r_\mathrm{m}}\right)^2 \cdot 2r.$$

对于金原子, $r = 1.44\,\text{Å}$, $r_\mathrm{m} = 30.1\,\mathrm{fm}$, 算出 $t_\mathrm{m} = 6.6\,\mathrm{mm}$. 实验所用金箔薄到 $t \sim 5000\,\text{Å}$, 完全满足上述要求.

其次, 我们假定通过靶箔的 α 粒子只经过一次散射. 实际上是多次散射, 但大多数都是瞄准距离很大的小角度散射, 偶尔才有一次瞄准距离很小的大角度散射. 在有大角度散射时, 小角度散射可以忽略, 近似看成一次散射, 卢瑟福散射公式适用. 无大角度散射时, 不能看成一次散射, 卢瑟福公式就不能用. 这是从多次散射的角度看. 从 α 粒子的波动性来看, 小角度散射区域在靶核的夫琅禾费衍射斑内 (参阅 5.7 节), 即使是一次散射, 卢瑟福公式也不适用.

6.4 原子的电子结构问题

a. 原子的电子结构问题

卢瑟福的原子有核模型为原子结构勾描出一粗略的轮廓和图像. 进一步要问: 原子核外的电子如何分布和运动? 这涉及原子结构的细节, 即原子的电子

结构问题.

用 α 射线能 "看" 出原子有一个核, 但 "看" 不清核外电子的分布和运动. 因为 α 粒子质量比电子大得多, 能量太大, 在 α 射线照射下, 电子会被打飞, 原子结构会被完全破坏.

用阴极射线或 γ 射线, 也存在类似问题. 实际上, 要想用实验手段直接探测原子的电子结构, 比探测出原子有核来, 原则上存在更大困难. 从发现原子有核结构至今, 已经一个世纪, 而今天倍率最高的电子显微镜, 也仅能看出原子的模糊轮廓.

b. 原子的大小和能量

原子核与电子的库仑相互作用, 会把电子束缚在原子核附近. 若用 Δx 表示电子在原子核附近运动的范围, 它也就是电子坐标测不准的大小. 根据测不准关系, 如果电子坐标具有测不准 Δx, 其动量就有相应的测不准 Δp. 电子被束缚得越接近原子核, 即 Δx 越小, 则相应的动量测不准 Δp 就越大, 即电子动量值的分布就越宽, 电子越倾向于远离原子核.

在稳定状态下, 电子不可能无限接近原子核, 而存在一个稳定距离 r. 对一个电子与原子核构成的体系, 其能量为

$$E = \frac{p^2}{2m} - \frac{Ze^2}{4\pi\varepsilon_0 r}, \tag{6.23}$$

其中 Z 为核电荷数, m 为电子折合质量. 若取 $\Delta x \sim r$, $\Delta p \sim p/2$, 测不准关系给出

$$p \sim \frac{\hbar}{r}.$$

把它代入能量 E 的表达式, 有

$$E = \frac{\hbar^2}{2m}\frac{1}{r^2} - \frac{Ze^2}{4\pi\varepsilon_0}\frac{1}{r}.$$

由 $\mathrm{d}E/\mathrm{d}r = 0$ 可解出使能量 E 取极小的稳定半径为

$$r = \frac{a_0}{Z}, \qquad \text{其中} \qquad a_0 = \frac{4\pi\varepsilon_0\hbar^2}{me^2}. \tag{6.24}$$

把它们代回能量表达式, 得稳定原子的能量为

$$E = Z^2 E_0, \tag{6.25}$$

其中

$$E_0 = -\frac{m}{2\hbar^2}\left(\frac{e^2}{4\pi\varepsilon_0}\right)^2.$$

对于 H 原子, $Z = 1$,

$$m = \frac{m_{\mathrm{e}} m_{\mathrm{p}}}{m_{\mathrm{e}} + m_{\mathrm{p}}}, \tag{6.26}$$

其中 m_e 和 m_p 分别为电子和质子的质量. 代入数值, 可估计出 H 原子的半径 a_0 和能量 E_0 为

$$a_0 = 0.529\,\text{Å}, \qquad E_0 = -13.6\,\text{eV}. \tag{6.27}$$

对于较重的原子, $Z > 1$, 上述 r 和 E 是对最内层电子的估计, 而对外层电子的估计, 半径约为 1 Å 的数量级, 能量约 10 eV 的数量级. 这种估计与 X 射线在晶体上的衍射以及其它一些实验一致.

c. 需要模型和理论

为了 "看" 清 1 Å 大小的结构, "照明" 波长必须比它小, $\lambda < 1\,\text{Å}$, 从而照明粒子束动量必须足够大,

$$p = \frac{h}{\lambda} > \frac{2\pi \times 1973\,\text{eV} \cdot \text{Å}}{1\,\text{Å} \cdot c} = 12.4\,\text{keV}/c.$$

用光子照明时, 与这个动量下限相应的能量下限最低, 因为光子无质量,

$$E = \sqrt{p^2 c^2 + m^2 c^4} = pc > 12.4\,\text{keV}.$$

这比上面估计的原子外层电子能量大 3—4 个数量级. 在这么高能量的粒子束照射下, 原子中不仅外层电子, 连内层电子也会被打飞了.

所以, 为了研究能量约为几电子伏数量级的原子外层电子, 用的光子能量也只能在这个数量级, 相应的波长为

$$\lambda = \frac{h}{p} = \frac{2\pi \hbar c}{E} \sim \frac{2\pi \times 1973\,\text{eV} \cdot \text{Å}}{5\,\text{eV}} = 2.4 \times 10^2\,\text{nm}.$$

这个波长已到紫外波段, 不可能直接看清原子的任何结构. 在这种情况下, 只能根据一定的理论模型来对原子的电子结构作推测.

玻尔的氢原子模型理论, 是在这方面获得巨大成功的具有开创性的工作. 相关的光子波长范围在红外到紫外的区间. 下面先介绍氢原子光谱的经验规律, 再介绍玻尔理论如何利用这种知识来推测氢原子的电子结构和给出量子物理的图像. 我们仍将采用近代的观点, 而不重复当初玻尔那一代物理学家所经历的从经典到量子的思想历程. 对这段历史及其经验有兴趣的读者, 请参阅其它原子物理教科书或有关专著.

6.5 氢原子光谱的巴耳末 - 里德伯公式

a. 巴耳末 - 里德伯公式

用光谱仪分析氢放电管和某些星体的光谱, 即可获得氢原子光谱. 最早发现的是波长处于可见光区域的一个谱线系, 称为 巴耳末 (Balmer) 系, 如图 6.9.

其中最亮的四条分别称为 H_α, H_β, H_γ 和 H_δ 线, 它们在空气中的颜色和波长见表 6.1. 巴耳末 1885 年发现, 当时已测出的 11 条谱线的波长可用一经验公式来表示:

$$\begin{cases} \lambda = B\dfrac{n^2}{n^2-4}, & n = 3,4,5,6,\cdots \\ B = 364.56\,\text{nm}, \end{cases} \tag{6.28}$$

这个公式称为 巴耳末公式.

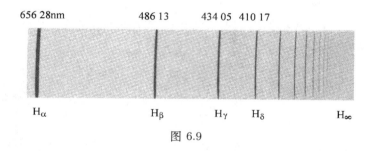

656 28nm   486 13   434 05   410 17

H_α H_β H_γ H_δ H_∞

图 6.9

表 6.1 氢原子光谱巴耳末系前四条谱线的颜色和波长

谱线	H_α	H_β	H_γ	H_δ
颜色	红	深绿	青	紫
波长 / nm	656.279	486.133	434.046	410.173

波长 λ 是实验光谱学家惯用的物理量. 里德伯 (J.R. Rydberg) 发现, 如改用单位长度内的波长数, 即波数 $\tilde{\nu}$,

$$\tilde{\nu} = \frac{1}{\lambda}, \tag{6.29}$$

可把巴耳末公式改写成更简洁和便于推广的形式

$$\tilde{\nu} = R_H\left(\frac{1}{2^2} - \frac{1}{n^2}\right), \qquad n = 3,4,5,6,\cdots \tag{6.30}$$

其中

$$R_H = \frac{4}{B} = 1.096\,775\,8 \times 10^7\,\text{m}^{-1}, \tag{6.31}$$

称为氢的 里德伯常数.

里德伯发现, 上述巴耳末公式可推广成

$$\tilde{\nu} = R_H\left(\frac{1}{m^2} - \frac{1}{n^2}\right), \quad m = 1,2,3,\cdots, \ n = m+1, m+2, m+3, \cdots \tag{6.32}$$

其中 $m = 2$ 给出巴耳末系, m 取其它值则给出另外一些谱线系, 如表 6.2. 上式称为氢原子光谱的 巴耳末 - 里德伯公式, 或 里德伯公式.

表 6.2 H 原子光谱系

线系	莱曼系	巴耳末系	帕邢系	布拉开系	普丰德系	汉福莱系
	(T.Lyman)	(J.J.Balmer)	(F.Paschen)	(F.Brackett)	(H.A.Pfund)	(C.S.Humphreys)
光谱区域	紫外区	可见区	红外区	红外区	红外区	红外区
m	1	2	3	4	5	6
发现年份	1914	1885	1908	1922	1924	1953

里德伯公式还可写成更一般的形式

$$\tilde{\nu} = T(m) - T(n), \tag{6.33}$$

其中 $T(n)$ 称为 光谱项. 对氢原子, 有

$$T(n) = \frac{R_{\mathrm{H}}}{n^2}, \tag{6.34}$$

而对于其它原子, 光谱项的表达式就没有这么简单.

氢原子光谱具有以下三个特征. 首先, 是离散的线状光谱. 其次, 光谱线构成谱线系, 系内各谱线之间和系与系之间有一定的规律. 第三, 每条谱线都可写成两个光谱项之差. 实验发现, 这三点不仅是氢原子光谱的特征, 也是所有原子光谱的共同特征.

b. 里德伯公式的物理含意

写成两个光谱项之差的里德伯公式有很明显的物理解释. 波数 $\tilde{\nu}$ 正比于频率 ν, 根据普朗克关系 $E = h\nu$, 也就正比于光子能量. 两边乘以 hc, 可把里德伯公式改写成

$$h\nu = E(n) - E(m), \tag{6.35}$$

$$E(n) = -hcT(n). \tag{6.36}$$

$h\nu$ 是光子能量, 根据能量守恒定律, $E(n)$ 和 $E(m)$ 就应该是原子发射光子前后两个状态的能量. 所以, 里德伯公式实际上是原子发射光子过程的能量守恒关系, 而它表明原子的能量与光谱项成正比. 比例常数 $-hc$ 是负数, 表示电子与原子核形成的束缚体系能量为负. 这相当于选择能量零点, 使电子与原子核完全分离的电离状态能量为零.

所以, 原子的光谱, 亦即原子与光子相互作用的现象, 为我们提供了关于原子性质的丰富信息. 首先, 原子具有一系列光谱项, 表明原子具有一系列稳定的能量状态. 其次, 原子光谱是线状光谱, 说明原子稳定状态的能量不能连续取值, 只能取某些特定的、分立的、量子化的值. 第三, 原子从一个能量状态到另一能量状态的变化, 伴随着能量的放出或吸收, 在原子光谱的情形, 就表现为放

出或吸收一定能量的光子. 至于原子为什么会具有这些性质, 亦即它为什么具有一系列稳定的能量状态, 为什么这些稳定状态的能量值是量子化的, 以及它们可以具有哪些量子化的值, 则是需要由理论来讨论和回答的问题.

6.6 玻 尔 理 论

在卢瑟福模型被盖革 - 马斯登实验证实的次年, 玻尔获得博士学位, 到卢瑟福实验室访问, 知道了原子的有核模型. 1913 年 2 月, 玻尔又知道了里德伯公式, 获得了他的理论 "七巧板中的最后一块"[①]. 3 月, 他提出氢原子光谱的理论, 7 月、9 月、11 月连续发表了三篇历史性论文. 后来有人问他: "你怎么会不知道巴耳末和里德伯的公式?" 玻尔回答说: "当时大多数物理学家都认为, 原子光谱太复杂, 它们决不会是基本物理的一部分."

a. 玻尔理论的基本假设

玻尔理论的基本假设和主要结论基本上与十多年后建立的量子力学相符, 只是他使用的经典图像不恰当. 我们下面的讲法保持他的理论框架, 但采用量子的图像. 玻尔理论的基本假设是: 定态假设, 跃迁假设, 量子化条件.

(1) 定态假设. 假设电子围绕原子核的运动处于一些能量具有确定值的稳定状态, 称为 定态, 它们的能量取量子化的离散值, 称为 能级.

$$E = E(n), \qquad n = 1, 2, 3, \cdots. \tag{6.37}$$

(2) 跃迁假设. 原子从一个定态到另一定态的变化是跳跃式的, 称为 跃迁. 原子在跃迁中会发射或吸收光子. 当原子从较高能量的定态跃迁到较低能量的定态时, 会发出光子; 当原子从较低能量的定态跃迁到较高能量的定态时, 会吸收光子. 在跃迁过程中能量守恒, 光子频率 ν 由下述条件来确定,

$$h\nu = E(n) - E(m), \tag{6.38}$$

其中 $E(n)$ 和 $E(m)$ 为有关二定态的能量, h 为普朗克常数. 上式称为 玻尔频率条件, 它实质上就是改写成能量守恒形式的里德伯公式.

(3) 量子化条件. 假设角动量只能取约化普朗克常数 $\hbar$ 的整数倍,

$$L = n\hbar, \qquad n = 1, 2, 3, \cdots, \tag{6.39}$$

正整数 n 称为 主量子数.

---

① "七巧板" 是一种益智玩具, 由三角形、正方形、平行四边形等不同几何形状和大小的七块纸板组成, 可以用它们拼成各种各样的图样.

玻尔的前两个假设, 实际上就是里德伯公式提供给我们的物理知识. 反过来说, 玻尔用这两个假设解释了里德伯公式, 指出里德伯公式中的光谱项正比于相应定态的能量. 最大光谱项相应于最低能量, 相应的定态称为 基态. 比基态能量高的定态称为 激发态. 基态能量又记为 E_0,

$$E_0 = E(1). \tag{6.40}$$

使原子电离的电离能 W 其大小显然与原子基态能量相等,

$$W = -E_0. \tag{6.41}$$

电离能 W 可以直接测量. 基态能 E_0 可以从最大光谱项 $T(1)$ 定出. 这是两个互相独立的实验, 可以用来检验上式的正确性. 实验表明, 上式, 或更一般地光谱项与能级的比例关系确实是成立的. 请参阅 7.3 节弗兰克 - 赫兹实验.

量子化条件 $L = n\hbar$ 可以从电子的波动性来理解. 电子围绕原子核的运动, 可用一沿圆形轨道传播的环波来描述. 在轨道半径 r 处环波振幅最大, 相应地在半径为 r 的环附近找到电子的概率最大. 在稳定运动的情形, 这个沿圆形轨道传播的环波应形成驻波, 如图 6.10. 这就要求此圆周长等于波长的整数倍,

$$2\pi r = n\lambda, \qquad n = 1, 2, 3, \cdots.$$

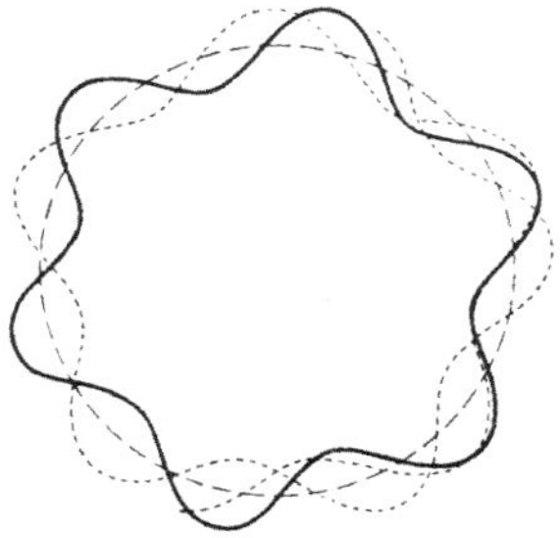

图 6.10

否则在轨道上每一点波的强度都将随时间变化, 就不是稳定运动的情形. 在这个驻波条件中代入德布罗意关系 $\lambda = h/p$, 就得到

$$L = rp = n \times \frac{h}{2\pi} = n\hbar.$$

这不能当作对玻尔量子化条件的推导, 而只是对它的定性的解释. 严格地说, 德布罗意关系只适用于自由粒子的平面波, 而这里讨论的是被原子核束缚在一圆周上传播的环波. 在下一章我们将看到, 玻尔量子化条件并不严格成立, 它只是量子力学的一个近似结果. 但下面由它推出的几个理论结果倒是与量子力学严格结果相符的.

b. 关于氢原子的理论结果

在原子能级与光谱项的关系 (6.36) 中代入氢原子光谱项的公式 (6.34), 就得到氢原子能级的公式

$$E(n) = -\frac{R_{\mathrm{H}}hc}{n^2}. \tag{6.42}$$

而从玻尔量子化条件出发, 不仅可以解释这个由实验得到的关系, 并且给出了

用基本物理常数来计算里德伯常数 R_H 的公式. 下面依次给出理论的推理和结果.

首先, 环波轨道半径是量子化的, 只能取一些特定的离散值. 因为在圆周运动时, 库仑能是动能的 -2 倍,

$$-\frac{Ze^2}{4\pi\varepsilon_0 r} = -2 \cdot \frac{L^2}{2mr^2},$$

由它可以解出

$$r = \frac{L^2}{m} \cdot \frac{4\pi\varepsilon_0}{Ze^2}.$$

如果角动量 L 是量子化的, 则电子环波轨道半径 r 也是量子化的. 代入量子化条件 $L = n\hbar$, 有

$$r = \frac{n^2}{Z} a_0, \qquad n = 1, 2, 3, \cdots, \tag{6.43}$$

其中 a_0 的公式和数值已在上节给出, 称为 玻尔半径.

其次, 原子的能量是量子化的, 只能取一些特定的离散值. 因为在圆周运动时库仑能是动能的 -2 倍, 所以原子的总能量是库仑能的一半,

$$E = -\frac{1}{2} \frac{Ze^2}{4\pi\varepsilon_0 r}.$$

代入量子化的轨道半径 $r = n^2 a_0/Z$, 就有

$$E = \frac{Z^2}{n^2} E_0, \qquad E_0 = -\frac{1}{2} \frac{e^2}{4\pi\varepsilon_0 a_0}, \tag{6.44}$$

其中 E_0 的表达式与 6.4 节的一致, 是氢原子 ($Z = 1$) 的基态 ($n = 1$) 能量, 其数值在 6.4 节已算出为 $-13.6\,\mathrm{eV}$.

第三, 里德伯常数的值. 把上述能级公式代入玻尔频率条件 (6.38), 就有

$$\tilde{\nu}_A = Z^2 R_A \left(\frac{1}{m^2} - \frac{1}{n^2} \right), \tag{6.45}$$

$$R_A = -\frac{n^2}{Z^2} \frac{E(n)}{hc} = -\frac{E_0}{hc} = \left(\frac{e^2}{4\pi\varepsilon_0} \right)^2 \frac{m}{4\pi\hbar^3 c}. \tag{6.46}$$

注意在常数 R_A 的表达式中的 m 是电子折合质量

$$m = \frac{m_e}{1 + m_e/m_A}, \tag{6.47}$$

m_A 是原子核 A 的质量. 引入常数

$$R_\infty = \left(\frac{e^2}{4\pi\varepsilon_0} \right)^2 \frac{m_e}{4\pi\hbar^3 c} = 1.097\,373\,156\,8527(73) \times 10^7 \mathrm{m}^{-1}, \tag{6.48}$$

还可以把 R_A 改写成

$$R_A = \frac{1}{1 + m_e/m_A} R_\infty. \tag{6.49}$$

代入氢原子的值 $m_A = m_p$, 可以算得

$$R_H = \frac{R_\infty}{1 + m_e/m_p} = 1.096\,775\,834 \times 10^7 \mathrm{m}^{-1},\qquad (6.50)$$

与氢原子光谱的测量完全相符.

c. 对氢原子光谱的解释

氢原子中电子环波轨道示意如图 6.11. 氢原子能级如图 6.12. 随着主量子数 n 的增加, 轨道半径增大, 半径间距增大, 能级绝对值减小, 能级间距减小. 根据玻尔频率条件 (6.38), 氢原子光谱的谱线频率正比于发生跃迁的两个能级的间距. 这就解释了氢原子光谱的下述特征: 不同谱线系之间频率差别较大, 落在光谱的不同区域; 同一谱线系中谱线间隔向短波方向递减, 在线系限处趋于 0; 存在连续光谱.

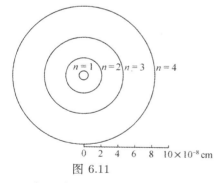

图 6.11

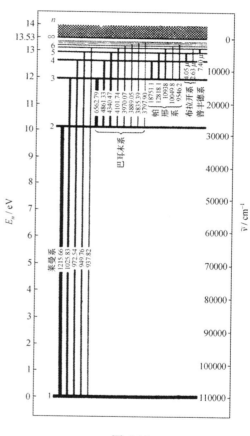

图 6.12

存在连续光谱的原因, 是由于存在非量子化的状态, 即自由电子的正能态. 正能态自由电子的总能量可取大于 0 的任何值, 它的波不再是环行驻波, 而是从无限远射来又射向无限远的行波. 这种正能态电子被原子核俘获而跃迁到某一束缚态, 发出的光子频率随入射电子能量不同而可连续取值.

玻尔的理论解开了近三十年之久的 "巴耳末公式之谜", 他因此获 1922 年诺贝尔物理学奖.

6.7 玻尔理论的应用

a. 对匹克林线系的解释

匹克林线系是天文学家匹克林 (E. C. Pickering) 1896 年在船樯座 ζ 星的光谱中发现的, 很像巴耳末系. 它与巴耳末系的对比如表 6.3, 有下述特点: 每隔一条谱线, 就有一条与巴耳末系差不多重合; 差不多与巴耳末系重合的谱线, 与巴尔末系之间有确定的波长差; 相应的里德伯公式为

$$
\begin{cases}
\tilde{\nu} = \dfrac{1}{\lambda} = R\left(\dfrac{1}{2^2} - \dfrac{1}{K^2}\right), \quad K = 2.5,\, 3,\, 3.5,\, 4,\, \cdots, \\[2mm]
R = 1.097\,222\,7 \times 10^7\,\mathrm{m}^{-1}.
\end{cases}
\tag{6.51}
$$

表 6.3 匹克林系与巴耳末系的对比 (单位 nm)

He$^+$	H
656.01	656.28 (H$_\alpha$)
541.16	
485.93	486.13 (H$_\beta$)
456.16	
433.87	434.05 (H$_\gamma$)
419.99	
410.00	410.17 (H$_\delta$)

在早期, 人们以为这是星体上一种特殊的氢发出的, 与地球上的氢不同. 玻尔指出, 这是氦离子 He$^+$ 发出的. 在上节的理论公式中代入氦原子 He 的值 $Z = 2$, $m_{\mathrm{A}} = m_{\mathrm{He}}$, 就有

$$
\tilde{\nu} = 2^2 R_{\mathrm{He}}\left(\frac{1}{m^2} - \frac{1}{n^2}\right) = R_{\mathrm{He}}\left[\frac{1}{(m/2)^2} - \frac{1}{(n/2)^2}\right].
$$

其中若取 $m = 4$, 从而 $n = 5, 6, 7, 8, \cdots$, 上式就成为匹克林线系公式

$$
\tilde{\nu} = R_{\mathrm{He}}\left(\frac{1}{2^2} - \frac{1}{K^2}\right), \quad K = 2.5,\, 3,\, 3.5,\, 4,\, \cdots,
$$

其中氦原子的里德伯常数 R_{He} 可由氢原子的里德伯常数 R_{H} 算出,

$$
R_{\mathrm{He}} = \frac{R_\infty}{1 + m_{\mathrm{e}}/m_{\mathrm{He}}} = \frac{1 + m_{\mathrm{e}}/m_{\mathrm{H}}}{1 + m_{\mathrm{e}}/m_{\mathrm{He}}}\, R_{\mathrm{H}} = 1.097\,222\,735 \times 10^7\,\mathrm{m}^{-1},
$$

与观测值相符. 常数 R_{He} 与 R_{H} 的微小差别正好解释了匹克林线系与巴耳末系之间确定的波长差.

福勒 (A. Fowler) 听到玻尔的解释后, 立刻到实验室仔细观察 He$^+$ 光谱, 证实了玻尔的理论.

b. 类氢离子的光谱

由带有 $Z > 1$ 个正电荷的原子核与 1 个电子组成的束缚体系, 称为 类氢离子. 除了 He$^+$ 以外, Li^{++}, Be^{+++}, $\cdots$, O^{7+}, $\cdots$, Cl^{16+}, Ar^{17+}, $\cdots$ 都是类氢离子. 现在重离子加速器技术已经可以把 ^{238}U 原子的 92 个电子全部剥离, 这个 ^{238}U 核如果俘获 1 个电子, 也就形成一个类氢离子 U^{91+}. 类氢离子的光谱都像 He$^+$ 离子的一样, 可以用里德伯公式来表示, 只是各自的里德伯常数 R_A 不同, 有微小的差别.

c. 肯定氘的存在

氘又称 重氢, 原子符号 D, 它的原子核由 1 个质子和 1 个中子构成. 氘原子的质量约为 2 原子质量单位, $m_D \approx 2u$. 在历史上最早是从原子质量的测定而猜到氘的存在的, 但在实验上很难肯定, 因为它的含量很低.

1932 年尤里 (H.C. Urey) 把 3 升液氢蒸发到不足 1 毫升, 提高了剩液中重氢的含量. 然后放入放电管, 摄其光谱, 发现莱曼系头 4 条都是双线. 巴耳末系的 H$_\alpha$ 线也是两条, 波长分别为 656.279 nm 和 656.100 nm, 相差 0.179 nm, 平均为 656.210 nm. 这就肯定了氘的存在. 因为谱线分成相似的两套, 意味着它们的里德伯常数有微小的差别. 根据上节玻尔理论的公式, 这种差别可能来自两种不同质量的成分. 定量计算与测量相符 (见下面的例题), 这就肯定了这种解释.

这种根据光谱来分析所含不同质量成分的方法, 称为 光谱分析, 现已发展成一套完整和精密的分析技术.

例题 2 设 $m_D = 2m_H$. 试计算氢和氘原子 H$_\alpha$ 线的波长差.

解 H$_\alpha$ 线是 $n = 3 \to n = 2$ 跃迁的谱线, 由里德伯公式 (6.45) 有

$$\tilde{\nu}_A = R_A\left(\frac{1}{2^2} - \frac{1}{3^2}\right) = \frac{5}{36}R_A = \frac{5}{36}\frac{R_\infty}{1 + m_e/m_A},$$

$$\lambda_A = \frac{1}{\tilde{\nu}_A} = \frac{36}{5}\frac{1 + m_e/m_A}{R_\infty},$$

$$\Delta\lambda_\alpha = \lambda_H - \lambda_D = \frac{36}{5}\frac{1}{R_\infty}\left(\frac{m_e}{m_H} - \frac{m_e}{m_D}\right) = \frac{18}{5}\frac{m_e}{m_H}\frac{1}{R_\infty} = 0.1787\,\text{nm}.$$

d. 里德伯原子

原子中如果有一个电子被激发到 n 很大的高激发态, 就称为 里德伯原子. n 很大意味着这个电子的环波轨道半径很大, 远离原子核和其余电子, 所以里德伯原子是处于高激发态的 "胖" 原子. 由原子核与未被激发的其余电子构成的体系称为 原子实, 它的大小比激发电子半径小得多. 所以, 这种由带 1 个正电荷的原子实与激发电子构成的里德伯原子很像一个处于高激发态的氢原子, 称为 类

氢原子.

里德伯原子的寿命, 亦即它处在这样高激发态的时间, 大约在 10^{-3}—1s 的数量级, 这在微观领域是很长的时间. 里德伯原子的半径很大, $n = 250$ 时 $r = 3.3\,\mu m$, 这已经是一个细菌的大小. 这样高的激发态, 能量已经十分接近电离态的值. 两个相邻激发态之间能量差很小, 当 $n = 350$ 时 $\Delta E \approx 6.3 \times 10^{-7}\,eV$, 与室温热辐射 (参阅第 10 章辐射场的统计性质) 的光子能量相当, 很容易被热运动的无规碰撞电离. 此外, 由于半径很大, 激发电子受原子实库仑场的影响很弱, 而很容易受外电磁场的影响. 所以, 天然的里德伯原子只存在于像太空这样极低温极稀薄的环境.

在天文观测上, 1885 年发现巴耳末系时, 就观测到 $n = 13$ 的氢. 1893 年观测到 $n = 31$ 的谱线, 1906 年观测到 $n = 51$ 的钠, 而目前已观测到 $n \approx 350$ 的大原子. 在实验室中对里德伯原子的研究, 是在激光光谱学发展以后才发展起来的一个前沿领域. 由于两个相邻激发态之间能量差与室温热辐射的能量相当, 可以用热辐射来研究. 上世纪七十年代出现了频率精确可调的染料激光器, 这才有可能小心地把电子轨道推向越来越大的 n 值. 目前已经做出通常原子直径一万倍的钠和钾 (约 $20\,\mu m$), 这相当于 $n \approx 600$ 的氢, 在真空室能存活几毫秒.

离原子核这么远的电子, 所受的束缚力极小. 这就有可能用来研究极小的电场, 从而跟踪发生得极快的化学反应过程. 在基本物理方面, 由于已经达到宏观尺度, 里德伯原子可以用来研究从微观到宏观的过渡, 亦即从量子到经典的过渡问题.

相对论对经典概念进行批判的出发点，是假设不存在大于
光速的信号速度. 类似地，我们可以把同时测量两个不同的物
理量有一个精度下限，即所谓测不准关系，假设为一条自然定
律，并以此作为量子论对经典概念进行批判的出发点.

—— W. 海森伯

《量子论的物理原理》, 1930

7 波 动 方 程

7.1 波动方程的提出

德布罗意关于电子波动性的假设，是 1924 年在他的博士论文中提出的.
1926 年这一信息传到苏黎世. 当时德拜 (P. Debye) 在主持一个讨论会，他让年
轻的薛定谔 (Erwin Schrödinger) 做一次介绍. 在薛定谔讲完后，德拜评论说：
一个波动理论而没有波动方程，太肤浅了！一周以后再次聚会时，薛定谔说：我
找到了一个波动方程！这就是后来在量子力学中以他的名字命名的基本方程.

a. 克莱因 - 戈尔登方程

描述光子运动的平面波

$$A(\boldsymbol{r}, t) = A_0 e^{i(\boldsymbol{k} \cdot \boldsymbol{r} - \omega t)} \tag{7.1}$$

满足的方程是

$$\frac{1}{c^2} \frac{\partial^2}{\partial t^2} A - \nabla^2 A = 0. \tag{7.2}$$

把平面波的表达式代入上述波动方程，可得波矢量 $\boldsymbol{k}$ 与圆频率 ω 之间满足的关系

$$\frac{\omega^2}{c^2} = k^2.$$

从光的粒子性来看，$E = \hbar\omega, \boldsymbol{p} = \hbar\boldsymbol{k}$, 上式正是光子能量 E 与动量 $\boldsymbol{p}$ 之间满足的关系

$$\frac{E^2}{c^2} = p^2. \tag{7.3}$$

可以看出，若在上述能量动量关系中作代换

$$E \longrightarrow i\hbar \frac{\partial}{\partial t}, \qquad \boldsymbol{p} \longrightarrow -i\hbar\nabla, \tag{7.4}$$

它就成为算符方程

$$\frac{1}{c^2} \frac{\partial^2}{\partial t^2} = \nabla^2,$$

把它作用在波函数 $A(\boldsymbol{r}, t)$ 上, 就得到上述光波的波动方程.

把上述程序推广到质量为 m 的粒子, 在它的能量动量关系

$$\frac{E^2}{c^2} = p^2 + m^2 c^2 \tag{7.5}$$

中作同样代换, 并作用在该粒子的波函数 $\varphi(\boldsymbol{r}, t)$ 上, 就得到这种自由粒子的波动方程

$$\frac{1}{c^2} \frac{\partial^2}{\partial t^2} \varphi = \nabla^2 \varphi - \left(\frac{mc}{\hbar}\right)^2 \varphi. \tag{7.6}$$

薛定谔用它算氢原子中的电子, 结果不对. 现在我们知道这个方程是描述自由介子 π, K, ··· 的, 称为 克莱因 - 戈尔登 (Klein-Gordon) 方程, 其中的 $\hbar/mc$ 是该粒子的 约化康普顿波长, 记为 λ,

$$\lambda = \frac{\hbar}{mc}. \tag{7.7}$$

$m = 0$ 时, 质量项 $(mc/\hbar)^2 \varphi$ 为零, 克莱因 - 戈尔登方程简化为光子的波动方程.

b. 薛定谔方程

考虑到氢原子中的电子可近似为处于外场中的非相对论性粒子, 它的能量动量关系为

$$E = \frac{p^2}{2m} + V(r), \tag{7.8}$$

其中 $V(r)$ 是电子在原子核静电场中的库仑能. 把式中的 E 和 $\boldsymbol{p}$ 换成相应的算符, 并作用在电子的波函数 $\psi(\boldsymbol{r}, t)$ 上, 就得到

$$i\hbar \frac{\partial}{\partial t} \psi = -\frac{\hbar^2}{2m} \nabla^2 \psi + V(r) \psi. \tag{7.9}$$

再用它算氢原子, 结果对了. 这就是薛定谔猜到的波动方程, 称为 薛定谔方程.

薛定谔方程可以一般地写成

$$i\hbar \frac{\partial}{\partial t} \psi = \hat{H} \psi, \tag{7.10}$$

其中

$$\hat{H} = -\frac{\hbar^2}{2m} \nabla^2 + V(\boldsymbol{r}) \tag{7.11}$$

称为体系的 哈密顿 (Hamilton) 算符. 若 $\hat{H}$ 中不含时间 t, 即 $V(\boldsymbol{r})$ 中不含 t, 则可求具有分离变量形式的解

$$\psi(\boldsymbol{r}, t) = \varphi(\boldsymbol{r}) f(t). \tag{7.12}$$

把它代入薛定谔方程, 可得关于 $f(t)$ 和 $\varphi(\boldsymbol{r})$ 的方程分别为

$$i\hbar \frac{\mathrm{d}f}{\mathrm{d}t} = Ef, \tag{7.13}$$

$$\hat{H} \varphi = E\varphi, \tag{7.14}$$

其中 E 是待定常数. 由 $f(t)$ 的方程可以解出

$$f(t) = f_0 e^{-iEt/\hbar},$$

代回分离变量的解, 即有

$$\psi(\boldsymbol{r}, t) = \varphi(\boldsymbol{r}) e^{-iEt/\hbar}, \tag{7.15}$$

其中积分常数 f_0 已吸收到解 $\varphi(\boldsymbol{r})$ 中.

关于空间波函数 $\varphi(\boldsymbol{r})$ 的方程 (7.14) 称为 *定态薛定谔方程*, 代入哈密顿算符 $\hat{H}$ 的表达式, 可以具体写出

$$-\frac{\hbar^2}{2m}\nabla^2\varphi + V(\boldsymbol{r})\varphi = E\varphi. \tag{7.16}$$

这是驻波的方程, 它的解 $\varphi(\boldsymbol{r})$ 称为 *定态波函数*. 对于自由粒子的情形, $V = 0$, 它具有平面波 (德布罗意波) 解

$$\varphi(\boldsymbol{r}) = \varphi_0 e^{i\boldsymbol{k}\cdot\boldsymbol{r}},$$

其中波矢量 $\boldsymbol{k}$ 应满足

$$E = \frac{1}{2m}(\hbar\boldsymbol{k})^2 = \frac{p^2}{2m},$$

所以, 常数 E 是体系的能量, *定态* 是体系具有确定能量的态.

不难看出, 薛定谔方程和定态薛定谔方程是线性方程, 它们的解具有叠加性: 若 ψ_1 和 ψ_2 是解, 则它们的线性叠加

$$\psi = C_1\psi_1 + C_2\psi_2 \tag{7.17}$$

也是解, 其中 C_1 和 C_2 是任意复数, 称为 *叠加系数*.

c. 狄拉克方程

上述薛定谔方程是非相对论性的, 因为与它相应的能量动量关系是非相对论性的. 电子的相对论性波动方程也可以写成薛定谔方程 (7.10) 的形式, 只是这时的哈密顿算符不是 $\boldsymbol{p}^2/2m + V(\boldsymbol{r})$, 而是

$$\hat{H} = c\,\boldsymbol{\alpha}\cdot\boldsymbol{p} + mc^2\beta + V(\boldsymbol{r}), \tag{7.18}$$

其中

$$\boldsymbol{p} = -i\hbar\nabla \tag{7.19}$$

是在代换规则中使用的 *动量算符*, 而 $\boldsymbol{\alpha}(\alpha_1, \alpha_2, \alpha_3)$ 和 β 是 4×4 的短阵.

由这个哈密顿量给出的薛定谔方程称为 *狄拉克方程*, 它是狄拉克在 1928 年提出来的. 狄拉克用它不仅算出了氢原子能级的精细结构, 并且解释了电子的自旋角动量和固有磁矩, 进一步还预言了正电子的存在, 因此与薛定谔同获 1933 年诺贝尔物理学奖.

7.2 量子化的能级

在上一章 6.6 节玻尔理论中我们看到, 氢原子的能量是量子化的, 只能取一些离散的值. 一般地说, 体系如果处于束缚在空间有限范围的定态, 则它的能量 E 不能随便选取, 而只能取一些离散的量子化的值, 称为能级. 从定态薛定谔方程可以证明上述结论, 不过在这里我们只想借助于与弹性波的类比给出一个直观的说明.

定态薛定谔方程中如果 $V = 0$, 它就成为无源驻波的亥姆霍兹 (Helmholtz) 方程

$$\nabla^2 \varphi + \frac{2mE}{\hbar^2} \varphi = 0, \tag{7.20}$$

与弹性体中驻波的方程相同, 其中 $2mE/\hbar^2$ 相应于弹性体中驻波的 $(\omega/v)^2$, 波速 v 是与弹性体有关的常数, 本征圆频率 ω 则由边界条件来决定. 对于束缚在空间有限范围的弹性驻波, 例如一段琴弦上的驻波、风琴管中空气柱的驻波、音叉的本征振动、或鼓膜的本征振动等, 其频率都不能随便选取, 而只能取一些离散的本征频率. 类似地, 由于 $E \sim \omega^2$, 对于束缚在空间有限范围的粒子的驻波 φ, 体系能量 E 只能取一些离散的量子化本征值, 称为体系能量的本征值. 下面来看两个具体例子.

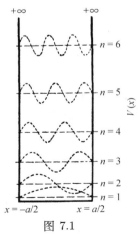

图 7.1

a. 一维箱

设粒子被某种势场束缚在长度为 a 的一维区域, 粒子在此区域中自由运动, 在两端边界上发生反射. 从波动的图像看, 描述这个粒子运动的波, 应该是沿两个相反方向传播的德布罗意平面波叠加成的驻波. 在端点外发现粒子的概率等于 0, 这意味着两个端点是波节, 如图 7.1. 由此可知

$$a = n \cdot \frac{\lambda}{2}, \qquad n = 1, 2, 3, \cdots.$$

于是波长为

$$\lambda = \frac{2a}{n}, \qquad n = 1, 2, 3, \cdots.$$

代入德布罗意关系 $p = h/\lambda$, 就可求出粒子能量本征值为

$$E = \frac{p^2}{2m} = \frac{h^2}{2m\lambda^2} = \frac{4\pi^2\hbar^2}{2m}\frac{n^2}{4a^2} = \frac{\pi^2\hbar^2 n^2}{2ma^2}, \qquad n = 1, 2, 3, \cdots, \tag{7.21}$$

相应的驻波波函数为

$$\varphi(x) = \begin{cases} C \cos \dfrac{n\pi}{a}x, & \text{当 } n = 1,\, 3,\, 5,\, \cdots, \\[2mm] D \sin \dfrac{n\pi}{a}x, & \text{当 } n = 2,\, 4,\, 6,\, \cdots. \end{cases} \tag{7.22}$$

以上是直观和定性的分析. 下面我们从定态薛定谔方程出发解析地求解. 粒子势能 $V(x)$ 可写成

$$V(x) = \begin{cases} 0, & \text{当 } -\dfrac{a}{2} < x < \dfrac{a}{2}, \\[2mm] \infty, & \text{当 } \dfrac{a}{2} \leqslant |x|. \end{cases} \tag{7.23}$$

于是定态薛定谔方程成为

$$\begin{cases} -\dfrac{\hbar^2}{2m}\dfrac{\mathrm{d}^2}{\mathrm{d}x^2}\varphi = E\varphi, & \text{当 } -\dfrac{a}{2} < x < \dfrac{a}{2}, \\[2mm] \varphi = 0, & \text{当 } \dfrac{a}{2} \leqslant |x|. \end{cases}$$

引入

$$k = \frac{\sqrt{2mE}}{\hbar},$$

上述方程可化为

$$\begin{cases} \dfrac{\mathrm{d}^2\varphi}{\mathrm{d}x^2} + k^2\varphi = 0, \\[2mm] \varphi(\pm a/2) = 0. \end{cases}$$

它的通解可以写成

$$\varphi(x) = C \cos kx + D \sin kx.$$

要求它满足边条件 $\varphi(\pm a/2) = 0$, 就要求常数 k (从而能量 E) 满足 $\cos(ka/2) = 0$ 或 $\sin(ka/2) = 0$. 当 $\cos(ka/2) = 0$ 时, 有

$$\frac{ka}{2} = \frac{n\pi}{2}, \qquad \varphi(x) = C \cos \frac{n\pi}{a}x, \qquad n = 1,\, 3,\, 5,\, \cdots;$$

当 $\sin(ka/2) = 0$ 时, 有

$$\frac{ka}{2} = \frac{n\pi}{2}, \qquad \varphi(x) = D \sin \frac{n\pi}{a}x, \qquad n = 2,\, 4,\, 6,\, \cdots.$$

这与前面用直观分析写出的波函数解相同, 把 $k = n\pi/a$ 代回 k 的定义式, 得到的能量本征值也与前面的相同.

b. 一维简谐振子的定性分析

这时粒子势能为

$$V(x) = \frac{1}{2}m\omega^2 x^2, \tag{7.24}$$

其中 ω 是振子的经典圆频率. 对于经典粒子, 给定能量 E 后, 粒子只能在 $(-a, a)$ 内运动, 而 E 可取任意正值, 如图 7.2. 对于量子粒子, 由于波矢量

$$k \sim \frac{\sqrt{2m(E-V)}}{\hbar},$$

所以波在区间 $(-a, a)$ 外也有, 但急速衰减; 能量 E 不能任意取, 只能取波节数与区间 $(-a, a)$ 大小相配合的值. 能量 E 越高, 则区间 $(-a, a)$ 越宽, 而波节数越多. 没有波节的状态相应的能量 E_0 最低, 称为基态.

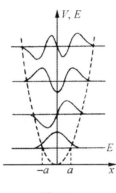

图 7.2

在上一章我们曾用测不准关系估计了氢原子基态能量, 这里我们再用它来估计简谐振子的基态能量 E_0. 简谐振子能量可以写成

$$E = \frac{\overline{p^2}}{2m} + \frac{1}{2}m\omega^2\overline{x^2},$$

物理量上打一横表示求平均. 根据图 7.2, $V(x)$ 对原点对称, 显然有

$$\overline{x} = 0, \qquad \overline{p} = 0.$$

于是坐标与动量的测不准量 Δx 和 Δp 分别有

$$(\Delta x)^2 = \overline{(x-\overline{x})^2} = \overline{x^2},$$
$$(\Delta p)^2 = \overline{(p-\overline{p})^2} = \overline{p^2}.$$

从而简谐振子能量

$$\begin{aligned} E &= \frac{(\Delta p)^2}{2m} + \frac{1}{2}m\omega^2(\Delta x)^2 \\ &= \left[\frac{\Delta p}{\sqrt{2m}} - \sqrt{\frac{m}{2}}\,\omega\Delta x\right]^2 + \omega\Delta x\Delta p \geqslant \frac{1}{2}\hbar\omega. \end{aligned}$$

其中最后一步用到了海森伯测不准关系 $\Delta x\Delta p \geqslant \hbar/2$.

上式表明, 由于坐标测不准 Δx 与动量测不准 Δp 成反关联, Δx 越小, 即粒子运动范围越小, 则势能越小, 但动能却越大. 这两个因素互相制约, 给出能量极小为

$$E_0 = \frac{1}{2}\hbar\omega. \tag{7.25}$$

这个能量又称为简谐振子的 零点能.

简谐振子的最低能量不为 0, 而等于一个大于 0 的常数, 这是与经典物理完全不同的量子效应. 这是测不准原理, 或者说是波粒二象性的直接结果. 它表明, 处于束缚态的量子粒子不可能静止不动.

c. 一维简谐振子的解析的解

一维简谐振子的定态薛定谔方程

$$-\frac{\hbar^2}{2m}\frac{\mathrm{d}^2\varphi}{\mathrm{d}x^2} + \frac{1}{2}m\omega^2 x^2 \varphi = E\varphi \tag{7.26}$$

可以改写成无量纲形式

$$-\frac{\mathrm{d}^2\varphi}{\mathrm{d}\xi^2} + \xi^2\varphi = \frac{2E}{\hbar\omega}\varphi, \tag{7.27}$$

其中

$$\xi = \alpha x, \qquad \alpha = \sqrt{\frac{m\omega}{\hbar}}. \tag{7.28}$$

利用微商公式

$$\left(\mp\frac{\mathrm{d}}{\mathrm{d}\xi} + \xi\right)\left(\pm\frac{\mathrm{d}}{\mathrm{d}\xi} + \xi\right)\varphi = \left(-\frac{\mathrm{d}^2}{\mathrm{d}\xi^2} + \xi^2 \mp 1\right)\varphi.$$

可把上述无量纲方程进一步改写成

$$\left(\mp\frac{\mathrm{d}}{\mathrm{d}\xi} + \xi\right)\left(\pm\frac{\mathrm{d}}{\mathrm{d}\xi} + \xi\right)\varphi = \left(\frac{2E}{\hbar\omega} \mp 1\right)\varphi, \tag{7.29}$$

取上、下符号的两种形式是等效的.

当能量 $E = \hbar\omega/2$ 时, 取上面的符号, 方程右方为 0, 成为

$$\left(\frac{\mathrm{d}}{\mathrm{d}\xi} + \xi\right)\varphi = 0,$$

它的解为

$$\varphi_0 = N_0 \mathrm{e}^{-\xi^2/2}, \tag{7.30}$$

积分常数 N_0 可由波函数 φ_0 的归一化条件

$$\int_{-\infty}^{\infty}|\varphi_0|^2\mathrm{d}x = \frac{1}{\alpha}\int_{-\infty}^{\infty}|\varphi_0|^2\mathrm{d}\xi = \frac{1}{\alpha}N_0^2\int_{-\infty}^{\infty}\mathrm{e}^{-\xi^2}\mathrm{d}\xi = \frac{\sqrt{\pi}}{\alpha}N_0^2 = 1$$

定出为

$$N_0 = \left(\frac{\alpha}{\sqrt{\pi}}\right)^{1/2}. \tag{7.31}$$

若 $E = E_n$ 时的解为 φ_n, 则它满足

$$\left(\frac{\mathrm{d}}{\mathrm{d}\xi} + \xi\right)\left(-\frac{\mathrm{d}}{\mathrm{d}\xi} + \xi\right)\varphi_n = \left(\frac{2E_n}{\hbar\omega} + 1\right)\varphi_n.$$

定义

$$\varphi_{n+1} = \left(-\frac{\mathrm{d}}{\mathrm{d}\xi} + \xi\right)\varphi_n,$$

并用 $(-\mathrm{d}/\mathrm{d}\xi + \xi)(\mathrm{d}/\mathrm{d}\xi + \xi)$ 作用在上式两边, 代入 φ_n 满足的方程, 就有

$$\left(-\frac{\mathrm{d}}{\mathrm{d}\xi} + \xi\right)\left(\frac{\mathrm{d}}{\mathrm{d}\xi} + \xi\right)\varphi_{n+1} = \left(-\frac{\mathrm{d}}{\mathrm{d}\xi} + \xi\right)\left(\frac{\mathrm{d}}{\mathrm{d}\xi} + \xi\right)\left(-\frac{\mathrm{d}}{\mathrm{d}\xi} + \xi\right)\varphi_n$$

$$= \left(-\frac{\mathrm{d}}{\mathrm{d}\xi} + \xi\right)\left(\frac{2E_n}{\hbar\omega} + 1\right)\varphi_n = \left(\frac{2E_n}{\hbar\omega} + 1\right)\left(-\frac{\mathrm{d}}{\mathrm{d}\xi} + \xi\right)\varphi_n$$

$$= \left[\frac{2(E_n + \hbar\omega)}{\hbar\omega} - 1\right]\varphi_{n+1}.$$

这表明 φ_{n+1} 也是解, 相应的能量本征值为

$$E_{n+1} = E_n + \hbar\omega.$$

$E = \hbar\omega/2$ 的解 φ_0 相当于 $n = 0$ 的情况, 即 $E_0 = \hbar\omega/2$. 把它代入上述公式, 就有

$$E_n = \left(n + \frac{1}{2}\right)\hbar\omega, \qquad n = 0, 1, 2, \cdots, \tag{7.32}$$

$$\varphi_n(x) = N_n \mathrm{H}_n(\alpha x)\mathrm{e}^{-\alpha^2 x^2/2}, \tag{7.33}$$

其中

$$H_n(\xi) = \mathrm{e}^{\xi^2/2}\left(-\frac{\mathrm{d}}{\mathrm{d}\xi} + \xi\right)^n \mathrm{e}^{-\xi^2/2} = \mathrm{e}^{\xi^2/2}\left(-\mathrm{e}^{\xi^2/2}\frac{\mathrm{d}}{\mathrm{d}\xi}\mathrm{e}^{-\xi^2/2}\right)^n \mathrm{e}^{-\xi^2/2}$$

$$= \mathrm{e}^{\xi^2/2}\left(-\mathrm{e}^{\xi^2/2}\frac{\mathrm{d}}{\mathrm{d}\xi}\mathrm{e}^{-\xi^2/2}\right)^{n-1}\mathrm{e}^{\xi^2/2}\left(-\frac{\mathrm{d}}{\mathrm{d}\xi}\right)\mathrm{e}^{-\xi^2} = \cdots$$

$$= \mathrm{e}^{\xi^2}\left(-\frac{\mathrm{d}}{\mathrm{d}\xi}\right)^n \mathrm{e}^{-\xi^2} = (-1)^n \mathrm{e}^{\xi^2}\frac{\mathrm{d}^n}{\mathrm{d}\xi^n}\mathrm{e}^{-\xi^2}, \qquad n = 0, 1, 2, \cdots, \tag{7.34}$$

是一个 ξ 的 n 次多项式, 称为厄米 (Hermite) 多项式. 归一化常数 N_n 可由条件

$$\int_{-\infty}^{\infty} |\varphi_n(x)|^2 \mathrm{d}x = 1$$

定出为

$$N_n = \left(\frac{\alpha}{\sqrt{\pi}\, 2^n n!}\right)^{1/2}, \qquad n = 0, 1, 2, \cdots. \tag{7.35}$$

上述结果表明, 简谐振子的量子化能级 E_n 是等间距的, 相邻两能级的差为 $\hbar\omega$, 而基态能量 (零点能) 为 $\hbar\omega/2$. 由于许多物理问题都可以简化为简谐振子问题, 所以这一结果具有普遍的意义和重要性. 例如电磁振荡可以分解为一系列的简谐振动, 所以辐射场的能量子是一份一份的, 每一份的大小为 $\hbar\omega$. 这就是普朗克假设的物理实质. 上述结果还表明, 普朗克假设对于辐射场能量的绝对值并不适用, 因为它没有考虑辐射场的零点能.

7.3 弗兰克 - 赫兹实验

这个实验完成于 1914 年, 它第一次从实验上支持了原子的定态和能级的概念, 表明原子处于一些具有确定能量的稳定状态, 而这些状态的能量是量子化的. 弗兰克 (J. Frank) 和赫兹 (G. Hertz) 因此获 1925 年诺贝尔物理学奖.

　　实验装置如图 7.3. 在密闭的玻璃管中充有水银蒸气, 电子从被灯丝 F 加热的阴极 C 发射出来, 在电位差 V 的加速下, 以动能 eV 穿过栅极 G 而射向阳极 P. 在栅极与阳极之间加了一个反向电压 V_0. V_0 约为 0.5 V 左右. 当加速电压 V 大于反向电压 V_0 时, 电子就有足够大的能量克服反向电压而到达阳极 P. 到达阳极的电流由安培计 A 测量.

　　改变加速电压 V 的大小, 测出相应的电流, 结果如图 7.4 所示. 电压从 0 增加时, 电子动能增加, 射向阳极的电子数也随之增加, 于是电流随着上升. 这说明电子虽然会与管中的汞原子碰撞, 但并不损失能量, 是完全弹性碰撞.

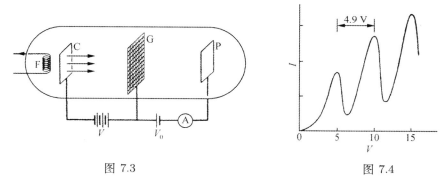

图 7.3　　　　　　　　　　　　　　　　　　　图 7.4

　　当电压达到 4.9 V 时, 电流突然下降, 表明到达阳极的电子数目突然减少. 这说明电子与汞原子发生了非弹性碰撞, 电子把动能传递给汞原子, 不再能克服反向电压 V_0, 到达不了阳极 P. 由此可知, 汞原子第一激发态与基态的能量差为

$$E_1 - E_0 = 4.9\,\text{eV}.$$

电压继续升高, 电流又逐渐回升, 表明电子与汞原子碰撞后的剩余动能可以克服反向电压 V_0 而到达阳极 P. 当电压达到 9.8 V 时, 电流再次突然下降, 说明电子与汞原子发生了两次非弹性碰撞, 每次损失能量 4.9 eV. 同样, 当电压增到 14.7 V 时电流第三次下降, 是由于电子与汞原子发生了三次非弹性碰撞的缘故.

　　上述分析如果成立, 就应能看到汞原子从第一激发态 E_1 跃迁回基态时所发出的辐射. 根据玻尔频率条件, 这个辐射的波长应为

$$\lambda = \frac{hc}{E_1 - E_0} = \frac{2\pi\hbar c}{E_1 - E_0} = \frac{2\pi \times 197.3\,\text{eV} \cdot \text{nm}}{4.9\,\text{eV}} = 253\,\text{nm}.$$

实验上确实观测到了波长为 253.7 nm 的紫外辐射.

　　弗兰克和赫兹当初选择水银蒸气而不用氢气, 是由于氢气并不是由氢原子 H 而是由氢分子 H_2 组成, 而分子的能级结构比原子复杂得多 (参阅第 11 章分子结构), 对实验结果的分析就不像对原子的这么简单和直接. 实际上, 原子的能

级结构也相当复杂. 图 7.5 是用改进过的弗兰克 - 赫兹实验装置测出的原子的激发电势, 其中 4.9V 和 6.7V 的激发态是稳定的, 可以看到跃迁回来的谱线. 其余 4.7V 、 5.3V 和 5.8V 都是亚稳态.

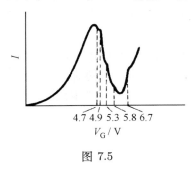

图 7.5

加速电压增大到一确定值, 就可把原子中一个电子打飞, 形成电离态. 这个电压称为原子的 *第一电离电势*, 简称 *电离电势*. 赫兹专门设计了一套实验装置来测量原子的电离电势. 原子具有确定的电离电势, 说明它的电离态与基态的能量差是一定的, 这也就说明原子内部运动的能量是量子化的. 原子的电离电势, 是表示元素特征的基本常数之一.

7.4 轨道角动量

a. 定性的分析

如果使体系形成束缚态的势能 $V(r)$ 只依赖于场点到原点的距离 r, 与极角 θ 和幅角 ϕ 无关, 具有球对称性, 则描述粒子运动的波在 r, θ, ϕ 三个方向互相独立, 可把定态波函数 $\varphi(\boldsymbol{r})$ 在球坐标 (r, θ, ϕ) 中分解成在 r, θ, ϕ 空间的三个波之积,

$$\varphi(r, \theta, \phi) = R(r)\Theta(\theta)\Phi(\phi), \tag{7.36}$$

其中 $R(r)$ 称为 *径向波函数*, $\Theta(\theta)$ 和 $\Phi(\phi)$ 分别为沿 θ 和 ϕ 方向的波函数.

如果粒子的运动是绕 z 轴的环状行波, 则在局部空间小区域内可近似为一德布罗意波,

$$\Phi(\phi) = \Phi_0 \mathrm{e}^{\mathrm{i}p_s s/\hbar},$$

其中 s 是环绕 z 轴的圆周上一小弧长, p_s 是沿该点切线方向的动量, 见图 7.6. 由于弧长 s 等于半径 r 与转角 ϕ 的积, 这个环波一般地可以写成

$$\Phi(\phi) = \Phi_0 \mathrm{e}^{\mathrm{i}L_z \phi/\hbar}, \tag{7.37}$$

其中

$$L_z = r_s p_s$$

是粒子绕 z 轴转动的角动量. 对于稳定的行波, 环行周长必须是 λ 的整数倍, 所以

$$L_z = \frac{m\lambda}{2\pi} \cdot \hbar k = m\hbar, \qquad m = 0, \pm 1, \pm 2, \cdots. \tag{7.38}$$

以上结果表明，处于稳定环状行波状态的粒子，角动量在转轴方向的投影具有确定的值，并且是量子化的，只能取约化普朗克常数 $\hbar$ 的整数倍. 整数 m 称为 **角动量投影量子数**，或 **磁量子数**. 当 m 取正值时，亦即 L_z 取正值时，是绕 z 轴右旋的行波；当 m 取负值时，亦即 L_z 取负值时，是绕 z 轴左旋的行波. 我们可以把 $\Phi(\phi)$ 写成

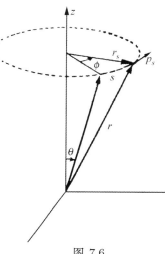

图 7.6

$$\Phi(\phi) = \Phi_0 \mathrm{e}^{im\phi}, \qquad m = 0, \pm 1, \pm 2, \cdots. \tag{7.39}$$

对于 θ 方向的波 $\Theta(\theta)$，也可以类似地讨论. 当行波绕 z 轴旋转时，在 θ 方向必须是驻波，即

$$\Theta(\theta) \sim \sin\theta, \cos\theta, \sin 2\theta, \cos 2\theta, \cdots, \text{以及它们的叠加.} \tag{7.40}$$

以上的定性分析并不严格，但有助于我们的理解和形成一个直观的图像. 下面我们来做在数学上比较正式的讨论.

b. 轨道角动量的本征值

在球坐标中，拉普拉斯算符 ∇^2 可以写成

$$\nabla^2 = \frac{\partial^2}{\partial x^2} + \frac{\partial^2}{\partial y^2} + \frac{\partial^2}{\partial z^2}$$
$$= \frac{1}{r^2}\frac{\partial}{\partial r}r^2\frac{\partial}{\partial r} + \frac{1}{r^2}\frac{1}{\sin\theta}\frac{\partial}{\partial\theta}\sin\theta\frac{\partial}{\partial\theta} + \frac{1}{r^2}\frac{1}{\sin^2\theta}\frac{\partial^2}{\partial\phi^2}. \tag{7.41}$$

把它和分离变量的波函数 $\varphi = R\Theta\Phi$ 代入定态薛定谔方程，可以得

$$\frac{1}{R}\frac{\mathrm{d}}{\mathrm{d}r}\left(r^2\frac{\mathrm{d}R}{\mathrm{d}r}\right) + \frac{2mr^2}{\hbar^2}[E - V(r)] = -\frac{1}{\Theta}\frac{1}{\sin\theta}\frac{\mathrm{d}}{\mathrm{d}\theta}\left(\sin\theta\frac{\mathrm{d}\Theta}{\mathrm{d}\theta}\right) - \frac{1}{\Phi}\frac{1}{\sin^2\phi}\frac{\mathrm{d}^2\Phi}{\mathrm{d}\phi^2}.$$

上式左边只依赖于 r，右边只依赖于 θ 和 ϕ，要求两边对所有 r, θ, ϕ 都相等，只有两边都等于一个常数 Λ 才有可能. 这就给出

$$\frac{1}{r^2}\frac{\mathrm{d}}{\mathrm{d}r}\left(r^2\frac{\mathrm{d}R}{\mathrm{d}r}\right) + \left[\frac{2m}{\hbar^2}(E - V) - \frac{\Lambda}{r^2}\right]R = 0, \tag{7.42}$$

$$\frac{\sin\theta}{\Theta}\frac{\mathrm{d}}{\mathrm{d}\theta}\left(\sin\theta\frac{\mathrm{d}\Theta}{\mathrm{d}\theta}\right) + \Lambda\sin^2\theta = -\frac{1}{\Phi}\frac{\mathrm{d}^2\Phi}{\mathrm{d}\phi^2}.$$

上面第一式是径向波函数 $R(r)$ 的方程. 第二式左边只依赖于 θ，右边只依赖于 ϕ，所以它们必定都等于一个常数 ν. 这进一步给出波函数 $\Theta(\theta)$ 和 $\Phi(\phi)$ 的方程

为

$$\frac{1}{\sin\theta}\frac{\mathrm{d}}{\mathrm{d}\theta}\left(\sin\theta\frac{\mathrm{d}\Theta}{\mathrm{d}\theta}\right) + \left(\varLambda - \frac{\nu}{\sin^2\theta}\right)\Theta = 0, \tag{7.43}$$

$$\frac{\mathrm{d}^2\varPhi}{\mathrm{d}\phi^2} + \nu\varPhi = 0. \tag{7.44}$$

可以看出, 若令 $\nu = m^2$, 则 $\varPhi$ 的单值解正是前面定性分析写出的环状行波 $\varPhi_0\,\mathrm{e}^{im\phi}$, 单值性条件

$$\varPhi(\phi + 2\pi) = \varPhi(\phi) \tag{7.45}$$

要求

$$m = 0, \pm 1, \pm 2, \cdots. \tag{7.46}$$

下面我们来讨论常数 $\varLambda$ 的物理含意. 引入函数 $u(r)$,

$$R(r) = \frac{1}{r}\,u(r), \tag{7.47}$$

把它代入径向方程, 可得 $u(r)$ 的方程为

$$\left[-\frac{\hbar^2}{2m}\frac{\mathrm{d}^2}{\mathrm{d}r^2} + \frac{\varLambda\hbar^2}{2mr^2} + V(r)\right]u(r) = Eu(r). \tag{7.48}$$

这个方程在形式上与一维定态薛定谔方程相像, 左边方括号内的算符是相应的哈密顿算符, 第一项是径向动能项, 第三项是势能项, 而第二项应该是转动能项. 所以, $\varLambda\hbar^2$ 应该等于粒子角动量的平方,

$$L^2 = \varLambda\hbar^2, \tag{7.49}$$

$\varLambda$ 的数值由 $\Theta(\theta)$ 的方程确定.

在 $\Theta(\theta)$ 的波动方程中代入 $\nu = m^2$, 在数学上可以证明, 当 m 为整数时, 这个方程有正规解的条件是

$$\varLambda = l(l+1), \qquad l = 0, 1, 2, \cdots; \qquad |m| \leqslant l.$$

l 称为 角动量量子数, 或 轨道量子数, 简称 角量子数. 于是角动量平方 L^2 和投影 L_z 的本征值为

$$\begin{cases} L^2 = l(l+1)\hbar^2, & l = 0, 1, 2, \cdots, \\ L_z = m\hbar, & m = -l, -l+1, \cdots, l-1, l. \end{cases} \tag{7.50}$$

这是量子力学方程的严格结果, 它们表明, 粒子轨道角动量只能取一些离散的量子化的值.

我们看到, 上一章玻尔理论所假设的量子化条件, 在这里是量子力学理论的一个结果. 不同的是, L_z 的最小值是 0, 而不是玻尔假设的 $1\hbar$. 上式表明, 对于一定大小的角动量, 亦即对于给定的 l, 它的投影只能取 $2l+1$ 个离散的量子化的值. 亦即它在空间的取向不是任意的, 只能取 $2l+1$ 个特定的方向.

c. 轨道角动量的波函数

从 $\Theta(\theta)$ 和 $\Phi(\phi)$ 的方程可以看出，它们依赖于量子数 l 和 m，可以把它们的乘积写成

$$Y_{lm}(\theta, \phi) = \Theta_{lm}(\theta)\Phi_m(\phi). \tag{7.51}$$

它是定态波函数 $\varphi(r, \theta, \phi)$ 的角度部分，可以要求它对全空间立体角的积分满足归一化条件

$$\int |Y_{lm}(\theta, \phi)|^2 \sin\theta \mathrm{d}\theta \mathrm{d}\phi = 1. \tag{7.52}$$

$l = 0$ 时，$m = 0$，$\Phi_0(\phi) =$ 常数．$\Theta_{00}(\theta)$ 的方程为

$$\frac{1}{\sin\theta}\frac{\mathrm{d}}{\mathrm{d}\theta}\sin\theta\frac{\mathrm{d}\Theta_{00}(\theta)}{\mathrm{d}\theta} = 0,$$

解得 $\Theta_{00}(\theta) =$ 常数，如图 7.7(a) 所示，是各向同性的，由归一化条件定出常数，得

$$Y_{00}(\theta, \phi) = \frac{1}{\sqrt{4\pi}}. \tag{7.53}$$

$l = 1$ 和 $m = 0$ 时，仍有 $\Phi_0(\phi) =$ 常数．$\Theta_{10}(\theta)$ 的方程为

$$\frac{1}{\sin\theta}\frac{\mathrm{d}}{\mathrm{d}\theta}\sin\theta\frac{\mathrm{d}\Theta_{10}(\theta)}{\mathrm{d}\theta} = -2\Theta_{10}(\theta),$$

解得 $\Theta_{10}(\theta) \propto \cos\theta$，如图 7.7(b) 所示．由归一化条件定出常数，得

$$Y_{10}(\theta, \phi) = \sqrt{\frac{3}{4\pi}}\cos\theta. \tag{7.54}$$

$l = 1$，$m = \pm 1$ 时，$\Phi_{\pm 1}(\phi) \propto \mathrm{e}^{\pm \mathrm{i}\phi}$，$\Theta_{1\pm 1}(\theta)$ 的方程为

$$\frac{1}{\sin\theta}\frac{\mathrm{d}}{\mathrm{d}\theta}\sin\theta\frac{\mathrm{d}\Theta_{1\pm 1}(\theta)}{\mathrm{d}\theta} - \frac{1}{\sin^2\theta}\Theta_{1\pm 1}(\theta) = -2\Theta_{1\pm 1}(\theta),$$

解得 $\Theta_{1\pm 1}(\theta) \propto \sin\theta$，如图 7.7(c) 所示．由归一化条件定出常数，得

$$Y_{1\pm 1}(\theta, \phi) = \mp\sqrt{\frac{3}{8\pi}}\sin\theta\,\mathrm{e}^{\pm \mathrm{i}\phi}. \tag{7.55}$$

$l = 2$，$m = 0, \pm 1, \pm 2$ 时，类似地求得

$$Y_{20}(\theta, \phi) = \sqrt{\frac{5}{16\pi}}(3\cos^2\theta - 1), \tag{7.56}$$

$$Y_{2\pm 1}(\theta, \phi) = \mp\sqrt{\frac{15}{8\pi}}\sin\theta\cos\theta\,\mathrm{e}^{\pm \mathrm{i}\phi}, \tag{7.57}$$

$$Y_{2\pm 2}(\theta, \phi) = \sqrt{\frac{15}{32\pi}}\sin^2\theta\,\mathrm{e}^{\pm \mathrm{i}2\phi}, \tag{7.58}$$

其中，$\Theta_{20}(\theta) \propto 3\cos^2\theta - 1$，$\Theta_{2\pm 1}(\theta) \propto \sin\theta\cos\theta$，$\Theta_{2\pm 2}(\theta) \propto \sin^2\theta$，分别如图 7.7(d)(e)(f).

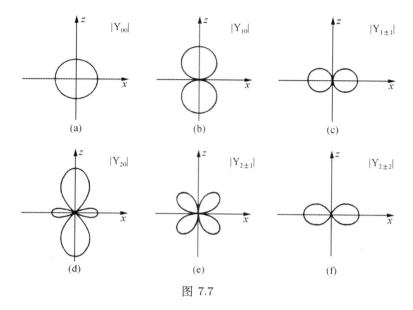

图 7.7

d. 球谐函数的两个性质

上面给出的轨道角动量波函数, 在数学上称为 **球谐函数**, 是被研究得十分详尽的特殊函数. 在坐标反射

$$(x, y, z) \longrightarrow (-x, -y, -z), \tag{7.59}$$

$$(r, \theta, \phi) \longrightarrow (r, \pi - \theta, \phi + \pi) \tag{7.60}$$

变换下, 球谐函数的变换性质是

$$Y_{lm}(\pi - \theta, \phi + \pi) = (-1)^l\, Y_{lm}(\theta, \phi). \tag{7.61}$$

它表明, 在空间反射变换下, l 为偶的球谐函数不变, 而 l 为奇的球谐函数变号. 波函数在空间反射变换下的对称性质称为 **宇称**. 如果波函数在空间反射变换下不变, 就称它具有 **正宇称** 或 **偶宇称**; 如果变号, 就称它具有 **负宇称** 或 **奇宇称**. 所以, 角量子数为偶的态具有正宇称, 角量子数为奇的态具有负宇称.

球谐函数的另一重要性质是

$$\int_0^\pi \int_0^{2\pi} Y_{lm}^*(\theta, \phi) Y_{l'm'}(\theta, \phi) \sin\theta \mathrm{d}\theta \mathrm{d}\phi = \delta_{ll'}\delta_{mm'}, \tag{7.62}$$

其中 δ_{nm} 称为 **克罗内克 (Kronecker) 符号**, 定义为

$$\delta_{nm} = \begin{cases} 1, & \text{如果 } m = n, \\ 0, & \text{如果 } m \neq n. \end{cases} \tag{7.63}$$

当 $l = l'$ 和 $m = m'$ 时, (7.62) 式就是球谐函数 $Y_{lm}(\theta, \phi)$ 的归一化条件; 当 $l \neq l'$ 或 $m \neq m'$ 时, 积分等于 0, 这时我们说球谐函数 Y_{lm} 与 $Y_{l'm'}$ 正交. 所以, 球谐函数的这个性质被称为球谐函数的 正交归一化性质.

例题 1 试用笛卡儿直角坐标 x, y, z 来表示 $l = 1$ 的三个球谐函数.

解 对于 $l = 1$ 的情形, 利用坐标变换

$$\begin{cases} x = r\sin\theta\cos\phi, \\ y = r\sin\theta\sin\phi, \\ z = r\cos\theta, \end{cases}$$

可以求得

$$Y_{10}(\theta, \phi) = \sqrt{\frac{3}{4\pi}}\cos\theta = \sqrt{\frac{3}{4\pi}}\frac{z}{r}, \tag{7.64}$$

$$Y_{1\pm 1}(\theta, \phi) = \mp\sqrt{\frac{3}{8\pi}}\sin\theta\,e^{\pm i\phi} = \mp\sqrt{\frac{3}{8\pi}}\frac{x \pm iy}{r}, \tag{7.65}$$

其中 $r = (x^2 + y^2 + z^2)^{1/2}$. 这个结果表明, Y_{10}, Y_{11}, Y_{1-1} 是由矢量 $\boldsymbol{r}$ 的三个分量 (x, y, z) 线性叠加而成, 可以把它们当作一个矢量来看待.

7.5 施特恩 - 格拉赫实验

这个实验完成于 1921 年, 它无可争辩地表明, 原子磁矩在外磁场中的取向不是任意的, 只能取一些特定的离散的方向. 由于原子磁矩与角动量的联系, 这也就表明, 角动量的投影是量子化的, 它在空间的取向不能任意, 只能取一些特定的离散的方向. 1943 年, 施特恩 (O. Stern) 由于对发展分子射线方法的贡献和后来用它测定质子的磁矩, 获得了诺贝尔物理学奖.

a. 电子的轨道磁矩

电子运动若是绕 z 轴的环波, 如图 7.6, 则它的定态波函数可以写成

$$\varphi(r, \theta, \phi) = R(r)Y_{lm}(\theta, \phi). \tag{7.66}$$

它表示电子运动具有确定的角动量 $L^2 = l(l+1)\hbar^2$ 和角动量投影 $L_z = m\hbar$. 于是, 空间 (r, θ, ϕ) 处绕 z 轴环流的电流密度

$$j = -ev|\varphi(r, \theta, \phi)|^2 = -\frac{eL_z}{m_e r\sin\theta}|\varphi(r, \theta, \phi)|^2, \tag{7.67}$$

其中为了与磁量子数 m 区别, 把电子质量写成 m_e. 这个电流分布所产生的总磁矩称为电子的 轨道磁矩, 等于

$$\mu_z = \int \pi(r\sin\theta)^2 \cdot jr\mathrm{d}\theta\mathrm{d}r = -\frac{eL_z}{2m_e}\int|\varphi(r, \theta, \phi)|^2 2\pi r^2\sin\theta\mathrm{d}r\mathrm{d}\theta$$

$$= -\frac{eL_z}{2m_{\mathrm{e}}} \int |\varphi(r,\theta,\phi)|^2 r^2 \sin\theta \mathrm{d}r\mathrm{d}\theta\mathrm{d}\phi.$$

写出最后一步时, 用到了 $|\varphi(r,\theta,\phi)|^2$ 与 ϕ 无关这一性质. 上面最后一个积分正是波函数 $\varphi(r,\theta,\phi)$ 的归一化积分, 表示在全空间找到电子的概率等于 1. 于是最后得到

$$\mu_z = -\frac{eL_z}{2m_{\mathrm{e}}}, \tag{7.68}$$

它与经典公式在形式上相同, 只是注意这里的角动量只能取量子化的值. 代入 $L_z = m\hbar$, 可以把它改写成

$$\mu_z = -m\mu_{\mathrm{B}}, \tag{7.69}$$

其中

$$\mu_{\mathrm{B}} = \frac{e\hbar}{2m_{\mathrm{e}}} = 9.274\,009\,15(23) \times 10^{-24} \mathrm{J/T}$$

$$= 5.788\,381\,7555(79) \times 10^{-5}\,\mathrm{eV/T}, \tag{7.70}$$

称为 玻尔磁子.

对于多电子体系, 每个电子的轨道磁矩与它的轨道角动量都有上述关系, 但是各个电子的轨道角动量 (和相应的轨道磁矩) 彼此并不一定平行. 总轨道磁矩的投影 μ_z 与总角动量投影 L_z 之间仍有比例关系, 一般地可以写成

$$\mu_z = -g \cdot \frac{e}{2m_{\mathrm{e}}} L_z, \tag{7.71}$$

其中 g 称为体系的 朗德 (Landé) g 因子, 可以分别由理论分析和实验测量来确定. 对于单个电子体系, $g = 1$.

b. 原子射线在不均匀磁场中的分裂

具有磁矩 $\boldsymbol{\mu}$ 的体系, 在外磁场 $\boldsymbol{B}$ 中的势能为

$$U = -\boldsymbol{\mu} \cdot \boldsymbol{B} = -\mu_z B, \tag{7.72}$$

其中假设外磁场 $\boldsymbol{B}$ 沿 z 轴方向. 如果磁场 B 在 z 轴方向不均匀, 有一梯度 $\partial B/\partial z$, 则体系将受一在 z 轴方向的力,

$$f_z = -\frac{\partial U}{\partial z} = \mu_z \frac{\partial B}{\partial z}. \tag{7.73}$$

施特恩与格拉赫 (W. Gerlach) 的实验就是利用这一效应, 让原子射线束通过一个不均匀的磁场区域, 观察它在这个磁力作用下的偏转.

实验装置如图 7.8. 从电炉中引出的原子射线束, 准直以后射入在 z 方向不均匀的磁场区域, 被磁力偏转后, 溅落在屏 P 上. 偏转的方向和大小, 取决于磁矩 μ_z 的正负和大小. $\mu_z > 0$ 时受力向上, 向上偏转; $\mu_z < 0$ 时受力向下, 向下偏转. 如果入射原子的磁矩在磁场中可以任意取向, μ_z 从正到负连续变化,

原子束偏转后将在屏上溅落成一片. 实验上在屏上看到的是几条清晰可辨的黑斑. 这表明原子磁矩只取几个特定的方向, 从而原子角动量只取几个特定方向, 证明了角动量的投影是量子化的.

原子大小约为 Å 的数量级, 故外磁场应在这么小的范围内不均匀, 亦即梯度 $\partial B/\partial z$ 必须非常大, 所以磁极要做成特殊的形状, 这是这个实验的一个难点. 测出磁场梯度 $\partial B/\partial z$, 原子射线速度, 经过磁场偏转的距离, 以及偏转后在屏上形成的斑纹间距, 就可以算出磁矩 μ_z, 从而定出朗德 g 因子.

对于 Zn, Cd, Hg, Sn 等原子, 射线没有偏转, 说明这些原子没有固有磁矩, 它们的总角动量为 0. 对于基态 O 原子, 测到 5 条斑纹, 说明它的角动量投影有 5 个取向, 磁量子数 $m = -2, -1, 0, 1, 2$, 从而定出它的角量子数 $l = 2$. 一般地,

$$斑纹条数 = 2l + 1. \tag{7.74}$$

特别和有趣的是, 对于 Li, Na, K, Cu, Ag, Au 等原子, 测得的斑纹条数为 2. 图 7.8 是 Ag 原子束偏转的示意, 图 7.9 是在屏上测得的强度分布. 根据上式, 这时 $l = 1/2$, 与电子轨道角动量的理论值 $l = 0, 1, 2, \cdots$ 不符! 此外, 如果 $L_z = -\hbar/2$ 和 $\hbar/2$, 实验测得的朗德 g 因子大约是 2 而不是 1! 如何理解这两个实验事实? 它们包含了什么新的物理? 这是下一节要讨论的问题.

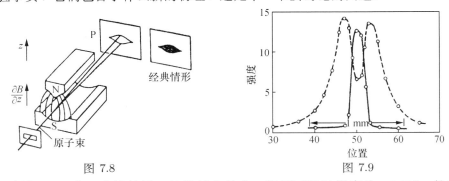

图 7.8   图 7.9

例题 2   在一个施特恩 - 格拉赫实验中, 银原子通过梯度为 60 T/m 的不均匀磁场, 运动距离为 0.1 m. 如果在接收板上测得的分裂间距为 0.15 mm, 银原子的速度是多少? 银原子的质量是 1.79×10^{-25} kg.

解   根据银原子的实验结果, 朗德 g 因子取 2, 磁量子数取 1/2, 受力大小为

$$F_z = \mu_B \frac{\partial B}{\partial z}.$$

在此力的作用下, 两束银原子射线在接收板上的裂距为

$$h = 2 \times \frac{1}{2}at^2 = \frac{F_z}{M}\left(\frac{s}{v}\right)^2 = \frac{\mu_B}{M}\frac{\partial B}{\partial z}\frac{s^2}{v^2},$$

其中 M 为银原子质量，s 为通过磁场的距离，v 为银原子速度. 于是可解出

$$v = s\left(\frac{\mu_{\mathrm{B}}}{hM}\frac{\partial B}{\partial z}\right)^{1/2} = 0.1 \times \left(\frac{9.274 \times 10^{-24} \times 60}{0.15 \times 10^{-3} \times 1.79 \times 10^{-25}}\right)^{1/2} \mathrm{m/s} = 455\,\mathrm{m/s}.$$

7.6 电子自旋

乌伦贝克 (G.E. Uhlenbeck) 和高德斯密特 (S.A. Goudsmit) 于 1925 年提出，电子本身具有固有的自旋角动量 S, 和与这个固有自旋角动量相联系的固有磁矩 $\boldsymbol{\mu}_S$, 并且有

$$S^2 = s(s+1)\hbar^2, \qquad s = \frac{1}{2}, \tag{7.75}$$

$$S_z = m_S\hbar, \qquad m_S = -\frac{1}{2},\frac{1}{2}, \tag{7.76}$$

$$\boldsymbol{\mu}_S = -g_S\frac{e}{2m_{\mathrm{e}}}\boldsymbol{S}, \qquad g_S = 2. \tag{7.77}$$

他们的这两条假设，不仅能解释上节末指出的施特恩 - 格拉赫实验对于 Li, Na, K, Cu, Ag, Au 等原子的结果，更重要的是解释了当时发现的碱金属原子光谱的双线结构 (参阅 8.5 节氢原子能级的精细结构和 9.6 节单电子光谱), 所以立即被普遍接受.

1928 年，狄拉克根据他从相对论的一般要求得到的狄拉克方程，从理论上推出了上述结果，从而进一步发现了电子自旋与相对论之间的逻辑联系. 现在我们知道，自旋角动量和磁矩，就像质量、电荷、寿命等一样，是描述微观粒子特征的基本物理量. 表 7.1 是几个粒子的质量 m、电荷 Q、自旋量子数 s 和磁矩 μ. 其中电子磁矩的单位是玻尔磁子 μ_{B}, μ^- 子磁矩的单位是 $e\hbar/2m_\mu$, 质子和中子磁矩的单位是 核磁子 μ_{N},

$$\mu_{\mathrm{N}} = \frac{e\hbar}{2m_{\mathrm{p}}} = 5.050\,783\,24(13) \times 10^{-27}\mathrm{J/T}$$

$$= 3.152\,451\,2326(45) \times 10^{-14}\,\mathrm{MeV/T}. \tag{7.78}$$

表 7.1 几个粒子的质量、电荷、自旋和磁矩

粒子	符号	质量 /(MeV/c^2)	电荷 /e	自旋 /$\hbar$	磁矩 μ_S
电子	e$^-$	0.510 998 910(13)	-1	1/2	$-1.001\,159\,652\,181\,11(74)\mu_{\mathrm{B}}$
μ^- 子	μ^-	105.658 3668(38)	-1	1/2	$-1.001\,165\,920\,69(60)e\hbar/2m_\mu$
质子	p	938.272 013(23)	1	1/2	$2.792\,847\,356(23)\mu_{\mathrm{N}}$
中子	n	939.565 346(23)	0	1/2	$-1.913\,042\,73(45)\mu_{\mathrm{N}}$

如何想象和描述粒子的自旋？粒子自旋的物理图像是什么？能不能为粒子自旋找到一个直观和定性的解释？这是八十多年来一直困惑着物理学家们的基本问题. 特别是, 精密的实验测量表明, 电子的朗德 g 因子并不像狄拉克理论预

言的那样严格等于 2. 朗德 g 因子与 2 的差别, 表明粒子固有磁矩 μ 与狄拉克理论预言的 $e\hbar/2m$ 之间有一差值. 这个差值称为粒子的 反常磁矩. 电子和 μ^- 子的反常磁矩很小, 质子的反常磁矩约为 $1.8\mu_N$, 而中子的磁矩 $-1.91\mu_N$ 都是反常的.

电子的反常磁矩可以用量子电动力学 (QED) 来解释. 量子电动力学是描述光子与荷电粒子相互作用的理论. 根据这个理论, 电子在原子核电磁场中所受的电磁力, 来源于电子与原子核之间交换虚光子的过程. 虚光子在传播过程中会产生虚的正负电子对, 它们再湮灭成虚光子而被电子吸收, 如图 7.10(a) 所示. 这种过程称为 真空极化. 真空极化作用中产生的正负电子对有屏蔽作用, 使原子核与电子间的直接作用减弱. 另外, 电子在运动过程中, 也会发出虚光子, 然后再吸收它, 如图 7.10(b) 所示. 这种过程称为电子 自能 作用. 电子自能作用会使电子运动的惯性增大, 质量增加.

真空极化和电子自能的虚过程能量不守恒, 但时间很短, 是能量时间测不准关系所允许的. 由于真空极化, 使电子有效电荷成为无限大. 由于电子自能作用, 使电子有效质量成为无限大. 这是量子电动力学中著名的 发散困难. 现在避开这个困难的办法叫做 重正化. 重正化的观点是, 实验观测到的是束缚态电子与自由态电子的差, 两个无限大的差给出的有限值才是实验观测值.

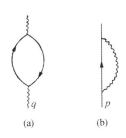

图 7.10

这样算得的粒子反常磁矩是 $e\hbar/2m$ 的 $\alpha/2\pi$ 倍, $\alpha = e^2/4\pi\varepsilon_0\hbar c$ 是精细结构常数. 也就是说,

$$\frac{1}{2}gs = 1 + \frac{\alpha}{2\pi} = 1.001\,16. \tag{7.79}$$

这个结果与电子和 μ^- 子的测量值基本相符. 更精确的理论计算给出

$$\frac{1}{2}gs = 1 + \frac{1}{2}\frac{\alpha}{\pi} - 0.325\,478\,965\left(\frac{\alpha}{\pi}\right)^2 + 1.175\,62\left(\frac{\alpha}{\pi}\right)^3 - 1.472\left(\frac{\alpha}{\pi}\right)^4$$
$$= 1.001\,159\,652\,164\,(108), \tag{7.80}$$

与电子的测量值符合到第 10 位, 而与 μ^- 子就只符合到第 6 位. 这说明, 电子的反常磁矩来自真空极化和电子自能的效应, 而 μ^- 子则除此之外还应有更精细的来源. 对于质子和中子来说, 它们反常磁矩的主要来源已不是这两个效应, 而应从它们的夸克结构中去找原因.

点状电荷的轨道角动量只能是整数, 它的朗德 g 因子严格等于 1. 如果电子具有点状电荷分布的内部结构, 则它的总角动量等于各个点电荷角动量之和,它的总磁矩等于各个点电荷的轨道磁矩之和，所以它的总朗德 g 因子也应严格等于 1 (参阅 8.7 节氢原子的磁矩和 9.9 节塞曼效应). 所以，粒子的 g 因子不等于 1, 不仅暗示它有内部结构，而且还意味着它不会是一个简单的点电荷分布体系.

实际上，当初乌伦贝克和高德斯密特关于电子自旋的想法，曾受到洛伦兹的质疑. 洛伦兹把电子设想成一个半径为 r_e 的刚性球. 如果它具有 $\hbar$ 大小的自旋角动量，则从

$$\hbar = I\omega = \frac{2}{5}\, m_e r_e^2 \cdot \frac{v}{2\pi r_e},$$

可以估计出电子的赤道速度 v 为

$$v = \frac{5\pi\hbar}{m_e r_e},$$

代入电子的经典半径 (5.6) 式，就有

$$\frac{v}{c} = \frac{5\pi}{\alpha} \gg 1.$$

这违反了狭义相对论，所以洛伦兹认为电子不可能具有 $\hbar$ 大小的自旋角动量. 洛伦兹采用的是电荷连续分布模型，这等价于简单的点电荷分布体系. 所以正确的推理应该是：由于电子确实具有 $\hbar$ 大小的自旋角动量，所以电子不可能是一个简单的点电荷分布体系. 这与前面从磁矩分析得出的结论一致.

今天的粒子物理已经在研究质子、中子等强作用粒子的内部结构，而对于电子、μ^- 子等轻粒子以及光子的内部结构问题，则还没有当作一个科学研究的问题正式提出.

历史的注记 1925 年初，在得知泡利 (W. Pauli) 对不相容原理 (参阅 9.2 节泡利不相容原理) 的陈述以后，克隆尼希 (R. de L. Kronig) 就提出电子有固有自旋和磁矩，但是由于受到泡利、海森伯和玻尔的质疑而没有坚持和发表. 泡利当时提出了电子的"非力学应力" (non-mechanical stress) 假设，他们认为对于多电子原子来说力学图像是不合适的 [1]. 乌伦贝克和高德斯密特不知道科隆尼希的工作，也不知道泡利他们的态度. 在把论文交给他们的老师埃伦费斯特 (P. Ehrenfest) 拿去发表以后，他们才得知洛伦兹的质疑. 于是他们问埃伦费斯特怎么办？埃伦费斯特说不管它，论文已经印出来了. 这就是他们发表于 1925 年 11 月 20 日出版的德国《自然科学》周刊第 13 卷上的著名论文. 乌伦贝克和高德斯密特的电子自旋假设，正像他们在论文中建议的那样，取代了泡利的"非力学应力"假设. 他们当时还在莱顿大学跟埃伦费斯特做研究生，属于荷兰物理学

---

[1] J. Mehra and H. Rechenberg, *The Historical Development of Quantum Theory*, Vol.3, Springer- Verlag, 1982, p.201.

派，而洛伦兹则是这个著名学派的掌门人．

7.7 隧 道 效 应

　　能量和角动量的量子化，是束缚的波在粒子性方面表现出的量子特征，而隧道效应则是散射的波在粒子性方面表现出的量子特征．本节先简单讨论光子的隧道效应，然后再着重讨论电子的隧道效应．

　　光波在从玻璃到空气的界面上入射角大于临界角时，会发生全反射，光子不能进入空气中，就像是小球撞在弹性壁上一样，如图 7.11(a) 所示．如果空气是夹在两块玻璃棱镜中的一薄层，情况就不同．气隙足够薄时，一部分光波被气隙反射，而一部分光波会透过气隙进入第二块玻璃．气隙越薄，则反射的越少而透过的越多，如图 7.11(b) 所示．换句话说，光子可以透过气隙进入第二块玻璃，就像是小球虽然撞在弹性壁上，却有一定的概率穿过它，仿佛壁上有条隧道．这就是 光子的隧道效应．

　　《聊斋志异》中有一个故事[①]，讲劳山一道士有行处墙壁所不能隔之术．这是神话中的隧道效应．现实中的隧道效应无法从经典粒子图像来解释，它完全是波动性的结果．在发生全反射时，光波在空气隙中指数衰减，在很短的距离内就衰减为 0．如果气隙很薄，光波就可以在还没有衰减到 0 时又进入第二块玻璃．气隙越薄，衰减就越少，进入的也就越多．

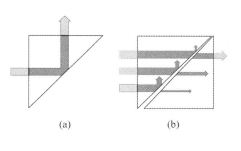

(a)　　　　　　　　(b)

图 7.11

　　在两层金属导体之间夹一薄绝缘层，就成为一个电子的"隧道结"，例如在玻璃片基上淀积上一层 Al 箔，在高温中使它的表面氧化，然后再淀积上一层 Sn 箔，就做成一个 $Al/Al_2O_3/Sn$ 隧道结．Al 和 Sn 箔厚约 100—300 nm．绝缘层 Al_2O_3 厚约 1—2 nm，像是在 Al 与 Sn 之间隔绝电子的一堵墙．但实验发现电流可以通过这个隧道结，亦即电子可以穿过绝缘层，就像劳山道士穿过墙壁一样．这就是 电子的隧道效应．贾埃弗 (I. Giaever) 于 1961 年首先用这种器件发现了超导体中正常电子的隧道效应，因此与发现半导体中隧道效应的江崎玲于奈和预言超导体隧道效应中超流性质的约瑟夫森 (B. Josephson) 同获 1973 年诺贝尔物理学奖 (参阅 13.8 节约瑟夫森效应和 SQUID)．

---

　　① 蒲松龄，《聊斋志异卷一·劳山道士》．

使电子从金属中飞出需要一个脱出功, 这说明金属中电子势能比空气或绝缘层中低. 于是电子隧道结对电子的作用可用一个势垒来表示, 如图 7.12 所示. 金属中的电子, 其能量 E 低于势垒高度 V_0, $E < V_0$. 在两边金属中, 电子是自由的, 可以用德布罗意波来描述, 波矢量的大小

$$k = \frac{p}{\hbar} = \frac{\sqrt{2mE}}{\hbar}. \tag{7.81}$$

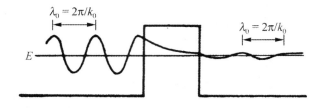

图 7.12

在绝绕层中, 电子势能比总能量高, 动能成了负的. 从经典粒子图像看, 这不可能, 所以电子不能进入绝缘层. 从波动图像看, 在绝缘层中波矢量成为虚数 $i\kappa$,

$$\kappa = \frac{\sqrt{2m(V - E)}}{\hbar}, \tag{7.82}$$

所以在绝缘层中电子的波不再是德布罗意波, 而成为指数衰减的波, 衰减的快慢既依赖于 $V - E$, 也依赖于势垒宽度 a. 如果势垒宽度 a 足够小, 衰减不到 0, 电子就有足够的概率穿过绝缘层. 这就是电子波动性导致的隧道效应.

我们来推导电子穿过隧道的概率. 从左边入射到势垒上的平面波 e^{ikx}, 在界面 $x = 0$ 处会发生反射. 于是, 在左边金属中电子的波函数, 是入射波与反射波的叠加,

$$\varphi_{\mathrm{I}}(x) = e^{ikx} + Ae^{-ikx}, \tag{7.83}$$

其中 A 是反射波的振幅. 同样, 在绝缘层中的波函数, 是在两个方向衰减的波的叠加,

$$\varphi_{\mathrm{II}}(x) = Be^{-\kappa x} + Ce^{\kappa x}, \tag{7.84}$$

其中 B 和 C 是相应的波幅系数. 最后, 透入右边的波, 只有向右传播的德布罗意波,

$$\varphi_{\mathrm{III}}(x) = De^{ikx}, \tag{7.85}$$

其中 D 是它的振幅.

根据波函数的统计诠释, 入射电子流的概率密度为 1, 所以单位时间内入射到单位界面上的电子数为 $\hbar k/m$. 同样地, 透入右边的电子流的概率密度为 D^2,

所以单位时间内从单位界面上透入的电子数为 $(\hbar k/m)D^2$. 这两个数目之比 D^2, 就是一个射到界面上的电子能够穿过隧道的概率, 称为 透射系数. 类似地, A^2 是它从界面上反射回来的概率, 称为 反射系数. 根据概率守恒, 应该有

$$A^2 + D^2 = 1. \tag{7.86}$$

利用波函数在 $x = 0$ 和 $x = a$ 这两个界面上的连接条件, 就可以把系数 D 定下来. 波函数满足的薛定谔方程包含对空间坐标的二阶微商, 所以波函数在空间应该处处连续光滑. 写出 $x = 0$ 和 $x = a$ 处的连续光滑条件, 就有

$$\begin{cases} 1 + A = B + C, \\ \mathrm{i}k(1 - A) = -\kappa(B - C), \\ B\mathrm{e}^{-\kappa a} + C\mathrm{e}^{\kappa a} = D\mathrm{e}^{\mathrm{i}ka}, \\ -\kappa(B\mathrm{e}^{-\kappa a} - C\mathrm{e}^{\kappa a}) = \mathrm{i}kD\mathrm{e}^{\mathrm{i}ka}. \end{cases}$$

这是关于 A, B, C, D 的四元一次联立方程组, 由此可以解出 A 和 D, 从而求得透射系数 T 和反射系数 R 分别为

$$T = D^2 = \frac{4k^2\kappa^2}{(k^2 + \kappa^2)^2\mathrm{sh}^2\kappa a + 4k^2\kappa^2}, \tag{7.87}$$

$$R = A^2 = \frac{(k^2 + \kappa^2)^2\mathrm{sh}^2\kappa a}{(k^2 + \kappa^2)^2\mathrm{sh}^2\kappa a + 4k^2\kappa^2}, \tag{7.88}$$

它们确实满足概率守恒

$$T + R = 1. \tag{7.89}$$

当粒子能量较低, 势垒宽度较大, 满足

$$\kappa a = \frac{\sqrt{2m(V - E)}\, a}{\hbar} \gg 1 \tag{7.90}$$

时, $\mathrm{sh}\kappa a \approx \frac{1}{2}\mathrm{e}^{\kappa a}$, 有

$$T \approx \frac{16k^2\kappa^2}{(k^2 + \kappa^2)^2}\mathrm{e}^{-2\kappa a} = \frac{16E(V - E)}{V^2}\mathrm{e}^{-2\sqrt{2m(V-E)}\, a/\hbar}. \tag{7.91}$$

可以看出, 能量 E 一定时, 透射系数随势垒宽度 a 的增加而指数地衰减. 当势垒宽度一定时, 透射系数随能量的变化主要也来自指数上的因子. 于是近似地有

$$T \sim \mathrm{e}^{-2\sqrt{2m(V-E)}\, a/\hbar}, \tag{7.92}$$

这正是在势垒区域波幅衰减 $\mathrm{e}^{-\kappa a}$ 的平方.

这个矩形势垒透射系数的近似公式可以推广到任意形状的势垒 $V(x)$, 如图 7.13 所示. 把势垒 $V(x)$ 用一系列矩形势垒来近似, 总的透射系数就等于各个矩形势垒透射系数的乘积. 对每个矩形势垒运用上述近似公式, 就有

$$T \approx T_1 T_2 T_3 \cdots \approx \mathrm{e}^{-\frac{2}{\hbar}\sum\sqrt{2m(V-E)}\,\Delta x} \approx \mathrm{e}^{-\frac{2}{\hbar}\int_{x_1}^{x_2}\sqrt{2m(V-E)}\,\mathrm{d}x}, \tag{7.93}$$

其中积分区间 $[x_1, x_2]$ 是势垒高于粒子能量的区间，$V(x) \geqslant E$, x_1 和 x_2 是表示粒子能量 E 的水平线与势垒曲线 $V(x)$ 的交点，即经典情况下粒子运动的转折点. 这个公式近似适用的条件，是势垒 $V(x)$ 的变化比较平缓，势垒区域比粒子能量高得多，而总透射系数很小，$T \ll 1$.

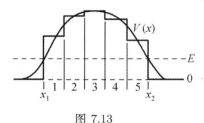

图 7.13

以上的讨论采用了波动的图像. 我们再从粒子的测不准关系来解释隧道效应. 由于能量时间测不准 $\Delta E \Delta t \geqslant \hbar/2$, 在一足够短的时间 Δt 内，粒子能量测不准可以大于 $V - E$, 使得

$$\Delta E = V - E + E_k,$$

于是粒子就能以动能 E_k 进入势垒区域. 粒子进入势垒区域的深度 Δx 等于

$$\Delta x = v\Delta t = \sqrt{\frac{2E_k}{m}}\, \Delta t.$$

Δt 越小，粒子动能 E_k 就越大，亦即粒子速度就越大，但以此速度向势垒区域运动的时间却越短. 所以，粒子能够深入势垒区域的距离 Δx 可由下式对 E_k 取极值来确定：

$$\Delta x = \sqrt{\frac{2E_k}{m}} \cdot \frac{\hbar}{2\Delta E} = \sqrt{\frac{E_k}{2m}} \cdot \frac{\hbar}{V - E + E_k}.$$

令 $\mathrm{d}(\Delta x)/\mathrm{d}E_k = 0$, 可以解得 $E_k = V - E$, 代回 Δx 中得到

$$\Delta x = \frac{\hbar}{2\sqrt{2m(V - E)}}.$$

如果势垒宽度比这个值大，$a > \hbar/2\sqrt{2m(V - E)}$, 粒子透过的概率就很小，与透射系数的公式一致.

隧道效应对于势垒高度 V 和宽度 a 的变化十分敏感. 根据这一特点，宾宁 (G. Binning) 和罗勒 (H. Rohrer) 于 1982 年制成了扫描隧道显微镜 (STM). 用一金属探针在被观测的金属表面上方相距约 10 Å 处平行移动进行扫描，于是探针/空气隙/金属表面就构成一个电子隧道体系. 加一微小电压，从隧道电流的变化，就可以分辨出金属表面原子结构的细微特征，横向分辨率达 1Å, 纵向分辨率达 0.01 Å, 比电子显微镜高得多. STM 的缺点是要求被观测表面导电，这被原子力显微镜 (AFM) 所克服，后者只要求保持探针与表面原子间的作用力恒定. 宾宁和罗勒因发明扫描隧道显微镜而与在上世纪三十年代初发明电子显微镜的鲁斯卡 (E. Ruska) 共同获得 1986 年诺贝尔物理学奖.

7.8 矢 量 势

a. 四维矢量势及其规范的选择

光在媒质界面上的反射和折射，以及光在晶体中的传播行为，都表明自由传播的光波是横波，具有偏振性. 为了描述光波的偏振方向，需要用一个矢量波函数 $\boldsymbol{A}(\boldsymbol{r},t)$，而为了满足狭义相对论的要求，这个矢量波函数应该是一个四维矢量场的空间部分，

$$(A_\mu) = (\boldsymbol{A}, \mathrm{i}\varPhi), \qquad \mu = 1,\, 2,\, 3,\, 4. \tag{7.94}$$

对于光波在空间自由传播的情形，这个四维矢量场的每一分量都应满足以光速 c 传播的波动方程，

$$\frac{1}{c^2}\frac{\partial^2 A_\mu}{\partial t^2} - \nabla^2 A_\mu = 0. \tag{7.95}$$

习惯上把 $\boldsymbol{A}$ 称为 矢量势 或 矢势，把 $\varPhi$ 称为 标量势 或 标势. 实际上，自由光波的偏振方向只有 2 个自由度，所以这 4 个分量 A_μ 并不完全独立，还要满足一定的附加条件. 满足狭义相对论要求的条件可以写成

$$\nabla \cdot \boldsymbol{A} + \frac{1}{c}\frac{\partial \varPhi}{\partial t} = 0. \tag{7.96}$$

这个条件称为 洛伦兹条件，它相当于对四维矢量场 A_μ 选择一定的规范. 这种具有一定规范任意性的场称为 规范场，而对它选择的附加条件称为 规范条件.

除了上述洛伦兹条件外，还可以选择别的规范条件. 对于自由传播的光波，常用的一个规范条件是

$$\begin{cases} \nabla \cdot \boldsymbol{A} = 0, \\ \varPhi = 0. \end{cases} \tag{7.97}$$

这个条件的规范称为 库仑规范 或 辐射规范. 把自由传播的平面光波

$$\boldsymbol{A}(\boldsymbol{r},t) = \boldsymbol{A}_0 \mathrm{e}^{\mathrm{i}(\boldsymbol{k}\cdot\boldsymbol{r}-\omega t)} \tag{7.98}$$

代入条件 $\nabla \cdot \boldsymbol{A} = 0$，可以得到

$$\boldsymbol{k} \cdot \boldsymbol{A} = 0. \tag{7.99}$$

它表明，在辐射规范中，标势等于 0，而矢势 $\boldsymbol{A}$ 的振动方向 $\boldsymbol{A}_0$ 与光波传播方向 $\boldsymbol{k}$ 垂直. 所以，在辐射规范中，可以用矢势的方向来描述光的偏振方向. 事实上，我们以前对光波的描述，都是在这个辐射规范中进行的.

虽然对规范条件可以有不同的选择，但这并不意味着规范的选择是完全任意的. 实际上，在不同的规范之间，必须满足一定的变换关系. 下一节讨论光子与电子相互作用，将引入规范不变性原理，从而给出不同规范之间的变换关系.

b. 光子的角动量

在辐射规范中, 矢量势 $\boldsymbol{A}(\boldsymbol{r}, t)$ 与光的传播方向 $\boldsymbol{k}$ 垂直, 它的方向也就是光的偏振方向. 如果把 z 轴取在光的传播方向, 矢量势 $\boldsymbol{A}(\boldsymbol{r}, t)$ 就只有 $A_x(\boldsymbol{r}, t)$ 和 $A_y(\boldsymbol{r}, t)$ 两个分量,

$$\begin{cases} A_x = A\cos\phi, \\ A_y = A\sin\phi, \end{cases}$$

其中 ϕ 是该点矢量势的幅角.

另一方面, 任一方向的线偏振光, 也可分解成一个左旋圆偏振光 A_L 和一个右旋圆偏振光 A_R 的叠加,

$$\begin{cases} A_L = A\mathrm{e}^{+\mathrm{i}\phi} = A_x + \mathrm{i}A_y, \\ A_R = A\mathrm{e}^{-\mathrm{i}\phi} = A_x - \mathrm{i}A_y. \end{cases} \tag{7.100}$$

为了看出它们的旋转性质, 只要写出波函数的时间因子 $\mathrm{e}^{-\mathrm{i}\omega t}$. 这时 A_L 与 A_R 的相位分别为 $\phi - \omega t$ 和 $\phi + \omega t$, 随着时间 t 的增加, 光沿 z 轴传播, 相位相同点的幅角增加 (左旋) 或减少 (右旋), 在一个周期 $T = 2\pi/\omega$ 里, 矢量势转过 2π 幅角.

矢量势的转动, 表明光子具有自旋角动量. 与 7.4 节例题 1 的结果比较, 可以看出

$$\begin{cases} A_L \sim \mathrm{Y}_{1+1}, \\ A_R \sim \mathrm{Y}_{1-1}, \end{cases} \tag{7.101}$$

即矢量势的转动性质与 $l = 1$ 的球谐函数 Y_{lm} 一样. 所以, 光子具有 $l = 1$ 的自旋角动量. 这个结论是普遍的: 任何矢量波函数所描述的粒子, 都具有 $l = 1$ 的自旋角动量. 左旋和右旋圆偏振光的光子, 自旋角动量在 z 轴的投影分别为 $+\hbar$ 和 $-\hbar$. 光子自旋在 z 轴的投影不可能为 0, 没有与 $m = 0$ 相对应的态 Y_{10}, 这是由于光子没有质量, 以光速运动, 是纯相对论性的粒子. 由于没有 $m = 0$ 的态, 光子的运动具有螺旋性, 当 $m = 1$ 时, 其自旋方向与运动方向相同, 而当 $m = -1$ 时, 其自旋方向与运动方向相反.

与电磁波的频率和振幅一样, 光的偏振也可用作信息传递的载体. 用光子自旋作编码调制, 是当今通信和计算领域一个重要的研究前沿 [1].

7.9 规范不变性原理

a. 定域规范变换和规范不变性原理

我们来看电子波函数的变换

---

[1] 可参阅张文卓, 《物理》, **45** (2016) 553.

$$\psi \longrightarrow \psi' = \mathrm{e}^{\mathrm{i}\gamma}\psi. \tag{7.102}$$

若 γ 为一实常数, 则此变换只使波函数的相位改变一个常数 γ, 并不改变它所描述的状态. 若 γ 为一实函数,

$$\gamma = \gamma(\boldsymbol{r}, t),$$

则波场各点的相对相位发生改变, 这时的变换称为 第一类规范变换, 或 定域规范变换. 相应地, γ 为实常数时的变换则称为 整体规范变换.

一般地说, 在定域规范变换下, 波函数所描述的状态会发生改变. 只有在一定条件下, 波函数所描述的状态才没有改变. 假设实际的物理情况正是这种情况, 这就是 定域规范不变性原理, 简称 规范不变性原理. 规范不变性原理要求, 波函数在定域规范变换下所描述的状态不变, 或者说, 决定波函数的方程在定域规范变换下形式不变.

b. 规范场和第二类规范变换

由于决定波函数 $\psi(\boldsymbol{r}, t)$ 的波动方程中包含作用于 ψ 的微分算符 $-\mathrm{i}\hbar\nabla$ 和 $\mathrm{i}\hbar\partial/\partial t$, 而

$$-\mathrm{i}\hbar\nabla(\mathrm{e}^{\mathrm{i}\gamma}\psi) = \mathrm{e}^{\mathrm{i}\gamma}(-\mathrm{i}\hbar\nabla + \hbar\nabla\gamma)\psi,$$
$$\mathrm{i}\hbar\frac{\partial}{\partial t}(\mathrm{e}^{\mathrm{i}\gamma}\psi) = \mathrm{e}^{\mathrm{i}\gamma}\left(\mathrm{i}\hbar\frac{\partial}{\partial t} - \hbar\frac{\partial\gamma}{\partial t}\right)\psi,$$

所以, 为了使得决定波函数的方程在定域规范变换下形式不变, 作用于 ψ 的算符应该取以下的代换形式:

$$\begin{cases} -\mathrm{i}\hbar\nabla \longrightarrow -\mathrm{i}\hbar\nabla - q\boldsymbol{A}, \\ \mathrm{i}\hbar\dfrac{\partial}{\partial t} \longrightarrow \mathrm{i}\hbar\dfrac{\partial}{\partial t} - q\varPhi. \end{cases} \tag{7.103}$$

它们对于变换波函数 ψ' 的作用为

$$(-\mathrm{i}\hbar\nabla - q\boldsymbol{A})(\mathrm{e}^{\mathrm{i}\gamma}\psi) = \mathrm{e}^{\mathrm{i}\gamma}(-\mathrm{i}\hbar\nabla - q\boldsymbol{A} + \hbar\nabla\gamma)\psi,$$
$$\left(\mathrm{i}\hbar\frac{\partial}{\partial t} - q\varPhi\right)(\mathrm{e}^{\mathrm{i}\gamma}\psi) = \mathrm{e}^{\mathrm{i}\gamma}\left(\mathrm{i}\hbar\frac{\partial}{\partial t} - q\varPhi - \hbar\frac{\partial\gamma}{\partial t}\right)\psi.$$

于是, 如果在波函数 ψ 作定域规范变换 (7.102) 时场量 $(\boldsymbol{A}, \varPhi)$ 作相应的变换

$$\begin{cases} \boldsymbol{A} \longrightarrow \boldsymbol{A}' = \boldsymbol{A} + \dfrac{\hbar}{q}\nabla\gamma, \\ \varPhi \longrightarrow \varPhi' = \varPhi - \dfrac{\hbar}{q}\dfrac{\partial\gamma}{\partial t}, \end{cases} \tag{7.104}$$

我们就有

$$(-\mathrm{i}\hbar\nabla - q\boldsymbol{A}')\psi' = \mathrm{e}^{\mathrm{i}\gamma}(-\mathrm{i}\hbar\nabla - q\boldsymbol{A})\psi,$$
$$\left(\mathrm{i}\hbar\frac{\partial}{\partial t} - q\varPhi'\right)\psi' = \mathrm{e}^{\mathrm{i}\gamma}\left(\mathrm{i}\hbar\frac{\partial}{\partial t} - q\varPhi\right)\psi,$$

这就能使决定波函数 ψ 的方程在 ψ 的定域规范变换下形式不变.

这样引进的场 $(\boldsymbol{A}, \varPhi)$ 是一种 *规范场*, 它具有下述规范变换所容许的任意性,

$$
\begin{cases}
\boldsymbol{A} \longrightarrow \boldsymbol{A}' = \boldsymbol{A} + \nabla \chi, \\
\varPhi \longrightarrow \varPhi' = \varPhi - \dfrac{\partial \chi}{\partial t},
\end{cases}
\tag{7.105}
$$

其中

$$
\chi = \chi(\boldsymbol{r}, t)
$$

可以是任意的实函数. 波场 $(\boldsymbol{A}, \varPhi)$ 的这一规范变换称为 *第二类规范变换*. 所以, 上述分析可以归纳为: 为了使波函数 ψ 的方程在第一类规范变换下形式不变, 就要求存在与 ψ 耦合的场 $(\boldsymbol{A}, \varPhi)$; 在 ψ 进行第一类规范变换时, 场 $(\boldsymbol{A}, \varPhi)$ 要同时进行第二类规范变换, 并且满足

$$
\gamma = \frac{q}{\hbar} \chi.
\tag{7.106}
$$

在上述规范变换下不变的场方程, 只能出现场量 $(\boldsymbol{A}, \varPhi)$ 的微商项, 不能有克莱因 - 戈尔登方程 (7.6) 那样的质量项. 所以 规范场的粒子质量严格等于零.

在通常的文献中, 把 "规范场" 一词狭义地专门用来称呼根据规范不变性原理的要求而引入的场, 例如这里的 $(\boldsymbol{A}, \varPhi)$. 下面我们来指出, 当 ψ 场描述带电粒子时, 常数 q 就是它的电荷, 而场 $(\boldsymbol{A}, \varPhi)$ 则是描述由它发射或被它吸收的光子的电磁场.

c. 规范场的经典观测量

具有规范不变性的电子薛定谔方程为

$$
\left(\mathrm{i}\hbar \frac{\partial}{\partial t} - q\varPhi \right) \psi = \frac{1}{2m} (-\mathrm{i}\hbar \nabla - q\boldsymbol{A})^2 \psi + V_{\mathrm{ne}} \psi,
$$

其中 V_{ne} 是非电磁性相互作用势能. 相应的哈密顿算符为

$$
\hat{H} = \frac{1}{2m} (-\mathrm{i}\hbar \nabla - q\boldsymbol{A})^2 + q\varPhi + V_{\mathrm{ne}}.
$$

为了看出规范势 $(\boldsymbol{A}, \varPhi)$ 的物理含意, 我们来看经典极限情形. 略去与讨论无关的 V_{ne}, 经典哈密顿量是

$$
H = \frac{1}{2m} (\boldsymbol{p} - q\boldsymbol{A})^2 + q\varPhi.
\tag{7.107}
$$

于是, 正则坐标 $\boldsymbol{r}$ 和正则动量 $\boldsymbol{p}$ 随时间变化的运动方程为

$$
\boldsymbol{v} = \frac{\mathrm{d}\boldsymbol{r}}{\mathrm{d}t} = \frac{\partial H}{\partial \boldsymbol{p}} = \frac{1}{m} (\boldsymbol{p} - q\boldsymbol{A}),
\tag{7.108}
$$

$$
\frac{\mathrm{d}\boldsymbol{p}}{\mathrm{d}t} = -\nabla H = q(\nabla \boldsymbol{A}) \cdot \boldsymbol{v} - q\nabla \varPhi.
\tag{7.109}
$$

写出第二式最后一步时, 用到了第一式给出的粒子速度 $\boldsymbol{v}$ 的关系. 再从第一式

和第二式, 可得粒子所受的力为

$$\boldsymbol{F} = m \frac{\mathrm{d}\boldsymbol{v}}{\mathrm{d}t} = \frac{\mathrm{d}\boldsymbol{p}}{\mathrm{d}t} - q \frac{\mathrm{d}\boldsymbol{A}}{\mathrm{d}t}$$

$$= q(\nabla \boldsymbol{A}) \cdot \boldsymbol{v} - q \nabla \Phi - q \left(\frac{\partial \boldsymbol{A}}{\partial t} + \boldsymbol{v} \cdot \nabla \boldsymbol{A} \right)$$

$$= q \left[\left(-\nabla \Phi - \frac{\partial \boldsymbol{A}}{\partial t} \right) + \boldsymbol{v} \times (\nabla \times \boldsymbol{A}) \right]$$

$$= q[\boldsymbol{E} + \boldsymbol{v} \times \boldsymbol{B}], \tag{7.110}$$

这正是电荷为 q 的粒子在电磁场中受到的洛伦兹力, 其中电场强度 $\boldsymbol{E}$ 和磁感应强度 $\boldsymbol{B}$ 为

$$\boldsymbol{E} = -\nabla \Phi - \frac{\partial \boldsymbol{A}}{\partial t}, \qquad \boldsymbol{B} = \nabla \times \boldsymbol{A}. \tag{7.111}$$

所以, 在经典极限, 或者说在宏观情形, 规范场 $(\boldsymbol{A}, \Phi)$ 的时空变化率表现为电磁场的强度, 通过计算 $\boldsymbol{A}$ 和 Φ 对时空坐标的微商可以得到电场强度 $\boldsymbol{E}$ 和磁感应强度 $\boldsymbol{B}$. 这就是为什么把它们称为矢势和标势的原因.

例题 3 已知矢量势 $\boldsymbol{A} = \boldsymbol{A}_0$ 为常矢量, 标量势 $\Phi = \kappa/r$, 试求相应的电场强度 $\boldsymbol{E}$ 和磁感应强度 $\boldsymbol{B}$.

解 把题设的 $\boldsymbol{A}$ 和 Φ 代入 $\boldsymbol{E}$ 和 $\boldsymbol{B}$ 的公式, 有

$$\boldsymbol{E} = -\nabla \frac{\kappa}{r} = \frac{\kappa}{r^2} \nabla r = \frac{\kappa \boldsymbol{r}}{r^3},$$

$$\boldsymbol{B} = \nabla \times \boldsymbol{A}_0 = 0.$$

这是点电荷的静电场.

例题 4 试表明矢量势 $B(-y, 0, 0)$, $B(0, x, 0)$, $\frac{1}{2}B(-y, x, 0)$ 都给出在 z 轴方向的均匀恒磁场.

解 把 $\boldsymbol{A} = B(-y, 0, 0)$ 代入计算旋度的公式, 有

$$\boldsymbol{B} = \nabla \times \boldsymbol{A} = \begin{vmatrix} \boldsymbol{i} & \boldsymbol{j} & \boldsymbol{k} \\ \dfrac{\partial}{\partial x} & \dfrac{\partial}{\partial y} & \dfrac{\partial}{\partial z} \\ -By & 0 & 0 \end{vmatrix} = B\boldsymbol{k}.$$

对于其余两个矢量势, 类似运算给出相同结果.

场强 $\boldsymbol{E}$ 和 $\boldsymbol{B}$ 出现在经典洛伦兹力的表达式中, 所以是经典的或者说宏观的观测量. 上述例子表明, 不同的势场 $\boldsymbol{A}$ 和 Φ 可以给出相同的场强 $\boldsymbol{E}$ 和 $\boldsymbol{B}$. 实际上很容易证明, 场强 $\boldsymbol{E}$ 和 $\boldsymbol{B}$ 不依赖于规范的选择, 在 $\boldsymbol{A}$ 和 Φ 的规范变换下不变. 所以, 场强 $(\boldsymbol{E}, \boldsymbol{B})$ 与势 $(\boldsymbol{A}, \Phi)$ 并不完全等效, 它们所能提供的信息比 $(\boldsymbol{A}, \Phi)$ 的少. 势 $(\boldsymbol{A}, \Phi)$ 是描述电磁场的基本量. 场强 $(\boldsymbol{E}, \boldsymbol{B})$ 只是电磁场在经典

或宏观极限的观测量.

7.10 阿哈罗诺夫 - 玻姆效应

a. 规范场对电子波函数的影响

设 $\psi_0(\boldsymbol{r}, t)$ 是不存在规范场 $(\boldsymbol{A}, \varPhi)$ 时电子薛定谔方程的解,

$$\mathrm{i}\hbar\frac{\partial\psi_0}{\partial t} = \frac{-\hbar^2}{2m}\nabla^2\psi_0 + V_{\mathrm{ne}}\psi_0. \tag{7.112}$$

存在规范场时, 薛定谔方程成为

$$\mathrm{i}\hbar\frac{\partial\psi}{\partial t} = \frac{1}{2m}(-\mathrm{i}\hbar\nabla - q\boldsymbol{A})^2\psi + q\varPhi\psi + V_{\mathrm{ne}}\psi. \tag{7.113}$$

不难看出, 它的解可以写成

$$\psi(\boldsymbol{r}, t) = \exp\left\{\mathrm{i}\frac{q}{\hbar}\left[\int^{\boldsymbol{r}}\boldsymbol{A}\cdot\mathrm{d}\boldsymbol{r} - \int^t\varPhi\mathrm{d}t\right]\right\}\psi_0(\boldsymbol{r}, t), \tag{7.114}$$

其中积分沿以场点 $(\boldsymbol{r}, t)$ 为终点的任一路径.

上式表明, 规范场 $(\boldsymbol{A}, \varPhi)$ 对电子的作用, 相当于对电子波函数作一定域规范变换, 使场点 $(\boldsymbol{r}, t)$ 的相位增加 ϕ,

$$\phi = \frac{q}{\hbar}\left[\int^{\boldsymbol{r}}\boldsymbol{A}\cdot\mathrm{d}\boldsymbol{r} - \int^t\varPhi\mathrm{d}t\right], \tag{7.115}$$

它是规范场 $(\boldsymbol{A}, \varPhi)$ 沿某一路径到场点 $(\boldsymbol{r}, t)$ 的积分. 由于对 $(\boldsymbol{A}, \varPhi)$ 可以选不同规范, 对于给定的积分路径, 这个相位 ϕ 也还不确定, 不可能有观测效果. 但是对于具有相同端点的两条不同路径, 可以证明, 这个相位的差 $\Delta\phi$ 与规范的选择无关, 是在规范变换下的不变量, 会引起可以观测的效应.

假设具有相同起点和终点的两条路径分别为 C_1 和 C_2, 则它们的上述相位差为

$$\Delta\phi = \phi_1 - \phi_2 = \frac{q}{\hbar}\left[\int_{C_1}\boldsymbol{A}\cdot\mathrm{d}\boldsymbol{r} - \int_{C_2}\boldsymbol{A}\cdot\mathrm{d}\boldsymbol{r}\right] = \frac{q}{\hbar}\oint_C\boldsymbol{A}\cdot\mathrm{d}\boldsymbol{r}$$

$$= \frac{q}{\hbar}\iint_S(\nabla\times\boldsymbol{A})\cdot\mathrm{d}\boldsymbol{S} = \frac{q}{\hbar}\iint_S\boldsymbol{B}\cdot\mathrm{d}\boldsymbol{S}, \tag{7.116}$$

其中积分路径 C 是 C_1 和 $-C_2$ 构成的闭合回路, S 是由 C 所包围的积分曲面. 由于 $\boldsymbol{B} = \nabla\times\boldsymbol{A}$ 是规范不变量, 所以 $\Delta\phi$ 确实与规范的选择无关.

通过测量经典洛伦兹力得到的场强 $\boldsymbol{E}$ 和 $\boldsymbol{B}$, 能为我们提供关于规范场 $(\boldsymbol{A}, \varPhi)$ 的局域和微分的信息. 而测量这个量子的相位差 $\Delta\phi$, 则能为我们提供关于规范场 $(\boldsymbol{A}, \varPhi)$ 的整体和积分的信息.

b. 阿哈罗诺夫 - 玻姆效应

粒子波函数沿闭合路径的相位差, 表现出规范场 $(\boldsymbol{A}, \varPhi)$ 的整体和积分效应, 这称为 阿哈罗诺夫 - 玻姆效应, 简称 AB 效应. 这是 1959 年首先由阿哈罗诺夫 (Y. Aharonov) 和玻姆 (D. Bohm) 从理论上预言, 次年被钱伯斯 (R.G. Chambers) 在实验上证实的.

考虑电子双缝干涉实验, 如图 7.14 所示. 两缝间距 d, 屏距 L, 入射电子束动量 p, 相应德布罗意波长 λ. 假设从电子源到两缝的距离相等, 则从缝 1 和缝 2 到达屏上 x 点的两束电子的相位差为

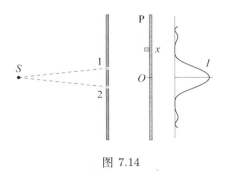

图 7.14

$$\Delta\phi_0 = \phi_{01} - \phi_{02} = \frac{pr_1}{\hbar} - \frac{pr_2}{\hbar}$$

$$\approx -\frac{pd\sin\theta}{\hbar} \approx -\frac{2\pi d}{\lambda}\frac{x}{L},$$

其中 r_1 和 r_2 分别是从两缝到屏上 x 点的距离, x 是该点相对于屏心的 x 坐标, θ 是 x 对两缝中点的张角.

如果在电子波经过的空间加一磁场, 则相位差成为

$$\Delta\phi = \phi_1 - \phi_2 = \left(\phi_{01} + \frac{q}{\hbar}\int_{C_1}\boldsymbol{A}\cdot\mathrm{d}\boldsymbol{r}\right) - \left(\phi_{02} + \frac{q}{\hbar}\int_{C_2}\boldsymbol{A}\cdot\mathrm{d}\boldsymbol{r}\right)$$

$$= \Delta\phi_0 + \frac{q}{\hbar}\oint_C\boldsymbol{A}\cdot\mathrm{d}\boldsymbol{r} = \Delta\phi_0 + \frac{q}{\hbar}\iint_S\boldsymbol{B}\cdot\mathrm{d}\boldsymbol{S},$$

其中 C_1 和 C_2 分别是从电子源经缝 1 和缝 2 到屏上 x 点的路径, 而 C 是从电子源经缝 1 到 x 点后再从 x 点经缝 2 回到电子源的闭合路径, S 是以 C 为边界的积分曲面.

用一细磁针或小螺线管垂直图面放在缝后很近处. 这时只在螺线管横截面上有磁感应强度 $\boldsymbol{B}$, 对屏上任何一点 x, 磁场所引起的相位差的改变 $\frac{q}{\hbar}\iint\boldsymbol{B}\cdot\mathrm{d}\boldsymbol{S}$ 都相同. 所以干涉图形不变, 只是在 x 方向移动 x_0, 中心亮纹从 $x = 0$ 移到 $x = x_0$ 处. 由

$$\Delta\phi = \Delta\phi_0 + \frac{q}{\hbar}\iint_S\boldsymbol{B}\cdot\mathrm{d}\boldsymbol{S} = -\frac{2\pi d}{\lambda}\frac{x}{L} + \frac{q}{\hbar}\iint_S\boldsymbol{B}\cdot\mathrm{d}\boldsymbol{S} = 0$$

可以解出

$$x_0 = \frac{\lambda L}{2\pi d}\frac{q}{\hbar}\iint_S\boldsymbol{B}\cdot\mathrm{d}\boldsymbol{S}.$$

钱伯斯的实验观测到了这种干涉条纹的移动.

　　在这个实验中, 磁场只存在于螺线管中. 在电子经典路径经过的空间区域只有矢量势 $\boldsymbol{A}$, 而没有磁感应强度 $\boldsymbol{B}$. 所以在经典极限情形, 电子没有受到磁场 $\boldsymbol{B}$ 的作用, 电子运动不会有变化. 而在量子的情形, 电子波函数会受到矢量势 $\boldsymbol{A}$ 的直接影响, 相位会发生变化. 实验结果表明, 电子束在穿过有矢量势 $\boldsymbol{A}$ 的空间区域时, 波的相位确实发生了变化, 矢量势 $\boldsymbol{A}$ 沿一闭合回路的积分性质, 会产生可以观测的物理效应.

　　可以看出, 当相位改变为

$$\frac{q}{\hbar} \oint_C \boldsymbol{A} \cdot \mathrm{d}\boldsymbol{r} = \frac{q}{\hbar} \iint_S \boldsymbol{B} \cdot \mathrm{d}\boldsymbol{S} = 2\pi n, \qquad n = 0, \pm 1, \pm 2, \cdots$$

时, 亦即当磁感应通量改变为

$$\iint_S \boldsymbol{B} \cdot \mathrm{d}\boldsymbol{S} = n\frac{h}{q}, \qquad n = 0, \pm 1, \pm 2, \cdots \tag{7.117}$$

时, 干涉图形无变化. 对于电子, $q = -e$, 对于超导体中的电子对, $q = -2e$. 量

$$\frac{h}{2e} = 2.07 \times 10^{-15}\,\mathrm{T} \cdot \mathrm{m}^2 \tag{7.118}$$

称为 *磁通量子*, 在超导电等宏观量子现象中起作用 (参阅第 13.7 节伦敦方程和磁通量子化).

　　以上讨论的实验属于 *磁 AB 效应*. 阿哈罗诺夫和玻姆也预言了标量势的时间积分所引起的相位改变, 即 *电 AB 效应*. 在第 13.8 节约瑟夫森效应和 SQUID 中, 将给出具体和实用的例子. 阿哈罗诺夫 - 玻姆效应是完全的量子效应, 它一方面涉及电子的波动性, 另一方面涉及电磁规范场, 是荷电粒子与电磁规范场耦合方式的直接表现. 这是量子理论最基本的问题之一.

　　这里引入电磁相互作用形式的定域规范不变性原理, 被杨振宁和米尔斯 (R. Mills) 进一步推广, 成为统一弱相互作用与电磁相互作用、引入基本强相互作用和建立量子色动力学的一条共同的基本原理和出发点, 在当代粒子物理的理论发展中起着十分关键的作用. 由于这种关系, 阿哈罗诺夫 - 玻姆效应一直是基本物理研究的一个重要问题, 不断有人设计出新的实验来[1]. 而在技术应用方面, 与使用相干光束的光学全息术类似地, 实现了使用相干电子波束的 *电子全息术* (electron holography). 使相位被磁 AB 效应改变了的电子波与未被改变的电子波叠加, 从产生的干涉图样可以解读出磁场的全部信息. 这种电子全息图已被广泛用来研究和显示磁场在各种微电子器件中的分布和作用.

---

[1] 杨振宁, 《相位与近代物理》, 在中国科学技术大学研究生院讲授的课程, 1985 年, 第 2 章 Aharonov- Bohm 效应.

8 氢原子和类氢离子

8.1 能级和径向波函数

氢原子和类氢离子, 是由一个电子与一个原子核构成的体系, 电子被原子核的库仑场束缚在原子核周围. 体系的势能为

$$V(r) = -\frac{Ze^2}{4\pi\varepsilon_0 r},\tag{8.1}$$

其中 Z 是原子核的电荷数.

由于库仑场是各向同性的, 只与电子到核的距离 r 有关, 与电子的方位角 (θ, ϕ) 无关. 根据上一章第 7.4 节的讨论, 电子可以处在具有确定角动量和角动量在 z 轴投影的态, 电子波函数的角度部分是球谐函数 $Y_{lm}(\theta, \phi)$.

把库仑能的公式代入径向波函数 $u(r)$ 的方程 (7.48), 得到

$$\left[-\frac{\hbar^2}{2m}\frac{\mathrm{d}^2}{\mathrm{d}r^2} + \frac{l(l+1)\hbar^2}{2mr^2} - \frac{Ze^2}{4\pi\varepsilon_0 r} \right] u(r) = Eu(r).\tag{8.2}$$

左边第一项对应于径向动能, 第二项为转动动能, 第三项为库仑能, 而右边 E 为体系总能量. 这个方程在确定束缚体系径向波函数的同时, 给出量子化的能级. 这样得到的 $u(r)$ 和 E 都依赖于轨道量子数 l.

a. 基态

基态能量最低, 不会有转动能, $l = 0$, 径向方程成为

$$\left[-\frac{\hbar^2}{2m}\frac{\mathrm{d}^2}{\mathrm{d}r^2} - \frac{Ze^2}{4\pi\varepsilon_0 r} \right] u(r) = Eu(r).$$

可以验证, 这个方程的无节点 (原点除外) 的解为

$$u(r) = Nre^{-r/a_1}.$$

把它代入方程, 化简后有

$$\left(\frac{1}{a_1^2} + \frac{2mE}{\hbar^2} \right) r - \left(\frac{2}{a_1} - \frac{2Zme^2}{4\pi\varepsilon_0 \hbar^2} \right) = 0.$$

为了方程成立, 左边两个括号的值应分别等于 0. 由此定出常数 a_1 为玻尔半径 a_0 的 $1/Z$,

$$a_1 = \frac{a_0}{Z}, \qquad a_0 = \frac{4\pi\varepsilon_0\hbar^2}{me^2}, \tag{8.3}$$

而体系能量只能取一确定值 E_1,

$$E_1 = -\frac{\hbar^2}{2ma_1^2} = Z^2 E_0, \qquad E_0 = -\frac{1}{2}\frac{e^2}{4\pi\varepsilon_0 a_0}. \tag{8.4}$$

常数 N 可由径向波函数 $R(r) = u(r)/r$ 的归一化条件

$$\int_0^\infty |R(r)|^2 r^2 \mathrm{d}r = \int_0^\infty |u(r)|^2 \mathrm{d}r = 1$$

来确定. 代入波函数 $u(r) = Nr\,\mathrm{e}^{-r/a_1}$, 有

$$\int_0^\infty |u(r)|^2 \mathrm{d}r = \int_0^\infty N^2 r^2 \mathrm{e}^{-2r/a_1} \mathrm{d}r = N^2 \cdot \left(\frac{a_1}{2}\right)^3 \cdot 2 = 1,$$

$$N = \frac{2}{\sqrt{a_1^3}}.$$

于是可把径向波函数写成

$$R_{10}(r) = \frac{2}{\sqrt{a_1^3}}\,\mathrm{e}^{-r/a_1}. \tag{8.5}$$

例题 1　求基态氢原子的最概然半径.

解　基态氢原子中电子位于 r—$r + \mathrm{d}r$ 内的概率为

$$P(r)\mathrm{d}r = |R_{10}(r)|^2 r^2 \mathrm{d}r = |u(r)|^2 \mathrm{d}r = \frac{4}{a_1^3} r^2 \mathrm{e}^{-2r/a_1} \mathrm{d}r.$$

概率取极大的条件为

$$P'(r) = \frac{4}{a_1^3}\,\mathrm{e}^{-2r/a_1}\left[2r - \frac{2r^2}{a_1}\right] = 0,$$

由此解得最概然半径

$$r_{\max} = a_1.$$

图 8.1(a) 是基态氢原子中电子的径向概率密度分布, 其最概然半径在 $r = a_1$ 处. 氢原子 $Z = 1$, $a_1 = a_0$.

例题 2　求基态氢原子中电子位于玻尔半径以内的概率.

解　利用上题的结果, 有

$$\int_0^{a_1} P(r)\mathrm{d}r = \int_0^{a_1} |u(r)|^2 \mathrm{d}r = \frac{4}{a_1^3}\int_0^{a_1} r^2\,\mathrm{e}^{-2r/a_1}\mathrm{d}r$$

$$= \frac{1}{2}\int_0^2 \rho^2\mathrm{e}^{-\rho}\mathrm{d}\rho = 1 - 5\mathrm{e}^{-2} \approx 32\%.$$

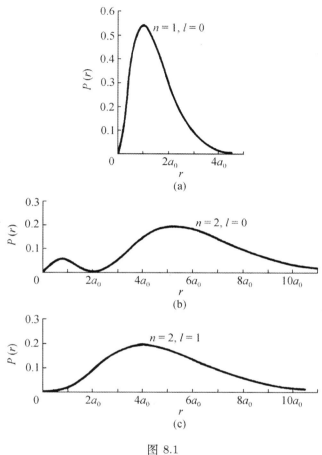

图 8.1

b. 低激发态

下面讨论 $l=1$ 和 $l=0$ 两种情形. 当 $l=1$ 时, 径向方程为

$$\left[-\frac{\hbar^2}{2m}\frac{\mathrm{d}^2}{\mathrm{d}r^2} - \frac{Ze^2}{4\pi\varepsilon_0 r} + \frac{2\hbar^2}{2mr^2}\right] u(r) = Eu(r).$$

可以验证, 它有无节点 (原点除外) 的解

$$u(r) = Nr^2\mathrm{e}^{-r/a_2}.$$

把它代入上述径向方程, 化简后有

$$\left(\frac{1}{a_2^2} + \frac{2mE}{\hbar^2}\right)r^2 - \left(\frac{2}{a_2} - \frac{Zme^2}{4\pi\varepsilon_0\hbar^2}\right)2r = 0.$$

由此可以定出常数

$$a_2 = 2a_1, \tag{8.6}$$

而体系能量只能取一确定值 E_2,

$$E_2 = -\frac{\hbar^2}{2ma_2^2} = \frac{E_1}{2^2} = \left(\frac{Z}{2}\right)^2 E_0. \tag{8.7}$$

常数 N 由归一化积分定出:

$$\int_0^\infty N^2 r^4 \mathrm{e}^{-2r/a_2} \mathrm{d}r = N^2 \left(\frac{a_2}{2}\right)^5 \int_0^\infty \rho^4 \mathrm{e}^{-\rho} \mathrm{d}\rho = N^2 a_1^5 \cdot 4! = 1,$$

$$N = \frac{1}{\sqrt{3}\,(2a_1)^{3/2}} \frac{1}{a_1}.$$

于是可把径向波函数写成

$$R_{21}(r) = \frac{1}{\sqrt{3}\,(2a_1)^{3/2}} \frac{r}{a_1} \mathrm{e}^{-r/2a_1}. \tag{8.8}$$

图 8.1(c) 是这个态上电子的径向概率密度分布, 其最概然半径为 $r = 4a_1$.

对于 $l = 0$ 的低激发态, 径向方程与基态的相同, 它的有一个节点 (原点除外) 的解为

$$u(r) = Nr(b - r)\,\mathrm{e}^{-r/a_2}.$$

把它代入 $l = 0$ 的径向方程, 可类似地定出常数

$$b = a_2 = 2a_1$$

和能级

$$E = E_2.$$

用归一化条件定出归一化常数 N 后, 可以把径向波函数写成

$$R_{20}(r) = \frac{2}{(2a_1)^{3/2}} \left(1 - \frac{r}{2a_1}\right) \mathrm{e}^{-r/2a_1}. \tag{8.9}$$

这个态上电子的径向概率密度分布如图 8.1(b).

c. 一般情形

一般地, 径向波函数为

$$R_{nl}(r) = N_{nl}\, r^l L_{nl}(r) \mathrm{e}^{-r/na_1}, \quad n = 1, 2, 3, \cdots, \ l = 0, 1, 2, \cdots, n-1, \tag{8.10}$$

其中 n 称为主量子数, $L_{nl}(r)$ 为一多项式. 相应的能级为

$$E_n = -\frac{\hbar^2}{2ma_n^2} = \frac{E_1}{n^2} = \left(\frac{Z}{n}\right)^2 E_0, \qquad a_n = na_1. \tag{8.11}$$

于是, 完整的定态波函数可以写成

$$\varphi_{nlm}(r, \theta, \phi) = R_{nl}(r) Y_{lm}(\theta, \phi), \qquad n = 1, 2, 3, \cdots,$$

$$l = 0, 1, 2, \cdots, n-1, \quad m = -l, -l+1, \cdots, l-1, l, \tag{8.12}$$

它由三个量子数 (n, l, m) 表征，表示能量、角动量及角动量 z 分量具有本征值.

对于给定的主量子数 n，角量子数 l 可以有 n 个不同的值，而对于每一个 l 的值，磁量子数 m 又可以有 $2l + 1$ 个不同的值. 这里的氢原子能级 E_n 只与主量子数 n 有关，所以一般地说，在能级 E_n 上可以有 f_n 个态，可以算出

$$f_n = \sum_{l=0}^{n-1} \sum_{m=-l}^{l} 1 = \sum_{l=0}^{n-1}(2l+1) = 2 \cdot \frac{n-1}{2} \cdot n + n = n^2. \tag{8.13}$$

一般地，如果处于同一能级的量子态不止一个，就说这个能级是 简并的，而把处于这个能级的量子态数 f 称为该能级的 简并度. 上述结果表明，氢原子能级 E_n 的简并度为 n^2. 表 8.1 给出氢原子前两个能级的波函数和简并度.

表 8.1　氢原子前两个能级的波函数和简并度

n	l	m	f	Y_{lm}	R_{nl}	φ_{nlm}
1	0	0	1	$\frac{1}{\sqrt{4\pi}}$	$\frac{2}{(a_1)^{3/2}} e^{-r/a_1}$	$\frac{1}{\sqrt{\pi}(a_1)^{3/2}} e^{-r/a_1}$
2	0	0	4	$\frac{1}{\sqrt{4\pi}}$	$\frac{2}{(2a_1)^{3/2}}\left(1 - \frac{r}{2a_1}\right) e^{-r/2a_1}$	$\frac{1}{\sqrt{\pi}(2a_1)^{3/2}}\left(1 - \frac{r}{2a_1}\right) e^{-r/2a_1}$
2	1	0	4	$\sqrt{\frac{3}{4\pi}} \cos\theta$	$\frac{2}{\sqrt{3}(2a_1)^{3/2}} \frac{r}{2a_1} e^{-r/2a_1}$	$\frac{1}{\sqrt{\pi}(2a_1)^{3/2}} \frac{r}{2a_1} e^{-r/2a_1} \cos\theta$
2	1	±1	4	$\sqrt{\frac{3}{8\pi}} \sin\theta\, e^{\pm i\phi}$	$\frac{2}{\sqrt{3}(2a_1)^{3/2}} \frac{r}{2a_1} e^{-r/2a_1}$	$\frac{1}{\sqrt{2\pi}(2a_1)^{3/2}} \frac{r}{2a_1} e^{-r/2a_1} \sin\theta\, e^{\pm i\phi}$

为了指定一个状态，需要指定三个量子数 (n, l, m). 在许多问题中，磁量子数并不重要，只要指定前两个量子数 n 和 l. 在光谱学中，习惯上用字母 s, p, d, $\cdots$ 来代表 $l = 0, 1, 2, \cdots$ 的情形，如表 8.2. 例如 1s 态表示 $n = 1, l = 0$, 2p 态表示 $n = 2, l = 1$.

表 8.2　光谱学记号

l	0	1	2	3	4	5	6
记号	s	p	d	f	g	h	i

这里给出的结果都是严格的. 与第 6 章玻尔理论的近似结果相比，可以看出以下几点.

首先, 玻尔理论算出的能级与这里从径向薛定谔方程严格求出的能级相符. 但玻尔理论中每个能级都没有简并, 亦即只考虑了一个态, 而严格的解除基态外都是简并的.

其次, 玻尔理论的半径 $r = n^2 a_0/Z$ 是这里 $l = n - 1$ 的电子态的最概然半径, 亦即玻尔理论实际上只考虑了 $l = n - 1$ 的这一个态. 从图 8.1(a) 和 (c) 可以看出, 这个态的电子径向概率分布只有一个峰, 峰位于玻尔理论的半径处.

第三, 在玻尔理论中, 每个态都有一个在 z 轴方向的角动量, 亦即每个态都是一个绕 z 轴转动的电子环波. 而实际上, 严格的解中只有磁量子数不为 0 的那些态才是绕 z 轴转动的电子环波, 其余的态都是驻波. 特别是, 基态 $n = 1$, $l = m = 0$, 没有角动量.

无论是环波还是驻波, 都表示电子在原子核周围有一概率分布. 这个电子的概率分布, 有时形象地称为 电子云.

8.2 辐射跃迁和选择定则

a. 跃迁过程

在外界扰动下, 体系的状态会从一个定态改变到另一定态. 体系从一个定态到另一定态的改变, 称为 跃迁. 引起原子体系跃迁的扰动, 可以是原子之间的碰撞, 或者其它粒子与原子的碰撞, 例如电子与原子的碰撞, 光子与原子的碰撞. 一般地, 任何使体系能量改变的微小作用, 都有可能成为引起体系跃迁的扰动. 体系这种在外界扰动下的跃迁, 称为 受激跃迁.

没有外界扰动, 在一定条件下, 体系的状态也会发生从一个定态到另一定态的跃迁. 体系不受外界扰动而自己发生的跃迁, 称为 自发跃迁. 例如处于激发态的原子体系, 可以通过发射光子而自发跃迁到基态.

在跃迁过程中, 体系状态发生变化, 描写体系状态的本征值要改变. 原子体系在跃迁过程中, 一般地说, 能量、角动量和角动量 z 分量都有可能改变. 不同的跃迁过程, 引起这种改变的物理机制不同. 原子之间碰撞引起的跃迁, 这种改变来自原子之间能量和角动量的交换. 电子碰撞引起的跃迁, 这种改变来自原子与电子之间能量和角动量的交换. 与辐射相联系的跃迁, 这种改变来自原子吸收或者发射具有一定能量和角动量的光子.

原子由于吸收或者发射光子而引起的跃迁, 称为 辐射跃迁. 处于较低能级的原子, 吸收一定能量的光子以后, 可以跃迁到较高能级. 辐射对原子的这种作用又称为 激发. 反之, 处于激发态的原子, 在外来辐射的激发下, 可以发出光子而跃迁到较低能级. 这个过程称为原子 受激辐射. 即使没有外来辐射的激发, 处于激发态的原子也可以自发地发出光子而跃迁到较低能级. 这个过程则称为原子 自发辐射.

从物理上看, 原子自发辐射与受激辐射并没有原则的不同. 没有外来辐射的真空态, 并非什么都没有. 电磁场是具有无穷自由度的简谐振动体系, 辐射的真空态就是各个自由度都在作零点振动和具有零点能的状态. 这种零点振动相应于光子的某种涨落, 会使原子激发, 产生自发辐射, 发出光子.

b. 守恒定律和选择定则

由于光子不仅带有一定的能量, 还带有一定的角动量, 所以原子并不是在任意两个定态之间都可以发生辐射跃迁, 必须满足一定的条件. 这种条件称为辐射跃迁的 选择定则. 选择定则是跃迁过程中各种守恒定律对能够发生跃迁的两个态的限制和选择. 对原子体系来说, 这些守恒定律主要有能量守恒、角动量守恒和宇称守恒定律.

能量守恒要求辐射光子能量 $h\nu$ 与跃迁能级 E_n 和 $E_{n'}$ 之间满足

$$E_{n'} - E_n = \pm h\nu, \tag{8.14}$$

这也就是玻尔理论中的频率条件. 这个条件实际上是对光子频率 ν 的限制, 而不是对能级量子数 n 与 n' 的限制,

$$\Delta n = n' - n \quad 不受限制. \tag{8.15}$$

角动量守恒和宇称守恒的限制, 都与辐射的类型有关. 这里只讨论最常见的电偶极辐射, 这是指荷电粒子的偶极振荡所产生的电磁辐射, 例如正负电荷在偶极天线中的简谐振荡所产生的电磁辐射.

偶极振荡所产生的电磁辐射是线性偏振的, 光子的矢量势 $\boldsymbol{A}$ 和电矢量 $\boldsymbol{E}$ 是在振荡方向与传播方向所构成的振荡平面内, 并且与传播方向垂直. 这种线性偏振光可以看成左旋和右旋圆偏振光的叠加, 光子角动量 $l = 1$. 所以, 跃迁过程的角动量守恒, 就限制了跃迁前后角量子数的改变必须而且也只能等于 ± 1,

$$\Delta l = l' - l = \pm 1. \tag{8.16}$$

相应地, 磁量子数的改变就只能是 0 或 ± 1,

$$\Delta m = m' - m = 0, \pm 1, \tag{8.17}$$

其中 $\Delta m = 0$ 的情形, 相应于跃迁前后原子体系的角动量都与 z 轴垂直, 或者在 z 轴的投影相同.

光子由矢量势 $\boldsymbol{A}$ 来描写. 在坐标反射变换

$$(x, y, z) \longrightarrow (-x, -y, -z) \tag{8.18}$$

下, 矢量势 $\boldsymbol{A}$ 改变符号,

$$\boldsymbol{A} = (A_x, A_y, A_z) \longrightarrow -\boldsymbol{A} = (-A_x, -A_y, -A_z), \tag{8.19}$$

所以光子的宇称是负的, 或者说光子宇称为奇. 另一方面, 由波函数 $\varphi_{nlm}(r, \theta, \phi) = R_{nl}(r) Y_{lm}(\theta, \phi)$ 和球谐函数 $Y_{lm}(\theta, \phi)$ 的性质可以看出, 氢原子或类氢离子体系

的宇称等于 $(-1)^l$,

$$\varphi_{nlm}(r, \pi - \theta, \phi + \pi) = (-1)^l \varphi_{nlm}(r, \theta, \phi). \tag{8.20}$$

所以, 在偶极辐射引起的跃迁中, 如果宇称守恒,

$$(-1)^l = (-1)^{l'} \cdot (-1),$$

则角量子数必须改变奇偶. 由于角动量守恒, $\Delta l = \pm 1$, 上式必定成立. 这就是说, 偶极辐射跃迁中宇称守恒. 实验证明, 在电磁相互作用引起的过程中宇称都是守恒的.

归纳起来, 氢原子或类氢离子体系电偶极辐射跃迁的选择定则是:

允许跃迁: Δn 不限, $\Delta l = \pm 1$, $\Delta m = 0, \pm 1$;

禁戒跃迁: 其它情形.

例如, 跃迁 2p↔1s 是允许的, $\Delta l = \pm 1$, 这时电子概率密度分布在 p 波 (极性) 与 s 波 (球对称) 之间改变, 电荷振荡与偶极天线中的振荡相似. 跃迁 2s↔1s 是禁戒的, $\Delta l = 0$, 这时电子概率密度分布在 2s 波 (球壳状电子云) 与 1s 波 (球状电子云) 之间改变, 电荷振荡像周期性膨胀和收缩的气球, 不会产生辐射.

实验上, 在允许跃迁的位置可以观测到明亮的光谱线. 在禁戒跃迁的位置, 用高灵敏的光谱仪, 也可以观测到强度非常微弱的谱线. 实验上观测到禁戒跃迁, 并不表示违反了角动量守恒定律. 如果在跃迁中同时吸收或者发出两个光子, Δl 就可能是 0 或 ± 2. 这属于禁戒跃迁, 概率比允许跃迁小得多, 所以光谱线强度弱得多. 禁戒的意思, 不是绝对不允许, 而是概率很小.

c. 费米黄金规则

对于原子体系的辐射跃迁, 辐射波长比原子尺度大得多, 光子的电矢量 $\boldsymbol{E}$ 在原子范围变化很小, 可以看成均匀电场. 电子在这个均匀电场中的势能

$$H' = e\boldsymbol{E} \cdot \boldsymbol{r} = -\boldsymbol{p} \cdot \boldsymbol{E}, \tag{8.21}$$

就是引起原子激发的相互作用, 其中 $\boldsymbol{p}$ 是电子的电偶极矩

$$\boldsymbol{p} = -e\boldsymbol{r},$$

而均匀电场 $\boldsymbol{E}$ 可以认为是以恒振幅 $\boldsymbol{E}_0$ 在作简谐振荡,

$$\boldsymbol{E} = \boldsymbol{E}_0 \cos \omega t.$$

受激的原子体系不再处于一个稳定的定态, 而是处于初态 ψ_i 与某一末态 ψ_f 的叠加态 ψ 上,

$$\psi = \psi_i + \psi_f = \varphi_i e^{-iE_i t/\hbar} + \varphi_f e^{-iE_f t/\hbar}, \tag{8.22}$$

其中 E_i 和 E_f 分别是原子初态和末态的能级. 原子在这两个态之间的跃迁, 显然与相互作用 H' 在叠加态 ψ 上的平均有关. 把相互作用 H' 写成

$$H' = -\boldsymbol{p} \cdot \boldsymbol{E} = -\boldsymbol{p} \cdot \boldsymbol{E}_0 \cos \omega t = H_0' \cos \omega t,$$

于是, 相互作用 H' 在叠加态 ψ 上的平均为

$$\overline{H'} = \int \psi^* H' \psi \mathrm{d}^3 r = \cos \omega t \int \varphi_f^* H_0' \varphi_f \mathrm{d}^3 r + \cos \omega t \int \varphi_i^* H_0' \varphi_i \mathrm{d}^3 r$$
$$+ \cos \omega t \cdot \mathrm{e}^{\mathrm{i}(E_f - E_i)t/\hbar} \int \varphi_f^* H_0' \varphi_i \mathrm{d}^3 r$$
$$+ \cos \omega t \cdot \mathrm{e}^{-\mathrm{i}(E_f - E_i)t/\hbar} \int \varphi_i^* H_0' \varphi_f \mathrm{d}^3 r.$$

其中前两项对时间平均为 0, 而后两项也只有当

$$E_f - E_i = \pm \hbar \omega \tag{8.23}$$

时对时间平均才不为零, 这正是玻尔频率条件. 积分

$$H_{fi}' = \int \varphi_f^* H_0' \varphi_i \mathrm{d}^3 r \tag{8.24}$$

称为相互作用 H_0' 在初态 φ_i 与末态 φ_f 之间的 矩阵元. 所以, 原子在初态 φ_i 与末态 φ_f 之间的跃迁, 与引起跃迁的相互作用在这两个态之间的矩阵元有关.

仔细的量子力学分析表明, 单位时间内原子从初态 φ_i 跃迁到末态 φ_f 的概率近似等于

$$P_{fi} = \frac{2\pi}{\hbar} |H_{fi}'|^2 \rho(E_f), \tag{8.25}$$

其中

$$\rho(E_f) = \frac{\mathrm{d}N}{\mathrm{d}E_f} \tag{8.26}$$

是体系在末态能级 E_f 附近单位能量范围内的能态数, 称为体系的 态密度. 跃迁概率的上述公式称为 费米黄金规则, 简称 费米公式, 它实际上包含了跃迁过程中可以观测的全部物理信息. 跃迁概率的大小, 相应于辐射谱线的强弱. 概率不为零的过程属于允许跃迁, 概率为零的过程属于禁戒跃迁, 违反守恒定律的过程矩阵元 H_{fi}' 等于 0. 需要指出的是, 这个公式只能近似计算一次过程, 对于发射或吸收两个或多个光子的高次过程, 要用另外的公式.

8.3 矢量模型和角动量相加

a. 矢量模型

在经典近似下, 体系的角动量是一个矢量, 它的大小和三个方向的投影都有确定的值. 而一般地说, 在量子力学中, 考虑到粒子具有波动性, 轨道概念不

适用，角动量本征态是一环状行波，除了角动量的大小 L 外，只能再确定它在一个方向的投影，比如 L_z.

当电子的运动是绕 z 轴的环波时，它具有确定的 L_z，而幅角 ϕ 是完全不确定的，$|\mathrm{Y}_{lm}(\theta, \phi)|^2$ 与 ϕ 无关，在任何幅角 ϕ 上找到电子的概率都一样. 有时把这种情形称作幅角 ϕ 与角动量投影 L_z 的测不准，可以不太严格地写出测不准关系

$$\Delta\phi\Delta L_z \geqslant \frac{\hbar}{2}. \tag{8.27}$$

当 L_z 具有确定值时，既然幅角 ϕ 完全不确定，所以角动量的另外两个投影 L_x 和 L_y 也就完全不确定.

由于只能同时确定角动量的大小 L 及它的一个投影 L_z，而另外两个投影 L_x 和 L_y 完全不确定，所以，在量子力学中角动量不是一个严格意义上的矢量. 为了仍能在几何上形象地描绘，在形式上仍用一个矢量 $\boldsymbol{L}$ 来表示角动量，它的长度 L 和在 z 轴的投影 L_z 分别为

$$L = \sqrt{l(l+1)}\,\hbar, \qquad l = 0, \frac{1}{2}, 1, \cdots, \tag{8.28}$$

$$L_z = m\hbar, \qquad m = -l, -l+1, \cdots, l-1, l, \tag{8.29}$$

而它的幅角 ϕ 不确定，即可以想像它在一锥面内绕 z 轴无规则地快速进动，如图 8.2 所示. 这个几何图像，就称为角动量的 **矢量模型**. 它对于轨道角动量和自旋角动量都适用，当 $l = 0, 1, 2, \cdots$ 时为轨道角动量，当 $l = 1/2$ 时为电子自旋角动量.

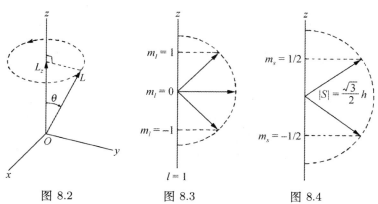

图 8.2   图 8.3   图 8.4

在这个模型中，由于 $\sqrt{l(l+1)} > l$，所以 L 总大于 L_z，这就保证了 L_x 和 L_y 是不确定的. 另外，矢量 $\boldsymbol{L}$ 与 z 轴的夹角 θ (极角) 满足

$$\cos\theta = \frac{L_z}{L} = \frac{m\hbar}{\sqrt{l(l+1)}\,\hbar} = \frac{m}{\sqrt{l(l+1)}}, \tag{8.30}$$

对于给定的长度 L, 亦即对于给定的 l, 只有 $2l+1$ 个 m, 亦即只有 $2l+1$ 个方向. 这种情形, 有时称为 空间取向的量子化. 例如, 当 $l=1$ 时, $L=\sqrt{2}\,\hbar$, 有 3 个方向, 如图 8.3 所示; 当 $l=1/2$ 时, $L=\sqrt{3/4}\,\hbar$, 有 2 个方向, 如图 8.4 所示. 由于 $L>L_z$, 矢量 L 不会与 z 轴重合.

b. 角动量相加

现在来讨论两个角动量的相加. 先讨论电子轨道角动量 L 与自旋角动量 S 的相加. 自旋角动量有 $s=1/2$, $m_s=-1/2$, $1/2$, 它的长度 $S=\sqrt{3/4}\,\hbar$, 它的投影 $S_z=\pm 1/2\,\hbar$ 只有两个值, 所以 S 在空间只有两个取向. 原子中的电子既有自旋角动量 S, 一般还有轨道角动量 L, 于是有一总角动量 J. 总角动量的大小 J 和投影 J_z 可以分别写成

$$J = \sqrt{j(j+1)}\,\hbar, \tag{8.31}$$

$$J_z = m_j\hbar, \qquad m_j = -j, -j+1, \cdots, j-1, j, \tag{8.32}$$

其中 j 是总角动量量子数, m_j 是其投影的量子数.

可以把 J 与 L 和 S 的关系形式上写成

$$J = L + S, \tag{8.33}$$

但要注意, L, S 和 J 都不是真正的矢量, 只是用来帮助我们形象地思考的模型. 上述写法只是一个形式, 并不能真的用矢量法则相加, 而需要新的法则.

看 $l=1$ 的例子. 这时 $m=-1,0,1$, L_z 有 3 个值. 对每个值 L_z, 又有两个 S_z. 总角动量投影量子数 m_j 的可能值如下:

$$m_j = \begin{cases} m-\dfrac{1}{2} = -\dfrac{3}{2}, -\dfrac{1}{2}, \dfrac{1}{2}; \\[2mm] m+\dfrac{1}{2} = \qquad -\dfrac{1}{2}, \dfrac{1}{2}, \dfrac{3}{2}. \end{cases}$$

它们可以分成两组:

$$m_j = \begin{cases} -\dfrac{3}{2}, -\dfrac{1}{2}, \dfrac{1}{2}, \dfrac{3}{2}; \\[2mm] \qquad -\dfrac{1}{2}, \dfrac{1}{2}. \end{cases}$$

可以看出, 与第一组相应的 $j=3/2$, 而与第二组相应的 $j=1/2$. 可以证明, 一般地有

$$j = l+s, l+s-1, \cdots, |l-s|.$$

再来看两个轨道角动量 $\boldsymbol{L}_1$ 与 $\boldsymbol{L}_2$ 的相加

$$\boldsymbol{L} = \boldsymbol{L}_1 + \boldsymbol{L}_2.$$

例如 $l_1 = 2$, $l_2 = 1$. 这时 m 的可能取值如下:

$$m = m_1 + m_2 = -3, -2, -1, 0, 1;$$
$$-2, -1, 0, 1, 2;$$
$$-1, 0, 1, 2, 3.$$

它们可以分成 3 组:

$$m = \begin{cases} -3, -2, -1, 0, 1, 2, 3; \\ -2, -1, 0, 1, 2; \\ -1, 0, 1; \end{cases}$$

相应的 l 依次为 $3, 2, 1$. 同样可以证明, 一般地有

$$l = l_1 + l_2, l_1 + l_2 - 1, \cdots, |l_1 - l_2|. \tag{8.34}$$

对于两个自旋角动量 $\boldsymbol{S}_1$ 与 $\boldsymbol{S}_2$ 的相加

$$\boldsymbol{S} = \boldsymbol{S}_1 + \boldsymbol{S}_2, \tag{8.35}$$

可以类似地讨论, 得到

$$s = s_1 + s_2, s_1 + s_2 - 1, \cdots, |s_1 - s_2|. \tag{8.36}$$

在第一种情形 $\boldsymbol{L} + \boldsymbol{S}$ 中, $\boldsymbol{S}$ 可以是两个或多个自旋角动量之和, s 可以是 0 或任何正整数或半奇数. 同样, 在 $\boldsymbol{S}_1 + \boldsymbol{S}_2$ 中的 $\boldsymbol{S}_1$ 和 $\boldsymbol{S}_2$ 也可以是两个或多个自旋角动量之和, 相应的 s_1 和 s_2 也不局限于 $1/2$, 可以是 0 或任何正整数或半奇数. 实际上, 上述三种情形的角动量相加, 满足同一个规则: 角量子数为 j_1 的角动量 $\boldsymbol{J}_1$ 与角量子数为 j_2 的角动量 $\boldsymbol{J}_2$ 相加,

$$\boldsymbol{J} = \boldsymbol{J}_1 + \boldsymbol{J}_2, \tag{8.37}$$

合角动量 $\boldsymbol{J}$ 的角量子数 j 的取值为

$$j = j_1 + j_2, j_1 + j_2 - 1, \cdots, |j_1 - j_2|. \tag{8.38}$$

这个规则称为角动量相加的 三角形规则, 可以用矢量图形来表示. 注意这并不是矢量相加的三角形规则, 其矢量图形只是上述规则的定性图示.

8.4 自旋 - 轨道耦合

考虑磁量子数不等于 0 的态. 从原子核来看, 电子运动是一绕 z 轴的环波. 从电子来看, 则原子核运动是一沿相反方向绕着电子转动的环波, 会在电子处

产生一磁场 B. 原子核的质量比电子大 3—4 个数量级，相应的德布罗意波长要小 3—4 个数量级. 所以，原子核的运动可近似用经典轨道图像来描述. 于是，原子核可近似看成绕电子做圆周运动，在电子处产生的磁场为

$$B = \frac{\mu_0 i}{2r} = \frac{2\pi i}{4\pi\varepsilon_0 c^2 r} = \frac{2\pi}{4\pi\varepsilon_0 c^2 r} \frac{Zev}{2\pi r} = \frac{Zev}{4\pi\varepsilon_0 c^2 r^2},$$

$$B = \frac{Ze\boldsymbol{r} \times \boldsymbol{v}}{4\pi\varepsilon_0 c^2 r^3} = \frac{Ze}{4\pi\varepsilon_0 m_\mathrm{e} c^2 r^3} \boldsymbol{L},$$

其中 $\boldsymbol{r}, \boldsymbol{v}, \boldsymbol{L}$ 分别为电子相对于原子核的矢径、速度和角动量，m_e 是电子质量. 这个公式表明，原子核在电子处产生的磁感应强度与电子绕核运动的轨道角动量成正比.

由于电子具有与固有角动量 $\boldsymbol{S}$ 相联系的固有磁矩 $\boldsymbol{\mu}_S$, 它在这个磁场作用下就有一附加能量

$$U = -\boldsymbol{\mu}_S \cdot \boldsymbol{B} = g_S \frac{e}{2m_\mathrm{e}} \boldsymbol{S} \cdot \frac{Ze}{4\pi\varepsilon_0 m_\mathrm{e} c^2 r^3} \boldsymbol{L}$$

$$= g_S \xi(r) \boldsymbol{L} \cdot \boldsymbol{S}, \tag{8.39}$$

其中

$$\xi(r) = \frac{1}{2m_\mathrm{e}^2 c^2} \frac{1}{r} \frac{\mathrm{d}V}{\mathrm{d}r}, \tag{8.40}$$

而 $V(r) = -Ze^2/4\pi\varepsilon_0 r$ 是电子在原子核静电场中的库仑能.

上面的推导是非相对论的. 1926 年托马斯 (L.H. Thomas) 和 1928 年狄拉克的相对论的推导表明，还应乘以 1/2, 即

$$U = \frac{1}{2} g_S \xi(r) \boldsymbol{L} \cdot \boldsymbol{S}, \tag{8.41}$$

其中 $g_S \approx 2$, 是电子的朗德 g 因子.

这一附加能量是由电子自旋与轨道运动之间的相互作用而引起的. 这种自旋与轨道运动之间的磁相互作用称为 自旋 - 轨道耦合, 而这个附加能量项称为自旋 - 轨道耦合项. 自旋 - 轨道耦合与轨道角动量成正比，对于轨道角动量为 0 的 s 波电子，没有自旋 - 轨道耦合. 自旋 - 轨道耦合的强弱与 $\xi(r)$ 有关，从 $\xi(r)$ 的表达式可以看出，由于在原子范围内库仑能的改变比电子静质能小得多，所以自旋 - 轨道项比库仑能小得多，它对原子能级的影响属于精细结构的范围.

自旋 - 轨道耦合项对氢原子能级的贡献，应等于它对电子运动状态的平均值，亦即

$$E_{ls} = \frac{1}{2} g_S \overline{\xi(r)} \, \boldsymbol{L} \cdot \boldsymbol{S} = \frac{1}{2} g_S \frac{Ze^2}{8\pi\varepsilon_0 m_\mathrm{e}^2 c^2} \overline{\left(\frac{1}{r^3}\right)} \boldsymbol{L} \cdot \boldsymbol{S}, \tag{8.42}$$

由于总角动量 $\boldsymbol{J}$ 守恒，$\boldsymbol{L}$ 和 $\boldsymbol{S}$ 绕 $\boldsymbol{J}$ 进动，

$$\boldsymbol{L} \cdot \boldsymbol{S} = \frac{\boldsymbol{J}^2 - \boldsymbol{L}^2 - \boldsymbol{S}^2}{2} = \frac{j(j+1) - l(l+1) - s(s+1)}{2} \hbar^2$$

$$= \begin{cases} \dfrac{1}{2}l\hbar^2, & \text{当 } j = l + \dfrac{1}{2}, \\[2mm] -\dfrac{1}{2}(l+1)\hbar^2, & \text{当 } j = l - \dfrac{1}{2}. \end{cases}$$

$\overline{(1/r^3)}$ 是在电子态上的平均, 有

$$\overline{\left(\frac{1}{r^3}\right)} = \int \frac{1}{r^3}|\varphi_{nlm}(r,\theta,\phi)|^2 r^2 \mathrm{d}r\mathrm{d}\Omega$$

$$= \int \frac{1}{r}|R_{nl}(r)|^2 \mathrm{d}r \int |\mathrm{Y}_{lm}(\theta,\phi)|^2 \mathrm{d}\Omega$$

$$= \int \frac{1}{r}|R_{nl}(r)|^2 \mathrm{d}r = \frac{Z^3}{l(l+1/2)(l+1)n^3 a_0^3},$$

其中 $\mathrm{d}\Omega = \sin\theta\mathrm{d}\theta\mathrm{d}\phi$ 是立体角元, 积分用到了球谐函数的归一化性质和径向波函数的具体性质.

把上述 $\boldsymbol{L}\cdot\boldsymbol{S}$ 和 $\overline{1/r^3}$ 的结果代入 E_{ls} 中, 就得到

$$E_{ls} = \frac{1}{2}g_S\frac{E_n Z^2\alpha^2}{n}\frac{j(j+1) - l(l+1) - s(s+1)}{2l(l+1/2)(l+1)}, \tag{8.43}$$

其中 E_n 是未考虑自旋 - 轨道耦合时的氢原子能级, α 是精细结构常数. 所以, 自旋 - 轨道耦合对氢原子能级的贡献, 是精细结构常数平方的数量级, 确实非常小, 只引起能级结构很精细的改变.

8.5 氢原子能级的精细结构

除了自旋 - 轨道耦合外, 电子运动的相对论效应所引起的氢原子能级改变也是 α^2 的数量级. 为了估计这个改变, 先把非相对论的氢原子能级公式改写成用精细结构常数来表达的形式,

$$E_n = -\frac{Z^2 e^2}{8\pi\varepsilon_0 n^2 a_0} = -\frac{Z^2 e^2}{8\pi\varepsilon_0 n^2}\frac{me^2}{4\pi\varepsilon_0\hbar^2} = -\frac{1}{2}mc^2\left(\frac{Z\alpha}{n}\right)^2, \tag{8.44}$$

这里 m 是电子质量. 在非相对论情形, 圆周运动时电子库仑能是动能的 -2 倍,

$$V = -2E_{\mathrm{kC}},$$

从而

$$E_n = E_{\mathrm{kC}} + V = -E_{\mathrm{kC}}.$$

于是又可把动能 E_{kC} 和库仑能 V 用精细结构常数写成

$$E_{\mathrm{kC}} = -E_n = \frac{1}{2}mc^2\left(\frac{Z\alpha}{n}\right)^2,$$

$$V = 2E_n = -mc^2\left(\frac{Z\alpha}{n}\right)^2.$$

此外，从动能的表达式还可进一步求出速度 v 的表达式

$$v = \frac{Z\alpha}{n}c. \tag{8.45}$$

a. 相对论效应

考虑相对论效应，库仑能不受影响，而动能应作相应的修正. 在相对论中，动能可以写成

$$\begin{aligned}
E_k &= (\gamma - 1)mc^2 = mc^2\left(\frac{1}{\sqrt{1-\beta^2}} - 1\right) \\
&\approx \frac{1}{2}mc^2\beta^2\left(1 + \frac{3}{4}\beta^2\right) \\
&= -E_n\left[1 + \frac{3}{4}\left(\frac{Z\alpha}{n}\right)^2\right],
\end{aligned} \tag{8.46}$$

其中用到了 $\beta = v/c = Z\alpha/n$. 于是总能量为

$$E = E_k + V \approx -E_n\left[1 + \frac{3}{4}\left(\frac{Z\alpha}{n}\right)^2\right] + 2E_n = E_n + E_{\mathrm{rel}},$$

其中相对论的修正项为

$$E_{\mathrm{rel}} = -E_n \cdot \frac{3}{4}\left(\frac{Z\alpha}{n}\right)^2. \tag{8.47}$$

所以，相对论效应对氢原子能级的修正与自旋 - 轨道耦合一样，也是 α^2 的数量级. 上式还表明，相对论修正与主量子数 n 有关. 如果不限于圆周运动，则相对论修正还与角量子数 l 有关. 更严格的推导给出

$$E_{\mathrm{rel}} = E_n \cdot \frac{Z^2\alpha^2}{n}\left(\frac{1}{l+1/2} - \frac{3}{4n}\right). \tag{8.48}$$

b. 精细结构项

同时考虑相对论效应和自旋 - 轨道耦合，氢原子的能级为

$$E = E_n + E_{\mathrm{rel}} + E_{ls} = E_n + E_{\mathrm{FS}}, \tag{8.49}$$

其中精细结构项

$$\begin{aligned}
E_{\mathrm{FS}} &= E_{\mathrm{rel}} + E_{ls} \\
&= \frac{E_n Z^2\alpha^2}{n}\left[\frac{1}{l+1/2} - \frac{3}{4n} + \frac{g_S}{2}\frac{j(j+1) - l(l+1) - s(s+1)}{2l(l+1/2)(l+1)}\right] \\
&= \frac{E_n Z^2\alpha^2}{n}\left(\frac{1}{j+1/2} - \frac{3}{4n}\right),
\end{aligned} \tag{8.50}$$

其中已经代入了 $g_S \approx 2$.

从上式可以看出，首先，精细结构项 E_{FS} 依赖于总角动量量子数 j，而不是轨道量子数 l. 其次，E_{FS} 是 α^2 的数量级，很难测量，精细结构常数 α 的名称，

在历史上就是由此而来的. 第三, 由于 $E_n \propto Z^2$, 所以 $E_{FS} \propto Z^4$, 对于 Z 较大的碱金属, 较易测出. 最后, 当 $Z > 137$ 时, $Z\alpha > 1$, E_{FS} 就不是一个小量, 将来核技术若能做出 $Z > 137$ 的超重元素, 就会对理论做出进一步的检验.

图 8.5 是氢原子能级的精细结构. 为了标记一个能级, 可以采用符号

$$n^{2s+1}l_j, \tag{8.51}$$

其中 n 是主量子数, l 是标记相应轨道角动量量子数的字母, 如表 8.2, j 和 s 分别是总角动量量子数和自旋角动量量子数. 例如 $2^2s_{3/2}$, 表示 $n = 2$, $l = 0$, $j = 3/2$ 和 $s = 1/2$ 的态. 图中省去了每个能级的自旋量子数 s, 它们都是 1/2. 图中还按轨道量子数 $l = 0, 1, 2$ 而把能级分成 S, P, D 三列. 习惯上用小写字母 s, p, d, $\cdots$ 表示电子的态, 而用大写字母 S, P, D, $\cdots$ 表示原子的态. 氢原子只有 1 个电子, 电子态也就是原子态. 对于多电子原子, 原子态由电子态耦合而成, 两者就有区别.

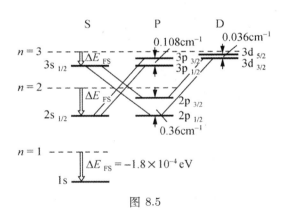

图 8.5

图中虚线为略去精细结构项 E_{FS} 时的能级 E_n, 它只与主量子数 n 有关, 对不同的 l 和 j 是简并的. 考虑精细结构项 E_{FS} 以后, 能级与 n 和 j 有关, n 相同而 j 不同的态不再简并, 分裂成不同能级. 但 n 和 j 相同而 l 不同的态仍是简并的. 分裂的大小可由 E_{FS} 的上述公式算出, 或由实验测出, 称为能级的 精细分裂. 为了看清楚, 图上未按比例画.

c. 谱线的测量

为了观测能级的这种精细结构, 可以观测相应的原子光谱. 忽略精细结构时, $E_3 \to E_2$ 的跃迁对应于氢原子光谱中 $\lambda = 656.210\,\text{nm}$ 的 H_α 线. 考虑精细结构, $n = 2$ 的能级分裂成两层, $n = 3$ 的分裂成三层. 根据角动量守恒, 允许

跃迁的选择定则为

$$\Delta l = \pm 1, \qquad \Delta j = 0, \pm 1, \tag{8.52}$$

有跃迁到 $2^2P_{3/2}$ 态的三条谱线, 以及跃迁到 $2^2S_{1/2}$ 和 $2^2P_{1/2}$ 的两条谱线, 如图 8.5, 其中 $3^2D_{5/2} \to 2^2P_{3/2}$ 的跃迁未画出.

算出能级的位置, 就可预言这些谱线的波数. 例如, 与 2^2P 和 3^2D 裂距相应的波数差为

$$(\Delta\tilde\nu)_{2^2P} = \frac{(\Delta E)_{2P}}{2\pi\hbar c} = -\frac{1}{2\pi\hbar c}\left[\frac{E_n Z^2 \alpha^2}{nl(l+1)}\right]_{2P} = 0.365\,\mathrm{cm}^{-1},$$

$$(\Delta\tilde\nu)_{3^2D} = \frac{(\Delta E)_{3D}}{2\pi\hbar c} = -\frac{1}{2\pi\hbar c}\left[\frac{E_n Z^2 \alpha^2}{nl(l+1)}\right]_{3D} = 0.036\,\mathrm{cm}^{-1},$$

从而 $3^2D_{3/2} \to 2^2P_{1/2}$ 线与 $3^2D_{5/2} \to 2^2P_{3/2}$ 线之间的波数差为

$$(\Delta\tilde\nu)_{2^2P} - (\Delta\tilde\nu)_{3^2D} = 0.329\,\mathrm{cm}^{-1}.$$

迈克耳孙和莫雷用干涉仪测得的双线结构如图 8.6 的上部, 相距 $0.313\,\mathrm{cm}^{-1}$, 比理论预言的 $0.329\,\mathrm{cm}^{-1}$ 小 $0.016\,\mathrm{cm}^{-1}$.

如何解释这 $0.016\,\mathrm{cm}^{-1}$ 的差别? 第一个峰是 $3^2D_{5/2} \to 2^2P_{3/2}$ 的跃迁, 只涉及两个态. 第二个峰是 $3^2D_{3/2} \to 2^2P_{1/2}$ 和 $3^2P_{3/2} \to 2^2S_{1/2}$ 的跃迁, 涉及两对简并态 $(3^2D_{3/2}, 3^2P_{3/2})$ 和 $(2^2P_{1/2}, 2^2S_{1/2})$. 如果有某种尚未考虑的原因使简并消除, 例如使 $2^2S_{1/2}$ 态的能级比 $2^2P_{1/2}$ 态高 $0.03\,\mathrm{cm}^{-1}$, 则它会进一步分裂成两条谱线. 若它们与第一条谱线相距的平均波数差为 $0.314\,\mathrm{cm}^{-1}$, 就与实验相符.

$2^2S_{1/2}$ 态是否真的比 $2^2P_{1/2}$ 态高 $0.03\,\mathrm{cm}^{-1}$? 如果这是真的, 那么又是什么原因引起能级的这种分裂? 这就是下一节要讨论的问题.

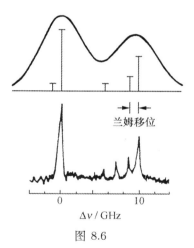

图 8.6

8.6 兰姆移位

a. 实验结果

氢原子 $2^2S_{1/2}$ 态能级是否真比 $2^2P_{1/2}$ 态高 $0.03\,\mathrm{cm}^{-1}$? 这需要直接的实验证据. 从图 8.6 的上部可以看出, 光谱测量很难分辨这种分裂, 因为它引起的谱线分裂小于原子热运动引起的谱线多普勒展宽. 兰姆 (W.E. Lamb) 和瑞瑟福

(R.C. Retherford) 在 1947 至 1952 年间，用射频波谱学方法直接测出了氢原子能级的这种分裂.

实验装置如图 8.7. 氢分子 H_2 在 $2500°C$ 的炉中热电离成 $1^2S_{1/2}$ 的氢原子 H，射向射频调谐共振腔 B. 在从炉口到谐振腔的途中，用电子束轰击，使之激发到 $2^2S_{1/2}$, $2^2P_{1/2}$ 和 $2^2P_{3/2}$ 态. 其中 $2^2S_{1/2}$ 态回到 $1^2S_{1/2}$ 态的跃迁被选择定则 $\Delta l = \pm 1$ 禁戒，是亚稳态. 当 $2^2S_{1/2}$ 态氢原子撞到 W 箔上时，把激发能传给 W 中的电子. 这个激发能大于 W 的脱出功，可把 W 中电子撞出来，形成电流，由 A 记录.

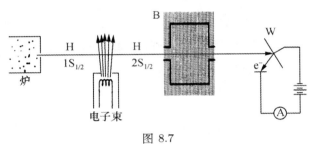

图 8.7

如果 $2^2S_{1/2}$ 态与 $2^2P_{1/2}$ 态简并，与 $2^2P_{3/2}$ 态相距 $0.365\ \mathrm{cm}^{-1}$，像图 8.5 所示那样，则只要把共振腔调谐到

$$0.365\ \mathrm{cm}^{-1} \times 2.998 \times 10^{10}\ \mathrm{cm/s} = 10\,950\ \mathrm{MHz},$$

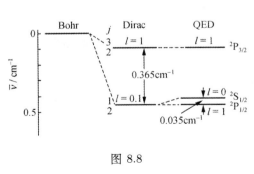

图 8.8

就可以使 $2^2S_{1/2}$ 态激发到 $2^2P_{3/2}$ 态，再从 $2^2P_{3/2}$ 态跃迁回 $1^2S_{1/2}$ 态，从而使 A 的电流减少. 但实验发现使电流突然减少的频率不是 10\,950 MHz，而是比它低

$$1057.77 \pm 0.10\ \mathrm{MHz}.$$

同样，共振腔调谐到 1\,057.77 MHz 处，电流也减少. 这都说明 $2^2S_{1/2}$ 态比 $2^2P_{1/2}$ 态高出

$$\frac{1057.77 \times 10^6\ \mathrm{s}^{-1}}{2.998 \times 10^{10}\ \mathrm{cm/s}} = 0.035\ \mathrm{cm}^{-1},$$

如图 8.8 所示. 这就直接表明，n 和 j 相同而 l 不同的态并不简并，能级移开一个距离. 现在把这种 n 和 j 相同而 l 不同的态的能级移动称为 兰姆移位. 实验发现，$S_{1/2}$ 态对 $P_{1/2}$ 态的移位大约是 $P_{3/2}$ 态与 $P_{1/2}$ 态能级差的 10%，而 $P_{3/2}$

态对 $D_{3/2}$ 态的移位大约是 $D_{5/2}$ 态与 $D_{3/2}$ 态能级差的 2%, 比前者小得多. 所以上节末尾讨论的谱线的分裂, 主要是由 $2^2S_{1/2}$ 对 $2^2P_{1/2}$ 的移位引起的.

运用近代激光技术, 可以避免多普勒展宽, 在光谱中直接分辨出兰姆移位, 如图 8.6 的下部.

b. 物理解释

根据狄拉克的相对论量子力学, n 和 j 相同而 l 不同的态是严格简并的, 所以兰姆移位一定包含了新的物理, 激起了 50 年代量子电动力学研究的热潮. 兰姆因此获 1955 年诺贝尔物理奖 (与库什 (P. Kusch) 合得, 库什是因为精确测定电子的磁矩), 而朝永振一郎、施温格 (J. Schwinger) 和费曼 (R. Feynman) 则因为量子电动力学的研究而获 1965 年诺贝尔物理学奖.

根据量子电动力学 (QED) 的解释, 原子能级的兰姆移位与电子的反常磁矩一样, 来源于电磁场的真空极化和电子的自能过程 (参阅 7.6 节电子自旋中的讨论). 由于这种效应, 在原子核库仑场中的电子好像有一定的弥散大小, 像一个带电的小球, 而不是一个点粒子. 于是电子感受到的库仑作用就不像是一个点电荷 Ze 产生的, 而像一带电小球产生的, 有一与这种电荷弥散相应的附加库仑能. s 波电子与 p 波电子在原子核附近的电子云不同, 这种附加库仑能也就不同, 因而发生 $S_{1/2}$ 态对 $P_{1/2}$ 态的移位. s 波电子在原子核附近的概率比 p 波电子的大, 能级的移位也就大.

这样算得的 $2S_{1/2}$ 态对 $2P_{1/2}$ 态的兰姆移位为 1052.1 MHz, 与 1953 年兰姆等人测得的 1057.77 ± 10 MHz 基本相符, 但还有一微小差别. 考虑了原子核的反冲和有限大小, 并提高近似的阶次, 莫尔 (P.J. Mohr) 1975 年算得

$$1057.864 \pm 0.014 \, \text{MHz},$$

与安德鲁斯 (D.A. Andrews) 和牛顿 (G. Newton) 1976 年测得的 [1]

$$1057.862 \pm 0.020 \, \text{MHz}$$

就符合得相当好. 值得指出的是, 我国著名理论物理学家王竹溪分别考虑自能、磁矩和真空极化的贡献, 于 1971 年算得的结果是 1056.265MHz [2].

---

[1] D.A. Andrews and G. Newton, *Phys. Rev. Lett.*, **37** (1976) 1254.

[2] 见《王竹溪遗著选集》第三分册《量子电动力学重正化理论大要》, 北京大学出版社, 2014 年, 128 页.

8.7 氢原子的磁矩

电子的轨道磁矩 $\boldsymbol{\mu}_L$ 和固有磁矩 $\boldsymbol{\mu}_S$ 分别与轨道角动量 $\boldsymbol{L}$ 和自旋角动量 $\boldsymbol{S}$ 成正比,

$$\boldsymbol{\mu}_L = \gamma_L \boldsymbol{L}, \qquad \boldsymbol{\mu}_S = \gamma_S \boldsymbol{S}, \tag{8.53}$$

比例常数

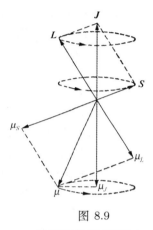

图 8.9

$$\gamma_L = -g_L \frac{e}{2m_e}, \qquad \gamma_S = -g_S \frac{e}{2m_e}, \tag{8.54}$$

称为 回磁比,其中朗德 g 因子分别为 $g_L = 1$ 和 $g_S \approx 2$. $g_L \neq g_S$,使得 $\gamma_L \neq \gamma_S$,用矢量模型可以看出,合矢量

$$\boldsymbol{\mu} = \boldsymbol{\mu}_L + \boldsymbol{\mu}_S \tag{8.55}$$

不再与总角动量

$$\boldsymbol{J} = \boldsymbol{L} + \boldsymbol{S} \tag{8.56}$$

反平行,如图 8.9. 孤立原子的总角动量 $\boldsymbol{J}$ 是守恒量,大小和方向都保持不变. 而 $\boldsymbol{\mu}$ 并不守恒,它绕 $\boldsymbol{J}$ 旋进,不断改变方向.

在实际物理问题中,比如施特恩 - 格拉赫实验中,有意义的是 $\boldsymbol{\mu}$ 在 $\boldsymbol{J}$ 方向的分量 $\boldsymbol{\mu}_J$,它是守恒的. $\boldsymbol{\mu}$ 在与 $\boldsymbol{J}$ 垂直方向的分量则不断绕 $\boldsymbol{J}$ 旋转,平均为 0. 于是,可以把总磁矩定义为 $\boldsymbol{\mu}_L + \boldsymbol{\mu}_S$ 在 $\boldsymbol{J}$ 方向的分量 $\boldsymbol{\mu}_J$,即

$$\boldsymbol{\mu}_J = \frac{(\boldsymbol{\mu}_L + \boldsymbol{\mu}_S) \cdot \boldsymbol{J}}{J^2} \boldsymbol{J} = \frac{\gamma_L \boldsymbol{L} \cdot \boldsymbol{J} + \gamma_S \boldsymbol{S} \cdot \boldsymbol{J}}{J^2} \boldsymbol{J} = \gamma_J \boldsymbol{J}, \tag{8.57}$$

$$\gamma_J = \frac{\gamma_L \boldsymbol{L} \cdot \boldsymbol{J} + \gamma_S \boldsymbol{S} \cdot \boldsymbol{J}}{J^2} = -\frac{g_L \boldsymbol{L} \cdot \boldsymbol{J} + g_S \boldsymbol{S} \cdot \boldsymbol{J}}{J^2} \frac{e}{2m_e} = -g_J \frac{e}{2m_e}, \tag{8.58}$$

$$g_J = \frac{g_L \boldsymbol{L} \cdot \boldsymbol{J} + g_S \boldsymbol{S} \cdot \boldsymbol{J}}{J^2}. \tag{8.59}$$

在上式中代入 $g_L = 1$, $g_S = 2$,可以算出

$$g_J = \frac{\boldsymbol{L} \cdot \boldsymbol{J} + 2\boldsymbol{S} \cdot \boldsymbol{J}}{J^2} = \frac{(\boldsymbol{J} + \boldsymbol{S}) \cdot \boldsymbol{J}}{J^2} = 1 + \frac{\boldsymbol{S} \cdot \boldsymbol{J}}{J^2} = 1 + \frac{J^2 - L^2 + S^2}{2J^2}$$

$$= 1 + \frac{j(j+1) - l(l+1) + s(s+1)}{2j(j+1)}. \tag{8.60}$$

在氢原子束的施特恩 - 格拉赫实验中,实际测得的是氢原子的朗德 g 因子 g_J,回磁比 γ_J,以及总角动量量子数 j 及其投影量子数 m_j. 只是对于基态氢原子,由于 $l = 0$,才有 $j = s = 1/2$,和 $g_J = g_S \approx 2$.

8.8 氢原子能级的超精细结构

构成原子核的每个核子都有固有自旋角动量，所以原子核的总自旋角动量 $\boldsymbol{I}$ 等于各个核子自旋角动量的矢量和，

$$\boldsymbol{I} = \boldsymbol{S}_1 + \boldsymbol{S}_2 + \cdots, \tag{8.61}$$

$$I^2 = i(i+1)\hbar^2, \tag{8.62}$$

$$I_z = m_i\hbar, \qquad m_i = i, i-1, \cdots, -i+1, -i. \tag{8.63}$$

另外，每个核子都有固有磁矩，所以也可仿照上节原子的情形，定义原子核的总磁矩 $\boldsymbol{\mu}_I$，

$$\boldsymbol{\mu}_I = g_I \frac{e}{2m_{\mathrm{p}}} \boldsymbol{I}. \tag{8.64}$$

其中 g_I 是原子核的朗德 g 因子，它可以用有关的角动量量子数和核子的朗德 g 因子来表示. 注意质子和中子的朗德 g 因子 g_{p} 和 g_{n} 不同 (参阅表 7.1). 此外，由于质子带正电荷 $+e$, 电子带负电荷 $-e$, 所以这里对核子或原子核的朗德 g 因子的定义与电子或原子的情形相比差一负号. 在数值上，注意核磁子 μ_{N} 与玻尔磁子 μ_{B} 的关系为

$$\mu_{\mathrm{N}} = \frac{e\hbar}{2m_{\mathrm{p}}} = \frac{m_{\mathrm{e}}}{m_{\mathrm{p}}}\mu_{\mathrm{B}} \ll \mu_{\mathrm{B}}. \tag{8.65}$$

电子的运动会在原子核处产生一磁场 $\boldsymbol{B}_{\mathrm{e}}$. 这个磁场作用于原子核的磁矩 $\boldsymbol{\mu}_I$, 从而对原子能级贡献一个附加项 E_{SF}. 由于核磁矩 $\boldsymbol{\mu}_I$ 与核自旋角动量 $\boldsymbol{I}$ 成正比，而磁场 $\boldsymbol{B}_{\mathrm{e}}$ 与电子总角动量 $\boldsymbol{J}$ 成正比，于是可以写出

$$E_{\mathrm{SF}} = G\boldsymbol{I} \cdot \boldsymbol{J}, \tag{8.66}$$

其中 G 称为 超精细结构常数. 考虑了原子核的自旋以后，孤立原子体系守恒的总角动量是

$$\boldsymbol{F} = \boldsymbol{I} + \boldsymbol{J}, \tag{8.67}$$

$$F^2 = f(f+1)\hbar^2, \tag{8.68}$$

$$F_z = m_f\hbar, \qquad m_f = f, f-1, \cdots, -f+1, -f. \tag{8.69}$$

于是可以用量子数 f, j, i 写成

$$E_{\mathrm{SF}} = G \cdot \frac{f(f+1) - j(j+1) - i(i+1)}{2}, \tag{8.70}$$

其中超精细结构常数 G 可以用量子力学计算.

对于 S 态氢原子，$l = 0$, 磁场 $\boldsymbol{B}_{\mathrm{e}}$ 来自电子固有磁矩，G 正比于电子和原

子核的磁矩以及电子在原子核处的概率 $|\varphi(0)|^2$, 费米算出

$$G = \frac{2}{3} g_S g_I \mu_0 \mu_B \mu_N |\varphi(0)|^2. \tag{8.71}$$

代入 s 波电子的波函数

$$\varphi(0) = \frac{1}{\sqrt{\pi}} \left(\frac{Z}{na_0} \right)^{3/2},$$

可以推出

$$G = \frac{2}{3\pi} g_S g_I \mu_0 \mu_B \mu_N \left(\frac{Z}{na_0} \right)^3 = \frac{2}{3} g_S g_I \alpha^4 \frac{m_e}{m_p} \left(\frac{Z}{n} \right)^3 m_e c^2. \tag{8.72}$$

对于基态氢原子, $n = 1$, $Z = 1$, $g_I = g_p$, 可以算得

$$G = 5.884\,313\,761 \times 10^{-6}\,\mathrm{eV}.$$

这时 $l = 0$, $j = 1/2$, $i = 1/2$, 用角动量相加的三角形法则可以求出 $f = 1, 0$, 分别对应于电子与质子平行 ↑↑ 或反平行 ↑↓. 于是基态氢原子能级的分裂为

$$E_{\mathrm{SF}} = \begin{cases} \dfrac{1}{4}\,G, & \text{当 } f = 1 \text{ 时,} \\[2mm] -\dfrac{3}{4}\,G, & \text{当 } f = 0 \text{ 时,} \end{cases} \tag{8.73}$$

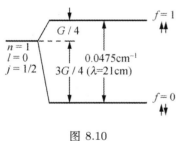

图 8.10

如图 8.10 所示. 分裂宽度为 G,

$$\Delta E_{\mathrm{SF}} = G = 5.884\,313\,761 \times 10^{-6}\,\mathrm{eV},$$

相应的频率差 $\Delta\nu$ 和波数差 $\Delta\tilde{\nu}$ 分别为

$$\Delta\nu = \frac{\Delta E_{\mathrm{SF}}}{2\pi\hbar} = 1.4228\,\mathrm{GHz},$$

$$\Delta\tilde{\nu} = \frac{\Delta E_{\mathrm{SF}}}{2\pi\hbar c} = 0.047\,46\,\mathrm{cm}^{-1},$$

比精细结构小一个数量级, 故称为 超精细结构.

实验测得基态氢原子能级超精细结构为

$$(\Delta\nu)_{\mathrm{exp}} = 1.420\,405\,751\,768\,(2)\,\mathrm{GHz},$$

比理论算得的小. 这是由于理论计算中 m_e 不应代入电子质量, 而应换成较小的折合质量

$$\frac{m_e}{1 + m_e/m_p};$$

此外, 原子核不是点粒子, 实际上

$$|\varphi(0)|^2 < \frac{1}{\pi} \left(\frac{Z}{na_0} \right)^3.$$

除了原子核磁矩以外, 原子核的电四极矩以及同位素质量的差异, 也会引起原子能级的超精细分裂. 这都是更专门的问题, 就不在这里讨论.

9 多电子原子

9.1 氦原子基态

氦原子有两个电子, 氦原子体系的相互作用能可以写成

$$V = -\frac{Ze^2}{4\pi\varepsilon_0 r_1} - \frac{Ze^2}{4\pi\varepsilon_0 r_2} + \frac{e^2}{4\pi\varepsilon_0 r_{12}} + G, \tag{9.1}$$

其中 r_1 和 r_2 分别是两个电子到氦核的距离, r_{12} 是它们之间的距离, 氦原子 $Z = 2$. 式中前三项分别是氦核对两个电子的库仑相互作用能以及两个电子之间的库仑相互作用能, 它们构成体系相互作用能的主要部分. 第四项 G 包括所有引起原子能级精细结构和超精细结构的修正项, 这主要来自电子自旋 - 轨道相互作用、原子核有限大小引起的修正、相对论修正, 以及真空涨落和电子自能的修正, 等等.

和上一章讨论单电子体系的做法一样, 首先暂时略去相互作用中的修正项 G, 只考虑库仑相互作用部分, 以获得一个粗略的整体性的图像和了解, 然后再考虑修正项 G 所引起的精细结构.

a. 单粒子近似

两个电子在运动, 它们之间的库仑相互作用很难处理, 理论家们想了各种近似方法. 这里只介绍原子物理中常用的 单粒子近似, 又称 单粒子模型.

单粒子模型假设原子中的电子所受到的来自其它电子的库仑作用, 等价于一平均电荷分布产生的静电场. 这就忽略了其它电子运动的个性, 从而忽略了一部分相互作用. 被这样略去的那部分相互作用, 称为 剩余相互作用. 在这里的粗略考虑中, 可以完全略去剩余相互作用.

氦原子在基态时, 两个电子都处于 1s 态,

$$\varphi(\boldsymbol{r}_1, \boldsymbol{r}_2) = \varphi_{1s}(\boldsymbol{r}_1)\varphi_{1s}(\boldsymbol{r}_2). \tag{9.2}$$

这里的 1s 态 φ_{1s} 与类氢离子 He$^+$ 的不同, 除了氦核的正电荷 Ze, 还必须考虑另一个电子在空间产生的负电荷分布, 一个电子所看到的等效电荷数为

$$Z^* = Z^*(r). \tag{9.3}$$

这里已经考虑到 1s 态是球对称的, 它的电荷分布与方位角 (θ, ϕ) 无关, 等价于在中心的一个负电荷.

第 8.1 节例题 2 已算出 1s 态电子在最概然半径 a_1 以内的概率为 32%, 于是在最概然半径处的一个电子看到的另一电子的有效电荷为 $-0.32\,e$, 总的等效电荷数为

$$Z^* = Z^*(a_1) = 2 - 0.32 = 1.68.$$

把它代入 1s 态的能级公式, 得单粒子能量为

$$E_{1s} = (Z^*)^2 E_0 = (1.68)^2 \times (-13.6\,\text{eV}) = -38.4\,\text{eV}.$$

于是氦原子基态能量为

$$E = E_{1s} + E_{1s} = 2E_{1s} = -76.8\,\text{eV}.$$

在实验上, 测得氦原子一级电离 $\text{He} \to \text{He}^+$ 的电离能为 24.6 eV. He^+ 进一步电离 $\text{He}^+ \to \text{He}^{++}$ 的电离能, 既可用实验测出, 也可用上一章的公式 (8.4) 算出, 为 $-Z^2 E_0 = 4 \times 13.6\,\text{eV} = 54.4\,\text{eV}$. 所以, 使基态氦原子完全电离的能量为 79.0 eV:

$$\begin{array}{r} \text{He} + 24.6\,\text{eV} \longrightarrow \text{He}^+ + e^- \\ +)\ \text{He}^+ + 54.4\,\text{eV} \longrightarrow \text{He}^{++} + e^- \\ \hline \text{He} + 79.0\,\text{eV} \longrightarrow \text{He}^{++} + 2e^- \end{array}$$

也就是说, 氦原子基态能量为 -79.0 eV. 前面的估计相当粗糙, 所以给出的估值 -76.8 eV 比实验值 -79.0 eV 高出 2.2 eV.

b. 修正项

再来看 G 引起的修正. 由于两个电子都处于 1s 态, 无轨道磁矩, 只需要考虑两个电子的固有磁矩之间的相互作用. 它对能级的贡献为

$$E_G = G_1 \boldsymbol{s}_1 \cdot \boldsymbol{s}_2 = G_1 \frac{s(s+1) - s_1(s_1+1) - s_2(s_2+1)}{2}, \tag{9.4}$$

其中 G_1 是一个表征这种相互作用的正的常数. 这个结果表明, 能级的修正项 E_G 依赖于两个电子的总自旋角动量 $\boldsymbol{S}$. 由于自旋量子数 $s_1 = s_2 = 1/2$, 用角动量相加的三角形法则有 $s = 1, 0$. $s = 1$ 相应于两个电子自旋平行, 而 $s = 0$ 相应于两个电子自旋反平行. 所以, 修正项 E_G 依赖于两个电子是平行还是反平行. 代入数值, 有

$$E_G = \begin{cases} \dfrac{1}{4}\,G_1, & \text{当 } s = 1, \text{两个电子自旋平行,} \\[2mm] -\dfrac{3}{4}\,G_1, & \text{当 } s = 0, \text{两个电子自旋反平行.} \end{cases} \tag{9.5}$$

这意味着两个电子自旋反平行的 $s = 0$ 态能量更低, 氦原子基态应是两个电

自旋反平行的 $s = 0$ 态.

两个电子都在 1s 态, $l_1 = l_2 = 0$, 所以氦原子的总轨道角动量为零, $l = 0$. 于是, 当 $s = 0$ 时, 总角动量量子数 $j = l = 0$, 用第 8.5 节引入的符号, 可以写成

$$s = 0, \quad j = l = 0, \quad {}^{2s+1}l_j = {}^1\mathrm{S}_0, \quad 单态.$$

类似地, 当 $s = 1$ 时, 有

$$s = 1, \quad j = s = 1, \quad {}^{2s+1}l_j = {}^3\mathrm{S}_1, \quad 三重态.$$

左上标 $2s + 1$ 是总自旋的投影数. $s = 0$ 时, $2s + 1 = 1$, 只有 1 个投影态, 称为 单态. $s = 1$ 时, $2s + 1 = 3$, 有 3 个投影态, 称为 三重态.

对实验测得的氦原子光谱进行分析, 断定氦原子基态是 ${}^1\mathrm{S}_0$ 单态, 支持上面的理论分析. 此外, 实验上没有找到 ${}^3\mathrm{S}_1$ 三重态. 找不到氦原子 ${}^3\mathrm{S}_1$ 三重态这一实验事实, 包含了量子力学的一个基本原理, 这就是下一节要讨论的泡利不相容原理.

9.2 泡利不相容原理

写出氦原子两个 1s 电子的全部量子数, 有

	n_1	l_1	m_1	m_{S_1}	n_2	l_2	m_2	m_{S_2}
$1^1\mathrm{S}_0$	1	0	0	1/2	1	0	0	$-1/2$
$1^3\mathrm{S}_1$	1	0	0	1/2	1	0	0	1/2

可以看出, 对于 $1^1\mathrm{S}_0$ 态, 两个电子自旋反平行, 4 个量子数 (n, l, m, m_S) 不完全相同; 而对于 $1^3\mathrm{S}_1$ 态, 两个电子自旋平行, 4 个量子数完全相同. 既然实验上找不到 $1^3\mathrm{S}_1$ 三重态, 就说明: 在同一个原子中, 不可能有两个电子具有完全相同的量子数.

在分析大量原子光谱数据的基础上, 泡利 (Wolfgang Pauli) 根据实验事实, 于 1925 年概括出上述结论, 并把它作为量子力学的一条基本原理. 现在把它称为 泡利不相容原理, 并且知道它是普遍的, 不局限于原子体系, 可以表述成更普遍的形式: 在同一个量子体系中, 不可能有两个电子处在完全相同的量子态.

a. 单电子态的填充

上一章已算出, 主量子数为 n 的态, 考虑到各种可能的角量子数 l 和磁量子数 m, 一共有 n^2 个. 再考虑到在每一组 (n, l, m) 中自旋投影还有 2 个选择 $m_S = \pm 1$, 所以总的态数为 $2n^2$. 于是, 根据泡利不相容原理, 在单电子态 φ_{nlmm_S} 上允许填充的最大数目如表 9.1 所示. 表中还标出了 X 射线谱中用来标记主量子数 1, 2,

$3, 4, 5, 6, \cdots$ 的符号 K, L, M, N, O, P, $\cdots$，和给出了 n, l 相同的电子数 $2(2l+1)$.
这种 n, l 相同的电子，在原子光谱中称为 同科电子.

表 9.1 单电子态的填充数 $2(2l+1)$

n	l						$2n^2$
	0	1	2	3	4	5	
	s	p	d	f	g	h	
1 K	2						2
2 L	2	6					8
3 M	2	6	10				18
4 N	2	6	10	14			32
5 O	2	6	10	14	18		50
6 P	2	6	10	14	18	22	72

主量子数 n 相同的电子，最概然半径和能级都相近，构成一个 主壳层. 在
同一主壳层内，角量子数 l 相同的电子，电子云形状和能级结构相近，构成一个
次壳层. n 和 l 相同的同科电子，磁量子数 m 和自旋量子数 m_S 影响能级的精
细结构和在磁场中的分裂.

b. 微观粒子全同性原理

泡利不相容原理可以用微观粒子的全同性来说明. 任何两个电子的质量、
电荷、自旋和磁矩等都相同，不可能从这些特征上来区分. 又由于电子具有波动
性，即使在初始时刻指定了哪个电子是甲，哪个电子是乙，过了一段时间以后，
它们的波互相重叠，在空间任何一点都可以测到两个电子中的每一个，所以也
无法分辨出测到的是甲还是乙. 这不仅对于电子，对于质子、中子、π 介子、光
子等所有微观粒子都如此. 在实验上无法区分两个全同的微观粒子. 实验事实
的这一概括，称为 微观粒子全同性原理.

两个全同粒子 1 和 2 分别填充在单粒子态 ψ_a 和 ψ_b 上，可以有两个 组态

$$\psi_{\mathrm{I}} = \psi_a(1)\psi_b(2), \qquad \psi_{\mathrm{II}} = \psi_a(2)\psi_b(1).$$

由于两个粒子全同，在实际上无法区分态 ψ_{I} 与 ψ_{II}，可以认为各有一半的概率，
故有两种可能：

$$\psi_{\mathrm{S}} = \frac{1}{\sqrt{2}}[\psi_a(1)\psi_b(2) + \psi_a(2)\psi_b(1)], \tag{9.6}$$

$$\psi_{\mathrm{A}} = \frac{1}{\sqrt{2}}[\psi_a(1)\psi_b(2) - \psi_a(2)\psi_b(1)]. \tag{9.7}$$

理论上可以证明，全同粒子体系的波函数，对任何两个粒子的交换只能是对
称的，像 ψ_{S} 那样，或者是反对称的，像 ψ_{A} 那样. 对于对称的情形，两个单粒子

态可以相同, $\psi_a = \psi_b$. 而对于反对称情形, 两个单粒子态不能相同, $\psi_a \neq \psi_b$, 否则 $\psi_A = 0$. 所以, 泡利不相容原理属于反对称全同粒子体系的特性.

实验和理论还进一步表明, 自旋为半奇数的全同粒子体系, 波函数对任意两个粒子的交换是反对称的, 有泡利不相容原理. 这种粒子称为 费米子, 如电子、质子、中子、……. 而自旋为 0 或正整数的全同粒子体系, 波函数对任意两个粒子的交换是对称的, 无泡利不相容原理. 这种粒子称为 玻色子, 如光子、π 介子、α 粒子、He 原子等.

9.3 原子基态的电子组态

在单粒子近似下, 原子中的电子彼此独立地处于各自的单粒子态. 原子中各个电子在单粒子态上的一种填充, 称为原子的一个 电子组态. 例如氢原子基态的电子组态, 是在 1s 态, 记为 $(1s)^1$, 或 $1s^1$, 简写为 1s. 氦原子基态的电子组态是在 1s 态上填了两个电子, 记为 $(1s)^2$ 或 $1s^2$. 有了泡利不相容原理, 就可以来讨论周期表中其它原子基态的电子组态.

Li ($Z = 3$). 3 个电子中, 2 个填满 K 壳 $1s^2$, 第 3 个只能填 L 壳. 满壳是一稳固结构. 从表 9.2 可以看出, 从 Li 原子移走 1 个电子的一级电离能 $E^* = 5.4$ eV, 而再移走 1 个电子的二级电离能高达 $E^{**} = 75$ eV. 原子核与满壳电子形成一个完整而稳固的结构, 称为 原子实. 所以, Li 原子可看成原子实与 1 个 L 壳电子构成的体系.

L 壳有 s, p 两个次壳, 第 3 个电子填哪一个次壳? 2p 态径向无节点, 概率极大在 $4a_1$ 处, 而 K 壳概率极大在 a_1 处. 所以 2p 电子几乎经常在 K 壳之外, 亦即在原子实之外, 核电荷被 K 壳屏蔽, 它看到的等效电荷数 $Z^* \approx 3 - 2 = 1$. 2s 态径向有一节点, 有两个极大, 其中一个极大位于 K 壳内. 所以 2s 电子能够贯穿 到原子实内, 受到的屏蔽小, 看到的有效电荷数 $Z^* > 1$, 能量低.

此外, 2s 电子由于贯穿多, 在运动中引起原子实中正负电荷中心分离的极化效应也就比 2p 电子大. 这种极化使原子实除等效电荷外还有一等效电偶极子. 这个电偶极子反过来作用在 2s 电子上, 也会使能量降低.

2p 电子对原子实也有贯穿和极化, 但其效应比 2s 电子弱. 所以, 2s 态能量比 2p 态低. 一般说来, l 越小, 贯穿就越大, 极化也越强, 能量就越低. 在 n 一定的主壳层内, l 越小的次壳层, 能量越低. 于是, 第 3 个电子应填 2s 态, Li 原子基态的电子组态为 $1s^2 2s$. 2s 电子看到的等效电荷数 Z^*, 可用类氢离子模型从一级电离能来估计:

$$E^* = -\left(\frac{Z^*}{n}\right)^2 E_0 = (Z^*)^2 \times \frac{13.6\,\text{eV}}{4} = 5.4\,\text{eV},$$

$$Z^* = \sqrt{\frac{4 \times 5.4}{13.6}} = 1.26.$$

极化引起的能量改变很小, 上述估计中没有考虑.

表 9.2 周期表前 20 个元素的各级电离能 (单位 eV)

元素	E^*	E^{**}	E^{***}	E^{4*}
$_1$H	13.59	—		
$_2$He	24.5	54.1	—	—
$_3$Li	5.4	75	122	—
$_4$Be	9.3	18.2	154	217
$_5$B	8.3	25.1	38	259
$_6$C	11.3	24.5	48	64.5
$_7$N	14.6	29.6	47	77.4
$_8$O	13.6	35.2	55	77.4
$_9$F	17.4	34.9	62.7	87.3
$_{10}$Ne	21.6	41.0	63.9	96.4
$_{11}$Na	5.14	47.3	71.7	98.9
$_{12}$Mg	7.64	15.0	80.2	109.3
$_{13}$Al	5.97	18.8	28.5	120
$_{14}$Si	8.15	16.4	33.5	44.9
$_{15}$P	10.9	19.7	30.2	51.4
$_{16}$S	10.4	23.4	35.1	47.1
$_{17}$Cl	12.9	23.7	39.9	53.5
$_{18}$Ar	15.8	27.5	40.7	61
$_{19}$K	4.3	31.7	45.5	60.6
$_{20}$Ca	6.1	11.9	51	67

Be ($Z = 4$). 前 3 个电子的填充与 Li 原子一样, 第 4 个电子还可以填到 2s 态, 基态电子组态为 $1s^2 2s^2$. Be 的一级电离能 $E^* = 9.3$ eV, 比 Li 的大, 因为第 3 个电子屏蔽不大, 第 4 个电子看到的等效电荷比 Li 的大, $Z^* = 1.66$. Be 的二级电离能 $E^{**} = 18.2$ eV, 说明移走 1 个电子后, 屏蔽减小, 第 3 个电子看到的等效电荷增大. 三级电离能高达 154 eV, 说明满壳 $1s^2$ 很稳固.

B 至 Ne ($Z = 5$—10). 由于 2s 次壳层已填满, 第 5—10 个电子依次填入 2p 次壳层, 基态电子组态依次如下:

B	C	N	O	F	Ne
$1s^2 2s^2 2p$	$1s^2 2s^2 2p^2$	$1s^2 2s^2 2p^3$	$1s^2 2s^2 2p^4$	$1s^2 2s^2 2p^5$	$1s^2 2s^2 2p^6$

其中 B 的一级电离能比 Be 的略低, 因为虽然 Z 较大, 但 2p 电子贯穿较少, 看到的 Z^* 较小. Ne 的电离能很高, 不容易失去电子形成正离子 Ne^+. 根据

Na $(Z = 11)$ 的电离能 $E^* = 5.14$ eV, 可以估计出负离子 Ne^- 的电离能很小,
$E^* = 1.1$ eV, Ne 原子吸收 1 个电子形成的负离子 Ne^-, 很容易又失去这个电子而
回到原子状态. 所以 Ne 在化学上很稳定, 是单原子分子惰性气体. 相比之下,
F 就容易吸收 1 个电子成为负离子 F^-, 与很容易失去 1 个电子的 Li 化合成离子
键的 LiF.

　　第 III 周期 Na 至 Ar $(Z = 11$—$18)$. 这时 K 壳和 L 壳已满, 形成原子实,
第 11—18 个电子只能填入 M 壳. 所以, Na $(Z = 11)$、Mg $(Z = 12)$、Al
$(Z = 13)$、$\cdots\cdots$ 的二、三、四、$\cdots\cdots$ 级电离能非常高, 见表 9.2.

　　在 M 壳的 3s, 3p 和 3d 三个次壳层中, 3s 态的贯穿和极化最大, 受屏蔽最
小, 能级低于 3p 和 3d, 所以 Na 的电子组态是 $1s^2 2s^2 2p^6 3s$. 这个 3s 电子在 K 和
L 壳之外, 束缚很弱, 电离能很小, $E^* = 5.14$ eV.

　　随着 Z 的增加, 依次填满 3s 次
壳后, 再填 3p 次壳. 第 18 个电子
填满 3p 次壳, Ar 的电子组态是
$1s^2 2s^2 2p^6 3s^2 3p^6$, 电离能很高, $E^* =$
15.8 eV, 不容易形成正离子 Ar^+. 同
样, 由于 K $(Z = 19)$ 的电离能很低,
$E^* = 4.3$ eV, Ar 的负离子 Ar^- 很容易
失去 1 个电子而回到原子状态. 所以
Ar 也是化学性质稳定的惰性气体.

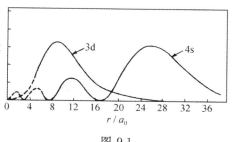

图 9.1

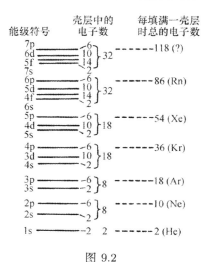

图 9.2

由图 9.1 可以看出, 4s 电子比 3d 电子
的贯穿大、极化强、受的屏蔽小, 使得 4s 态
的能级低于 3d 态. 所以第 19 个电子不填
3d 态, 而填入 4s 态. 同样, 5s 态低于 4d
态, 6s 态低于 5d 和 4f 态, 7s 态低于 6d
和 5f 态.

　　图 9.2 画出了原子中电子壳层填充的顺
序. 能级左边是次壳层的名字, 右边是填满
该次壳层的电子数. 花括号右边是填满这几
个次壳层的总电子数, 而虚线右边是填到这
里的总电子数, 括号内是相应的元素符号.
可以看出, 这些次壳层被 6 个大的 能隙 划
分成 7 层, 相应于元素的 7 个周期. 注意这

是按能隙来划分, 而不是按主量子数划分, 只有前 3 个周期的周期数与主量子数一致.

每一周期从 s 态开始, 到 p 态结束, 外层是 s, p 电子, 贯穿大, 也容易失去, 是决定元素化学性质的 价电子. 每一周期末的元素, 填满一个次壳层, 形成完整和稳定的原子实, 与下一周期之间有一能隙, 电离能高, 电子不容易失去, 是单原子分子的惰性气体.

第 IV—VII 周期的 d 电子在内层, 不容易失去, 对化学性质影响不大, 形成 9—10 个过渡元素. 第 VI 和 VII 周期的 f 电子也在内层, 不容易失去, 对化学性质影响不大, 构成稀土元素和锕系元素各 15 个.

以上讲的只是一般原则. 每个元素的电子组态, 都要根据实验和理论的分析来确定. 上述 d, f 态与 s 态之间的顺序对有些元素是颠倒的, 有些元素的电子组态尚未完全确定. 表 9.3 是元素基态的电子组态和电离能, 图 9.3 是电离能与原子序数 Z 的关系.

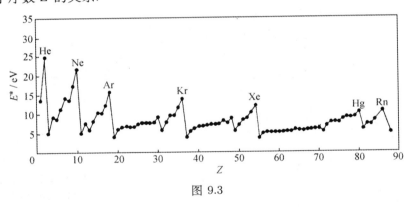

图 9.3

表 9.3 元素基态的电子组态和电离能

Z	元素	基态组态	基态	电离能 /eV
1	H	(1s)	$^2S_{1/2}$	13.60
2	He	$(1s)^2$	$^1S_0$	24.59
3	Li	(He)(2s)	$^2S_{1/2}$	5.39
4	Be	$(He)(2s)^2$	$^1S_0$	9.32
5	B	$(He)(2s)^2(2p)$	$^2P_{1/2}$	8.30
6	C	$(He)(2s)^2(2p)^2$	$^3P_0$	11.26
7	N	$(He)(2s)^2(2p)^3$	$^4S_{3/2}$	14.53
8	O	$(He)(2s)^2(2p)^4$	$^3P_2$	13.62
9	F	$(He)(2s)^2(2p)^5$	$^2P_{3/2}$	17.42
10	Ne	$(He)(2s)^2(2p)^6$	$^1S_0$	21.56

(续表)

Z	元素	基态组态	基态	电离能 /eV
11	Na	$(Ne)(3s)$	$^2S_{1/2}$	5.14
12	Mg	$(Ne)(3s)^2$	$^1S_0$	7.65
13	Al	$(Ne)(3s)^2(3p)$	$^2P_{1/2}$	5.99
14	Si	$(Ne)(3s)^2(3p)^2$	$^3P_0$	8.15
15	P	$(Ne)(3s)^2(3p)^3$	$^4S_{3/2}$	10.49
16	S	$(Ne)(3s)^2(3p)^4$	$^3P_2$	10.36
17	Cl	$(Ne)(3s)^2(3p)^5$	$^2P_{3/2}$	12.97
18	Ar	$(Ne)(3s)^2(3p)^6$	$^1S_0$	15.76
19	K	$(Ar)\quad(4s)$	$^2S_{1/2}$	4.34
20	Ca	$(Ar)\quad(4s)^2$	$^1S_0$	6.11
21	Sc	$(Ar)(3d)\quad(4s)^2$	$^2D_{3/2}$	6.56
22	Ti	$(Ar)(3d)^2\,(4s)^2$	$^3F_2$	6.83
23	V	$(Ar)(3d)^3\,(4s)^2$	$^4F_{3/2}$	6.75
24	Cr	$(Ar)(3d)^5\,(4s)$	$^7S_3$	6.77
25	Mn	$(Ar)(3d)^5\,(4s)^2$	$^6S_{5/2}$	7.43
26	Fe	$(Ar)(3d)^6\,(4s)^2$	$^5D_4$	7.90
27	Co	$(Ar)(3d)^7\,(4s)^2$	$^4F_{9/2}$	7.88
28	Ni	$(Ar)(3d)^8\,(4s)^2$	$^3F_4$	7.64
29	Cu	$(Ar)(3d)^{10}(4s)$	$^2S_{1/2}$	7.73
30	Zn	$(Ar)(3d)^{10}(4s)^2$	$^1S_0$	9.39
31	Ga	$(Ar)(3d)^{10}(4s)^2(4p)$	$^2P_{1/2}$	6.00
32	Ge	$(Ar)(3d)^{10}(4s)^2(4p)^2$	$^3P_0$	7.90
33	As	$(Ar)(3d)^{10}(4s)^2(4p)^3$	$^4S_{3/2}$	9.82
34	Se	$(Ar)(3d)^{10}(4s)^2(4p)^4$	$^3P_2$	9.75
35	Br	$(Ar)(3d)^{10}(4s)^2(4p)^5$	$^2P_{3/2}$	11.81
36	Kr	$(Ar)(3d)^{10}(4s)^2(4p)^6$	$^1S_0$	14.00
37	Rb	$(Kr)\quad(5s)$	$^2S_{1/2}$	4.18
38	Sr	$(Kr)\quad(5s)^2$	$^1S_0$	5.69
39	Y	$(Kr)(4d)\quad(5s)^2$	$^2D_{3/2}$	6.22
40	Zr	$(Kr)(4d)^2\,(5s)^2$	$^3F_2$	6.63
41	Nb	$(Kr)(4d)^4\,(5s)$	$^6D_{1/2}$	6.76
42	Mo	$(Kr)(4d)^5\,(5s)$	$^7S_3$	7.09
43	Tc	$(Kr)(4d)^6\,(5s)$	$^6D_{9/2}$	7.28
44	Ru	$(Kr)(4d)^7\,(5s)$	$^5F_5$	7.36
45	Rh	$(Kr)(4d)^8\,(5s)$	$^4F_{9/2}$	7.46
46	Pd	$(Kr)(4d)^{10}$	$^1S_0$	8.34
47	Ag	$(Kr)(4d)^{10}(5s)$	$^2S_{1/2}$	7.58
48	Cd	$(Kr)(4d)^{10}(5s)^2$	$^1S_0$	8.99
49	In	$(Kr)(4d)^{10}(5s)^2(5p)$	$^2P_{1/2}$	5.79
50	Sn	$(Kr)(4d)^{10}(5s)^2(5p)^2$	$^3P_0$	7.34
51	Sb	$(Kr)(4d)^{10}(5s)^2(5p)^3$	$^4S_{3/2}$	8.64
52	Te	$(Kr)(4d)^{10}(5s)^2(5p)^4$	$^3P_2$	9.01
53	L	$(Kr)(4d)^{10}(5s)^2(5p)^5$	$^2P_{3/2}$	10.45
54	Xe	$(Kr)(4d)^{10}(5s)^2(5p)^6$	$^1S_0$	12.13
55	Cs	$(Xe)\quad(6s)$	$^2S_{1/2}$	3.89
56	Ba	$(Xe)\quad(6s)^2$	$^1S_0$	5.21
57	La	$(Xe)\quad(5d)\,(6s)^2$	$^2D_{3/2}$	5.58
58	Ce	$(Xe)(4f)^2\quad(6s)^2$	$^3H_4$	5.54
59	Pr	$(Xe)(4f)^3\quad(6s)^2$	$^4I_{9/2}$	5.46
60	Nd	$(Xe)(4f)^4\quad(6s)^2$	$^5I_4$	5.52

Z	元素	基态组态		基态	电离能 /eV
61	Pm	$(Xe)(4f)^5$	$(6s)^2$	$^6H_{5/2}$	5.55
62	Sm	$(Xe)(4f)^6$	$(6s)^2$	$^7F_0$	5.64
63	Eu	$(Xe)(4f)^7$	$(6s)^2$	$^8S_{7/2}$	5.67
64	Gd	$(Xe)(4f)^7 (5d)$	$(6s)^2$	$^9D_2$	6.15
65	Tb	$(Xe)(4f)^9$	$(6s)^2$	$^6H_{15/2}$	5.86
66	Dy	$(Xe)(4f)^{10}$	$(6s)^2$	$^5I_8$	5.94
67	Ho	$(Xe)(4f)^{11}$	$(6s)^2$	$^4I_{15/2}$	6.02
68	Er	$(Xe)(4f)^{12}$	$(6s)^2$	$^3H_6$	6.11
69	Tm	$(Xe)(4f)^{13}$	$(6s)^2$	$^2F_{7/2}$	6.18
70	Yb	$(Xe)(4f)^{14}$	$(6s)^2$	$^1S_0$	6.25
71	Lu	$(Xe)(4f)^{14}(5d)$	$(6s)^2$	$^3D_{3/2}$	5.43
72	Hf	$(Xe)(4f)^{14}(5d)^2$	$(6s)^2$	$^3F_2$	6.83
73	Ta	$(Xe)(4f)^{14}(5d)^3$	$(6s)^2$	$^4F_{3/2}$	7.89
74	W	$(Xe)(4f)^{14}(5d)^4$	$(6s)^2$	$^5D_0$	7.98
75	Re	$(Xe)(4f)^{14}(5d)^5$	$(6s)^2$	$^6S_{5/2}$	7.88
76	Os	$(Xe)(4f)^{14}(5d)^6$	$(6s)^2$	$^5D_4$	8.7
77	Ir	$(Xe)(4f)^{14}(5d)^7$	$(6s)^2$	$^4F_{9/2}$	9.1
78	Pt	$(Xe)(4f)^{14}(5d)^9$	$(6s)^2$	$^3D_3$	9.0
79	Au	$(Xe)(4f)^{14}(5d)^{10}$	$(6s)^2$	$^2S_{1/2}$	9.23
80	Hg	$(Xe)(4f)^{14}(5d)^{10}$	$(6s)^2$	$^1S_0$	10.44
81	Tl	$(Xe)(4f)^{14}(5d)^{10}(6s)^2(6p)$		$^2P_{1/2}$	6.11
82	Pb	$(Xe)(4f)^{14}(5d)^{10}(6s)^2(6p)^2$		$^3P_0$	7.42
83	Bi	$(Xe)(4f)^{14}(5d)^{10}(6s)^2(6p)^3$		$^4S_{3/2}$	7.29
84	Po	$(Xe)(4f)^{14}(5d)^{10}(6s)^2(6p)^4$		$^3P_2$	8.42
85	At	$(Xe)(4f)^{14}(5d)^{10}(6s)^2(6p)^5$		$^2P_{3/2}$	9.65
86	Rn	$(Xe)(4f)^{14}(5d)^{10}(6s)^2(6p)^6$		$^1S_0$	10.75
87	Fr	(Rn)	$(7s)$	$^2S_{1/2}$	3.97
88	Ra	(Rn)	$(7s)^2$	$^1S_0$	5.28
89	Ac	$(Rn) (6d)$	$(7s)^2$	$^2D_{3/2}$	5.17
90	Th	$(Rn) (6d)^2$	$(7s)^2$	$^3F_2$	6.08
91	Pa	$(Rn)(5f)^2 (6d)$	$(7s)^2$	$^4K_{11/2}$	5.89
92	U	$(Rn)(5f)^3 (6d)$	$(7s)^2$	$^5L_6$	6.19
93	Np	$(Rn)(5f)^4 (6d)$	$(7s)^2$	$^6L_{11/2}$	6.27
94	Pu	$(Rn)(5f)^6$	$(7s)^2$	$^7F_0$	6.06
95	Am	$(Rn)(5f)^7$	$(7s)^2$	$^8S_{7/2}$	5.99
96	Cm	$(Rn)(5f)^7 (6d)$	$(7s)^2$	$^9D_2$	6.02
97	Bk	$(Rn)(5f)^8 (6d)$	$(7s)^2$	$^8G_{15/2}$	6.23
98	Cf	$(Rn)(5f)^{10}$	$(7s)^2$	$^5I_8$	6.30
99	Es	$(Rn)(5f)^{11}$	$(7s)^2$	$^4I_{15/2}$	6.42
100	Fm	$(Rn)(5f)^{12}$	$(7s)^2$	$^3H_6$	6.50
101	Md	$(Rn)(5f)^{13}$	$(7s)^2$	$^2F_{7/2}$	5.58
102	No	$(Rn)(5f)^{14}$	$(7s)^2$	$^1S_0$	6.65
103	Lr	$(Rn)(5f)^{14}(6d)$	$(7s)^2$	$^2D_{3/2}$	
104	Rf	$(Rn)(5f)^{14}(6d)^2$	$(7s)^2$		

9.4 角动量耦合和能级的精细结构

a. 引起能级精细结构的相互作用

在 9.1 节对氦原子体系写出的相互作用能 V, 很容易推广到具有更多电子的原子体系. 在相互作用的修正项 G 中, 引起能级精细结构的相互作用计有以下几种类型:

(1) 静电库仑相互作用. 两个电子间的静电排斥倾向于使它们沿相同方向绕核转动, 以保持远离, 而不是沿相反方向转动, 以致更频繁地接近. 这倾向于使两个电子的总轨道角动量 L 取最大值, 对 G 贡献一项

$$\sim L_1 \cdot L_2.$$

由于泡利不相容原理, 若两个电子的轨道角动量相同, 则自旋相反. 这对 G 贡献一项

$$\sim S_1 \cdot S_2.$$

(2) 电磁相互作用. 自旋轨道耦合对 G 贡献

$$\sim L_1 \cdot S_1, \qquad L_1 \cdot S_2, \qquad L_2 \cdot S_1, \qquad L_2 \cdot S_2.$$

(3) 磁相互作用. 这包括轨道磁矩之间的相互作用和自旋磁矩之间的相互作用, 对 G 贡献

$$\sim L_1 \cdot L_2, \qquad S_1 \cdot S_2.$$

此外还有核自旋磁矩的作用, 相对论效应, 真空极化和电子自能效应, 核电四极矩和同位素效应等, 它们比起上述各项来, 通常可以略去. 在上述各项中, 自旋轨道项 $L_1 \cdot S_2$ 和 $L_2 \cdot S_1$ 通常小于 $L_1 \cdot S_1$ 和 $L_2 \cdot S_2$ 项, 也可略去. 于是近似地有

$$G = G_1 S_1 \cdot S_2 + G_2 L_1 \cdot L_2 + G_3 L_1 \cdot S_1 + G_4 L_2 \cdot S_2, \tag{9.8}$$

其中 G_1, G_2, G_3, G_4 是表征该相互作用大小的量. (9.8) 式前两项引起自旋之间和轨道运动之间的耦合,

$$S_1 + S_2 = S, \tag{9.9}$$

$$L_1 + L_2 = L, \tag{9.10}$$

而 (9.8) 式后两项引起自旋与轨道运动之间的耦合,

$$L_1 + S_1 = J_1, \tag{9.11}$$

$$L_2 + S_2 = J_2. \tag{9.12}$$

通常情况前两项较强, 先耦合成 L 和 S, 再耦合成 J,

$$L + S = J, \tag{9.13}$$

称为 LS 耦合, 或 罗素 - 桑德斯 (Russell-Saunders) 耦合. 对于重元素, 核电荷 Ze 在电子处产生的磁场较强, 后两项可以超过前两项. 这时先耦合成 $\boldsymbol{J}_1$ 和 $\boldsymbol{J}_2$, 再耦合成 $\boldsymbol{J}$,

$$\boldsymbol{J}_1 + \boldsymbol{J}_2 = \boldsymbol{J}, \tag{9.14}$$

称为 JJ 耦合.

b. LS 耦合

LS 耦合成的原子态, L, S 和 J 是守恒量, 有 3 个量子数 l, s 和 j, 可以用记号

$$^{2s+1}l_j \tag{9.15}$$

来表示. 上一章氢原子态和本章氦原子态都已用过这个记号, 下面再举两个例子.

例题 1 试求由 $l_1 = 0$ 和 $l_2 = 1$ 的两个电子 (sp 组态) LS 耦合成的原子态.

解 由角动量耦合的三角形法则, 两个电子的自旋可以耦合成单态 $s=0$ 和三重态 $s=1$. 两个电子的轨道角动量耦合只有 $l=0+1=1$ 的 P 波态. 所以, 当 $s=0$ 时, $j=l=1$; 当 $s=1$ 时, $j=2,1,0$. 相应的原子态为

$$\text{单态} \qquad ^1\mathrm{P}_1,$$
$$\text{三重态} \qquad ^3\mathrm{P}_2, \quad ^3\mathrm{P}_1, \quad ^3\mathrm{P}_0.$$

例题 2 试求由 $l_1 = 1$ 和 $l_2 = 1$ 的两个电子 (pp 组态) LS 耦合成的原子态.

解 由三角形法则有 $l=2,1,0$, 相应的矢量模型如图 9.4. 当 $s=0$ 时, 有 $j=l=2,1,0$, 得单态

$$^1\mathrm{D}_2, \quad ^1\mathrm{P}_1, \quad ^1\mathrm{S}_0.$$

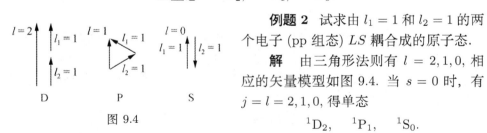

图 9.4

而当 $s=1$ 时, $l=2$ 给出 $j=3,2,1$; $l=1$ 给出 $j=2,1,0$; $l=0$ 给出 $j=1$, 分别得到下列 7 个三重态

$$^3\mathrm{D}_{3,2,1}, \quad ^3\mathrm{P}_{2,1,0}, \quad ^3\mathrm{S}_0.$$

表 9.4 不同电子数耦合成的 s 和多重数

电子数	s (多重数 $2s+1$)			
1		1/2 (双重)		
2	0 (单重)		1 (三重)	
3		1/2 (双重)		3/2 (四重)
4	0 (单重)		1 (三重)	2 (五重)
5		1/2 (双重)		3/2 (四重)	5/2 (六重)

　　一般地，多个电子的体系，$j = l+s, l+s-1, \cdots, |l-s|$. 当 $s = 0$ 时为单态，$l \geqslant s$ 时为 $2s+1$ 重态，$l < s$ 时实际上是 $2l+1$ 重，但习惯上仍称 $2s+1$ 重态. 表 9.4 给出了不同电子数耦合成的多重数.

c. LS 耦合能级分裂的经验规则

　　单粒子能级只与 (n, l) 有关，与 (m, m_S) 无关，同一次壳层 (n, l) 中 (m, m_S) 不同的各个态是简并的，能量相同. 所以，同一电子组态的各个原子态也是简并的，能量相同. 引起 LS 耦合的相互作用使这些单粒子态耦合成具有确定量子数 l, s, j 的原子态，并引起能级的分裂，形成能级的精细结构.

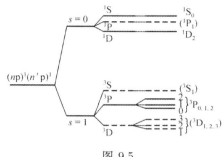

图 9.5

　　图 9.5 是电子组态 $(np)^1(n'p)^1$ 的两个 p 电子经 LS 耦合后的能级分裂. 相互作用 $G_1 \boldsymbol{S}_1 \cdot \boldsymbol{S}_2$ 使不同 s 值的态 (单态和三重态) 分裂，$G_2 \boldsymbol{L}_1 \cdot \boldsymbol{L}_2$ 使不同 l 值的态 (S, P, D 态) 分裂，而 $G_3 \boldsymbol{L}_1 \cdot \boldsymbol{S}_1$ 和 $G_4 \boldsymbol{L}_2 \cdot \boldsymbol{S}_2$ 使不同 j 值的态分裂. 图示 $G_1 > G_2 > G_3, G_4$ 的情形，否则裂开的能级会有交叉. 如果这两个电子同科，$n = n'$，则泡利原理排除了虚线表示的态. 由于两个电子的波相位相反时平均距离最大，库仑能最低，而这时泡利原理要求它们的自旋相同，所以：

　　(1) 由同一电子组态 LS 耦合成的原子态，s 越大，多重数越高的能级越低.

　　(2) 在 s 相同的同一多重数能级中，l 值越大的能级越低.

这是关于精细结构能级次序的两条经验规则，称为洪德 (Hund) 定则. 除了以上关于 s 和 l 的两条以外，洪德定则还包括关于量子数 j 的第三条规则，它只限于同一次壳层的同科电子：

　　(3) 一个次壳层未填到半满的原子态，j 越小的能级越低，这称为正常次序；填到半满以上的原子态，则 j 越大的能级越低，这称为倒转次序. 这是由于把 $\boldsymbol{L}$ 和 $\boldsymbol{S}$ 耦合成 $\boldsymbol{J}$ 的相互作用是自旋 - 轨道相互作用 $G_3 \boldsymbol{L}_1 \cdot \boldsymbol{S}_1$ 和 $G_4 \boldsymbol{L}_2 \cdot \boldsymbol{S}_2$，它们倾向于使自旋磁矩和轨道磁矩方向相反，亦即使 $\boldsymbol{L}$ 和 $\boldsymbol{S}$ 方向相反. 所以 j 越小能级越低，有正常次序. 填到半满以上时，是满壳少几个电子，或者说有几个空位. 这种空位又称空穴，相当于正电子，它的轨道角动量与轨道磁矩同向，自旋 - 轨道耦合就倾向于使 $\boldsymbol{L}$ 和 $\boldsymbol{S}$ 同向，于是 j 越大能级越低，有倒转次序. 由于是经验规则，所以在实际上存在违反上述规则的情形.

由于在耦合项 $\boldsymbol{L}\cdot\boldsymbol{S}$ 中包含因子

$$\frac{j(j+1)-l(l+1)-s(s+1)}{2},$$

所以还有一个关于能级间隔的 朗德间隔定则：同一多重态中，二相邻能级间隔之比，等于有关二 j 值中较大值之比. 例如图 9.5 中 $^3\mathrm{P}_{0,1,2}$ 三个能级的两个间隔之比为 1:2, $^3\mathrm{D}_{1,2,3}$ 三个能级的两个间隔之比为 2:3.

d. JJ 耦合

JJ 耦合形成的原子态， J_1, J_2 和 J 是守恒量，有 3 个量子数 (j_1, j_2, j), 可以用记号

$$(j_1, j_2)_j \tag{9.16}$$

来表示.

例题 3　试求由 $l_1 = 0$ 和 $l_2 = 1$ 的两个电子 (sp 组态) JJ 耦合成的原子态.

解　由 $l_1 = 0$ 和 $s_1 = 1/2$, 有 $j_1 = 1/2$; 由 $l_2 = 1$ 和 $s_2 = 1/2$, 有 $j_2 = 3/2, 1/2$. 所以，

$$j_1 = 1/2 \text{ 和 } j_2 = 3/2 \text{ 时，}\quad j = 2, 1, \text{ 有 } (3/2, 1/2)_2, \quad (3/2, 1/2)_1;$$

$$j_1 = 1/2 \text{ 和 } j_2 = 1/2 \text{ 时，}\quad j = 1, 0, \text{ 有 } (1/2, 1/2)_1, \quad (1/2, 1/2)_0.$$

把这个例题 JJ 耦合的原子态与例题 1 LS 耦合的原子态 $^1\mathrm{P}_1$ 和 $^3\mathrm{P}_{2,1,0}$ 相比, 可以看出, 对于同一电子组态, LS 耦合与 JJ 耦合给出的态数相同, 给出的 j 值也相同. 这两个结论是普遍的.

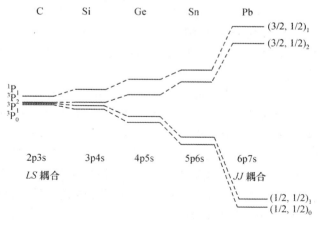

图 9.6

实际上，一个原子态究竟是 LS 耦合的还是 JJ 耦合的，要根据实验具体分析. 图 9.6 是碳族元素激发态 ps 能级的比较. 其中碳 C 的显然是 LS 耦合, 因

为单态在上，$^1P_1-^3P_2 = 1589\,\mathrm{cm}^{-1}$，三重态在下，并且是正常次序，符合洪德定则．能级间隔

$$\frac{^3P_0 - {}^3P_1}{^3P_1 - {}^3P_2} = \frac{20\,\mathrm{cm}^{-1}}{40\,\mathrm{cm}^{-1}} = \frac{1}{2}.$$

也符合朗德间隔定则．硅 Si 的情况就不是严格的 LS 耦合，它的三重态已不符合朗德间隔定则．锗 Ge 的情况介于 LS 耦合与 JJ 耦合之间，锡 Sn 的情况接近 JJ 耦合，而很重的铅 Pb 的情况，则是纯的 JJ 耦合．C-Si-Ge-Sn-Pb 系列，从轻元素到重元素，耦合方式从 LS 逐渐过渡到 JJ 耦合．

9.5 原子的基态

H 和 He 原子．H 原子基态的电子组态为 1s，只有一个原子态 $^2S_{1/2}$，这也就是 H 原子基态．He 原子基态的电子组态 $1s^2$，有两个原子态 $^1S_0$ 和 $^3S_1$，后者被泡利原理排除，所以基态是 $^1S_0$．这两个例子已经详细讨论过，它们在单粒子能级 (次壳层) 上的填充如图 9.7 所示．现在我们再来讨论一些例子．

Li 与 Be 原子．它们的 K 壳已填满，给出 $l = 0$ 和 $s = 0$ 的 $^1S_0$ 态，对再填上去的外层电子没有贡献．它们的外层电子也是填在 s 态，所以 Li 的基态与 H 一样是 $^2S_{1/2}$，Be 的基态与 He 一样是 $^1S_0$．

B 和 C 原子．它们的 2s 次壳也填满了，给出 $^1S_0$ 态，对再填到 2p 次壳的电子没有贡献．2p 组态的原子态有 $^2P_{3/2,1/2}$，自旋 - 轨道耦合倾向于使 2p 电子的自旋与轨道角动量反

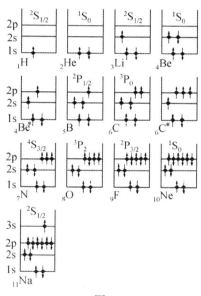

图 9.7

向，所以 B 的基态是 $^2P_{1/2}$．$2p^2$ 组态的原子态有单态和三重态，根据洪德定则，基态是三重态．在三重态 $^3D_{3,2,1}$，$^3P_{2,1,0}$ 和 $^3S_1$ 中，泡利原理排除了 $^3D_{3,2,1}$，能量最低的是 $^3P_{2,1,0}$ 中正常次序的 $^3P_0$，这就是 C 的基态．

N 原子．外层电子组态 $2p^3$，有 $s = 1/2$ 和 $3/2$，根据洪德定则取 $s = 3/2$．这时三个电子自旋平行，根据泡利原理，它们的轨道角动量取向应互不相同，于是只能有 $l = 0$，所以 N 的基态是 $^4S_{3/2}$．

O 原子．外层电子组态 $2p^4$，可以看成 N 的 $^4S_{3/2}$ 态加一个 2p 电子．4 个

电子不可能都平行, 因为 p 波磁量子数只有 $m = -1, 0, 1$ 三个. 所以 $s = 1, 0$, 根据洪德定则取三重态 $s = 1$. 于是得原子态 $^3\text{P}_{2,1,0}$, 根据洪德定则取倒转次序, O 的基态为 $^3\text{P}_2$.

F 原子. 外层电子组态 2p^5, 可以看成 N 的 $^4\text{S}_{3/2}$ 态加两个 2p 电子. 这两个电子都不可能与前 3 个电子平行, 所以 $s = 1/2$. 由于这两个电子的自旋平行, 它们的轨道角动量不能平行, 最大的 l 值只能取 1. 根据洪德定则只有原子态 $^2\text{P}_{3/2,1/2}$, 取倒转次序得 F 的基态为 $^2\text{P}_{3/2}$.

Ne 原子. 2p 次壳填满 2p^6, 可以看成两个 $^4\text{S}_{3/2}$ 态相加, 头 3 个电子自旋向上, 后 3 个电子自旋向下, 有 $s = 0$. 两个 S 态相加, $l = 0$. 所以 Ne 的基态为 $^1\text{S}_0$.

对周期表中其它原子的讨论与上面类似. 特别是, 满壳以外的电子组态与其原子基态之间有简单的对应关系, 如表 9.5 所示. 所以, 每个周期头两个元素都是 $^2\text{S}_{1/2}$ 和 $^1\text{S}_0$ 态, 末尾的惰性气体都是 $^1\text{S}_0$ 态. 对于过渡元素、稀土元素和锕系元素, 要处理 d 电子和 f 电子与 s 电子的耦合, 这里就不一一讨论.

表 9.5 满壳外电子组态与其原子基态的对应关系

电子组态	$n\text{s}^1$	$n\text{s}^2$	$n\text{p}^1$	$n\text{p}^2$	$n\text{p}^3$	$n\text{p}^4$	$n\text{p}^5$	$n\text{p}^6$
原子基态	$^2\text{S}_{1/2}$	$^1\text{S}_0$	$^2\text{P}_{1/2}$	$^3\text{P}_0$	$^4\text{S}_{3/2}$	$^3\text{P}_2$	$^2\text{P}_{3/2}$	$^1\text{S}_0$
自旋取向	↑	↑↓	↑↑	↑↑↑	↑↑↑↓	↑↑↑↓↓	↑↑↑↓↓↓

L 壳的两个态 2s 和 2p 很接近, 电子很容易从 2s 态激发到 2p 态. 图 9.7 中给出了铍的这种激发态 $\text{Be}^*(2\text{s}2\text{p})$ 和碳的 $\text{C}^*(2\text{s}2\text{p}^3)$. 激发到 2p 的电子与留在 2s 的电子不是同科电子, 不再受泡利原理的限制, 自旋可以取相同方向. 在碳的这种激发态中, 1 个 2s 态与 3 个 2p 态耦合成 4 个能量相近的态, 称为 sp^3 杂化. 这决定了碳的化学键性质, 导致它在有机化合物中有 4 价. 在第 11 章分子结构中还要进一步讨论这个问题.

9.6 单电子光谱

a. 单电子激发能级

碱金属 Li, Na, K, Rb, Cs, Fr 都是由满壳的原子实加上一个外壳价电子构成. 在低激发时, 原子实保持不变, 只有这个价电子被激发. 这称为碱金属的 单电子激发.

满壳原子实的总角动量和轨道角动量都是 0, 电荷分布各向同性, 它对价电子的作用近似于一等效电荷 Z^* 的库仑作用, 与氢原子类似. 所以, 与上章氢原

子能级的公式类似地, 碱金属的单电子激发能级可以写成

$$E = E_{nl} + E_{ls} + E_{\mathrm{rel}}, \tag{9.17}$$

其中右边三项依次是价电子的单粒子能级、自旋 - 轨道耦合项和相对论修正项. 比起单粒子能级来, 后两项只是引起激发能级的精细结构, 在初步的讨论中可暂时略去.

单粒子能级 E_{nl} 与价电子对原子实的贯穿和极化有关, 可以近似写成

$$E_{nl} = \left(\frac{Z^*}{n}\right)^2 E_0, \tag{9.18}$$

其中等效电荷与价电子所处的单粒子态有关, 亦即与它的主量子数 n 和角量子数 l 有关,

$$Z^* = Z^*(n, l). \tag{9.19}$$

与氢原子相比, 由于价电子的贯穿和极化, 它看到的等效电荷都大于 1, $Z^* > 1$, 所以相应的能级要低一些. 另外, 角量子数 l 不同时, 价电子的贯穿和极化不同, 它看到的等效电荷不同. 所以主量子数 n 相同而角量子数 l 不同的态不再简并, 裂成不同能级, l 较大的, 贯穿和极化较小, 屏蔽较大, Z^* 较接近 1, 能级就与氢原子的较接近. l 取最大值 $n-1$ 时, 贯穿和极化最小, 接近完全屏蔽, $Z^* \approx 1$, 能级就基本上与氢原子的相同. 亦即有

$$E_{n1} < E_{n2} < \cdots < E_{nn-1} \approx \frac{E_0}{n^2}. \tag{9.20}$$

图 9.8 给出了由实验定出的碱金属单电子激发能级的位置, 作为对比, 最右边画出了氢原子的能级 E_0/n^2. 能级右边的数字是相应的主量子数. 除了上述特点外, 从图中还可以看出, 随着 Z 的增加, 这种效应逐渐减弱.

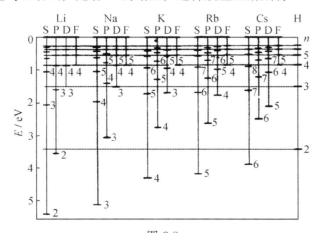

图 9.8

如果再考虑氢原子能级的精细结构，碱金属单电子激发能级结构与氢原子能级结构的类似就更加完全和明显. 由于能级结构十分类似，碱金属光谱与氢原子光谱十分类似. 图 9.8 给出的能级位置 E_{nl}, 可从分析它们的光谱来确定.

b. 光谱项和谱线系

在单粒子能级 E_{nl} 的公式中，等效电荷 Z^* 与主量子数 n 同时出现在因子 $(Z^*/n)^2$ 中，我们可以等效地写成

$$\frac{Z^*}{n} = \frac{1}{n^*}, \tag{9.21}$$

这样引进的数 n^* 称为 *等效主量子数*, 通常把它进一步写成

$$n^* = n - \Delta(n, l), \tag{9.22}$$

其中 $\Delta(n, l)$ 称为与量子数 n, l 相联系的 *量子亏损*, 由实验来确定.

表 9.6 给出了由实验定出的钠原子光谱的量子亏损 $\Delta(n, l)$. 可以看出，s 电子的量子亏损最大，随角量子数 l 的增加，量子亏损减小，而基本上与主量子数 n 无关. 对于不同的碱金属原子，从锂 Li 到钫 Fr, 量子亏损随 Z 的增加而增加. 与等效电荷 Z^* 类似地，等效主量子数 n^* 或量子亏损 $\Delta(n, l)$ 也是用来表示 s, p, d, $\cdots$ 等价电子对内层原子实的贯穿和极化程度的经验参数.

表 9.6　钠原子光谱的量子亏损 $\Delta(n, l)$

l	n					
	3	4	5	6	7	8
0	1.373	1.357	1.352	1.349	1.348	1.351
1	0.883	0.867	0.862	0.859	0.858	0.857
2	0.010	0.011	0.013	0.011	0.009	0.013
3	—	0.000	−0.001	−0.008	−0.012	−0.015

引入量子亏损，我们就可以把与单粒子能级 E_{nl} 相应的光谱项写成

$$T_{nl} = -\frac{E_{nl}}{hc} = \frac{R_A}{[n - \Delta(n, l)]^2}, \tag{9.23}$$

其中

$$R_A = -\frac{E_0}{hc} \tag{9.24}$$

是原子 A 的里德伯常数.

把光谱项代入里德伯公式，就得到碱金属原子光谱的谱线系. 单电子激发态辐射跃迁的选择定则与氢原子的一样，为

$$\Delta l = \pm 1, \qquad \Delta j = 0, \pm 1. \tag{9.25}$$

所以，有从 p 到 s 跃迁的 **主线系**

$$\tilde{\nu}_{\mathrm{p}\to\mathrm{s}} = R_{\mathrm{A}}\left\{\frac{1}{[n_0 - \Delta(n_0,0)]^2} - \frac{1}{[n - \Delta(n,1)]^2}\right\}, \quad n \geqslant n_0, \tag{9.26}$$

从 s 到 p 跃迁的 **第二辅线系**

$$\tilde{\nu}_{\mathrm{s}\to\mathrm{p}} = R_{\mathrm{A}}\left\{\frac{1}{[n_0 - \Delta(n_0,1)]^2} - \frac{1}{[n - \Delta(n,0)]^2}\right\}, \quad n \geqslant n_0 + 1, \tag{9.27}$$

从 d 到 p 跃迁的 **第一辅线系**

$$\tilde{\nu}_{\mathrm{d}\to\mathrm{p}} = R_{\mathrm{A}}\left\{\frac{1}{[n_0 - \Delta(n_0,1)]^2} - \frac{1}{[n - \Delta(n,2)]^2}\right\}, \quad n \geqslant n_0, \tag{9.28}$$

以及从 f 到 d 跃迁的 **基线系**

$$\tilde{\nu}_{\mathrm{f}\to\mathrm{d}} = R_{\mathrm{A}}\left\{\frac{1}{[n_0 - \Delta(n_0,2)]^2} - \frac{1}{[n - \Delta(n,3)]^2}\right\}, \quad n \geqslant n_0 + 1, \tag{9.29}$$

如下面的图 9.9 所示. 其中第一辅线系又称 漫线系，第二辅线系又称 锐线系，基线系又称 柏格曼 (Bergmann) 系. n_0 是原子 A 的 最小主量子数，由表 9.7 给出.

表 9.7　碱金属原子的最小主量子数 n_0

A	Li	Na	K	Rb	Cs	Fr
n_0	2	3	4	5	6	7

c. 例：钠原子

图 9.9 给出了钠原子的单电子激发能级和允许的光学跃迁，并标出了某些跃迁的波长，单位是 Å. 其中，主线系、一辅系和二辅系的波长最短，有一部分谱线落在可见光波段，如图 9.10，线系限用斜线画出. 由于基态钠原子的最高填充态是 3s，所以吸收光谱只观测到主线系. 发射光谱则是这三个线系的混合.

在主线系中，3s⇆3p 的那一条波长最长，也最亮，称为 钠 D 线，

$$\lambda_{\mathrm{D}} = 5893\text{Å},$$

因为是黄色，又称 钠黄线. 用分辨本领高一些的光谱仪，可以看出钠 D 线有精细结构，实际上是两条线，波长分别为

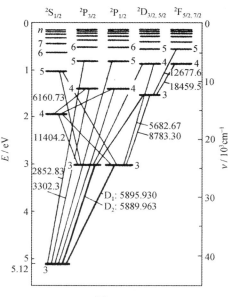

图 9.9

$$\lambda_{D_1} = 5895.930\text{Å}, \qquad \lambda_{D_2} = 5889.963\text{Å},$$

所以又称 双黄线.

从图 9.9 可以看出, 3p 有两个态 $^2P_{3/2}$ 和 $^2P_{1/2}$, D 线分裂成 D_1 和 D_2, 表明这两个态分裂成两个能级. 一般地, 如果考虑了自旋 - 轨道耦合项 E_{ls}, 量子数 n, l 相同而 j 不同的态还要进一步分裂. 图 9.9 中只有 $^2S_{1/2}$ 是单层, 其余 $^2P_{3/2,1/2}$, $^2D_{5/2,3/2}$ 和 $^2F_{7/2,5/2}$ 都是双层结构. l 相同时, 层距随 n 的增加而减小. n 相同时, 层距随 l 的增加而减小.

主线系和二辅系的跃迁 s⇄p 是单层与双层之间的跃迁, 所以每条谱线都裂为两条. 随 n 的增加而趋向线系限时, 主线系谱线的裂距逐渐减小, 而二辅系谱线的裂距保持不变, 有两个线系限. 一辅系是双层与双层之间的跃迁, 如图 9.11 所示. 在 4 种跃迁中, 有一种 $\Delta j = \pm 2$, 被选择定则禁戒, 所以只裂成 3 条谱线. 在一辅系裂成的这种三线结构中, 有两条的裂距保持不变, 并与二辅系的裂距相等. 第三条的裂距随着 n 的增加逐渐减小. 所以一辅系也只有两个线系限.

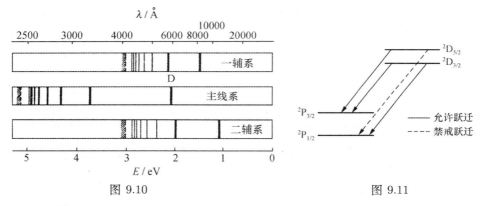

图 9.10   图 9.11

9.7 双电子光谱

氦原子 He 是最简单的双电子体系. 除氦原子外, 周期表第二族 Be, Mg, Ca, Zn, Sr, Cd, Ba, Hg, Ra 等, 是满壳原子实加两个外壳价电子构成的体系, 在低激发时, 原子实保持不变, 也可近似当作双电子体系.

双电子体系基态时两个价电子都在 s 态. 低激发时, 一个仍留在 s 态, 另一个被激发, 其主量子数 n 和角量子数 l 都可与基态原子组态时不同. 这个电子与基态 s 电子耦合成的态, 就是该原子的单电子激发态. 激发高时, 两个价电子都可能被激发, 这需较高能量, 观测也较难.

a. 例 1: 氦

图 9.12 是氦原子低激发态能级
图, 能级符号左边的数字是被激发电子
所处单粒子能级的主量子数. 两个电子
耦合成的态, 有单态和三重态两种. 图
中分开来画成两套能级, 一套单态, 一
套三重态. 图中还画出了允许的光学跃
迁. 在实际上, 氦原子这两套激发能级
的位置和属性, 就是根据对氦原子光谱
的分析而确定的.

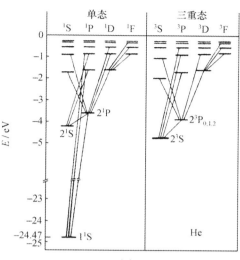

图 9.12

实验发现氦原子光谱可分成两
套, 一套都是单线, 没有精细结构, 另
一套有精细结构, 一般裂成三线. 由此
推断, 氦原子激发能级分成两套, 一套
是单态, 另一套是三重态. 单态两电子
自旋相反, 总自旋角动量为零, 总自旋磁矩也为零, 没有自旋 - 轨道耦合作用,
单粒子能级不再分裂. 三重态两电子自旋平行, 总自旋角动量为 1, 总自旋磁矩
不为零, 在自旋 - 轨道耦合作用下, 单粒子能级进一步分裂成三层, 形成能级精
细结构. 例如 $3^3D \rightarrow 2^3P$ 的黄色 D_3 线, 这是 1868 年首先在太阳日珥光谱中观测
到, 从而发现氦元素的谱线. 用高分辨的光谱仪, 它裂成三条, 说明 $2^3P_{2,1,0}$ 裂成
三个能级. 3^3D 的分裂太小, 看不出来. 它们的波长分别为 5875.963, 5875.643,
5875.601Å.

没有观测到两套能级间的辐射跃迁, 亦即 $s = 0$ 和 $s = 1$ 的态间的跃迁被禁
戒. 这是由于电偶极辐射的作用不会改变电子自旋方向. 多电子辐射跃迁的选
择定则, 要区分电子的耦合方式. 对于 LS 耦合, 是

$$\begin{cases} \Delta l_i = \pm 1, \\ \Delta l = 0, \pm 1, \\ \Delta j = 0, \pm 1 \quad (\text{其中 } 0 \rightarrow 0 \text{ 除外}), \\ \Delta s = 0, \end{cases} \tag{9.30}$$

其中第一条针对单个电子, 其余三条针对原子, 上节单电子辐射跃迁的选择定则
(9.25), 可看成这里的特例. 对单电子情形, 由于 $\Delta s = 0$ 自然成立, 而且 $j \neq 0$,
不存在 $0 \rightarrow 0$ 的 Δj, 因而也不会有 $\Delta l = 0$, 上述选择定则简化成上节的情形.

从图 9.12 上可以看到, 没有 2^1S_0 到 1^1S_0 的辐射跃迁, 因为这是 2s→1s, 违

反选择定则 $\Delta l_i = \pm 1$. 2^1S_0 比 1^1S_0 高 20.6 eV, 也不容易通过原子碰撞回到基态. 所以, 氦原子在激发态 2^1S_0 上可以停留较长时间 ($>10^{-8}$s). 这种可以保持较长时间而不发生跃迁的激发态, 称为 亚稳态. 2^1S_0 就是氦原子的一个亚稳态.

同样, 2^3S_1 也是氦原子的亚稳态, 它到基态 1^1S_0 的辐射跃迁, 不仅因为是 $2s \rightarrow 1s$, 还因为是 $\Delta s = -1$, 而受到双重禁戒. 它虽然比基态高 19.8 eV, 但在辐射跃迁的双重禁戒下, 稳定得就像真正的基态. 这就使得单态和三重态这两套能级像是两种不同的氦, 互相没有跃迁, 具有各自的基态. 三重态能级的光谱有精细结构, 在历史上被称为 正氦, 而单态能级的光谱是单线结构, 被称为 仲氦. 正氦光谱主要在红外和可见光区域, 而仲氦的主要在紫外区域.

2^1S_0 能级比 2^3S_1 高 0.8 eV, 2^1P_1 能级比 2^3P_2 高 0.25 eV, 符合洪德定则. 这种能量差的起源, 前面已经指出, 是由于两个同科电子自旋相同时空间波的相位相反, 平均距离较大, 库仑能较低; 而自旋相反时空间波的相位相同, 平均距离较小, 库仑能较高. 两个电子空间波的相位相同时空间波函数对称, 而相位相反时空间波函数反对称, 所以上述能差又称为 对称能. 对称能的实质, 是由于泡利原理引起的库仑能差.

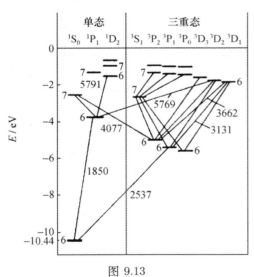

图 9.13

b. 例 2: 汞

汞原子 Hg 基态是满壳外有两个 6s 电子. 低激发时, 其中一个电子从 6s 激发到更高的单粒子态, 它与留在 6s 态的电子耦合, 形成汞原子的低激发态. 图 9.13 给出了简化的汞原子低激发能级图, 图中标出了少数重要谱线的波长, 单位为 Å.

从图上可以看出两点. 首先, 三重态与单态之间有辐射跃迁, 例如 $6^3P_1 \leftrightarrows 6^1S_0$ 的 2537Å线, $6^3D_2 \leftrightarrows 6^1P_1$ 的 5769Å线, 和 $7^1S_0 \leftrightarrows 6^3P_2$ 的 4077 Å线. 它们都违反选择定则 $\Delta s = 0$, 说明汞激发态的总自旋角动量并不严格守恒, 从而总轨道角动量也不严格守恒. 没有看到跃迁 $6^3P_2 \leftrightarrows 6^1S_0$ 和 $6^3P_0 \leftrightarrows 6^1S_0$, 因为它们除了违反 $\Delta s = 0$ 以外, 还违反 $\Delta j = 0, \pm 1$ ($0 \rightarrow 0$ 除外) 这一选择定则.

其次, 三重态的能级分裂较大, 且不严格符合朗德间隔定则. 例如 $6^3P_{2,1,0}$

三重态两个间隔之比为 $0.575\text{eV}:0.218\text{eV}=2.6:1$, 朗德间隔定则来自 LS 耦合的因子

$$\frac{j(j+1)-l(l+1)-s(s+1)}{2},$$

其中 l 和 s 应为常数. 朗德间隔定则失效, 也说明汞激发态总自旋角动量 s 和总轨道角动量 l 并不严格守恒.

以上两点, 都说明 l 和 s 不严格守恒. 所以, 汞原子激发态已不是纯的 LS 耦合, 而介于 LS 耦合和 JJ 耦合之间. 这是由于汞原子较重, 自旋-轨道耦合作用较强, 导致 LS 耦合部分失效. 图 9.14 是低压汞灯的波长在 2500—5800Å 的光谱. 由于不同谱线系重叠在一起, 把它们辨认出来并不是件容易的事.

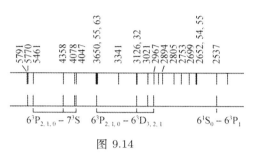

图 9.14

如果是纯 JJ 耦合, 量子数就不是 (l,s,j) 而是 (j_1,j_2,j), 相应地, 选择定则应代之以

$$\begin{cases} \Delta j_1 = 0, \pm 1, \\ \Delta j_2 = 0, \pm 1, \\ \Delta j = 0, \pm 1 \quad (0\to 0 \text{ 除外}). \end{cases} \tag{9.31}$$

多于两个价电子的原子的低激发态和光谱, 比两个价电子的情形更复杂, 但处理的原则和方法相同, 结果也类似, 这里就不介绍. 下节讨论内层电子激发的问题.

9.8　内层电子激发和 X 射线谱

a. 内层电子激发

通过内层电子激发, 可以研究原子内层电子能级结构和跃迁规律. 与外层价电子不同, 内层电子被原子核紧紧束缚, 波函数范围小, 离核近, 结合能高, 要用波长足够短、能量足够高的粒子束照射, 才能穿入原子内层, 把它激发. 此外, 由于泡利原理的限制, 被激发的内层电子只能跃迁到外层未被占据的态, 或者被电离.

用来激发内层电子的粒子束, 可以是能量足够高的电子束或其它荷电粒子束, 也可以是波长足够短的光子束. 这种与内层电子激发相联系的光子束, 通常

称为 X 射线, 其能量大约在 1—100 keV, 波长大约在 0.1—10 Å(参阅第 6.4 节原子的电子结构问题中的估计).

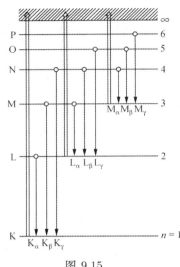

图 9.15

这里只讨论一个内层电子被激发的情形. 像氢原子那样, 把一个电子处于电离态时原子体系的能级选为 0, 则这个电子处于各个壳层时原子体系的能级如图 9.15. 若一 K 壳电子被电离, 则 L, M, N, ··· 壳电子可以跃迁下来, 发出的 X 射线称为 K 系, 记为 K_α, K_β, K_γ, ··· 等. 同样, L 壳如果出现一个空位, 上面 M, N, O, ··· 壳电子可以跃迁来填此空位, 而发出的 X 射线称为 L 系, 记为 L_α, L_β, L_γ, ··· 等. 类似地, 还有 M, N, O, ··· 系等. 能级图 9.15 与单电子体系的相似, 所以这些 X 射线谱系结构也与单电子体系的光谱系结构相似. 通过 X 射线谱系结构的分析, 就可以确定图 9.15 中的能级结构.

b. 莫塞莱定律

单粒子能级中的等效电荷数可以写成

$$Z^* = Z - \sigma, \tag{9.32}$$

其中 σ 称为激发电子的 *屏蔽数*. 于是相应的光谱项成为

$$T_{nl} = -\frac{E_{nl}}{hc} = \frac{1}{n^2} R_A (Z - \sigma)^2. \tag{9.33}$$

由此就可求出谱线的表达式. 例如 K_α 线和 L_α 线的波数分别为

$$\tilde{\nu}_{K_\alpha} = R_A (Z - \sigma_K)^2 \left(\frac{1}{1^2} - \frac{1}{2^2} \right) = \frac{3}{4} R_A (Z - \sigma_K)^2,$$

$$\tilde{\nu}_{L_\alpha} = R_A (Z - \sigma_L)^2 \left(\frac{1}{2^2} - \frac{1}{3^2} \right) = \frac{5}{36} R_A (Z - \sigma_L)^2.$$

一般地,

$$\sqrt{\frac{\tilde{\nu}}{R_A}} \propto Z - \sigma, \tag{9.34}$$

不同元素 X 射线谱系中相应谱线的 $\sqrt{\tilde{\nu}/R_A}$ 与核电荷数 Z 成线性关系. 这个规律称为 莫塞莱定律, 是莫塞莱 (H. G. J. Moseley) 1913 年在实验上首先发现的. 这在当时是对玻尔理论的有力支持.

表示 $\sqrt{\tilde{\nu}/R_{\mathrm{A}}}$ - Z 关系的坐标图形称为 莫塞莱图. 由于 $\nu = \tilde{\nu}c$ 和 $R_{\mathrm{A}} \approx R_{\infty}$, 莫塞莱图有时也画成 $\sqrt{\nu}$ - Z 的关系. 图 9.16 是 K_{α} 线的莫塞莱图, 可以看出, 基本上是一条直线. 图上直线斜率 5.00×10^7 $\mathrm{s}^{-1/2}$, 与从公式算出的 $(3cR_{\infty}/4)^{1/2}$=4.97×10^7 $\mathrm{s}^{-1/2}$ 相符. 从直线与横轴的截距可以定出 1s 电子的屏蔽数

$$\sigma_{\mathrm{K}} \approx 1.$$

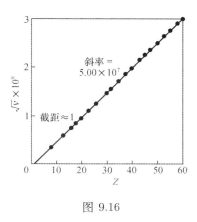

图 9.16

这个值是意料之中的, 因为 K 壳一个 1s 电子被电离以后, 还剩一个 1s 电子, 它对 L 壳电子的屏蔽数大约为 1. 同样, 从 L 线莫塞莱图直线在横轴上的截距可定出相应的屏蔽数

$$\sigma_{\mathrm{L}} \approx 7.4.$$

这个值比 7 稍大, 是由于 N 壳 4s 电子有一定概率跑到 M 壳以内 (见图 9.1), 对 M 壳电子产生屏蔽.

莫塞莱定律表明, 内层电子的激发主要取决于原子核的性质, 受外层价电子的影响很小, 亦即与元素化学性质的关系不大. 根据元素 X 射线相应谱线在莫塞莱图中的位置, 例如 K_{α} 线在图 9.16 中的横坐标, 就可以识别该元素 (定出它的 Z 值). 这是历史上第一个直接测定元素原子序数的方法. 这些分立的 X 射线谱, 因此被称为元素的 标识谱.

c. X 射线标识谱

元素的 X 射线标识谱与第 4.3 节讨论的 X 射线轫致辐射谱不同. X 射线轫致辐射谱是自由电子在原子核库仑场中减速而发射的, 相当于从一个能量较高的自由电子态到另一能量较低的自由电子态的跃迁. 自由电子态的能级是连续分布的, 所以 X 射线轫致辐射谱是连续谱, 不反映原子核的性质. 标识谱则是在原子核库仑场中束缚电子从一个束缚态到另一束缚态的跃迁, 直接依赖于原子核的性质. 在实际上, 用 X 射线管所得到的 X 射线谱, 一般是在连续分布的轫致辐射谱上, 叠加上阳极材料的标识谱. 图 9.17 是 30 keV 电子轰击银所得的 X 射线谱.

属于不同次壳层的受激电子, 激发能不同. 这种激发能的精细结构, 表现为 X 射线谱的精细结构. 图 9.18 是铂的内层电子激发能级和 X 射线谱精细结构. 谱线的精细分裂用下标 1, 2, $\cdots$ 来表示, 例如图中 K_{α} 线精细分裂为 K_{α_1}, K_{α_2}

两条. 需要指出, 用希腊字母来标记不同谱线的方法在文献中还没有系统化, 也不统一.

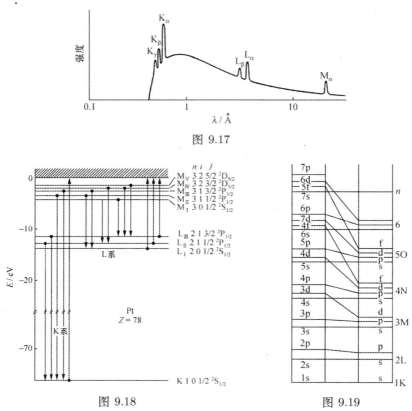

图 9.17

图 9.18

图 9.19

图 9.18 中标出了各个能级的量子数 n, l, j 及其光谱记号. K 壳为 $^2S_{1/2}$, L 壳为 $^2S_{1/2}$ 与 $^2P_{3/2,1/2}$, M 壳为 $^2S_{1/2}$, $^2P_{3/2,1/2}$, $^2D_{5/2,3/2}$. 由于只有一个电子激发, 所以都是双重态. 光学跃迁的选择定则仍是

$$\Delta l = \pm 1, \qquad \Delta j = 0, \pm 1. \tag{9.35}$$

与外层价电子激发不完全相同, 这里除了电子的自旋 - 轨道耦合相互作用外, 电子处于不同轨道角动量态时屏蔽数不同, 这也会引起激发能级的精细分裂. 例如 L 壳裂为三个次壳 L_I, L_{II}, L_{III}. 其中 L_{II} 与 L_{III} 的间隔, 亦即 $^2P_{1/2}$ 与 $^2P_{3/2}$ 的间隔, 来自自旋 - 轨道耦合的著名双重态分裂. 这种分裂随 Z 的增加而按 Z^4 规律增加 (参阅第 8.5 节氢原子能级的精细结构中的讨论), 对于重元素, 如铀 U, 可以高达 2 keV. 另一方面, L_I 与 L_{II} 的间隔, 亦即 $^2S_{1/2}$ 与 $^2P_{1/2}$ 的间隔, 则是由于 s 态比 p 态的贯穿大, 屏蔽小. 这种分裂对 Z 的依赖不大.

图 9.19 右边是由 X 射线谱分析确定的内层电子能级次序和壳层结构, 左边是由光谱分析确定的填入最后一个电子的能级次序和壳层结构. 内层电子能级次序和壳层划分完全依据主量子数, 没有出现外层价电子那种 4s 态低于 3d 态的颠倒, 因为对于内层的 4s 态来说, 虽然它的贯穿较大, 但它受 3d 电子的屏蔽更大.

d. X 光电子谱

确定内层电子能级的方法, 除了分析 X 射线谱这一经典方法外, 近代又发展了 X 光电子谱方法. X 光电子谱方法实际上是光电效应的近代应用. 用一特征 X 射线, 例如铜的 8 keV 的 K_α 线, 照射样品, 把电子从被照射的原子、分子或固体中击出. 这个 X 光电子的动能等于入射 X 光量子能量与电子结合能之差. 用分析电子的仪器, 例如第 5.1 节电子中测量荷质比 e/m 的仪器, 测出这个电子的动能, 也就测出了电子在原子中的结合能. 这个方法比分析 X 射线方法直接得多.

由于内层电子能级反映了原子的性质, 所以 X 光电子谱方法也被用来分析样品的化学成分. 这个方法分辨内层电子结合能的微小变化可以精细到 1 eV, 所以可以用来研究化学键或外层电子电离对内层电子的影响. 根据这一原理, 西格班 (Sigban) 等人发展了化学分析的电子波谱学, 成为化学与固体物理中重要的分析方法.

e. 内光电效应

内层电子被电离以后, 除了发射 X 射线以外, 还有其它非辐射过程回到基态. 可以定义发射 X 射线的原子数与发生内层电子电离的原子数之比 η, 为 X 射线发射率,

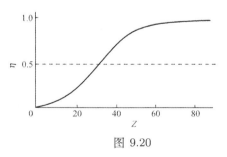

图 9.20

$$\eta = \frac{发射 X 射线的原子数}{K, L, \cdots 电离的原子数} < 1, \quad (9.36)$$

用来描述这种非辐射过程与 X 射线发射过程的竞争. 实验发现, 非辐射过程的概率随 Z 的增加而很快地下降, 如图 9.20.

一个内层电子被电离以后, 较外层电子可以通过释放另一电子而跃迁下去. 这个过程称为 俄歇 (Auger) 效应 或 内光电效应, 被释放出来的电子称为 俄歇电子. 俄歇电子的动能等于跃迁释放的能量与它的电离能之差. 例如从 L 壳放出的

俄歇电子动能为

$$E_k = h\nu_{K_\alpha} - E_L^* = E_K^* - E_L^* - E_L^* = E_K^* - 2E_L^*. \tag{9.37}$$

其中 E_K^* 和 E_L^* 分别为 K 壳和 L 壳的电子结合能. 俄歇电子可以用云室看到, 它的动能可以由它在云室中的径迹长度测出. X 射线发射率 η 反映了发生俄歇效应的概率, 所以又称为 俄歇系数.

9.9 塞 曼 效 应

a. 原子能级在磁场中的分裂

与单电子原子类似, 多电子原子的总磁矩可定义为

$$\boldsymbol{\mu}_J = \gamma_J \boldsymbol{J},$$

其中

$$\gamma_J = (\boldsymbol{\mu}_{L_1} + \boldsymbol{\mu}_{S_1} + \boldsymbol{\mu}_{L_2} + \boldsymbol{\mu}_{S_2} + \cdots) \cdot \frac{\boldsymbol{J}}{J^2}. \tag{9.38}$$

若用朗德 g 因子写成

$$\gamma_J = -g_J \cdot \frac{e}{2m_e}, \tag{9.39}$$

并取每个电子的轨道和自旋 g 因子分别为 1 和 2, 则有

$$g_J = (\boldsymbol{L}_1 + 2\boldsymbol{S}_1 + \boldsymbol{L}_2 + 2\boldsymbol{S}_2 + \cdots) \cdot \frac{\boldsymbol{J}}{J^2}. \tag{9.40}$$

考虑角动量耦合, 可得

$$g_J = \begin{cases} 1 + \dfrac{j(j+1) - l(l+1) + s(s+1)}{2j(j+1)}, & \text{对 } LS \text{ 耦合}, \\[3mm] g_{J_1} \dfrac{j(j+1) + j_1(j_1+1) - j_2(j_2+1)}{2j(j+1)} \\[3mm] \quad + g_{J_2} \dfrac{j(j+1) - j_1(j_1+1) + j_2(j_2+1)}{2j(j+1)}, & \text{对 } JJ \text{ 耦合}, \end{cases} \tag{9.41}$$

其中 JJ 耦合是两个电子的情形, g_{J_1} 和 g_{J_2} 是各个电子自旋 - 轨道耦合的 g 因子. 求出两个电子 JJ 耦合的 g_J, 再代入这个公式, 就可以求它们与第 3 个电子的 JJ 耦合, 如此就可求出多个电子 JJ 耦合的 g_J.

具有磁矩 $\boldsymbol{\mu}_J$ 的原子, 在外磁场 $\boldsymbol{B}$ 中有一附加能量 $-\boldsymbol{\mu}_J \cdot \boldsymbol{B}$. 若取坐标 z 轴沿 $\boldsymbol{B}$ 方向, 则有

$$E_{jm_j} = -\boldsymbol{\mu}_J \cdot \boldsymbol{B} = -\gamma_J J_z B = m_j g_J \mu_B B, \quad m_j = j, \, j-1, \, \cdots, \, -j+1, \, -j. \tag{9.42}$$

于是能级 E_{nlj} 对磁量子数 m_j 的简并消除, 将进一步分裂, 原子能级成为

$$E = E_{nlj} + E_{jm_j}. \tag{9.43}$$

b. 正常塞曼效应

图 9.21 是镉原子 Cd 双电子激发态 $^1P_1$ 和 $^1D_2$ 能级在磁场中的分裂. 这是 LS 耦合, 由上面给出的 g_J 的公式可以算出它们的 g 因子

$$g_{^1P_1} = 1 + \frac{1(1+1) - 1(1+1) + 0(0+1)}{2(1+1)} = 1,$$

$$g_{^1D_2} = 1 + \frac{2(2+1) - 2(2+1) + 0(0+1)}{4(2+1)} = 1.$$

代入 E_{jm_j} 的公式, 可知 $^1P_1$ 裂成 3 条, $^1D_2$ 裂成 5 条, 裂距相等, 都是 $\mu_B B$, μ_B 是玻尔磁子.

在外磁场中辐射跃迁的选择定则, 除了 9.7 节双电子光谱中给出的 $\Delta l_i = \pm 1, \Delta l = 0, \pm 1, \Delta j = 0, \pm 1$ (其中 $0 \to 0$ 除外) 和 $\Delta s = 0$ 以外, 还应加上关于磁量子数的

$$\Delta m_j = 0, \pm 1. \qquad (9.44)$$

于是, 共有 9 个允许跃迁, 如图 9.21 所示. 由于两个能级的裂距相等, 这 9 个允许跃迁只对应于 3 条谱线. 换句话说, $^1P_1 \leftrightarrows {}^1D_2$ 的镉红线 $\lambda = 6438.47$ Å在外磁场中将裂成 3 条, 裂距正比于外磁场的 B.

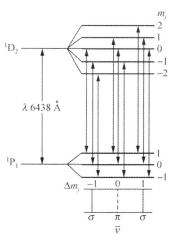

图 9.21

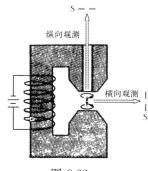

图 9.22

原子光谱谱线在外磁场中的分裂称为塞曼 (Zeeman) 效应. 塞曼效应谱线裂距与磁感应强度 B 成正比, 谱线分裂的条数可分为 3 条与多条两种. 谱线分裂成 3 条的称为 正常塞曼效应, 谱线分裂成多条的称为 反常塞曼效应. 在塞曼效应中, 与跃迁 $\Delta m_j = 0$ 相应的光称为 π 光, 与跃迁 $\Delta m_j = \pm 1$ 相应的光称为 σ 光, 它们都是偏振光.

观测塞曼效应的实验装置如图 9.22, 磁场强度由通过绕组的电流来调节, 样品放在磁极缝隙间, 分别在相对于磁场的横向和纵向来观测. 光束经过狭缝 S 后射入分辨本领高的光谱仪, 例如法布里 - 珀罗 (Fabry-Perot) 光谱仪.

对于镉样品，从磁极缝隙横向射出的光束，在光谱仪中分裂成 3 条线性偏振光：一条 π 光在原位，其电矢量与磁场平行；两条 σ 光对称地分裂在 π 光两侧，它们的电矢量与磁场垂直. 从磁极纵向孔道射出的光束，在光谱仪中分裂成两条圆偏振光，位置与横向两条 σ 光相同，而在原位没有与横向 π 光相应的谱线.

出射光的偏振性质，可用光子角动量投影来解释. $\Delta m_j = +1$ 的 σ 光，原子在 $\boldsymbol{B}$ 方向角动量投影增加 1，所以放出的光子自旋方向与 $\boldsymbol{B}$ 相反，沿磁场方向传播时是有左手螺旋性的圆偏振光. $\Delta m_j = -1$ 的 σ 光，原子在 $\boldsymbol{B}$ 方向角动量投影减少 1，所以放出的光子自旋方向与 $\boldsymbol{B}$ 相同，沿磁场方向传播时是有右手螺旋性的圆偏振光. 沿与磁场垂直的方向传播时，它们都是电矢量与磁场垂直的线性偏振光. $\Delta m_j = 0$ 的 π 光，原子在 $\boldsymbol{B}$ 方向角动量投影不变，所以放出的光子自旋与 $\boldsymbol{B}$ 垂直，在 xy 平面. 对 xy 平面内各个方向的自旋平均，π 光的电矢量只能在磁场方向，所以在磁场的横向观测得到，而在纵向观测不到.

c. 反常塞曼效应

钠双黄线 D_1 和 D_2 在外磁场中的分裂，属于反常塞曼效应. D_1 线裂成 4 条，而 D_2 裂成 6 条，如图 9.23 所示. 分裂的谱线都是左右对称的，中间两条是纵向观测不到的 π 光，其余的是在纵向和横向都能观测到的 σ 光.

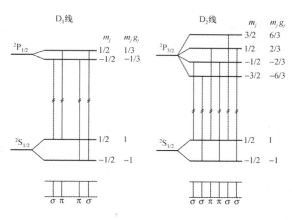

图 9.23

D_1 线是 $^2S_{1/2} \leftrightarrows {}^2P_{1/2}$ 的跃迁，D_2 线是 $^2S_{1/2} \leftrightarrows {}^2P_{3/2}$ 的跃迁. 用 LS 耦合的公式，可以算出它们的 g 因子，

$$g_{^2S_{1/2}} = 1 + \frac{\frac{1}{2} \times \frac{3}{2} - 0 \times 1 + \frac{1}{2} \times \frac{3}{2}}{2 \times \frac{1}{2} \times \frac{3}{2}} = 2,$$

$$g_{^2P_{1/2}} = 1 + \frac{\frac{1}{2} \times \frac{3}{2} - 1 \times 2 + \frac{1}{2} \times \frac{3}{2}}{2 \times \frac{1}{2} \times \frac{3}{2}} = \frac{2}{3},$$

$$g_{^2P_{3/2}} = 1 + \frac{\frac{3}{2} \times \frac{5}{2} - 1 \times 2 + \frac{1}{2} \times \frac{3}{2}}{2 \times \frac{3}{2} \times \frac{5}{2}} = \frac{4}{3}.$$

$^2S_{1/2}$, $^2P_{1/2}$ 和 $^2P_{3/2}$ 三个能级的 g 因子不同, 所以裂距 $g_J \mu_B B$ 不相等. 于是, 虽然选择定则与前面讨论的一样, 但谱线不止裂成 3 条.

一般情况, 自旋和轨道磁矩都有贡献, 朗德 g 因子依赖于 j, l, s, 不同能级裂距不同, 为反常塞曼效应. 仅当 $s = 0$ 时, 自旋磁矩无贡献, 只有轨道磁矩有贡献, 朗德 g 因子都等于 1, 裂距都相等, 才成为三分裂的正常塞曼效应.

塞曼效应提供了分析光谱项 (从而原子能级) 依赖于 j, l, s 的实验方法, 具有重要的理论和实际意义.

d. 帕邢 - 巴克效应

塞曼效应是弱磁场情况的效应. 外磁场足够强时, 会破坏自旋 - 轨道耦合, 即破坏能级的精细结构分裂, 使自旋磁矩和轨道磁矩分别独立地与外磁场 $\boldsymbol{B}$ 耦合, 从而能级分裂与电子的量子数 m, m_S 有关, 而与 m_j 无关, 量子数 j 则失去意义. 这时磁场引起的原子光谱谱线的分裂, 称为 帕邢 - 巴克 (Paschen-Back) 效应. 帕邢 - 巴克效应与正常塞曼效应一样, 谱线也是裂成三条. 如果磁场不强也不弱, 则其效应介于帕邢 - 巴克效应与塞曼效应之间, 现象很复杂, 在理论和实验上都不容易分析.

9.10 顺 磁 共 振

原子能级在外磁场中的分裂 $E_{jm_j} = -\gamma_J J_z B$ 不仅可以用光谱方法通过塞曼效应来分析, 也可用微波方法通过顺磁共振来分析. 由于 $J_z = m_j \hbar$, 能级裂距可以写成

$$\Delta E = \gamma_J \hbar B, \tag{9.45}$$

与之相应的玻尔频率又称为 拉莫尔 (Larmor) 频率, 可以写成

$$\omega = \frac{\Delta E}{\hbar} = \gamma_J B. \tag{9.46}$$

用这个频率的辐射, 就可以激发能级裂隙之间的跃迁, 从而分析出能级的分裂.

例如处于 $^2S_{1/2}$ 态的原子, 由于 $l = 0$, 只有电子自旋的磁矩, 能级 $^2S_{1/2}$ 在外磁场中裂为两条. 它的 g 因子为 2, 代入 (9.39) 式, 有

$$\lambda = \frac{c}{\nu} = \frac{\pi \hbar c}{\mu_B B} = \frac{\pi \times 197.3\,\text{eV} \cdot \text{nm}}{5.788 \times 10^{-5}\,\text{eV} \cdot T^{-1} B}.$$

通常实验室用的磁场在 0.1—1 T 之间，可以算出

$$\lambda = 1{-}10\,\mathrm{cm},$$

这是 GHz 频率区间的微波. 用这个波长的微波照射，就可以引起电子在裂隙的两个能级之间共振，发生跃迁. 这种磁性原子在外磁场中被微波引起的共振，称为 *顺磁共振*.

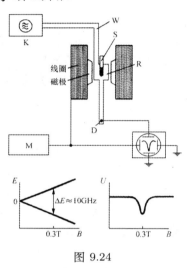

图 9.24

图 9.24 所示的实验装置，称为 *顺磁共振谱仪*. 样品 S 放在电磁铁两极间的共振腔 R 中，速调管 K 产生的微波，通过波导管 W 照射到样品上，照射后的微波强度用二极管 D 来检测. 实验中固定微波频率 ω，调节磁场的 B. 为了增加检测灵敏度，对磁场 B 进行了调制 (M).

图 9.24 中左下为能级裂隙随 B 的变化，右下为检测到的微波强度. 当磁场 B 与微波频率 ω 满足上述拉莫尔频率关系 $\omega = \gamma_J B$ 时，微波引起电子在能隙间共振，被原子吸收，强度突然下降，呈现图中 U 形信号. 测出这时的 B，就可确定能级的裂隙大小.

顺磁共振既可精确测量电子的回磁比 γ 和朗德 g 因子，也可精确测量原子在基态和激发态的朗德 g 因子，从而可用来分析原子能级，分析原子在各种分子结构或固体中所受的作用，以及研究电子自旋与周围原子核自旋的超精细相互作用. 所以，顺磁共振仪今天已是物理和化学实验室的标准仪器.

与电子磁矩类似地，原子核磁矩在外磁场中还会引起原子能级进一步的超精细分裂. 电磁辐射的激发也可使体系在这种能隙间跃迁，引起原子核在超精细能隙的两个能级之间共振. 这种磁性原子核在外磁场中被电磁辐射引起的共振，称为 *顺磁原子核的自旋共振*，简称 *核磁共振*. 由于核磁子

$$\mu_{\mathrm{N}} = \frac{e\hbar}{2m_{\mathrm{p}}} = \frac{m_{\mathrm{e}}}{m_{\mathrm{p}}}\mu_{\mathrm{B}},$$

比玻尔磁子小三个数量级，所以用来做核磁共振的波长比原子顺磁共振的大三个数量级，已经到了无线电波的频率范围，相应的实验条件和技术也不同，这里就不具体介绍.

10　　辐射场的统计性质

10.1　热　辐　射

a. 热辐射场

原子之间的碰撞也可以改变原子内部运动状态，引起原子激发，从而发出电磁辐射. 原子动能越大，通过碰撞引起的原子激发就越高，从而发出的辐射量子的频率也就越高. 而这种辐射量子的频率，则与辐射原子的内部能级结构有关.

考虑由大量原子组成的宏观体系. 一定温度下，原子的动能有一个分布，发出的辐射量子的频率也有一个分布. 这时的辐射场，是由大量具有不同频率的辐射量子组成的宏观体系. 其中具有哪些频率，一般地与辐射原子的内部能级结构有关. 而这些辐射量子在各个不同频率上的分布，则与整个辐射场的统计性质有关.

在一个封闭容器中，宏观物体既发出电磁辐射，也吸收电磁辐射. 经过长时间以后，宏观原子体系与辐射场达到热平衡. 达到热平衡的辐射场称为 热辐射场，简称 热辐射. 热辐射是由大量光子 (辐射量子) 组成的处于统计平衡的宏观热力学体系，所以又称为 光子气体.

b. 热辐射的描述

热辐射是均匀、稳定和各向同性的，与位置、时间和方向无关. 在某一频率附近单位频率范围内的热辐射能量密度，只与频率 ν 和温度 T 有关，用 $u(\nu, T)$ 来表示，

$$u(\nu, T) = 在频率 \nu 附近单位频率范围内的热辐射能量密度.$$

这个函数 $u(\nu, T)$ 称为 热辐射能量的谱密度，简称 热辐射能谱 或 热辐射谱. 对所有的辐射频率求和，就可得到 热辐射的能量密度 $u(T)$

$$u(T) = \int u(\nu, T)\mathrm{d}\nu. \tag{10.1}$$

知道了热辐射能谱 $u(\nu, T)$，就可以算出照射在物体单位表面积上的辐射通

量谱 (如图 10.1),

$$e(\nu, T) = \frac{1}{\Delta S} \int c\Delta S \cos\theta \cdot u(\nu, T) \frac{\mathrm{d}\Omega}{4\pi}$$

$$= \frac{cu(\nu, T)}{4\pi} \int_0^{2\pi} \mathrm{d}\phi \int_0^{\pi/2} \sin\theta \cos\theta \mathrm{d}\theta$$

$$= \frac{1}{4} cu(\nu, T). \tag{10.2}$$

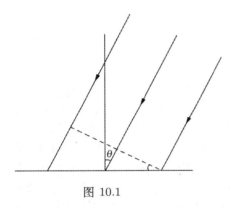

图 10.1

这些照射在物体表面上的辐射通量, 一般地说并不能完全被物体吸收. 可以定义物体的吸收本领

$$a(\nu, T) = \frac{\text{被物体吸收的辐射通量谱}}{\text{照射在物体上的辐射通量谱}},$$

它既依赖于辐射的频率 ν, 也依赖于热辐射的温度 T. 由能量守恒可知, 吸收本领的取值范围在 0—1 之间,

$$0 \leqslant a(\nu, T) \leqslant 1. \tag{10.3}$$

与物体的吸收本领相应地, 还可以定义物体的辐射本领 $r(\nu, T)$ 为从物体单位表面发出的辐射通量谱,

$$r(\nu, T) = \text{从物体单位表面发出的辐射通量谱},$$

它同样既依赖于辐射频率 ν, 也依赖于热辐射的温度 T.

c. 基尔霍夫热辐射定律

任何物体在同一温度下的辐射本领 $r(\nu, T)$ 与吸收本领 $a(\nu, T)$ 成正比, 比值只与频率 ν 和温度 T 有关, 是一个与物质无关的普适函数,

$$\frac{r(\nu, T)}{a(\nu, T)} = \frac{1}{4} cu(\nu, T), \tag{10.4}$$

其中 c 是真空中的光速, $u(\nu, T)$ 是热辐射能谱. 这一关系称为 基尔霍夫 (Kirchhoff) 热辐射定律, 简称 基尔霍夫定律.

为了证明基尔霍夫定律, 考虑在器壁 C 为理想反射体的封闭容器中由物体 A_1, A_2, A_3, $\cdots$ 和辐射场构成的体系, 如图 10.2 所示. 体系达到热平衡的条件, 是每个物体的辐射通量谱应等于它的吸收通量谱,

$$r_i(\nu, T) = a_i(\nu, T)\, e_i(\nu, T), \qquad i = 1, 2, 3, \cdots, \tag{10.5}$$

其中 $e_i(\nu, T)$ 是照射在第 i 个物体单位表面积上的
辐射通量谱. 于是有

$$\frac{r_i(\nu, T)}{a_i(\nu, T)} = e_i(\nu, T), \qquad i = 1, 2, 3, \cdots.$$

代入

$$e_i(\nu, T) = \frac{1}{4} cu(\nu, T),$$

注意在热平衡时辐射场的能谱 $u(\nu, T)$ 与物体 A_1,
A_2, A_3, $\cdots$ 无关, 具有普适性, 就得到基尔霍夫定
律.

图 10.2

10.2 黑 体 辐 射

a. 黑体辐射

一个物体如果在任何温度下都能把照射到它上面的任何频率的辐射能完全
吸收, 则它看起来就是完全黑的. 我们把这种吸收本领 $a(\nu, T)$ 与频率 ν 和温度
T 无关而恒等于 1 的物体称为 绝对黑体, 简称 黑体. 实际上的黑色物体只是近
似的黑体, 它仍然反射一定的辐射, 它对红外或紫外辐射也不一定 "黑".

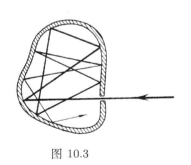

图 10.3

在一个足够大的空腔壁上开一个
足够小的孔, 这个小孔区域就可近似看
成黑体表面, 因为射入这个小孔的辐射
很难再反射出来, 如图 10.3 所示. 用
耐火材料做成的这种空腔, 用电炉加热
使之产生辐射, 就成为一个 空腔辐射
器. 从空腔小孔发出的辐射, 就相当于
从黑体表面发出的辐射. 所以黑体辐射
又称为 空腔辐射.

b. 热辐射能谱

由于黑体吸收本领恒等于 1, 根据基尔霍夫定律, 它的辐射本领正比于热辐
射能谱,

$$r_0(\nu, T) = \frac{1}{4} c\, u(\nu, T), \tag{10.6}$$

所以只要测出黑体辐射本领 $r_0(\nu, T)$, 就测得了热辐射能谱 $u(\nu, T)$.

图 10.4 是测量结果, 横坐标是辐射波长 λ, 纵坐标是用波长来表示的黑体辐

射本领 $r_0(\lambda, T)$. $r_0(\lambda, T)$ 与 $r_0(\nu, T)$ 之间的关系, 可由总辐射本领 R 的表达式

$$R(T) = \int_0^\infty r(\nu, T)\,\mathrm{d}\nu = \int_0^\infty r(\lambda, T)\,\mathrm{d}\lambda \tag{10.7}$$

代入 $\nu = c/\lambda$ 和 $\mathrm{d}\nu = -c\,\mathrm{d}\lambda/\lambda^2$ 而求得:

$$r(\lambda, T) = \frac{c}{\lambda^2}\, r\left(\nu = \frac{c}{\lambda}, T\right). \tag{10.8}$$

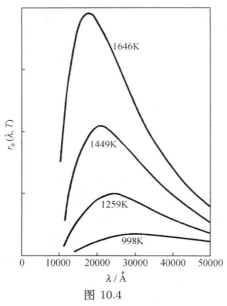

图 10.4

图 10.4 中曲线下的面积代表总辐射本领 $R(T)$. 由图可以看出, R 随 T 单调地增加, 而能谱的峰位随 T 的增高移向短波方向. 这两个性质, 分别是两条实验定律: 斯特藩 - 玻尔兹曼 (Stefan-Boltzmann) 定律和维恩 (Wien) 位移定律.

c. 斯特藩 - 玻尔兹曼定律

斯特藩 - 玻尔兹曼定律的表述为: 黑体辐射的总辐射本领 R_0 与绝对温度 T 的 4 次方成正比,

$$R_0(T) = \int r_0(\lambda, T)\,\mathrm{d}\lambda = \sigma T^4, \tag{10.9}$$

其中比例常数 σ 称为 斯特藩 - 玻尔兹曼常数, 由实验测得为

$$\sigma = 5.670\,400\,(40) \times 10^{-8}\,\mathrm{W/(m^2 \cdot K^4)}. \tag{10.10}$$

与此相关的一个很有用的实际常数, 是太阳辐射到地球大气层外表面单位面积的辐射通量, 称为 太阳常数. 实验测得

$$太阳常数\ I_0 = 1.35\,\mathrm{kW/m^2}. \tag{10.11}$$

例题 1 试由太阳常数估计太阳表面温度.

解 把太阳近似当作黑体, 由斯特藩 - 玻尔兹曼定律可以求出太阳辐射到地球大气层外表面的面元 S 上的辐射通量. 令它等于 S 乘以太阳常数 I_0, 就有

$$\sigma T^4 \cdot 4\pi R^2 \cdot \frac{S/r^2}{4\pi} = SI_0,$$

其中 $R = 7.0 \times 10^8\,\mathrm{m}$ 为太阳半径, $r = 1.5 \times 10^{11}\,\mathrm{m}$ 为日地距离. 代入常数 σ, 就可以算出 $T = 5750\,\mathrm{K}$.

d. 维恩位移定律

维恩位移定律可以表述为: 黑体辐射能谱峰位的波长 λ_M 与温度 T 成反比,

$$\lambda_M T = b = 0.289\,776\,85\,(51)\,\text{cm} \cdot \text{K}, \tag{10.12}$$

其中的 b 是由实验测定的普适常数.

由维恩位移定律可以估计出, 温度在 5000—6000 K 范围内的黑体辐射谱, 峰位 λ_M 位于可见光谱范围的中部, 全部可见光都较强, 引起人眼 "白光" 的感觉, 照明技术上称具有这种光谱的光为 白光.

例题 2 太阳光谱连续部分极大值位于 $\lambda_M = 510\,\text{nm}$ 处, 试求相当的黑体温度 T.

解 由维恩位移定律,

$$T = \frac{b}{\lambda_M} = \frac{0.2898\,\text{cm} \cdot \text{K}}{0.51\mu\text{m}} = 5700\,\text{K}.$$

这与例题 1 用太阳常数的估计相符.

10.3 普朗克黑体辐射定律

a. 光子态密度

作为推导热辐射能谱 $u(\nu, T)$ 的公式的第一步, 我们先来考虑辐射场中单位体积内频率 ν 附近单位频率间隔内电磁辐射的振动模数 $n_0(\nu)$. 为简化起见, 考虑在一矩形盒中的电磁辐射, 盒的三个边长分别为 A, B, C. 在矩形盒中的电磁辐射应该是驻波, 于是辐射波函数

$$\boldsymbol{A}\text{e}^{\text{i}(\boldsymbol{k}\cdot\boldsymbol{r}-\omega t)} \tag{10.13}$$

的波矢量三个分量 k_x, k_y, k_z 应该满足下述条件

$$\begin{aligned} k_x A &= l\pi, & l &= 0, 1, 2, 3, \cdots, \\ k_y B &= m\pi, & m &= 0, 1, 2, 3, \cdots, \\ k_z C &= n\pi, & n &= 0, 1, 2, 3, \cdots. \end{aligned}$$

把它们代入波矢量与频率的关系 $k = 2\pi\nu/c$, 有

$$k^2 = k_x^2 + k_y^2 + k_z^2 = \pi^2\left[\left(\frac{l}{A}\right)^2 + \left(\frac{m}{B}\right)^2 + \left(\frac{n}{C}\right)^2\right] = \left(\frac{2\pi\nu}{c}\right)^2,$$

于是得到在频率 ν 一定时量子数 (l, m, n) 的取值条件

$$\frac{l^2}{\alpha^2} + \frac{m^2}{\beta^2} + \frac{n^2}{\gamma^2} = 1,$$

$$\alpha = \frac{2A\nu}{c}, \qquad \beta = \frac{2B\nu}{c}, \qquad \gamma = \frac{2C\nu}{c}.$$

这是在 lmn 坐标中半轴长分别为 α, β, γ 的椭球方程. 由于 l, m, n 只能取零或正整数, 而它们的每一组允许值相应于 lmn 坐标网格上的一个点, 所以这个椭球体积的 1/8 (只在 lmn 空间的第一象限) 就等于频率在 0 到 ν 之间所有可能的 (l, m, n) 的取值数,

$$N(\nu) = \frac{1}{8} \frac{4\pi}{3} \alpha\beta\gamma = \frac{4\pi V \nu^3}{3c^3}, \tag{10.14}$$

其中 $V = ABC$ 是矩形盒的体积. 于是, 辐射场中单位体积内频率 ν 附近单位频率间隔内电磁辐射的振动模数为

$$n_0(\nu) = \frac{2}{V} \frac{\mathrm{d}N(\nu)}{\mathrm{d}\nu} = \frac{8\pi\nu^2}{c^3}. \tag{10.15}$$

其中乘上因子 2, 是由于对于一组 (l, m, n) (亦即对于一定的波矢量 $\boldsymbol{k}$), 电磁波有两个偏振方向.

由于频率为 ν 的电磁波描述能量为 $h\nu$ 的光子, 频率间隔 $\mathrm{d}\nu$ 相应于光子能量间隔 $h\mathrm{d}\nu$, 所以上述结果又可叙述为: 在光子气体中单位体积内能量 $h\nu$ 附近单位能量间隔内光子态的数目为

$$\frac{8\pi\nu^2}{hc^3}. \tag{10.16}$$

这个量又称为 光子态密度, 其中与两个偏振方向相应的因子 2, 相应于光子自旋沿传播方向有两个投影.

b. 光子平均能量和普朗克公式

作为推导关于 $u(\nu, T)$ 的普朗克公式的第二步, 我们再来考虑辐射场中达到统计平衡时频率为 ν 的光子的平均能量. 根据普朗克假设, 一个频率为 ν 的光子的能量为

$$\varepsilon_0 = h\nu, \tag{10.17}$$

n 个这种光子的能量为 $n\varepsilon_0$, 而一般地有

$$\varepsilon = n\varepsilon_0 = 0, \varepsilon_0, 2\varepsilon_0, 3\varepsilon_0, \cdots, \qquad n = 0, 1, 2, 3, \cdots. \tag{10.18}$$

达到统计平衡时, 体系能量为 ε 的状态的统计概率正比于玻尔兹曼因子

$$\mathrm{e}^{-\beta\varepsilon}, \qquad \text{其中 } \beta = \frac{1}{k_{\mathrm{B}}T}, \tag{10.19}$$

k_B 为玻尔兹曼常数. 所以频率为 ν 的光子的平均能量为

$$\bar{\varepsilon} = \frac{\sum_{n=0}^{\infty} n\varepsilon_0 e^{-n\beta\varepsilon_0}}{\sum_{n=0}^{\infty} e^{-n\beta\varepsilon_0}} = -\frac{\partial}{\partial\beta}\ln\sum_{n=0}^{\infty} e^{-n\beta\varepsilon_0} = \frac{\partial}{\partial\beta}\ln(1 - e^{-\beta\varepsilon_0})$$

$$= \frac{\varepsilon_0 e^{-\beta\varepsilon_0}}{1 - e^{-\beta\varepsilon_0}} = \frac{\varepsilon_0}{e^{\beta\varepsilon_0} - 1} = \frac{h\nu}{e^{h\nu/k_B T} - 1}. \tag{10.20}$$

这里引入的 β 与温度成反比, 所以它或与之成比例的 $h\beta$ 也被称为 *冷度*, 这是理论家更常用的量. 上面的推导与表述若仍用温度 T 作变量, 就没有这么简洁.

最后, 把上述频率为 ν 的光子平均能量 $\bar{\varepsilon}$ 乘以单位体积和单位频率间隔内的光子态数 n_0, 就得到单位频率范围内的热辐射能量的谱密度 $u(\nu, T)$,

$$u(\nu, T) = n_0\bar{\varepsilon} = \frac{8\pi\nu^2}{c^3}\frac{h\nu}{e^{h\nu/k_B T} - 1}, \tag{10.21}$$

这就是 *普朗克黑体辐射定律*, 或称 *普朗克公式*. 代入 $\nu = c/\lambda$ 并乘以 c/λ^2, 就得到用波长来表示的热辐射能谱 $u(\lambda, T)$,

$$u(\lambda, T) = \frac{8\pi hc}{\lambda^5}\frac{1}{e^{hc/\lambda k_B T} - 1}. \tag{10.22}$$

普朗克公式在低频 (长波) 时简化为瑞利 - 金斯 (Rayleigh-Jeans) 公式

$$u(\nu, T) \approx \frac{8\pi\nu^2}{c^3}k_B T, \qquad \text{当 } h\nu \ll k_B T \text{ 时}, \tag{10.23}$$

而在高频 (短波) 时简化为维恩公式

$$u(\nu, T) \approx \frac{8\pi\nu^2}{c^3}h\nu\, e^{-h\nu/k_B T}, \qquad \text{当 } h\nu \gg k_B T \text{ 时}. \tag{10.24}$$

在历史上, 普朗克首先根据只在低频端与实验相符的瑞利 - 金斯公式和只在高频端与实验相符的维恩公式, 用内插法猜出了他的公式, 在整个频率范围都与实验相符. 为了进一步从理论上推导和理解这个公式, 他提出了著名的量子化假设 $\varepsilon = nh\nu$, 从而写下了近代物理学发展史上的第一页. 关于这段历史和这个内插的细节, 可以参阅本书的姐妹篇《在解题中学习近代物理》172—177 页.

c. 普朗克定律的推论

最后我们来指出, 斯特藩 - 玻尔兹曼定律和维恩位移定律都可从普朗克定律推出. 代入基尔霍夫定律和普朗克公式, 黑体辐射的总辐射本领成为

$$R_0(T) = \int_0^\infty r_0(\nu, T)\mathrm{d}\nu = \frac{1}{4}c\int_0^\infty u(\nu, T)\mathrm{d}\nu = \frac{c}{4}\int_0^\infty \frac{8\pi h\nu^3}{c^3}\frac{\mathrm{d}\nu}{e^{h\nu/k_B T} - 1}$$

$$= \frac{2\pi h}{c^2}\left(\frac{k_B T}{h}\right)^4\int_0^\infty \frac{x^3\mathrm{d}x}{e^x - 1},$$

其中

$$\int_0^\infty \frac{x^3 \mathrm{d}x}{\mathrm{e}^x - 1} = \int_0^\infty x^3 \sum_{n=1}^\infty \mathrm{e}^{-nx} \mathrm{d}x = 6 \sum_{n=1}^\infty \frac{1}{n^4} = \frac{\pi^4}{15}, \tag{10.25}$$

于是

$$R_0(T) = \sigma T^4, \qquad \sigma = \frac{2\pi^5 k_{\mathrm{B}}^4}{15 c^2 h^3}. \tag{10.26}$$

这正是斯特藩 - 玻尔兹曼定律, 这里还推出了斯特藩 - 玻尔兹曼常数 σ 的表达式.

黑体辐射能谱的峰位 λ_{M} 可以由普朗克公式 $u(\lambda, T)$ 的极值条件定出:

$$\begin{aligned} \frac{\partial u(\lambda, T)}{\partial \lambda} &= \frac{8\pi hc}{\lambda^6} \frac{-5}{\mathrm{e}^{hc/\lambda k_{\mathrm{B}} T} - 1} + \frac{8\pi hc}{\lambda^5} \frac{hc}{\lambda^2 k_{\mathrm{B}} T} \frac{\mathrm{e}^{hc/\lambda k_{\mathrm{B}} T}}{(\mathrm{e}^{hc/\lambda k_{\mathrm{B}} T} - 1)^2} \\ &= \frac{8\pi hc}{\lambda^6} \frac{1}{(\mathrm{e}^{hc/\lambda k_{\mathrm{B}} T} - 1)^2} \left[5 - \left(5 - \frac{hc}{\lambda k_{\mathrm{B}} T} \right) \mathrm{e}^{hc/\lambda k_{\mathrm{B}} T} \right] = 0, \\ &\qquad \left(5 - \frac{hc}{\lambda k_{\mathrm{B}} T} \right) \mathrm{e}^{hc/\lambda k_{\mathrm{B}} T} = 5. \end{aligned}$$

由此解出

$$\frac{hc}{\lambda_{\mathrm{M}} k_{\mathrm{B}} T} = 4.965,$$

$$\lambda_{\mathrm{M}} T = b, \qquad b = 0.201\,41 \frac{hc}{k_{\mathrm{B}}}. \tag{10.27}$$

这正是维恩位移定律, 这里还推出了常数 b 的表达式. 上述解的计算细节, 请参阅本书的姐妹篇《在解题中学习近代物理》180—181 页.

d. 黑体辐射的逆问题

利用 $u(\nu, T)$ 的普朗克公式, 可以把黑体的辐射本领写成

$$r_0(\nu, T) = \frac{c}{4} u(\nu, T) = \frac{2\pi \nu^2}{c^2} \frac{h\nu}{\mathrm{e}^{h\nu/k_{\mathrm{B}} T} - 1},$$

这也称为黑体的 *辐射功率谱*. 于是, 若黑体表面的温度分布为 $w(T)$, 则其总的辐射功率谱就是

$$R(\nu) = \int_0^\infty w(T) \mathrm{d}T \cdot r_0(\nu, T) = \frac{2\pi h\nu^3}{c^2} \int_0^\infty \frac{w(T) \mathrm{d}T}{\mathrm{e}^{h\nu/k_{\mathrm{B}} T} - 1}.$$

如何从测量得到的总辐射功率谱来提取辐射体表面的温度分布, 亦即如何从 $R(\nu)$ 算出 $w(T)$? 这称为黑体辐射的逆问题, 它在数学上则是求上述积分方程的解.

用 $\theta = h/k_{\mathrm{B}} T$ 作自变量, $\mathrm{d}T = -h \mathrm{d}\theta / k_{\mathrm{B}} \theta^2$, 并作级数展开, 上述方程就成为

$$R(\nu) = \frac{2\pi h^2 \nu^3}{k_{\mathrm{B}} c^2} \int_0^\infty \frac{w(h/k_{\mathrm{B}} \theta) \mathrm{d}\theta}{\theta^2 (\mathrm{e}^{\theta \nu} - 1)} = \frac{2\pi h^2 \nu^3}{k_{\mathrm{B}} c^2} \sum_{n=1}^\infty \int_0^\infty \mathrm{e}^{-n\theta \nu} \frac{w(h/k_{\mathrm{B}} \theta)}{\theta^2} \mathrm{d}\theta$$

$$= \frac{2\pi h^2 \nu^3}{k_\mathrm{B} c^2} \sum_{n=1}^{\infty} \mathcal{L}\left[\theta^{-2} w(h/k_\mathrm{B}\theta); \theta \to n\nu\right],$$

其中

$$\mathcal{L}[F(x); x \to y] = \int_0^\infty \mathrm{e}^{-xy} F(x)\mathrm{d}x = f(y)$$

是函数 $F(x)$ 自变量从 x 到 y 的拉氏 (Laplace) 变换, 而

$$F(x) = \mathcal{L}^{-1}[f(y); y \to x]$$

是函数 $f(y)$ 自变量从 y 到 x 的拉氏反演[1].

为了从 $R(\nu)$ 的上述级数展开式反解出 $w(h/k_\mathrm{B}\theta)$, 可利用莫比乌斯 (Möbius) 反演定理. 这个定理说[2], 对于 $x > 0$, 如果

$$\varPhi(x) = \sum_{n=1}^{\infty} \phi(nx),$$

则有

$$\phi(x) = \sum_{n=1}^{\infty} \mu(n)\varPhi(nx),$$

其中

$$\mu(n) = \begin{cases} 1, & n = 1, \\ (-1)^s, & n = p_1 p_2 \cdots p_s, \\ 0, & \text{其他}, \end{cases}$$

$p_1, p_2, \cdots$ 是不同的 素数, 前 10 个素数是 2, 3, 5, 7, 11, 13, 17, 19, 23, 29. $\mu(n)$ 称为莫比乌斯函数, 它的前 10 个值是

n	1	2	3	4	5	6	7	8	9	10
$\mu(n)$	1	-1	-1	0	-1	1	-1	0	0	1

记住 $\mathcal{L}\left[\theta^{-2} w(h/k_\mathrm{B}\theta); \theta \to n\nu\right]$ 是 $n\nu$ 的函数, 把 $R(\nu)$ 的展开式右边求和号前的因子除到左边, 用莫比乌斯反演定理, 有

$$\mathcal{L}\left[\theta^{-2} w(h/k_\mathrm{B}\theta); \theta \to \nu\right] = \sum_{n=1}^{\infty} \mu(n) \frac{k_\mathrm{B} c^2}{2\pi h^2} \frac{R(n\nu)}{(n\nu)^3}.$$

再求拉氏反演, 把自变量从 ν 变回 θ, 就得到

$$w(T) = \frac{c^2}{2\pi k_\mathrm{B} T^2} \sum_{n=1}^{\infty} \frac{\mu(n)}{n^3} \mathcal{L}^{-1}\left[\frac{R(n\nu)}{\nu^3}; \nu \to \theta\right]_{\theta = h/k_\mathrm{B}T},$$

---

① 吴崇试, 《数学物理方法》第二版, 北京大学出版社, 2003 年, 117 页.

② M.R. Schroeder, *Number theory in science and communication*, third edition, Springer, 1999, p.219. 或上注 114 页.

上式在文献上被称为 陈氏定理[①].

遥感卫星可以探测到地面热辐射的频谱分布, 从中提取出地表的温度分布, 就能够获得有关地面的各种实际信息. 同样, 对导弹发射和核爆炸试验这类敏感事件的监测, 也要用到遥感技术. 所以, 这个黑体辐射的逆问题有很重要的实际意义.

10.4 辐射场 (光子气体) 的热力学

辐射场 (光子气体) 是处于统计平衡的宏观热力学体系, 下面来讨论它的各种热力学性质, 例如它的能量密度、光子数密度、每个光子的平均能量、物态方程等.

辐射场的能量密度为

$$u(T) = \int_0^\infty u(\nu, T)\mathrm{d}\nu,$$

由黑体辐射本领的 (10.6) 式, 有

$$u(T) = \frac{4}{c} \int_0^\infty r_0(\nu, T)\mathrm{d}\nu = \frac{4}{c} R_0(T),$$

再由斯特藩 - 玻尔兹曼定律 (10.9), 就有

$$u(T) = \frac{4}{c} \sigma T^4 = \alpha T^4, \qquad \alpha = \frac{4}{c} \sigma. \tag{10.28}$$

这就是说, 辐射场能量密度与温度 T 的 4 次方成正比, 比例常数 α 是斯特藩 - 玻尔兹曼常数乘以 $4/c$. 利用由普朗克定律推出的 σ 的表达式, 还可以用基本物理常数把 α 表示成

$$\alpha = \frac{8\pi^5 k_{\mathrm{B}}^4}{15h^3c^3}. \tag{10.29}$$

辐射场能谱 $u(\nu, T)$ 除以一个光子的能量 $h\nu$, 就是在频率 ν 附近单位频率范围内的光子数密度,

$$n(\nu, T) = \frac{u(\nu, T)}{h\nu} = \frac{8\pi\nu^2}{c^3} \frac{1}{\mathrm{e}^{h\nu/k_{\mathrm{B}}T} - 1}. \tag{10.30}$$

再对所有光子频率求和, 就得光子气体数密度

$$n(T) = \int_0^\infty n(\nu, T)\mathrm{d}\nu = \frac{8\pi}{c^3} \int_0^\infty \frac{\nu^2 \mathrm{d}\nu}{\mathrm{e}^{h\nu/k_{\mathrm{B}}T} - 1}$$

$$= 8\pi \left(\frac{k_{\mathrm{B}}T}{hc}\right)^3 \int_0^\infty \frac{x^2 \mathrm{d}x}{\mathrm{e}^x - 1},$$

---

① 陈难先, 见 N.X. Chen, *Phys. Rev. Lett.*, **64** (1990) 1193.

其中

$$\int_0^\infty \frac{x^2 \mathrm{d}x}{\mathrm{e}^x - 1} = \int_0^\infty x^2 \sum_{n=1}^\infty \mathrm{e}^{-nx}\mathrm{d}x = 2\sum_{n=1}^\infty \frac{1}{n^3} = 2.404,$$

于是

$$n(T) = 19.232\pi \left(\frac{k_{\mathrm{B}}T}{hc}\right)^3. \tag{10.31}$$

它表明辐射场的光子数密度与温度 T 的 3 次方成正比.

有了辐射场的能量密度 $u(T)$ 和光子数密度 $n(T)$, 就可以求出它的每光子平均能量

$$\begin{aligned} e(T) &= \frac{u(T)}{n(T)} = \frac{8\pi^5(k_{\mathrm{B}}T)^4}{15(hc)^3} \frac{1}{19.232\pi} \left(\frac{hc}{k_{\mathrm{B}}T}\right)^3 \\ &= \frac{\pi^4}{36.06} k_{\mathrm{B}}T, \end{aligned} \tag{10.32}$$

它表明辐射场的每光子平均能量为 $k_{\mathrm{B}}T$ 的数量级.

辐射场的压强

$$P = \overline{\frac{1}{6} nc \cdot 2p} = \frac{1}{3}\overline{n\varepsilon}, \tag{10.33}$$

其中假设光子数密度 n 中 $1/6$ 垂直入射到所考虑的单位截面上, 单位时间内垂直入射到此单位截面上的光子数是 $nc/6$, 每个光子传递给此截面的动量是 $2p$, 而 pc 正是此光子的能量 ε. 上面的横线表示对线下的量求统计平均. 代入 $\overline{n\varepsilon} = u(T)$, 就得光子气体的物态方程

$$P = \frac{1}{3} u(T). \tag{10.34}$$

在极端相对论情形, 粒子能量与动量的关系也是 $\varepsilon = pc$, 所以一般地, 上式是极端相对论性气体的物态方程. 在上面的推导中用到了一些简化假设, 例如 $1/6$ 因子, 但所得物态方程是与严格推导的结果一致的.

讨论题 在绝热膨胀中, 光子气体的 T, $n(T)$, $e(T)$, $P(T)$ 和 λ_{M} 如何随着体积 V 的膨胀而变化? 假设 $k_{\mathrm{B}}T \ll mc^2$, m 为电子质量.

光生正负电子偶过程

$$\gamma + \gamma \longrightarrow \mathrm{e}^+ + \mathrm{e}^-$$

的阈能是 mc^2. 当 $k_{\mathrm{B}}T \ll mc^2$ 时, 光子气体中的光子平均动能比这个阈能低得多, 这个过程可以忽略, 光子数目守恒, 在膨胀过程中

$$n(T)V = 常数,$$

于是有

$$n(T) \propto \frac{1}{V}.$$

由于 $n(T) \propto T^3$, 所以有

$$T \propto \frac{1}{V^{1/3}}.$$

类似地, 由于 $e(T) \propto T$, $P(T) \propto u(T) \propto T^4$, 所以有

$$e(T) \propto \frac{1}{V^{1/3}}, \qquad P(T) \propto \frac{1}{V^{4/3}}.$$

最后, 由维恩位移定律 $\lambda_{\mathrm{M}} \propto 1/T$, 有

$$\lambda_{\mathrm{M}} \propto V^{1/3}.$$

10.5 宇宙微波背景辐射

根据大爆炸宇宙学, 宇宙原初火球在大爆炸的膨胀中, 温度下降. 伽莫夫 (G. Gamow) 于 1940 年由此预言, 现在宇宙中处于热平衡的背景辐射温度约为 $T \sim 5$—$10\mathrm{K}$, $k_{\mathrm{B}}T \sim 10^{-3}\mathrm{eV}$, 相应黑体辐射谱极大值处的波长 $\lambda_{\mathrm{M}} \sim 1\mathrm{mm}$, 位于微波波段. 这一预言于 1964 年被彭齐亚斯 (A.A. Penzias) 和威尔孙 (R.W. Wilson) 的观测所证实.

1962 年彭齐亚斯和威尔孙分别从美国哥伦比亚大学和加利福尼亚理工学院获得博士学位, 到贝尔电话实验室工作. 1963 年初, 他们在霍姆代尔把一台 20 英寸 (1 英寸 =2.54cm) 口径的通信卫星天线改装成射电望远镜, 打算用它来测量银河系内高纬星系 21cm 波段的银晕辐射和中性氢原子的波长约为 21cm 的谱线.

除了所要探测的微波信号外, 来自天空的其它微波, 来自大气的辐射, 天线和波导器件本身结构上的原因, 等等, 都会引起天线反应, 形成无线电 "噪声". 仪器的噪声水平越低, 则其灵敏度就越高. 测定和尽量降低天线的噪声水平, 是为正式观测所必须进行的一项重要的准备. 为此, 他们用一台波长 7.35cm 的红宝石行波微波激射器来测试这架天线.

通常用温度来标志无线电噪声水平, 因为它是由电子的无规热运动造成的, 温度越高, 电子热运动越激烈, 噪声也就越大. 彭齐亚斯和威尔孙的这架天线性能很好. 它设计成喇叭型, 当喇叭口指向天空时, 地面 300K 噪声在天线中只造成 0.3K 的噪声水平, 而在一般射电望远镜中会引起 20—30K 的噪声水平.

1964 年 5 月, 他们用这架天线测量来自天顶的噪声, 结果是 $6.7 \pm 0.3\mathrm{K}$. 其中来自大气辐射 $2.3 \pm 0.3\mathrm{K}$, 来自天线和波导器件本身 $0.9 \pm 0.4\mathrm{K}$, 这两项合计 $3.2 \pm 0.7\mathrm{K}$, 是天线的等效噪声温度. 从 $6.7 \pm 0.3\mathrm{K}$ 中扣除 $3.2 \pm 0.7\mathrm{K}$ 以后, 还多余 $3.5 \pm 1.0\mathrm{K}$.

为了寻找这 3.5±1.0K 噪声水平的来源，他们重测了大气微波吸收；考虑可能有的射电辐射源，反复测量来自地面的噪声；清洗和校准部件接头，在喇叭铆接处贴上铝片；最后，在 1965 年初他们发现和清洗了喇叭喉部的鸽粪. 经过将近一年的努力，他们把多余的噪声水平降到 3.1±1.0K. 结论是：这 3.1±1.0K 噪声水平来自未查明的辐射源，它是各向同性的，非偏振的，日、夜、冬、夏都不变.

就在那时，普林斯顿大学资深天体物理学家狄克 (R.H. Dicke) 领导的一个小组，正在离霍姆代尔仅几英里 (1 英里 =1.6093km) 的地方建造一架 3cm 波段的喇叭型天线，想用它来寻找宇宙背景辐射. 狄克小组的皮伯斯 (P.J.E. Peebles) 做了一个理论分析. 彭齐亚斯听说以后，打电话给狄克. 狄克立即给他寄去了皮伯斯的论文预印本，接着又走访了彭齐亚斯他们的霍姆代尔基地. 讨论以后，狄克相信这 3.1±1.0K 的噪声水平正是他所要寻找的宇宙微波背景辐射，于是双方商定在美国天体物理杂志上发表各自的论文. 彭齐亚斯和威尔孙的论文题目措辞十分谨慎，未提宇宙微波背景辐射：《在 4080MHz 处天线多余温度的测量》，这里 4080MHz 就是 7.35cm 微波的频率. 这篇短文是探索宇宙演化的开始，是宇宙学发展的一大里程碑. 彭齐亚斯和威尔孙因此获 1978 年诺贝尔物理学奖.

1965 年 12 月，狄克组的罗尔等在 3.2cm 波段测得 3.0±0.5K. 波长低于 0.1cm 的微波会被大气层吸收，要用气球升空测量. 1972 年康耐尔大学的小组用火箭，麻萨诸塞理工学院的小组用气球，在远红外波段则得 3K. 1975 年加利福尼亚大学伯克利分校的伍迪 (D.P. Woody) 用气球升空测量，在 0.25—0.06cm 波段测得 2.99K. 表 10.1 是这些早期测量的小结.

表 10.1 宇宙微波背景辐射温度

日 期	测 量 者	测 量 工 具	波 段	温 度
1965 年初	彭齐亚斯、威尔孙	地面喇叭天线	7.35cm	3.1±1.0K
1965.12	罗尔等	地面喇叭天线	3.2cm	3.0±0.5K
1965.12	彭齐亚斯、威尔孙	地面喇叭天线	21.1cm	3.2±1.0K
1972	康耐尔小组	火箭升空	远红外	3K
1972	MIT 小组	气球升空	远红外	3K
1975	伍迪	气球升空	0.25—0.06cm	2.99K

进一步的测量把波段扩充到 0.1—100cm，定出 $T = 2.7$K. 后来，由美国国家航空航天局 (NASA) 的 COBE (Cosmic Background Explorer, 宇宙背景探测者) 卫星进行了更全面和精密的观测. 它探测的波长范围覆盖了包括峰值在内的主要区域，结果与黑体辐射的分布完全符合，定出的温度 $T = 2.728 \pm 0.002$K，如

图 10.5 (a) 所示 [1]. 现在的推荐值是 $T = 2.725 \pm 0.001\,\mathrm{K}$ [2], 由它算出的光子数密度 n, 光子气体能量密度 u 和每光子平均能量 e 分别为

$$n = 4.1 \times 10^8\,\mathrm{m}^{-3},$$

$$u = 2.6 \times 10^5\,\mathrm{eV/m^3} \approx 0.5\,m_e c^2/\mathrm{m^3},$$

$$e = 0.000\,63\,\mathrm{eV}.$$

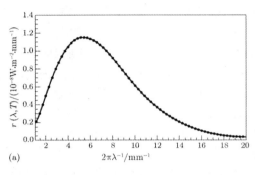

(a)

COBE 所进行的全方位精密观测, 发现宇宙背景辐射并不是完全各向同性的. 它探测到温度在不同方向存在大约 $30\,\mu\mathrm{K}$ 的微小起伏, 如图 10.5 (b) 所示. 而这个温度的微小起伏, 是宇宙年龄大约 40 万年时密度分布不均匀的第一个证据. 天文望远镜的直接观测表明, 在今天基本均匀和各向同性的星系分布中, 也存在同样空间尺度上的起伏, 可以与上述微波背景辐射的起伏进行比较和研究.

由于对宇宙背景辐射 (CBR) 的精密测量与了解, 我们今天已经可以把它用作理想的参考系. 比如, 太阳相对于它的速度是 [3]

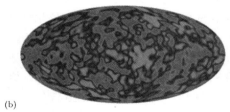

(b)

图 10.5

$$v_\odot = 369 \pm 2\,\mathrm{km/s}.$$

10.6 爱因斯坦辐射理论

一个孤立的原子体系, 由于原子 - 原子间的相互作用, 会达到统计平衡. 一个孤立的光子体系, 在 $k_B T \ll m_e c^2$ 时, 由于光子 - 光子之间无直接相互作用, 不可能达到统计平衡. 所以, 只有存在能与光子发生相互作用的其它实物体系, 例如原子体系时, 光子气体才能达到统计平衡. 在此情形中, 原子 - 光子间的相互作用是使光子体系达到统计平衡的关键. 这一节就来考虑原子体系与光子体系的统计平衡.

① 见 *CERN Courier*, June 1991, p.2.

② 见 W.-M. Yao *et al.* (Particle Data Group), *Journal of Physics* **G33** (2006) 1.

③ C.L. Bennett *et al.*, *Astrophys. J. Supp.* **148** (2003) 1.

a. 辐射跃迁的统计描述

从现象上看, 原子与光子之间有三种相互作用过程, 即: 处于能级 E_1 的原子吸收一个能量为 $h\nu$ 的光子而跃迁到能级 E_2, 这个过程称为原子的 *受激吸收*; 处于能级 E_2 的原子在能量为 $h\nu$ 的光子作用下能够放出一个能量为 $h\nu$ 的光子而跃迁到能级 E_1, 这个过程称为原子的 *受激辐射*; 处于能级 E_2 的原子, 也可以在不受外来激发的情况下自发地放出一个能量为 $h\nu$ 的光子而跃迁到能级 E_1, 这个过程称为原子的 *自发辐射*. 如图 10.6. 在这三种过程中, 原子内部运动状态都发生与辐射相联系的跃迁, 所以又把它们称为原子的三种 *辐射跃迁*.

跃迁能级和辐射频率之间满足玻尔频率条件

$$h\nu = E_2 - E_1, \tag{10.35}$$

这是原子辐射跃迁过程中的能量守恒条件. 除了能量守恒外, 辐射跃迁过程还受其它守恒条件的限制. 不过在统计平衡时, 只有原子能级起作用, 其它因素可用一些描述原子统计平均性质的系数来表示.

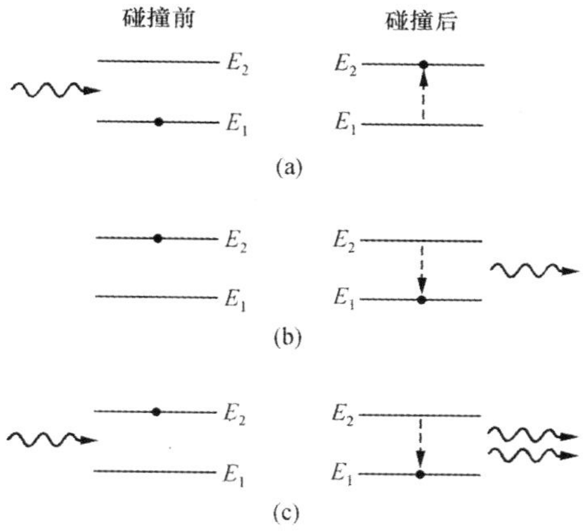

自发辐射中能级 E_2 上原子数目 N_2 在时间 $\mathrm{d}t$ 中的减少可以写成

$$(\mathrm{d}N_{21})_{自} = A_{21}N_2\mathrm{d}t, \tag{10.36}$$

比例常数 A_{21} 是 1 个原子在单位时间

图 10.6

内从能级 E_2 辐射跃迁到能级 E_1 的概率, 称为 *自发辐射系数*, 它描述原子本身的性质.

受激吸收中能级 E_1 上原子数目 N_1 在时间 $\mathrm{d}t$ 中的减少正比于辐射能谱 $u(\nu)$,

$$\mathrm{d}N_{12} = B_{12}u(\nu)N_1\mathrm{d}t, \tag{10.37}$$

比例常数 B_{12} 是 1 个原子在单位时间内从能级 E_1 吸收 1 个光子跃迁到能级 E_2 的概率, 称为 *受激吸收系数*.

类似地, 受激辐射中能级 E_2 上原子数目 N_2 在 $\mathrm{d}t$ 时间内的减少可以写成

$$(\mathrm{d}N_{21})_{受} = B_{21}u(\nu)N_2\mathrm{d}t, \tag{10.38}$$

比例常数 B_{21} 是 1 个原子在单位时间内从能级 E_2 受激发射 1 个光子跃迁到能级 E_1 的概率, 称为 *受激辐射系数*.

b. 爱因斯坦关系

A_{21}, B_{12}, B_{21} 称为 爱因斯坦系数，它们都是原子本身的性质，与原子按能级的分布和外界辐射场无关． N_1 和 N_2 是原子体系在能级 E_1 和 E_2 上的占据数，与原子体系在不同能级上的分布规律有关．在原子体系达到统计平衡时，是玻尔兹曼分布，

$$N_n \propto g_n \mathrm{e}^{-E_n/k_\mathrm{B}T}, \tag{10.39}$$

其中 g_n 是原子能级 E_n 的简并度．

如果每两个能级之间，粒子的交换都达到平衡，就称体系达到 细致平衡．这时有

$$\mathrm{d}N_{12} = (\mathrm{d}N_{21})_{自} + (\mathrm{d}N_{21})_{受}. \tag{10.40}$$

代入 (10.36)、 (10.37) 和 (10.38) 式，有

$$B_{12}u(\nu)N_1 = [A_{21} + B_{21}u(\nu)]N_2.$$

由玻尔兹曼分布和玻尔频率条件给出

$$\frac{N_2}{N_1} = \frac{g_2}{g_1}\,\mathrm{e}^{-(E_2-E_1)/k_\mathrm{B}T} = \frac{g_2}{g_1}\,\mathrm{e}^{-h\nu/k_\mathrm{B}T},$$

再利用统计平衡时的普朗克定律

$$u(\nu) = \frac{8\pi h\nu^3}{c^3}\frac{1}{\mathrm{e}^{h\nu/k_\mathrm{B}T}-1},$$

可以解出系数 A_{21}, B_{12} 和 B_{21} 之间的下述 爱因斯坦关系

$$g_1 B_{12} = g_2 B_{21}, \qquad A_{21} = \frac{8\pi h\nu^3}{c^3}B_{21}. \tag{10.41}$$

它们表明：在简并度相同的两态之间受激吸收系数等于受激辐射系数；自发辐射系数正比于受激辐射系数．所以，越难激发上去的能级，自发跃迁下来的概率也越小．

自发辐射是随机过程，光子的相位、偏振、传播方向都无确定关系，是非相干光．而受激辐射的频率、相位、偏振和传播方向都与外来光波相同，这种光称为 相干光．

10.7 谱线的宽度

实验观测到的原子光谱的谱线，都有一定的宽度．如果强度分布的峰在 ν_0 处，则可用强度下降到一半的两点间隔 $\Delta\nu$ 来描述这条谱线的宽度，如图 10.7．引起谱线展宽的原因很多，在通常条件下，主要有自然线宽、碰撞展宽和多普勒展宽．

a. 自然线宽

谱线的自然线宽, 取决于原子结构本身的性质. 处于激发能级 E_2 的原子, 由于自发辐射跃迁, 是不稳定的, 有一定的寿命. 如果能级 E_2 上原子数目 N_2 的减少完全是由自发辐射跃迁引起的, 就有

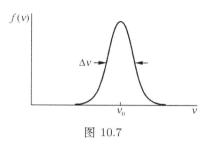

图 10.7

$$dN_2 = -(dN_{21})_{自} = -A_{21}N_2 dt. \quad (10.42)$$

由此可以解出

$$N_2 = N_{20}e^{-A_{21}t}, \quad (10.43)$$

其中 N_{20} 是 $t = 0$ 时处于能级 E_2 的原子数. 于是, 原子处于能级 E_2 的平均寿命为

$$\tau_2 = \frac{1}{N_{20}} \int_{N_{20}}^{0} t(-dN_2) = \frac{1}{N_{20}} \int_{0}^{\infty} tA_{21}N_2 dt$$
$$= A_{21} \int_{0}^{\infty} t\, e^{-A_{21}t} dt = \frac{1}{A_{21}}. \quad (10.44)$$

也就是说, 对于 $E_2 \to E_1$ 的自然跃迁而言, 能级 E_2 的平均寿命等于跃迁概率的倒数. 利用这个结果, 可把 (10.43) 式改写成

$$N_2 = N_{20}e^{-t/\tau_2}. \quad (10.45)$$

所以, 经过平均寿命 τ_2 的时间, 能级 E_2 上的原子数衰减到原数的 $1/e$.

一般地, 处于激发能级 E_n 的原子, 自发跃迁到较低能级 E_m 的概率为 A_{nm}, 能级 E_n 的平均寿命为

$$\tau_n = \frac{1}{\sum\limits_{m=1}^{n-1} A_{nm}}. \quad (10.46)$$

激发能级 E_n 越高, 它的寿命也就越短.

由于处于能级 E_m 的原子有一定的寿命 τ_m, 测量这个能级的实验持续时间上限

$$\Delta t \sim \tau_m,$$

所以测得的 E_m 有一测不准 ΔE_m. 由时间 - 能量测不准关系

$$\Delta t \Delta E_m \sim \tau_m \Delta E_m \geqslant \frac{\hbar}{2},$$

能级 E_m 的宽度为

$$\Delta E_m \geqslant \frac{\hbar}{2\tau_m}.$$

于是, 谱线的自然宽度为

$$\Delta\nu = \frac{\Delta(E_n - E_m)}{\hbar} \geqslant \frac{1}{4\pi}\left(\frac{1}{\tau_n} + \frac{1}{\tau_m}\right). \tag{10.47}$$

当 E_m 为基态 E_1 时, 寿命 $\tau_1 \to \infty$, $\Delta E_1 \to 0$, 有

$$\Delta\nu \geqslant \frac{1}{4\pi\tau_n}. \tag{10.48}$$

一般原子亚稳态 $\tau > 10^{-3}\text{s}$, 故谱线自然宽度 $\Delta\nu \sim 10^2\text{Hz}$ 或更小.

b. 碰撞展宽和多普勒展宽

原子间的碰撞也会引起跃迁 $E_2 \to E_1$, 这相当于缩短能级 E_2 的寿命, 从而导致谱线展宽. 碰撞频率取决于原子气体的压强, 所以这种展宽又称为 压力展宽. 例如 He-Ne 混合气体, 当压强为 1—2mmHg (1mmHg=133.322Pa) 时, Ne 原子 632.8nm 线的碰撞展宽约为 100—200MHz, 远大于自然线宽.

由于热运动, 每个原子都是一个运动光源, 发出的光波有多普勒效应, 频率从 ν_0 变为 ν,

$$\frac{\nu - \nu_0}{\nu_0} \approx \frac{v}{c},$$

v 是原子热运动速度. 气体原子热运动速度遵从麦克斯韦分布,

$$\mathrm{d}N \sim \mathrm{e}^{-m_A v^2/2k_B T}\mathrm{d}v,$$

其中 m_A 为原子质量. 从而谱线展宽轮廓为

$$I(\nu)\,\mathrm{d}\nu = I_0\,\mathrm{e}^{-\frac{m_A c^2}{2k_B T}\left(\frac{\nu - \nu_0}{\nu_0}\right)^2}\mathrm{d}\nu. \tag{10.49}$$

这是高斯 (Gauss) 型分布, 宽度 $\Delta\nu$ 依赖于温度,

$$\Delta\nu = \sqrt{8\ln 2 \cdot \frac{k_B T}{m_A c^2}} \cdot \nu_0, \tag{10.50}$$

这称为 多普勒展宽. 对于 He-Ne 混合气体, 室温下 Ne 原子 632.8nm 线的多普勒展宽为 1300MHz, 比碰撞展宽还大一个量级.

实验测到的谱线宽度, 是各种原因引起的谱线宽度之总和. 不同的光源, 线宽的主要来源不同.

例题 3 对一类星体的巴耳末线 $H_\beta 4861$, 测得其半宽度为 48.6Å. 能否由此定出 H 发射区的温度?

解 类星体表面温度极高, 而压强很低, 谱线宽度主要来自多普勒展宽, 自然线宽和压力展宽都可以忽略. 由多普勒展宽 $\Delta\nu$ 的公式可以求出

$$T = \frac{m_A c^2}{8\ln 2 \cdot k_B}\left(\frac{\Delta\nu}{\nu_0}\right)^2 = \frac{m_A c^2}{8\ln 2 \cdot k_B}\left(\frac{\Delta\lambda}{\lambda}\right)^2 \approx \frac{m_A c^2}{8\ln 2 \cdot k_B}\left(\frac{\Delta\lambda}{\lambda_0}\right)^2$$

$$= \frac{939\,\text{MeV}}{8\ln 2 \times 8.617 \times 10^{-11}\,\text{MeV/K}}\left(\frac{2 \times 48.6}{4861}\right)^2 = 7.86 \times 10^8\text{K}.$$

10.8 激光的基本概念

实验观测到的谱线强度正比于单位时间内发生跃迁 $2\to1$ 的原子数, 从而正比于能级 E_2 上的原子数 N_2. 在统计平衡时, 原子在能级上的分布是玻尔兹曼正则分布,

$$N_n \propto g_n \mathrm{e}^{-E_n/k_\mathrm{B}T}. \tag{10.51}$$

当两个能级的简并度相同时, $g_1 = g_2$, 有

$$\frac{N_2}{N_1} = \mathrm{e}^{-(E_2-E_1)/k_\mathrm{B}T}. \tag{10.52}$$

可以看出, 温度不太高时, 绝大部分原子都处在基态, $N_2 \ll N_1$. 例如室温 $k_\mathrm{B}T = 0.025\,\mathrm{eV}$ 时, 氢原子的

$$\frac{N_2}{N_1} = \mathrm{e}^{-\frac{-3.40+13.60}{0.025}} \approx \mathrm{e}^{-400} \approx 10^{-170}.$$

若用某种办法使激发态的原子数多于基态的原子数, $N_2 > N_1$, 则这时原子体系所处的状态不是统计平衡态. 若仍写成 (10.52) 式, 则这时的温度是负的, $T < 0$. 这种 $N_2 > N_1$ 的情形, 称为 粒子数反转 或 反转分布.

由于爱因斯坦系数 $B_{12} = B_{21}$, 在正则分布时受激吸收大于受激辐射, 宏观上是净吸收光; 在反转分布时, 受激吸收小于受激辐射, 宏观上是净辐射光. 所以在反转分布时, 少量入射光能激发出大量的光辐射, 表现为光放大. 这种受激辐射光的放大, 简称为 激光, 英语为 LASER (莱塞), 是 Light Amplification by Stimulated Emission of Radiation 取字头的缩写.

实验室中常用的一种氦氖激光器, 由按一定比例混合成的 He-Ne 混合气体作工作物质. 氦原子基态 $1s^2$ 是 $^1S_0$ 态, 低激发态 $1s2s$ 可以耦合成 $^1S_0$ 和 $^3S_1$, 如图 10.8 的左边. 氖原子 10 个电子的基态为 $1s^22s^22p^6$, 低激发态有 $2p^53s$, $2p^53p$, $2p^54s$, $2p^54p$, $2p^55s$ 等, 如图 10.8 的右边. He-Ne 混合气体封装在放电管中. 气体放电时, He 原子与电子碰撞, 激发到 $^1S_0$ 和 $^3S_1$ 亚稳态 He*. 激发态 He* 原子与基态 Ne 原子碰撞, 使 Ne 激发到 $2p^54s$ 和 $2p^55s$ 激发态, 形成这两个态对于 $2p^53p$ 和 $2p^54p$ 的粒子数反转, 发出受激辐射. 主要有

$$\begin{array}{lll} 2p^55s \to 2p^54p, & 3.39\mu m, & \text{远红外,} \\ 2p^55s \to 2p^53p, & 0.6328\mu m, & \text{红色,} \\ 2p^54s \to 2p^53p, & 1.1523\mu m, & \text{近红外.} \end{array}$$

然后 $2p^53p \to 2p^53s$ 发另外一条光, 而 $2p^53s$ 态 Ne 原子则通过与其它原子碰撞回到基态.

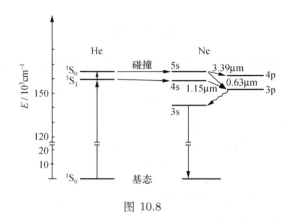

图 10.8

这里 Ne 是产生激光的介质, 称为 激活介质. He 是传递能量的介质, 它把电源通过放电电流输入的能量传递给 Ne, 把 Ne 从基态 "抽运" 到激发态. 放电管两端是由两面反射镜 M 构成的光学谐振腔, 其中一面中心处镀银反射膜是半透明的, 是激光出射窗口. 激光在它们之间来回反射, 形成驻波, 只留下轴向运动的光子, 其它方向的光子都从侧面射出. 这就形成一束单色性极好、平行性极好、强度极高的相干光, 从窗口射出, 如图 10.9.

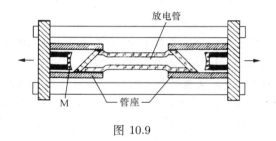

图 10.9

激光的单色性 $\Delta\nu \sim 10\mathrm{Hz}$, 对于可见光为 $\Delta\nu/\nu \sim 10^{-15}$, 相干波列长度 $l = c\Delta t = c/\Delta\nu \sim 30\,000\mathrm{km}$, 而普通光源只有 $l \sim 1\mathrm{m}$. 激光出射的平行性仅受出射窗口衍射的限制, 可以射出极远的距离仍不散开. 激光辐射强度极高, 脉冲功率可达 10^{12}—$10^{13}\mathrm{W}$. 这三个特点, 表明激光可以在极窄的光谱范围内供给极高的光子通量密度. 此外, 还可把激光脉冲压缩在极短时间 ($\sim 10^{-13}\mathrm{s}$) 内.

气态激活介质中, 除了 He-Ne 混合气体外, 常用的还有 CO_2. 某些染料溶液可用作液态激活介质, 其优点在于激光频率是连续可调的. 固态激活介质有红宝石、玻璃、含钕柘榴石等. 红宝石是掺了 Cr^{3+} 离子的 Al_2O_3, 其中 Cr^{3+} 离子是激光源, 产生波长为 $694.3\,\mathrm{nm}$ 的红色激光.

11　分 子 结 构

11.1　氢分子离子

两个质子之间的库仑排斥使得它们不可能形成束缚体系. 如果再加上一个电子，由于电子与每个质子都有库仑吸引，就有可能形成一个束缚体系. 这种由两个质子与一个电子在库仑作用下形成的束缚体系，就是氢分子离子 H_2^+.

a. 绝热近似波函数

在氢分子离子中，质子与电子的波长数量级相同，都是束缚体系的大小，所以质子与电子运动的动量数量级相同. 而质子质量比电子大 3 个数量级，所以质子速度比电子小 3 个数量级. 在考虑电子的运动求电子云的分布时，可以近似地忽略质子的运动，把它们当作静止的；而在考虑质子的运动时，则可以近似地认为电子对质子运动的反应足够快，电子云能够无改变地随着质子一起运动. 这种近似称为 玻恩 - 奥本海默 (Oppenheimer) 近似，或 绝热近似.

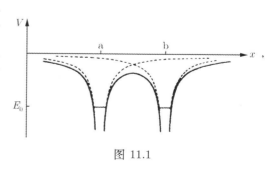

图 11.1

在绝热近似下，电子在两个质子的静电场中运动，电子势能 V 是两项库仑能之和，如图 11.1，是两个无限深势阱，被一势垒分开. 当电子在质子 a 附近时，波函数近似为以 a 为中心的氢原子基态波函数 φ_a. 当电子在质子 b 附近时，波函数近似为以 b 为中心的氢原子基态波函数 φ_b. φ_a 与 φ_b 分别是 a 与 b 的 s 波函数.

当两个质子的距离 r_{ab} 不太大时，势垒不太高. 由于隧道效应，电子既可出现在 φ_a 态，也可出现在 φ_b 态. 由于两个质子全同，电子势能对 a 和 b 是对称的，电子出现在 φ_a 和 φ_b 态的概率相同. 所以电子所处的态可近似取下述叠加态，

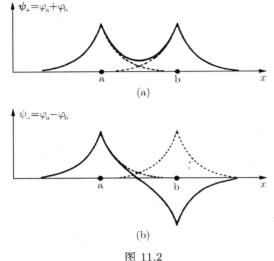

图 11.2

$$\psi_\pm = C_\pm(\varphi_a \pm \varphi_b), \qquad (11.1)$$

其中 $C_\pm$ 是归一化常数. ψ_+ 态是 φ_a 与 φ_b 的同相位叠加, 结果为一无节点对称波函数, 如图 11.2(a). ψ_- 态是 φ_a 与 φ_b 态的反相位叠加, 在距离 r_{ab} 的中点为 0, 是有一个节点的反对称波函数, 如图 11.2(b).

可以看出, 在两个质子之间, ψ_+ 态的电子概率增加, 在中点处是 φ_a 或 φ_b 态的概率的 4 倍; ψ_- 态的电子概率减少, 在中点处 φ_a 与 φ_b 相消为零.

b. 能量关系

由于 ψ_+ 态的电子在两个质子之间的概率大于 ψ_- 态的电子, 而电子处于两个质子之间时势能较低, 所以对称态 ψ_+ 的能量 E_+ 比反对称态 ψ_- 的能量 E_- 低, 更利于形成束缚:

$$E_+ < E_-. \qquad (11.2)$$

电子的波函数 ψ_+, ψ_- 和位能 V 都依赖于质子间距 r_{ab}, 所以电子的能量 E_+ 与 E_- 也都依赖于质子间距 r_{ab}. 从 $r_{ab} \to 0$ 时波函数的渐近行为

$$\psi_+ \to \varphi_s, \qquad 当 r_{ab} \to 0, \qquad (11.3)$$

$$\psi_- \to \varphi_{2p}, \qquad 当 r_{ab} \to 0, \qquad (11.4)$$

可以看出

$$\begin{cases} E_+ \to Z^2 E_0 = 2^2 \times (-13.6\,\text{eV}) = -54.4\,\text{eV}, & 当 r_{ab} \to 0, \\ E_- \to (Z/n)^2 E_0 = E_0 = -13.6\,\text{eV}, & 当 r_{ab} \to 0. \end{cases} \qquad (11.5)$$

另一方面, 当 $r_{ab} \to \infty$ 时波函数的渐近行为是

$$\psi_\pm \to \varphi_s, \qquad 当 r_{ab} \to \infty, \qquad (11.6)$$

所以有

$$E_\pm \to E_0 = -13.6\,\text{eV}, \qquad 当 r_{ab} \to \infty. \qquad (11.7)$$

量子力学计算的 $E_\pm(r_{ab})$ 如图 11.3.

氢分子离子 H_2^+ 体系的总能量 E, 应等于上述电子能量 $E_\pm$ 与质子间库仑能 V_C 之和,

$$E = V_C + E_\pm, \qquad (11.8)$$

$$V_C = \frac{1}{4\pi\varepsilon_0}\frac{e^2}{r_{ab}}. \qquad (11.9)$$

从图 11.3 可以看出, ψ_+ 态的总能量 $V_C + E_+$ 在 $r_{ab} = r_0$ 处有一极小, 极小能量比 $r_{ab} \to \infty$ 的 $-13.6\,\mathrm{eV}$ 低 $-E_B$,

$$\left.\begin{array}{l} r_0 = 1.06\,\text{Å}, \\ E_B = 2.648\,\mathrm{eV}. \end{array}\right\} \qquad (11.10)$$

所以, ψ_+ 态在两质子相距约 $2a_0$ ($r_0 \approx 2a_0$) 处形成束缚态, 使体系离解为

$$H_2^+ \longrightarrow H + H^+$$

的 离解能 为 E_B (因为太挤, 图中未标出 r_0 和 E_B 的位置).

ψ_- 态的总能量 $V_C + E_-$ 单调下降, 最低点在 $r_{ab} \to \infty$ 处, ψ_- 态不能形成束缚态.

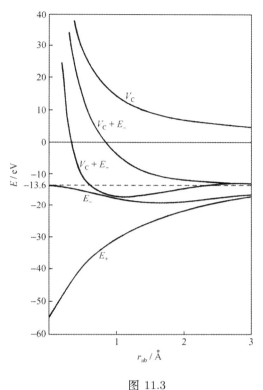

图 11.3

11.2 s 共价键分子

化学家把原子中的电子态 φ_a, φ_b 称为 原子轨道, 而把分子或分子离子中的电子态 ψ_+, ψ_- 称为 分子轨道. 上一节的讨论表明, 当两个原子接近时, 电子从原子轨道过渡到分子轨道, 两个互相独立但相同 (简并) 的原子轨道 φ_a 和 φ_b 过渡为两个不同 (不简并) 的分子轨道 ψ_+ 和 ψ_-.

分子轨道 ψ_+ 由两个原子轨道 φ_a 与 φ_b 同相位叠加, 核间电子云加浓, 使能量降低, 形成稳定的束缚体系. 化学家把原子之间的束缚称为 键, 所以 ψ_+ 又称为 成键轨道, 简称 成键.

分子轨道 ψ_- 由两个原子轨道 φ_a 与 φ_b 反相位叠加, 核间电子云变稀, 使能量升高, 不能形成稳定的束缚体系, 所以 ψ_- 又称为 反键轨道, 简称 反键.

无论是成键还是反键，它们描述的电子都不局限在一个原子核附近，而为两个原子核所共有. 这在化学上称为 共价键. 这里的原子轨道 φ_a 和 φ_b 都是 s 波，所以这种共价键称为 s 共价键，简称 s 键.

泡利原理同样也适用于电子的分子轨道. 每一分子轨道至多填两个电子，它们的自旋相反. 根据这一规则，就可以定性地分析电子在分子轨道上的填充.

讨论题 1 试讨论 H_2 分子中的电子轨道.

两个电子可以填入 ψ_+ 轨道，形成稳定的分子. 这时的电子能量为 $2E_+$，它随着 r_{ab} 的减小下降得比 E_+ 更快，所以总能量 $V_C + 2E_+$ 的极小点移向左边，r_0 比 H_2^+ 的更小，能量比 H_2^+ 的更低，相应地离解能 E_B 比 H_2^+ 的更大，见图 11.4. 图中 $r_{ab} \to \infty$ 时成键能量和反键能量都趋向于离解成两个 H 原子的能量 $-27.2\,\mathrm{eV}$，它到成键能量极小点的距离 $E_B = 4.5\,\mathrm{eV}$ 则是 H_2 分子离解成两个 H 原子的离解能.

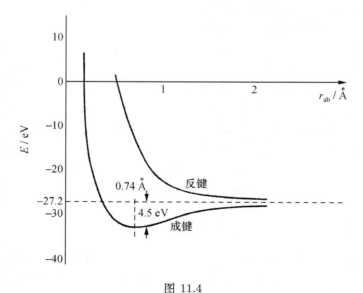

图 11.4

讨论题 2 有没有稳定的 He_2 和 He_2^+?

He_2 有 4 个电子，两个填 ψ_+，另两个只能填 ψ_-，净效果不稳定. He_2^+ 有 3 个电子，两个填 ψ_+，另一个填 ψ_-，净效果是稳定的. 实际上，He^+ 相当于 1 个正电荷，所以 He_2^+ 类似于 H_2^+，它的 $r_0 = 1.08\,\text{Å}$，$E_B = 3.1\,\mathrm{eV}$. 表 11.1 给出了一些 s 共价键分子的离解能 E_B 和平衡距离 r_0.

表 11.1　s 键分子的性质

s 键分子	离解能 E_B/eV	平衡距离 r_0/Å
H_2	4.52	0.74
Li_2	1.10	2.67
Na_2	0.80	3.08
K_2	0.59	3.92
LiNa	0.91	2.81
KNa	0.66	3.47
LiH	2.43	1.60
Rb_2	0.47	4.22
NaRb	0.61	3.59
Cs_2	0.43	4.50
NaH	2.09	1.89

11.3　其他共价键分子

前面讨论的是外层单个 s 价电子形成的 ss 共价键. 现在来讨论外层多个 p 价电子形成的 pp 共价键, 以及 s 价电子与 p 价电子形成的 sp 分子键.

p 原子轨道有 3 个, 它们分别是 p 波中 Y_{11} 与 Y_{1-1} 的线性叠加 (见 (7.65) 式)

$$p_x = \frac{-1}{\sqrt{2}}(Y_{11} - Y_{1-1}) = \sqrt{\frac{3}{4\pi}}\frac{x}{r}, \tag{11.11}$$

$$p_y = \frac{i}{\sqrt{2}}(Y_{11} + Y_{1-1}) = \sqrt{\frac{3}{4\pi}}\frac{y}{r}, \tag{11.12}$$

以及 Y_{10} (见 (7.64) 式),

$$p_z = Y_{10} = \sqrt{\frac{3}{4\pi}}\frac{z}{r}. \tag{11.13}$$

p_x, p_y 和 p_z 这三个原子轨道的分布分别沿 x, y 和 z 轴方向, 如图 11.5.

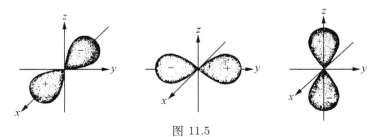

图 11.5

a. pp 共价键

两个原子接近时, 它们的 p 价电子轨道发生重叠, 就会形成 pp 共价键. 取两个原子中心连线沿 x 轴, 则 p_x 轨道的重叠大于 p_y 和 p_z 轨道的重叠, 故 p_x

的成键

$$p_{x+} \sim p_{xa} + p_{xb} \tag{11.14}$$

束缚最稳, 而其反键

$$p_{x-} \sim p_{xa} - p_{xb} \tag{11.15}$$

最不稳定. 其中下标 a 和 b 表示原子 a 和 b. 类似地, 可以写出 p_y 和 p_z 轨道的成键和反键波函数. 电子处于这些分子轨道上的能级随原子距离 r_{ab} 的变化如图 11.6. 为了作定性的比较, 图中也画出了 1s 和 2s 共价键的能级.

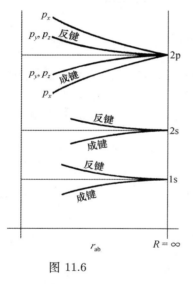

图 11.6

例 1 N_2 分子. N 原子电子组态 $1s^2 2s^2 2p^3$, 有 3 个 2p 价电子. 在 N_2 分子中, 6 个 2p 价电子正好填满 3 个 2p 成键分子轨道, 形成极稳定的双原子分子, 很难与周围的分子发生作用. $E_B = 9.8\,\text{eV}$, $r_0 = 1.1\text{Å}$.

例 2 O_2 分子. O 原子电子组态 $1s^2 2s^2 2p^4$, 有 4 个 2p 价电子. 在 O_2 分子中, 8 个 2p 价电子除了填满 3 个 2p 成键分子轨道外, 还有 2 个电子填入 p_y, p_z 的反键轨道, 所以 O_2 分子不如 N_2 稳定, 键较容易被打开, 与周围的分子发生化学反应. 如金属在空气中被氧化. $E_B = 5.1\,\text{eV}$, $r_0 = 1.2\text{Å}$.

例 3 F_2 分子. F 原子电子组态 $1s^2 2s^2 2p^5$, 有 5 个 2p 价电子. 在 F_2 分子中, 10 个 2p 价电子, 有 4 个填入 p_y, p_z 的反链轨道, 所以 F_2 比 O_2 还不稳定, 与许多物质都极易发生反应. $E_B = 1.6\,\text{eV}$, 比可见光能量 2—4 eV 还小, 所以 F_2 在曝光下不稳定, 极易分解为 F 原子. 其余卤素元素如 Cl, Br, I, At, 也形成 pp 共价键双原子分子, 很像 F_2, 键较弱, 极易发生化学反应或被光分解.

其余 np^3 或 np^4 价电子的原子, 如 P, As, Sb, Bi 和 S, Se, Te, Po, 在常温下都是固体, 这时原子间的相互作用比分子键更重要, 看不到分子性质.

b. sp 分子键

s 价电子的原子与 p 价电子的原子接近, 原子轨道发生重叠时, 有可能形成 sp 分子键.

例 4 HF 分子. H 原子的价电子为 $1s^1$, 波函数

$$\varphi_{\mathrm{H}} = \varphi_{\mathrm{s}} = \frac{1}{\sqrt{\pi a_0^3}}\, e^{-r/a_0}$$

总是正的. F 原子的价电子为 $2p^5$, 其中 4 个已配对填入 2 个原子轨道, 只需要考虑 1 个 2p 电子, 波函数

$$\varphi_{\mathrm{F}} = \varphi_{2\mathrm{p}} \sim x, y, z,$$

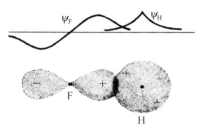

图 11.7

有正有负. H 原子与 F 原子接近时的波函数重叠如图 11.7 所示, 其中的正、负号表示波函数的正、负区域. 当 φ_{s} 与 $\varphi_{2\mathrm{p}}$ 同相位叠加时, 核间电子云加密, 为 sp 成键分子轨道; 当 φ_{s} 与 $\varphi_{2\mathrm{p}}$ 反相位叠加时, 核间电子云减弱, 为 sp 反键分子轨道. 表 11.2 给出 sp 键分子的一些例子.

表 11.2　sp 键分子的性质

分子	离解能 E_{B}/eV	平衡距离 r_0/Å
HF	5.90	0.92
HCl	4.48	1.28
HBr	3.79	1.41
HI	3.10	1.60
LiF	5.98	1.56
LiCl	4.86	2.02
NaF	4.99	1.93
NaCl	4.26	2.36
KF	5.15	2.17
KCl	4.43	2.67

例 5 H_2O 分子. O 的价电子为 $2p^4$, 其中 3 个分别填入 p_x, p_y, p_z 原子轨道, 第 4 个再填入其中一个, 例如 p_x. 因而, O 有 2 个未配对的 2p 电子, 可分别与 H 的 1s 电子成键, 形成 H_2O 分子. 这种分子键称为 **直接键**, 有固定和可测量的相对方位角, 称为 **键角**. 由于两个 H 原子的库仑排斥, 这个角比 90° 稍大, 见表 11.3. 可以看出, 键角随中心原子的电荷数 Z 的增加而减小, 趋向于 90°.

表 11.3　sp 直接键的键角

分子	H_2O	H_2S	H_2Se	H_2Te	NH_3	PH_3	AsH_3	SbH_3
键角 /(°)	104.5	93.3	91.0	89.5	107.3	93.3	91.8	91.3
中心原子的 Z	8	16	34	52	7	15	33	51

c. sp 杂化轨道

C 的电子组态为 $1s^2 2s^2 2p^2$, 若价电子为 $2p^2$, 则可形成 sp 直接键分子 CH_2, 键角近似为 90°, 与 H_2O 分子类似. 但实际上形成甲烷 CH_4, 有 4 个相等的键,

CH$_4$ 分子呈正四面体结构，C 原子在中心，4 个 H 原子在四面体顶角.

这是由于，在周围 H 原子的作用下，C 原子中 1 个 2s 电子激发到 2p 壳，形成 2s2p^3 组态. 由于移近的 H 原子的作用，这时的 2s 轨道与 3 个 p 轨道 p_x，p_y，p_z 实际上简并，这 4 个电子实际所处的原子轨道已不是纯粹的 φ_{2s} 或 φ_{2p}，而是它们适当的叠加态. 这种 sp 叠加态，称为 sp 杂化轨道. 叠加的方式不同，杂化后新的原子轨道也就不同.

CH$_4$ 的情形，是 C 的 1 个 2s 电子与 3 个 2p 电子形成 sp^3 四面体杂化. 杂化后新的 4 个原子轨道的电子云，就像从正四面体中心伸向四个顶点的四条臂，相邻两条臂间的键角为 109.5°.

此外，也可以是 1 个 2s 电子与 2 个 2p 电子形成 sp^2 三角形杂化. 杂化后的 3 个原子轨道的电子云就像从正三角形中心伸向三个顶点的三条臂，相邻两条臂间的键角为 120°，而第 3 个 2p 电子仍在原来的 2p 态，其原子轨道与上述三角形的平面垂直. 乙烯 C$_2$H$_4$ 中的 C 就属于这种情形，这时两个 C 原子间的键有两个，其一是 sp^2 三角形杂化轨道，另一则是通常的 pp 共价键.

最后，还可以是 1 个 2s 电子与 1 个 2p 电子形成 sp 对角杂化，杂化后新的 2 个原子轨道的电子云就像一个哑铃，而另两个电子仍在 2p 态，它们的原子轨道互相垂直，处于哑铃的中垂面内. 乙炔 C$_2$H$_2$ 属于此情形，这时两个 C 原子间有 1 个 sp 杂化键，2 个通常的 pp 共价键.

C 原子中 2s 电子与 2p 电子的 sp 对角杂化、sp^2 三角形杂化和 sp^3 四面体杂化轨道示意如图 11.8. 由于 C 原子中的电子在周围 H 原子的作用下可以有这些不同的原子轨道，所以碳氢化合物可以表现出多种不同的结构.

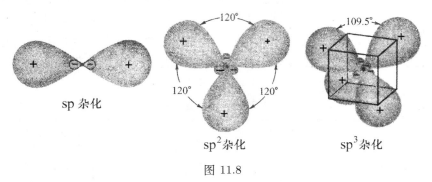

图 11.8

除了 C 的 2s 2p 杂化外，还有 N 的 2s 2p 杂化，Si 的 3s 3p 杂化，和 Ge 的 4s 4p 杂化. 所以，Si 和 Ge 也表现为多种 4 价的键，不仅是半导体材料，还在有机化合物中起作用. 表 11.4 给出了一些 sp^3 杂化分子的键角.

表 11.4 sp^3 杂化的键角

分子	CCl$_4$	C$_2$H$_6$	C$_2$Cl$_6$	CClF$_3$	CH$_3$Cl	SiHF$_3$	SiH$_3$Cl	GeHCl$_3$	GeH$_3$Cl
键角 /(°)	109.5	109.3	109.3	108.6	110.5	108.2	110.2	108.3	110.9

11.4 离子键与电离度

a. 离子键

我们来看 Na 原子与 Cl 原子形成的 NaCl 分子. NaCl 分子的电子组态主要是

$$Na^+ \; 1s^22s^22p^6 \qquad Cl^- \; 1s^22s^22p^63s^23p^6.$$

Na^+ 和 Cl^- 都是满壳结构, 相当稳定, 可以看作两个相当稳定的电荷分布体系, 在它们之间存在库仑吸引. 通常把正负离子之间由库仑吸引而化合的方式称为离子键. 所以, NaCl 分子的化合方式主要是离子键.

另一方面, Na^+ 与 Cl^- 的电子云有一定重叠. 重叠部分的电子属于两个体系共有, 类似于共价键. 所以, NaCl 分子的电子组态还包含一定比例的共价键成分. 由于 Na^+ 和 Cl^- 都是满壳的, 根据泡利原理, 反键上也填满了电子, 随着它们之间距离 r_{NaCl} 的减小, 体系能量升高, 这相当于它们之间存在排斥.

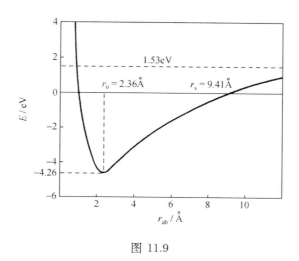

图 11.9

距离 r_{NaCl} 大时, 库仑吸引为主, 这种因泡利原理而引起的排斥很小. 当 r_{NaCl} 小时, 这种排斥作用超过了库仑吸引, 成为主要因素. 图 11.9 给出 NaCl

分子体系的能量随距离 r_{NaCl} 的变化. 存在平衡距离 $r_0 = 2.36$Å, 它小于 Na 原子半径 $r_{Na} = 1.86$Å 与 Cl 原子半径 $r_{Cl} = 0.97$Å 之和, 这说明两个电子云之间确实有一定重叠. 必须注意这里的 r_0 是 NaCl 分子中的原子间距, 而不是 NaCl 晶体中的原子间距. 这两者差别很大.

图 11.9 中取 NaCl 分子离解为 Na 与 Cl 原子时的体系能量为 0, 所以 r_0 处的位阱深度 4.26 eV 就是 NaCl 分子的离解能. 图中位能为 0 的距离 $r_s = 9.41$Å 可以确定如下. 从原子中移走一个电子所需的能量称为 电离能, 在 Na→Na$^+$ 中为 5.14 eV. 中性原子吸收一个电子所释放的能量称为 电子亲和势, 在 Cl→Cl$^-$ 中为 3.61 eV. 所以, 在化合

$$Na+Cl \rightarrow NaCl$$

中提供给体系的净能量为

$$
\begin{array}{rcl}
Na & +5.14\,eV \rightarrow & Na^+ + e^- \\
+)\ \ Cl + e^- & \rightarrow & Cl^- + 3.61\,eV \\
\hline
Na + Cl + 1.53\,eV & \rightarrow & Na^+ + Cl^-
\end{array}
$$

上式右边为 Na$^+$ 与 Cl$^-$ 离子相距无限远的情形, 它们的势能比我们选择的零点 (Na+Cl 体系) 高出 1.53 eV, 所以

$$\frac{1}{4\pi\varepsilon_0} \frac{e^2}{r_s} = 1.53\,eV,$$

$$r_s = \frac{1}{1.53\,eV} \cdot \frac{e^2}{4\pi\varepsilon_0} = \frac{14.4\,eV \cdot Å}{1.53\,eV} = 9.41Å.$$

当一个原子的电离能低从而趋向于变成正离子, 而另一个原子的电子亲和势高从而趋向于变成负离子时, 这两个原子之间可以形成离子键. 表 11.5 给出了卤素的电子亲和势.

表 11.5　卤素的电子亲和势

元　素	F	Cl	Br	I
电子亲和势 / eV	3.40	3.62	3.36	3.06

b. 电离度

由于电子的波动性, 两个离子的电子云之间总会有重叠, 所以总会有共价键的成分, 纯粹离子键的情形是不存在的. 经常遇到的实际情形, 是共价键与离子键的混合. 对于同核双原子分子, 基本上是纯共价键. 对于异核双原子分子, 就不可能有纯共价键, 因为两个核周围的电荷分布密度不同; 也不可能有纯离子键, 多少总有一些共价键成分.

测量分子的电偶极矩, 可以判断离子键所占的比率. 例如 NaCl 分子, 若是纯共价键, 其电偶极矩 p 应等于 0. 而若是纯离子键, 则从原子间距 $r_0 = 2.36\text{Å}$ 可以算出

$$p = er_0 = 1.60 \times 10^{-19}\text{C} \times 2.36 \times 10^{-10}\text{m} = 3.78 \times 10^{-29}\text{C} \cdot \text{m}.$$

实验测得 NaCl 分子的电偶极矩为

$$p_{\text{exp}} = 3.00 \times 10^{-29}\text{C} \cdot \text{m}.$$

显然, 我们可以用电偶极矩的测量值 p_{exp} 与理想值 er_0 之比来表示离子键所占的比率, 称为 电离度,

$$\text{电离度} = \frac{p_{\text{exp}}}{er_0}.$$

由上式可以算出 NaCl 分子的电离度为 79%, 表示大部分为离子键. 又如实验测得 HCl 分子的电偶极矩为 $0.360 \times 10^{-29}\text{C} \cdot \text{m}$, $r_0 = 1.28\text{Å}$, 由此可以算出它的电离度为 17.6%, 这表示 HCl 分子大部分为共价键.

大部分为离子键的分子称为 离子分子. 表 11.6 为某些双原子离子分子的性质.

表 11.6   某些双原子离子分子的性质

分　　子	NaCl	NaF	NaH	LiCl	LiH	KCl	KBr	RbF	RbCl
离解能 / eV	4.27	4.95	2.08	4.85	2.47	4.40	3.94	5.12	4.37
平衡距离 $r/\text{Å}$	2.36	1.93	1.89	2.02	2.39	2.67	2.82	2.27	2.79

11.5 分子的振动

现在来考虑分子中原子核的运动. 本节考虑它们在质心系中的振动, 下节考虑它们围绕质心的转动.

绝热近似在考虑电子运动时假设原子核不动, 而在考虑原子核运动时假设电子能很快跟上原子核的运动. 因而, 原子核的运动也就是原子的运动, 前面用绝热近似得到的分子势能曲线可以作为我们讨论分子振动的出发点.

在质心系中, 两个原子的动量相等, 它们的总能量可以写成

$$E = \frac{p^2}{2m} + E_{\text{p}}(r). \tag{11.16}$$

其中, p 为每个原子的动量大小; m 为双原子体系的折合质量

$$m = \frac{m_1 m_2}{m_1 + m_2}, \tag{11.17}$$

其中 m_1 和 m_2 分别为两个原子的质量; 而 $E_p(r)$ 则是两个原子的相对势能. 可以看出, 质心系中双原子的运动可以看成一个质量为 m 的粒子在势能 $E_p(r)$ 中的运动.

H_2 分子的势能如图 11.10 所示, 它表明束缚的两个 H 原子在平衡距离附近振动. 这种振动不是简谐的, 因为势能曲线不是抛物线. 但是如果能量不高, 振动只局限于平衡位置附近一小范围, 在此范围内的势能曲线就可用一抛物线来近似, 如图中的虚线. 这相当于把势能函数 $E_p(r)$ 在 r_0 附近作泰勒 (Taylor) 展开, 并且只保留二次项,

$$E_p(r) \approx E_p(r_0) + \frac{1}{2}k(r - r_0)^2, \tag{11.18}$$

其中 k 称为相应化学键的 力常数. 在这种近似下, H_2 分子的振动就成为简谐振动.

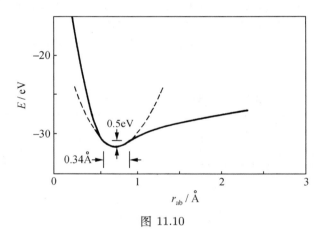

图 11.10

在第 7 章我们已经知道, 简谐振动的能量是等间隔地量子化的,

$$E_{振动} = \left(n + \frac{1}{2}\right)\hbar\omega, \qquad n = 0, 1, 2, \cdots, \tag{11.19}$$

其中 n 为振动量子数, 而圆频率

$$\omega = \sqrt{\frac{k}{m}}. \tag{11.20}$$

由费米黄金规则还可证明, 在发生辐射跃迁时, 振动能级每次只能改变一个能量子 $\hbar\omega$, 亦即辐射跃迁选择定则为

$$\Delta n = \pm 1. \tag{11.21}$$

这就限定了分子振动能级之间发生辐射跃迁的谱线只有 1 条, 其频率 ν 和波长

λ 分别为

$$\nu = \frac{\Delta E}{h} = \frac{\omega}{2\pi} = \frac{1}{2\pi}\sqrt{\frac{k}{m}}, \tag{11.22}$$

$$\lambda = \frac{c}{\nu} = 2\pi c\sqrt{\frac{m}{k}}. \tag{11.23}$$

可以从图 11.10 来估计 H_2 分子的力常数 k. 图 11.10 中已标出 $\Delta r = r - r_0 = 0.17\text{Å}$ 时势能改变 $\Delta E_p = E_p(r) - E_p(r_0) = 0.50\,\text{eV}$, 所以

$$k = \frac{2\Delta E_p}{(\Delta r)^2} = \frac{2 \times 0.50\,\text{eV}}{(0.17\text{Å})^2} = 3.5 \times 10^{21}\,\text{eV/m}^2.$$

此外, H_2 分子的折合质量

$$m = \frac{m_H m_H}{m_H + m_H} = \frac{1}{2}\,m_H = \frac{1}{2} \times 939\,\text{MeV}/c^2.$$

把它们代入频率 ν 的公式, 就可算出

$$\nu = \frac{1}{2\pi}\sqrt{\frac{3.5 \times 10^{21}\,\text{eV/m}^2}{\frac{1}{2} \times 939\,\text{MeV}/c^2}} = 1.3 \times 10^{14}\text{Hz},$$

$$\lambda = \frac{c}{\nu} = \frac{3.0 \times 10^8\,\text{m/s}}{1.3 \times 10^{14}/\text{s}} = 2.3\mu\text{m},$$

$$\hbar\omega = \hbar c \cdot \sqrt{\frac{k}{mc^2}} = 1973\,\text{eV}\cdot\text{Å}\left(\frac{3.5 \times 10^{21}\,\text{eV/m}^2}{\frac{1}{2} \times 939\,\text{MeV}/c^2}\right)^{1/2} = 0.54\,\text{eV},$$

这属于电磁波谱的红外区域.

其它双原子分子的情形与此类似. 例如 NaCl 分子的 $\nu = 1.5 \times 10^{13}\,\text{Hz}$, $\lambda = 20\,\mu\text{m}$, $\hbar\omega = 0.063\,\text{eV}$, 也在红外区域. 表 11.7 是一些化学键的特征振动波长, 由它们可以算出相应的特征频率和特征能量.

表 11.7　一些化学键的特征波长

化学键	O–H	C≡N	C≡C	C=C	C=O	C–O	SO_4^{-2}
特征波长 $\lambda/\mu\text{m}$	2.68—2.84	4.17—4.76	4.44—4.65	6.06—6.25	5.68—5.81	8.70—9.35	6.54—6.90

以上讨论只限于振动能量不太高、振动量子数不太大的情形. 这时势能函数 $E_p(r)$ 的二次曲线近似成立, 振动能级是等间距的, 有选择定则 $\Delta n = \pm 1$. 对于 NaCl 分子, 从它的势能曲线图 11.11 可以看出, 这要求

$$\Delta E < 0.3\,\text{eV},$$

$$n < \frac{\Delta E}{\hbar\omega} = \frac{0.3\,\text{eV}}{0.063\,\text{eV}} = 5.$$

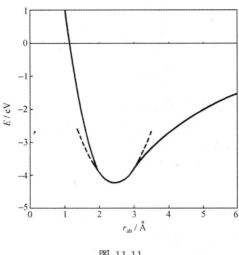

图 11.11

超出二次曲线近似的范围, 振动不再具有简谐振动的性质, 能级间隔随着振动能量的增大而逐渐减小, 辐射跃迁的 Δn 也不一定是 ± 1. 这时的能级可以近似写成

$$E_{振动} = \left(n + \frac{1}{2}\right)a - \left(n + \frac{1}{2}\right)^2 b, \qquad a > b, \tag{11.24}$$

振动谱线不再是只有 1 条特征谱线. 常数 a 和 b 与势能性质有关. 由光谱测量可以定出 a 和 b, 从而给出有关势能 $E_{\mathrm{p}}(r)$ 的知识.

11.6 分子的转动

考虑两个原子绕一通过质心并与它们的中心连线垂直的轴转动, 如图 11.12 所示. 这时体系转动惯量为

$$I = m_1 x_1^2 + m_2 x_2^2. \tag{11.25}$$

利用质心性质

$$m_1 x_1 = m_2 x_2,$$

可以化成

$$I = m_1 \left(\frac{m_2 r_0}{m_1 + m_2}\right)^2 + m_2 \left(\frac{m_1 r_0}{m_1 + m_2}\right)^2 = \frac{(mr_0)^2}{m_1} + \frac{(mr_0)^2}{m_2} = mr_0^2, \tag{11.26}$$

其中 m 为体系的折合质量, r_0 为两个原子的相对距离

$$r_0 = x_1 + x_2.$$

假设两个原子的连接是刚性的，r_0 为一常数，则体系转动惯量 I 为常数，转动能 $E_{转动}$ 与角动量 L 的关系为

$$E_{转动} = \frac{L^2}{2I}.$$

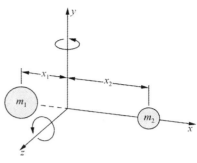

图 11.12

根据第 7 章角动量量子化规则 $L^2 = l(l+1)\hbar^2$，就有

$$E_{转动} = \frac{l(l+1)\hbar^2}{2I}, \quad l = 0, 1, 2, \cdots . \quad (11.27)$$

所以，转动能是量子化的，能级间隔

$$\Delta E_{转动} = \frac{[(l+1)(l+2) - l(l+1)]\hbar^2}{2I} = \frac{(l+1)\hbar^2}{I}, \quad (11.28)$$

随着角量子数 l 的增加而加宽，如图 11.13. 由于辐射跃迁的选择定则

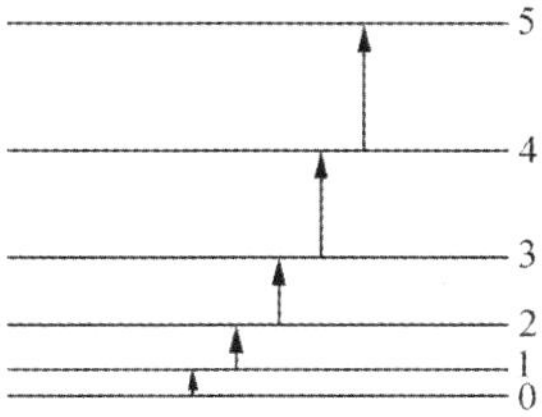

$$\Delta l = \pm 1 \quad (11.29)$$

限定了只能在相邻的两个转动能级之间发生辐射跃迁，所以分子转动光谱的频率和波长分别为

$$\nu = \frac{\Delta E_{转动}}{h} = \frac{(l+1)\hbar}{2\pi I}, \quad (11.30)$$

$$\lambda = \frac{c}{\nu} = \frac{2\pi I c}{(l+1)\hbar}, \quad (11.31)$$

图 11.13

由此可以看出，分子转动光谱的频率是等间隔的，间隔为 $\hbar/2\pi I$.

例题 1 试计算 H_2 分子转动光谱中头三条谱线的波长 λ 以及相应的能级间隔 $\Delta E_{转动}$.

解 从表 11.1 查得 H_2 分子的 $r_0 = 0.74\text{Å}$，于是

$$\lambda = \frac{2\pi I c}{(l+1)\hbar} = \frac{2\pi m c^2 r_0^2}{(l+1)\hbar c} = \frac{2\pi \times \frac{1}{2} \times 939\,\text{MeV} \times (0.74\text{Å})^2}{(l+1) \times 1973\,\text{eV} \cdot \text{Å}} = \frac{81.87\,\mu\text{m}}{l+1},$$

$$\Delta E_{转动} = \frac{(l+1)\hbar^2}{I} = \frac{(l+1)(\hbar c)^2}{m c^2 r_0^2} = \frac{(l+1)(1973\,\text{eV} \cdot \text{Å})^2}{\frac{1}{2} \times 939\,\text{MeV} \times (0.74\text{Å})^2}$$

$$= (l+1) \times 0.01514\,\text{eV}.$$

从而算得结果如下：

跃迁	1→0	2→1	3→2
$\Delta E_{转动}$/eV	0.0151	0.0303	0.0454
λ/μm	81.9	40.9	27.3

属于远红外区域.

例题 2 试计算 NaCl 分子转动光谱中头三条谱线的波长 λ 以及相应的能级间隔 $\Delta E_{转动}$.

解 从表 11.6 查得 NaCl 分子的 $r_0 = 2.36\text{Å}$, 所以它与 H_2 分子的转动惯量之比为

$$\frac{I_{NaCl}}{I_{H_2}} = \frac{m_{Na} \cdot m_{Cl}}{m_{Na} + m_{Cl}} \cdot \frac{m_H + m_H}{m_H \cdot m_H} \left(\frac{r_{NaCl}}{r_{H_2}}\right)^2$$

$$= \frac{23 \times 35.5}{23 + 35.5} \times \frac{2.016}{1.016} \times \left(\frac{2.36}{0.74}\right)^2 = 282.$$

于是, NaCl 的 $\Delta E_{转动}$ 是 H_2 的 1/282, 而 NaCl 的波长是 H_2 的 282 倍, 利用上题结果可算得

跃迁	1→0	2→1	3→2
$\Delta E_{转动}$/μeV	53.7	107	161
λ/mm	23.1	11.5	7.70

属于微波区域.

例题 3 实验测得 HCl 分子远红外吸收谱线的波数是等间隔的, 间隔为 $20.68\,\text{cm}^{-1}$, 试求它的平衡距离 r_0.

解 由分子转动光谱的波长公式可得波数 $\tilde{\nu}$ 及其间隔 $\Delta\tilde{\nu}$ 的表达式分别为

$$\tilde{\nu} = \frac{1}{\lambda} = \frac{(l+1)\hbar}{2\pi I c},$$

$$\Delta\tilde{\nu} = \frac{\hbar}{2\pi I c} = \frac{\hbar c}{2\pi m c^2 r_0^2},$$

从而可以解出

$$r_0^2 = \frac{\hbar c}{2\pi m c^2} \frac{1}{\Delta\tilde{\nu}} = \frac{1973\,\text{eV} \cdot \text{Å}}{2\pi \times \dfrac{1.008 \times 35.5}{1.008 + 35.5} \times 931.5\,\text{MeV}} \times \frac{1}{20.68/\text{cm}} = 1.66\text{Å}^2,$$

$$r_0 = 1.29\text{Å}.$$

归纳起来, 分子转动的特征是: 转动能级间隔比振动能级间隔小 1—2 个数量级; 转动能级的光学跃迁在远红外或微波区域; 转动谱线系的频率递增, 波长递减, 频率或波数是等间隔酌; 有选择定则 $\Delta l = \pm 1$.

以上讨论基于两个原子间连接是刚性的这一假设. 实际上分子并不是理想的刚体, 转动惯量并不是严格的常数. 所以 $E_{转动} = L^2/2I$ 并不严格成立, 转动能级公式 $E_{转动} = l(l+1)\hbar^2/2I$ 要作适当的修正. 常用的修正公式为

$$E_{转动} = 2\pi\hbar c[Bl(l+1) - Dl^2(l+1)^2], \tag{11.32}$$

其中常数 B, D 与分子结构有关, 可由转动光谱的测量定出.

11.7 分子的振动转动谱带

a. 振动转动谱带

前面已经在绝热近似下分别讨论了分子的电子运动、振动和转动. 电子运动能级的数量级与原子的相同, 约为 $1—10\,\mathrm{eV}$. 振动能级小两个量级左右, 约为 $10^{-1}\,\mathrm{eV}$. 转动能级又小 $1—3$ 个量级, 约为 $10^{-2}—10^{-4}\,\mathrm{eV}$. 有下列关系:

$$E_{分子} = E_{电子} + E_{振动} + E_{转动}, \tag{11.33}$$

$$\Delta E_{电子} > \Delta E_{振动} > \Delta E_{转动}. \tag{11.34}$$

激发能低于 $\Delta E_{电子}$ 时, 电子态不发生变化, 只在同一电子态的不同振动与转动态之间引起跃迁. 这时 $E_{电子}$ 是常数, 可以略去, 只考虑后两项. 对分子振动采用简谐近似, 对分子转动采用刚性近似, 就有

$$E_{分子} = E_{nl} = \left(n + \frac{1}{2}\right)\hbar\omega + \frac{l(l+1)\hbar^2}{2I}. \tag{11.35}$$

其中常数 ω 和 I 依赖于分子结构特征, 分别由势能曲线的性质和分子质量分布来确定.

图 11.14 为振动转动能级示意. 由于辐射跃迁的选择定则是

$$\Delta n = \pm 1, \qquad \Delta l = \pm 1, \tag{11.36}$$

能够发生红外吸收的跃迁如图 11.14 所示. 图中虚线表示的 $(0, 0) \to (1, 0)$ 跃迁是禁戒的, 因为 $\Delta l = 0$. 虚线右边的跃迁 $(0, l) \to (1, l+1)$ 称为 R 支, 虚线左边的跃迁 $(0, l) \to (1, l-1)$ 称为 P 支, 它们相应的能级差为

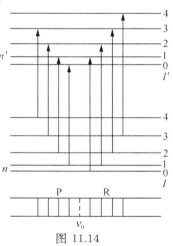

图 11.14

$$\Delta E = E_{1l'} - E_{0l} = \hbar\omega + \frac{\hbar^2}{2}\left[\frac{l'(l'+1)}{I'} - \frac{l(l+1)}{I}\right]. \tag{11.37}$$

处于 $n = 1$ 振动态的转动惯量 I', 一般并不等于处于 $n = 0$ 振动态的转动惯量 I. 这是由于势能曲线 $E_{\mathrm{p}}(r)$ 并不是理想的抛物线, 它对于极小点左右并不对称. 随着能级的增高, 平衡位置从 r_0 逐渐右移. 平衡距离逐渐增大, 所以转动惯量也逐渐增大. 实际上, 从 $n = 0$ 到 $n = 1$, 这种增大并不显著, 若略去 I' 与 I 的差别, 则有

$$\Delta E \approx \hbar\omega + \frac{\hbar^2}{2I} \cdot \begin{cases} 2(l+1), & 当 \ l' = l+1, \ \text{R 支}; \\ -2l, & 当 \ l' = l-1, \ \text{P 支}. \end{cases} \tag{11.38}$$

在这种刚性近似下, 频率谱线是以 $\nu = \omega/2\pi$ 为中心的左右等间距展开的一谱带. 中心处相应的频率 ν 称为谱带的 **基线**, 它实际上是与被禁戒的 $(0,0)\to(1,0)$ 跃迁相应的缺线位置. 基线左边为 P 支, 右边为 R 支, 如图 11.14.

b. 实例: HCl **分子红外吸收带**

图 11.15 为实验测得的 HCl 分子红外吸收带. 我们根据这张图来讨论几个问题.

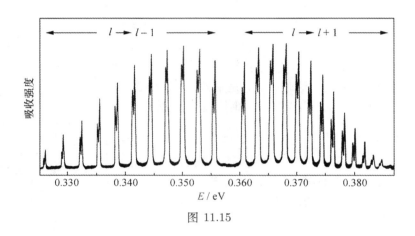

图 11.15

讨论 1 试估计 HCl 分子的力常数 k 和平衡距离 r_0.

从图上可以求出谱带基线位置 $\hbar\omega = 0.358\,\text{eV}$, 线间距离 $0.0026\,\text{eV}$. 于是, 可以估算如下:

$$m = \frac{m_{\text{H}} m_{\text{Cl}}}{m_{\text{H}} + m_{\text{Cl}}} = \frac{1.008 \times 35.5}{1.008 + 35.5} \times 931.5\,\text{MeV}/c^2 = 913.0\,\text{MeV}/c^2,$$

$$k = \omega^2 m = \frac{(\hbar\omega)^2 mc^2}{(\hbar c)^2} = \frac{(0.358\,\text{eV})^2 \times 913.0\,\text{MeV}}{(1973\,\text{eV}\cdot\text{Å})^2} = 30.1 \times 10^{20}\,\text{eV/m}^2,$$

$$\frac{\hbar^2}{I} = \frac{\hbar^2}{mr_0^2} = 0.0026\,\text{eV},$$

$$r_0^2 = \frac{(\hbar c)^2}{0.0026\,\text{eV}\cdot mc^2} = \frac{(1973\,\text{eV}\cdot\text{Å})^2}{0.0026\,\text{eV} \times 913.0\,\text{MeV}} = 1.64\text{Å}^2,$$

$$r_0 = 1.28\text{Å}.$$

讨论 2 从图上可以看出, HCl 的红外吸收带频率谱并不等间隔, 而是随着频率增加逐渐变窄; 谱线强度有一分布, 最强的谱线位于 $l = 3$ 处; 每条谱线裂为强度不等的两条. 试解释其原因.

首先, HCl 红外吸收带的频率谱不等间距, 逐渐变窄, 说明图 11.14 中 $n = 1$ 的转动能级间距增量 $\hbar^2/I'$ 小于 $n = 0$ 的能级间距增量 $\hbar^2/I$, 亦即

$$I' > I, \qquad r_0' > r_0,$$

这正是前面已经讨论过的情形. 所以, 图 11.15 中频谱间距逐渐变窄, 表明 HCl 分子并非理想刚体, 转动能级 (11.27) 式应修改成 (11.32) 式.

其次, 谱线强度有一分布, 表明处于不同转动态 l 上的分子数目有一分布. 根据玻尔兹曼分布, 处于能级 E_{nl} 上的分子数正比于概率

$$P(E_{nl}) = N(2l + 1)\,\mathrm{e}^{-E_{nl}/k_{\mathrm{B}}T}.$$

其中 T 为 HCl 气体的绝对温度, $2l + 1$ 为能级 E_{nl} 的简并度, 它等于角动量的投影数, 而 N 为归一化常数. 由极大条件

$$\frac{\mathrm{d}P}{\mathrm{d}l} = N\left[2 - \frac{(2l+1)^2\hbar^2}{2Ik_{\mathrm{B}}T}\right]\mathrm{e}^{-E_{nl}/k_{\mathrm{B}}T} = 0$$

可以求出概率极大处的 l 值:

$$
\begin{aligned}
2l + 1 &= \sqrt{\frac{4Ik_{\mathrm{B}}T}{\hbar^2}} = \frac{\sqrt{4mc^2 r_0^2 k_{\mathrm{B}}T}}{\hbar c} \\
&= \frac{\sqrt{4 \times 913.0\,\mathrm{MeV} \times 0.025\,\mathrm{eV}}}{1973\,\mathrm{eV} \cdot \text{Å}} \times 1.28\text{Å} = 6.2, \\
l &\approx 3.
\end{aligned}
$$

其中代入了室温的值 $k_{\mathrm{B}}T = 0.025\,\mathrm{eV}$.

第三, 每条谱线裂为强度不等的两条, 或者说, 存在两套几乎互相重叠的谱带, 表明 HCl 气体中存在两种振动转动能级略有差别的样品. 谱线较强的那一套振动转动能级较高, 谱线较弱的那一套较低. 天然的 Cl 中存在丰度为 75.77% 的 ^{35}Cl 和丰度为 24.23% 的 ^{37}Cl 这两种同位素, 正好解释了上述差别: H^{35}Cl 的折合质量比 H^{37}Cl 的小, 所以 H^{35}Cl 的振动转动能级比 H^{37}Cl 的相应能级高.

c. 拉曼散射

研究分子的振动转动谱带, 从而研究分子的结构以及分子振动和转动性质, 除了上述红外、远红外和微波辐射以外, 也可以用在技术上比较简单方便的紫外光或可见光, 这就是利用 1928 年发现的 拉曼 (Raman) 散射.

拉曼散射又称 组合散射, 是指具有线状光谱的入射光, 被透明物体散射以后所得的光谱, 在原有谱线两侧左右对称地还有一些较弱的谱线, 它们的频率为

$$\nu' = \nu_0 \pm \nu_1, \tag{11.39}$$

其中 ν_0 为原有频率, ν_1 仅依赖于散射物质的性质, 与入射光源的性质无关.

产生拉曼散射的原因, 是由于在散射过程中. 入射光子引起散射分子振动转动能级跃迁, 从散射分子获得能量 $h\nu_1$, 或交给散射分子能量 $h\nu_1$, 从而自己的能量从 $h\nu_0$ 改变为 $h\nu'$. 所以, 在上述组合散射频率公式中, ν_1 正是散射分子振动转动谱的频率.

d. 分子光谱带系

当激发能高于 $\Delta E_{电子}$ 时, 会引起分子中不同电子态之间的跃迁, 其电磁辐射在可见光和紫外光范围, 形成一系列光谱带, 称为 光谱带系, 其中每一谱带来自不同振动转动态之间的跃迁.

电子态的改变会引起位能曲线 $E_p(r)$ 的改变, 从而引起振动性质的改变. 这时能级 E_{nl} 的公式中不仅转动惯量 I 依赖于振动量子数 n, 而且转动惯量 I 和振动圆频率 ω 两者都依赖于电子态的量子数, I' 和 I 可能相差很大. 测出 I' 和 I, 可以获得关于化学键和分子结构的更多信息.

量子现象并不仅仅局限于以单个粒子为观测对象的原子物理或微观物理, 而且也出现在以成块物质为对象的宏观物理之中.

—— M. 玻恩

《因果与机遇之自然哲学》, 1951

12 固 体

12.1 离 子 晶 体

a. 晶体点阵结构

大量 NaCl 分子聚合在一起时, 由于库仑相互作用, 每个 Na$^+$ 离子都有可能吸引 6 个 Cl$^-$ 离子, 规则地附着在它周围. 同样, 每个 Cl$^-$ 离子也都能吸引 6 个 Na$^+$ 离子, 规则地附着在它周围. 这就能形成在空间中正负离子相间的周期性点阵结构, 如图 12.1.

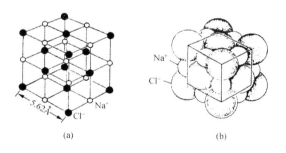

图 12.1

通常把这种由大量分子或原子在宏观范围内形成的具有微观周期性结构的凝聚体系称为 晶体, 而把像 NaCl 晶体这样由离子键形成的晶体称为 离子晶体. 离子晶体的结构单元, 是由原来的离子键分子离解成的一对对正负离子. 它们已不具有原来分子的个性, 不能把离子晶体看成大量分子的集合.

在 NaCl 晶体中, Cl$^-$ 离子中心的位置形成一个正立方点阵, Cl$^-$ 离子位于立方体 8 个顶点以及 6 个面的中心. 这种点阵结构称为 面心立方点阵, 记为 fcc. 同样, Na$^+$ 离子的位置也形成一个面心立方点阵. 面心立方结构又称为 NaCl 结构.

　　每个离子最近邻的反号离子数称为晶体的 配位数. 在一个离子周围能密切地配上多少反号离子, 取决于这两种离子的相对大小. Na^+ 与 Cl^- 离子的大小相差较大, 所以在每一个离子的上、下、前、后、左、右可以密切地配合上 6 个反号离子, 形成 fcc. 所以 NaCl 晶体的配位数是 6.

　　CsCl 晶体是另一类型. Cs^+ 与 Cl^- 离子大小相近, 在每一离子周围能密切配上 8 个反号离子, 配位数为 8, 如图 12.2. Cs^+ 和 Cl^- 离子分别形成两个互相嵌套的正立方点阵, 一个 Cs^+ 离子位于它的 8 个近邻 Cl^- 离子构成的立方点阵的中心. 同样, 一个 Cl^- 离子位于它的 8 个近邻 Cs^+ 离子构成的立方点阵的中心. 这种点阵结构称为 体心立方点阵, 记为 bcc. 体心立方结构又称为 CsCl 结构. NaCl 结构与 CsCl 结构是离子晶体的两种主要结构.

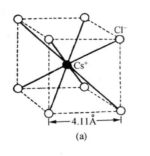
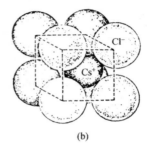

图 12.2

b. 晶体内聚能

　　一个 Na^+ 离子的 6 个近邻 Cl^- 离子, 到 Na^+ 离子的距离都是 r, 它们对库仑能贡献一直接的吸引项

$$-\frac{6e^2}{4\pi\varepsilon_0 r}.$$

接下来的 12 个次近邻是 Na^+ 离子, 距离 $\sqrt{2}\,r$, 它们对库仑能贡献一直接的排斥项

$$+\frac{12e^2}{4\pi\varepsilon_0\sqrt{2}r}.$$

这样算下去, 得一无穷系列, 相加可得一个 Na^+ 或 Cl^- 离子的直接库仑能为

$$V_{吸引} = -\alpha\frac{e^2}{4\pi\varepsilon_0 r}, \tag{12.1}$$

负号表明净的作用是吸引的, 而

$$\alpha = 6 - \frac{12}{\sqrt{2}} + \cdots = 1.7476, \qquad 对 fcc, \tag{12.2}$$

是一正负交替收敛很慢的级数, 称为晶体的 **马德隆 (Madlong) 常数**.

CsCl 晶体点阵中一个离子的直接库仑能也可写成上述形式, 而马德隆常数为

$$\alpha = 1.7627, \qquad \text{对 bcc.} \tag{12.3}$$

马德隆常数只与点阵结构有关, 与离子性质无关. 简单点阵结构的马德隆常数在 1.6 到 1.8 之间.

相邻离子间电子云的重叠要受泡利原理的限制, 使它们保持一定距离. 从能量上看, 考虑泡利原理后, 电子云的重叠对库仑能还要贡献一具有短程排斥作用的交换项. 它可近似写成

$$V_{\text{排斥}} = \frac{A}{r^n},$$

A 和 n 是两个与晶体有关的参数.

总的库仑能为直接项与交换项之和,

$$V = -\alpha \frac{e^2}{4\pi\varepsilon_0 r} + \frac{A}{r^n}. \tag{12.4}$$

图 12.3 为它们随 r 变化的示意. 由极小条件

$$\left.\frac{\mathrm{d}V}{\mathrm{d}r}\right|_{r=r_0} = 0$$

可求出 A 与平衡距离 r_0 的关系

$$A = \frac{\alpha e^2 r_0^{n-1}}{4\pi\varepsilon_0 n}. \tag{12.5}$$

代回 V 的表达式, 得平衡距离处的库仑能

$$V_0 = V(r_0) = -\frac{\alpha e^2}{4\pi\varepsilon_0 r_0}\left(1 - \frac{1}{n}\right). \tag{12.6}$$

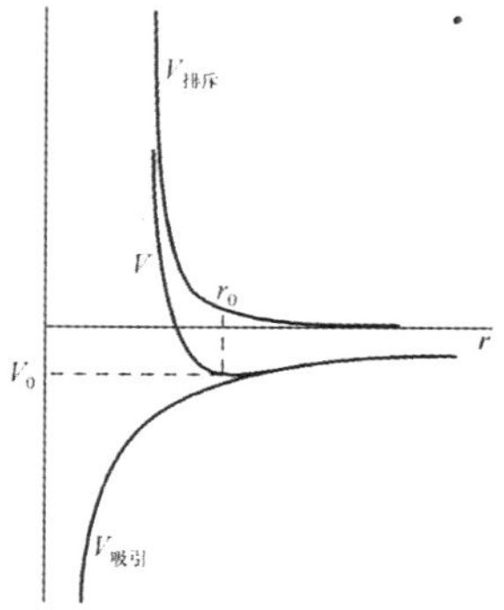

图 12.3

$-V_0$ 称为晶体的 **离子性内聚能**, 它是在把离子晶体分离成单个正负离子时, 对每个离子所需供给的能量. 类似地, 在把晶体分离成单个中性原子时, 对每个结构单元所需供给的能量 E_{B}, 称为晶体的 **原子性内聚能**. 对离子晶体有

$$E_{\mathrm{B}} = -V_0 - \text{正离子的电离能} + \text{负离子的电子亲和势.} \tag{12.7}$$

测出离子晶体的压缩率, 就可定出指数 n. 大多数离子晶体的 n 在 8—10 之间. 若取

$$n \approx 9,$$

对内聚能的计算只差 2.5% 左右. 表 12.1 给出一些离子晶体的近邻距离 r_0, 原子性内聚能 E_{B}, 指数 n 和点阵结构. 与表 11.6 相比可以看出, 固体的结合比相应分子的结合紧密得多.

表 12.1   离子晶体的性质

晶体	r_0/Å	E_B/eV	n	结构	晶体	r_0/Å	E_B/eV	n	结构
LiF	2.01	8.52	6	fcc	RbF	2.82	7.09	8.5	fcc
LiCl	2.57	6.85	7	fcc	RbCl	3.29	6.34	9.5	fcc
NaCl	2.81	6.39	8	fcc	CsCl	3.56	6.46	10.5	bcc
NaI	3.24	5.00	9.5	fcc	CsI	3.95	5.35	12.0	bcc
KCl	3.15	6.46	9	fcc	MgO	2.10	9.34	7.0	fcc
KBr	3.30	5.89	9.5	fcc	BaO	2.75	8.90	9.5	fcc

例题 1   计算 NaCl 晶体的原子性内聚能 E_B. 已知 $r_0 = 2.81$Å, $n = 8$, $\alpha = 1.7476$, Na$^+$ 的电离能 5.14 eV, Cl$^-$ 的电子亲和势 3.61 eV.

解   把 r_0, n, α 的值代入 (12.6) 式先算出 V_0, 再代入 (12.7) 式就可算得 E_B:

$$V_0 = -\frac{\alpha e^2}{4\pi\varepsilon_0 r_0}\left(1 - \frac{1}{n}\right) = -1.7476 \times \frac{14.4\,\text{eV}\cdot\text{Å}}{2.81\,\text{Å}} \times \left(1 - \frac{1}{8}\right) = -7.84\,\text{eV},$$

$$E_B = 7.84\,\text{eV} - 5.14\,\text{eV} + 3.61\,\text{eV} = 6.31\,\text{eV}.$$

表 12.1 中 NaCl 的 $E_B = 6.39$ eV 是实验测量的值.

c. 离子晶体的特性

离子晶体有下述特性. 首先, 它们硬度大, 因为 $n \approx 9$, 斥力很大. 其次, 它们不会是电导体, 因为没有自由电子. 第三, 它们的蒸发温度相当高, 约为 1000—2000 K, 因为内聚能为几电子伏的数量级. 第四, 它们对可见光透明, 因为把满壳离子中的电子激发到另一壳层所需能量远大于可见光子能量. 第五, 它们对红外辐射有强烈的吸收, 因为晶格振动频率在红外区域. 最后, 它们通常可溶于极性液体, 如水, 因为水分子有电偶极矩, 可吸引离子, 使离子键断裂, 使晶体离解.

例题 2   试估计 NaCl 晶体的振动频率.

解   离子在平衡位置附近振动, $r = r_0 + x$, x 为小量, 于是离子间的作用力可近似为

$$F = -\frac{\mathrm{d}V}{\mathrm{d}r} = -\frac{\alpha e^2}{4\pi\varepsilon_0 r^2}\left[1 - \left(\frac{r_0}{r}\right)^{n-1}\right] \approx -kx.$$

其中力常数

$$k = \frac{\alpha e^2(n-1)}{4\pi\varepsilon_0 r_0^3} = \frac{1.7476 \times 14.4\,\text{eV}\cdot\text{Å} \times (8-1)}{(2.81\,\text{Å})^3} = 7.94\,\text{eV/Å}^2.$$

由此即可算出振动频率 ν 和相应波长 λ:

$$\nu = \frac{1}{2\pi}\sqrt{\frac{k}{m}} = \frac{1}{2\pi}\left[\frac{7.94\,\text{eV}\cdot\text{Å}^{-2} \times (3.0 \times 10^8\text{m/s})^2}{23 \times 931.5\,\text{MeV}}\right]^{1/2} = 9.19 \times 10^{12}\,\text{Hz},$$

$$\lambda = \frac{c}{\nu} = \frac{3.0 \times 10^8 \text{m/s}}{9.19 \times 10^{12}/\text{s}} = 32.6 \mu\text{m}.$$

12.2 其他类型晶体

除了离子键以外, 在形成晶体的键中还有共价键、金属键和范德瓦耳斯 (van der Waals) 键, 相应的晶体称为 共价晶体、金属晶体和分子晶体.

a. 共价晶体

金刚石是典型的共价晶体, 它的结构单元是具有 sp³ 杂化轨道的碳原子, 有 4 个价电子, 4 个键指向以碳原子为中心的正四面体的 4 个顶角, 键角 109.5°, 如图 12.4. 每个碳原子与 4 个近邻的碳原子形成共价键, 于是具有 正四面体结构. 正四面体结构又称 金刚石结构 或 硫化锌 (闪锌矿) 结构. 表 12.2 给出了一些共价晶体的性质.

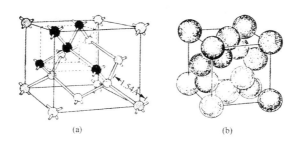

(a)   (b)

图 12.4

表 12.2   一些共价晶体的性质

晶体	ZnS	C (金刚石)	Si	Ge	Sn	CuCl	GaSb	InAs	SiC
近邻距离 /Å	2.35	1.54	2.34	2.44	2.80	2.36	2.65	2.62	1.89
内聚能 /eV	6.32	7.37	4.63	3.85	3.14	9.24	6.02	5.70	12.3

与离子键不同, 共价键的强度依赖于具体原子的类型. 同为正四面体结构, 不同原子形成的共价键, 强度可以有较大的差别. 相应地, 内聚能可以有较大的差别. 从表中可以看出, 有些共价晶体的内聚能甚至比离子晶体的还高.

共价键强度大的晶体, 硬度高, 熔点高, 对可见光透明, 而导电和导热性不好. 例如金刚石和 SiC, 硬度极高. 相反, 共价键强度低的晶体就较软, 熔点低, 其它性质也不同. 例如内聚能比金刚石低得多的硅和锗是半导体, 锗还表现出金属的性质, 不透明, 表面有光泽. 锡的情形更有意思. 它在温度低于 13.2°C 时可以成为正四面体结构的共价晶体, 称为 灰锡, 是半导体, 密度只有 5.8g/cm³, 无光泽; 当温度高于 13.2°C 时则可成为具有 6 个近邻原子的金属晶体, 称为 白锡, 具有高电导率, 密度 7.3g/cm³, 表面有光泽.

b. 金属晶体

金属键可以看成未饱和的共价键. 例如锂, 其电子组态为 $1s^2 2s$, 有 1 个 2s 的价电子, 束缚很松, 很容易与近邻的锂原子形成共价键. 由于 2p 能级仅略高于 2s 能级, 也很容易填入近邻锂原子的 2s 电子而形成共价键. 所以, 每个锂原子可以与多个近邻锂原子形成共价键, 从而形成具有周期性点阵结构的晶体.

锂晶体是体心立方结构, 每个锂原子有 8 个近邻锂原子, 处于它们构成的立方点阵中心. 由于每个锂原子只能贡献 1 个价电子, 所以在这 8 个共价键上平均每条键只有 1/4 个电子, 远远没有饱和.

除了体心立方结构外, 常见的金属晶体还有面心立方结构和 六角密堆积结构. 六角密堆积结构如图 12.5, 记为 hcp, 它与 fcc 类似, 排列紧凑, 空间利用率也很高. 表 12.3 给出一些金属晶体的性质.

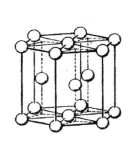

图 12.5

表 12.3   一些金属晶体的性质

金　　属	Fe	Li	Na	Cu	Ag	Pb	Co	Zn	Cd
结　　构	bcc	bcc	bcc	fcc	fcc	fcc	hcp	hcp	hcp
近邻距离 /Å	2.48	3.04	3.72	2.56	2.89	3.50	2.51	2.66	2.98
内聚能 /eV	4.32	1.66	1.13	3.52	2.97	2.04	4.43	1.35	1.17

由于金属键不饱和, 一个电子同时参与了几对原子之间的键, 从而可以在整个晶体点阵中移动, 而不再像饱和的共价键那样只属于一对原子. 所以, 更恰当的物理图象, 是把金属晶体看成由失去价电子的正离子构成的点阵, 以及由

大量价电子组成的能在这个正离子点阵中近似自由地运动的电子气体. 根据这一图像, 金属键是由每个金属离子与电子气体之间的吸引而形成.

从表 12.3 可以看出, 金属键的内聚能大约在 1—3 eV, 比离子或共价晶体的键弱. 相应地, 金属与可见光作用很强, 不透明. 实际上, 电子气体作为一个整体, 对可见光有很强的反射性, 所以金属表面有明亮的光泽. 电子气体在金属点阵中可以近似自由地运动, 所以金属的电导和热导都很好. 此外, 由于金属键与点阵中具体离子的关系不大, 所以在原子大小相近的不同金属之间形成的合金, 其比例可以连续改变, 而不像离子或共价晶体那样是严格确定的.

c. 分子晶体

冰晶体是分子晶体的一种, 它的结构单元是 H_2O 分子. H_2O 分子中 O 原子的 L 壳层在 H 原子作用下形成 4 个 sp^3 杂化轨道, 填入的 4 对电子 (6 个来自 O 原子, 2 个来自两个 H 原子) 形成由中心伸向四面体 4 个顶点的臂. 其中两条分别与两个 H 原子形成共价键, 由于电子云不再是球形 s 波, 未能完全屏蔽两个质子的正电荷, 显示出带有净的正电荷. 另外两臂则显示出带有净的负电荷. 所以一个 H_2O 分子能吸附 4 个近邻 H_2O 分子, 形成具有六边形结构的雪花或冰晶. 这种结构的空间利用率很低, 使得冰的密度比水低, 能在水中浮起来.

两个 H_2O 分子间的这种键实际上是电偶极子间的相互作用, 每个 H_2O 分子都是一个电偶极子. 分子或原子间的电偶极相互作用称为 *范德瓦耳斯键* 或 *范德瓦耳斯力*. 范德瓦耳斯键大约与 r^{-7} 成比例, 是很弱的短程相互吸引. H_2O 分子间的范德瓦耳斯键是范德瓦耳斯键中特别强的一种, 由于是在两个分子的负电荷之间通过一个被屏蔽较弱的 H 核连接起来, 所以又称为 *氢键*.

在所有的分子或原子之间都存在范德瓦耳斯力. 在 H_2O 分子这样具有固有电偶极矩的 *极性分子* 之间存在范德瓦耳斯键, 是显然的. 没有固有电偶极矩的 *无极分子*, 在极性分子附近能感生电偶极矩, 从而与极性分子形成范德瓦耳斯键. 就是在无极分子之间, 也会因互相感应产生的感生电偶极矩, 而有范德瓦耳斯键. 例如氦原子, 它的两个电子都在 1s 态, 电子云是球对称的, 在一段时间内平均不存在电偶极矩. 但由于电子在运动, 每一瞬间都存在电偶极矩, 几个氦原子靠近时, 就会有感生电偶极矩, 产生范德瓦耳斯键.

范德瓦耳斯键是大量无极分子得以形成液态和晶态的内聚能之起源. 它使得 H_2, N_2, O_2, CH_4, $GeCl_4$ 等各种分子气体乃至 He, Ne, Ar, Kr, Xe, Rn 等惰性气体都偏离理想气体行为, 而能够液化乃至结晶.

范德瓦耳斯键比离子键、共价键和金属键都弱得多. 它不可能破坏分子内部的结合, 形成的晶体保留了每个分子的个性, 所以称为 *分子晶体*. 分子晶体内聚能低，相应地其熔点、沸点及机械强度也低. 表 12.4 给出了一些例子. 感生电偶极矩正比于分子中的电子数，所以无极分子晶体的熔点大致正比于分子中的电子数，如图 12.6.

表 12.4　一些分子晶体的内聚能和熔点

分子晶体	Ar	H_2	CH_4
内聚能 / eV	0.08	0.01	0.1
熔点 /°C	−189	−259	−183

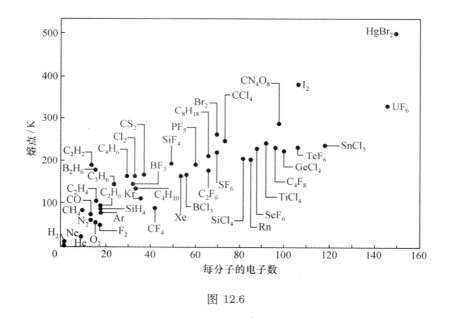

图 12.6

12.3　晶态和非晶态固体

　　理想的晶体点阵具有一定的空间对称性. 例如 NaCl 点阵沿通过两个近邻 Na^+ 离子的轴平移过这两个离子的间距 d, 点阵的几何位形完全重合. 这称为 NaCl 点阵沿此轴具有距离为 d 的平移不变性. 又如 NaCl 点阵围绕通过两个近邻 Na^+ 离子的轴转 90°, 点阵的几何位形也完全重合, 而接连转 4 次则完全复原. 这称为 NaCl 点阵对此轴有 4 次对称性. 由具有一定转动对称性的结构单元在三维空间中周期性重复, 就可得到这种既有平移不变性, 又有转动对称性的理想晶体点阵.

一块实际的固体, 由于各种因素的影响, 总是在不同方面在不同程度上偏离理想点阵. 首先, 它有一定的大小、外形和边界, 因而只在一定区域才有理想的平移不变性. 这样的晶体称为一块 单晶. 金属的单晶大多是一些小到肉眼看不出来的 晶粒, 而一块金属则是由大量无规分布的小晶粒构成的. 这种晶体称为 多晶.

其次, 一块实际晶体的点阵结构, 总有各种各样的缺陷. 例如, NaCl 晶体的成份不会那么纯, 很可能掺有一定的杂质 KCl, 从而在 Na^+ 离子立方点阵的某些位置上杂质 K^+ 离子取代了 Na^+ 离子. 这是物理上的缺陷, 称为 掺杂. 又如, Na^+ 离子构成的某一晶面可能与近邻的 Cl^- 离子晶面衔接得不理想, 错开了一定距离. 这是一种几何上的缺陷, 称为 位错. 如此等等.

第三, 在实际上有可能形成只有一定转动对称性而无平移不变性的点阵结构. 这是 1984 年末舍彻曼 (D. Shechtman) 等人在结晶学上的一轰动性发现, 他们在急冷凝固的 Al-Mn 合金中观察到明锐的 5 次对称电子衍射图, 表明这种急冷合金点阵具有 5 次转动对称性. 很容易看出, 只有 1, 2, 3, 4 及 6 次转动对称性能够与平移不变性相容, 点阵的 5 次转动对称性与其平移不变性不相容. 道理很简单, 只能分别用长方形、正三角形、正方形或正六角形填满一个平面, 而不能用正五边形填满一个平面. 如图 12.7. 这种只有转动对称性而无平移不变性的固体称为 准晶体, 简称 准晶.

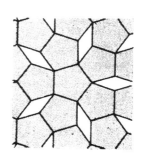

图 12.7

最后, 许多固体中原子的排列既无平移不变性, 也无转动对称性, 例如玻璃. 这种固体称为 非晶态固体. 图 12.8(a) 为非晶态 B_2O_3 固体, 图 12.8(b) 则是晶态 B_2O_3 固体的点阵结构. 非晶态固体的点阵也有一定规律可循. 例如每个 B 原子均被 3 个 O 原子包围, 原子或分子间距有一平均值. 这种在小范围内的规律性称为 短程序. 对于晶态固体, 除了短程序外, 还存在在三维空间中的平移不变性. 这种在大范围内的空间周期性则是一种 长程序.

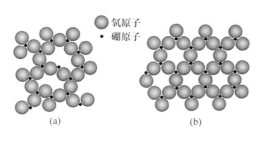

○ 氧原子
· 硼原子

(a)　　　(b)

图 12.8

　　液体也是只有短程序而无长程序. 由于结构上的这种特征, 非晶态固体的物理性质与晶态固体截然不同, 倒是与液体很相似. 例如玻璃、沥青及各种塑料, 都可当作过冷的黏滞性很高的液体. 它们没有确定的熔点, 随着温度升高, 只是逐渐变软, 黏滞性逐渐降低. 这是由于它们没有长程序, 只有短程序, 原子或分子间距在一范围内变化, 从而键的强度也在一范围内变化, 随着热运动的增强, 最弱的键先断开, 最强的键后断开, 有一温度区间.

　　图 12.9 显示了玻璃与过冷液体和晶体的体积 - 温度关系的异同. 晶体有一定的凝固点或熔点 T_f, 在这一点体积发生突变. 而玻璃从液态冷却下来的过程, 其体积是连续变化的, 其黏滞性和硬度逐渐增大, 没有一个突变点.

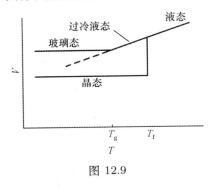

图 12.9

　　通常把非晶态固体所处的类似状态称为玻璃态, 而用 剪切黏滞性 的数值

$$10^{12}\mathrm{N}\cdot\mathrm{s}\cdot\mathrm{m}^{-2}$$

来区分液态与玻璃态. 剪切黏滞性低于此值时称为液态, 高于此值时称为玻璃态, 而等于此值时的温度 T_g 称为从液态到玻璃态或从玻璃态到液态的转变温度. 玻璃态与过冷液态一样, 并不是绝对的热平衡态, 而只是一个定域的能量极小态.

　　表 12.5 (依据参考书 [10] 32 页) 给出在标准大气压下化学元素的密度 (单位为 $\mathrm{g}\cdot\mathrm{cm}^{-3}$ 或 $10^3\mathrm{kg}\cdot\mathrm{m}^{-3}$)、原子浓度 (单位为 $10^{22}\mathrm{cm}^{-3}$ 或 $10^{28}\mathrm{m}^{-3}$) 和近邻距离 (单位为 Å). 其中除了标出温度的以外, 都是在室温的.

　　表 12.6 (依据参考书 [10] 31 页) 给出了化学元素的晶体结构. 除了标出温度的以外, 都是在室温下. 其中 cubic 是立方结构, diam 是金刚石结构, hex 是六角结构, rhom 是菱形结构, sc 是简单立方结构, tetr 是正四边形结构, 而 comp 表示情况较复杂, 需要查阅专门的书籍或手册. a 为横向晶格间距, c 为上下两层晶面的间距.

　　要特别指出的是, 有些元素存在几种晶体结构, 它们或者随温度或压强的变化而互相转变, 或者在一定条件下共存. 例如, Na 在室温是 bcc, 而在 36K 以下, 或在 51K 以下变形时部分地变成 hcp; Li 在室温是 bcc, 在 78K 时 bcc 与 hcp 共存, 而在低温下冷却时 hcp 会变成 fcc; Co 在室温时稳定形式为 hcp, 粉末状态时可以是 fcc, 400°C 以上时稳定形式成为 fcc; C 可以是金刚石结构, 石墨结构、六角结构, 以及非晶态, 而且在室温下都稳定; 最后, Fe 在 910°C 以下为 bcc, 在 910—1400°C 为 fcc, 在 1400°C 以上为 bcc; 等等.

表 12.5 元素的密度和原子浓度

除注明的以外均为室温和 1 大气压

符号		
A T	←	温度 /K
ρ	←	密度 /(g·cm³)
n	←	浓度 /10²² cm⁻³
d	←	近邻间距 /Å

* 在 37 大气压
** Br 在 123K，Hg 在 227K

周期表（每格：符号与温度，ρ，n，d）

1	2	3	4	5	6	7	8	9	10	11	12	13	14	15	16	17	18
H (4) 0.088																	**He** (2) 0.205*
Li (78) 0.542 4.700 3.023	**Be** 1.82 12.1 2.22											**B** 2.47 13.0 1.54	**C** 3.516 17.6 1.54	**N** (20) 1.03	**O**	**F** 1.44	**Ne** (4) 1.51 4.36 3.16
Na (5) 1.013 2.652 3.659	**Mg** 1.74 4.30 3.20											**Al** 2.70 6.02 2.86	**Si** 2.33 5.00 2.35	**P**	**S**	**Cl** (93) 2.03 2.02	**Ar** (4) 1.77 2.66 3.76
K (5) 0.910 1.402 4.525	**Ca** 1.53 2.30 3.95	**Sc** 2.99 4.27 3.25	**Ti** 4.51 5.66 2.89	**V** 6.09 7.22 2.62	**Cr** 7.19 8.33 2.50	**Mn** 7.47 8.18 2.24	**Fe** 7.87 8.50 2.48	**Co** 8.9 8.97 2.50	**Ni** 8.91 9.14 2.49	**Cu** 8.93 8.45 2.56	**Zn** 7.13 6.55 2.66	**Ga** 5.91 5.10 2.44	**Ge** 5.32 4.42 2.45	**As** 5.77 4.65 3.16	**Se** 4.81 3.67 2.32	**Br**** 4.05 2.36	**Kr** (4) 3.09 2.17 4.00
Rb (5) 1.629 1.148 4.837	**Sr** 2.58 1.78 4.30	**Y** 4.48 3.02 3.55	**Zr** 6.51 4.29 3.17	**Nb** 8.58 5.56 2.86	**Mo** 10.22 6.42 2.72	**Tc** 11.50 7.04 2.71	**Ru** 12.36 7.36 2.65	**Rh** 12.42 7.26 2.69	**Pd** 12.00 6.80 2.75	**Ag** 10.50 5.85 2.89	**Cd** 8.65 4.64 2.98	**In** 7.29 3.83 3.25	**Sn** 5.76 2.91 2.81	**Sb** 6.69 3.31 2.91	**Te** 6.25 2.94 2.86	**I** 4.95 2.36 3.54	**Xe** (4) 3.78 1.64 4.34
Cs (5) 1.997 0.905 5.235	**Ba** 3.59 1.60 4.35	**La** 6.17 2.70 3.73	**Hf** 13.20 4.52 3.13	**Ta** 16.66 5.55 2.86	**W** 19.25 6.30 2.74	**Re** 21.03 6.80 2.74	**Os** 22.58 7.14 2.68	**Ir** 22.55 7.06 2.71	**Pt** 21.47 6.62 2.77	**Au** 19.28 5.90 2.88	**Hg**** 14.26 4.26 3.01	**Tl** 11.87 3.50 3.46	**Pb** 11.34 3.30 3.50	**Bi** 9.80 2.80 3.07	**Po** 9.31 2.67 3.34	**At** —	**Rn** —

镧系

La 6.17 2.70 3.73	**Ce** 6.77 2.91 3.65	**Pr** 6.78 2.92 3.63	**Nd** 7.00 2.93 3.66	**Pm** —	**Sm** 7.54 3.03 3.59	**Eu** 5.25 2.04 3.96	**Gd** 7.89 3.02 3.58	**Tb** 8.27 3.22 3.52	**Dy** 8.53 3.17 3.51	**Ho** 8.80 3.22 3.49	**Er** 9.04 3.26 3.47	**Tm** 9.32 3.32 3.54	**Yb** 6.97 3.02 3.88	**Lu** 9.84 3.39 3.43

锕系

Ac 10.07 2.66 3.76	**Th** 11.72 3.04 3.60	**Pa** 15.37 4.01 3.21	**U** 19.05 4.80 2.75	**Np** 20.45 5.20 2.62	**Pu** 19.81 4.26 3.1	**Am** 11.87 2.96 3.61	**Cm** —	**Bk** —	**Cf** —	**Es** —	**Fm** —	**Md** —	**No** —	**Lr** —

表 12.6　元素的晶体结构

除注明的以外均为室温

A	T
c.s.	符号　温度/K
a	←　晶体结构
c	←　晶格参数 a/Å
	←　晶格参数 c/Å

bcc 体心立方　chain 链　comp 复杂　cubic 立方　diam 金刚石　fcc 面心立方
hcp 六角密排　hex 六角形　rhom 菱形　sc 简单立方　tetr 四面体　*α相

主表（周期表形式）：

																	He 4 hcp 3.57 5.83
H 4 hcp 3.75 6.12																	
Li 78 bcc 3.491	Be hcp 2.27 3.59										B rhom	C diam 3.567	N 20 cubic 5.66 (N₂)	O comp (O₂)	F comp	Ne fcc 4.46	
Na 5 bcc 4.225	Mg hcp 3.21 5.21										Al fcc 4.05	Si diam 5.430	P comp	S comp	Cl comp (Cl₂)	Ar 4 fcc 5.31	
K 5 bcc 5.225	Ca fcc 5.58	Sc hcp 3.31 5.27	Ti hcp 2.95 4.68	V bcc 3.03	Cr bcc 2.88	Mn cubic comp	Fe bcc 2.87	Co hcp 2.51 4.07	Ni fcc 3.52	Cu fcc 3.61	Zn hcp 2.66 4.95	Ga comp	Ge diam 5.658	As rhom	Se hex chain	Br comp (Br₂)	Kr 4 fcc 5.64
Rb 5 bcc 5.585	Sr fcc 6.08	Y hcp 3.65 5.73	Zr hcp 3.23 5.15	Nb bcc 3.30	Mo bcc 3.15	Tc hcp 2.74 4.40	Ru hcp 2.71 4.28	Rh fcc 3.80	Pd fcc 3.89	Ag fcc 4.09	Cd hcp 2.98 5.62	In tetr 3.25 4.95	Sn* diam 6.49	Sb rhom	Te hex chain	I comp (I₂)	Xe 4 fcc 6.13
Cs 5 bcc 6.045	Ba bcc 5.02	La hex 3.77	Hf hcp 3.19 5.05	Ta bcc 3.30	W bcc 3.16	Re hcp 2.76 4.46	Os hcp 2.74 4.32	Ir fcc 3.84	Pt fcc 3.92	Au fcc 4.08	Hg rhom	Tl hcp 3.46 5.52	Pb fcc 4.95	Bi rhom	Po sc 3.34	At —	Rn —

镧系：

La hex 3.77	Ce fcc 5.16	Pr hex 3.67	Nd hex 3.66	Pm —	Sm comp	Eu bcc 4.58	Gd hcp 3.63 5.78	Tb hcp 3.60 5.70	Dy hcp 3.59 5.65	Ho hcp 3.58 5.62	Er hcp 3.56 5.59	Tm hcp 3.54 5.56	Yb fcc 5.48	Lu hcp 3.50 5.56

锕系：

Ac fcc 5.31	Th fcc 5.08	Pa tetr 3.92 3.24	U comp	Np comp	Pu comp	Am hex 3.64	Cm —	Bk —	Cf —	Es —	Fm —	Md —	No —	Lr —

12.4　固体的能带

a. 能带的形成

固体中相邻原子或离子的电子云重叠, 会引起电子能级的改变. 例如当两个钠原子接近时, 分属不同原子的两个 3s 态过渡到由它们叠加成的两个态

$$\psi_{\pm}(r) = \varphi(r) \pm \varphi(r - a), \tag{12.8}$$

其中 $\varphi(r)$ 为第一个钠原子的 3s 波, $\varphi(r - a)$ 为相距 a 处的第二个钠原子的 3s 波. 波 φ_+ 比波 φ_- 在两个钠原子中间的振幅大一些, 相应的电子能级低一些. 于是, 两个原来重叠的 3s 能级分裂成两条能级, 其裂距依赖于电子云的重叠, 亦即依赖于原子间距 a, 如图 12.10(a).

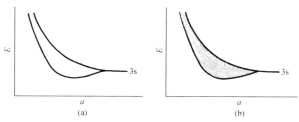

图 12.10

类似地, N 个钠原子的体系, 其 N 个 3s 态过渡到由它们叠加成的态

$$\psi(x) = \sum_{n=0}^{N-1} C_n \varphi(x - na). \tag{12.9}$$

这里为了简单起见, 假设 N 个钠原子等间距地在 x 轴上排成一维点阵, 如图 12.11, $\varphi(x - na)$ 为第 n 个钠原子的 3s 波. 上式中有 N 个系数 C_n, 所以有 N 个

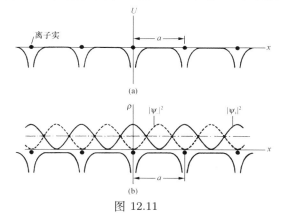

图 12.11

不同的波 $\psi(x)$. 它们的振幅分布不同, 相应的电子能级也就不同, 于是, N 个原来重叠的 3s 能级分裂成 N 条, 其裂距依赖于电子云的重叠, 亦即依赖于原子间距 a, 如图 12.10(b). 由于 $N \sim 10^{23}$ 是宏观大数, 所以这 N 条能级可当作连续分布的带, 称为钠的 3s 能带, 同样有钠的 1s, 2s, 2p 能带, 而相邻能带间的能量区域是被禁止的, 称为 禁带.

图 12.12 是斯莱特 (J.C.Slater) 算得的结果[1], 2s 带在 $-63.4\,\mathrm{eV}$, 1s 带在 $-1041\,\mathrm{eV}$, 图中均未画出, 垂直虚线位于观测到的原子间距处. 在此距离, 2p 以下的态的重叠还很小, 能带很窄, 而 3s 以上的态重叠很大, 能带很宽且互相重

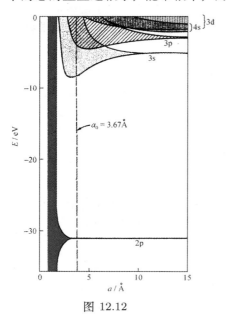

叠. 图 12.13 是钠点阵势能图中电子能带的位置, 可以看出, 内层电子基本上束缚在原子核附近, 在两核之间的势垒很高; 外层 3s 电子很容易在原子之间转移, 可近似看成在周期性点阵中运动的准自由电子.

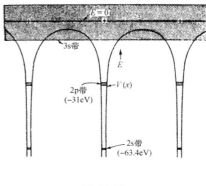

图 12.12   图 12.13

b. 能带的结构

为了保持点阵的周期性, 一般都采用 玻恩 - 冯·卡门 (Von Kármán) 条件

$$\psi(x + Na) = \psi(x), \tag{12.10}$$

它相当于假设点阵是在一闭合环上. 代入平移不变性要求

$$\psi(x + a) = \mathrm{e}^{\mathrm{i}ka}\psi(x), \tag{12.11}$$

可以定出常数

[1] J.C. Slater, *Quantum theory of molecules and solids*, Vol. 2, *Symmetry and energy bands in crystals*, McGraw-Hill, 1965, p.208; and in *American Institute of Physics Handbook*, 3rd ed., McGraw-Hill, 1972, pp.9-31—9-38.

$$k = \frac{2\pi m}{L}, \ m = 0, \ 1, \ 2, \cdots, \ N-1, \tag{12.12}$$

其中 $L = Na$ 是晶体点阵长度. 利用上述关系, 还可定出叠加式 $\psi(x) = \sum C_n \varphi(x - na)$ 的系数 C_n, 从而有

$$\psi_k(x) = C_0 \sum \varphi(x - na) \mathrm{e}^{\mathrm{i}kna}. \tag{12.13}$$

显然, 这种波具有如下性质:

$$\psi_k(x) = \mathrm{e}^{\mathrm{i}kx} u_k(x), \tag{12.14}$$

$$u_k(x + a) = u_k(x). \tag{12.15}$$

头一式表明 $\psi_k(x)$ 是一个振幅被 $u_k(x)$ 调制的平面被, 第二式表明振幅 $u_k(x)$ 具有点阵平移不变性. 这两条是布洛赫 (F.Bloch) 普遍地证明了的一个重要定理.

根据布洛赫定理, 准自由电子相当于振幅调制

$$u_k(x) \sim 常数 \tag{12.16}$$

的情形. 这时电子波函数 $\psi_k(x)$ 成为波矢为 $k = 2\pi m/L$ 的平面波, 能量为

$$E_k = \frac{\hbar^2 k^2}{2m_\mathrm{e}}, \tag{12.17}$$

是波矢量的二次函数, 如图 12.14 中的虚线. 这个关系只当波矢量不在下述值时成立:

$$k = \frac{n\pi}{a}, \qquad n = \pm 1, \pm 2, \cdots. \tag{12.18}$$

在上述值附近, 射到点阵上的平面波要发生布拉格反射, 因为这时满足 $\theta = \pi/2$ 的布拉格条件

$$2a \sin\theta = n\lambda. \tag{12.19}$$

所以在 $k = n\pi/a$ 附近电子波不是行波 $\mathrm{e}^{\mathrm{i}kx}$, 而是驻波

$$\psi_\pm(x) = \frac{1}{\sqrt{2L}} \big(\mathrm{e}^{\mathrm{i}kx} \pm \mathrm{e}^{-\mathrm{i}kx}\big), \tag{12.20}$$

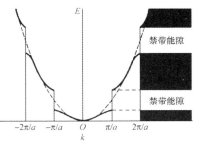

图 12.14

在点阵中的概率分布如图 12.11(b). ψ_+ 态在两原子中间的概率低, 所以能级低, 而 ψ_- 态在两原子中间的概率高, 所以能级高. 于是在 $k = n\pi/a$ 点裂成两个能级, 它们中间是一禁带, 如图 12.14 中的实线. 所以, 在点阵中的准自由电子, 由于点阵的作用, 其能级也裂成能带. 每个能带的能级数, 由量子化 $k = 2\pi m/L$, $m = 0, \ 1, \ 2, \cdots, \ N-1$, 可知也是 N.

c. 能带的填充

一般地, l 次壳的能级裂成的 l 能带有 $(2l+1)N$ 条能级, 可填入 $2(2l+1)N$

个电子. 图 12.15 是 N 个钠原子的能带结构及其基态电子填充情况. 1s 和 2s 电子各有 $2N$ 个, 正好分别填满 1s 和 2s 能带, 2p 电子有 6N 个, 也填满了 2p 能带. 而 3s 电子只有 N 个, 所以 3s 能带只填了一半. 3p 能带是空的.

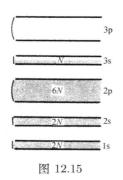

图 12.15

固体中基态填满电子的能带称为 价带, 最高价带之上未填满或全空的能带称为 导带, 导带与价带之间的禁带宽度称为 能隙. 导带中的电子在外电场或热运动的作用下很容易激发, 是固体导电或导热的主要载体. 而由于泡利原理, 价带中的电子则只有吸收足够大的能量才能被激发到导带中空着的能级上. 所以当能隙相当大时, 价带中的电子一般不参与导电或导热.

随着原子间距减小, 能带宽度增加, 两个能带会发生重叠, 例如镁的情形. 镁原子外层有两个 3s 电子, N 个镁原子共有 $2N$ 个 3s 电子. 它们的 3s 能带与 3p 能带在一定原子间距上重叠成一单独的能带, 这个能带共有 $2N + 6N = 8N$ 个电子态. $2N$ 个 3s 电子只填了这个能带的 1/4, 所以镁是良导体.

图 12.16 是 C, Ge 和 Si 的情形, 它们的外层都是 2 个 s 电子, 2 个 p 电子, N 个原子共有 $4N$ 个电子, 相应的能带分别是 (2s, 2p) 、(3s, 3p) 和 (4s, 4p). 随着原子间距的减小, s 能带与 p 能带先重叠成一个有 $8N$ 个电子态的能带, 然后又分成两个各有 $4N$ 个电子态的能带. C 的原子间距较小, 位于重新分开的区域, $4N$ 个电子刚好填满下面的能带, 上面的导带空着, 中间有 $E_g \sim 7\,\mathrm{eV}$ 的能隙, 在室温下

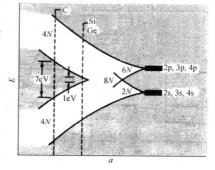

图 12.16

$$E_g \gg k_B T, \qquad (12.21)$$

电子很难激发上去, 所以是绝缘体. 对于 Ge 和 Si, 原子间距较大, 相应的能隙比绝缘体小得多, $E_g \sim 1\,\mathrm{eV}$, 在室温下有一定的电子激发到导带, 在价带有一定的空穴. 所以它们有一定的导电性, 其电导率介于导体与绝缘体之间, 并强烈依赖于温度. 具有这种特性的材料称为 半导体. 加入少量杂质, 可以改变半导体的能带结构, 从而改变半导体的导电性质.

12.5 金属中的自由电子气体

a. 费米 - 狄拉克分布

在 $T = 0$ 的基态时, 金属中导带电子在能级上的填充如图 12.17(a). 由于受泡利原理的限制, 在低于 E_F 的能级上每个态被电子占据的概率均为 1, 而在高于 E_F 的能级上每个态被电子占据的概率均为 0.

$T > 0$ 时, 由于受外界热激发, E_F 下面的一些电子被激发到上面, 受激发的范围为 $k_B T$ 的数量级, 如图 12.17(b)(c). 能量比 E_F 越低的态, 被电子占据的概率越接近 1; 能量比 E_F 高得多的态, 被电子占据的概率趋于 0.

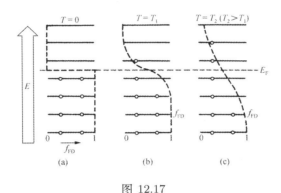

图 12.17

这种满足泡利原理的费米子体系的统计分布, 称为 费米 - 狄拉克分布, 可以证明其形式为

$$f_{\mathrm{FD}}(E) = \frac{1}{\mathrm{e}^{(E - E_F)/k_B T} + 1}, \tag{12.22}$$

其中 E_F 又记为 μ, 称为体系的 化学势 或 费米能, 依赖于温度 T 和电子数密度 n, 但随 T 的变化并不大, 在许多情形中可近似当作常数. 费米能是分布概率等于 1/2 处的能量, 它可能在某一能级上, 也可能介于两个能级之间.

上式适用的条件, 是粒子之间相互作用足够弱, 体系总能量近似等于每个粒子能量之和. 这种体系称为 近独立粒子体系. 费米 - 狄拉克分布是近独立费米子体系在单粒子能态 E 上的统计分布. 金属中的电子, 受到周围正离子的屏蔽, 可以当成近独立费米子体系, 称为 自由电子气体.

$T > 0$ 时金属钠中电子的统计分布如图 12.18. 2p 能带没有完全填满, 3p 能带也不完全空虚, 有较多电子参与导电, 是很好的导体. 如果费米能落入禁带

之中，能隙 E_g 又比热激发大得多，

$$E_g \gg k_B T, \qquad E_F \text{ 在禁带中}, \tag{12.23}$$

则是较好的绝缘体，如图 12.19. 如果费米能虽然落入禁带之中，但能隙 E_g 并不太大，

$$E_g \lesssim k_B T, \qquad E_F \text{ 在禁带中}, \tag{12.24}$$

则是半导体，如图 12.20.

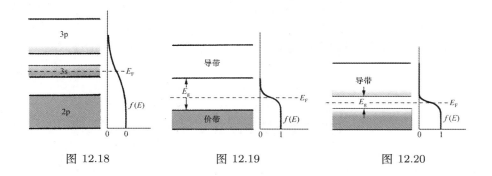

图 12.18   图 12.19   图 12.20

b. 电子态密度

对于金属导带中的电子，取准自由电子近似，其能量可以写成 (12.17) 式，而其波矢量为 $k = 2\pi m/L$, $m = 0, 1, 2, \cdots, N-1$. 由于 $N \sim 10^{23}$ 为宏观大数，所以 k 可近似当作连续变化的. 于是，在 dk 内的能级数为

$$\frac{dk}{2\pi/L} = \frac{L\hbar dk}{2\pi\hbar} = \frac{Ldp}{2\pi\hbar}. \tag{12.25}$$

上式右方分子 Ldp 为二维相空间体积元，所以分母 $2\pi\hbar$ 相应于每个量子态所占据的相空间体积. 也就是说，在二维相空间中每 $2\pi\hbar$ 体积有一个量子态. 这是一个普遍成立的重要性质.

运用这一性质，在三维坐标空间的体积 $V = L^3$ 内，电子动量大小在 p—$p+dp$ 内的量子态数可以写成

$$\frac{V \cdot 4\pi p^2 dp}{(2\pi\hbar)^3},$$

其中 $4\pi p^2 dp$ 为三维动量空间球层的体积元. 代入非相对论的能量动量关系 $E = p^2/2m_e$，有

$$\frac{4\pi V m_e \sqrt{2m_e E}\, dE}{(2\pi\hbar)^3}.$$

乘以自旋取向数 2, 就得能量在 E—$E+\mathrm{d}E$ 之间的电子态数为

$$g(E)\mathrm{d}E = \frac{4\pi V(2m_{\mathrm{e}})^{3/2}\sqrt{E}\,\mathrm{d}E}{(2\pi\hbar)^3}. \tag{12.26}$$

再乘以费米 - 狄拉克分布 $f_{\mathrm{FD}}(E)$, 就得电子能量在 E—$E+\mathrm{d}E$ 之间的概率为

$$P(E)\mathrm{d}E = \frac{4\pi V(2m_{\mathrm{e}})^{3/2}\sqrt{E}\,\mathrm{d}E}{(2\pi\hbar)^3\left[\mathrm{e}^{(E-E_{\mathrm{F}})/k_{\mathrm{B}}T}+1\right]}. \tag{12.27}$$

这里得到的

$$g(E) = \frac{4\pi V(2m_{\mathrm{e}})^{3/2}\sqrt{E}}{(2\pi\hbar)^3} \tag{12.28}$$

称为 电子态密度, 而

$$P(E) = \frac{4\pi V(2m_{\mathrm{e}})^{3/2}\sqrt{E}}{(2\pi\hbar)^3} \cdot \frac{1}{\mathrm{e}^{(E-E_{\mathrm{F}})/k_{\mathrm{B}}T}+1} \tag{12.29}$$

则是 电子能谱. 图 12.21 对于 $E_{\mathrm{F}} = 3.0\,\mathrm{eV}$ 分别画出了 $T=0$ 和 $T=300\,\mathrm{K}$ 的电子能谱 $P(E)$. 可以看出, 在室温下只有在费米能附近的极少数电子被激发, 绝大多数电子仍在 $T=0$ 的基态.

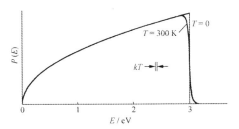

图 12.21

c. 费米能和电子比热

体积 V 中的电子数为

$$N = \int_0^\infty P(E)\mathrm{d}E. \tag{12.30}$$

在基态时, $T=0$, $P(E)$ 中的

$$f_{\mathrm{FD}}(E) = \begin{cases} 1, & \text{当}\, E < E_{\mathrm{F}}, \\ 0, & \text{当}\, E > E_{\mathrm{F}}, \end{cases} \tag{12.31}$$

可以求出

$$E_{\mathrm{F}} = \frac{(2\pi\hbar)^2}{2m_{\mathrm{e}}}\left(\frac{3N}{8\pi V}\right)^{2/3}, \tag{12.32}$$

即 自由电子气体的费米能正比于电子数密度的 2/3 次方.

电子平均能量为

$$\overline{E} = \frac{1}{N}\int_0^\infty EP(E)\mathrm{d}E. \tag{12.33}$$

在基态 $T=0$ 时, 可以算得

$$\overline{E} = \frac{3}{5}E_{\mathrm{F}}, \tag{12.34}$$

即 自由电子气体的电子平均能量是费米能的 3/5.

费米能 E_F 是金属的一重要参数, 数量级为 1—$10\,eV$. 表 12.7 给出了某些金属的 E_F.

表 12.7 某些金属的费米能 E_F

金属	Li	Na	K	Cs	Al	Zn	Cu	Ag	Au
E_F/eV	4.72	3.12	2.14	1.53	11.8	11.0	7.04	5.51	5.54

例题 3 试计算钠的费米能 E_F 和电子平均能量 $\overline{E}$.

解 对于钠的 3s 导带, 每个钠原子贡献 1 个电子, 有

$$\frac{N}{V} = \frac{\rho N_A}{M} = \frac{0.971\,g \cdot cm^{-3} \times 6.022 \times 10^{23}/mol}{23.0\,g/mol} = 2.54 \times 10^{22}/cm^3,$$

其中 $\rho = 0.971\,g/cm^3$ 是钠的密度, $M = 23.0\,g/mol$ 是钠的摩尔质量. 把这样算得的自由电子数密度 N/V 代入 E_F 的公式, 有

$$E_F = \frac{(2\pi\hbar c)^2}{2m_e c^2}\left(\frac{3N}{8\pi V}\right)^{2/3} = \frac{(2\pi \times 1973\,eV \cdot \text{Å})^2}{2 \times 0.511\,MeV} \times \left(\frac{3}{8\pi} \times 2.54 \times 10^{22}/cm^3\right)^{2/3}$$

$$= 3.15\,eV,$$

$$\overline{E} = \frac{3}{5}E_F = 0.6 \times 3.15\,eV = 1.89\,eV.$$

所以, 即使在 $T = 0$ 时, 电子平均动能仍很高.

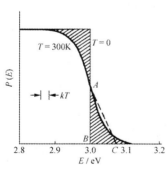

图 12.22

现在来估算电子气体的比热. 把图 12.21 中费米能 E_F 附近的部分画出, 如图 12.22. 被激发的电子数等于 A 点以下的阴影面积, 它近似等于 $\triangle ABC$ 的面积. 取 $\overline{BC} \approx 3k_B T$, 就有

$$N_{激发} \approx \frac{1}{2}P(E_F) \cdot 3k_B T$$

$$= \frac{1}{2}\frac{4\pi V(2m_e)^{3/2}}{(2\pi\hbar)^3}\frac{\sqrt{E_F}}{2} \cdot 3k_B T.$$

再由费米能的公式解出

$$N = \frac{8\pi V}{3}\left[\frac{2m_e E_F}{(2\pi\hbar)^2}\right]^{3/2},$$

于是可以算出被激发的电子数

$$N_{激发} \approx \frac{9}{8}\frac{Nk_B T}{E_F}.$$

平均每个激发电子对热能的贡献约为 $3k_B T/2$, 从而

$$E_{激发} \approx \frac{9}{8}\frac{Nk_B T}{E_F} \cdot \frac{3}{2}k_B T = \frac{27}{16}\frac{Nk_B T}{E_F} \cdot k_B T,$$

$$C_{电子} = \frac{1}{\mu}\left(\frac{\partial E_{激发}}{\partial T}\right)_V \approx \frac{27 N_A k_B}{8} \cdot \frac{k_B T}{E_F},$$

其中

$$\mu = \frac{N}{N_A}$$

是摩尔电子数. 这里给出的 $C_{电子}$ 是电子的每摩尔热容量, 也就是 *摩尔比热* (molar specific heat), 它与比热只差一个摩尔质量的常数因子, 在不必强调时常把它简称为比热.

严格的计算给出

$$C_{电子} = \frac{\pi^2 N_A k_B}{2} \cdot \frac{k_B T}{E_F}, \tag{12.35}$$

与上面的粗略估算比较, 二者只差一个数量级为 1 的系数. 可以看出, 电子气体的比热正比于温度 T. 在室温时,

$$\frac{k_B T}{E_F} \sim \frac{1}{100},$$

比晶格振动的贡献仍小很多, 可以忽略 (参看 12.7 节).

d. 魏德曼 - 夫兰茨定律

金属中的电子气体虽然对比热贡献很小, 但却是导电和导热的主体. 电导率

$$\sigma = \frac{ne^2\tau}{m_e}, \tag{12.36}$$

其中 $n = N/V$ 是电子数密度, τ 是平均碰撞时间,

$$\tau = \frac{l}{v}, \tag{12.37}$$

v 是电子平均速率, l 是电子平均自由程. 而热导率

$$\kappa = \frac{1}{3}\mu C_{电子} v l. \tag{12.38}$$

由于参与导电和导热的只是费米能附近极少的电子, 上述公式中的 v 可用费米能时的电子速率. 估计平均自由程 l 则要小心, 因为电子有波动性, 在严格的周期性点阵中不受散射, 对 l 的贡献主要来自杂质、晶格缺陷和晶格的热振动. 比值

$$\frac{\kappa}{\sigma} = \frac{1}{3}\frac{\mu C_{电子} m_e v^2}{ne^2} = \frac{2}{3}\frac{\mu C_{电子} E_F}{ne^2},$$

其中已代入 $E_F \approx m_e v^2/2$. 再代入 $C_{电子}$ 的公式和 $n = \mu N_A$, 就有

$$\frac{\kappa}{\sigma} = \frac{\pi^2 k_B^2}{3e^2}T. \tag{12.39}$$

在比值 κ/σ 中, 与具体金属性质有关的参数 l, v, E_F 都消去了, 它表明金属热导率与电导率之比正比于温度 T, 比例常数称为 *洛伦兹数*, 是与具体金属无

关的普适常数. 这个规律称为**魏德曼 - 夫兰茨** (Wiedemann-Franz) **定律.** 表 12.8
是在不同温度下测得的一些金属的洛伦兹数, 它们与理论值

$$\frac{\pi^2 k_{\mathrm{B}}^2}{3e^2} = 2.44 \times 10^{-8} \mathrm{W} \cdot \Omega/\mathrm{K}^2 \tag{12.40}$$

都很接近.

表 12.8 一些金属的洛伦兹数 $(10^{-8}\mathrm{W} \cdot \Omega/\mathrm{K}^2)$

金属	Ag	Au	Cd	Cu	Pb	Sn	Zn
0°C	2.31	2.35	2.42	2.23	2.47	2.52	2.31
100°C	2.37	2.40	2.43	2.33	2.56	2.49	2.33

e. 金属电子的有效质量

价电子受到周期性晶格点阵的作用, 它的运动并不是完全自由的. 这主要
表现在它的有效质量 m_{e}^* 与完全自由时的 m_{e} 不同, 依赖于电子的能量. 所以,
在有关的公式中, 都应把 m_{e} 换成 m_{e}^*. 特别是费米能的公式应换成

$$E_{\mathrm{F}} = \frac{(2\pi\hbar)^2}{2m_{\mathrm{e}}^*}\left(\frac{3N}{8\pi V}\right)^{2/3}. \tag{12.41}$$

表 12.9 是某些金属在费米能时的有效质量比 $m_{\mathrm{e}}^*/m_{\mathrm{e}}$.

表 12.9 某些金属在费米能时的电子有效质量比 $m_{\mathrm{e}}^*/m_{\mathrm{e}}$

金属	Li	Be	Na	Al	Co	Ni	Cu	Zn	Ag	Pt
$m_{\mathrm{e}}^*/m_{\mathrm{e}}$	1.2	1.6	1.2	0.97	14	28	1.01	0.85	0.99	13

12.6 晶格的振动

a. 单原子晶格

考虑单原子晶格的一维振动. 有一个纵波模式, 如图 12.23; 有两个横波模
式, 其中之一如图 12.24. 采用线性近邻近似, 设第 s 平面所受的力是 s 平面与
近邻两平面相对位移 $u_{s+1} - u_s$ 和 $u_{s-1} - u_s$ 的线性函数,

$$F_s = C_+(u_{s+1} - u_s) + C_-(u_{s-1} - u_s). \tag{12.42}$$

线性近似即胡克 (Hooke) 定律, 近邻近似即略去 $u_{s+2} - u_s$ 等项. 其中 C_+ 和
C_- 对于纵波模和横波模不同, 一般地说 $C_+ \neq C_-$. 对于平移不变的情形, 有
$C_+ = C_- = C$, 于是

$$F_s = C(u_{s+1} - 2u_s + u_{s-1}). \tag{12.43}$$

设原子质量为 M, 则运动方程为

$$M\frac{\mathrm{d}^2 u_s}{\mathrm{d}t^2} = C(u_{s+1} - 2u_s + u_{s-1}). \tag{12.44}$$

求满足

$$\frac{\mathrm{d}^2 u_s}{\mathrm{d}t^2} = -\omega^2 u_s \tag{12.45}$$

的简谐振动解, 则其时间因子为 $\mathrm{e}^{-\mathrm{i}\omega t}$, 代入运动方程可得差分方程

$$-M\omega^2 u_s = C(u_{s+1} - 2u_s + u_{s-1}). \tag{12.46}$$

不难看出, 此差分方程有行波解

$$u_{s+p} = u\mathrm{e}^{\mathrm{i}(s+p)Ka}, \qquad p = 0, \pm 1. \tag{12.47}$$

把它代入差分方程, 可得 K 与 ω 之间的色散关系

$$\omega = \sqrt{\frac{4C}{M}} \left| \sin \frac{Ka}{2} \right|. \tag{12.48}$$

由实验测出 $\omega(K)$, 即可确定力常数 C.

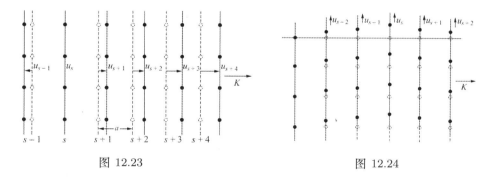

图 12.23   图 12.24

  上述行波解又称为 格波解. 相邻格点的相位差为 Ka,

$$\frac{u_{s+1}}{u_s} = \mathrm{e}^{\mathrm{i}Ka}, \tag{12.49}$$

所以 K 是 格波的波矢量. 上述二式都是 K 的周期函数, 若

$$K' = K + \frac{2\pi n}{a}, \qquad n = 0, \pm 1, \pm 2, \cdots, \tag{12.50}$$

则 K' 与 K 描述相同的格波. 所以, 可把 K 的取值限制在

$$-\frac{\pi}{a} \leqslant K \leqslant \frac{\pi}{a}, \tag{12.51}$$

亦即格波波长

$$\lambda = \frac{2\pi}{K} \geqslant 2a. \tag{12.52}$$

格波波矢量 K 的上述范围称为 第一布里渊 (Brillouin) 区. 在布里渊区边界上 $K_{\max} = \pm\pi/a$, 有 $u_{s+1}/u_s = -1$, 相邻两格点相位相反, 故格波为驻波, 波长 $\lambda = 2a$.

由色散关系 (12.48) 可求出格波的群速度

$$v_{\mathrm{g}} = \frac{\mathrm{d}\omega}{\mathrm{d}K} = \sqrt{\frac{Ca^2}{M}} \cos \frac{Ka}{2}. \tag{12.53}$$

在布里渊区边界 $K_{\max} = \pm\pi/a$, $v_{\mathrm{g}} = 0$, 为驻波. 对 $K \to 0$ 的长波极限或 $a \to 0$ 的连续极限,

$$v_{\mathrm{g}} \longrightarrow \sqrt{\frac{Ca^2}{M}}, \qquad 当 K \to 0 \ 或 \ a \to 0. \tag{12.54}$$

这时群速度 v_{g} 为与 K 无关的常数, 亦即声速与频率无关. 这相应于色散关系在 $Ka \ll 1$ 时的线性近似

$$\omega \approx v_{\mathrm{g}} K. \tag{12.55}$$

b. 双原子晶格

双原子晶格的一维振动, 其运动方程为

$$\begin{cases} M_1 \dfrac{\mathrm{d}^2 u_s}{\mathrm{d}t^2} = C(v_s + v_{s-1} - 2u_s), \\[2mm] M_2 \dfrac{\mathrm{d}^2 v_s}{\mathrm{d}t^2} = C(u_{s+1} + u_s - 2v_s), \end{cases} \tag{12.56}$$

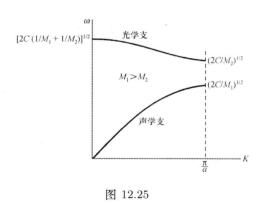

图 12.25

其中 M_1 和 M_2 分别为两种原子的质量, u_s 和 v_s 为它们的位移. 类似地, 上述方程具有格波解

$$\begin{cases} u_s = u\,\mathrm{e}^{\mathrm{i}(sKa - \omega t)}, \\ v_s = v\,\mathrm{e}^{\mathrm{i}(sKa - \omega t)}. \end{cases} \tag{12.57}$$

色散关系有两支, 如图 12.25. 低频的称为 声学支, 与单原子晶格的类似; 高频的称为 光学支, 在长波极限 $K \to 0$ 或连续极限 $a \to 0$ 时不趋于 0, 而趋于一很大的常数值. 当 $Ka \ll 1$ 时有

$$\left. \begin{aligned} \omega^2 &\approx \frac{C}{2(M_1 + M_2)} K^2 a^2, \qquad 声学支, \\ \omega^2 &\approx 2C\left(\frac{1}{M_1} + \frac{1}{M_2}\right), \qquad 光学支, \end{aligned} \right\} \quad 当 Ka \ll 1 时, \tag{12.58}$$

而在布里渊区边界 $K_{\max}a = \pm\pi$ 时有

$$\left.\begin{array}{ll} \omega^2 = \dfrac{2C}{M_1}, & \text{声学支,} \\[2mm] \omega^2 = \dfrac{2C}{M_2}, & \text{光学支,} \end{array}\right\} \quad \text{当 } K_{\max}a = \pm\pi \text{ 时.} \qquad (12.59)$$

这里已假设 $M_1 > M_2$.

把上述色散关系代回运动方程, 就可确定 u 和 v 的关系. 在 $K = 0$ 的极限情形, 声学支和光学支的横波模可以分别解出

$$\left\{\begin{array}{ll} u = v, & \text{声学支,} \\[2mm] \dfrac{n}{v} = -\dfrac{M_2}{M_1}, & \text{光学支,} \end{array}\right. \qquad (12.60)$$

前者的两种原子振动相位相同, 一齐运动, 与弹性体中长波长的声波振动一样, 所以称为声学支. 后者的两种原子振动相位相反, 反向运动, 并保持质心不动, 如果两种原子荷电相反, 就可以用光波的电场来激发, 所以称为光学支.

图 12.25 还表明, 在声学支与光学支之间的频率范围

$$\sqrt{\frac{2C}{M_1}} < \omega < \sqrt{\frac{2C}{M_2}} \qquad (12.61)$$

没有解. 亦即, 从声学支过渡到光学支, 在布里渊区边界 $K_{\max} = \pm\pi/a$ 处频率有一跳跃. 在此频率范围内的解, 波矢 K 成为复数, 格波将在空间中衰减.

12.7 声　子

a. 声子的能量和动量

晶格振动的能量是量子化的, 圆频率为 ω 的弹性振动模的能量

$$\varepsilon = \left(n + \frac{1}{2}\right)\hbar\omega, \qquad n = 0, 1, 2, \cdots, \qquad (12.62)$$

能量子 $\hbar\omega$ 称为 **声子**. 晶格振动能量在晶体中的传播, 就是声子在晶体点阵中的传播, 晶格的弹性波, 就是声子传播的 **格波**.

晶格振动的幅度 u_0 越大, 振动能量就越大, 传播的声子数 n 就越多. 考虑格波矢量为 K 的行波

$$u = u_0 \cos(Kx - \omega t). \qquad (12.63)$$

把它代入动能密度的公式

$$\frac{1}{2}\rho\left(\frac{\partial u}{\partial t}\right)^2,$$

并对时间求平均, 就得体积 V 内的平均动能为

$$\frac{1}{4}\rho V\omega^2 u_0^2,$$

这里 ρ 是晶体密度. 上述平均动能应等于 $\varepsilon/2$,

$$\frac{1}{4}\rho V \omega^2 u_0^2 = \frac{1}{2}\left(n+\frac{1}{2}\right)\hbar\omega,$$

由此就可求出振幅 u_0 与声子数 n 的关系

$$u_0^2 = \frac{2(n+1/2)\hbar}{\rho V \omega}. \tag{12.64}$$

对于不稳定的格波解, ω 成为复数, 振幅 u_0 是衰减的, 晶格会自发转变成更稳定的结构.

格波描述声子的传播, 格波的传播方向代表了声子的传播方向. 所以可把 $\hbar \boldsymbol{K}$ 称为 **声子动量** 或 **晶格动量**, 记为

$$\boldsymbol{P} = \hbar\boldsymbol{K}, \tag{12.65}$$

其中 $\boldsymbol{K}$ 是在三维晶格点阵中传播的格波波矢量,

$$\boldsymbol{K} = \left(\frac{2\pi m}{A}, \ \frac{2\pi n}{B}, \ \frac{2\pi l}{C}\right), \tag{12.66}$$

A, B, C 分别是晶体点阵的长、宽和高.

与光子不同的是, 由于格波是点阵相对位移的波, $\boldsymbol{K} \neq 0$ 时并不传播动量, 仅当 $\boldsymbol{K} = 0$ 时才有整体的平移动量传播. 所以, $\boldsymbol{P}$ 并不是声子携带的真的动量. 实际上, 把关系式 (12.50) 推广到三维情形, 有

$$\boldsymbol{K}' = \boldsymbol{K} + \boldsymbol{G}, \tag{12.67}$$

$$\boldsymbol{G} = \left(\frac{2\pi m}{a}, \ \frac{2\pi n}{b}, \ \frac{2\pi l}{c}\right), \tag{12.68}$$

a, b, c 分别是空间三个方向的晶格间距. 这就表明, 格波波矢不完全确定. 可以相差一矢量 $\boldsymbol{G}$. 从而, 声子动量 $\boldsymbol{P}$ 不完全确定, 可以相差一矢量 $\hbar\boldsymbol{G}$.

然而在许多实际问题中, 声子就像具有动量 $\hbar\boldsymbol{K}$ 一样. 例如, X 射线光子在晶格上的弹性散射, 有选择定则

$$\boldsymbol{k}' = \boldsymbol{k} + \boldsymbol{G}, \tag{12.69}$$

其中 $\boldsymbol{k}$ 为入射 X 光波矢, $\boldsymbol{k}'$ 为散射 X 光波矢, $\boldsymbol{G}$ 则是上面由晶格常数定义的矢量. 当 X 光在晶体上反射时, $-\hbar\boldsymbol{G}$ 就是整个晶体的反冲动量.

当 X 射线光子在晶格上非弹性散射时, 可以激发出一个波矢为 $\boldsymbol{K}$ 的声子, 选择定则为

$$\boldsymbol{k}' + \boldsymbol{K} = \boldsymbol{k} + \boldsymbol{G}. \tag{12.70}$$

而在过程中有一个波矢为 $\boldsymbol{K}$ 的声子被吸收时, 选择定则成为

$$\boldsymbol{k}' = \boldsymbol{k} + \boldsymbol{K} + \boldsymbol{G}. \tag{12.71}$$

以上三种情形的选择定则, 可以理解为光子 - 声子散射过程的动量关系.

中子在晶体上的非弹性散射, 除了有动量关系

$$\boldsymbol{k} + \boldsymbol{G} = \boldsymbol{k}' \pm \boldsymbol{K} \tag{12.72}$$

以外, 还有能量守恒关系

$$\frac{\hbar^2 k^2}{2m_{\mathrm{n}}} = \frac{\hbar^2 k'^2}{2m_{\mathrm{n}}} \pm \hbar\omega, \tag{12.73}$$

其中 + 号对应于产生声子的过程, − 号对应于吸收声子的过程. 声子能量为 $\hbar\omega$, 波矢 $\boldsymbol{K}$ 则通过选择合适的 $\boldsymbol{G}$ 而限制在第一布里渊区内. 在这种散射中测出散射前后中子的波矢 $\boldsymbol{k}$ 和 $\boldsymbol{k}'$, 就可以测出声子的色散关系

$$\omega = \omega(\boldsymbol{K}). \tag{12.74}$$

b. 声子气体与固体比热

晶格振动受热激发, 会产生大量声子, 形成声子气体. 处于热平衡时, 相应的声子气体处于统计平衡. 在线性近似下, 不同振动模式互相独立, 不同振动模的声子之间没有相互作用, 可以分别考虑.

对于圆频率为 ω 的声子, 由于其能量子为 $\hbar\omega$, 与光子的情形类似, 其平均声子数为

$$\overline{n} = \frac{\sum_{s=0}^{\infty} s\,\mathrm{e}^{-s\hbar\omega\beta}}{\sum_{s=0}^{\infty} \mathrm{e}^{-s\hbar\omega\beta}} = -\frac{1}{\hbar\omega}\frac{\partial}{\partial\beta}\ln\sum_{s=0}^{\infty}\mathrm{e}^{-s\hbar\omega\beta}$$

$$= \frac{1}{\hbar\omega}\frac{\partial}{\partial\beta}\ln(1 - \mathrm{e}^{-\hbar\omega\beta}) = \frac{1}{\mathrm{e}^{\hbar\omega/k_{\mathrm{B}}T} - 1}, \tag{12.75}$$

从而平均声子能量为

$$\overline{\varepsilon} = \overline{n}\hbar\omega = \frac{\hbar\omega}{\mathrm{e}^{\hbar\omega/k_{\mathrm{B}}T} - 1}, \tag{12.76}$$

与光子气体的公式相同.

假设只有这一种模式的声子, 则声子气体能量为

$$E_{声子} = 3N\overline{\varepsilon} = \frac{3N\hbar\omega}{\mathrm{e}^{\hbar\omega/k_{\mathrm{B}}T} - 1}, \tag{12.77}$$

其中 N 是晶格振子总数, 亦即晶体原子总数. 因子 3 是由于每一振子有 3 个振动自由度. 于是声子气体的比热为

$$C_{声子} = \frac{1}{\mu}\left(\frac{\partial E_{声子}}{\partial T}\right)_V = 3N_{\mathrm{A}}k_{\mathrm{B}}\left(\frac{\hbar\omega}{k_{\mathrm{B}}T}\right)^2 \frac{\mathrm{e}^{\hbar\omega/k_{\mathrm{B}}T}}{(\mathrm{e}^{\hbar\omega/k_{\mathrm{B}}T} - 1)^2}. \tag{12.78}$$

这就是爱因斯坦关于固体比热的模型和公式. 在高温极限, $\hbar\omega \ll k_{\mathrm{B}}T$ 时, 它成为杜隆 - 珀蒂 (Dulong-Petit) 定律

$$C_{声子} = 3N_{\mathrm{A}}k_{\mathrm{B}}, \qquad 当 \hbar\omega \ll k_{\mathrm{B}}T 时. \tag{12.79}$$

在低温极限，$\hbar\omega \gg k_B T$ 时，它成为

$$C_{\text{声子}} \propto \mathrm{e}^{-\hbar\omega/k_B T}, \qquad \text{当 } \hbar\omega \gg k_B T \text{ 时,} \tag{12.80}$$

随温度的下降而急剧下降. 图 12.26 是爱因斯坦在 1907 年的论文中用上述公式算得的金刚石比热曲线与实验的比较，其中 $T_E = \hbar\omega/k_B = 1320\,\text{K}$, C_p 就是我们的 $C_{\text{声子}}$(图中 1cal=4.18J). 可以看出，把晶格振动量子化，确实能定性地解释晶体比热偏离杜隆 - 珀蒂定律而随温度的下降，但在定量上还是有分歧.

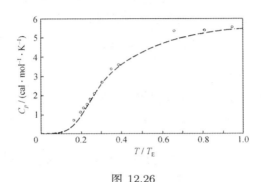

图 12.26

实验测得的固体比热，低温时随温度下降得比上述爱因斯坦公式慢. 这是由于爱因斯坦的模型太简单，实际晶格振动不是单一频率，而有一连续分布. 在光子气体中，我们不是只考虑一种频率的光子，而是考虑了光子频率的分布. 同样，考虑声子频率分布，设晶格振动的频谱为 $g(\nu)$, 就有

$$E_{\text{声子}} = \int V g(\nu)\mathrm{d}\nu \cdot \overline{\varepsilon} = \int V g(\nu)\mathrm{d}\nu \cdot \frac{h\nu}{\mathrm{e}^{h\nu/k_B T} - 1},$$

于是比热为

$$C_{\text{声子}} = \frac{1}{\mu}\left(\frac{\partial E}{\partial T}\right)_V = k_B \int v g(\nu)\mathrm{d}\nu \left(\frac{h\nu}{k_B T}\right)^2 \frac{\mathrm{e}^{h\nu/k_B T}}{(\mathrm{e}^{h\nu/k_B T} - 1)^2}, \tag{12.81}$$

V 是固体体积，$v = V/\mu$ 是摩尔体积. 爱因斯坦的模型相当于

$$g(\nu) = \frac{3N}{V}\delta(\nu). \tag{12.82}$$

德拜假设固体是连续均匀弹性介质，可以仿照辐射场的公式 (10.16) 写出晶格振动的 $g(\nu)$. 晶格振动不仅有横波，还有纵波，于是德拜给出

$$g(\nu) = \begin{cases} 4\pi\nu^2\left(\dfrac{1}{c_1^3} + \dfrac{2}{c_2^3}\right), & 0 \leqslant \nu \leqslant \nu_D, \\[2mm] 0, & \nu_D < \nu, \end{cases} \tag{12.83}$$

c_1 和 c_2 分别是固体纵波和横波的速度, 与之相关的项差一个因子 2, 来自横波有两个振动方向. 频率上限 ν_D 称为 德拜频率, 它保证振动总自由度为 $3N$:

$$3N = \int V g(\nu)\mathrm{d}\nu.$$

把这个 $g(\nu)$ 代入上面 $E_{声子}$ 的公式, 在低温时可近似地算出

$$E_{声子} = \frac{3\pi^4 N_A k_B T_D}{5}\left(\frac{T}{T_D}\right)^4, \tag{12.84}$$

$$C_{声子} = \frac{12\pi^4 N_A k_B}{5}\left(\frac{T}{T_D}\right)^3, \tag{12.85}$$

其中

$$T_D = \frac{h\nu_D}{k_B} \tag{12.86}$$

称为 德拜温度, 是一个与德拜频率等价的参数, 由实验测定. $E_{声子} \propto T^4$, 表明声子气体的能量密度满足与光子气体的斯特藩 - 玻尔兹曼定律类似的 T^4 定律. 而 $C_{声子} \propto T^3$, 这与实验完全符合, 现在称为固体低温比热的德拜 T^3 定律. 图 12.27 为低温固体氩的比热, 与德拜 T^3 定律符合得很好.

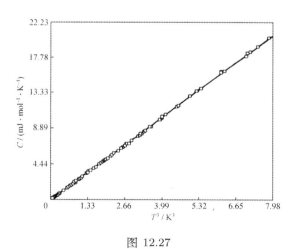

图 12.27

当温度极低时, 电子气体对比热的贡献不能忽略, 固体比热可以写成

$$C = C_{电子} + C_{声子} = \gamma T + AT^3, \tag{12.87}$$

其中 γ 和 A 是两个由实验确定的参数. 图 12.28 是对金属钾的测量结果, 当 C 的单位用 mJ/(mol·K) 时, γ 和 A 的数值分别为 2.08 和 2.57[①].

① W.H. Lien and N.E. Phillips, *Phys. Rev.*, **133** (1964) A1370.

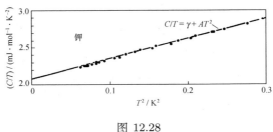

图 12.28

c. 声子比热的逆问题

与晶格振动能级和频谱等微观性质相比, 比热是宏观物理量, 可以直接通过测量来获得. 如何从比热的测量结果来获取关于固体能级和频谱的信息? 亦即如何利用 (12.81) 式从 $C_{声子}$ 来求 $g(\nu)$? 这就是声子比热的逆问题.

用冷度 $\theta = h/k_B T$ 把 (12.81) 式改写成

$$C_{声子}(h/k_B\theta) = k_B \int_0^\infty \nu g(\nu) \mathrm{d}\nu \frac{(\theta\nu)^2 \mathrm{e}^{\theta\nu}}{(\mathrm{e}^{\theta\nu} - 1)^2},$$

再展开成泰勒级数, 就是

$$C_{声子}(h/k_B\theta) = \nu k_B \theta^2 \sum_{n=1}^\infty n \int_0^\infty \mathrm{d}\nu \nu^2 g(\nu) \mathrm{e}^{-n\theta\nu}$$

$$= \nu k_B \theta \sum_{n=1}^\infty (n\theta) \mathcal{L}[\nu^2 g(\nu); \nu \to n\theta],$$

其中 $\mathcal{L}[\nu^2 g(\nu); \nu \to n\theta]$ 是函数 $\nu^2 g(\nu)$ 的拉氏变换, 自变量从 ν 变成 $n\theta$. 注意 n 是整数, 对上式运用莫比乌斯反演定理 (见 10.3 节的 d. 黑体辐射的逆问题), 有

$$\theta \mathcal{L}[\nu^2 g(\nu); \nu \to \theta] = \sum_{n=1}^\infty \mu(n) \frac{C_{声子}(h/k_B n\theta)}{\nu k_B n\theta},$$

其中 $\mu(n)$ 是莫比乌斯函数. 把左边的因子 θ 除到右边, 再作拉氏反演, 就可解出

$$g(\nu) = \frac{1}{\nu k_B \nu^2} \sum_{n=1}^\infty \mu(n) \mathcal{L}^{-1}\left[\frac{C_{声子}(h/nk_B\theta)}{n\theta^2}; \theta \to \nu\right], \tag{12.88}$$

这在文献上称为 陈氏公式 (参阅 216 页的注①). 这个公式是方程 (12.81) 的一个普遍解, 在低温时可以由它推出包括德拜模型 (12.83) 的近似公式, 在高温时可以从它得到包括爱因斯坦模型 (12.82) 的另一公式.

13   超流与超导

13.1   液   氦 II

氦原子的两个电子形成 $1s^2$ 闭壳层, 所以氦原子之间相互作用很弱, 氦气直到 $4.18\,\mathrm{K}$ 才液化, 是所有物质中沸点最低的. 而且, 氦原子质量很小, 从而零点振动能和振幅很大, 使得氦原子体系很难结合成一稳定的位形. 这两个因素, 使正常压强下的氦在温度很低时仍保持为液态而不凝固. 液氦在温度很低时, 分子热运动不激烈, 量子特征能很明显地表现出来, 具有许多普通液体所没有的奇特性质, 因此把它称为 量子液体.

氦有两种同位素. $^3\mathrm{He}$ 的自旋为 $1/2$, 是费米子; $^4\mathrm{He}$ 的自旋为 0, 是玻色子. 由于所服从的统计规律不同, $^3\mathrm{He}$ 和 $^4\mathrm{He}$ 是性质不同的两种液体. 天然的氦中, 绝大部分是 $^4\mathrm{He}$, $^3\mathrm{He}$ 的丰度只有 $0.000\,137\%$. $^3\mathrm{He}$ 浓度较高的 $^3\mathrm{He}$-$^4\mathrm{He}$ 混合液体, 在温度低于 $0.87\,\mathrm{K}$ 时会分离成两个互相平衡的液相, 一个相的 $^3\mathrm{He}$ 浓度较高, 浮在另一 $^3\mathrm{He}$ 浓度较低的相的上面. 以下的讨论若没有特别指明, 都是针对 $^4\mathrm{He}$ 的.

a. λ 相变

图 13.1 是氦的相图, 给出了氦的饱和蒸气压随温度的变化 $P(T)$. 实验发现, 若沿饱和蒸气压曲线降温, 当温度降到一临界温度 $T_\lambda = 2.17\,\mathrm{K}$ 时, 沸腾突然中止, 液体变得十分平静. 在这一点液氦发生相变, 从一种与普通液体类似的液相, 变到另一种与普通液体不同的液相. 液氦的这两种相, 分别被称为 正常相 和 超流相, 简称氦 I 和氦 II. 在它们之间发生相变的温度 T_λ 随着压强的增加而略有降低, 在 $P\text{-}T$ 图

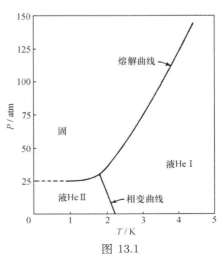

图 13.1

中描绘出一条倾角略大于 90° 的曲线, 在它右边是氦 I, 左边是氦 II.

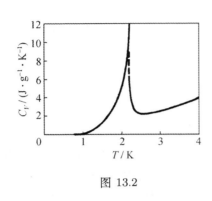

图 13.2

液氦在正常相和超流相之间相变时, 没有相变潜热, 比容也不变, 但比热和热导率都随温度的下降而突然增大, 发生不连续的改变. 热导率增大约一百万倍. 比热随温度的变化在相变点以对数的形式趋于无限大, 如图 13.2. 由于比热曲线形状很像希腊字母 λ, 所以把这种相变称为 λ 相变, 而把相变点称为 λ 点.

实验发现, λ 点两侧的比热曲线可以表示成

$$C_V = a_\pm + b \ln c|T - T_\lambda|, \qquad 当 \ T \sim T_\lambda, \tag{13.1}$$

其中 a_+ 是 $T > T_\lambda$ 的正常相 (氦 I) 常数, a_- 是 $T < T_\lambda$ 的超流相 (氦 II) 常数. 温度极低时, 氦 II 的比热正比于温度的三次方,

$$C_V \propto T^3, \qquad 当 \ T \ 极低时. \tag{13.2}$$

对于这一关系, 在理论上已能作出解释, 而对于 T_λ 附近的对数关系, 在理论上仍是一个尚未解决的问题.

在热力学理论中, 把有相变潜热或比容变化的相变称为 第一级相变, 而把没有相变潜热和比容变化的相变称为第二级或更高级的相变. 按照这种分类, 液 He 的 λ 相变是第二级相变.

b. 氦 II 的奇特性质

氦 II 具有一系列不同于普通流体的奇特性质. 首先, 氦 II 具有异乎寻常的导热性. 前面已经指出, 氦 II 不会沸腾, 尽管它的表面仍然有蒸发. 这是由于氦 II 的热导率极大, 在它的内部没有温度梯度, 而只在靠近容器壁的很薄一层内才有温度梯度. 由于氦 II 这种异乎寻常的导热性, 盛在杯中的氦 II 会沿杯壁爬出杯外, 直到爬完为止. 普通液体没有这种奇特的行为, 因为当杯壁与液体间的范德瓦耳斯力使液体浸润上爬时, 杯壁上的液体薄层与杯中液体有一极小的温度差, 从而有一极小的蒸气压差. 若薄层的温度稍高, 则薄层表面液体分子比杯中的蒸发得更快; 若薄层的温度稍低, 则有更多的蒸气分子凝结到薄层上, 这两种效应, 都阻止浸润薄层无限制地上爬, 而氦 II 热导率极大, 不能形成任何温差.

其次, 氦 II 有超流性. 卡皮查 (P.L. Kapitza) 于 1937 年发现, 氦 II 能不受阻碍地流过管径 $d \sim 0.1\,\mu\mathrm{m}$ 的极细毛细管, 没有黏滞性. 实际上, 当温度降到 λ 点时, 流过毛细管的液氦 II 黏滞系数下降约一百万倍. 氦 II 的这种性质称为 超流性, 而具有超流性的流体则被称为 超流体. 实验表明存在一临界速率 v_c, 当氦 II 的流速超过 v_c 时, 其超流性消失. 临界速率 v_c 随毛细管半径的增加而增加.

第三, 氦 II 有 喷泉效应. 设有两个盛氦 II 的容器, 由一细管连通, 如图 13.3(a). 若两边保持温差 ΔT, 则有超流体流过细管, 直到两边形成压强差 ΔP 为止, 而

$$\Delta P = \rho s \Delta T, \tag{13.3}$$

其中 ρ 为氦 II 的密度, s 为其比熵. 这个由温度差引起压强差的现象, 称为 温差致压效应. 这时, 若一容器为细管, 则此压强差将造成液氦的喷泉, 如图 13.3(b). 反之, 若两边保持压强差 ΔP, 则压强高的一边温度将上升, 形成温度差 ΔT, 它们之间也有上述关系. 这个由压强差引起温度差的现象, 称为 压差致热效应, 是温差致压的逆效应.

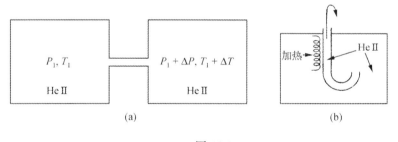

图 13.3

c. 二流体模型和第二声

若置一旋转圆柱体于氦 II 中, 圆柱体的转动会带动周围的液氦转动. 这表明在流速不同的柱面流层之间有动量传递, 液氦的黏滞系数不为 0. 这样测出的黏滞系数数量级与在 λ 点以上的氦 I 的相同, 比用毛细管测得的至少大一百万倍. 但它强烈地依赖于温度, 随温度趋于绝对零度而趋于 0.

为了解释用两种方法测得的氦 II 黏滞系数的巨大差别, 以及氦 II 的其它性质, 梯查 (L. Tisza) 和朗道 (L.D. Landau) 先后于 1938 年和 1941 年提出了氦 II 的 二流体模型. 二流体模型假设氦 II 包含两种成分, 一种是超流体, 黏滞系数为 0; 另一种是正常流体, 黏滞系数不为 0. 它们的密度 ρ_s 和 ρ_n 与温度有关, 在

λ 点 $\rho_s = 0$, 而在 $T = 0$ 时 $\rho_n = 0$, 并且满足

$$\rho = \rho_s + \rho_n. \tag{13.4}$$

超流体能无阻碍地流过毛细管, 而正常流体能在圆柱体带动下旋转起来, 这就解释了这两种方法测量氦 II 黏滞系数的巨大差别. 若再假设氦 II 的超流成分熵也为 0, 则也可以解释温差致压和压差致热效应. 例如, 由于流过细管的只是超流体, 不带走熵, 所以留在容器中的液氦每单位质量的熵将增加, 结果导致温度升高. 这就是压差致热效应.

根据二流体模型, 朗道成功地预言了在氦 II 中可以传播两种不同的声波. 设超流成分的流速为 $\boldsymbol{v}_s$, 正常成分的流速为 $\boldsymbol{v}_n$. 当 $\boldsymbol{v}_s$ 和 $\boldsymbol{v}_n$ 方向一致时, 声波传递密度和压强的变化, 这是普通的声波, 称为 第一声, 它是密度波或压力波. 当 $\boldsymbol{v}_s$ 与 $\boldsymbol{v}_n$ 方向相反时, 则可以在保持总密度 $\rho = \rho_s + \rho_n$ 不变的情况下, ρ_s 与 ρ_n 分别有涨落. 这种涨落的传播也是一种声波, 称为 第二声. 由于超流成分的熵为 0, ρ_n 的涨落决定了熵的涨落, 从而决定了温度的涨落. 可以证明, 在略去热膨胀的近似下, 第二声是纯粹的熵波或温度波, 其波速为

$$u_2 = \sqrt{\frac{\rho_s T s^2}{\rho_n C_V}}. \tag{13.5}$$

在 $1.5\,\mathrm{K}$ 时, $u_2 \approx 20\,\mathrm{m/s}$; 在 λ 点, $u_2 = 0$.

需要指出, 二流体模型是一个唯象的宏观模型, 它所反映的是大量氦原子凝聚态的整体性质. 这并不意味着微观上可以分成正常的和超流的两种氦原子. $T \to 0$ 时, $\rho_n \to 0$, 这一方面意味着氦 II 基态是纯超流的, 另一方面也意味着氦 II 的超流成分具有与基态类似的整体效应.

13.2 环流量子化

氦 II 的超流成分具有整体运动速度 $\boldsymbol{v}_s$ 时, 其波函数可以写成

$$\psi = \psi_0 \mathrm{e}^{\mathrm{i}\frac{m}{\hbar}\sum_i \boldsymbol{v}_s \cdot \boldsymbol{r}_i}, \tag{13.6}$$

其中 m 为氦原子质量, $\boldsymbol{r}_i$ 为第 i 个氦原子的位置矢量. 不难看出, 这个波函数对于交换任意两个氦原子的坐标都是不变的, 反映了 ^{4}He 原子是玻色子的这一特点. 此外, 它表示每个氦原子都处在动量为 $m\boldsymbol{v}_s$ 的本征态, 流体整体流动的总动量为

$$\boldsymbol{p}_s = N_s m \boldsymbol{v}_s, \tag{13.7}$$

N_s 是超流体氦原子总数.

当宏观流速依赖于空间位置时, 上述波函数可推广为

$$\psi = \psi_0 e^{i \sum_i \theta(\boldsymbol{r}_i)}, \tag{13.8}$$

这时流体速度场 $\boldsymbol{v}_s(\boldsymbol{r})$ 可由 $\theta(\boldsymbol{r})$ 算出:

$$\boldsymbol{v}_s(\boldsymbol{r}) = \frac{\hbar}{m} \nabla \theta(\boldsymbol{r}). \tag{13.9}$$

上式在函数 $\theta(\boldsymbol{r})$ 有微商的区域成立, 这时超流成分的速度场是无旋的,

$$\nabla \times \boldsymbol{v}_s(\boldsymbol{r}) = 0. \tag{13.10}$$

运用速度场的公式 (13.9), 可以算出流体沿一闭合回路 C 的环流为

$$\oint_C \boldsymbol{v}_s \cdot \mathrm{d}\boldsymbol{l} = \frac{\hbar}{m} \Delta\theta_C, \tag{13.11}$$

其中 $\Delta\theta_C$ 是沿着闭合回路 C 转一圈相位 $\theta(\boldsymbol{r})$ 的增量. $\theta(\boldsymbol{r})$ 为多值函数时, 这个增量不为 0. 例如在柱坐标 (ρ, z, ϕ) 中, 如果 $\theta(\rho, z, \phi)$ 与 xy 平面内的矢径 ρ 和到 xy 平面的高度 z 无关, 只与在 xy 平面的幅角 ϕ 成正比,

$$\theta = k\phi,$$

则沿围绕 z 轴的回路 C 转一圈, 其增量为

$$\Delta\theta_C = k \cdot 2\pi.$$

波函数 (13.8) 的单值性要求增量 $\Delta\theta_C$ 只能是 0 或 2π 的整数倍,

$$k = 0, \pm 1, \pm 2, \cdots,$$

代回环流的公式 (13.11), 得

$$\oint_C \boldsymbol{v}_s \cdot \mathrm{d}\boldsymbol{l} = n \cdot \frac{2\pi\hbar}{m}, \qquad n = 0, \pm 1, \pm 2, \cdots. \tag{13.12}$$

这表明, 超流成分沿一闭合回路 C 的环流是量子化的, 环流量子

$$\frac{2\pi\hbar}{m} = 1.00 \times 10^{-3} \mathrm{cm}^2/\mathrm{s}. \tag{13.13}$$

上述环流量子化的关系称为 费曼环流定理, 它表明在氦 II 中可以存在量子化的涡旋. 这已为威奈 (W.F. Vinen)[1]、威特摩尔 (S.C. Whitmore) 和齐默曼 (W. Zimmermann)[2] 的实验证实, 他们在上一世纪六十年代初观测到了 $n = 1, 2, 3$ 的量子化涡旋, 涡旋体的半径约为 1Å.

当 $\theta(\boldsymbol{r}) = k\phi$ 时, 波函数的单值条件要求 $k = 0, \pm 1, \pm 2, \cdots$. 这时的波函数成为

$$\psi = \psi_0 e^{i \sum_i k\phi_i}, \tag{13.14}$$

[1] W.F. Vinen, *Proc. Roy. Soc. (London)*, **A260** (1961) 218.

[2] S.C. Whitmore and W. Zimmermann, Jr., *Phys. Rev. Lett.*, **15** (1965) 389.

它表明每个氦原子的质心运动都是围绕 z 轴的角动量本征态，并且具有相同的本征值. 所以，环流的量子化，实质上是大量相干的 He 原子所表现出的宏观量子效应，就像相干光束所表现出的整体效应一样. ^{4}He 原子与光子都是玻色子，所以能使宏观数量的大量粒子凝聚在同一个微观量子态上.

13.3 玻色 - 爱因斯坦分布

^{4}He II 的上述奇特性质，从微观上看，都与它是玻色子体系有关. 液体 ^{3}He 是费米子体系，就没有这些性质. 图 13.4 是通过毛细管的流量随温度的变化. ^{4}He 在温度降到 2.17 K 以下时流量急剧增大，表现出超流性，而 ^{3}He 直到 0.1 K 仍然没有超流性. 图 13.5 是 ^{3}He 的相图，只有一种液相，直到 0.001 K 都未发现有另一种液相的相变.

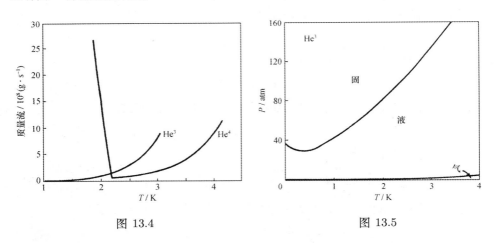

图 13.4   图 13.5

　　玻色子体系与费米子体系不同，它不受泡利原理限制，可以有任意多个粒子处于同一个单粒子态，如上节的波函数所表示的那样. 所以，玻色子体系的统计分布不同于费米子体系的费米 - 狄拉克分布. 玻色子体系在 $T = 0$ 时的基态，全部粒子都处于能量最低的单粒子态. 随着温度的升高，粒子才逐渐激发到较高的单粒子能级. 如果粒子之间相互作用足够弱，体系总能量近似等于每个粒子能量之和，这种玻色子体系就是近独立粒子体系. 可以证明，近独立玻色子体系中处于单粒子能态 E 的粒子数平均为

$$f_{\text{BE}}(E) = \frac{1}{\text{e}^{(E-\mu)/k_B T} - 1}, \tag{13.15}$$

其中 μ 称为体系的 化学势，依赖于温度 T 和粒子数密度 n.

上式称为 *玻色 - 爱因斯坦分布*, 它是近独立玻色子体系的粒子数在单粒子能态 E 上的统计分布. 与费米子体系的费米 - 狄拉克分布相比, 它只是把分母中的 $+1$ 改成 -1. 在分母中的这项 ± 1 比起前一项可以忽略时, 玻色 - 爱因斯坦分布 $f_{\mathrm{BE}}(E)$ 和费米 - 狄拉克分布 $f_{\mathrm{FD}}(E)$ 都过渡到经典的麦克斯韦 - 玻尔兹曼分布 $f_{\mathrm{MB}}(E)$,

$$f_{\mathrm{MB}}(E) = A\mathrm{e}^{-E/k_{\mathrm{B}}T}, \tag{13.16}$$

其中 A 是依赖于温度 T 和粒子数密度 n 的归一化常数. 作为比较, 图 13.6(a)(b)(c) 画出了这三种分布的示意图. 可以看出, 在高温时, 三种分布在单粒子能态 E 足够高的区域趋于一致.

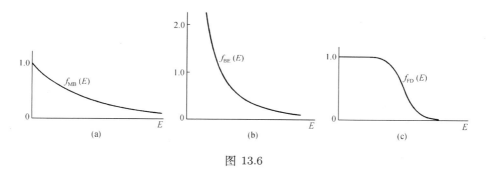

图 13.6

玻色 - 爱因斯坦分布与费米 - 狄拉克分布的一个重要区别, 是化学势的取值范围. 在费米 - 狄拉克分布中, 化学势 μ 在 $T = 0$ 时是单粒子填充的最高能级, 在 $T \neq 0$ 时是填充概率为 $1/2$ 的单粒子能级, 所以总大于单粒子最低能级 E_0. 在玻色 - 爱因斯坦分布中, 为了保证在单粒子态上的填充数总是正的, 化学势 μ 必须小于单粒子最低能级 E_0:

$$\text{费米 - 狄拉克分布} \qquad \mu > E_0,$$
$$\text{玻色 - 爱因斯坦分布} \quad \mu < E_0.$$

设单数子能级 E_i 的简并数为 $g(E_i)$, 则玻色子体系的总粒子数为

$$N = \sum_i g(E_i) f_{\mathrm{BE}}(E_i) = \sum_i \frac{g(E_i)}{\mathrm{e}^{(E_i - \mu)/k_{\mathrm{B}}T} - 1}, \tag{13.17}$$

其中求和遍及所有单粒子能级 E_i. 知道了单粒子能级结构 $g(E_i)$, 就可从上式确定体系的化学势 μ.

光子气体和声子气体的统计分布是化学势恒等于零的玻色 - 爱因斯坦分布, 这时上式给出粒子数随温度的变化

$$N = N(T), \tag{13.18}$$

亦即体系的粒子数不守恒. 凡是粒子数不守恒的近独立玻色子体系, 都适用化学势为零的玻色 - 爱因斯坦分布.

例题 1 已知近独立玻色子体系的粒子数 N, 试求 T 很小时的化学势.

解 $T = 0$ 时, 全部粒子处于基态 E_0, 而基态是不简并的, $g(E_0) = 1$, 所以

$$N = \lim_{T \to 0} \frac{g(E_0)}{\mathrm{e}^{(E_0-\mu)/k_\mathrm{B}T} - 1} = \lim_{T \to 0} \frac{1}{\mathrm{e}^{(E_0-\mu)/k_\mathrm{B}T} - 1}.$$

当 T 很小时, 有

$$N \approx \frac{1}{\mathrm{e}^{(E_0-\mu)/k_\mathrm{B}T} - 1},$$

$$\mu \approx E_0 - k_\mathrm{B}T \ln\left(1 + \frac{1}{N}\right).$$

13.4 玻色 - 爱因斯坦凝聚

a. 临界温度

考虑自旋为 0 的非相对论性自由玻色子体系. 单粒子能级 $E = p^2/2m$, 由此可求出能量在 E—$E + \mathrm{d}E$ 之间的量子态数

$$g(E)\mathrm{d}E = \frac{2\pi V (2m)^{3/2} \sqrt{E}}{(2\pi\hbar)^3} \mathrm{d}E. \tag{13.19}$$

它比自由电子体系的公式 (12.28) 差因子 2, 因为这里没有来自自旋的简并度 2.

推导上式时, 曾假设体积 $V \to \infty$, 所以它在有限体积时给出的 $g(0) = 0$ 并不对. 注意到这一点, 在把它代入上节求总粒子数的公式 (13.17) 并把求和换成积分时, 应把基态 $E = 0$ 的填充数 N_0 单独写出来,

$$N = N_0(T) + N_\mathrm{e}(T). \tag{13.20}$$

其中 $N_0(T)$ 是单粒子基态填充数, 在温度很低时上节例题给出

$$N_0(T) \approx \frac{1}{\mathrm{e}^{-\mu/k_\mathrm{B}T} - 1}. \tag{13.21}$$

$N_\mathrm{e}(T)$ 是所有单粒子激发态的总填充数,

$$N_\mathrm{e}(T) = \int_0^\infty \frac{g(E)\mathrm{d}E}{\mathrm{e}^{(E_0-\mu)/k_\mathrm{B}T} - 1} = \frac{V}{4\pi^2}\left(\frac{2m}{\hbar^2}\right)^{3/2} (k_\mathrm{B}T)^{3/2} \int_0^\infty \frac{x^{1/2}\mathrm{d}x}{\lambda^{-1}\mathrm{e}^x - 1}, \tag{13.22}$$

其中 $x = E/k_\mathrm{B}T$, 而

$$\lambda = \mathrm{e}^{\mu/k_\mathrm{B}T}. \tag{13.23}$$

其中的积分计算如下:

$$\int_0^\infty \frac{x^{1/2}\mathrm{d}x}{\lambda^{-1}\mathrm{e}^x - 1} = \int_0^\infty \frac{x^{1/2}\lambda\mathrm{e}^{-x}\mathrm{d}x}{1 - \lambda\mathrm{e}^{-x}} = \int_0^\infty x^{1/2} \sum_{n=1}^\infty \lambda^n \mathrm{e}^{-nx}\mathrm{d}x$$

$$= \int_0^\infty y^{1/2} e^{-y} dy \sum_{n=1}^\infty \frac{\lambda^n}{n^{3/2}}$$

$$= 2 \int_0^\infty z^2 e^{-z^2} dz \sum_{n=1}^\infty \frac{\lambda^n}{n^{3/2}} = \frac{\sqrt{\pi}}{2} \zeta_{3/2}(\lambda).$$

其中

$$\zeta_s(\lambda) = \sum_{n=1}^\infty \frac{\lambda^n}{n^s} \tag{13.24}$$

是黎曼 (Riemann) ζ 函数, $\lambda \leqslant 1$ 时收敛, 可用数值算出. 例如

$$\zeta_{3/2}(1) = 1 + \frac{1}{2^{3/2}} + \frac{1}{3^{3/2}} + \cdots = 2.612, \tag{13.25}$$

$$\zeta_{5/2}(1) = 1 + \frac{1}{2^{5/2}} + \frac{1}{3^{5/2}} + \cdots = 1.341. \tag{13.26}$$

把积分结果代回 $N_e(T)$ 的式子, 得激发态总粒子数

$$N_e(T) = \zeta_{3/2}(\lambda) V \left(\frac{mk_B T}{2\pi\hbar^2} \right)^{3/2}. \tag{13.27}$$

于是总粒子数可以写成

$$N = \frac{\lambda}{1-\lambda} + \zeta_{3/2}(\lambda) V \left(\frac{mk_B T}{2\pi\hbar^2} \right)^{3/2}. \tag{13.28}$$

在 N 和 V 给定时, 由上式可以确定 λ 对温度的依赖, 从而确定化学势 μ 对温度的依赖

$$\mu = \mu(T, V, N). \tag{13.29}$$

由于 $\mu \lesssim E_0 = 0$, 所以 $\lambda \lesssim 1$. 又由于 $N \gg 1$, 当 $T \to 0$ 时 $\lambda \to 1$, 所以

$$\begin{aligned} N_0 &= \frac{\lambda}{1-\lambda} = N - \zeta_{3/2}(\lambda) V \left(\frac{mk_B T}{2\pi\hbar^2} \right)^{3/2} \\ &\approx N - \zeta_{3/2}(1) V \left(\frac{mk_B T}{2\pi\hbar^2} \right)^{3/2} \\ &= N \left[1 - \left(\frac{T}{T_c} \right)^{3/2} \right], \end{aligned} \tag{13.30}$$

其中

$$T_c = \frac{2\pi\hbar^2}{mk_B} \left[\frac{1}{\zeta_{3/2}(1)} \frac{N}{V} \right]^{2/3} = \frac{2\pi\hbar^2}{mk_B} \left[\frac{1}{2.612} \frac{N}{V} \right]^{2/3}. \tag{13.31}$$

基态粒子数 $N_0(T)$ 的这一近似表达式, 适用于 $T < T_c$ 的情形. 这时 $N_0(T)$ 与 N 同数量级, 是宏观大数, 随着 $T \to 0$ 而趋近于 N. 在一定的低温条件下, 理想玻色子体系会有宏观数量的大量粒子凝聚在单粒子基态, 这一现象称为 *玻色 - 爱因斯坦凝聚* (Bose-Einstein Condensation), 简称 BEC. 这里的 T_c, 就是玻色子体系发生玻色 - 爱因斯坦凝聚的临界温度, 称为 *爱因斯坦凝聚温度*.

当 $T > T_c$ 时，λ 不再趋近于 1，$N_0(T) = \lambda/(1-\lambda) \ll N$，所以有

$$N \approx N_e(T) = \zeta_{3/2}(\lambda) V \left(\frac{mk_B T}{2\pi\hbar^2} \right)^{3/2}, \tag{13.32}$$

绝大部分粒子都处于激发态.

b. λ 相变

与总粒子数 N 的表示类似地，玻色子体系的内能为

$$U = \sum_i g(E_i) f_{BE}(E_i) E_i = \sum_i \frac{g(E_i) E_i}{e^{(E_i - \mu)/k_B T} - 1}. \tag{13.33}$$

对于我们考虑的体系，代入量子态数的表达式 (13.19)，把求和换成积分，类似地有

$$U = \int_0^\infty \frac{g(E) E \mathrm{d}E}{e^{(E - \mu)/k_B T} - 1} = \frac{V}{4\pi^2} \left(\frac{2m}{\hbar^2} \right)^{3/2} (k_B T)^{5/2} \int_0^\infty \frac{x^{3/2}\mathrm{d}x}{\lambda^{-1}e^x - 1}$$

$$= \frac{3}{2} k_B T \left(\frac{mk_B T}{2\pi\hbar^2} \right)^{3/2} V \zeta_{5/2}(\lambda). \tag{13.34}$$

$T > T_c$ 时，用 $N \approx \zeta_{3/2}(\lambda) V (mk_B T/2\pi\hbar^2)^{3/2}$，有

$$U = \frac{3}{2} Nk_B T \cdot \frac{\zeta_{5/2}(\lambda)}{\zeta_{3/2}(\lambda)}. \tag{13.35}$$

而 $T < T_c$ 时，$\lambda \to 1$，有

$$U = \frac{3}{2} k_B T \left(\frac{mk_B T}{2\pi\hbar^2} \right)^{3/2} V \zeta_{5/2}(1). \tag{13.36}$$

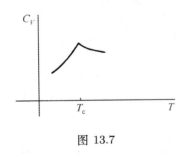

图 13.7

于是可以看出，$T < T_c$ 时的比热 $C_V \propto T^{3/2}$. 当 $T > T_c$ 时，由于 $\lambda \sim T$，不能从 U 的表达式简单地看出 C_V 与 T 的关系. 不过定性地可以看出，上述二式表示内能在临界点 T_c 的变化不光滑，所以比热 C_V 在这一点的变化也不光滑. 图 13.7 是计算结果的示意，可以看出，很像 λ 相变的图 13.2. 这表明自由玻色子体系在临界温度 T_c 处发生相变，从 $T > T_c$ 时绝大部分粒子处于激发态的相，转变为 $T < T_c$ 时有宏观数量的粒子处于基态的相.

虽然液氦原子之间存在相互作用，液氦不是理想玻色气体，不过液氦的 λ 相变可以定性地解释为玻色 - 爱因斯坦凝聚. 代入氦的摩尔体积 $v = 27.6\,\mathrm{cm}^3/\mathrm{mol}$ 和摩尔质量 $M = 4.0\,\mathrm{g/mol}$，可以算得 $T_c = 3.13\,\mathrm{K}$，与液氦的 λ 点 2.17 K 差别不算太大.

粒子数不守恒的玻色子体系，由于化学势恒等于 0，不存在玻色 - 爱因斯坦

凝聚. π 介子气体虽然在高温时粒子数不守恒, 可以在碰撞过程中产生新粒子, 或者湮灭为光子, 但在低温时这种过程的概率很小, 仍可能有某种形式的凝聚.

c. BEC 的实现

由于原子与容器壁间的碰撞传热, 很难把一个体系平衡态的温度降到接近 0K. 1995 年威曼 (C.E. Wieman) 和柯奈尔 (E. Cornell) 用适当频率的激光照射室温气体铷, 使麦克斯韦速度分布低端的冷原子减速, 在直径约 1.5cm 的光束范围获得约 10^7 个原子构成的 1mK 低温体系. 然后用磁阱 (magnetic trap) 挤压其中处于一定磁化方向的原子, 使之达到局部平衡, 而让其余的热原子蒸发逸出, 使温度进一步降到低于 100nK, 维持了 15—20 秒. 这样, 他们达到在实验误差范围内的绝对零度, 实现了 BEC. 接着, 凯特尔 (W. Ketterle) 等人得到 $9×10^7$ 个钠原子 1cm 长的 BEC, 存活了半分钟. 他们三人因此获 2001 年诺贝尔物理奖.

如果原子是费米子, 冷却和观测都更难. 泡利原理使蒸发致冷的效率大为降低, 而没有相变使降温的过程难以观测. 1999 年金 (Deborah Jin) 和德马科 (Brian DeMarco) 把两种磁性状态的原子分开以解决蒸发致冷问题, 用磁阱把大约 $8×10^5$ 个 ^{40}K (自旋 9/2) 原子降到绝对零度附近. 测到的体系总能量比经典期待值 0 要高, 说明确实是量子体系. 在接近绝对零度时, 费米面以下的态基本填满, 激发态粒子很少. 作为 BEC 的费米子类似, 现在把这种简并的费米体系称为 *费米 - 狄拉克凝聚*.

由于 ^{3}He 是费米子, 大家一直相信它不可能形成超流态. 可是在上世纪七十年代, 李 (David Lee)、奥舍罗夫 (D. Osheroff) 和李查孙 (R. Richardson) 发现, 冷却到 2.7mK 时, 一对 ^{3}He 的自旋可以平行从而等效地形成一个自旋为 1 的玻色子, 液体能够凝聚成超流态. 随后又发现, 1.8mK 时有自旋为 0 (两个 ^{3}He 自旋反平行) 的超流态, 和在外磁场中把 ^{3}He 对的自旋排列起来的第二个自旋为 1 的超流态. 他们因此获 1996 年诺贝尔物理奖.

13.5 超 导 电 性

a. 电学性质

许多物质当温度降到某一临界温度 T_c 时电阻不再随温度线性下降, 而突然消失. 这种现象被称为 *超导电性*. 图 13.8 是卡末林 - 昂内斯 (H. Kamerlingh -Onnes) 1911 年在莱登 (Leiden) 大学发现超导电性的测量结果, 他发现水银样品的电阻在 4.3K—3K 从大约 0.1Ω 降到了 $3 × 10^{-6}$Ω 以下.

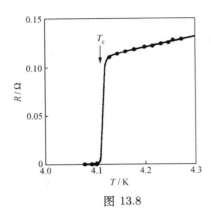

图 13.8

由于几乎没有电阻, 在一无电源的闭合超导回路中可以形成持续电流. 浸泡在液氦中的超导线圈, 先由外电源供电, 在达到一定的电流强度以后, 即可把外电源撤去. 测量线圈磁场的衰减, 就可知道电流的衰减. 范尔 (J. File) 和米尔斯 (B.G. Mills) 1963 年用核磁共振测磁场, 估计出衰减时间不少于 100 000 年. 表 13.1 给出了一些元素的超导临界温度 T_c, 表 13.2 给出了一些化合物的超导临界温度 T_c (这两个表分别依据参考书 [10] 356 和 359 页).

表 13.1 一些元素的超导参数

元素	临界温度 T_c/K	临界磁场 H_c/mT	元素	临界温度 T_c/K	临界磁场 H_c/mT
Be	0.026		Sn	3.722	30.9
Al	1.140	10.5	La	6.00	110.0
Ti	0.39	10.0	Hf	0.12	
V	5.38	142.0	Ta	4.483	83.0
Zn	0.875	5.3	W	0.012	0.107
Ga	1.091	5.1	Re	1.4	19.8
Zr	0.546	4.7	Os	0.655	6.5
Nb	9.50	198.0	Ir	0.14	1.9
Mo	0.92	9.5	Hg	4.153	41.2
Tc	7.77	141.0	Tl	2.39	17.1
Ru	0.51	7.0	Pb	7.193	80.3
Rh	0.0003	0.0049	Lu	0.1	
Cd	0.56	3.0	Th	1.368	0.162
In	3.4035	29.3	Pa	1.4	

表 13.2 某些化合物的超导临界温度

化合物	临界温度 T_c/K	化合物	临界温度 T_c/K
Nb_3Sn	18.05	V_3Ga	16.5
Nb_3Ge	23.2	V_3Si	17.1
Nb_3Al	17.5	$Pb_1Mo_{5.1}S_6$	14.4
NbN	16.0	Ti_2Co	3.44
$(SN)_x$ 聚合物	0.26	La_3In	10.4

b. 磁学性质

把一块超导体放在不太强的磁场中, 然后冷却, 使它变到超导状态, 这时原来进入样品中的磁感应线会被完全排挤出来, 样品中磁感应强度成为零, 如图

13.9. 这个现象称为 迈斯纳 (Meissner) 效应, 它表明 超导体是完全抗磁体. 迈斯纳效应是超导状态最基本的特征.

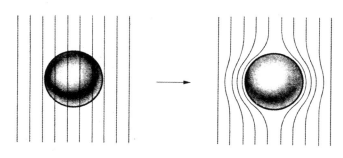

图 13.9

在一定温度下的超导状态, 会被足够强的磁场破坏. 这个磁场的阈值或临界值称为超导体的 临界磁场, 记为 H_c. 超导体的临界磁场是温度的函数,

$$H_c = H_c(T), \tag{13.37}$$

如图 13.10. 在临界温度 T_c 时, 超导体临界磁场为零,

$$H_c(T_c) = 0. \tag{13.38}$$

在临界磁场曲线右上方为正常状态, 左下方为超导状态. 所以, 在一定磁场中, 样品从正常状态到超导状态的转变温度与磁场有关, 低于没有磁场时的临界温度 T_c. 表 13.1 还给出了元素在温度趋于零时的临界磁场 H_c.

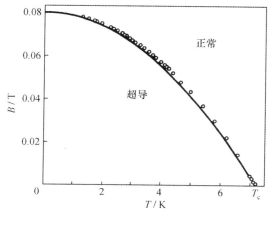

图 13.10

这种具有确定临界磁场 H_c 的超导体称为 第 I 类超导体 或 软超导体. 它们大多是纯净的样品, 临界磁场很低, 没有多大实用价值. 还有一类材料被称为 第 II 类超导体 或 硬超导体, 它们的临界磁场是在下限 H_{c1} 和上限 H_{c2} 之间的一个区间. H 低于 H_{c1} 时, 样品内 $B = 0$, 是完全抗磁体. H 从 H_{c1} 逐渐上升到 H_{c2} 时, 样品内 $B \neq 0$, 逐渐增加, 具有不完全的迈斯纳效应. H 超过 H_{c2} 时, 样品才完全变到正常状态, 而与发生热力学相变 (见下面 c. 热学性质) 相当的 H_c, 则介于 H_{c1} 与 H_{c2} 之间,

$$H_c \approx \sqrt{H_{c1}H_{c2}}. \tag{13.39}$$

重要和有实际意义的第二类超导体, 上临界磁场 H_{c2} 很高, 而在 H_{c2} 以下它能一直保持电阻率为零的电学特性. 它们大多是合金或正常状态电阻率较高的金属, 例如 Nb-Al-Ge 合金, 它在液氦沸点 $H_{c2} = 41\,\text{T}$.

c. 热学性质

样品从正常状态过渡到超导状态时, 没有潜热, 但是熵突然减少, 比热突然增加. 按照热力学理论的分类, 这是第二级相变. 图 13.11(a) 是对镓的热容量 C 的测量结果. 为了测出 $T < T_c$ 时正常状态的热容量 C, 对样品加了 0.02 T 的磁场.

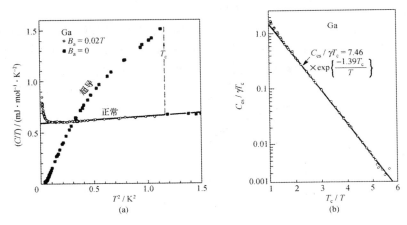

图 13.11 (依据 N.E. Phillips, *Phys. Rev.*, **134** (1964) A385)

电子、晶格和核的运动都对比热有贡献. 图 13.11(b) 是电子的贡献 C_{es}, 纵坐标是 $C_{es}/\gamma T_c$, 其中 $\gamma = 0.60\,\text{mJ/(mol} \cdot \text{K}^2)$, 横坐标是 T_c/T. 注意纵坐标是对数标度, 所以图中的直线表示指数关系

$$C_{es} = C_0 e^{-\Delta_0/k_B T}, \tag{13.40}$$

其中两个常数可由实验定出，为 $\Delta_0 = 1.39 k_B T_c$, $C_0 = 7.46\gamma T_c$.

理论分析表明，产生这种比热的粒子能量不是普通自由电子的 $E_p = p^2/2m$，而是

$$E = \sqrt{(E_p - E_F)^2 + \Delta^2}, \tag{13.41}$$

并且每次激发同时涉及两个粒子. 其中 Δ 依赖于温度， Δ_0 是它在 $T = 0$ 时的值. 所以超导体的导带与正常金属不同，存在一个能隙 E_g,

$$E_g = 2\Delta, \tag{13.42}$$

如图 13.12. Δ 称为超导体的 单电子能隙 (参阅 13.6 节 b).

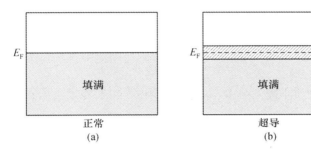

图 13.12

E_g 比绝缘体的能隙小得多，大约为费米能的万分之几，

$$E_g \sim 10^{-4} E_F. \tag{13.43}$$

某些超导元素的能隙见表 13.3 (依据参考书 [10] 367 页). 随着温度增加到 T_c，能隙连续下降到零，如图 13.13. 图中曲线是 BCS 理论 (见 13.6 节) 的结果，其公式为

$$\ln \frac{\Delta}{\Delta_0} = -\int_0^\infty \frac{\mathrm{d}E_p}{E(\mathrm{e}^{E/k_B T} + 1)}, \tag{13.44}$$

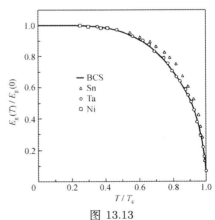

图 13.13

$$\Delta \approx \begin{cases} \Delta_0 \left[1 - \sqrt{\dfrac{2\pi k_B T}{\Delta_0}}\, \mathrm{e}^{-\Delta_0/k_B T} \right], & \text{当 } k_B T \ll \Delta_0, \\[3mm] 3.06 k_B T_c \left[1 - \dfrac{T}{T_c} \right]^{1/2}, & \text{当 } T \lesssim T_c. \end{cases} \tag{13.45}$$

表 13.3 某些超导元素在 $T = 0$ 时的能隙 E_g

元素	$E_g/10^{-4}\,\text{eV}$	$E_g/k_B T_c$	元素	$E_g/10^{-4}\,\text{eV}$	$E_g/k_B T_c$
Al	3.4	3.3	In	10.5	3.6
V	16	3.4	Sn	11.5	3.5
Zn	2.4	3.2	La	19	3.7
Ga	3.3	5.5	Ta	14	3.60
Nb	30.5	3.80	Hg	16.5	4.6
Mo	2.7	3.4	Tl	7.35	3.57
Cd	1.5	3.2	Pb	27.3	4.38

d. 同位素效应

实验还发现, 对同一种物质, 超导体临界温度还随同位素质量的改变而改变. 这被称为 同位素效应. 例如, 水银的平均原子量 M 从 199.5 变到 203.4 时, T_c 从 $4.185\,\text{K}$ 变到 $4.146\,\text{K}$. 实验结果可以表示成

$$M^\alpha T_c = 常数, \tag{13.46}$$

常数 α 对不同的物质不同, 在 0—0.6 的范围内, 由实验定, 见表 13.4 (依据参考书 [10] 369 页).

表 13.4 超导体的同位素效应

物质	α	物质	α
Zn	0.45 ± 0.05	Ru	0.00 ± 0.05
Cd	0.32 ± 0.07	Os	0.15 ± 0.05
Sn	0.47 ± 0.02	Mo	0.33
Hg	0.50 ± 0.03	Nb_3Sn	0.08 ± 0.02
Pb	0.49 ± 0.02	Zr	0.00 ± 0.05

e. 超导电性的探寻

超导电性可以在周期表中许多金属元素中观测到, 也可以在合金、金属间化合物和掺杂半导体中观测到. 后来, 又相继在铜氧化物和掺杂的 C_{60} 中观测到高临界温度的超导电性.

在已观测到超导电性的金属元素中, 铌 Nb 的临界温度达到了 $9.50\,\text{K}$, 而铑 Rh 的临界温度只有 $0.0003\,\text{K}$. 许多金属在很低的温度下还没有观测到超导电性. 例如 Li, Na, K 分别直到 $0.08\,\text{K}$, $0.09\,\text{K}$ 和 $0.08\,\text{K}$ 仍是正常导体, Cu, Ag, Au 分别直到 $0.05\,\text{K}$, $0.35\,\text{K}$ 和 $0.05\,\text{K}$ 仍是正常导体. 而且已有理论计算预言, 如果钠 Na 和钾 K 有超导状态, 它们的转变温度致少低于 10^{-5}K. 但这都是大气压下的情况. 有些材料在高压下可以成为超导体. 例如铯 Cs 在 $11\,\text{GPa}$ 的压强下经过一些相变在 $1.5\,\text{K}$ 以下成为超导体, 而锶 Si 在 $16.5\,\text{GPa}$ 时成为超导体, $T_c = 8.3\,\text{K}$.

是否温度足够低时所有非磁性金属元素都成为超导体？目前尚不知道．实验上要寻找转变温度极低的超导体，清除样品中的外来磁性元素很重要，因为它们能急剧降低转变温度．纯钼的 $T_c = 0.92\,K$，而百万分之几的铁就能把它的超导电性破坏掉．百分之一的镉能把镧的 T_c 从 $5.6\,K$ 降到 $0.6\,K$．非磁性杂质对转变温度则没有非常明显的作用．

从表 13.2 中可以看出，一些有机化合物在很低的温度下有超导电性．而从实用的角度看，探寻高转变温度超导体的努力受到更大的关注．1986 年柏诺兹 (J.G. Bednorz) 和缪勒 (K.A.Möller) 发现 LaBaCuO 的临界温度高达 35K，掀起了一股探寻高 T_c 氧化物超导体的热潮，在短短几年间，找到了 $T_c = 135\,K$ 的铜氧化物超导体．1991 年，赫巴德等人在掺钾的 C_{60} 中观察到高达 $18\,K$ 的超导电性，掀起了高温超导研究的又一热潮．这些实验发现包含了什么新的物理，至今仍是需要实验和理论物理学家深入研究和回答的问题．

13.6 库珀对和 BCS 理论

a. 库珀对

在正常金属中，传导电流的载体是导体中的自由电子，主要是费米能级附近的自由电子．金属费米能级约为 1—$10\,eV$ 的数量级，所以这部分电子德布罗意波长约为 4—$12\,Å$．这正是晶格间距的数量级．所以，这部分电子波在晶格中传播时，会受到晶格热振动 (声子)、晶格缺陷和杂质的散射，形成电阻，如上章所述．声子气体服从化学势为零的玻色‐爱因斯坦分布，随着温度降低，晶格热振动减弱，声子数目和能量都减少，使得低温下电阻随温度线性下降．晶格缺陷和杂质与温度无关，所以在低温下电阻应趋于一常数．

在超导状态电阻消失，表明这时传导电流的载体不是上述自由电子．这种粒子不受晶格热振动和晶格缺陷以及杂质的散射，表明它的能量相当低，德布罗意波长比晶格间距大得多．从正常状态到超导状态的转变是一种相变，表明在转变温度时，电子之间某种相互作用变得重要，使费米能级附近的电子从准自由状态过渡到某种束缚状态．能隙 E_g 很低，只有费米能的万分之几，相应地，转变温度很低，只有几 K 到十几 K (暂不考虑铜氧化物超导体)，说明这种相互作用很弱．所以，超导电性是非常精细的效应．

同位素效应表明，超导转变温度与同位素质量有关，亦即能隙与晶格有关．所以形成束缚状态造成能隙的，应是电子与晶格的相互作用．电子与晶格的相互作用如何使电子之间形成束缚态呢？1956 年库珀 (L.N. Cooper) 在理论上找到了这种机制.

电子与晶格间的库仑相互作用, 会使晶格发生形变. 晶格的形变, 通过库仑相互作用又会影响附近另外的电子. 这样, 以晶格形变为媒介, 两个电子之间就存在某种相互作用. 晶格变形运动对应于声子, 所以这种电子 - 晶格变形 - 电子的相互作用, 可以描述为电子 - 声子 - 电子相互作用, 简称为 *电子 - 声子相互作用*. 电子 - 声子相互作用与电子间传递的虚声子动量和能量有关.

传递的虚声子动量较大时, 两个电子的动量变化较大. 这时声子波长较短, 相互作用的两个电子距离较近, 库仑排斥使它们不能形成束缚态. 传递的虚声子动量较小时, 两个电子动量变化也较小. 这时声子波长较长, 两个电子相互作用的距离较远, 库仑排斥已经很小, 使它们有可能形成束缚态. 库珀指出, 在费米能级附近动量和自旋都相反的两个电子, 这种电子 - 声子相互作用的吸引最强, 可以形成束缚态. 这样形成束缚态的两个电子, 称为 *库珀对*.

库珀对中两个电子的结合很松散, 它们之间的距离可以达到微米这一宏观数量级. 相应地, 形成这种束缚态的能隙相当小, 与实验结果一致. 这种松散的结合, 很容易被热运动破坏, 相应的转变温度很低. 而由于它们散布的空间范围达到宏观的尺度, 所以不会受到晶格缺陷和杂质这种微观尺度的结构的散射. 另外, 由于库珀对中两个电子动量相反 (实际上可以有微小差异), 库珀对的质心动量很小, 波长很长, 也不会被晶格振动、晶格缺陷和杂质散射. 所以超导状态由库珀对作为传导电流的载体, 就没有电阻.

b. BCS 理论的要点

BCS 是巴丁 (J. Bardeen)、库珀和施里弗 (J.R. Schrieffer) 三人的姓氏的简称. 根据库珀对这一物理机制, 他们合作于 1957 年发表了一个全面和系统的超导电性微观量子理论, 成功地解释了超导体的电学性质 (无电阻的持续电流)、磁学性质 (迈斯纳效应, 临界磁场)、热学性质 (二级相变, 比热曲线) 以及同位素效应等其它性质, 立即为大家接受, 被称为 BCS 理论. 他们因此获 1972 年诺贝尔物理学奖. BCS 理论的要点如下:

(1) 费米能附近动量和自旋相反的两个电子在电子 - 声子相互作用下可以形成束缚的库珀对. 库珀对是自旋为 0 的玻色子, 在低温下有宏观数量的库珀对处于它们的基态, 类似于玻色 - 爱因斯坦凝聚. 超导状态许多奇特的宏观量子性质, 就是这种凝聚的表现. 特别是, 传导持续电流的载体是携带电量 $-2e$ 的库珀对.

(2) 在所有电子都配对的超导基态中使一个库珀对解体成两个独立的电子, 就得到超导体的一个激发态. 这种从库珀对中解体出来的电子被称为 *元激发*. 元

激发是一种 准粒子, 它的能谱是前面已经给出的

$$E = \sqrt{(E_{\mathrm{p}} - E_{\mathrm{F}})^2 + \Delta^2}. \tag{13.47}$$

其中间隙 Δ 依赖于基态的整体性质, 所以元激发不是普通的自由电子. 这种元激发的自旋为 $\hbar/2$, 是费米子, 它们可以从基态产生, 也可以重新结合成库珀对而回到基态, 粒子数不守恒. 所以, 这种元激发服从化学势为零的费米 - 狄拉克分布. 于是它们对内能的贡献为

$$U = \int_0^\infty \frac{E g(E_{\mathrm{p}}) \mathrm{d}E_{\mathrm{p}}}{\mathrm{e}^{E/k_{\mathrm{B}}T} + 1}, \tag{13.48}$$

其中 $g(E_{\mathrm{p}})$ 取 12.5 节金属中的自由电子气体的电子态密度 (12.28) 式,

$$g(E_{\mathrm{p}}) = \frac{4\pi V (2m)^{3/2} \sqrt{E_{\mathrm{p}}}}{(2\pi\hbar)^3}. \tag{13.49}$$

在算 U 时, 作为很好的近似, 可以取费米能级的值 $g(E_{\mathrm{F}})$ 而把它提出积分号外. 完成积分后就可求出元激发对超导体热容量的贡献

$$C_{\mathrm{es}} = \left(\frac{\partial U}{\partial T}\right)_V, \tag{13.50}$$

在 $k_{\mathrm{B}}T \ll \Delta$ 的情况下, 得到上节给出的 (13.40) 式.

(3) 元激发能谱 (13.47) 式中的单粒子能隙 Δ, 是由超导体基态库珀对中两个电子间的电子 - 声子相互作用确定的, 依赖于费米能级处电子的单粒子能级密度 $g(E_{\mathrm{F}})$, 和电子 - 声子相互作用强度 V_0. 决定单粒子能隙 Δ 的方程为

$$1 = \frac{V_0}{2} \int_0^\infty \frac{\mathrm{th}(E/2k_{\mathrm{B}}T)}{E} g(E_{\mathrm{F}}) \mathrm{d}E_{\mathrm{p}}. \tag{13.51}$$

利用临界温度时能隙为零的条件

$$\Delta(T_{\mathrm{c}}) = 0, \tag{13.52}$$

从上述能隙方程可以求出临界温度

$$k_{\mathrm{B}}T_{\mathrm{c}} \approx 1.13\hbar\omega_{\mathrm{D}} \mathrm{e}^{-1/g(E_{\mathrm{F}})V_0}, \tag{13.53}$$

其中 ω_{D} 为声子的德拜频率. 由于

$$\omega_{\mathrm{D}} \sim \frac{1}{\sqrt{M}}, \tag{13.54}$$

M 为晶格离子质量, 这就给出了同位素效应 (13.46) 式, 并给出其中的常数 $\alpha = 1/2$. 从 $T = 0$ 时的能隙方程 (13.51) 还可求出

$$\Delta_0 = \frac{\hbar\omega_{\mathrm{D}}}{\mathrm{sh}[1/g(E_{\mathrm{F}})V_0]} \approx 2\hbar\omega_{\mathrm{D}} \mathrm{e}^{-1/g(E_{\mathrm{F}})V_0}, \tag{13.55}$$

从而

$$\frac{\Delta_0}{k_{\mathrm{B}}T_{\mathrm{c}}} \approx 1.764. \tag{13.56}$$

BCS 理论既为我们提供了理解超导电性的基础，也为我们指出了寻找新超导材料的线索．(13.53) 和 (13.55) 式表明，超导体临界温度和能隙主要取决于导带电子费米能级的量子态密度 $g(E_\mathrm{F})$ 和电子 - 声子相互作用强度 V_0．这两个量都可由有关的固体物理实验测出．特别是，$g(E_\mathrm{F})V_0$ 越大，表示电子与晶格振动间的耦合越强，亦即正常状态的电阻率越大，则相应的超导状态临界温度也越高．

从 $\hbar\omega_\mathrm{D}$ 和 $g(E_\mathrm{F})V_0$ 的实验知识，用上述公式估计出的临界温度 T_c 不可能达到 100 K 的数量级．对于铜氧化物 $T_\mathrm{c} \sim 100$ K 的超导电性，库珀对机制和 BCS 理论是否适用？抑或这意味着还有我们尚未了解的新的物理和机制？这些问题的解答，还有待于实验和理论两方面的进一步探索．

13.7 伦敦方程和磁通量子化

a. 超导基态的半经典描述

超导基态是库珀对的凝聚态，类似于超流态氦 II 体系的玻色 - 爱因斯坦凝聚．但有两点不同．库珀对的大小已达到微米的宏观尺度，在这么大的范围内有上百万个电子．换句话说，库珀对间的平均距离比库珀对的大小小得多，许多库珀对互相重叠地占据着同一空间范围．虽然我们把库珀对称为玻色子，但要注意它并非通常意义上的微观粒子．此外，库珀对体系粒子数不守恒，库珀对可以形成，也可以消失，就像光子可以产生也可以湮灭一样．

于是，可以假设库珀对有相同的相位，把库珀对凝聚体系的波函数写成

$$\psi = n_\mathrm{s}^{1/2}\mathrm{e}^{\mathrm{i}\theta}, \tag{13.57}$$

其中 n_s 是库珀对的数密度，θ 是它们的相位．与氦 II 的波函数 (13.8) 式类似，上式也是描述大量粒子具有相同相位的相干态．所以，库珀对的超流速度

$$\boldsymbol{v}_\mathrm{s}(\boldsymbol{r}) = \frac{\hbar}{m}\nabla\theta(\boldsymbol{r}), \tag{13.58}$$

这里

$$m = 2m_\mathrm{e}, \tag{13.59}$$

是库珀对的质量．库珀对携带电量

$$q = -2e, \tag{13.60}$$

所以持续电流密度为

$$\boldsymbol{j}_\mathrm{s}(\boldsymbol{r}) = \frac{n_\mathrm{s}q\hbar}{m}\nabla\theta(\boldsymbol{r}). \tag{13.61}$$

在均匀超导体中，库珀对的数密度 n_s 是与位置无关的常数，所以电流是无

旋的,

$$\nabla \times \boldsymbol{j}_{\mathrm{s}}(\boldsymbol{r}) = 0. \tag{13.62}$$

对于闭合环路 C 的情形, 有

$$\oint_C \boldsymbol{j}_{\mathrm{s}}(\boldsymbol{r}) \cdot \mathrm{d}\boldsymbol{l} = \frac{n_{\mathrm{s}}q\hbar}{m}\Delta\theta_C,$$

其中 $\Delta\theta_C$ 是围绕环路 C 转一圈相位 $\theta(\boldsymbol{r})$ 的增量. 波函数的单值性要求

$$\Delta\theta_C = 2n\pi, \qquad n = 0, \pm 1, \pm 2, \cdots. \tag{13.63}$$

代回环路积分式子的右边, 得

$$\oint_C \boldsymbol{j}_{\mathrm{s}}(\boldsymbol{r}) \cdot \mathrm{d}\boldsymbol{l} = n \cdot \frac{n_{\mathrm{s}}q \cdot 2\pi\hbar}{m}, \qquad n = 0, \pm 1, \pm 2, \cdots. \tag{13.64}$$

它表明, 电流环流是量子化的, 电流环流量子正比于

$$\frac{2\pi n_{\mathrm{s}}|q|\hbar}{m} = \frac{2\pi n_{\mathrm{s}}e\hbar}{m_{\mathrm{e}}}. \tag{13.65}$$

b. 伦敦方程

有磁场时, 根据 7.9 节 c 中规范场的经典观测量的讨论, 库珀对的超流速度应改写为

$$\boldsymbol{v}_{\mathrm{s}}(\boldsymbol{r}) = \frac{\hbar}{m}\nabla\theta(\boldsymbol{r}) - \frac{q}{m}\boldsymbol{A}, \tag{13.66}$$

其中 $\boldsymbol{A}$ 是矢量势. 相应地, 电流密度为

$$\boldsymbol{j}_{\mathrm{s}}(\boldsymbol{r}) = \frac{n_{\mathrm{s}}q}{m}[\hbar\nabla\theta(\boldsymbol{r}) - q\boldsymbol{A}]. \tag{13.67}$$

于是, 确定电流密度与电场强度关系的方程为

$$\frac{\partial \boldsymbol{j}_{\mathrm{s}}}{\partial t} = \frac{n_{\mathrm{s}}q^2}{m}\boldsymbol{E}. \tag{13.68}$$

这是 1935 年伦敦 (F. London) 唯象地提出来用以取代正常金属欧姆定律

$$\boldsymbol{j}_{\mathrm{n}} = \sigma\boldsymbol{E} \tag{13.69}$$

的基本方程, 称为 第一伦敦方程. 用法拉第电磁感应定律, 可以把它改写成电流密度与磁感应强度的关系

$$\nabla \times \boldsymbol{j}_{\mathrm{s}} = -\frac{n_{\mathrm{s}}q^2}{m}\boldsymbol{B}, \tag{13.70}$$

这称为 第二伦敦方程.

伦敦方程与麦克斯韦方程组相结合, 无须考虑微观机制, 就可以唯象地讨论超导体的各种宏观电磁性质. 首先, 它表明静场时超导体内电场为 0,

$$\boldsymbol{E} = 0, \tag{13.71}$$

是 完全抗电体. 如果 $\boldsymbol{E} \neq 0$, 第一伦敦方程表明电流 $\boldsymbol{j}_{\mathrm{s}}$ 将无限制地增加. 其次, 第二伦敦方程表明超导电流是有旋的, 可以在一环形回路中形成持续的超导环

流. 第三, 可以证明 $\boldsymbol{j}_s$ 和 $\boldsymbol{B}$ 都只存在于超导体表面厚度约为 λ 的一层内, 亦即有迈斯纳效应,

$$\lambda = \sqrt{\frac{m}{\mu_0 n_s q^2}} \tag{13.72}$$

称为 伦敦穿透深度, μ_0 为真空磁导率. 实验测出

$$\lambda_{\text{exp}} \sim 500\text{Å}.$$

为了从伦敦方程和麦克斯韦方程组来证明有迈斯纳效应, 考虑一半无限大超导体. 取 xy 平面在超导体表面, z 轴指向超导体内部, 沿 y 轴方向外加均匀磁场 $\boldsymbol{B}_0$. 由对称性分析, 超导体内磁场 $\boldsymbol{B}$ 在 y 轴方向, 电流 $\boldsymbol{j}_s$ 在 x 轴方向, 都只依赖于深度 z. 这时的安培环路定律和伦敦第二方程成为

$$\frac{\mathrm{d}B}{\mathrm{d}z} = -\mu_0 j_s,$$

$$\frac{\mathrm{d}j_s}{\mathrm{d}z} = -\frac{1}{\mu_0 \lambda^2} B,$$

其中 λ 即上面给出的伦敦穿透深度. 上述二式联立可解出

$$B(z) = B_0 \mathrm{e}^{-z/\lambda},$$

$$j_s(z) = j_{s0} \mathrm{e}^{-z/\lambda}.$$

代入库珀对的值 $m = 2m_e$ 和 $q = -2e$, n_s 用阿伏伽德罗常数 N_A 估计, 算得穿透深度 $\lambda \approx 168\,\text{Å}$, 与实验值数量级相同.

c. 磁通量子化

现在考虑一环形回路, 如图 13.14. 穿过环路所围面积的磁通量 Φ 是外磁场磁通量 $\Phi_外$ 与超导环形电流所生磁场磁通量 $\Phi_超$ 之和,

$$\Phi = \Phi_外 + \Phi_超. \tag{13.73}$$

其中 $\Phi_外$ 可在实验中连续改变. 我们来证明 $\Phi_超$ 会自动调整, 以使得总磁通量 Φ 是量子化的.

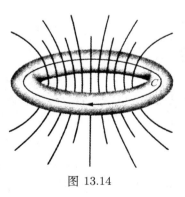

图 13.14

在环内取一回路 C, 如图 13.14 所示. 由于迈斯纳效应, 环内 $\boldsymbol{B}$ 和 $\boldsymbol{j}_s$ 都为 0, 所以 $\boldsymbol{j}_s$ 沿 C 的环流为 0. 由 (13.67) 式, 有

$$\oint_C \hbar \nabla \theta \cdot \mathrm{d}\boldsymbol{l} = \oint_C q \boldsymbol{A} \cdot \mathrm{d}l.$$

上式左边为 $\hbar \Delta \theta_C$, 右边用斯托克斯 (Stokes) 定理为 $q\Phi$. 代入 $\Delta \theta_C = 2n\pi$, 有

$$\Phi = n \cdot \frac{2\pi \hbar}{q}, \qquad n = 0, \pm 1, \pm 2, \cdots. \tag{13.74}$$

代入库珀对的 $q = -2e$, 可算出磁通量子

$$\Phi_0 = \frac{2\pi\hbar}{2e} = 2.0678 \times 10^{-15} \text{T} \cdot \text{m}^2. \tag{13.75}$$

伦敦于 1950 年从理论上预言的这个宏观量子效应, 已于 1961 年为笛佛 (B.S. Deaver, Jr.) 和费尔班克 (W.M. Fairbank) 的实验证实 [1]. 伦敦那时还不知道库珀对, 用的是电子电量 $q = -e$, 磁通量子比上述值大一倍. 实验证实了是库珀对, $q = -2e$. 注意若样品很细, 磁场穿透到回路上, 上述讨论和结果 $\Phi = n\Phi_0$ 就不再成立.

在没有外场时, $\Phi = \Phi_{超}$, 上述结论 $\Phi = n\Phi_0$ 表示超导电流本身所产生的磁通量是量子化的. 这个结论也可由本节 a 中关于超导电流环流量子化的式子作出.

13.8 约瑟夫森效应和 SQUID

a. 超导体单粒子隧道效应

两片超导体中间夹一薄绝缘层构成的器件, 是 1961 年贾埃弗发明的, 现被称为 超导体隧道结 或 约瑟夫森结. 例如, 在长方形玻璃衬底四角先贴上铟接片, 在一对对角接片间淀积上一条 1mm 宽 1000—3000 Å 厚的铝膜, 然后使其表面氧化形成 10—20 Å 厚的 Al_2O_3 绝缘层, 最后在另一对对角接片间淀积上一片与铝膜交叉的锡膜, 就做成一个 $Al/Al_2O_3/Sn$ 结. 通过接片把它接入电路中, 一对接片用于测电流, 另一对测电压, 就可测出它的 V-I 曲线.

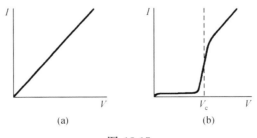

图 13.15

绝缘层足够薄时, 由于隧道效应, 射向它的电子波有一定概率穿透到另一边, 形成隧道电流. 如果两边金属都在正常态, 电子都是自由的, 则 V-I 曲线为通过原点的直线, 与通常的欧姆定律相同, 如图 13.15(a). 若一边在正常态一边

---

[1] B.S. Deaver, Jr., and W.M. Fairbank, *Phys. Rev. Lett.*, **7** (1961) 43.

在超导态, 则其 $V\text{-}I$ 曲线如图 3.15(b), 有一临界电压 V_c. 这是由于超导体中自由电子很少, 只有当外电压对库珀对提供的能量 $2eV_c$ 等于能隙 $E_g = 2\Delta$ 时,

$$V_c = \frac{\Delta}{e}, \tag{13.76}$$

库珀对分解成自由电子, 才能通过隧道效应流向另一边, 使隧道电流急剧上升. 这称为 超导体单粒子隧道电流.

当两边都在超导态时, 也有单粒子隧道电流. 这时其 $V\text{-}I$ 曲线如图 13.16, 有两个临界电压,

$$\begin{cases} V_{c1} = \dfrac{|\Delta_1 - \Delta_2|}{e}, \\[2mm] V_{c2} = \dfrac{|\Delta_1 + \Delta_2|}{e}. \end{cases} \tag{13.77}$$

其中 Δ_1 和 Δ_2 分别为两边超导体的单粒子能隙参量. $T = 0$ 时, 完全没有自由电子, $V < V_{c2}$ 时没有单粒子隧道电流. $T > 0$ 时, 有少量自由电子, $V < V_{c2}$ 时也有很小的单粒子隧道电流.

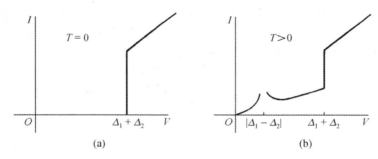

图 13.16

超导体单粒子隧道电流的上述性质, 为研究和测量超导能隙和费米能附近的能级密度提供了最直接的途径.

b. 费曼方程

两边都在超导态时, 除了单粒子隧道电流外, 库珀对也有可能穿过绝缘层从一边流向另一边, 形成超导库珀对的隧道电流. 为简单起见, 假设两边金属相同. 先讨论无磁场的情形. 两边库珀对的波 ψ_1 和 ψ_2 应满足方程

$$\begin{cases} i\hbar \dfrac{\partial \psi_1}{\partial t} = U_1 \psi_1 + K \psi_2, \\[2mm] i\hbar \dfrac{\partial \psi_2}{\partial t} = U_2 \psi_2 + K \psi_1, \end{cases} \tag{13.78}$$

其中 U_1 和 U_2 是两边的能级, K 描写两边的波通过结的相互作用. $K = 0$ 时, 相当于绝线层无限厚, 两边的波没有相互作用, 不能通过隧道效应从一边穿透到另一边, 没有电流穿过结. 这一组方程是费曼首先提出的, 称为 费曼方程.

仿照上节的做法, 把两边库珀对的波写成

$$\begin{cases} \psi_1 = \sqrt{n_1}\, e^{i\theta_1}, \\ \psi_2 = \sqrt{n_2}\, e^{i\theta_2}, \end{cases} \tag{13.79}$$

代回 ψ_1 和 ψ_2 的方程, 有

$$\begin{cases} \dot{n}_1 = \dfrac{2}{\hbar} K \sqrt{n_1 n_2} \sin\delta, \\[2mm] \dot{n}_2 = -\dfrac{2}{\hbar} K \sqrt{n_1 n_2} \sin\delta, \\[2mm] \dot{\theta}_1 = -\dfrac{K}{\hbar} \sqrt{\dfrac{n_2}{n_1}} \cos\delta - \dfrac{U_1}{\hbar}, \\[2mm] \dot{\theta}_2 = -\dfrac{K}{\hbar} \sqrt{\dfrac{n_1}{n_2}} \cos\delta - \dfrac{U_2}{\hbar}. \end{cases} \tag{13.80}$$

其中

$$\delta = \theta_2 - \theta_1$$

是两边的相位差. 于是

$$\dot{\delta} = \dot{\theta}_2 - \dot{\theta}_1 = -\frac{K}{\hbar} \frac{n_2 - n_1}{\sqrt{n_1 n_2}} \cos\delta - \frac{U_2 - U_1}{\hbar} = \frac{qV}{\hbar},$$

其中考虑了两边金属相同, $n_1 = n_2 = n$, 而

$$V = \frac{U_1 - U_2}{q} \tag{13.81}$$

是两边的电位差. 从而可以解出

$$\delta(t) = \delta_0 + \frac{q}{\hbar} \int_0^t V(t)\mathrm{d}t. \tag{13.82}$$

代回 $\dot{n}_1$ 或 $\dot{n}_2$ 的方程, 可得从 1 流向 2 的隧道电流

$$j = -q\dot{n}_1 = q\dot{n}_2 = -\frac{2qK}{\hbar} \sqrt{n_1 n_2} \sin\delta = j_0 \sin\delta, \tag{13.83}$$

$$j_0 = -\frac{2qK}{\hbar} \sqrt{n_1 n_2} = \frac{4eKn}{\hbar}. \tag{13.84}$$

c. 约瑟夫森效应

当隧道结两端不加电压时, $V = 0$, $\delta = \delta_0$, 有

$$j = j_0 \sin\delta_0, \tag{13.85}$$

电流在 $\pm j_0$ 之间，依赖于两边相位差 δ_0. 没有电场和磁场时可以观测到流过隧道的电流，这个现象被称为 **直流约瑟夫森效应**.

当两边加一恒定电压 V_0 时，$\delta = \delta_0 + qV_0 t/\hbar$，有

$$j = j_0 \sin\left(\delta_0 - \frac{2eV_0}{\hbar}\, t\right), \tag{13.86}$$

为一交变振荡电流，其圆频率

$$\omega = \frac{2eV_0}{\hbar}, \tag{13.87}$$

在射频范围. 进一步，若在上述恒定电压之外再加上一以上述圆频率 ω 振荡的小交变电压，

$$V = V_0 + V_1 \cos \omega t, \tag{13.88}$$

而 $V_1 \ll V_0$，则有

$$
\begin{aligned}
j &= j_0 \sin\left[\delta_0 - \frac{2eV_0}{\hbar}\, t - \frac{2eV_1}{\hbar\omega} \sin \omega t\right] \\
&\approx j_0 \left[\sin\left(\delta_0 - \frac{2eV_0}{\hbar}\, t\right) - \frac{eV_1}{\hbar\omega} \sin\left(\frac{4eV_0}{\hbar}\, t - \delta_0\right) - \frac{eV_1}{\hbar\omega} \sin \delta_0\right].
\end{aligned} \tag{13.89}
$$

其中前两项与只加恒压的情形相同，是射频交变振荡电流，而第三项是依赖于两边相位差 δ_0 的直流电.

归纳起来，若在隧道结两端加上直流电压，会在结中引起射频交变振荡电流，若在此直流电压上进一步加上一定频率的射频交变振荡电压，则会在结中引起直流电流. 这种现象被称为 **交流约瑟夫森效应**.

约瑟夫森 1961 年首先从理论上预言的上述效应，在 1963 年为安德森 (P.W. Anderson) 和夏皮罗 (S. Shapiro) 等人的实验证实. 因为这些效应在理论和实际上的重要意义，约瑟夫森和超导体隧道效应的发现者贾埃弗以及半导体隧道效应发现者江崎玲于奈同获 1973 年诺贝尔物理学奖.

约瑟夫森效应的一个重要应用是交流约瑟夫森效应的频率关系 (13.87). 其中出现基本物理常数 e 与 $\hbar$ 的比，所以在交流约瑟夫森效应中精确测定了直流电压 V_0 和振荡圆频率 ω，就可精确测出 $e/\hbar$. 反之，用别的办法测定了 $e/\hbar$，就可以通过圆频率 ω 的测量来确定电压 V_0. 振荡圆频率 ω 可由微波技术精确测出，所以现在已用约瑟夫森结代替标准电池作为电压标准.

d. SQUID

约瑟夫森效应是库珀对体系在宏观尺度上表现出来的与相位直接相关的量子相干效应，因而在理论上有很基本的意义. 与之相联系地，还有 SQUID 的宏观量子干涉效应. SQUID 是超导量子干涉器件的英文 Superconducting Quantum

Interference Device 的缩写.

两个约瑟夫森结并联成一环路, 就构成一个 SQUID, 如图 13.17. 现在不加电场而加磁场, 例如用一细长的直形通电螺线管垂直地穿过环路中心. 根据第 7.9 节规范不变性原理中给出的电磁场对波函数相位的贡献

$$\frac{q}{\hbar}\left[\int \boldsymbol{A} \cdot \mathrm{d}\boldsymbol{r} - \int \boldsymbol{\Phi}\mathrm{d}t\right], \tag{13.90}$$

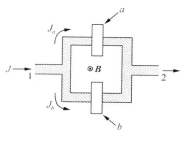

图 13.17

超导结两边的相位差为

$$\delta_{1a2} = \delta_a - \frac{2e}{\hbar}\int_{1a2} \boldsymbol{A} \cdot \mathrm{d}\boldsymbol{l},$$

$$\delta_{1b2} = \delta_b - \frac{2e}{\hbar}\int_{1b2} \boldsymbol{A} \cdot \mathrm{d}\boldsymbol{l},$$

其中 δ_a 和 δ_b 分别是没有磁场时结 a 和 b 两边的相位差, $1a2$ 和 $1b2$ 分别是计算 1 至 2 两点间相位差的上、下两条路径. 由于 $\delta_{1a2} = \delta_{1b2}$, 所以

$$\delta_b - \delta_a = -\frac{2e}{\hbar}\oint \boldsymbol{A} \cdot \mathrm{d}\boldsymbol{l} = -\frac{2e}{\hbar}\int \boldsymbol{B} \cdot \mathrm{d}\boldsymbol{S} = -\frac{2e\Phi}{\hbar}, \tag{13.91}$$

其中 Φ 是穿过环路所围面积的磁通量. 于是从 1 流向 2 的总电流为

$$j = j_0 \sin \delta_a + j_0 \sin \delta_b = j_0 \sin \delta_0 \cos\frac{e\Phi}{\hbar}, \tag{13.92}$$

其中 $\delta_0 = (\delta_a + \delta_b)/2$ 依赖于其它条件, 如两端电压以及环路的几何位形等. 所以, 电流随磁通量 Φ 的改变而振荡, 而当磁通 Φ 取其量子 Φ_0 的整数倍时电流取极值.

图 13.18 是捷克莱维克 (R.C. Jaklevic) 等人 1965 年对两对约瑟夫森结 A 和 B 的实验结果[1], 电流振荡的周期分别为 $3.05\,\mu\mathrm{T}$ 和 $1.6\,\mu\mathrm{T}$, 电流极大值分别为 $1\mathrm{mA}$ 和 $0.5\mathrm{mA}$. 两个情形中两个结都分开 $3\mathrm{mm}$, 结宽 $0.5\mathrm{mm}$. 振幅的变化来自与每个结的几何尺度有关的衍射效应.

---

[1] R.C. Jaklevic, J. Lambe, J.E. Mercereau and A.H. Silver, *Phys. Rev.*, **140** (1965) A1628.

    SQUID 是两个超导约瑟夫森结之间由于相位差而引起干涉的装置. 相应地,把多个约瑟夫森结以相同的间隔并联起来, 就可以得到与光的多缝干涉甚至光栅类似的装置, 以进一步提高测量精度. 由于微小磁场的变化能引起电流的灵敏变化, SQUID 作为测量磁场的高精度仪器, 已被广泛应用于科学研究、工业技术、生物和医学的各个领域.

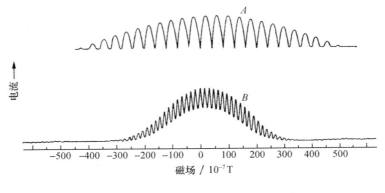

图 13.18

14 原 子 核

14.1 从天然放射性到中子的发现

a. 天然放射性

对原子核的实验研究, 可以追溯到天然放射性的发现. 伦琴发现 X 射线不到四个月, 贝克勒耳 (A.H. Becquerel) 于 1896 年 3 月发现了铀的天然放射性. 他发现铀也能发出一种辐射, 使金属物体在用黑纸包住的照相底片上产生阴影, 使带电体放电, 像 X 射线一样. 无论是各种铀盐还是金属铀, 无论是晶体、铸件或溶液, 这种辐射只与铀的浓度成比例, 也不因温度、压强、电场、磁场或化学成分而改变. 所以这种辐射与铀原子所处的环境及其电子结构无关, 是从铀原子核中自发地发射出来的. 原子核的这种性质被称为放射性. 接着, 皮埃尔和玛丽·居里 (Pierre, Marie S. Curie) 从沥青铀矿中分离出放射性比铀强得多的钋和镭, 表明放射性并不是铀所独有的性质.

1897 年卢瑟福发现, 放射性的辐射不只一种. 他把穿透本领较差的一种称为 α 射线, 把穿透本领较强的一种称为 β 射线. 居里夫人根据 α 射线被物质的吸收性质断定它是物质粒子. 1903 年卢瑟福发现磁场能使 α 射线偏转, 并从偏转方向断定 α 粒子带正电. 用 α 射线使静电计放电, 他又定出 α 粒子带电量是电子的两倍. 带电比电子多, 而在磁场中的偏转比电子小得多, 所以 α 粒子比电子重得多.

1909 年, 卢瑟福和罗依兹 (T. Royds) 确认 α 粒子就是氦原子核. 他们的仪器如图 14.1. 盛放射性样品的薄玻璃管 G 被放在真空管 T 中, T 的细端 E 封有电极. 升高水银面, T 中的气体就被压入 E, 使气体放电, 从它的光谱就可以分析其成分. 管 G 中空着时没有找到氦, 而管 G 中放入放射性材料时,

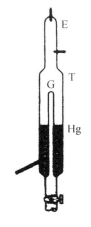

图 14.1

两天后在仪器中发现了氦. 这是从 G 中射出的 α 粒子在 T 中俘获电子后形成的氦原子.

1899 年, 人们发现 β 射线会被磁场偏转, 其荷质比与阴极射线的 e/m 相同, 从而确认它是电子束. 1932 年 C.D. 安德孙发现正电子后, 人们发现某些放射性同位素能发射正电子, 而把这种正电子束称为 β+ 射线. 习惯上, 仍把发射的电子束称为 β 射线, 只是在需要特别标明时记为 β−.

1900 年威拉德 (P. Villard) 发现放射性物质还有第三种辐射, 其穿透本领比 α 射线和 β 射线都强, 并且不受磁场偏转, 从而不带电. 这种辐射被称为 γ 射线. 由 γ 射线产生的光电子能量, 可以测出 γ 射线的能量. γ 射线在晶体上能产生衍射, 由此断定它是一种电磁波, 波长约从 0.5 Å到 0.005 Å. 所以 γ 射线是一种光子, 能量从几十 keV 到几个 MeV. 虽然与 X 射线的能区有重叠, 同是短波辐射, 但 γ 射线只限于指来自原子核的辐射, 而 X 射线则指来自原子内层电子激发的类似辐射.

大多数纯的放射性物质在发射 γ 射线的同时伴随有 α 射线或 β 射线. 由于样品不纯, 通常总是同时得到这三种射线. 可以用磁场把它们分开.

b. 原子核的组成问题

放射性核素发射某种射线, 它就转变为另一种核素. 这种过程是核转变的一种方式, 可以用方程来表示. 例如 ^{238}U 的 α 衰变,

$$^{238}_{92}\text{U} \longrightarrow ^{234}_{90}\text{Th} + ^4_2\text{He} + \gamma, \tag{14.1}$$

和由它产生的子核 ^{234}Th 的 β 衰变,

$$^{234}_{90}\text{Th} \longrightarrow ^{234}_{91}\text{Pa} + ^{\;0}_{-1}\text{e} + \gamma. \tag{14.2}$$

使方程两边平衡的规则是: ①两边的质量数相等; ②两边的电荷数相等. 这称为卢瑟福 - 索狄 (Soddy) 规则. 它们是重子数 (参阅下一章粒子物理) 守恒和电荷数守恒的结果. γ 光子既无重子数也无电荷数, 对这种平衡无贡献, 有时省去不写.

1919 年卢瑟福根据变压气体室中的闪耀亮度, 发现 α 粒子轰击空气中的氮能产生质子, 但他无法断定是下述过程中的哪一个:

$$^4_2\text{He} + ^{14}_7\text{N} \longrightarrow ^1_1\text{H} + ^4_2\text{He} + ^{13}_6\text{C}, \tag{14.3}$$

$$^4_2\text{He} + ^{14}_7\text{N} \longrightarrow ^{18}_9\text{F} \rightarrow ^1_1\text{H} + ^{17}_8\text{O}; \tag{14.4}$$

因为产物太少, 不足以作化学或光谱分析. 到 1925 年布拉开特 (P.M.S. Blackett) 才作出判断. 他拍了两万多张云室照片, 其中有四十多万条 α 粒子在氮气中的径迹, 而有 8 张像图 14.2 那样. 这是从不同侧面拍的同一事件的立体图. 大部

分 α 粒子径迹是直线, 只有一条突然中止, 并在终点分成两条. 细的是质子, 粗的是重的核. 仔细的三维分析表明这两条径迹与原来的 α 粒子径迹共面, 所以不可能还有第三个没有记录下径迹的粒子. 这就证明上面的第二式: α 粒子与氮核先形成复合核氟, 复合核再发射质子而转变为氧核.

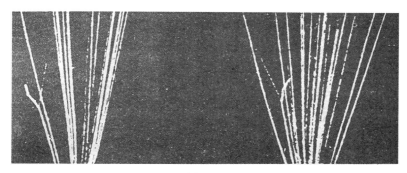

图 14.2

卢瑟福和查德威克 (J. Chadwick) 用 α 粒子轰击所有轻元素, 又发现约十例这种发射质子的情形. 他们发现, 在有的情形中发射的质子能量比入射 α 粒子的还大, 这进一步证明确实形成了复合核.

这就表明质子是原子核的组成单元之一. 此外, 原子核的 β 放射性使人们猜测电子也是组成原子核的一个基本单元. 认为原子核是由质子和电子组成的, 这就是原子核的 质子 - 电子模型.

原子核的质子 - 电子模型虽然可以满足卢瑟福 - 索狄规则, 能够解释原子核的一些重要性质, 但遇到两个原则性困难. 首先, 原子核中质子的正电荷不足以把电子束缚在原子核内. 根据测不准关系估计, 束缚在原子核内的电子, 其动能超过 GeV 的量级. 其次, 这个模型给出的原子核自旋和统计性质与实验不符. 从原子光谱的超精细结构, 可以测出原子核的自旋. 例如氘核 ^2_1D, 如果按质子 - 电子模型, 由两个质子和一个电子构成, 则其自旋只能是 1/2 或 3/2, 是费米子. 而实验测得它的自旋是 1, 是玻色子. 1932 年查德威克发现中子, 才解决了上述疑难.

c. 中子的发现

铍是不能用 α 粒子打出质子的轻核之一. 1930 年玻特 (W. Bothe) 和贝克 (H. Becker) 用钋发出的 α 粒子轰击铍, 发现会产生穿透本领极强的射线, 他们以为是 γ 射线. 又有人发现硼也有这种性质, 并估计这种粒子能量约为 10 MeV, 比放射源发出的任何 γ 射线都大. 1932 年 1 月 18 日, 约里奥 - 居里 (Joliot-Curie)

夫妇宣布这种从铍发出的射线能量很大, 可以把质子从石蜡中打出来, 就像在康普顿效应中 X 光子从石墨中打出电子一样, 是一种高能 γ 射线.

查德威克读了约里奥 - 居里夫妇的论文, 告诉卢瑟福. 卢瑟福说: "我不相信 (是 γ 射线)! " 因为卢瑟福早在 1920 年就相信原子核中存在一种质量与质子相近的电中性粒子. 查德威克 1921 年起就在寻找存在这种中性粒子的实验证据. 查德威克立即进行了实验, 并于 2 月 17 日写信给英国《自然》杂志通报了自己的结果, 接着在英国《皇家学会学报》发表题为《中子的存在》的论文.

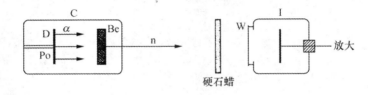

图 14.3

图 14.3 是查德威克的实验装置示意. 从左边放射源钋 Po 发射的 α 粒子打到铍 Be 上, 使之发出中性射线 n. 在右边游离室窗口 W 放置 Li, B, C 等的薄片, 或将 O_2, N_2, H_2 等气体充入游离室. 从中性射线与各种物质相互作用所引起的游离, 可以测定中性射线从这些物质中轰击出的反冲核动能.

如果这种中性辐射是 γ 射线, 把康普顿散射公式 (4.20) 中的电子康普顿波长 λ_e 换成反冲粒子康普顿波长 $\lambda_R = h/m_R c$, 其中 m_R 是反冲粒子质量, 可得 $\theta = \pi$ 时光子波长的最大改变

$$\Delta\lambda = 2\lambda_R = \frac{2h}{m_R c}, \tag{14.5}$$

和相应的光子能量最大改变

$$\Delta E_\gamma = h\Delta\nu = h\Delta\left(\frac{c}{\lambda}\right) \approx -\frac{hc\Delta\lambda}{\lambda^2} = -\frac{hc}{c^2/\nu^2}\frac{2h}{m_R c}$$

$$= -\frac{2(h\nu)^2}{m_R c^2} = -\frac{2E_\gamma^2}{m_R c^2}. \tag{14.6}$$

让光子减少的能量等于反冲粒子动能 E_R, 则有

$$E_\gamma = \left(\frac{1}{2}m_R c^2 E_R\right)^{1/2}. \tag{14.7}$$

对于质子测得 $E_p = 4.7\,\text{MeV}$, 算得 $E_\gamma = 47\,\text{MeV}$. 对于 N 核测得 $E_N = 1.2\,\text{MeV}$, 算得 $E_\gamma = 88\,\text{MeV}$. 这两个数值都太大, 而且互相矛盾. 所以这种中性辐射不可能是 γ 射线[1].

---

[1] 可进一步参阅王正行, 《简明量子场论》, 北京大学出版社, 2008 年, 153—154 页.

如果这种中性辐射是卢瑟福期待的中子, 质量为 m_n, 速度为 v_n, 则在对心碰撞时质子和 N 核的最大反冲速度分别为

$$
\begin{cases}
v_p = \dfrac{2m_n}{m_n + m_p}\, v_n, \\[2mm]
v_N = \dfrac{2m_n}{m_n + m_N}\, v_n.
\end{cases}
$$

联立消去 v_n, 可得

$$
\frac{E_p}{E_N} = \frac{m_p}{m_N}\left(\frac{m_n + m_N}{m_n + m_p}\right)^2,
$$

代入 $E_p/E_N = 4.7/1.2$ 和 $m_p/m_N = 1/14$, 可解出

$$
m_n = 1.03\, m_p, \qquad E_n = 4.6\,\text{MeV}.
$$

这就克服了上述的矛盾.

d. 原子核组成的质子 - 中子模型

发现中子后, 海森伯和伊凡宁柯 (D.D. Iwanenko) 独立地提出原子核的 质子 - 中子模型, 认为原子核是由质子和中子组成的. 这立即为大家接受. 查德威克因为发现中子获 1935 年诺贝尔物理学奖.

质子与中子除电磁性质外很相似, 又都是组成原子核的基本单元, 所以合称为 核子. 表 14.1 给出了自由质子和中子的基本性质.

表 14.1　自由质子和中子的基本性质

粒子	电荷 /e	质量 /(MeV/c^2)	自旋 /$\hbar$	磁矩 /μ_N	平均寿命
p	1	938.272 03(8)	1/2	2.792 847 351(28)	$> 2.1 \times 10^{29}$a
n	0	939.565 36(8)	1/2	$-1.913\,042\,7(5)$	885.7 ± 0.8s

由于质子 - 中子模型的成功, 以及原子核知识的普及, 原子核由质子和中子组成已成常识. 但原子核的组成问题, 今天仍是核物理研究的一个前沿和热点. 因为束缚在原子核内的核子受到周围核子很强的作用, 动能和结合能都很大. 处在这种强作用环境中的核子, 很可能不同于自由核子. 有许多证据表明, 原子核内含有一定成分的介子和其它强作用粒子. 上世纪八十年代中期又发现了 EMC 效应. EMC 是欧洲 μ 子合作组的简称. 他们用高能 μ 子和电子轰击铁原子核, 引起深度非弹性散射, 测量散射粒子的能量分布, 发现与在氘核上的散射结果不同. 入射轻子能量极高, 波长极短, 可以辨别核子的内部结构. 铁与氘核的结果不同, 意味着原子核内核子的半径和内部结构很可能与自由核子不同. 现在最激进的一种观点, 认为核子在原子核内已被熔化, 组成原子核的基本单元是夸克而不是核子.

14.2 原子核的几何性质

原子核的质子数 Z 和中子数 N 或核子数 A 是质子 - 中子模型的基本参数，它们之间有关系

$$A = Z + N. \tag{14.8}$$

质子数相同而中子数不同的元素称为 同位素，核子数相同而质子数不同的元素称为 同量异位素. 给定两个数 (Z, N) 或 (Z, A)，就能认定一个原子核，也就能完全确定这个核的几何性质.

质子数 Z 就是原子核的电荷数，也就是元素的序数，可以用物理或化学分析来测定. 在原子物理中，可根据莫塞莱定律用元素特征 X 射线谱精确测定 Z. 在核物理中更方便和常用的方法，是根据原子核在物质中穿过时所引起的电离强度来测定它的电荷数 Z. 在高能过程中有大量核粒子产生，这并不是件容易和总能做到的事.

a. 原子核的几何结构问题

原子核的 Z 个质子和 N 个中子在空间中如何分布？原子核的几何位形整体上有什么特征？这就是原子核的几何结构问题.

和原子结构问题一样，为了探测原子核的结构，需要选择适当波长的粒子束来照射. 最早的实验，是卢瑟福用 α 粒子在原子核上的散射，由此可以判断原子核的空间范围. α 粒子带正电 $2e$，需要足够大的动能，才能克服它与原子核之间的库仑排斥而足够靠近原子核. 而且，也只有 α 粒子动量足够大， α 粒子束的波长足够短，分辨本领才足够高. 当时卢瑟福只能利用天然放射源提供的 α 粒子束，能量只有几个 MeV，所以能达到的距离 r_m 约为 30 fm.

现在可以用加速器产生能量在一定范围连续可调的 α 粒子束. 图 14.4 是散射角 $\theta = 60°$ 时 α 粒子在 ^{208}Pb 上散射的相对强度与 α 粒子能量 E 的关系，虚线是用卢瑟福散射公式

$$\frac{\mathrm{d}n}{\mathrm{d}\Omega} \propto \frac{1}{E^2} \cdot \frac{1}{\sin^4(\theta/2)} \tag{14.9}$$

算得的结果. 可以看到，能量在 27 MeV 附近实验结果开始偏离卢瑟福公式，这时 $r_m = 13.12\,\mathrm{fm}$，而 α 粒子束的波长 $\lambda = 2.76\,\mathrm{fm}$. 由此可以判断 α 粒子与铅核在 $(13 \pm 3)\,\mathrm{fm}$ 的距离开始有明显相互作用. 这也就是铅核 208 个核子在空间分布范围的一个粗略估计.

为了探明在这个范围内核子分布的细节，必须用波长比此范围小的粒子束. 除了高能 α 粒子或其它重离子外，更常用的有高能核子和电子. 第 5.7 节已给出

了高能质子和中子在原子核上散射实验的例子. 利用简单的衍射模型, 从衍射暗环的角度就可粗略地估计出靶核的半径.

图 14.5(a) 是 450 MeV 的电子在 ^{58}Ni 核上散射的实验结果, 纵坐标是微分散射截面 $\mathrm{d}\sigma/\mathrm{d}\Omega$, 横坐标 $q = 2k\sin(\theta/2)$, k 是入射电子束的波矢量大小, θ 是散射角. 衍射图样第一暗环在 $q \approx 1.1/\mathrm{fm}$ 处, 这相当于散射角 $\theta \approx 28°$, 用第 5 章的简单模型可以算出 ^{58}Ni 核半径约为 3.6 fm.

从散射角分布的测量, 不仅可以测定原子核半径. 实际上, 它提供了原子核内核子空间分布的完整信息.

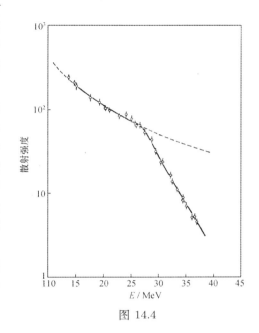

图 14.4

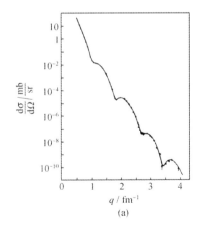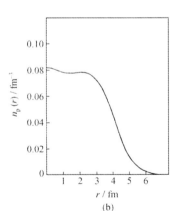

图 14.5

b. 原子核的电荷形状因子

按照 6.2 节的讨论, 散射角分布等于散射振幅的模方,

$$\frac{\mathrm{d}\sigma}{\mathrm{d}\Omega} = |f(\theta)|^2, \tag{14.10}$$

而散射振幅正比于引起散射的相互作用势 $V(\boldsymbol{r})$ 的傅里叶分量,

$$f(\theta) = -\frac{1}{4\pi}\frac{2m}{\hbar^2}\int \mathrm{e}^{\mathrm{i}\boldsymbol{q}\cdot\boldsymbol{r}}V(\boldsymbol{r})\mathrm{d}^3\boldsymbol{r}, \tag{14.11}$$

其中 $\boldsymbol{q}$ 为散射波矢 $\boldsymbol{k}$ 与入射波矢 $\boldsymbol{k}_0$ 之差,

$$\boldsymbol{q} = \boldsymbol{k} - \boldsymbol{k}_0, \tag{14.12}$$

其大小 $q = 2k\sin(\theta/2)$ 依赖于散射角 θ.

设核内质子数分布为 $n_\mathrm{p}(\boldsymbol{r})$, 满足归一化条件

$$\int n_\mathrm{p}(\boldsymbol{r})\mathrm{d}^3\boldsymbol{r} = Z. \tag{14.13}$$

于是原子核的电荷密度分布为 $en_\mathrm{p}(\boldsymbol{r})$, 而它与入射粒子的库仑相互作用可以写成

$$V(\boldsymbol{r}) = \int \frac{1}{4\pi\varepsilon_0}\frac{Z'e^2 n_\mathrm{p}(\boldsymbol{r}')}{|\boldsymbol{r} - \boldsymbol{r}'|}\mathrm{d}^3\boldsymbol{r}'. \tag{14.14}$$

把它代入 $f(\theta)$ 的公式, 先算出对 $\mathrm{d}^3\boldsymbol{r}$ 的积分, 注意 (参阅 (6.7) 式的计算)

$$\int \frac{\mathrm{e}^{\mathrm{i}\boldsymbol{q}\cdot\boldsymbol{r}}}{|\boldsymbol{r}-\boldsymbol{r}'|}\mathrm{d}^3\boldsymbol{r} = \mathrm{e}^{\mathrm{i}\boldsymbol{q}\cdot\boldsymbol{r}'}\int \frac{\mathrm{e}^{\mathrm{i}\boldsymbol{q}\cdot\boldsymbol{r}}}{r}\mathrm{d}^3\boldsymbol{r} = \frac{4\pi}{q^2}\mathrm{e}^{\mathrm{i}\boldsymbol{q}\cdot\boldsymbol{r}'},$$

就有

$$f(\theta) = -\frac{2m}{\hbar^2 q^2}\int \frac{Z'e^2}{4\pi\varepsilon_0}\mathrm{e}^{\mathrm{i}\boldsymbol{q}\cdot\boldsymbol{r}'}n_\mathrm{p}(\boldsymbol{r}')\mathrm{d}^3\boldsymbol{r}' = -\frac{2m}{\hbar^2}\frac{Z'Ze^2}{4\pi\varepsilon_0 q^2}F(\boldsymbol{q}),$$

其中

$$F(\boldsymbol{q}) = \frac{1}{Z}\int \mathrm{e}^{\mathrm{i}\boldsymbol{q}\cdot\boldsymbol{r}}n_\mathrm{p}(\boldsymbol{r})\mathrm{d}^3\boldsymbol{r} \tag{14.15}$$

称为原子核的 电荷形状因子. 它是归一化质子数密度 $n_\mathrm{p}(\boldsymbol{r})/Z$ 的傅里叶分量, 反映了核内质子数的分布 $n_\mathrm{p}(\boldsymbol{r})$.

把上面得到的散射振幅代入微分散射截面的公式, 就有

$$\frac{\mathrm{d}\sigma}{\mathrm{d}\Omega} = \left(\frac{\mathrm{d}\sigma}{\mathrm{d}\Omega}\right)_{\text{点}}|F(\boldsymbol{q})|^2, \tag{14.16}$$

其中

$$\left(\frac{\mathrm{d}\sigma}{\mathrm{d}\Omega}\right)_{\text{点}} = \left(\frac{Z'Ze^2}{4\pi\varepsilon_0\cdot 4E}\right)^2\frac{1}{\sin^4(\theta/2)} \tag{14.17}$$

正是 6.2 节的卢瑟福散射截面, 它是点电荷 $Z'e$ 与 Ze 之间库仑散射的结果. 如果考虑到入射粒子的自旋以及高能时的相对论效应, $(\mathrm{d}\sigma/\mathrm{d}\Omega)_{\text{点}}$ 的公式要作适当修改, 而 $\mathrm{d}\sigma/\mathrm{d}\Omega$ 仍可写成 (14.16) 式.

c. 原子核的密度分布

上述分析表明, 用实验测量电子在原子核上散射的角分布 $\mathrm{d}\sigma/\mathrm{d}\Omega$, 可以测出原子核的电荷形状因子 $F(\boldsymbol{q})$, 从而就可以算出原子核的质子数分布 $n_\mathrm{p}(\boldsymbol{r})$. 当质

子数分布有球对称性时, 它只与 r 有关, 有

$$F(q) = \frac{4\pi}{q} \int_0^\infty \frac{1}{Z} n_{\mathrm{p}}(r) \sin(qr) \cdot r \mathrm{d}r,$$

$$n_{\mathrm{p}}(r) = \frac{Z}{2\pi^2 r} \int_0^\infty F(q) \sin(qr) \cdot q \mathrm{d}q.$$

把测得的电荷形状因子 $F(q)$ 代入上面第二式, 用数值计算就可算出电荷数密度 $n_{\mathrm{p}}(r)$.

图 14.5(b) 是这样测出的 ^{58}Ni 核电荷数密度分布. 它表明, 在原子核内部, 质子数密度分布基本是均匀的, 而在原子核表面逐渐下降, 有一弥散层, 不是锐边界. 另外, 对于不同的原子核, 尽管它们的总质子数不同, 但是内部质子数密度基本相同. 图 14.6 是测得的几个核的电荷数密度分布.

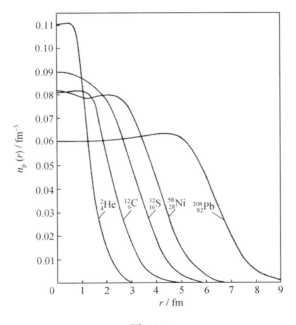

图 14.6

在高能电子的散射实验中, 电子只与核内质子发生库仑相互作用, 所以测出的是原子核的电荷形状因子. 在高能质子与原子核散射时, 入射质子与核内质子之间的库仑相互作用, 比起入射质子与核内核子 (质子和中子) 之间的强相互作用来, 完全可以忽略. 这时测出的就是核内核子数分布的形状因子. 当然在这种情形时上面以库仑相互作用为基础的理论分析就不适用, 需要以核子之间的强相互作用为基础重新推导出相应的公式.

测出核子数分布 $n(r)$, 结合质子数分布 $n_p(r)$, 就可定出中子数分布 $n_n(r)$, 它们之间满足关系

$$n(r) = n_p(r) + n_n(r). \tag{14.18}$$

实验表明, 中子分布范围比质子稍大, 在原子核表面有一层"中子皮".

这三种分布都可以相当精确地表示成费米分布的形式. 例如

$$n(r) = \frac{n_0}{1 + e^{(r-C)/d}}, \tag{14.19}$$

其中 n_0 是核中心的核子数密度, 随 A 的增加而缓慢减小; C 是核的 半密度半径, 即 $r = C$ 时 $n(C) = n_0/2$; d 是在半密度半径附近的弥散层半宽度, 即原子核表面厚度大约为 $2d$. 上述分布又称为 伍兹 - 萨克森 (Woods-Saxon) 分布.

除了半密度半径 C, 还可定义原子核的 方均根半径 a 和 等效均匀分布半径 R:

$$a^2 = \frac{1}{A} \int r^2 n(r) 4\pi r^2 \mathrm{d}r, \tag{14.20}$$

$$\frac{4\pi}{3} R^3 n_0 = A. \tag{14.21}$$

等效均匀分布半径 R 简称 等效半径, 又称 锐边界半径, 是 A 个核子以核的中心密度 n_0 均匀分布在一球内时球的半径.

对于质子数分布 $n_p(r)$ 和中子数分布 $n_n(r)$, 也有对应的关系. 中子皮厚度 t 可以定义为中子分布半径与质子分布半径之差. 对于锐边界情形, 有

$$t = R_n - R_p. \tag{14.22}$$

表 14.2 给出了一些核的 t, C, a 和 R.

表 14.2 一些原子核的几何参数 (单位 fm)

核素	中子皮 t	半密度半径 C	方均根半径 a	等效半径 R	核素	中子皮 t	半密度半径 C	方均根半径 a	等效半径 R
^{12}C	2.20	2.24	2.50	3.23	^{58}Ni	2.46	4.14	3.83	4.94
^{14}N	2.20	2.30	2.45	3.16	^{89}Y	2.51	4.76	4.24	5.47
^{16}O	1.8	2.60	2.65	3.42	^{93}Nb	2.52	4.87	4.33	5.59
^{24}Mg	2.6	2.85	2.98	3.85	^{116}Sn	2.37	5.27	4.55	5.87
^{28}Si	2.8	2.95	3.04	3.93	^{120}Sn	2.53	5.31	4.64	5.99
^{40}Ca	2.51	3.60	3.52	4.54	^{139}La	2.35	5.71	4.85	6.26
^{48}Ti	2.49	3.74	3.59	4.63	^{142}Nd	1.79	5.83	4.76	6.15
^{52}Cr	2.33	3.97	3.58	4.62	^{197}Au	2.32	6.38	5.33	6.88
^{56}Fe	2.5	4.16	3.76	4.85	^{208}Pb	2.33	6.54	5.50	7.10

本表依据 H. Überall, *Electron Scattering from Complex Nuclei*, Academic Press, New York, 1971, p.210, 转引自 M.A. Preston and R.K. Bhaduri, *Structure of the Nucleus*, Addison-Wesley, 1975, p.99.

实验测出不同原子核的中心密度 n_0 基本相同, 约在 0.13—$0.17/\mathrm{fm}^3$ 之间, 而表面弥散层 $d \approx 0.55\,\mathrm{fm}$. 在锐边界情形中若把 n_0 当作普适常数, 就有

$$R = r_0 A^{1/3} \approx 1.2 A^{1/3}\,\mathrm{fm}, \tag{14.23}$$

$$n_0 = \frac{1}{4\pi r_0^3/3} \approx 0.14\,\mathrm{fm}^{-3}. \tag{14.24}$$

这就是质子 - 中子模型原子核半径的经验公式, 其中常数 $r_0 \approx 1.2\,\mathrm{fm}$ 或 $n_0 \approx 0.14/\mathrm{fm}^3$ 由实验确定.

14.3 原子核的结合能和稳定性

a. 原子核的结合能

设质子 p 与电子 e^- 彼此相距无限远时是静止的, 则此体系总能量为 $m_\mathrm{p}c^2 + m_\mathrm{e}c^2$. 若它们由于库仑相互作用逐渐接近, 最后形成基态氢原子, 有静质能 $m_\mathrm{H}c^2$. 在形成氢原子基态的过程中, 体系相继放出光子的总能量是 $13.6\,\mathrm{eV}$. 过程前后总能量守恒,

$$m_\mathrm{p}c^2 + m_\mathrm{e}c^2 = m_\mathrm{H}c^2 + 13.6\,\mathrm{eV},$$

或

$$m_\mathrm{p}c^2 + m_\mathrm{e}c^2 - m_\mathrm{H}c^2 = 13.6\,\mathrm{eV},$$

即氢原子复合体系的静质能比组成它的质子 p 与电子 e^- 的静质能之和少了 $13.6\,\mathrm{eV}$. 这个静质能差称为氢原子的 结合能. 写成公式有

原子结合能 = 原子核静质能 + 电子静质能 − 原子静质能.

显然, 适当选取原子能级的零点, 原子结合能就等于原子基态能级的负值.

类似地, 氘核 D 可以看成是由一个质子 p 和一个中子 n 结合成的复合体系, 相应静质能差

$$\begin{aligned} B &= m_\mathrm{p}c^2 + m_\mathrm{n}c^2 - m_\mathrm{D}c^2 \\ &= (1.007\,825\,\mathrm{u} + 1.008\,665\,\mathrm{u} - 2.014\,102\,\mathrm{u}) \times 931.5\,\mathrm{MeV/u} \\ &= 2.224\,\mathrm{MeV} \end{aligned}$$

就是氘核的结合能.

从原理上说, 上面计算中 m_p 和 m_D 应代入质子和氘核的质量, 但我们实际上分别代入了氢原子和氘原子的质量. 从原子结合能的关系可以看出, 原子静质能比原子核静质能多出电子静质能而少了原子结合能. 原子结合能比原子核结合能小几个数量级, 可以忽略. 而电子静质能在氢和氘两项都多算了, 相减就

消去. 因此, 计算核 $^A_Z X_N$ 的结合能, 可用下述公式,

$$B = (Zm_H + Nm_n - m_X)c^2, \tag{14.25}$$

其中 m_X 是 $^A X$ 原子的质量. 只要实验上测出 m_X, 就可以用上式算出这个核的结合能.

结合能 B 一般地是 (Z, A) 的函数,

$$B = B(Z, A). \tag{14.26}$$

如果从实验或理论上知道了上述函数值, 就可以反过来计算原子核 $^A_Z X$ 的质量, 公式是

$$m_X c^2 = (Zm_H + Nm_n)c^2 - B(Z, A). \tag{14.27}$$

不同的理论模型给出不同的结合能函数 $B(Z, A)$, 从而给出不同的质量公式. 与前面对结合能公式的说明一样, m_H 取氢原子的质量时, m_X 是 $^A_Z X$ 原子的质量, m_H 取质子质量时, m_X 就是 $^A_Z X$ 核的质量.

b. 原子核的稳定性

若取 A 个核子彼此相距无限远时静止的体系能量为 0, 则 $-B$ 就是这 A 个核子结合成原子核 $^A_Z X$ 的基态能量 E_0,

$$E_0 = -B. \tag{14.28}$$

所以, 结合能越大, 基态能级就越低.

直接反映原子核结合紧密程度的是原子核的 每核子结合能, 又称 比结合能, 定义为

$$\varepsilon = \frac{B}{A}. \tag{14.29}$$

图 14.7 给出了稳定核每核子结合能 ε 随核子数 A 的变化. $A = 1$ 时为质子或中子, $\varepsilon = 0$. $A = 2$ 时是氘核, $\varepsilon = 1.11\,\text{MeV}$. 到 ^{56}Fe 核时升到极大, $\varepsilon = 8.79\,\text{MeV}$. 以后逐渐下降, 到重核时约为 $\varepsilon \approx 7.5\,\text{MeV}$. 粗略地说, 原子核的每核子结合能约为 8 MeV,

$$\varepsilon \approx 8\,\text{MeV}. \tag{14.30}$$

图 14.7 表明 ^{56}Fe 核结合得最紧密. 比它轻的核和比它重的核, 结合的紧密程度分别随 A 的减小或增加而逐渐降低. 所以, 两个较轻的核结合成一个比铁轻的核, 可以释放出能量. 这种过程称为原子核的 聚变. 一个重核分裂成两个较轻的核, 也可以释放出能量. 这种过程称为原子核的 裂变.

图 14.7 给出了每核子结合能 ε 对核子数 A 的依赖关系, 也就给出了结合能 B 对核子数 A 的依赖关系. 这是测量的结果, 所以是一个经验关系. 图 14.8 是另一重要的经验关系, 横坐标是中子数 N, 纵坐标是质子数 Z. 图中黑色小方块

所对应的核 (Z, N) 是稳定的, 它们两侧到直方线 (histogram) 的区域对应的核 (Z, N) 是不稳定的. 离黑色区域越远, 稳定性越差. 直方线以外的其余区域不存在原子核.

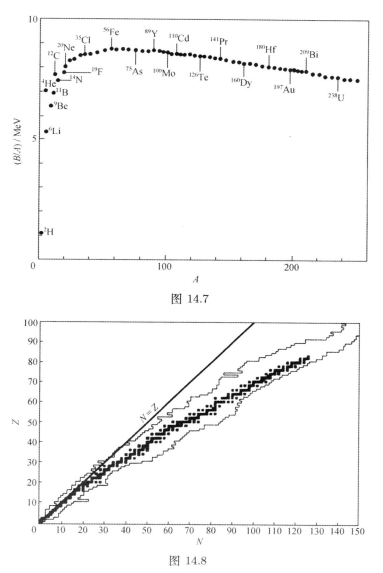

图 14.7

图 14.8

从 核素图 14.8 可以看出, 轻核中子数与质子数近似相等. 随着核子数增加, 中子数比质子数越来越多. 重核的中子数 N 与质子数 Z 之比达到 3/2. 若用一

条曲线来表示稳定核区域中心的位置, 近似地有下述经验关系

$$Z = \frac{A}{1.98 + 0.015A^{2/3}}. \tag{14.31}$$

此曲线称为 β 稳定线, 在它两边区域的不稳定核都具有 β 放射性. 在它右下边的核具有 β$^-$ 放射性, 会发射电子和电子性反中微子, 从 (Z, N) 核衰变成更靠近 β 稳定线的核 $(Z+1, N-1)$,

$$_Z^A\mathrm{X}_N \longrightarrow _{Z+1}^A\mathrm{X}'_{N-1} + \mathrm{e}^- + \overline{\nu}_\mathrm{e}. \tag{14.32}$$

在它左上边的核具有 β$^+$ 放射性, 会发射正电子和电子性中微子, 从 (Z, N) 核衰变成更靠近 β 稳定线的核 $(Z-1, N+1)$,

$$_Z^A\mathrm{X}_N \longrightarrow _{Z-1}^A\mathrm{X}'_{N+1} + \mathrm{e}^+ + \nu_\mathrm{e}. \tag{14.33}$$

不稳定区域的右下边沿称为 中子溢出线, 在这条线上的丰中子核的中子数已填满了, 再加上的中子都会溢出来. 不稳定区域的左上边沿称为 质子饱和线, 在这条线上的丰质子核的质子数已饱和了, 不可能再增加.

不稳定核会经过放射性衰变变成更稳定的核, 这说明它们的每核子结合能 ε 比 β 稳定线上的每核子结合能小, 图 14.8 定性地给出了每核子结合能 ε 或结合能 B 随 (Z, N) 变化的二维关系. β 稳定线的 (14.31) 式, 则可由 14.6 节的液滴模型推出.

14.4　氘　核

氘核 D 是由 1 个质子和 1 个中子构成的 pn 二核子体系. 假设它们之间的相互作用势 $V(r)$ 在两体相对坐标中是球对称的, 则其径向薛定谔方程为

$$\left[-\frac{\hbar^2}{2m}\frac{\mathrm{d}^2}{\mathrm{d}r^2} + \frac{l(l+1)\hbar^2}{2mr^2} + V(r) \right] u(r) = Eu(r), \tag{14.34}$$

其中

$$m = \frac{m_\mathrm{p}m_\mathrm{n}}{m_\mathrm{p} + m_\mathrm{n}} \approx \frac{1}{2}m_\mathrm{p} \tag{14.35}$$

是体系的折合质量.

对于基态, $l = 0, E = -B$, 方程简化为

$$\frac{\mathrm{d}^2 u}{\mathrm{d}r^2} - \frac{2m}{\hbar^2}[B + V(r)]u = 0. \tag{14.36}$$

为简单起见, 用球形方势阱模型,

$$V(r) = \begin{cases} -V_0, & r < a, \\ 0, & r > a, \end{cases} \tag{14.37}$$

其中 a 为力程, V_0 为势阱深度, 如图 14.9. 于是方程可进一步简化为

$$\frac{\mathrm{d}^2 u}{\mathrm{d} r^2} + k^2 u = 0, \quad r < a,$$

$$\frac{\mathrm{d}^2 u}{\mathrm{d} r^2} - \kappa^2 u = 0, \quad r > a,$$

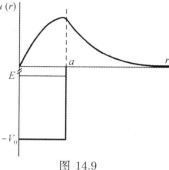

图 14.9

其中

$$k = \frac{\sqrt{2m(V_0 - B)}}{\hbar}, \qquad \kappa = \frac{\sqrt{2mB}}{\hbar}. \quad (14.38)$$

由 7.4 节中 $u(r)$ 的定义 $R(r) = u(r)/r$, 有 $u(r)$ 在 $r = 0$ 处的边条件为

$$u(0) = 0. \quad (14.39)$$

于是解得

$$u(r) = \begin{cases} A_1 \sin kr, & r < a, \\ A_2 \mathrm{e}^{-\kappa(r-a)}, & r > a. \end{cases} \quad (14.40)$$

由波函数及其微商连续的条件, u 及 $\mathrm{d}u/\mathrm{d}r$ 在 $r = a$ 处应分别连续, 于是得到能级方程

$$k \cot ka = -\kappa,$$

亦即

$$\cot \frac{\sqrt{2m(V_0 - B)}\, a}{\hbar} = -\sqrt{\frac{B}{V_0 - B}}. \quad (14.41)$$

实验发现氘核只有基态, 没有激发态, 测得结合能 $B = 2.224\,\mathrm{MeV}$. 这对应于 $B \ll V_0$, 上式右边近似为 0, 左边 B 可略去. 于是有近似的方程

$$\frac{\sqrt{2mV_0}\, a}{\hbar} \approx \frac{\pi}{2}, \qquad V_0 a^2 \approx \frac{\pi^2 \hbar^2}{8m}.$$

若取力程 $a = 2\,\mathrm{fm}$, 可得势阱深度 $V_0 \approx 26\,\mathrm{MeV}$. 如果把 $B = 2.224\,\mathrm{MeV}$ 和 $a = 2\,\mathrm{fm}$ 代入严格的能级方程 (14.41), 用数值方法可精确解得 $V_0 = 36.6\,\mathrm{MeV}$.

在上述近似中, $ka \approx \pi/2$, 代入波函数 $u(r)$ 中可以看出

$$A_1 \approx A_2,$$

亦即函数 $u(r)$ 在阱内为正弦函数, 从 0 上升到极大, 而在阱外为指数衰减函数, 衰减长度

$$d = \frac{1}{\kappa} = \frac{\hbar}{\sqrt{2mB}} = 4.32\,\mathrm{fm}.$$

所以氘核结合得相当松散, pn 间距离 r 在力程 a 附近概率最大, 而在力程以外 d 处仍有相当的概率. 通常把 d 称为氘核半径.

实验测得氘核总角动量 $J = 1$, 磁矩 $\mu = 0.857\mu_N$. 若基态 $l = 0$, 则 $S = J = 1$, 即 p 和 n 的自旋平行, 氘核为 $^3S_1$ 态, 磁矩

$$\mu_S = \mu_p + \mu_n = 0.879\,\mu_N,$$

比测得值稍大. 这说明氘核基态不完全是 $^3S_1$, 还有一定概率处在 $^3D_1$. 不可能有 $^3P_1$ 或 $^1P_1$, 因为 P 态宇称为奇, 与 S 态和 D 态不同. 参考 8.7 节朗德 g_J 因子的公式, 并注意折合质量 $m \approx m_p/2$ 和自旋磁矩等于 μ_S, 可以算得 $^3D_1$ 态磁矩

$$\mu_D = \frac{1}{2}\left(\frac{3}{2} - \frac{\mu_S}{\mu_N}\right)\mu_N = \frac{1}{2}\left(\frac{3}{2} - 0.879\right)\mu_N = 0.310\,\mu_N.$$

于是, 若氘核基态为 $^3S_1$ 态和 $^3D_1$ 态归一化波函数 ψ_S 和 ψ_D 的叠加,

$$\psi = \cos\phi\,\psi_S + \sin\phi\,\psi_D, \tag{14.42}$$

其中 $\cos\phi$ 和 $\sin\phi$ 为归一化叠加系数, 则有氘核磁矩为

$$\mu = \cos^2\phi\,\mu_S + \sin^2\phi\,\mu_D$$
$$= \mu_S - \sin^2\phi(\mu_S - \mu_D)$$
$$= (0.879 - 0.569\sin^2\phi)\mu_N.$$

代入 $\mu = 0.857\mu_N$, 可定出 $\sin^2\phi = 0.04$, 即氘核基态 ψ 中 96% 的概率处于 $^3S_1$ 态 ψ_S, 4% 的概率处于 $^3D_1$ 态 ψ_D. 这个波函数既没有角动量守恒, 也没有球对称性, 说明相互作用中主要是中心力, 但也有少量非中心力.

最后, 实验上发现氘核基态是质子中子自旋平行的自旋三重态, 而不存在质子中子自旋反平行的自旋单态束缚态, 这表明核子之间的相互作用还与自旋相关.

14.5 核　力

a. 核力的主要性质

核子间的强相互作用称为 核力. 通过对氘核的分析, 我们已经对核力的性质有了一些基本的了解. 前面的分析表明, 原子核的几何性质、结合能、角动量、磁矩等, 以及其它基态性质, 能为我们提供有关核力的实际信息. 而除了原子核的这些静态性质外, 原子核的激发、跃迁、衰变和核反应等动态性质, 能为我们提供更加丰富和确定的知识. 归纳起来, 核力的主要性质如下.

(1) 核力是短程力, 具有饱和性. 原子核的每核子结合能 ε 约为常数 8 MeV,

总结合能近似与粒子数 A 成正比,

$$B = \varepsilon A \approx 8A \, \text{MeV}. \tag{14.43}$$

这表明核力作用范围很小,一个核子只与周围近邻核子相互作用,其力程大约与核子的线度同数量级. 核力只能作用于有限个核子上的这一性质,称为核力的 饱和性. 它是核力短程性的直接结果.

作为对比,质子之间的库仑相互作用是长程力,所以原子核的静电库仑能 E_C 正比于 $Z(Z-1)$,对重核近似有

$$E_\text{C} = \frac{3}{5} \frac{1}{4\pi\varepsilon_0} \frac{Z^2 e^2}{R}. \tag{14.44}$$

每核子库仑能与质子数 Z 和分布区域 R 以及分布方式有关.

(2) 核力有排斥心. 原子核的核子数密度 n_0 约为常数 $0.14 \, \text{fm}^{-3}$,原子核体积近似与核子数 A 成正比,

$$V = \frac{4\pi}{3} R^3 = \frac{4\pi}{3} r_0^3 A. \tag{14.45}$$

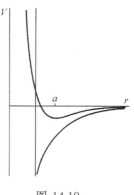

图 14.10

这表明核力有一平衡距离 a,当核子间距 $r > a$ 时为引力,使核子结合成原子核;当 $r < a$ 时为斥力,使原子核密度保持一定. 核力的这种性质与分子间的范德瓦耳斯力相似,如图 14.10 所示. 粗略地估计,

$$a = \left(\frac{4\pi}{3} r_0^3\right)^{1/3} = \left(\frac{4\pi}{3}\right)^{1/3} r_0 \approx 2 \, \text{fm},$$

这就是上节分析中对力程所取的值. 更细致的研究表明,$r < 0.6 \, \text{fm}$ 时核力为极强的排斥作用, $0.6 \, \text{fm} < r < 2 \, \text{fm}$ 时核力为吸引作用, $r > 2 \, \text{fm}$ 时核力基本消失. $0.6 \, \text{fm}$ 以内的区域称为核力的 排斥心.

(3) 核力是强相互作用. 对氘核的分析表明,在力程 $a = 2 \, \text{fm}$ 时核力的势阱深度 $V_0 = 36.6 \, \text{MeV}$,而同样距离时质子间静电势能

$$V_\text{C} = \frac{1}{4\pi\varepsilon_0} \frac{e^2}{a} = \frac{1.44 \, \text{MeV} \cdot \text{fm}}{2 \, \text{fm}} = 0.72 \, \text{MeV}.$$

两者的比值

$$\frac{V_0}{V_\text{C}} = \frac{36.6}{0.72} \approx 50.$$

更细致的研究表明,核相互作用比电磁相互作用约大 2—3 个数量级.

(4) 核力有电荷无关性. 把一个原子核的质子数与中子数互换,所得的核称为它的 镜像核. 例如 ^7_4Be 与 ^7_3Li 是互为镜像核, $^{11}_6\text{C}$ 与 $^{11}_5\text{B}$ 是互为镜像核. 扣除

由于质子数不同而引起的库仑能差异以后可以发现，镜像核结合能中核力的贡献是相同的. 不仅是在基态，在镜像核的激发态能级之间也存在这种相似性. 下面是 $^{11}_{6}\text{C}$ 与 $^{11}_{5}\text{B}$ 的前三个激发态能级的测量值：

$$^{11}_{6}\text{C}: \quad 2.00, \quad 4.31, \quad 4.79\,\text{MeV},$$
$$^{11}_{5}\text{B}: \quad 2.12, \quad 4.44, \quad 5.02\,\text{MeV}.$$

对 p-p, p-n 和 n-n 散射的仔细分析也表明，扣除核子之间的电磁相互作用以后，在其它条件相同时， p-p, p-n 和 n-n 间的核相互作用近似相同，与核子所带电荷无关. 这称为核力的 电荷无关性.

(5) 核力有自旋相关性. 对氘核的分析已经表明，两核子自旋平行时的相互作用与自旋反平行时的不同，核力与核子的自旋相关.

(6) 核力有少量非中心力的成分. 对氘核的分析已经表明，核力主要是中心力，但含有少量非中心力.

(7) 核力有少量多体力的成分. 有实验证据表明，两个核子间的相互作用在一定程度上还与它们周围第三、第四甚至更多其它核子的存在有关. 我们把这种情况称之为 三体力、四体力 或 多体力. 相反，若两个核子间的相互作用只与这两个核子有关，而与是否存在其它核子无关，则把这种相互作用称为 两体力. 核力主要是两体力，但含有少量多体力的成分. 这间接地表明核子是有结构的，核力与核子结构有关，其它核子的存在会引起相互作用核子的结构发生微小的改变.

从核力包含少量非中心力和多体力这两点来看，它不大像基本相互作用，倒更像是某种基本相互作用组合的结果. 它暗示核子具有内部结构，它的组成成分之间的相互作用才是基本的. 这就像分子之间的相互作用不是基本相互作用，而是组成它的电子和原子核之间电磁相互作用的结果.

从核子结构的夸克模型来看，核力是组成核子的夸克之间强相互作用的结果. 把这种模型的想法实现为系统可行的理论，是核物理学家们正在追求的目标. 而从实用的角度来看，唯象地把核力描述为核子之间的强相互作用，仍是现实可行的选择. 这样确定的 "真实核力" 公式可以写满一两页纸. 在这种意义上的核物理学，完全建立在各种唯象模型的基础上，它已逐渐从基本的物理学分离出来，成为一门独立的物理学分支.

b. 核力的介子理论

唯象地看，核子之间的强相互作用，可以描述为它们之间交换某种虚介子的结果，就像荷电粒子之间的电磁相互作用，是它们之间交换虚光子的结果一样. 这种过程可以形象地用时空中的费曼图来描述, 如图 14.11 所示. 在这个模型的基础上建立的理论, 称为 核力的介子理论.

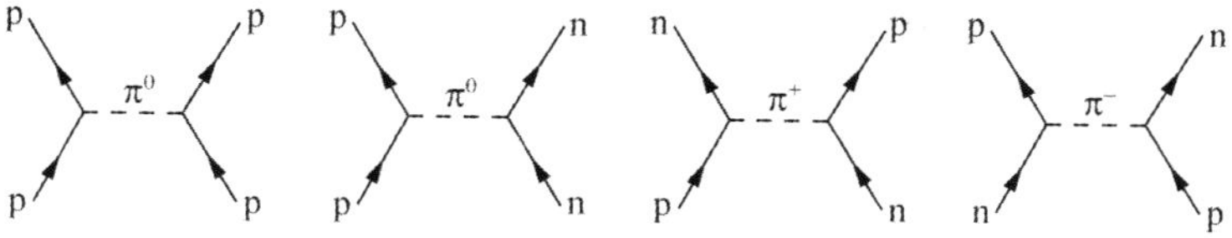

图 14.11

如果不对核子放出介子的过程进行观测, 这个过程就是 虚过程, 这个介子称为 虚介子. 设这个虚介子在 Δt 的时间内传播到距离 Δx 处被另一核子吸收, 这就相当于是对第一个核子的一次测量. 第一个核子的能量测不准 ΔE 和动量测不准 Δp 应分别满足测不准关系

$$\Delta E \Delta t \sim \hbar, \qquad \Delta p \Delta x \sim \hbar.$$

另一方面, 这就是两核子间通过交换虚介子发生相互作用的过程, 可以估计 Δx 约为力程 a, ΔE 约为传递的介子能量,

$$\Delta x \sim a, \qquad \Delta E \sim mc^2,$$

其中 m 为介子质量. 介子传播速率用光速估计, 就得

$$a \sim \frac{\hbar}{mc}, \tag{14.46}$$

即力程约等于所传递介子的约化康普顿波长 λ_m,

$$\lambda_m = \frac{\hbar}{mc}. \tag{14.47}$$

介子的波场 φ 满足克莱因 - 戈尔登方程

$$\frac{1}{c^2} \frac{\partial^2 \varphi}{\partial t^2} = \nabla^2 \varphi - \left(\frac{mc}{\hbar}\right)^2 \varphi, \tag{14.48}$$

当 $m = 0$ 时它简化为光子波场的麦克斯韦方程

$$\frac{1}{c^2} \frac{\partial^2 \varphi}{\partial t^2} = \nabla^2 \varphi. \tag{14.49}$$

对于静态球对称情形, $\varphi = \varphi(r)$,

$$\nabla^2 \varphi = \frac{1}{r^2} \frac{\mathrm{d}}{\mathrm{d}r} \left(r^2 \frac{\mathrm{d}\varphi}{\mathrm{d}r}\right), \tag{14.50}$$

光子波场具有解

$$\varphi = \frac{1}{4\pi\varepsilon_0} \frac{e}{r}, \qquad r > 0, \tag{14.51}$$

描述库仑相互作用的长程力. 类似地, 这时介子波场具有解

$$\varphi = -\frac{g}{4\pi}\frac{\mathrm{e}^{-r/\lambda_m}}{r}, \qquad r > 0, \tag{14.52}$$

描述核子之间强相互作用的短程力, 力程 λ_m, 相互作用强度 g. 这个相互作用势称为 汤川势, 其中常数 g 与库仑相互作用势中的电荷 e 相对应, 所以又称为 强相互作用荷. 与静电库仑能类似地, 核子间交换虚介子的相互作用势能可以写成

$$V(r) = -\frac{g^2}{4\pi}\frac{\mathrm{e}^{-r/\lambda_m}}{r}. \tag{14.53}$$

汤川秀树 (Yukawa) 1935 年提出上述理论时, 还没有发现介子. 他用 $a \sim \hbar/mc$ 估计, 取 $a = 2\,\mathrm{fm}$, 预言核力介子的质量为

$$mc^2 \sim \frac{\hbar c}{a} = \frac{197.3\,\mathrm{MeV \cdot fm}}{2\,\mathrm{fm}} \approx 100\,\mathrm{MeV}.$$

到 1947 年鲍威尔 (C.F. Powell) 在宇宙射线引起的高能核子 - 核子碰撞中发现 π 介子, 质量约为 $140\,\mathrm{MeV}/c^2$, 与汤川秀树的这个估计相近, 才第一次找到了传递核力的介子.

π 介子有三种, 它们的电荷分别为 ± 1 和 0, 质量分别为 $m_{\pi\pm} = 139.6\,\mathrm{MeV}/c^2$ 和 $m_{\pi^0} = 135.0\,\mathrm{MeV}/c^2$, 相应的约化康普顿波长分别为 $1.41\,\mathrm{fm}$ 和 $1.46\,\mathrm{fm}$, 是在核力介子理论中传递核力的基本单元. 它们的自旋都为 0, 是玻色子 (见表 1.2).

汤川秀树的理论只考虑在核子间交换 1 个 π 介子的情形, 而实验上发现, 还需要考虑在核子间交换两个甚至更多 π 介子的情形, 以及考虑交换 π 介子以外的其它玻色子的情形, 并且在理论中引入了尚未发现的 σ 介子. 理论做得越来越复杂, 这也表明核力不是基本的相互作用.

14.6 原子核结构模型

原子核结构的模型大体上可分为宏观模型和微观模型两类, 它们分别着重描述原子核的不同性质.

a. 液滴模型

最早也最基本的宏观模型是液滴模型. 核力类似于分子间的范德瓦耳斯力, 具有饱和性和平衡距离 a, 在 $r < a$ 时有很强的排斥心, 而在 $r > a$ 时是很快衰减的吸引力. 这使得由大量核子构成的体系具有凝聚态物质的特征, 而原子核则是这种核物质的液滴.

液态核物质的基本特征是: 粒子数密度均匀分布, 结合能 (相当于气化热) 与总粒子数成正比, 亦即与总质量成正比. 所以, 原子核结合能的主要贡献来自

与总粒子数成正比的 体积能

$$E_{\rm V} = a_{\rm V} A. \tag{14.54}$$

由于核半径正比于 $A^{1/3}$, 这一项与原子核体积成正比, $a_{\rm V}$ 称为 体积能系数.

其次, 在原子核表面的核子所受周围核子核力的和不为 0, 表现为把它们拉向核内的表面张力, 对原子核结合能贡献一项 表面能

$$E_{\rm S} = -a_{\rm S} A^{2/3} B_{\rm S}. \tag{14.55}$$

由于核半径正比于 $A^{1/3}$, 这一项与原子核表面积成正比. $a_{\rm S}$ 称为 表面能系数. $B_{\rm S}$ 与原子核形状有关, 球形核 $B_{\rm S} = 1$.

再次, 由于质子间的库仑排斥, 对原子核的结合能还贡献一项 库仑能

$$E_{\rm C} = -a_{\rm C} \frac{Z^2}{A^{1/3}} B_{\rm C}. \tag{14.56}$$

这一项正比于核电荷的平方, 反比于原子核半径. $a_{\rm C}$ 称为 库仑能系数, 对于电荷均匀分布的球形核有

$$a_{\rm C} = \frac{3}{5} \frac{e^2}{4\pi\varepsilon_0 r_0}. \tag{14.57}$$

$B_{\rm C}$ 与原子核形状有关, 球形核 $B_{\rm C} = 1$.

把以上三项相加, 得原子核结合能

$$B(Z, A) = a_{\rm V} A - a_{\rm S} A^{2/3} B_{\rm S} - a_{\rm C} \frac{Z^2}{A^{1/3}} B_{\rm C}, \tag{14.58}$$

这就是液滴模型的基本公式, 是魏扎克 (Von Weiszäcker) 1935 年首先提出来的. 体积能系数 $a_{\rm V}$ 和表面能系数 $a_{\rm S}$ 一般还依赖于原子核的 中子过剩度

$$I = \frac{N - Z}{A}. \tag{14.59}$$

当 $I = 0$ 时, $N = Z$, 原子核的质子数和中子数对称, 所以 I 又称为原子核的 不对称度. 通常写成

$$a_{\rm V} = a_1 (1 - \kappa_{\rm V} I^2), \tag{14.60}$$

$$a_{\rm S} = a_2 (1 + \kappa_{\rm S} I^2), \tag{14.61}$$

其中 a_1 和 a_2 分别是对称核的体积能和表面能系数, $\kappa_{\rm V}$ 和 $\kappa_{\rm S}$ 是与不对称度相关的相应系数, 而乘积

$$J = a_1 \kappa_{\rm V} \tag{14.62}$$

又称为 对称能系数.

再考虑关于原子核的其它经验规律, 还可以在结合能中加进一些修正项. 例如, 实验发现, 对于 Z 和 N 都为偶数的 偶偶核, 结合能略高于 Z 和 N 都为奇数的 奇奇核, 而 Z 和 N 一偶一奇的 奇 A 核 则介于它们之间. 于是在结合能

中还可以加上一项 奇偶能

$$E_P = a_P \delta A^{-1/2}, \tag{14.63}$$

其中 a_P 称为 奇偶能系数, 而

$$\delta = \begin{cases} 1, & \text{对偶偶核}, \\ 0, & \text{对奇 } A \text{ 核}, \\ -1, & \text{对奇奇核}. \end{cases} \tag{14.64}$$

加上奇偶能修正以后的结合能公式为

$$B(Z, A) = a_1(1 - \kappa_V I^2)A - a_2(1 + \kappa_S I^2)A^{2/3}B_S - a_C \frac{Z^2}{A^{1/3}}B_C + a_P \delta A^{-1/2}. \tag{14.65}$$

把它代入 (14.27) 式, 就得到液滴模型计算原子核质量的 魏扎克公式

$$m(Z, A)c^2 = Zm_p c^2 + (A - Z)m_n c^2 - B(Z, A). \tag{14.66}$$

这是一个半经验公式, 其中的参数由原子核质量及其它观测量定出[1]:

$$a_1 = 15.6\,\text{MeV}, \qquad \kappa_V = 1.50,$$
$$a_2 = 17.2\,\text{MeV}, \qquad \kappa_S = 0,$$
$$a_C = 0.70\,\text{MeV}, \qquad a_P = 12\,\text{MeV}.$$

例 可以从液滴模型推导 β 稳定线的公式 (14.31). 考虑球形核, 并略去表面能中含不对称度的项 κ_S 和奇偶能项 a_P, 就有

$$m(Z, A)c^2 = Zm_p c^2 + (A - Z)m_n c^2 - a_1(1 - \kappa_V I^2)A + a_2 A^{2/3} + a_C \frac{Z^2}{A^{1/3}}.$$

对于 β 稳定线, 有 $\mathrm{d}m(Z, A)/\mathrm{d}Z = 0$, 即

$$(m_p - m_n)c^2 - 4a_1\kappa_V I + 2a_C \frac{Z}{A^{1/3}} = 0.$$

由此可以解出

$$Z = \frac{[4a_1\kappa_V + (m_n - m_p)c^2]A}{8a_1\kappa_V + 2a_C A^{2/3}}.$$

代入数值, 并注意实验测得的是原子质量, 略去原子体系的结合能, 在上式中把 m_p 换成 $m_p + m_e$ 或 m_H, 即得 (14.31) 式.

b. 费米气体模型

韦斯科夫 (V. Weisskopf) 提出的 费米气体模型 是原子核最简单的微观模型. 与金属自由电子气体模型一样, 假设原子核内每个核子所受其它核子的作用可用一平均势场来代表, 并把此势场简化为球形方势阱, 则可类似地写出质

---

[1] Philip J. Siemens and Aksel S. Jensen, *Elements of Nuclei*, Addison-Wesley, Redwood City, CA. 1987.

子和中子气体的费米能

$$E_{\mathrm{Fp}} = \frac{(2\pi\hbar)^2}{2m_{\mathrm{p}}}\left(\frac{3}{8\pi}\,n_{\mathrm{p}}\right)^{2/3}, \tag{14.67}$$

$$E_{\mathrm{Fn}} = \frac{(2\pi\hbar)^2}{2m_{\mathrm{n}}}\left(\frac{3}{8\pi}\,n_{\mathrm{n}}\right)^{2/3}, \tag{14.68}$$

其中

$$n_{\mathrm{p}} = \frac{Z}{4\pi R_{\mathrm{p}}^3/3}, \qquad n_{\mathrm{n}} = \frac{N}{4\pi R_{\mathrm{n}}^3/3}. \tag{14.69}$$

一般地, 质子和中子分布半径 R_{p} 和 R_{n} 不相等. 由于质子间有库仑相互作用, 质子与中子的势阱深度 V_{p} 与 V_{n} 也不同. 作为粗略的估计, 取 $Z = N$, $R_{\mathrm{p}} = R_{\mathrm{n}}$, 和 $m_{\mathrm{p}} = m_{\mathrm{n}} = m$, 有 $n_{\mathrm{p}} = n_{\mathrm{n}} = n_0/2$ 和

$$E_{\mathrm{F}} = E_{\mathrm{Fp}} = E_{\mathrm{Fn}} = \frac{(2\pi\hbar)^2}{2m}\left(\frac{3}{16\pi}\,n_0\right)^{2/3} = 34\,\mathrm{MeV}.$$

势阱深度应等于费米能级加上最后一个粒子的结合能. 这个结合能对质子和中子都约为 $8\,\mathrm{MeV}$, 于是可估计出

$$V_{\mathrm{p}} \approx V_{\mathrm{n}} \approx (34 + 8)\,\mathrm{MeV} = 42\,\mathrm{MeV}.$$

由于自由费米气体粒子的平均动能为费米能量的 $3/5$, 所以原子核内核子的总动能为

$$E_{\mathrm{k}} = Z\cdot\frac{3}{5}E_{\mathrm{Fp}} + N\cdot\frac{3}{5}E_{\mathrm{Fn}}. \tag{14.70}$$

略去 m_{p} 与 m_{n} 的差别, 并设 $R_{\mathrm{p}} = R_{\mathrm{n}} = R$, 则有

$$\begin{aligned}
E_{\mathrm{k}}(Z, A) &= \frac{3}{5}\frac{(2\pi\hbar)^2}{2m}\left(\frac{3}{8\pi}\,n_0\right)^{2/3}\left[Z\left(\frac{Z}{A}\right)^{2/3} + N\left(\frac{N}{A}\right)^{2/3}\right] \\
&= \frac{3}{5}(2)^{2/3}E_{\mathrm{F}}\cdot\frac{1}{A^{2/3}}(Z^{5/3} + N^{5/3}),
\end{aligned}$$

其中 E_{F} 是对称核 $Z = N$ 时的费米能. 从上式不难证明, 当 A 一定时, 对称核 $Z = N$ 的总动能最低, 而偏离对称核时, 若 $I^2 \ll 1$, 总动能的增加正比于 I^2,

$$\Delta E_{\mathrm{k}} = E_{\mathrm{k}}(Z, A) - E_{\mathrm{k}}(A/2, A) \approx JI^2A,$$

其中

$$J = \frac{1}{3}E_{\mathrm{F}} = \frac{1}{3}\times 34\,\mathrm{MeV} \approx 11\,\mathrm{MeV},$$

就是核子动能对对称能系数的贡献. 它只有由实验定出的 $23.4\,\mathrm{MeV}$ 的一半, 这是由于近似 $V_{\mathrm{p}} \approx V_{\mathrm{n}}$, 没有计及质子与中子势能的差别.

c. 壳模型

费米气体模型是高能核反应中经常采用的原子核模型, 而在低能核物理问题中最基本的微观模型则是原子核的 壳模型. 提出壳模型的实验基础, 是原子核

的奇偶效应和幻数.

前面在液滴模型的讨论中已经指出, 偶偶核比奇 A 核和奇奇核结合得更紧密, 见表 14.3. 偶偶核最稳定, 核自旋是 0; 奇 A 核次稳定, 核自旋是半奇数; 奇奇核不稳定, 核自旋是奇数 1 或 3. 这意味着原子核的质子和中子分别在单粒子能级上填充, 与原子中的电子类似, 每一能级可填两个自旋相反的粒子. 偶偶核最低能级都填满了, 所以最稳定. 奇 A 核有一个质子或中子能级未填满, 而奇奇核的质子和中子能级均未填满.

表 14.3

Z-N	稳定核数	核自旋
偶偶	155	0
偶奇	53	$\frac{1}{2}, \frac{3}{2}, \frac{5}{2}, \frac{7}{2}, \cdots$
奇偶	50	$\frac{1}{2}, \frac{3}{2}, \frac{5}{2}, \frac{7}{2}, \cdots$
奇奇	4	$1, 3$

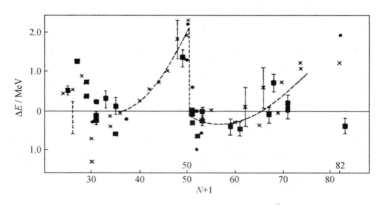

图 14.12 (依据 J.A. Harvey, *Phys. Rev.*, **81** (1951) 353.)

再来看原子核的中子分离能 B_n. 对于 $(Z, A+1)$ 核, 它可由下式算出:

$$B_\mathrm{n} = [m(Z, A)c^2 + m_\mathrm{n}c^2] - m(Z, A+1)c^2. \tag{14.71}$$

图 14.12 的纵坐标是实验测量的中子分离能与上式算得的值之差, 横坐标是中子数加 1, $N+1$. 实验表明, 当

$$N = 2, 8, 20, 28, 50, 82, 126$$

时偏离最大. 这些数值称为 中子幻数. 类似地有 质子幻数

$$Z = 2, 8, 20, 28, 50, 82.$$

理论上曾期待在 $Z = 114$ 和 126 附近存在超重的稳定核素, 形成核素图中的 稳定岛 (island of stability). 迄今在该区域已制成几个 $Z = 116$ 的核, 而 $Z = 113$ 和 115 的尚未发现.

除了中子分离能与质子分离能以外, 原子核的其它一些性质, 如核素的丰度, α 和 β 衰变能量等, 也都表明 Z 或 N 取幻数的 幻核 最稳定, 而它们都取幻数的 双幻核 尤其稳定, 如 ^{16}O, ^{40}Ca, ^{208}Pb 等. 幻数的存在, 最直接地表明原子核中质子和中子的单粒子能级存在壳层结构, 像原子中电子的壳层结构一样.

是什么机制使得核子的单粒子能级具有壳层结构, 而且满壳的粒子数正好是上述中子和质子幻数？ 1949 年梅耶夫人 (Maria G. Mayer) 和詹森 (J.H.D. Jensen) 提出原子核的壳模型, 解决了幻数之谜. 壳模型的基本出发点有两条: 1. 质子和中子分别在其它核子所产生的平均势场中运动； 2. 它们还受到非常强的反向自旋 - 轨道耦合作用. 在平均势场中运动的单粒子能级虽然存在壳层结构, 但梅耶和詹森发现, 为了使壳层的填充数刚好等于幻数, 强的反向自旋 - 轨道耦合作用是关键.

图 14.13 是壳模型算出的单粒子能级[①]. 每一条单粒子能级由 n, l, j 三个量子数标记, 其中轨道量子数 l 仍用小写字母 s, p, d, f, g, $\cdots$ 表示,

$$l = \quad 0, \quad 1, \quad 2, \quad 3, \quad 4, \quad \cdots,$$
$$\text{记号} \quad \text{s}, \quad \text{p}, \quad \text{d}, \quad \text{f}, \quad \text{g}, \quad \cdots.$$

写在能级右边的是总角动量量子数 j, 它只有两个取值

$$j = l + \frac{1}{2}, \quad l - \frac{1}{2}.$$

例如, 氢核只有 1 个质子, 在 $1s_{1/2}$ 态. 氘核有 1 个质子 1 个中子, 在各自的 $1s_{1/2}$ 态, 总自旋只能取 1 或 0, 而实验表明 $j = 1$. ^{4}He 有 2 个质子 2 个中子, 填满各自的 $1s_{1/2}$ 态, 总自旋 $J = 0$.

---

① P.F.A. Klinkenber, *Rev. Mod. Phys.*, **24** (1952) 63.

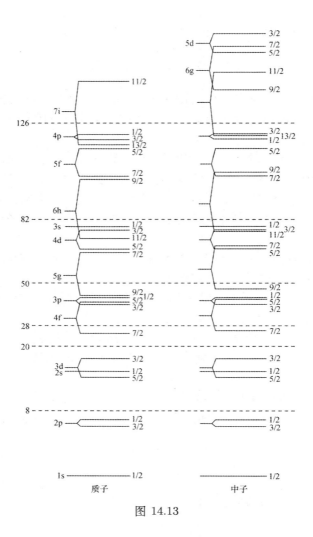

图 14.13

14.7 原子核衰变

a. α 衰变

在 α 衰变中，较重的不稳定母核 $_Z^A\mathrm{X}$ 通过发射 α 粒子 $_2^4\mathrm{He}$ 衰变成较轻的子核 $_{Z-2}^{A-4}\mathrm{X}'$，

$$_Z^A\mathrm{X} \longrightarrow {}_{Z-2}^{A-4}\mathrm{X}' + {}_2^4\mathrm{He}. \tag{14.72}$$

衰变的 Q 值

$$Q = (m_X - m_{X'} - m_\alpha)c^2 \tag{14.73}$$

应等于衰变产物的动能,

$$Q = E_{X'} + E_\alpha. \tag{14.74}$$

与结合能 B 的计算一样, 在计算 Q 值时, 可用与核 X, X′ 和 He 相应的原子的质量. 在核 X 静止的参考系中, X′ 核与 α 粒子的动量相等,

$$p_\alpha = p_{X'}. \tag{14.75}$$

由于 $E = p^2/2m$, 可以联立 (14.74) 与 (14.75) 式, 消去 X′ 核的项, 得

$$E_\alpha = \frac{p^2}{2m_\alpha} \approx \frac{A-4}{A} Q. \tag{14.76}$$

在放射性衰变中, 核 X 的数目 N 随时间衰减的规律是

$$\frac{\mathrm{d}N}{\mathrm{d}t} = -\lambda N, \tag{14.77}$$

或等价的

$$N = N_0 \mathrm{e}^{-\lambda t}, \tag{14.78}$$

其中 λ 称为 衰变常数. 核数衰减到原来的一半所经过的时间称为 半衰期, 记为 $t_{1/2}$. 由 $t = t_{1/2}$ 时 $N = N_0/2$, 可以从上式求出半衰期与衰变常数的关系:

$$\frac{1}{2} N_0 = N_0 \mathrm{e}^{-\lambda t_{1/2}},$$

$$t_{1/2} = \frac{1}{\lambda} \ln 2 = \frac{0.693}{\lambda}. \tag{14.79}$$

表 14.4 给出了某些核素 α 衰变的动能 E_α 、半衰期 $t_{1/2}$ 和衰变常数 λ.

表 14.4 某些 α 衰变的参数

同位素	E_α/MeV	$t_{1/2}$	λ/s^{-1}
^{232}Th	4.01	1.4×10^{10}a	1.6×10^{-18}
^{238}U	4.19	4.5×10^9a	4.9×10^{-18}
^{230}Th	4.69	8.0×10^4a	2.8×10^{-13}
^{238}Pu	5.50	88a	2.5×10^{-10}
^{230}U	5.89	20.8d	3.9×10^{-7}
^{220}Rn	6.29	56s	1.2×10^{-2}
^{222}Ac	7.01	5s	0.14
^{216}Rn	8.05	45μs	1.5×10^4
^{212}Po	8.78	0.30μs	2.3×10^6

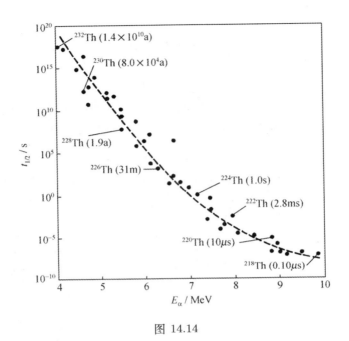

图 14.14

图 14.14 是某些钍同位素的 α 衰变半衰期与 α 粒子动能的关系. 这可以用隧道效应来解释. 原子核内的 2 个质子和 2 个中子有时结合成 1 个 α 粒子, 有时又散开成 4 个核子. 这样形成的 α 粒子具有一定动能 E_α, 可以通过隧道效应穿过核力和库仑力形成的势垒 V_b 而跑到核外, 如图 14.15.

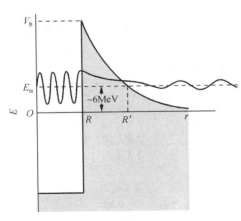

图 14.15

图 14.15 中 V_b 为势垒高度, 由 α 粒子与子核 X′ 间的库仑静电势和母核 X 的半径 R 共同决定. 近似取

$$V_b = \frac{1}{4\pi\varepsilon_0} \frac{2(Z-2)e^2}{R},$$

可估计出 V_b 约为 30—40 MeV. E_α 是 α 粒子的动能, 由它可以定出图中的 R',

$$R' = \frac{1}{4\pi\varepsilon_0} \frac{2(Z-2)e^2}{E_\alpha}.$$

运用隧道效应的透射系数公式 (7.92) 时, 作为粗略的估计, 取 $V - E = (V_b - E_\alpha)/2, a = (R' - R)/2$, 有

$$T \sim e^{-\kappa(R'-R)},$$

$$\kappa = \frac{\sqrt{2m_\alpha(V_b - E_\alpha)/2}}{\hbar}$$

$$= \frac{\sqrt{m_\alpha(V_b - E_\alpha)}}{\hbar}.$$

乘以 α 粒子在核内每秒碰撞垒壁的次数

$$\frac{v}{2R} = \sqrt{\frac{E_\alpha}{2m_\alpha}} \cdot \frac{1}{R} \sim 10^{22}\mathrm{s}^{-1},$$

就有

$$\lambda = \sqrt{\frac{E_\alpha}{2m_\alpha}} \cdot \frac{1}{R} e^{-\kappa(R'-R)} \sim 10^5\text{---}10^{-21}\mathrm{s}^{-1}, \tag{14.80}$$

与实验观测的量级相符.

b. β 衰变

原子核的 β 衰变 (14.32) 式是由于原子核内中子的 β 衰变

$$\mathrm{n} \longrightarrow \mathrm{p} + \mathrm{e}^- + \overline{\nu}_\mathrm{e}, \tag{14.81}$$

而原子核的 β^+ 衰变 (14.33) 式则是由于原子核内质子发射正电子的过程

$$\mathrm{p} \longrightarrow \mathrm{n} + \mathrm{e}^+ + \nu_\mathrm{e}. \tag{14.82}$$

由于产生 3 个粒子, 运动学的分析相当麻烦.

在历史上, 原子核的 β 衰变曾带来很大困难. β 衰变的 Q 值可以写成

$$Q = [m(Z, A) - m(Z + 1, A)]c^2, \tag{14.83}$$

其中 $m(Z, A)$ 和 $m(Z + 1, A)$ 用原子质量, β 电子质量则包含在 $m(Z + 1, A)$ 之中. 当时还不知道电子性反中微子 $\overline{\nu}_\mathrm{e}$, 这个 Q 值就应是电子的动能 E. 可是实验上发现电子动能并非常数, 而有一分布, 如图 14.16(a), 谱的上限才等于上述 Q 值,

$$E_{\max} = Q. \tag{14.84}$$

丢失的能量哪里去了? 这是第一个困难. 子核 X′ 与母核 X 的核子数相同, 它们的自旋只能相差 0 或整数, 而电子自旋是 1/2, 如果衰变产物只有子核 X′ 和电子 e⁻, 角动量不可能守恒. 这是第二个困难. 1930 年泡利提出在产物中有第三个粒子 $\overline{\nu}_\mathrm{e}$, 质量为 0, 自旋为 1/2, 才解决了上述困难.

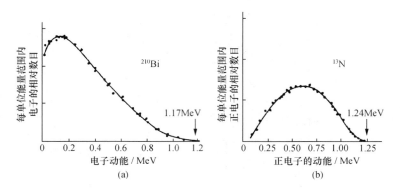

图 14.16

由于中微子质量为 0, 原子核 β^+ 衰变的 Q 值可以写成

$$Q = [m(Z, A) - m(Z - 1, A) - 2m_e]c^2, \tag{14.85}$$

其中 $m(Z, A)$ 和 $m(Z - 1, A)$ 都用原子质量, 这时在 $m(Z - 1, A)$ 中少算了一个电子, 故应多减一个 m_e. 正电子能谱上限 $E_{\max}$ 应等于上述 Q 值.

与原子核 β^+ 衰变过程相竞争的, 还有原子内层电子被原子核俘获的过程

$$_Z^A X + e^- \longrightarrow _{Z-1}^A X' + \nu_e, \tag{14.86}$$

它相应于质子俘获电子的过程

$$p + e^- \longrightarrow n + \nu_e. \tag{14.87}$$

计算原子核俘获电子过程的 Q 值公式是

$$Q = [m(Z, A) - m(Z - 1, A)]c^2, \tag{14.88}$$

其中 $m(Z, A)$ 和 $m(Z - 1, A)$ 也是用原子质量. 表 14.5 给出了某些 β 过程的 Q 值和半衰期, EC 是电子俘获的英文缩写.

表 14.5　一些典型的 β 过程

β 过程	类型	Q/MeV	$t_{1/2}$
$^{19}O \rightarrow ^{19}F + e^- + \overline{\nu}$	β^-	4.82	27 s
$^{176}Lu \rightarrow ^{176}Hf + e^- + \overline{\nu}$	β^-	1.19	3.6×10^{10} a
$^{25}Al \rightarrow ^{25}Mg + e^+ + \nu$	β^+	3.26	7.2 s
$^{124}I \rightarrow ^{124}Te + e^+ + \nu$	β^+	2.14	4.2 d
$^{15}O + e^- \rightarrow ^{15}N + \nu$	EC	2.75	122 s
$^{170}Tm + e^- \rightarrow ^{170}Er + \nu$	EC	0.31	129 d

与原子核的三种 β 过程相应的三个基本过程 (14.81)、 (14.82) 和 (14.87)

中, 只有中子 β 衰变的 Q 值是正的,

$$Q = [m_n - m_p - m_e]c^2$$
$$= (939.565\,36 - 938.272\,03 - 0.511\,00)\,\text{MeV}$$
$$= 0.782\,33\,\text{MeV},$$

所以自由中子不稳定, 平均寿命 885.7 s. 另外两个过程的 Q 值都是负的, 只有在一定环境和条件下才能发生. 特别是, 自由质子是稳定的, 不可能自发地发射正电子而衰变成中子. 只有在原子核内的质子, 才能从周围的核子获得能量而发射正电子. 当然, 这还只是从能量守恒来判断, 至于发生这种过程的微观机制是什么, 与核子的结构有什么关系, 则是粒子物理研究的问题.

c. γ 跃迁

α 或 β 衰变后的末态核往往处于激发态, 经过发射 γ 光子退激到基态, 这就是原子核的 γ 跃迁过程. 若原子核因发射 γ 光子而反冲的动能可以忽略, 则 γ 光子能量就等于原子核相应两能级之差, 约在 100 keV 到几个 MeV 之间. 图 14.17 是 ^{198}Au 经 β$^-$ 衰变到 ^{198}Hg 的激发态, 再发射 γ 光子退激到 ^{198}Hg 的基态.

原子核激发态的半衰期约在 10^{-9}—10^{-12} s 之间, 精确的值依赖于原子核结构的细节. 有的激发态受选择定则或其它因素限制, 半衰期长达几小时甚至几天, 这种态称为原子核的 同质异能态 或 同质异能素. 与原子物理的情形类似, 测量原子核发射或吸收的 γ 光子能量, 就可以确定原子核的激发能级.

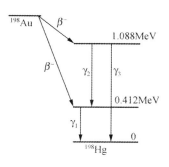

图 14.17

在 α 或 β 衰变过程中如果有 γ 射线发射, 则算得的 Q 值中有一部分被 γ 光子带走.

14.8 核 物 质

大量核子在核力作用下形成的均匀系称为 核物质. 核物质的每核子结合能 ε 一般是温度 T、核子数密度 n 和 不对称度 δ 的函数,

$$\varepsilon = \varepsilon(T, n, \delta), \tag{14.89}$$

其中 δ 又称为核物质的 中子过剩度, 定义为

$$\delta = \frac{n_n - n_p}{n}, \tag{14.90}$$

n_{p} 和 n_{n} 分别是质子与中子数密度, 有

$$n = n_{\mathrm{p}} + n_{\mathrm{n}}. \tag{14.91}$$

类似地, 核物质的每核子熵 s 也是 T, n, δ 的函数,

$$s = s(T, n, \delta). \tag{14.92}$$

根据热力学第二定律, 从以上各式可以求出核物质压强 P 作为 T, n, δ 的函数,

$$P = n^2 \Big(\frac{\partial \varepsilon}{\partial n}\Big)_s. \tag{14.93}$$

在热力学中把 $P = P(T, n, \delta)$ 称为 物态方程, 而在核物理中习惯上把 $\varepsilon = \varepsilon(T, n, \delta)$ 称为物态方程.

我们现在对核物质物态方程的了解还不多. 对 $T = 0$ 的基态核物质, 物态方程

$$\varepsilon_0(n, \delta) = \varepsilon(0, n, \delta). \tag{14.94}$$

根据原子核的液滴模型, 从原子核质量及其它一些原子核的观测量, 可以推得基态对称核物质有

$$n_0 = \frac{1}{4\pi r_0^3/3} = 0.13\text{—}0.17\,\mathrm{fm}^{-3}, \tag{14.95}$$

$$\varepsilon_0(n_0, 0) = -a_1 \approx -16\,\mathrm{MeV}. \tag{14.96}$$

随着不对称度 δ 的增加, 基态密度 n 逐渐下降, 而基态能量 $\varepsilon_0(n, \delta)$ 逐渐增加.

基态核物质的稳定性要求压强为 0, 压缩系数为正. 这就要求基态物态方程 $\varepsilon_0(n, \delta)$ 在上述稳定点 $n = n_0, \delta = 0$ 为极小,

$$\Big(\frac{\partial \varepsilon_0}{\partial n}\Big)_0 = 0, \qquad \Big(\frac{\partial^2 \varepsilon_0}{\partial n^2}\Big)_0 > 0. \tag{14.97}$$

物态方程的曲线在这点的曲率由核物质的 不可压缩系数 或 抗压系数 K 来确定, K 的定义是

$$K = 9n_0^2 \Big(\frac{\partial^2 \varepsilon_0}{\partial n^2}\Big)_0, \tag{14.98}$$

它正比于核物质的体变模量 B,

$$B = -V \Big(\frac{\partial P}{\partial V}\Big)_0 = \frac{1}{9} n_0 K. \tag{14.99}$$

可以看出, 抗压系数越大, 核物质就越硬.

可以通过原子核单极巨共振能量的测量来测定 K. 原子核 单极巨共振 是原子核的中子部分与质子部分相位相同的胀缩运动. 自上世纪七十年代末发现以来, 从轻核到重核积累了相当的测量数据, 其共振能量 E 有如下规律[1]:

$$E = \frac{E_{\mathrm{G}}}{A^{1/3}}, \qquad E_{\mathrm{G}} \approx 80\,\mathrm{MeV}, \tag{14.100}$$

---

[1] F. Bertrand, *Nucl. Phys.* **A 354** (1981) 129c.

如图 14.18.

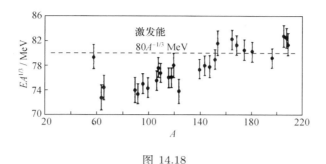

图 14.18

原子核的胀缩运动, 是核物质沿径向的膨胀和收缩, 好像是在呼吸, 所以在此基础上建立的模型叫作 呼吸模型. 沿径向的膨胀和收缩, 会形成核物质沿径向的纵波, 波速为

$$v = \sqrt{\frac{B}{mn_0}} = \frac{c}{3}\sqrt{\frac{K}{mc^2}}. \tag{14.101}$$

由此可得这种振动的能量子为

$$E = \hbar\omega = \frac{2\pi\hbar v}{\lambda} = \frac{2\pi\hbar c}{3\lambda}\sqrt{\frac{K}{mc^2}}, \tag{14.102}$$

λ 为纵波波长. 把上式与经验规律 (14.100) 式联立消去 E, 可解出

$$K = mc^2\left(\frac{3\lambda}{2\pi\hbar c}\frac{E_{\mathrm{G}}}{A^{1/3}}\right)^2. \tag{14.103}$$

作为粗略的估计, 取 $\lambda = 2R = 2r_0 A^{1/3}$, 可以算出

$$K = mc^2\left(\frac{6r_0 E_{\mathrm{G}}}{2\pi\hbar c}\right)^2 = \left(\frac{3r_0 E_{\mathrm{G}}}{\pi\hbar c}\right)^2 mc^2 = 203\,\mathrm{MeV}.$$

精确的分析给出 $K = 220 \pm 20\,\mathrm{MeV}$ [1].

考虑到核物质的压缩性, 原子核的密度不是均匀分布的常数, 这样修改过的液滴模型称为 小液滴模型. 根据小液滴模型, 也可以从原子核的测量数据来提取核物质抗压系数 K 的信息. 这种分析给出 $K = 310 \pm 100\,\mathrm{MeV}$ [2]. 此外, 还可以从相对论性重离子碰撞、中子星质量、超新星爆发以及其它一些实验和观测来获得关于 K 的信息. 但是, 目前我们对核物质抗压系数 K 的了解, 尚未达到比较确定的程度.

核物质物态方程更重要的内容, 是 $T \neq 0$ 时的 液气相变 和 相变临界温度. 原子核可以用液滴模型描述, 这表明原子核中的核物质处于液态, 其密度 $n \approx n_0$.

[1] K.C. Chung, C.S. Wang, and A.J. Santiago, *Phys. Rev.*, **C59** (1999) 714.

[2] N.K. Glendenning, Lawrence Berkeley Laboratory Preprint LBL-24249, 1987.

当温度升高时，核物质中动能较高的核子可以摆脱周围核子的束缚而蒸发形成气态核物质. 当密度小于 n_0 时，均匀核物质不稳定，会分裂成小的液滴，或处于液气混合态. 从 n_0 的数值估计，我们知道液态核物质中平均核子间距约为 2 fm，测不准关系给出平均每核子结合能约为 16 MeV. 根据这种估计，核物质液气相变临界温度 T_c 约为十几 MeV. 上世纪八十年代中期在密西根 (Michigan) 州立大学超导加速器上做的一系列相对论性重离子碰撞实验，已观测到核物质液气相变的证据，并测出 $T_c = 12\,\mathrm{MeV}$ [①]. 这也是一个还在研究的问题.

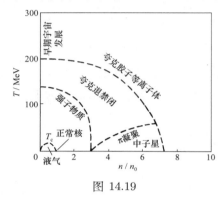

图 14.19

图 14.19 是核物质的相图，它表示了我们目前对核物质的了解和猜测. 横坐标是物质的相对密度 n/n_0，纵坐标是物质的温度 T. 1 MeV 相当于 1.16×10^{10} K, 相关的两个单位是

$$mn_0 = 1.67 \times 10^{-27}\mathrm{kg} \times 0.14/\mathrm{fm}^3$$
$$= 2.4 \times 10^{14}\mathrm{g/cm}^3,$$
$$1\,\mathrm{MeV}/k_B = 1.16 \times 10^{10}\mathrm{K}.$$

这两个坐标的单位都十分巨大，我们日常生活的世界只对应于原点附近一极小区域，而通常的原子核对应于横轴上 $n/n_0 \approx 1$ 附近一极小区域. 左下角的虚线是核物质液气相变曲线，曲线以内的区域是液气混合态，曲线顶点的纵坐标就是液气相变临界温度，高于这个温度就不存在液相核物质.

温度 $T \gtrsim 150\,\mathrm{MeV}$, 密度 $n/n_0 \gtrsim 3$ 的广大区域，核子开始熔化成 夸克胶子等离子体，就进入粒子物理研究的领域.

对这张相图，目前了解得比较清楚的只有原点 (凝聚态物理) 和横轴 $n/n_0 = 1$ 处 (原子核物理), 其余广大区域都还在探索之中. 探索的前沿有三个：夸克退禁闭和夸克 - 胶子等离子体 (极端相对论性重离子碰撞), 核物质的物态方程和液气相变 (相对论性重离子碰撞), 以及致密星体问题.

---

① A.D. Panagiotou *et al.*, *Phys. Rev. Lett.*, **52** (1984) 496.

15 粒 子 物 理

15.1 正反粒子对称性

虽然 1897 年就发现了第一个基本粒子电子, 但可以说, 1932 年安德孙发现正电子, 才是粒子物理学诞生的标志. 这个发现所揭示的正反粒子对称性, 是粒子物理最基本最重要的对称性. 而从这个发现开始, 对称性一直是支配粒子物理学研究的基本观念.

a. 狄拉克理论

狄拉克 1928 年提出的电子的相对论性波动方程, 能量动量满足相对论关系

$$E^2 = p^2 c^2 + m^2 c^4. \tag{15.1}$$

给定动量 $\boldsymbol{p}$, 粒子有正负两个能态,

$$E = \pm\sqrt{p^2 c^2 + m^2 c^4}. \tag{15.2}$$

负能态很奇特, 动量增加时, 能量减小. 在经典物理中可以不要这个解, 而只保留正能解, 因为粒子不能从正能态连续变到负能态, 它们之间隔着能隙 $2mc^2$, 如图 15.1. 在量子物理中必须考虑负能态, 因为粒子可从正能态跃迁到负能态. 这就意味着正能态的电子不稳定. 而且, 负能级没有下限, 电子可以无限制地跃迁下去, 不断放出光子, 这就可以造成一种永动机.

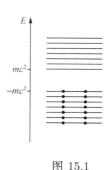

图 15.1

为了克服这个困难, 狄拉克 1930 年提出 空穴理论. 他假设真空态的所有负能级都填满电子, 形成一个 负能电子海. 由于泡利原理, 正能电子不能跃迁进去, 是稳定的. 能量大于能隙的光子,

$$\hbar\omega \geqslant 2mc^2,$$

可以把负能电子激发到正能态, 在负能电子海中产生一个 空穴. 这个空穴相当于负能海中的粒子, 它的能量、动量、电荷、自旋以及其它性质都与原来负能态

的电子相反, 所以是一个质量 m 、电荷 $+e$ 、自旋 $1/2$ 的正能粒子.

空穴理论成功地预言了正电子的存在, 狄拉克因此与薛定谔同获 1933 年诺贝尔物理学奖. 负能电子海又称 狄拉克海, 它至今仍是物理学家使用的概念和图像. 不过空穴理论经不起认真和仔细的推敲. 无穷多个负能电子, 产生的电场强度就是无限大, 这在实验上并没有观测到. 实验只能观测从真空激发出来的电子和正电子, 并不能观测狄拉克海中这无穷多个负能电子. 所以, 我们只能把空穴理论的狄拉克海当作一个有用的物理模型, 帮助我们形象地描述正负电子偶的产生或湮灭过程.

b. 量子场论的描述

相对论能量动量关系所包含的负能解困难, 在量子场论中才真正解决. 由于粒子可以产生和湮灭, 粒子波场的模方就不再是在这个态上测到粒子的概率, 而是在这个态上测到的粒子数目. 把粒子波场当作物理观测量的理论称为 量子场论. 量子场论在对粒子波场这样重新处理时, 把平面波场

$$\psi(\boldsymbol{r}, t) = C e^{i(\boldsymbol{p}\cdot\boldsymbol{r} - Et)/\hbar} \tag{15.3}$$

中的正频解 ($E > 0$) 诠释为描述能量为 E 、动量为 $\boldsymbol{p}$ 的粒子的波, 而把负频解 ($E < 0$) 诠释为描述能量为 $-E$ 、动量为 $-\boldsymbol{p}$ 的另一种粒子逆着原来时空方向传播的波. 这两种粒子的能量都是

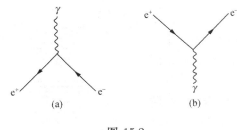

图 15.2

$$|E| = \sqrt{p^2 c^2 + m^2 c^4}, \tag{15.4}$$

所以它们的质量都是 m. 把一种称为粒子, 则另一种就是 反粒子. 在时空费曼图中, 用逆着时间轴传播的线表示反粒子. 图 15.2 中 (a) 表示一对正负电子湮灭成光子 γ, (b) 表示 γ 光子转变成一正负电子对.

根据规范不变性, 写出粒子波场方程的代换规则是

$$\begin{cases} E \to i\hbar\dfrac{\partial}{\partial t} + e\Phi, \\ \boldsymbol{p} \to -i\hbar\nabla + e\boldsymbol{A}, \end{cases} \tag{15.5}$$

可以看出, 逆着原来时空方向传播的反粒子, 与正粒子的电荷相反.

继安德孙发现正电子后, 1955 年张伯莱发现反质子 $\bar{\text{p}}$, 1956 年发现反中子 $\bar{\text{n}}$. 反中子质量和自旋都与中子相同, 但磁矩是正的, 与自旋方向相同. 六十年代前后又相继发现一系列反粒子. 所有粒子都有反粒子. 有些粒子的反粒子就是

它自己, 如光子和 π^0 介子, 这种粒子称为 纯中性粒子 或 马约亚纳 (Majorana) 粒子.

c. 正反粒子变换

作用于粒子态 ψ 上把它变成反粒子态的变换称为 电荷共轭变换 或 正反粒子变换, 简称 C 变换, 记为 $C\psi$. 满足方程

$$C\psi = \lambda\psi \tag{15.6}$$

的态 ψ 称为算符 C 的 本征态, 其中的常数 λ 称为 C 的 本征值. 对于 C 变换的本征态相继进行两次正反粒子变换, 有

$$C^2\psi = C \cdot C\psi = C\lambda\psi = \lambda C\psi = \lambda\lambda\psi = \lambda^2\psi,$$

而对任一粒子态相继进行两次正反粒子变换, 显然都应回到原来的态,

$$C^2\psi = \psi,$$

所以对上述本征态有

$$\lambda^2\psi = \psi,$$

于是

$$\lambda^2 = 1, \qquad \lambda = \pm 1. \tag{15.7}$$

所以, C 的本征值只能是 $+1$ 或 -1, 称为粒子的 电荷宇称 或 C 宇称. 单个纯中性粒子的态, 是 C 宇称本征态. 多粒子体系的态在 C 变换下的性质, 则不仅与组成粒子的变换性质有关, 还与相互作用的变换性质有关.

1961 年 BNL 的 30GeV 质子束实验发现反氘核, 说明 $\bar{\mathrm{p}}$, $\bar{\mathrm{n}}$ 间的相互作用与 p, n 间的相同, 这是强相互作用在 C 变换下不变的一个例子. 实验还证明电磁相互作用在 C 变换下也不变.

C 变换下 $e \to -e$, 若要求代换规则 (15.5) 式不变, 就有

$$C(\varPhi, \boldsymbol{A}) = -(\varPhi, \boldsymbol{A}), \tag{15.8}$$

即光子是纯中性粒子, C 宇称为负. 上式又可记为

$$C|\gamma\rangle = -|\gamma\rangle, \tag{15.9}$$

其中 $|\gamma\rangle$ 表示由 $(\varPhi, \boldsymbol{A})$ 描述的光子的态.

π^0 介子可衰变成两个光子,

$$\pi^0 \longrightarrow \gamma + \gamma'.$$

这是电磁相互作用过程, 应在 C 变换下不变,

$$C|\pi^0\rangle = C(|\gamma\rangle|\gamma'\rangle) = (-|\gamma\rangle)(-|\gamma'\rangle) = |\gamma\rangle|\gamma'\rangle = |\pi^0\rangle, \tag{15.10}$$

所以 π^0 介子也是纯中性粒子, 它的 C 宇称为正. 这又进一步说明 π^0 介子不能衰变成 3 个光子.

15.2 时空对称性

从整体上观察描述粒子运动状态的波场, 其最重要的特征就是各种时空对称性. 标志每种对称性的, 则是在相应对称变换下不变的守恒量.

a. 连续时空变换

首先, 具有 时间平移 对称性的态, 有确定的能量. 可以证明, 这种态的波场可以写成

$$\psi(\boldsymbol{r},t) = \psi_0(\boldsymbol{r})\mathrm{e}^{-\mathrm{i}Et/\hbar}. \tag{15.11}$$

时间坐标作平移 $t \to t - t_0$, 它只改变一常数的相位, 所以描述的状态不变. 也就是说, 在不同时间进行的实验, 结果相同. 相应的守恒量是能量 E.

其次, 具有 空间平移 对称性的态, 有确定的动量. 可以证明, 这种态的波场一般是

$$\psi(\boldsymbol{r},t) = f(t)\,\mathrm{e}^{\mathrm{i}\boldsymbol{p}\cdot\boldsymbol{r}/\hbar}. \tag{15.12}$$

空间坐标作平移 $\boldsymbol{r} \to \boldsymbol{r} - \boldsymbol{r}_0$, 它只改变一常数的相位, 所以描述同一状态. 换句话说, 在不同地点进行实验, 结果一样. 相应的守恒量是粒子动量 $\boldsymbol{p}$.

再次, 具有 空间转动 对称性的态, 有确定的角动量. 可以证明, 绕 z 轴转动对称的波场为

$$\psi(r,\theta,\phi,t) = g(r,\theta,t)\,\mathrm{e}^{\mathrm{i}L_z\phi/\hbar}. \tag{15.13}$$

空间坐标绕 z 轴转 ϕ_0 角, $\phi \to \phi - \phi_0$, 它只改变一常数相位, 所描述的态不变. 也就是说, 把实验布置转一个方向, 结果不变. 相应的守恒量是粒子轨道角动量及其在 z 轴的投影 L_z.

b. 离散时空变换

离散时空变换是指 时间反演 和 空间反射. 时间反演记为 T, 它改变粒子运动方向和体系演变方向. 例如以下两个过程互为时间反演态:

$$\mathrm{D} + {}^{16}\mathrm{O} \longrightarrow \alpha + {}^{14}\mathrm{N}, \qquad \alpha + {}^{14}\mathrm{N} \longrightarrow \mathrm{D} + {}^{16}\mathrm{O}. \tag{15.14}$$

如果上述两个过程对称, 具有时间反演不变性, 则正过程的跃迁振幅应等于逆过程的跃迁振幅. 这就是 10.6 节爱因斯坦辐射理论中已用过的 细致平衡原理, 又称 倒易定理. 梭顿 (S.T. Thornton) 等 1968 年测量这两个反应的微分截面, 发现细致平衡在 0.5% 的误差内成立. 这是强相互作用具有时间反演对称性的一例.

电磁相互作用也有时间反演对称性, 例如下述反应在大约 20% 的实验精度内细致平衡原理成立:

$$n + p \rightleftharpoons D + \gamma. \tag{15.15}$$

空间反射记为 P, 它改变粒子和体系波场的空间坐标符号,

$$P\psi(\boldsymbol{r}, t) = \psi(-\boldsymbol{r}, t). \tag{15.16}$$

这样定义的算符 P 称为 宇称算符, 它的本征值简称为 宇称. 对任一态相继两次空间反射的结果是原来的态,

$$P^2\psi(\boldsymbol{r}, t) = \psi(\boldsymbol{r}, t),$$

所以宇称 P 的本征值为 $+1$ 或 -1. 它们可以写成 $(-1)^l$, 相应于 l 为偶数或奇数, 因而又称为 偶宇称 或 奇宇称, 参见 7.4 节 d.

^{6}Li 的第二激发态 ^{6}Li* 的自旋宇称 $J^P = 0^+$, 它有辐射衰变

$$^6\text{Li}^* \longrightarrow {}^6\text{Li} + \gamma, \tag{15.17}$$

但未观测到裂变

$$^6\text{Li}^* \longrightarrow {}^4\text{He} + \text{D}. \tag{15.18}$$

^{4}He 的 $J^P = 0^+$, D 的 $J^P = 1^+$, 所以裂变末态角量子数 $l = 1$, 从而 $P = -1$, 与初态宇称相反, 这个过程宇称不守恒. 威尔金森 (D.H. Wilkinson)1958 年的实验表明, ^{6}Li* 裂变过程与辐射衰变的相对概率小于 10^{-7}, 即强作用中宇称改变的可能性不大于千万分之一.

格罗金斯 (L. Grodzins) 和捷诺斯 (F. Genovese)1961 年测量极化 ^{57}Fe 发射光子的角分布, 发现在误差范围内前后对称, 表明电磁相互作用中宇称也守恒.

c. 弱相互作用中宇称不守恒

1956 年李政道和杨振宁指出, 尽管在电磁相互作用和强相互作用中存在宇称守恒的大量证据, 但没有任何实验证据说明 β 衰变或 μ 子以及超子的弱相互作用衰变中宇称守恒. 当时根据衰变方式发现了 θ 介子和 τ 介子, 它们分别衰变为两个和三个 π 介子,

$$\theta^+ \longrightarrow \pi^+ + \pi^0, \qquad \tau^+ \longrightarrow \pi^+ + \pi^+ + \pi^-. \tag{15.19}$$

它们的质量和寿命都相同, 但衰变的末态宇称相反, 这在当时称为 θ-τ 之谜. 如果上述弱相互作用中宇称不守恒, 则可认定它们是同一种粒子 K$^+$. 他们建议用 ^{60}Co 的 β 衰变来检验.

1957 年吴健雄等人完成了这个实验[①]. 他们测量极化 ^{60}Co 的 β 衰变

$$^{60}\text{Co} \longrightarrow {}^{60}\text{Ni} + \text{e}^- + \overline{\nu}_\text{e} \tag{15.20}$$

中的电子角分布, 得到

$$W(\theta) = 1 - \alpha \cos\theta, \tag{15.21}$$

其中 θ 是电子出射方向与 Co 样品极化方向的夹角, $\alpha \approx v/c$, v 是电子速率. 图 15.3 左边是实验结果示意, 右边是它的镜像. 电子角分布前后不对称, 没有镜像对称性. 这就意味着在弱相互作用中宇称不守恒. 李政道和杨振宁因此获 1957 年诺贝尔物理学奖. 他们的这一工作开辟和推动了随后几十年中对称性研究的新方向.

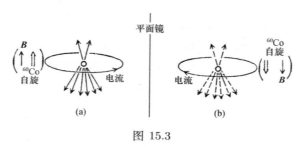

图 15.3

随后夫朗费尔德 (H. Frauenfelder) 等人 1957 年测出 β 衰变发出的电子 **螺旋度** 不为 0, 即电子自旋在动量方向投影的平均值不为 0,

$$\langle \boldsymbol{s} \cdot \boldsymbol{p} \rangle \neq 0, \tag{15.22}$$

是纵向极化的. 戈德哈伯 (M. Goldhaber) 等人 1958 年进一步清晰测出 ν_e 也纵向极化, 它的自旋与动量反向, 螺旋度 $\langle \boldsymbol{s} \cdot \boldsymbol{p} \rangle$ 为负, 是左旋的. 他们研究 ^{151}Eu ($J^P = 0^-$) 的电子俘获及其生成物 ^{152}Sm* 的 X 退激,

$$\text{e}^- + {}^{151}\text{Eu} \longrightarrow {}^{152}\text{Sm}^* + \nu_\text{e}$$

$$J^P = 0^-$$

$$\longrightarrow {}^{152}\text{Sm} + \gamma$$

$$J^P = 0^+ \tag{15.23}$$

如图 15.4 所示. ^{152}Sm* 被 ν_e 反冲, 它发出的 γ 光子只有沿反冲方向, 才有足够能量在第二个 Sm 靶上激起共振散射. ^{152}Sm* 的自旋宇称 $J^P = 1^-$, 其自旋必定与 ν_e 的自旋相反. 所以 ν_e 与 γ 的螺旋性相同. 使 γ 光子通过磁化的铁

① C.S. Wu, E. Ambler, R.W. Hayward, D.D. Hoppes, and R.P. Hudson, *Phys. Rev.*, **105** (1957) 1413.

块, 当磁化使铁中电子自旋与光子同向时, 电子能吸收此光子. 从磁化方向测得 γ 光子和 ν_e 的螺旋度为负.

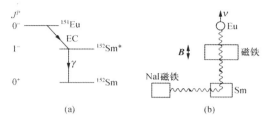

图 15.4

^{152}Sm* 的 γ 退激是电磁相互作用过程, 宇称守恒. 基态 ^{152}Sm 的 $J^P = 0^+$, 所以光子内禀宇称为负, $J^P = 1^-$. 从理论上看, 引入电磁相互作用的代换规则 (15.5) 在空间反射下应一致变化. 其中 ∇ 在空间反射下变号, 所以 $\boldsymbol{A}$ 也应在空间反射下变号,

$$PA = -\boldsymbol{A}. \tag{15.24}$$

15.3　π 介 子

a. π 介子的发现及其质量的测定

汤川秀树理论中传递核力的 π 介子, 是 1947 年鲍威尔用照相乳胶在宇宙射线中发现的. 在这以前, 安德孙和奈德迈耶 (S.H. Neddermeyer) 1936 年用云室在宇宙射线中发现了质量约为 100MeV 的粒子, 它的平均寿命 $\tau = 2.2 \times 10^{-6}$s, 衰变成电子和中微子. 随后弄清了它与原子核相互作用很弱, 是自旋 1/2 的费米子, 称为 μ 子. μ^- 的主要衰变模式是

$$\mu^- \longrightarrow e^- + \bar{\nu}_e + \nu_\mu. \tag{15.25}$$

所以高田等人猜测汤川的介子寿命太短, 用当时的设备观察不到. 带电粒子在乳胶中能量损失比在云室中快得多, 可以记录寿命很短的粒子. 从粒子在介质中引起电离的能量损失关系

$$\frac{\mathrm{d}E}{\mathrm{d}x} = -f(E), \tag{15.26}$$

可以求出能量为 E 的粒子到停止所走的射程

$$x = \int_0^E \frac{\mathrm{d}E}{f(E)}. \tag{15.27}$$

测出射程 x, 就可用此射程能量关系确定粒子能量 E, 从而辨认是什么粒子.

从放在山顶曝光的大量乳胶径迹中，鲍威尔他们辨认出 $\pi^+ \to \mu^+ \to e^+$ 的衰变链，发现了 π^+ 介子. 为了确定 π 介子质量，除了根据粒子射程外，还可以测量径迹在磁场中的弯曲，数径迹上显影颗粒密度变化，测量多次散射的偏转，以及其它方法.

π 介子衰变成 μ 子和一中性粒子，这个中性粒子可能是光子或中微子. 如果是光子，估计其能量 $E_\gamma \sim 30\,\mathrm{MeV}$，应观测到由它产生的正负电子对. 没有找到正负电子对，所以最后认定是

$$\pi^+ \longrightarrow \mu^+ + \nu_\mu, \tag{15.28}$$

和相继的 μ 子衰变

$$\mu^+ \longrightarrow e^+ + \nu_e + \overline{\nu}_\mu. \tag{15.29}$$

图 15.5 是测量 π 介子和 μ 子质量的实验示意. 从加速器引出的质子束打到靶上，出射的 p, π, μ 经过磁场偏转射入核乳胶中. 磁场分析出它们的动量，核乳胶径迹给出它们的能量. 通过与质子的比较，可以测定

$$m_{\pi\pm} = 139.6\,\mathrm{MeV}/c^2, \qquad m_\mu = 105.6\,\mathrm{MeV}/c^2.$$

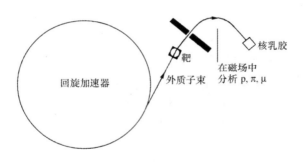

图 15.5

更精确的方法是测介原子 X 射线. π 介子或 μ 子在介质中被原子核俘获形成束缚态，并且从外层高激发态向内层低激发态逐次跃迁，发出 X 射线. X 射线能量的测量精度可达 10—20 eV，用相对论性原子理论即可算出粒子质量. 例如这样测得 $m_\mu = 105.6594 \pm 0.0002\,\mathrm{MeV}/c^2$.

b. π 介子的自旋

汤川理论预言 π 介子自旋为 0. 实验上测定 π 介子自旋，可用细致平衡原理分析反应

$$p + p \longrightarrow \pi^+ + D \tag{15.30}$$

及其逆过程

$$\pi^+ + D \longrightarrow p + p. \tag{15.31}$$

体系单位时间内从初态 i 到末态 f 的跃迁概率由费米公式 (8.25) (参阅 8.2 节 c) 给出,

$$P = \frac{2\pi}{\hbar} |M_{\mathrm{fi}}|^2 \frac{\mathrm{d}N}{\mathrm{d}E}, \tag{15.32}$$

其中 $\mathrm{d}N/\mathrm{d}E$ 是末态的态密度, M_{fi} 为从初态 i 到末态 f 的跃迁矩阵元

$$M_{\mathrm{fi}} = \int \psi_{\mathrm{f}}^* H' \psi_{\mathrm{i}} \mathrm{d}\tau, \tag{15.33}$$

H' 是体系的相互作用. 细致平衡原理要求

$$M_{\pi^+ D \to pp} = M_{pp \to \pi^+ D}^*. \tag{15.34}$$

把上面给出的从初态 i 到末态 f 的跃迁概率 P 对初态求平均对末态求和, 即给出实验测到的跃迁概率:

$$\frac{2\pi}{\hbar} \frac{1}{(2s_1 + 1)(2s_2 + 1)} \sum |M_{\mathrm{fi}}|^2 \frac{\mathrm{d}N}{\mathrm{d}E}, \tag{15.35}$$

其中 s_1 和 s_2 为初态两个粒子的自旋. 于是得反应截面为

$$\sigma \propto \frac{1}{(2s_1 + 1)(2s_2 + 1)} \sum |M_{\mathrm{fi}}|^2 \frac{\mathrm{d}N}{\mathrm{d}E} \frac{1}{v_{\mathrm{i}}}, \tag{15.36}$$

其中 v_{i} 是初态两个粒子的相对速率.

由于相空间每体积元 $(2\pi\hbar)^3$ 内有一能级, 末态两粒子相对动量大小为 p 时有

$$\frac{\mathrm{d}N}{\mathrm{d}p} = \frac{4\pi p^2 V}{(2\pi\hbar)^3},$$

所以

$$\frac{\mathrm{d}N}{\mathrm{d}E} = \frac{\mathrm{d}N}{\mathrm{d}p} \frac{\mathrm{d}p}{\mathrm{d}E} = \frac{4\pi p^2 V}{(2\pi\hbar)^3 v_{\mathrm{f}}}, \tag{15.37}$$

其中

$$v_{\mathrm{f}} = \frac{\mathrm{d}E}{\mathrm{d}p} \tag{15.38}$$

是末态两粒子相对速率. 由细致平衡要求 (15.34), 我们有

$$\sigma_{\pi^+ D \to pp} (2s_{\pi^+} + 1)(2s_D + 1) v_{\pi^+ D} v_{pp} (p_p)^{-2}$$
$$= \frac{1}{2} \sigma_{pp \to \pi^+ D} (2s_p + 1)^2 v_{\pi^+ D} v_{pp} (p_{\pi^+})^{-2},$$

从而

$$\sigma_{\pi^+ D \to pp} = \frac{1}{2} \sigma_{pp \to \pi^+ D} \cdot \frac{4}{3} \frac{1}{2s_{\pi^+} + 1} \left(\frac{p_p}{p_{\pi^+}}\right)^2. \tag{15.39}$$

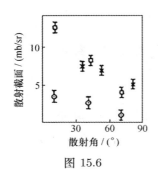

图 15.6

上两式右方的因子 1/2, 是由于末态 pp 的两个质子不能分辨, 自旋态数应减半. 图 15.6 中 × 是杜宾 (R. Durbin) 等人测得的 $\sigma_{\pi+D\to pp}$, □ 和 ⊙ 分别是当 $s_\pi = 0$ 和 1 时用上式从 $\sigma_{pp\to\pi+D}$ 算得的值[①]. 可以看出, 实验表明 $s_\pi = 0$, π 介子自旋为 0.

c. π 介子的内禀宇称

π 介子的内禀宇称可由下式定出:

$$\pi^- + D \longrightarrow n + n. \tag{15.40}$$

π^- 介子在电磁相互作用下先与 D 形成短暂的 s 波束缚态, 然后在强相互作用下被 D 吸收, 放出两个中子. 由于核力是短程力, π^- 介子在 2p 态被 D 吸收的概率比在 1s 态小得多, 比从 2p 到 1s 态的跃迁概率也小得多. 所以上式左方初态是 $J = 1$ 的 $^3S_1$. 根据泡利原理, 末态只能是 ^1S, ^3P, ^1D, $\cdots$. 只有 ^3P 满足总角动量守恒, 于是 $l = 1$, 末态宇称为负. 强相互作用中宇称守恒, 所以初态宇称为负. 我们约定核子内禀宇称为正, 于是 π^- 介子内禀宇称为负:

$$P\varphi(\boldsymbol{r}, t) = \varphi(-\boldsymbol{r}, t) = -\varphi(\boldsymbol{r}, t). \tag{15.41}$$

π 介子波场 φ 在空间反射下变号, 不是真正的标量场, 称为 赝标量场. 相应地, π 介子称为 赝标量介子, 它的自旋宇称 $J^P = 0^-$.

15.4 同 位 旋

a. 同位旋的概念

质子与中子自旋相同, 质量相近, 强作用性质相似, 可以把它们当作同一种粒子的不同电荷态. 1932 年海森伯提出这一想法后, 维格纳 (E. Wigner) 引进同位旋 概念, 建立了相应的数学理论.

核子具有质子和中子这两个电荷态, 类似于自旋 $s = 1/2$ 具有 $s_z = 1/2$ 和 $-1/2$ 这两个投影态. 基于这种类比, 可以引入同位旋矢量 $\boldsymbol{I}$, 它的平方取量子化的值

$$I(I+1), \qquad I = 0, \frac{1}{2}, 1, \frac{3}{2}, \cdots, \tag{15.42}$$

而它的第 3 分量

$$I_3 = -I, -I+1, \cdots, I-1, I. \tag{15.43}$$

---

① R. Durbin, H. Loar, and J. Steinberger, *Phys. Rev.*, **83** (1951) 646; **84** (1951) 581.

此外, 两个同位旋相加的规则与两个自旋角动量相加的规则一样.

赋予核子同位旋量子数 $I = 1/2$, 于是它的两个电荷态用记号 $|I, I_3\rangle$ 可以写成

$$|\text{p}\rangle = |1/2, 1/2\rangle, \qquad |\text{n}\rangle = |1/2, -1/2\rangle. \tag{15.44}$$

类似地, 三个 π 介子 $\pi^{\pm}, \pi^0$ 自旋相同, 质量相近, 强作用性质相似, 可以当作同一种粒子的 3 个电荷态. 赋予 π 介子同位旋量子数 $I = 1$, 就有

$$|\pi^+\rangle = |1, 1\rangle,$$
$$|\pi^0\rangle = |1, 0\rangle,$$
$$|\pi^-\rangle = |1, -1\rangle.$$

b. πp 散射

支持同位旋概念的实验事实是: 强相互作用过程同位旋守恒. 考虑 πN 体系. πN 的总同位旋 $I = 3/2, 1/2$, 所以有以下 6 个态:

$$|3/2, 3/2\rangle, \quad |3/2, 1/2\rangle, \quad |3/2, -1/2\rangle, \quad |3/2, -3/2\rangle,$$
$$|1/2, 1/2\rangle, \quad |1/2, -1/2\rangle.$$

它们是由 πN 的态叠加而成的. 根据角动量理论, 由两个角动量本征态 $|jm\rangle$ 和 $|j'm'\rangle$ 叠加成总角动量本征态 $|JM\rangle$ 的公式为

$$|JM\rangle = \sum_{m=-j}^{j} \sum_{m'=-j'}^{j'} C(JM|jmj'm')|jm\rangle|j'm'\rangle, \tag{15.45}$$

叠加系数 $C(JM|jmj'm')$ 称为克莱布施 - 戈丹 (Clebsch-Gordan) 系数, 简称 C-G 系数, 见表 15.1 和表 15.2. 由此可得

表 15.1 $j' = 1/2$ 的 C-G 系数

	$m' = 1/2$	$m' = -1/2$
$J = j + 1/2$	$\left[\frac{j+M+1/2}{2j+1}\right]^{1/2}$	$\left[\frac{j-M+1/2}{2j+1}\right]^{1/2}$
$J = j - 1/2$	$-\left[\frac{j-M+1/2}{2j+1}\right]^{1/2}$	$\left[\frac{j+M+1/2}{2j+1}\right]^{1/2}$

表 15.2 $j' = 1$ 的 C-G 系数

	$m' = 1$	$m' = 0$	$m' = -1$
$J = j + 1$	$\left[\frac{(j+M)(j+M+1)}{(2j+1)(2j+2)}\right]^{1/2}$	$\left[\frac{(j-M+1)(j+M+1)}{(2j+1)(j+1)}\right]^{1/2}$	$\left[\frac{(j-M)(j-M+1)}{(2j+1)(2j+2)}\right]^{1/2}$
$J = j$	$-\left[\frac{(j+M)(j-M+1)}{2j(j+1)}\right]^{1/2}$	$\frac{M}{[j(j+1)]^{1/2}}$	$\left[\frac{(j-M)(j+M+1)}{2j(j+1)}\right]^{1/2}$
$J = j - 1$	$\left[\frac{(j-M)(j-M+1)}{2j(2j+1)}\right]^{1/2}$	$-\left[\frac{(j-M)(j+M)}{j(2j+1)}\right]^{1/2}$	$\left[\frac{(j+M)(j+M+1)}{2j(2j+1)}\right]^{1/2}$

$$|3/2, 3/2\rangle = |1, 1\rangle|1/2, 1/2\rangle = \pi^+ \mathrm{p},$$

$$|3/2, 1/2\rangle = \sqrt{\frac{1}{3}}\,|1, 1\rangle|1/2, -1/2\rangle + \sqrt{\frac{2}{3}}\,|1, 0\rangle|1/2, 1/2\rangle = \sqrt{\frac{1}{3}}\,\pi^+ \mathrm{n} + \sqrt{\frac{2}{3}}\,\pi^0 \mathrm{p},$$

$$|3/2, -1/2\rangle = \sqrt{\frac{2}{3}}\,|1, 0\rangle|1/2, -1/2\rangle + \sqrt{\frac{1}{3}}\,|1, -1\rangle|1/2, 1/2\rangle = \sqrt{\frac{2}{3}}\,\pi^0 \mathrm{n} + \sqrt{\frac{1}{3}}\,\pi^- \mathrm{p},$$

$$|3/2, -3/2\rangle = |1, -1\rangle|1/2, -1/2\rangle = \pi^- \mathrm{n},$$

和

$$|1/2, 1/2\rangle = \sqrt{\frac{2}{3}}\,|1, 1\rangle|1/2, -1/2\rangle - \sqrt{\frac{1}{3}}\,|1, 0\rangle|1/2, 1/2\rangle = \sqrt{\frac{2}{3}}\,\pi^+ \mathrm{n} - \sqrt{\frac{1}{3}}\,\pi^0 \mathrm{p},$$

$$|1/2, -1/2\rangle = \sqrt{\frac{1}{3}}\,|1, 0\rangle|1/2, -1/2\rangle - \sqrt{\frac{2}{3}}\,|1, -1\rangle|1/2, 1/2\rangle = \sqrt{\frac{1}{3}}\,\pi^0 \mathrm{n} - \sqrt{\frac{2}{3}}\,\pi^- \mathrm{p}.$$

由它们可以反解出

$$\pi^+ \mathrm{p} = |3/2, 3/2\rangle,$$

$$\pi^0 \mathrm{p} = \sqrt{\frac{2}{3}}\,|3/2, 1/2\rangle - \sqrt{\frac{1}{3}}\,|1/2, 1/2\rangle,$$

$$\pi^- \mathrm{p} = \sqrt{\frac{1}{3}}\,|3/2, -1/2\rangle - \sqrt{\frac{2}{3}}\,|1/2, -1/2\rangle,$$

$$\pi^+ \mathrm{n} = \sqrt{\frac{1}{3}}\,|3/2, 1/2\rangle + \sqrt{\frac{2}{3}}\,|1/2, 1/2\rangle,$$

$$\pi^0 \mathrm{n} = \sqrt{\frac{2}{3}}\,|3/2, -1/2\rangle + \sqrt{\frac{1}{3}}\,|1/2, -1/2\rangle,$$

$$\pi^- \mathrm{n} = |3/2, -3/2\rangle.$$

把上述结果用于下述过程:

$$\pi^+ + \mathrm{p} \longrightarrow \pi^+ + \mathrm{p}, \qquad \text{散射截面 } \sigma_+,$$

$$\pi^- + \mathrm{p} \longrightarrow \pi^- + \mathrm{p}, \qquad \text{散射截面 } \sigma_-,$$

$$\pi^- + \mathrm{p} \longrightarrow \pi^0 + \mathrm{n}, \qquad \text{散射截面 } \sigma_0.$$

前二过程为弹性散射, 第三过程为电荷交换散射. 在强相互作用过程中若同位旋守恒, 则 $I = 3/2$ 的 4 个态等价, $I = 1/2$ 的 2 个态等价, 而且不会发生 $I = 3/2$ 与 $I = 1/2$ 的态之间的跃迁. 运用费米公式 (15.32), 就有

$$\sigma_+ \propto |M_{3/2}|^2,$$

$$\sigma_- \propto \left|\frac{1}{3} M_{3/2} + \frac{2}{3} M_{1/2}\right|^2,$$

$$\sigma_0 \propto \left| \sqrt{\frac{2}{9}} M_{3/2} - \sqrt{\frac{2}{9}} M_{1/2} \right|^2,$$

其中 $M_{3/2}$ 是在 $I = 3/2$ 的态之间的跃迁振幅，$M_{1/2}$ 是在 $I = 1/2$ 的态之间的跃迁振幅. 测量结果如图 15.7 所示，散射截面在 π 介子动能 180 MeV 处共振，σ_+, σ_-, σ_0 分别为 195, 23, 45 mb，比值为 9:1:2，与上述公式中 $M_{3/2} \gg M_{1/2}$ 的情形相符. 这就表明 πN 强相互作用中同位旋守恒，上述共振主要是 $I = 3/2$ 的态.

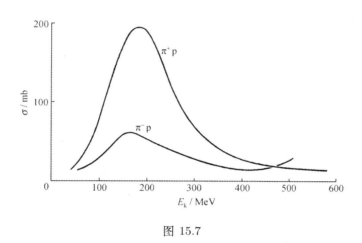

图 15.7

c. 盖尔曼 - 西岛关系

从同位旋量子数 I，可以知道包含的电荷多重态数 $2I + 1$. 从同位旋 3 分量量子数 I_3，可以知道电荷态的电荷值 Q. 若以基本电荷 e 为单位，对核子电荷态有

$$Q = I_3 + \frac{1}{2}, \qquad \text{对核子,}$$

而对 π 介子电荷态有

$$Q = I_3, \qquad \text{对 π 介子.}$$

以上二式可以合并成

$$Q = I_3 + \frac{1}{2} B, \tag{15.46}$$

其中 B 为同位旋多重态的 重子数. 核子 $B = 1$，反核子 $B = -1$. 各种介子 $B = 0$.

K 介子和 Λ, Σ, Ξ 等超子也可以纳入同位旋的框架，它们的同位旋量子数 I 分别为 1/2, 0, 1 和 1/2. 上世纪五十年代初，盖尔曼 (M. Gell-Mann) 和西岛 (K.

Nishijima) 引入 奇异数 S, 把上述公式推广为

$$Q = I_3 + \frac{1}{2}(B + S).\tag{15.47}$$

核子 N 和 π 介子奇异数为 0. K 介子奇异数 1, Σ 和 Λ 超子奇异数 -1, Ξ 超子奇异数 -2, 它们的重子数 B 都为 1. 反粒子的重子数和奇异数都反号. 奇异数不为 0 的粒子称为 奇异粒子. 参看表 1.2.

现在还常把上述盖尔曼 - 西岛公式写成

$$Q = I_3 + \frac{1}{2}Y,\tag{15.48}$$

其中

$$Y = B + S\tag{15.49}$$

称为 超荷, 是一个同位旋多重态中所有粒子平均电荷的 2 倍. 1974 年以后先后发现了 粲数 C 和 底数 b, 还有 顶数 t, 盖尔曼 - 西岛公式又被推广为

$$Q = I_3 + \frac{1}{2}(B + S + C + b + t).\tag{15.50}$$

自旋是粒子波场空间转动对称性的标志, 这个空间是描述粒子波场几何性质和粒子运动学的基础. 同位旋则是粒子状态在某种抽象空间中具有转动对称性的标志. 这种抽象空间称为 同位旋空间. 同位旋空间是否具有某种具体物理内容, 我们还不清楚.

15.5 中性 K 介子

中性 K 介子是奇异粒子, 可以在 πN 反应中与其它奇异粒子成对产生, 如

$$\pi^- + \mathrm{p} \longrightarrow \Lambda^0 + \mathrm{K}^0.\tag{15.51}$$

这种 协同产生 是快过程, 时间约为 10^{-24}s, 属于强相互作用, 可以看出有奇异数守恒, $\Delta S = 0$. 而中性 K 介子的衰变与其它奇异粒子一样, 可以独立地发生, 如

$$\mathrm{K}^0 \longrightarrow \pi^+ + \pi^-,\tag{15.52}$$

是慢过程, 平均寿命约为 10^{-10}s 或更长, 属于弱相互作用, 奇异数不守恒, 有 $|\Delta S| = 1$.

a. K_S^0 和 K_L^0

K 介子同位旋 $I = 1/2$, 自旋 $J = 0$, 内禀宇称约定为负, $P = -1$, 既可衰变为 2π, 也可衰变为 3π. 李政道、杨振宁指出 K 介子衰变宇称不守恒以后, 大家猜想 CP 联合宇称还守恒. 从 K^0 粒子态 $|\mathrm{K}^0\rangle$ 与其反粒子态 $|\overline{\mathrm{K}}^0\rangle$ 叠加可得 CP

的本征态

$$|K_S^0\rangle = \frac{1}{\sqrt{2}} \left(|K^0\rangle - |\overline{K}^0\rangle \right), \tag{15.53}$$

$$|K_L^0\rangle = \frac{1}{\sqrt{2}} \left(|K^0\rangle + |\overline{K}^0\rangle \right), \tag{15.54}$$

它们的 CP 本征值分别为 $+1$ 和 -1:

$$CP|K_S^0\rangle = \frac{1}{\sqrt{2}} \left(-|\overline{K}^0\rangle + |K^0\rangle \right) = |K_S^0\rangle, \tag{15.55}$$

$$CP|K_L^0\rangle = \frac{1}{\sqrt{2}} \left(-|\overline{K}^0\rangle - |K^0\rangle \right) = -|K_L^0\rangle. \tag{15.56}$$

如果 CP 守恒, 则 K_S^0 可衰变为 2π ($\pi^+\pi^-$ 或 $2\pi^0$), 而 K_L^0 只能衰变为 3π, 因为 2π 体系 $CP = +1$. 由于 2π 衰变的 $Q = 215\mathrm{MeV}$, 比 3π 的 $Q = 78\mathrm{MeV}$ 大得多, 二体衰变末态相空间比三体衰变的大得多, 所以 K_S^0 平均寿命应比 K_L^0 短得多, 分别被称为 短寿 和 长寿 中性 K 介子. 实验测得

$$\tau_{K_S^0} = (0.8953 \pm 0.0005) \times 10^{-10}\mathrm{s},$$

$$\tau_{K_L^0} = (5.114 \pm 0.021) \times 10^{-8}\mathrm{s},$$

表明即使有 CP 不守恒的成分, 也是很小的.

b. 奇异数振荡

从 $|K_S^0\rangle$ 与 $|K_L^0\rangle$ 的表达式可以看出, $|K^0\rangle$ 是它们的叠加态,

$$|K^0\rangle = \frac{1}{\sqrt{2}} \left(|K_S^0\rangle + |K_L^0\rangle \right). \tag{15.57}$$

所以, 从高能加速器产生的 K^0 介子, 有一半按 K_S^0 衰变, 一半按 K_L^0 衰变, 经过 $10^{-9}\mathrm{s}$ 后, 剩下的基本上是纯 K_L^0. 用氙气泡室测出 K^0 约有 0.53 ± 0.05 衰变成 2π.

由于 K_L^0 是 K^0 与 $\overline{K}^0$ 的叠加, 其中一半 $S = +1$, 另一半 $S = -1$. 在与核子反应时, $\overline{K}^0$ 可产生的 $S = -1$ 粒子种类比 K^0 可产生的 $S = +1$ 粒子种类多得多, $\overline{K}^0\mathrm{N}$ 反应截面比 $K^0\mathrm{N}$ 反应截面大得多. 所以, 让剩下的 K_L^0 束通过物质后, 又可获得较纯的 K^0 束. 实验证实了上述分析, 开始的纯 K^0 束, 经过适当时间后可用来按照下述方式产生 Λ 和 Σ:

$$\overline{K}^0\mathrm{n} \longrightarrow \Sigma^-\pi^+, \ \Sigma^+\pi^-,$$

$$\overline{K}^0\mathrm{p} \longrightarrow \Lambda^0\pi^+.$$

中性 K 介子在 K^0 与 $\overline{K}^0$ 间的这种转变称为 奇异数振荡, 反映了粒子波函数的干涉. 对于衰变常数为 $\gamma = 1/\tau$ 的态, 波函数时间因子 $\mathrm{e}^{-\mathrm{i}\omega t}$ 中的 ω 应换成

Ω,

$$\omega \longrightarrow \Omega = \omega - \frac{1}{2}\,\mathrm{i}\,\gamma, \tag{15.58}$$

其中

$$\gamma = \frac{1}{\tau}. \tag{15.59}$$

所以 K^0 随时间的变化可写成

$$|K^0, t\rangle = \frac{1}{\sqrt{2}}\left(|K_S^0\rangle e^{-\mathrm{i}\Omega_S t} + |K_L^0\rangle e^{-\mathrm{i}\Omega_L t}\right).$$

利用 $|K_S^0\rangle$ 和 $|K_L^0\rangle$ 的表达式,有

$$|K^0, t\rangle = \frac{1}{2}\left\{|K^0\rangle(e^{-\mathrm{i}\Omega_S t} + e^{-\mathrm{i}\Omega_L t}) + |\overline{K}^0\rangle(e^{-\mathrm{i}\Omega_L t} - e^{-\mathrm{i}\Omega_S t})\right\},$$

因而 t 时刻测到 $\overline{K}^0$ 的概率为

$$\begin{aligned}
P_{K^0 \to \overline{K}^0}(t) &= \frac{1}{4}\left|e^{-\mathrm{i}\Omega_L t} - e^{-\mathrm{i}\Omega_S t}\right|^2 \\
&= \frac{1}{4}\left\{e^{-\gamma_S t} + e^{-\gamma_L t} - 2e^{-(\gamma_S + \gamma_L)t/2}\cos(\Delta\omega t)\right\},
\end{aligned} \tag{15.60}$$

其中

$$\Delta\omega = \omega_L - \omega_S = \frac{E_L - E_S}{\hbar} \approx \frac{(m_L - m_S)c^2}{\hbar}. \tag{15.61}$$

在气泡室中产生 K^0 后,从上述 $\overline{K}^0 n$ 与 $\overline{K}^0 p$ 的超子产物来测量 $\overline{K}^0$ 成分随时间的变化,可得

$$m_L - m_S = (3.483 \pm 0.006) \times 10^{-12}\,\mathrm{MeV}/c^2,$$

与 K^0 的质量 $m_{K^0} = 497.648\,\mathrm{MeV}/c^2$ 相比,约为

$$\frac{m_L - m_S}{m_{K^0}} \sim 10^{-14}.$$

在量子场论中,施温格、泡利、吕德斯 (G. Luders) 和祖米诺 (B. Zumino) 证明了一个基本定理: 对于满足相对论协变性要求和自旋与统计规律之间关系的定域场,运动规律在 CPT 联合变换下不变. 定域场的含意,指所对应的是点粒子. 相对论协变性要求,指时空平移不变性、空间转动不变性和惯性参考系的等价性. 粒子自旋与统计规律之间的关系,指自旋为 0 或整数的粒子满足玻色 - 爱因斯坦统计,自旋为半奇数的粒子满足费米 - 狄拉克统计. 这个定理被称为 CPT 定理.

如果 CPT 定理对中性 K 介子成立,则不管在 C, P, T 单独变换下有没有不变性, K^0 介子的质量都应严格等于它的反粒子 $\overline{K}^0$ 的质量. 可以证明, K^0 与 $\overline{K}^0$ 的质量差不可能大于 $m_L - m_S$. 所以,中性 K 介子奇异数振荡测得的上述结果,给出了强相互作用中 CPT 不变性被破坏的上限.

c. CP 破坏

1964 年, 克罗宁 (J. Cronin) 和菲奇 (V. Fitch) 等人在 BNL 质子同步加速器上发现 K^0 衰变中有少量 CP 破坏的成分[①]. 他们在研究中性 K 介子振荡时, 发现有

$$K_L^0 \longrightarrow 2\pi, \tag{15.62}$$

实验示意如图 15.8.

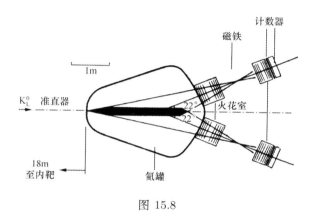

图 15.8

30GeV 质子环流在内靶中产生的束流用铅准直引出. 进入准直器前用 4cm 厚的铅块过滤 γ 射线, 离开准直器时通过偏转磁场扫除束中荷电粒子. 探测器放在距此 18m 处. 束中只剩下 K_L^0 介子和中子. 在氦罐后对称地放了两对火花室, 每对火花室中间放有分析磁铁, 当束流粒子衰变为 $v \geqslant 0.75c$ 的荷电粒子并通过时, 闪烁计数器和切连科夫计数器触发火花室. 符合记录两个电荷相反粒子的事件, 经过动量和有效质量分析, 他们得到分支比

$$R = \frac{K_L^0 \to \pi^+\pi^-}{K_L^0 \to \text{所有荷电粒子}} = (2.0 \pm 0.4) \times 10^{-3}.$$

根据 CPT 定理, CP 破坏也就是 T 不守恒, 克罗宁和菲奇因此发现获 1980 年诺贝尔物理学奖.

由于 CP 只是近似守恒, 有少量 CP 不守恒的成分, $|K_S^0\rangle$ 和 $|K_L^0\rangle$ 的表达式中叠加系数有微小差别, 可以写成

$$|K_S\rangle = \frac{1}{\sqrt{2(1+|\varepsilon|^2)}} \left\{ (1+\varepsilon)|K^0\rangle - (1-\varepsilon)|\overline{K}^0\rangle \right\}, \tag{15.63}$$

① J.H. Christenson, J.W. Cronin, V.L. Fitch, and Turlay, *Phys.Rev.Lett.*, **13** (1964) 138.

$$|K_L\rangle = \frac{1}{\sqrt{2(1+|\varepsilon|^2)}} \left\{ (1+\varepsilon)|K^0\rangle + (1-\varepsilon)|\overline{K}{}^0\rangle \right\}. \tag{15.64}$$

ε 是复参数, 实验测得

$$|\varepsilon| = (1.630 \pm 0.083) \times 10^{-3}.$$

15.6 相 互 作 用

本节对相互作用的讨论, 采用费米 1950 年 4 月在耶鲁大学西里曼讲座 (Mrs. Hepsa Ely Silliman Memorial Lectures) 《基本粒子》中所给出的半定量方法[1]. 进一步的定量处理超出了本书的范围, 有兴趣的读者可以参阅量子场论的有关书籍[2].

a. $\pi \to \mu\nu$ 衰变

荷电 π 介子的各种衰变模式中, 衰变为 $\mu\nu$ 的概率为 99.98770%. 考虑

$$\pi^+ \longrightarrow \mu^+ + \nu_\mu, \tag{15.65}$$

图 15.9 是这个过程的费曼图. 把它看作从初态 ϕ_π 到末态 $\psi_\mu\psi_\nu$ 的跃迁, 就可近似地用费米公式 (15.32) 来分析.

作为唯象模型, 假设 π^+ 介子在空间 r 点衰变为 $\mu^+\nu_\mu$ 的跃迁振幅正比于入射粒子 π^+ 和出射粒子 $\mu^+\nu_\mu$ 在该点波场的振幅, 而把跃迁矩阵元的数量级粗略地写成

$$M_{\pi\to\mu\nu} \sim g\psi_\mu^*\psi_\nu^*\phi_\pi V. \tag{15.66}$$

图 15.9

其中 g 是描述耦合强度的 相互作用常数, 又称 耦合常数, 由实验确定. V 是粒子波场的空间体积. ψ 和 ϕ 分别是有关费米子场和玻色子场的振幅, 都为实数. 右上标 $*$ 表示相应粒子在过程中产生, 没有 $*$ 的相应粒子在过程中湮灭. 量子场论可以给出

$$\psi \sim \frac{1}{\sqrt{V}}, \qquad \phi \sim \frac{\hbar c}{\sqrt{2EV}}, \tag{15.67}$$

其中 E 是有关玻色子能量. 于是有

$$M_{\pi\to\mu\nu} \sim \frac{g\hbar c}{\sqrt{2E_\pi V}}. \tag{15.68}$$

---

[1] Enrico Fermi, *Elementary Particles*, Yale University Press, 1951.
[2] 例如王正行, 《简明量子场论》, 北京大学出版社, 2008 年.

设在质心系中末态粒子 μ^+ 和 ν_μ 的动量为 p, 则末态能量为

$$E_\text{f} = \sqrt{p^2c^2 + m_\mu^2c^4} + pc,$$

其中 m_μ 为 μ^+ 的质量. 由此可以算出末态的态密度

$$\frac{\mathrm{d}N}{\mathrm{d}E_\text{f}} = \frac{4\pi p^2 V}{(2\pi\hbar)^3}\frac{\mathrm{d}p}{\mathrm{d}E_\text{f}} = \frac{p^2c^2 E_\mu V}{2\pi^2\hbar^3c^3 E_\text{f}}, \tag{15.69}$$

其中 E_μ 是 μ^+ 的能量. 把以上结果代入费米公式 (15.32), 就有

$$\frac{1}{\tau} = \frac{2\pi}{\hbar}|M_{\pi\to\mu\nu}|^2\frac{\mathrm{d}N}{\mathrm{d}E_\text{f}} \sim \frac{2\pi}{\hbar}\frac{g^2\hbar^2c^2}{2E_\pi V}\frac{p^2c^2 E_\mu V}{2\pi^2\hbar^3c^3 E_\text{f}} = \frac{g^2}{4\pi\hbar c}\frac{2p^2c^2 E_\mu}{\hbar E_\text{f}^2},$$

其中用到能量守恒 $E_\pi = E_\text{f}$. 仔细的分析要考虑粒子自旋和螺旋性, 结果多一因子 $2(1 - v/c) = 2(1 - pc/E_\mu)$, v 为 μ^+ 的速度, 有

$$\frac{1}{\tau} = \frac{g^2}{4\pi\hbar c}\frac{4p^2c^2(E_\mu - pc)}{\hbar E_\text{f}^2}. \tag{15.70}$$

设 π^+ 的质量为 m_π, 则 $E_\text{f} = m_\pi c^2$. 从能量关系解出

$$pc = \frac{(m_\pi^2 - m_\mu^2)c^2}{2m_\pi}, \qquad E_\mu = \frac{(m_\pi^2 + m_\mu^2)c^2}{2m_\pi},$$

最后给出

$$\frac{1}{\tau} = \frac{g^2}{4\pi\hbar c}\frac{m_\pi c^2}{\hbar}\frac{m_\mu^2}{m_\pi^2}\left(1 - \frac{m_\mu^2}{m_\pi^2}\right)^2. \tag{15.71}$$

代入 $m_\mu = 105.7\,\mathrm{MeV}/c^2$, $m_\pi = 139.6\,\mathrm{MeV}/c^2$, 和 π^+ 的平均寿命 $\tau = 2.60 \times 10^{-8}\mathrm{s}$, 可以算出表征相互作用强度的无量纲组合常数

$$\frac{g^2}{4\pi\hbar c} = 1.74 \times 10^{-15}. \tag{15.72}$$

b. 中子 β 衰变

中子 β 衰变

$$\mathrm{n} \longrightarrow \mathrm{p} + \mathrm{e}^- + \bar{\nu}_\text{e} \tag{15.73}$$

的唯象物理模型可用图 15.10 的费曼图来表示, 它假设 4 个费米子 n, p, e^- 和 $\bar{\nu}_\text{e}$ 在空间一点发生直接的耦合. 这是费米 1934 年首先提出的, 称为 **费米弱相互作用**. 费米弱相互作用假设中子 n 在空间 $\boldsymbol{r}$ 点衰变为 $\mathrm{pe}^-\bar{\nu}_\text{e}$ 的跃迁振幅正比于在该点湮灭和产生的粒子波场的振幅, 于是从初态 ψ_n 衰变到末态 $\psi_\text{p}\psi_\text{e}\psi_\nu$ 的跃迁矩阵元数量级为

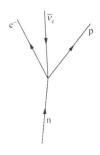

图 15.10

$$M_{\mathrm{n}\to\mathrm{pe}\nu} \sim G_\text{F}\psi_\text{p}^*\psi_\text{e}^*\psi_\nu^*\psi_\text{n}V \sim \frac{G_\text{F}}{V}, \tag{15.74}$$

其中 G_F 为描述这个过程相互作用强度的耦合常数, 称为 费米相互作用常数.

末态有 3 个粒子, 所以电子动能有一分布, 存在一个极限, 如图 14.16. 为了解释这一能谱, 泡利 1930 年猜测存在自旋 1/2, 质量约为 0 的中微子. 由于它与其它粒子相互作用很弱, 直到 1956 年才被瑞因斯 (F. Reines) 与考旺 (C.L. Cowan) 的实验证实.

末态 3 个粒子的能量动量满足

$$E_p + E_e + E_\nu = E_f,$$

$$\boldsymbol{p}_p + \boldsymbol{p}_e + \boldsymbol{p}_\nu = 0.$$

考虑到能量守恒, 其中 $E_f = E_n = m_n c^2$. 假设 $m_\nu = 0$, 则 $E_\nu = p_\nu c$. 由于过程的 $Q = 0.782\,32\,\mathrm{MeV}$, 末态粒子动能很小, 质子主要参与动量平衡, 所得动能可忽略. 电子能量给定时,

$$\mathrm{d}E_f = \mathrm{d}E_p + \mathrm{d}E_\nu = \mathrm{d}\sqrt{p_p^2 c^2 + m_p^2 c^4} + c\mathrm{d}p_\nu$$

$$= \frac{p_p c}{E_p}\,c\mathrm{d}p_p + c\mathrm{d}p_\nu \approx c\mathrm{d}p_\nu.$$

另一方面, 电子动量在 p_e 至 $p_e + \mathrm{d}p_e$ 之间, 中微子动量在 p_ν 至 $p_\nu + \mathrm{d}p_\nu$ 之间的态数

$$\mathrm{d}N = \frac{4\pi p_e^2 \mathrm{d}p_e \cdot V}{(2\pi\hbar)^3} \frac{4\pi p_\nu^2 \mathrm{d}p_\nu \cdot V}{(2\pi\hbar)^3} = \frac{V^2 p_e^2 p_\nu^2}{4\pi^4\hbar^6}\,\mathrm{d}p_e\mathrm{d}p_\nu.$$

设电子最大能量为 $E_{\max}$, 则有

$$E_e + p_\nu c \approx E_{\max}.$$

由此解出 $p_\nu \approx (E_{\max} - E_e)/c$, 代入 $\mathrm{d}N$ 中, 就得末态的态密度

$$\frac{\mathrm{d}N}{\mathrm{d}E_f} \approx \frac{V^2 p_e^2 (E_{\max} - E_e)^2 \mathrm{d}p_e \mathrm{d}p_\nu}{4\pi^4\hbar^6 c^2 \cdot c\mathrm{d}p_\nu} = \frac{V^2 p_e^2 (E_{\max} - E_e)^2}{4\pi^4\hbar^6 c^3}\,\mathrm{d}p_e. \tag{15.75}$$

把 $M_{n\to pe\nu}$ 的估值和上述 $\mathrm{d}N/\mathrm{d}E_f$ 代入费米公式 (15.32), 并对电子动量 p_e 积分, 就有

$$\frac{1}{\tau_n} \sim \frac{2\pi}{\hbar} \frac{G_F^2}{V^2} \int_0^{p_{\max}} \frac{V^2 p_e^2 (E_{\max} - E_e)^2}{4\pi^4\hbar^6 c^3}\,\mathrm{d}p_e$$

$$= \frac{G_F^2}{2\pi^3\hbar^7 c^3} \int_0^{p_{\max}} (E_{\max} - E_e)^2 p_e^2 \mathrm{d}p_e,$$

其中 $p_{\max}$ 是与 $E_{\max}$ 相应的电子最大动量. 作为数量级估计, 取极端相对论近似 $E_e \approx p_e c$, 有

$$\frac{1}{\tau_n} \sim \frac{G_F^2}{60\pi^3\hbar^7 c^6}\,E_{\max}^5. \tag{15.76}$$

代入中子平均寿命 $\tau_\mathrm{n} = 885.7\,\mathrm{s}$, 和电子最大能量 $E_\mathrm{max} \approx m_\mathrm{e}c^2 + Q = 1.293\,\mathrm{MeV}$, 估计出 $G_\mathrm{F} \sim 1.5 \times 10^{-4}\,\mathrm{MeV} \cdot \mathrm{fm}^3$. 仔细的分析给出

$$G_\mathrm{F} = 8.9618(1) \times 10^{-5}\,\mathrm{MeV} \cdot \mathrm{fm}^3 = 1.026\,82(1) \times 10^{-5}\hbar c\left(\frac{\hbar}{m_\mathrm{p}c}\right)^2. \tag{15.77}$$

c. πN 弹性散射

根据核力介子理论的模型, 核子 N 与 π 介子的相互作用是在空间一点有 2 个核子和 1 个 π 介子的耦合, 跃迁振幅正比于这 3 个粒子波场在该点的振幅. 这种唯象相互作用称为 汤川相互作用.

采用汤川相互作用模型, π^-p 弹性散射过程

$$\pi^- + \mathrm{p} \longrightarrow \pi^- + \mathrm{p}$$

可以分成两步, 它的费曼图如图 15.11(a). π^- 介子和质子 p 在 A 点相遇并且湮灭, 同时产生 1 个虚中子 n. 虚中子 n 传播到 B 点湮灭, 同时放出新的 π^- 和 p. 在顶点 A 和 B 除了电荷守恒外, 还有能量动量守恒.

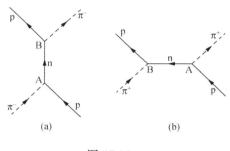

图 15.11

作为数量级的粗略估计, 可用以下简单规则: 这种 二级过程 跃迁矩阵元的数量级 M, 等于相继发生在两个顶点的 一级过程 跃迁矩阵元数量级 M_A 与 M_B 之积, 除以在它们之间传播的粒子能量 E_AB,

$$M \sim M_\mathrm{A} \cdot \frac{1}{E_\mathrm{AB}} \cdot M_\mathrm{B}. \tag{15.78}$$

运用这一规则, 从散射初态 $\phi_\pi\psi_\mathrm{p}$ 跃迁到末态 $\phi_\pi\psi_\mathrm{p}$ 的矩阵元数量级为

$$M \sim g\phi_\pi^*\psi_\mathrm{p}^*\psi_\mathrm{n}V \cdot \frac{1}{E_\mathrm{n}} \cdot g\psi_\mathrm{n}^*\psi_\mathrm{p}\phi_\pi V = \frac{g^2\hbar^2c^2}{2E_\mathrm{n}E_\pi V}, \tag{15.79}$$

其中 E_π 为质心系 π 介子能量, E_n 为虚中子能量. 估计数量级, 可取 $E_\mathrm{n} \sim m_\mathrm{n}c^2$.

π^- 介子以速度 v_i 入射时, 散射截面 σ 满足

$$\frac{\sigma v_\mathrm{i}}{V} = \frac{2\pi}{\hbar}|M|^2\frac{\mathrm{d}N}{\mathrm{d}E_\mathrm{f}}. \tag{15.80}$$

设末态粒子动量 p, 并作近似 $\mathrm{d}E_\mathrm{f}/\mathrm{d}p \approx v_\mathrm{f}$, v_f 是出射 π^- 介子速度, 则有末态的态密度

$$\frac{\mathrm{d}N}{\mathrm{d}E_\mathrm{f}} = \frac{4\pi p^2V}{(2\pi\hbar)^3\mathrm{d}E_\mathrm{f}/\mathrm{d}p} \approx \frac{4\pi p^2V}{(2\pi\hbar)^3v_\mathrm{f}}. \tag{15.81}$$

代入上述 M 和 $\mathrm{d}N/\mathrm{d}E_f$, 就有

$$\sigma \sim \frac{2\pi}{\hbar}\left(\frac{g^2\hbar^2 c^2}{2E_n E_\pi V}\right)^2 \frac{4\pi p^2 V}{(2\pi\hbar)^3 v_f}\frac{V}{v_i} = \frac{g^4 p^2 c^4}{4\pi E_n^2 E_\pi^2 v_f v_i} \approx \frac{g^4}{4\pi E_n^2}.$$

在低能时 $E_n \approx m_n c^2$, 于是

$$\sigma \sim 4\pi\left(\frac{g^2}{4\pi\hbar c}\right)^2\left(\frac{\hbar}{m_n c}\right)^2, \tag{15.82}$$

此结果与量子场论推得的一致, 所以可把其中表示数量级的 $\sim$ 号改成 $=$ 号. 上式表明, 对于长波 π 介子来说, 核子就像一个以其约化康普顿波长 $\hbar/m_n c$ 为半径的球, 散射截面等于球面积乘以散射强度 $(g^2/4\pi\hbar c)^2$. 代入实验测量的低能 πN 弹性散射截面范围 $\sigma = 10$—$100\mathrm{mb}$, 可得

$$\frac{g^2}{4\pi\hbar c} = \frac{m_n c}{\hbar}\sqrt{\frac{\sigma}{4\pi}} = 1\text{—}5. \tag{15.83}$$

πN 弹性散射还有图 15.11(b) 那样的过程, 其截面比图 15.11(a) 的截面约大一个数量级, 这里就不具体讨论了 (参阅 15.4 节 b).

d. γe 散射

光子 γ 与电子 e^- 的散射

$$\gamma + e^- \longrightarrow \gamma + e^-$$

属于 **电磁相互作用** 过程. 电磁相互作用是光子与荷电粒子之间的一种基本相互作用. 根据量子电动力学, 电磁相互作用的基本过程, 是在空间一点有 2 个荷电粒子与 1 个光子发生耦合, 如图 15.12 中的顶点 A 和 B. 这种顶点称为 **电磁相互作用顶点**. 在每个顶点上除了电荷守恒外, 还有能量动量守恒. 在电磁相互作用顶点的跃迁振幅正比于发生耦合的光子与两个荷电粒子波场的振幅. 通常把光子波场记为 A. 光子是质量为 0 的玻色子, 它的波场振幅

$$A = \frac{\hbar c}{\sqrt{2E_\gamma V}}, \tag{15.84}$$

其中 $E_\gamma = \hbar\omega$ 是相应光子的能量.

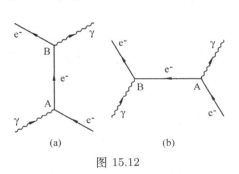

图 15.12

与 πN 弹性散射类似, γe 散射也是二级过程, 它的费曼图如图 15.12. 光子不带电, 中间传播的是虚电子, 若把电磁相互作用常数记为 ϵ, 则类似可得

$$\sigma = \frac{8\pi}{3}\left(\frac{\epsilon^2}{4\pi\hbar c}\right)^2\left(\frac{\hbar}{m_e c}\right)^2, \tag{15.85}$$

其中比 πN 弹性散射公式多出因子 2/3, 是由于光子自旋为 1, 但实光子只取两个

极化方向，计算跃迁概率时还应乘以 2/3. 考虑到单位选择，我们有 $\epsilon^2 = e^2/\varepsilon_0$，$\varepsilon_0$ 为真空介电常数. 所以基本电荷 e 就是电磁相互作用常数，而

$$\frac{\epsilon^2}{4\pi\hbar c} = \alpha \approx \frac{1}{137} \tag{15.86}$$

正是表征电磁相互作用强度的精细结构常数.

上述低能光子弹性散射截面公式 (15.85) 正是著名的 *汤姆孙公式*. 它表明，与 πN 弹性散射截面公式 (15.82) 类似地，对于长波长的光波来说，电子就像一个以其约化康普顿波长 $\hbar/m_e c$ 为半径的球，散射截面等于此球面积乘以散射强度 α^2 的 2/3.

e. 相互作用强度

粒子之间相互作用的强弱，大体上可从有关过程的截面或寿命来判断，如表 15.3 所示. 过程截面越大，或寿命越短，相应的耦合常数就越大，相互作用就越强.

表 15.3 四种基本相互作用

相互作用	典型耦合常数	典型截面	典型寿命
强	$g^2/4\pi\hbar c \sim 10$	10mb	10^{-23}s
电磁	$\epsilon^2/4\pi\hbar c = 1/137$	10μb	10^{-16}s
弱	$\sim 10^{-5}$	10^{-8}μb	10^{-8}s
引力	$\sim 10^{-39}$	—	—

粒子间相互作用的范围，可用粒子约化康普顿波长 $\hbar/mc$ 作单位. 粒子间相互作用能的大小，可用粒子静质能 mc^2 作单位. 于是两个荷电粒子间交换光子的电磁相互作用强度为

$$\frac{E}{mc^2} = \frac{e^2}{4\pi\varepsilon_0\hbar/mc}\frac{1}{mc^2} = \frac{e^2}{4\pi\varepsilon_0\hbar c} = \frac{\epsilon^2}{4\pi\hbar c},$$

这正是精细结构常数 α.

类似地，两核子间交换 π 介子的汤川相互作用强度为

$$\frac{E}{mc^2} = \frac{g^2}{4\pi\hbar/mc}e^{-\frac{\hbar}{mc}/\frac{\hbar}{m_\pi c}}\cdot\frac{1}{mc^2} = \frac{g^2}{4\pi\hbar c}e^{-m_\pi/m} \approx \frac{g^2}{4\pi\hbar c} \sim 10,$$

比电磁相互作用大 3 个数量级，是强相互作用，g 是与 ϵ 相当的强相互作用荷.

同样，两粒子间的万有引力相互作用强度为

$$\frac{E}{mc^2} = \frac{G_N m^2}{\hbar/mc}\frac{1}{mc^2} = \frac{G_N m^2}{\hbar c},$$

其中 G_N 为万有引力常数. 可以看出，$\sqrt{4\pi G_N}\,m$ 是与 ϵ 和 g 相当的引力相互作用荷. 引力相互作用荷与粒子质量成正比，代入质子质量 $m = 938.27\,\text{MeV}/c^2$，

可以算得 $G_N m^2/\hbar c = 5.90 \times 10^{-39}$. 即使对已知质量最大的 Z^0 粒子, 代入 $m = 91.188\,\mathrm{GeV}/c^2$, 算得 $G_N m^2/\hbar c = 5.58 \times 10^{-35}$, 也非常弱. 所以粒子物理问题几乎总可忽略万有引力作用.

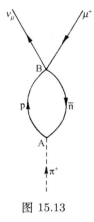

图 15.13

电磁相互作用的形式可由规范不变性原理给出, 是一种基本相互作用. 相比之下, 核子之间交换介子的强相互作用不是基本相互作用, 它是组成核子的夸克之间相互作用的结果. 基本的强相互作用是夸克之间交换胶子的相互作用, 它也可由规范不变性原理给出.

现在大家相信万有引力相互作用也是一种基本相互作用. 由于它的规律有点类似于电磁相互作用, 所以与光子相应地, 大家期待有传递引力作用的 引力子, 只是由于它的能量和动量太小, 至今尚未发现. 不过, 引力荷 $\sqrt{4\pi G_N}\, m$ 不是普适常数, 它正比于粒子质量. 这是否蕴含更深的物理尚不知道.

弱相互作用 $\pi \to \mu\nu$ 可以分解为二级过程, 如图 15.13. A 是强相互作用顶点, π^+ 介子在这里转变为质子 p 和反中子 $\bar{\mathrm{n}}$, 重子数守恒. 图中用逆着时间方向传播的线表示反粒子. B 是弱相互作用顶点, p 与 $\bar{\mathrm{n}}$ 在这里相遇而湮灭, 同时产生 μ^+ 和 ν_μ, 电荷和重子数守恒. 这是 4 费米子的费米相互作用, 与中子的 β 衰变类似. 分析所有弱相互作用过程, 都可归结为某种 4 费米子的耦合, 耦合常数近似相等.

虽然费米弱相互作用具有普适性, 但相互作用常数 G_F 与上述 $\epsilon, g, \sqrt{4\pi G_N}\, m$ 的量纲不同, 不能直接比较. 表 15.3 中给出的数量级 10^{-5}, 是以质子约化康普顿波长平方 $(\hbar/m_{\mathrm{p}}c)^2$ 为单位的 $G_F/\hbar c$ 值, 若改用 π 介子的 $(\hbar/m_\pi c)^2$, 就成为 2.3×10^{-7}. 这种不确定, 暗示着费米相互作用还不是最基本的弱相互作用, 还有某种尚未了解的物理. 对这种物理的探索导致电弱统一理论的建立以及中间玻色子 $W^\pm$ 和 Z^0 的发现.

15.7 电弱统一和中间玻色子

a. 电弱统一

在 4 费米子模型基础上建立的弱相互作用普适理论, 成功地解释了所有低能弱相互作用过程的数据. 这表明在低能弱相互作用过程中, 可以近似把 4 费米子相互作用区域当成一个点, 费米的 4 费米子点模型适用. 不过, 这种 4 费米子的点相互作用不可能是基本相互作用, 因为它表明中微子与电子可直接发生散射, 散射截面正比于动心系能量的平方 s. 实际上, 在高能实验的气泡室中, 甚至在高能宇宙射线中, 中微子散射都极稀少. 理论上, 弗洛萨 (M. Froissart) 从因果性的普遍要求给出这种碰撞总截面的高能极限为

$$\sigma < \sigma_0 \ln^2 \frac{s}{s_0}, \qquad (15.87)$$

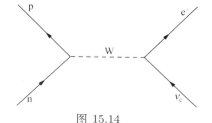

图 15.14

其中 σ_0 和 s_0 为两个常数. 此外, 4 费米子点模型还有一个内在的困难, 即不能通过重新定义物理观测量而消去它在计算中出现的一些无限大发散项, 即不能进行重正化.

中间玻色子模型如图 15.14, 它仿照电磁相互作用模式, 设想参与相互作用的 4 个费米子间通过一个中间玻色子相联系, 亦即两个费米子间的弱相互作用由一中间玻色子来传递. 这个中间玻色子称为 W 玻色子, 自旋为 1, 有 0 和 ± 1 三个电荷态. 与光子不同的还有, 电磁相互作用是长程相互作用, 光子质量为 0, 而弱相互作用是极短程的相互作用, W 玻色子应有很大的质量. 尽管有这种差别, 人们仍猜测弱相互作用与电磁相互作用可能是同一种相互作用的不同表现.

1961 年格拉肖 (S.L. Glashow) 提出了一个电弱统一的模型. 1967 年和 1968 年温伯格 (S. Weinberg) 和萨拉姆 (A. Salam) 独立地把它表述成具有规范不变性的理论, 并通过希格斯 (P.W. Higgs) 机制使对称性自发破缺, 从而使 W 玻色子获得了质量. 1971 年胡夫特 (G. t'Hooft) 和伏特曼 (M. Veltman) 进一步证明了这个理论是可重正化的. 同时, 一系列的实验检验都与这个理论的预言相符, 证明弱相互作用确实与电磁相互作用都是同一种相互作用的不同表现, 从而使我们对自然界基本相互作用的了解向前推进了一大步. 格拉肖、温伯格和萨拉姆因此获得 1979 年诺贝尔物理学奖.

费曼图 15.14 是二级过程, 它的矩阵元为

$$M_{\mathrm{n}\nu \to \mathrm{pe}} \sim g_{\mathrm{W}} \psi_{\mathrm{e}}^* \psi_\nu \phi_{\mathrm{W}} V \cdot \frac{1}{E_{\mathrm{W}}} \cdot g_{\mathrm{W}} \phi_{\mathrm{W}}^* \psi_{\mathrm{p}}^* \psi_{\mathrm{n}} V \sim \frac{g_{\mathrm{W}}^2 \hbar^2 c^2}{2 E_{\mathrm{W}}^2 V}, \qquad (15.88)$$

其中 g_{W} 是耦合常数, E_{W} 是 W 玻色子能量. ϕ_{W} 和 ϕ_{W}^* 是 W 玻色子场, 振幅 $\hbar/\sqrt{2E_{\mathrm{W}}V}$. 中子 β 衰变能量很低, 取 $E_{\mathrm{W}} = m_{\mathrm{W}}c^2$, m_{W} 是 W 玻色子质量. 上式应与 4 费米子点相互作用的矩阵元相等, 由此可得

$$m_{\mathrm{W}}^2 c^4 \sim \frac{g_{\mathrm{W}}^2}{4\pi\hbar c} \frac{2\pi\hbar^3 c^3}{G_{\mathrm{F}}}.$$

好一些的估计给出

$$m_{\mathrm{W}}^2 c^4 = \frac{g_{\mathrm{W}}^2}{4\pi\hbar c} \frac{4\pi\hbar^3 c^3}{G_{\mathrm{F}}}. \tag{15.89}$$

根据电弱统一性, 有

$$\frac{g_{\mathrm{W}}^2}{4\pi\hbar c} = \frac{\epsilon_{\mathrm{W}}^2}{4\pi\hbar c} = \alpha, \tag{15.90}$$

代入精细结构常数值 $\alpha = 1/137$ 和费米相互作用常数值 $G_{\mathrm{F}} = 8.962 \times 10^{-5}\,\mathrm{MeV} \cdot \mathrm{fm}^3$, 就可算出

$$m_{\mathrm{W}} \approx 90\,\mathrm{GeV}/c^2.$$

仔细的理论分析, 荷电中间玻色子 $\mathrm{W}^{\pm}$ 和中性中间玻色子 Z^0 的质量略有差别,

$$m_{\mathrm{W}}^2 c^4 = \frac{\alpha}{1-\Delta} \frac{\pi\hbar^3 c^3}{\sqrt{2}\,G_{\mathrm{F}}\sin^2\theta_{\mathrm{W}}}, \tag{15.91}$$

$$m_{\mathrm{Z}}^2 c^4 = \frac{m_{\mathrm{W}}^2 c^4}{\cos^2\theta_{\mathrm{W}}}, \tag{15.92}$$

其中常数 θ_{W} 称为 温伯格角, 由实验定出

$$\sin^2\theta_{\mathrm{W}} = 0.231\,52 \pm 0.000\,14,$$

Δ 反映高次效应对精细结构常数 α 的修正, 并且从理论上可算出

$$\Delta = 0.057\,37.$$

这样预言有

$$m_{\mathrm{W}} = 80.0\,\mathrm{GeV}/c^2, \qquad m_{\mathrm{Z}} = 91.0\,\mathrm{GeV}/c^2,$$

相应的约化康普顿波长约为 $(2.2\text{—}2.5) \times 10^{-3}\,\mathrm{fm}$.

b. 中间玻色子

为了寻找质量这么大的中间玻色子, 鲁比亚 (C. Rubbia) 和克兰因 (D. Cline) 1976 年建议把当时世界上能量最高的欧洲粒子物理实验室 (CERN) 超级质子同步加速器 SPS 改建成正反质子对撞机. 这台对撞机于 1981 年 10 月建成, 质子 p 和反质子 $\bar{\mathrm{p}}$ 的束流各加速到 $270\,\mathrm{GeV}$, 对撞能量 $540\,\mathrm{GeV}$, 已超过产生中间玻色子的阈能 5 倍以上. 根据束流亮度 $1 \times 10^{30}/(\mathrm{cm}^2 \cdot \mathrm{s})$, 估计每天可产生几百个中间玻色子.

产生的 $\mathrm{W}^{\pm}$ 和 Z^0 玻色子寿命极短, 只能从它们的衰变产物来鉴别. 为此在围绕 SPS 环的地下建造了庞大复杂的谱仪 UA1 和 UA2, 它们的重量分别为 $2000\,\mathrm{t}$ 和 $200\,\mathrm{t}$, 可以在过程

$$\mathrm{p} + \bar{\mathrm{p}} \longrightarrow \mathrm{W}^{\pm} + \mathrm{X}$$
$$\phantom{\mathrm{p} + \bar{\mathrm{p}} \longrightarrow W} \big\downarrow \mathrm{e}^{\pm} + \nu$$

和

$$p + \bar{p} \longrightarrow Z^0 + X$$
$$\vphantom{}\;\;\;\;\;\;\;\;\;\; \raisebox{0.5ex}{$\llcorner$}\!\!\to e^+ + e^-$$

中通过探测产生的 $e^\pm$ 来鉴别 $W^\pm$ 和 Z^0. 如果产生了 $W^\pm$, 则 $e^\pm$ 的横向动量分布会出现一个峰, 如图 15.15(a). 如果产生了 Z^0, 则 e^+e^- 对的质量谱会在 Z^0 质量处出现一个峰, 如图 15.15(b).

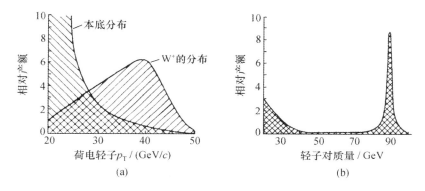

图 15.15

1982 年底约 1 个月的运行中, 约观测了十亿次 $p\bar{p}$ 碰撞. UA1 组从 14 万单电子事件中经过反复分析和严格筛选找到 5 个高能电子事件, 它们既有大横向动量 p_T (表明是 $e^\pm$), 又有大的横向动量丢失 (表明还有 ν_e 或 $\bar{\nu}_e$). 再经过运动学计算和各种的校正, 得到衰变粒子的能量为 $81 \pm 5\,\mathrm{GeV}$. UA2 组找到 4 个事件, 给出 $80^{+10}_{-6}\,\mathrm{GeV}$. 1983 年 1 月 CERN 宣布 UA1 组和 UA2 组同时发现了 $W^\pm$ 粒子.

由于 Z^0 粒子的产生概率比 $W^\pm$ 的约小 10 倍, 又过了四个多月, 把 $p\bar{p}$ 对撞机亮度提高 10 倍后, UA1 组发现了 $Z^0 \to e^+e^-$ 的事件. 不久 UA2 组也找到了 $Z^0 \to e^+e^-$ 或 $e^+e^-\gamma$ 的事件. 可以说, 这是十多年中为检验格拉肖 - 温伯格 - 萨拉姆模型所进行的一系列实验的顶峰. 鲁比亚和范德梅尔 (S. Van der Meer) 为此获 1984 年诺贝尔物理学奖. 在格拉肖 - 温伯格 - 萨拉姆模型中至今尚未找到的只剩下希格斯粒子 H^0 和 $H^\pm$ 了.

后来精确测定 $W^\pm$ 和 Z^0 的质量和宽度分别为

$$m_W = 80.403 \pm 0.029\,\mathrm{GeV}/c^2, \qquad \Gamma_W = 2.141 \pm 0.041\,\mathrm{GeV}/c^2,$$

$$m_Z = 91.1876 \pm 0.0021\,\mathrm{GeV}/c^2, \qquad \Gamma_Z = 2.4952 \pm 0.0023\,\mathrm{GeV}/c^2.$$

15.8 夸克模型和 QCD

a. 粒子分类和量子数

除了传递电弱相互作用的规范玻色子 γ, $W^{\pm}$ 和 Z^0, 其余已知粒子和共振态按它们是否参与强相互作用而分为 轻子 和 强子. 轻子是费米子, 自旋 1/2, 不参与强相互作用. 轻子对 (e^-, ν_e), (μ^-, ν_μ), (τ^-, ν_τ) 分别具有轻子数 $l_e = 1$, $l_\mu = 1$, $l_\tau = 1$, 反粒子 $(e^+, \overline{\nu}_e)$, $(\mu^+, \overline{\nu}_\mu)$, $(\tau^+, \overline{\nu}_\tau)$ 的相应轻子数为 -1. 轻子数在所有相互作用过程中都守恒.

强子和强子共振态按自旋分为 介子 和 重子 两大类. 介子是玻色子, 重子是费米子, 重子的 重子数 $B = 1$, 反重子 $B = -1$, 其余粒子 $B = 0$. 重子数在任何相互作用过程中都守恒.

奇异数 S 不为 0 的介子称为 奇异介子, 奇异数不为 0 的重子称为 奇异重子, 它们的反粒子奇异数相反. 奇异数在强相互作用和电磁相互作用过程中守恒, 在弱相互作用过程中 $\Delta S = 0, \pm 1$.

此外, 介子和重子都可以按同位旋空间的转动性质赋予同位旋量子数 I 和 I_3. 在强相互作用过程中同位旋守恒, I 和 I_3 都不变. 在电磁相互作用过程中 I_3 守恒, I 只能改变整数, 而在弱相互作用过程中 I 和 I_3 都不守恒.

由于 B, S, I_3 与电荷数 Q 之间有盖尔曼 - 西岛关系 (15.47), 而 Q 和 B 对所有相互作用过程都守恒, 所以 S 和 I_3 的变化是互相关联的. 表 1.2 给出了没有强相互作用衰变的粒子的基本性质和量子数.

b. 八正法

盖尔曼和尼曼 (Y. Neéman) 1961 年分别提出了强子分类的 八正法. 把自旋和宇称相同而电荷和超荷不同的 同位旋多重态 画在 Y-I_3 图上, 可得图 15.16 那

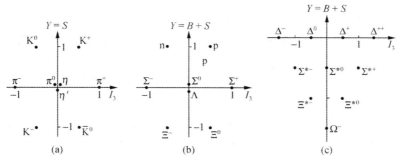

图 15.16

样的对称图样. 每一组对称图样的粒子, 构成一个 超多重态. 图中依次是 $J^P = 0^-$ 的介子八重态, $J^P = (1/2)^+$ 的重子八重态, $J^P = (3/2)^+$ 的重子十重态. 每个超多重态内, 近邻的两个态可以互相转变, 相应量子数的改变可从坐标读出.

图 15.17 画出了重子八重态的质量谱. 若不存在相互作用, 它们应重合成一条谱线. 强相互作用把它分裂成 Ξ, Σ, Λ, N 4 条, 电磁相互作用把每条进一步分裂成同位旋多重态. Λ 是 $I = 0$ 的同位旋单态, 不能再分裂. 强相互作用引起的分裂比电磁相互作用的大得多, 从 Λ 到 N 有 $176\,\text{MeV}$, 而 p 与 n 只差 $1.3\,\text{MeV}$.

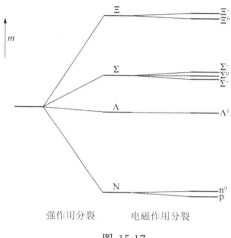

强作用分裂　　　　电磁作用分裂

图 15.17

电磁场在规范变换下的对称性属于数学上 U(1) 群的不变性, 强子在同位旋空间转动下的对称性属于 SU(2) 群的不变性, 而上述强子超多重态对称性属于 SU(3) 群的不变性. 根据 SU(3) 对称性分析, 可得重子八重态 盖尔曼 - 大久保 (Okubo) 质量公式

$$\frac{1}{2}(m_{\text{N}} + m_{\Xi}) = \frac{1}{4}(m_{\Sigma} + 3m_{\Lambda}), \tag{15.93}$$

盖尔曼据此又写出介子八重态质量公式

$$m_{\text{K}}^2 = \frac{1}{4}(m_{\pi}^2 + 3m_{\eta}^2). \tag{15.94}$$

此外, 还可得到十重态质量等间距规则

$$m_{\Delta} - m_{\Sigma^*} = m_{\Sigma^*} - m_{\Xi^*} = m_{\Xi^*} - m_{\Omega}, \tag{15.95}$$

和一个超多重态中各粒子质量的大久保公式

$$m = m_0 + m_1 Y + m_2 \left[\frac{1}{4}Y^2 - I(I+1)\right], \tag{15.96}$$

其中 m_0, m_1, m_2 是与多重态有关的常数. 考虑到电磁相互作用还会引起质量的差异, 以上公式与实验符合得相当不错.

盖尔曼和尼曼提出八正法时, $(3/2)^+$ 重子十重态中 $I_3 = 0$ 和 $Y = -2$ 的 Ω^- 粒子尚未发现. 根据质量等间距规则预言这个粒子质量约为 $1680\,\text{MeV}/c^2$, 由此推知它只能弱衰变, 因为可达到的 ΞK 态最低能量为 $1812\,\text{MeV}$. 1964 年巴恩斯 (V.E. Barnes) 等人在布鲁克海汶 (Brookhaven) 的气泡室照片中发现 $S = -3$

的超子, 质量 $1686 \pm 12\,\mathrm{MeV}$, 使物理学家们相信 SU(3) 方案确实反映了真实的物理.

SU(3) 群有 8 个算符, 相应地在物理上有 8 个量子数, 所以盖尔曼将他的理论取名八正法. 八正法这个名称, 则是借自佛祖向弟子所传授的正见、正念、正语、正业等的总称八正道.

c. 夸克模型

SU(3) 是 3×3 维 特殊幺正矩阵 的缩写. SU(3) 对称性可以表现为

$$1,\ 3,\ 6,\ 8,\ 10,\ 27,\ \cdots$$

等多重态, 其中 3 重态是基础, 用它可以组成 SU(3) 的

$$1,\ 8,\ 10,\ \cdots$$

多重态. 为了解释为什么没有观测到 $3, 6, \cdots$ 多重态, 盖尔曼和茨威格 (G. Zweig) 1963 年独立地提出, 所有强子都是由构成 SU(3) 3 重态的 3 个基本组分构成的. 盖尔曼从爱尔兰作家詹姆斯·乔依斯 (James Joyce) 的意识流名著《芬尼根大梦初醒》(Finnegan's Wake) 中取出 quark 一词来称呼这种基本组分. quark 在德语中是酸奶酪一类的食品, 乔依斯用以表达抽象的观念, 在这里音译为 夸克.

夸克自旋 1/2, 是费米子. 它们与轻子一样是点粒子, 没有内部结构. 特别的是, 它们具有分数电荷, 见表 15.4. 最初的 3 个夸克是 上夸克 u, 下夸克 d, 奇异夸克 s, 后来又陆续补充了 粲夸克 c, 顶夸克 t, 底夸克 b. 每个夸克有重子数 $B = 1/3$, 奇异夸克有奇异数 $S = 1$, 粲夸克有 粲数 $C = 1$. 正、反夸克的电荷 Q、重子数 B、奇异数 S 和粲数 C 符号相反.

表 15.4 三代轻子和夸克的性质

代数	轻子	电荷 Q/e	夸克	电荷 Q/e	奇异数 S	粲数 C	同位旋 $I,\ I_3$	质量
1	e^-	-1	u	$\frac{2}{3}$	0	0	$\frac{1}{2},\ \frac{1}{2}$	1.5—3 MeV/c^2
	ν_e	0	d	$-\frac{1}{3}$	0	0	$\frac{1}{2},\ -\frac{1}{2}$	3—7 MeV/c^2
2	μ^-	-1	c	$\frac{2}{3}$	0	1	0, 0	1.25 ± 0.09 GeV/c^2
	ν_μ	0	s	$-\frac{1}{3}$	-1	0	0, 0	95 ± 25 MeV/c^2
3	τ^-	-1	t	$\frac{2}{3}$	0	0	0, 0	174.2 ± 3.3 GeV/c^2
	ν_τ	0	b	$-\frac{1}{3}$	0	0	0, 0	4.2 ± 0.07 GeV/c^2

一个重子由 3 个夸克组成, $B = 1$. 一个反重子由 3 个反夸克组成, $B = -1$. 一个介子由 1 个夸克 1 个反夸克组成, $B = 0$. 所有强子都是这样由各种夸克和反夸克组成的. 强子组成的这种模型称为 夸克模型, 组成强子的夸克称为 价

夸克. 表 15.5 给出了几个强子的夸克组分, 以及它们的重子数 B、电荷 Q、自旋 J 和奇异数 S, 其中自旋 J 是夸克组分的自旋角动量耦合的结果.

表 15.5 某些强子的夸克模型组分

强子	夸克组分	重子数 B	电荷 Q/e	自旋 $J/\hbar$	奇异数 S
π^+	$u\bar{d}$	$\frac{1}{3} - \frac{1}{3} = 0$	$\frac{2}{3} + \frac{1}{3} = 1$	0	$0 + 0 = 0$
K^+	$u\bar{s}$	$\frac{1}{3} - \frac{1}{3} = 0$	$\frac{2}{3} + \frac{1}{3} = 1$	0	$0 + 1 = 1$
p	uud	$\frac{1}{3} + \frac{1}{3} + \frac{1}{3} = 1$	$\frac{2}{3} + \frac{2}{3} - \frac{1}{3} = 1$	$\frac{1}{2}$	$0 + 0 + 0 = 0$
n	ddu	$\frac{1}{3} + \frac{1}{3} + \frac{1}{3} = 1$	$-\frac{1}{3} - \frac{1}{3} + \frac{2}{3} = 0$	$\frac{1}{2}$	$0 + 0 + 0 = 0$
Ω^-	sss	$\frac{1}{3} + \frac{1}{3} + \frac{1}{3} = 1$	$-\frac{1}{3} - \frac{1}{3} - \frac{1}{3} = -1$	$\frac{3}{2}$	$-1 - 1 - 1 = -3$

质子中有两个 u 夸克, 中子中有两个 d 夸克, Ω^- 中有 3 个 s 夸克, 等等. 这种情形在统计性质的分析中会造成困难. 为了保证泡利原理总能满足, 有必要把每一种夸克区分为红、绿、蓝 3 种色态. 反夸克的色态为 反红、反绿和反蓝. 重子中 3 个夸克色态不同, 就不会违反泡利原理. 类似地, 介子中夸克与反夸克的色态应相反. 这样, 重子和介子就都是 无色 的, 使得夸克的色态只在强子内部有意义, 而绝不可能在强子以外直接观测.

于是, 夸克有红、绿、蓝 3 个色态, 上、下、粲、奇、顶、底 6 个味态. 6 个味态可分成 3 代, 与轻子的 3 代 (e^-, ν_e)、(μ^-, ν_μ)、(τ^-, ν_τ) 相对应, 见表 15.4. 第一代 u, d, e^-, ν_e 是普通物质的基础. 第二代 c, s, μ^-, ν_μ 与高能碰撞中产生的大多数不稳定粒子和共振态有关, 它们全都衰变到第一代. 第三代 t, b, τ^-, ν_τ 中, t, b 质量都是质子的许多倍, $m_\tau = 1.777\,\mathrm{GeV}/c^2$ 也几乎为质子的 2 倍, 所以它们只能在极高能过程中产生.

d. QCD

从夸克模型的意义上看, 夸克和轻子才是构成物质的基本单元, 发生于夸克和轻子层次的相互作用才是基本相互作用. 夸克和轻子都带 弱荷, 可以通过交换 $W^\pm$, Z^0 发生弱相互作用. 交换 $W^\pm$ 的弱相互作用是像 β 衰变那样传统意义上的弱相互作用. 交换 Z^0 的弱相互作用则是格拉肖 - 温伯格 - 萨拉姆模型中新预言的弱相互作用.

$W^\pm$ 带电荷, 它们不仅传递弱相互作用, 也参与电磁相互作用. 带电荷的夸克和轻子可以通过交换光子 γ 发生电磁相互作用. γ 不带电荷和弱荷, 只单纯地传递电磁相互作用. 表 15.6 是传递相互作用的媒介子的主要性质.

只有强子之间有强相互作用, 这表明只有夸克之间有强相互作用. 标志夸克强相互作用性质的 强荷 就是夸克的色态, 又称 色荷. 所以这种强相互作用称为 色相互作用, 而研究色相互作用的量子理论称为 量子色动力学, 简称 QCD.

表 15.6 传递相互作用的媒介子的主要性质

粒子名称	符号	质量 /(GeV/c^2)	电荷 Q/e	总宽度 Γ/GeV	自旋宇称 J^P
光子	γ	$< 6 \times 10^{-26}$	$< 5 \times 10^{-30}$	稳定	1^-
中间玻色子	$\mathrm{W}^\pm$	80.403 ± 0.029	± 1	2.141 ± 0.041	1
	Z^0	91.1876 ± 0.0021	0	2.4952 ± 0.0023	1
胶子	g	0 (理论值)	0		1^-
引力子	G	0 (理论值)	0		2

  QCD 是仿照量子电动力学 QED 而建立的. 根据 QCD, 色相互作用是带色荷的粒子之间通过交换胶子 g 而发生的. QCD 假设有 8 种胶子, 它们没有质量, 以光速传播, 每个胶子带一色荷和一反色荷. 所以, 夸克发射或吸收一个胶子后, 会改变色态. 例如, 蓝夸克发射蓝 - 反红胶子后变成红夸克, 而吸收这个胶子的红夸克会变成蓝夸克.

  胶子 g 带色荷, 所以胶子之间还可通过交换胶子发生相互作用. 这是一种非线性效应, 它导致 QCD 具有一些不同于 QED 的奇特性质. 由于这种效应, 色相互作用的有效耦合常数会随所交换的能量动量的增大而减小. 这种变动的耦合常数被称为 *跑动耦合常数*. 耦合常数的这种变化, 使得高能夸克间的作用成为近似自由的, 这称为 *渐近自由*. 它使得夸克相距越远则作用越强, 以至于不能把单个夸克从强子中分离出来, 这称为 *夸克禁闭*.

  以电弱统一和 QCD 为基础的夸克模型称为粒子物理的 *标准模型*. 标准模型取得了巨大的成功, 种种迹象都表明夸克是确实存在的微观客体, 盖尔曼因此获 1969 年诺贝尔物理学奖. QCD 的物理图像、概念和理论, 已成为物理学家在粒子物理和核物理发展前沿研究、思考和工作的基础. 尽管如此, 一切寻找自由夸克的努力至今仍未获得成功. 此外, 如何从 QCD 来说明强子之间的强相互作用, 也还是没有解决的问题. 而且, 从 1987 年开始在 CERN 和 SLAC 进行的实验, 用极高能的极化 μ 子和电子在极化质子上散射, 发现三个价夸克 uud 只提供质子自旋的 20—30%. 质子自旋来自什么? 这称为 *质子自旋之谜*, 至今仍是实验和理论家关注的焦点. 最后, 电弱统一的关键是 *希格斯场*, 它在保持光子无质量的同时, 使中间玻色子 $\mathrm{W}^\pm$ 与 Z^0 获得所期望的质量. 但与这个场相应的 *希格斯粒子* 却一直没有找到.

e. 超越标准模型

  实验物理学家的研究可以不受现有理论的约束. 同样, 理论物理学家也可撇开一些没有解决的实验问题和理论细节继续往前走. 1974 年乔基 (H. Georgi) 和格拉肖提出大统一理论 GUT, 把强相互作用和电弱相互作用纳入统一的框架,看成是同一种自然现象的不同表现. 这样一来, 夸克和轻子之间就会相互转化, 从而导致质子不再是绝对稳定的粒子, 会发生衰变,

$$p \longrightarrow \pi^0 + e^+.$$

当然这种相互作用极弱, 所预言的质子寿命为 10^{30}—10^{33} 年, 比整个宇宙的寿命 10^{10} 年长得多. 迄今实验没有探测到质子衰变, 给出质子寿命的下限 $\sim 10^{32}$ 年.

多数 GUT 的版本都要求中微子有质量,

$$m_\nu \sim \frac{M_{\mathrm{eW}}^2}{M_x},$$

$M_{\mathrm{eW}} \sim 10^2 \, \mathrm{GeV}/c^2$ 是电弱统一的特征质量, $M_x \sim 10^{15} \, \mathrm{GeV}/c^2$ 是大统一质量, 即当能量达到 $M_x c^2$ 时三种相互作用的强度趋于相等. 理论还预言

$$m_{\nu_e} \ll m_{\nu_\mu} \ll m_{\nu_\tau},$$

而中微子一般是这三个质量态的叠加态. 于是, 由于在飞行过程中叠加态的相对相位会变化, 中微子会在这三个质量态之间振荡, 这称为 MSW 效应 (Mikheyev, Smirnov, Wolfenstein). 探测太阳中微子的实验发现了存在这种中微子振荡的证据, 从而可以解释三十多年没有解决的 太阳中微子之谜—— 为什么探测到的太阳中微子还不到根据太阳标准模型理论算得的一半 (参阅 17.4 节 d)? 这是因为太阳射来的 ν_e 会振荡成 ν_μ 和 ν_τ, 而探测器只检测 ν_e.

在 GUT 中, 电荷是以基本电量 e 为单位量子化的. 根据狄拉克 1931 年的理论, 量子化的电荷联系于单个的磁荷, 即存在 磁单极子. 理论预言的磁单极子质量高达 $10^{16} \mathrm{GeV}/c^2$, 远远超出现有加速器的能量. 这还只是没有得到实验验证的理论猜测, 而性急的理论物理学家们不肯停下来等待实验物理学家们的工作, 已经撇开这些, 继续往前去追求把万有引力也包括进来的最后的统一.

16 广义相对论的基本概念

16.1 等效原理和局部惯性系

a. 引力质量与惯性质量

牛顿在动力学方程

$$\boldsymbol{F} = m_{惯} \boldsymbol{a} \tag{16.1}$$

中引入描述物体动力学性质的惯性质量 $m_{惯}$, 又在万有引力定律

$$\boldsymbol{F} = \frac{GMm_{引}}{r^3} \boldsymbol{r} \tag{16.2}$$

中引入描述物体引力性质的引力质量 $m_{引}$. 这两个量物理含意不同, 逻辑上没有联系. 它们的相等, 是一个实验事实. 我们从本章开始把万有引力常数写成 G.

最早的实验, 传说是伽利略的比萨 (Pisa) 斜塔实验. 从上述二式可求出自由落体加速度

$$\boldsymbol{a} = \frac{m_{引}}{m_{惯}} \boldsymbol{g},$$

其中

$$\boldsymbol{g} = \frac{GM}{r^3} \boldsymbol{r}$$

在地面上是一常数. M 是地球质量, r 是地球半径. 实验发现不同物体从塔上落下的时间相同. 这表明它们有相同的加速度 a, 从而比值 $m_{引}/m_{惯}$ 是一与物体无关的常数, 把它吸收到普适常数 G 中, 就有

$$m_{引} = m_{惯}. \tag{16.3}$$

牛顿用空心摆做了定量的测量, 得到引力质量与惯性质量相等的结果, 精度是 10^{-3}. 1830 年前后, 贝塞耳 (Bessel) 还是用单摆, 精度达到 10^{-5}. 厄缶 (R. von Eötvös) 从 1890 年起, 用扭摆持续做了 25 年的实验, 把精度提高到 10^{-8}. 上世纪六十年代中到七十年代初, 狄克 (R.H. Dicke) 等人改进了厄缶的实验, 把精度

提高到 10^{-11},

$$\frac{m_{引}}{m_{惯}} = 1 + O(10^{-11}).$$

此外，还有人测量原子和原子核结合能所对应的惯性质量与相应引力质量之比，虽然精度不高，但也没有发现对 1 的偏离.

b. 等效原理

爱因斯坦讨论了一个假想实验. 设有一密封舱，舱内观测者看不到舱外的情形. 若把舱放在地面上，舱内观测者会看到自由的物体以加速度 g 落向舱底. 若舱在没有引力场的太空中以加速度 g 向上运动，他也会看到自由的物体以加速度 g 落向舱底. 按照牛顿力学，前者是引力效应，后者是惯性力效应. 引力正比于引力质量 $m_{引}$，惯性力正比于惯性质量 $m_{惯}$. 如果这两种质量严格相等，舱内观测者就不可能通过任何力学实验来判明船舱究竟是停在地面上，还是在太空中加速飞行.

爱因斯坦由此提出了 *等效原理*：在一个相当小的时空范围内，不可能通过实验来区分引力与惯性力，它们是等效的. 条件"相当小的时空范围"是必须的. 比如在地面上，如果实验区域不是相当小，或者实验时间不是相当短，就会发现重力加速度的大小和方向都随地点和时间而改变，而加速参考系中的惯性力则是常矢量.

若上述表述中的实验只限于力学实验，则引力与惯性力的等效性只限于力学现象，这种等效性较弱，这个意义上的等效原理称为 *弱等效原理*. 若不限于力学实验，要求任何物理实验，例如电磁和光学实验都不能区分引力与惯性力，这种等效性就很强，而把这个意义上的等效原理称为 *强等效原理*. 显然，强等效原理是一个更强的假设，包含更多和更深的物理.

有了等效原理，就可以把非惯性参考系与惯性参考系放在平等的地位，而不必给惯性参考系一个优先的位置. 因为非惯性参考系等效于存在引力场的参考系. 爱因斯坦提出，在所有的参考系中，自然定律的表述都应该相同. 这就是 *广义相对性原理*. 在广义相对性原理的基础上建立的理论，称为 *广义相对论*. 由于惯性力与引力等效，广义相对论实质上是关于引力场的理论.

c. 局部惯性系

如果引力等效于惯性力，地面重力场中的实验室就等效于一个匀加速非惯性参考系，而相对于它以重力加速度 g 向下运动的参考系才是惯性参考系. 在这个参考系中地面重力与惯性力相消，自由粒子静止或做匀速直线运动，惯性定律成立.

　　一般地说, 有引力场的参考系都不是惯性参考系, 而只有消除了引力场的参考系才是惯性参考系. 引力场强度的大小和方向一般地随地点不同, 不可能用一个加速参考系把它处处消去. 但在引力场空间任何一个局部的小范围内, 总可把它近似当作均匀的, 而找到一个相对于它有加速运动的参考系, 在其中引力刚好与惯性力相消. 这种在局部空间范围内消去引力场的参考系, 称为 局部惯性参考系, 简称 局部惯性系. 在引力场作用下自由下落并且没有转动的实验室, 就是一个局部惯性系.

　　必须指出, 这里的惯性参考系已经不同于经典力学中的惯性参考系. 根据这里的概念, 与产生引力场的恒星分布相对静止的参考系并不是惯性参考系, 因为存在引力场. 在局部空间范围消去了引力场的局部惯性参考系, 相对于产生引力场的恒星分布却有加速度.

　　惯性参考系是牛顿力学的基础, 所以惯性参考系问题一直是牛顿力学的基本理论问题, 而如何找到一个近似程度较好的实用的惯性参考系, 则又是长期困扰着物理学家特别是天体物理学家的实际问题. 在广义相对论中, 在原来意义上的惯性参考系不再具有优先地位, 相应地也就不再成为基本理论问题. 在具体使用上, 广义相对论中的惯性参考系是一个能够实际操作, 并且至少能在局部范围内实现的概念.

16.2　时空弯曲和短程线

a. 弯曲空间的几何与短程线

　　在笛卡儿 (Descartes) 平直坐标中描绘一条直线只需一维, 描绘一条曲线至少要二维; 描绘一个平面只需二维, 描绘一个曲面就要三维. 一般地, 描绘一个 n 维弯曲空间, 需要 $n+1$ 维平直空间. 只有在较高维平直空间中, 才能想象和描绘较低维的弯曲空间, 这是数学上研究空间弯曲的比较直观的方法.

　　也可在 n 维空间内研究它的弯曲性, 而不必借助 $n+1$ 维平直空间. 这就是研究空间的几何性质. 平直空间的几何是 欧几里得 (Euclid) 几何, 两点间直线距离最短, 两条平行线永不相交, 三角形内角和为 π, 等等. 在弯曲空间内, 这些性质就不一定成立. 例如在球面上, 两点间大圆弧距离最短, 两条平行线会相交, 三角形内角和大于 π, 如图 16.1.

　　一般地, 弯曲空间几何是 非欧几里得几何. 根据这种几何学上的差别, 我们就可以在一个空间内, 通过简单的几何测量来判断这个空间是不是弯曲的. 例

如测量圆周长 C 与其直径 D 之比. 当 $C/D = \pi$ 时是平面, $C/D < \pi$ 时是凸面, 而 $C/D > \pi$ 时是凹面, 如图 16.2.

在球面上测量三角形的内角和, 可以看出, 当三角形较大时, 其内角和明显地大于 π, 而当三角形很小时, 其内角和基本上等于 π. 一般地, 在弯曲空间的一小范围内, 如果弯曲很小, 其几何性质与欧几里得几何学的偏离可以忽略, 就可把它近似当成平直的. 例如圆周的一小段可近似当成直线, 球面的一小片可近似当成平面.

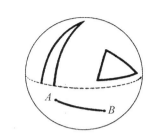

图 16.1

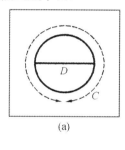 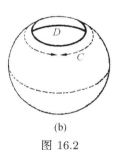 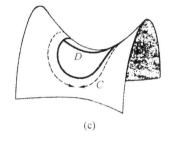

(a)   (b)   (c)

图 16.2

相反, 在小范围内平直的空间, 在大范围并不一定平直. 例如我们日常生活的局部地面可当成平面, 而实际上它是一个大球面的一部分. 空间的弯曲, 是空间的整体性质.

空间两点间距离最短的路径, 称为它们之间的 短程线. 在平直的欧几里得空间, 两点间的短程线是直线, 而在弯曲的非欧几里得空间, 两点间的短程线就是曲线.

b. 非惯性系中的空间弯曲与短程线

设有一半径为 r 的圆盘, 以匀角速度 ω 绕通过盘心并与盘面垂直的轴旋转, 试问静止观测者看来, 放于盘边随盘转动的钟的快慢和尺的长短如何? 在盘上的观测者看来, 几何的性质又如何? 这就是著名的 爱因斯坦转盘 问题[①].

沿半径的尺与运动方向垂直, 长度不变, 所以静止观测者测到转动圆盘的半径仍是 r. 盘边速率

$$v = \omega r,$$

---

① A. 爱因斯坦,《狭义与广义相对论浅说》, 杨润殷译, 上海科学技术出版社, 1964 年, 65 页.

盘边的钟由于运动而变慢，沿盘边的尺由于运动而收缩．设盘上观测者测得盘边周长 C，则静止观测者测得为

$$2\pi r = C\sqrt{1 - \frac{\omega^2 r^2}{c^2}}.$$

盘上观测者测得的半径也是 r，于是他测得圆周率

$$\frac{C}{D} = \frac{\pi}{\sqrt{1 - \omega^2 r^2/c^2}} > \pi.$$

所以，盘上观测者测得的空间是弯曲的，r 不同处，空间弯曲不同．

　　在上述分析中，假设对转动的尺可用洛伦兹变换的长度收缩．同样，对转动的钟也可用洛伦兹变换的时间膨胀．这个假设已得到实验支持．一个快速运动的 μ^- 粒子，使它垂直射入恒磁场，测出它在磁场中的回旋半径，就可确定它的速率 v．μ^- 子不稳定，测出它在磁场中的平均寿命 t，就可算出它的固有寿命 τ，

$$\tau = t\sqrt{1 - v^2/c^2}.$$

这样得到的 μ^- 子固有寿命也是 $2.2 \times 10^{-6}\,\mathrm{s}$，与它用同样速率在无磁场自由空间匀速直线运动时的 τ_μ 相同．这是法莱 (F.J.M.Farley) 等人 1966 年的实验，他们表明这两种情形的 μ^- 子固有寿命在 2% 的精度内相同[1]．

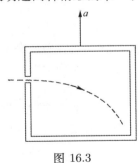

图 16.3

　　用一简单直观方式，可以理解非惯性系中空间的弯曲．光速是极限速度，两点间光经过的路径最短，光线就是短程线．由光线的曲直，就可看出空间的曲直．设有一可运动的暗室，从窗口水平地射入一束光．当暗室水平或匀速向上运动时，光在室内走直线，而当暗室匀加速向上运动时，光在室内走抛物线，如图 16.3．所以，惯性系中短程线是直线，空间平直，非惯性系中短程线是曲线，空间弯曲．

c. 时空的弯曲和短程线

　　在时空平面 (x, ct) 中，设 P 点与 O 点有类时间隔，如图 16.4．直线 $\overline{OP}$ 为粒子从事件 O 到事件 P 间匀速运动的世界线，而曲线 $\widehat{OP}$ 为粒子从 O 到 P 作变速直线运动的世界线．沿一世界线从 O 到 P 的时空间隔一般地可写成

$$s = \int \mathrm{d}s. \tag{16.4}$$

可以证明，对于上述情况，在 O 与 P 之间粒子匀速直线运动的世界线 $\overline{OP}$ 间隔最大，

---

① F.J.M. Farley *et al.*, *Nuovo Cimento*, **A45** (1966) 281.

$$s_{\overline{OP}} > s_{\widehat{OP}} . \tag{16.5}$$

为此, 变换到 O, P 两事件在空间同一点的参考系, 即把时间轴转到与 $\overline{OP}$ 重合. 由于 $\overline{OP}$ 是类时间隔, 这是可能的. 在此参考系中, 沿直线 $\overline{OP}$ 粒子静止, 而沿任何曲线 $\widehat{OP}$ 粒子都有运动, v 不恒为 0. 代入

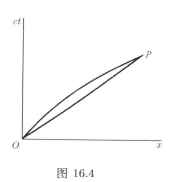

图 16.4

$$ds = \sqrt{c^2 dt^2 - dx^2} = c\,dt\sqrt{1 - v^2/c^2},$$

就可得到上述结论. 其中 v 是粒子速度,

$$v = \frac{dx}{dt}.$$

注意我们在本章对四维间隔采用的定义[①], 与以前的 (见 2.7 节) 相比差一负号.

一般地, 在时空两世界点间使间隔取极值的世界线, 称为它们之间的 时空短程线, 简称 短程线. 在惯性参考系中, 时空平直, 短程线是直世界线. 在非惯性系中, 钟和尺的标度随时间和地点变化. 短程线成为弯曲的世界线.

例如图 16.3 的实验, 若把窗口开在暗室顶部, 让入射光束垂直向下. 当暗室静止或匀速向上运动时, 光的世界线在 (x, ct) 平面是一间隔为 0 的直线, 而当暗室匀加速向上运动时, 光的世界线成为一条曲线, 与图 16.4 类似.

对于类空间隔的情形, 变换到两事件时间相同的参考系, 即把 x 轴转到与 $\overline{OP}$ 重合, 可类似地证明, 在平直空间中, 间隔取极值的条件给出两点间沿直线 $\overline{OP}$ 的空间距离最短, 与前面的短程线定义一致.

与空间弯曲类似地, 时空弯曲也是大范围时空的整体性质. 在加速参考系中, 参考系速度随时间改变, 钟与尺的标度也随之改变, 引起时空弯曲. 但在一很短时间间隔和很小空间区域内, 若钟和尺的标度近似不变, 这一小范围的时空就是近似平直的.

16.3 转动参考系

a. 时空度规

在没有引力场的平直时空, 欧几里得几何成立, 相邻两事件的间隔在笛卡儿平直坐标为

$$ds^2 = c^2 dt^2 - dx^2 - dy^2 - dz^2. \tag{16.6}$$

[①] 见 P.A.M. 狄拉克, 《广义相对论》, 朱培豫译, 科学出版社, 1979 年, 9 页.

一般地，若把时空坐标写成 x^μ，上标 $\mu = 0$ 为时间分量，$x^0 = ct$，$\mu = 1, 2, 3$ 为空间分量，则有

$$ds^2 = \sum_{\mu,\nu=0}^{3} g_{\mu\nu} dx^\mu dx^\nu = g_{\mu\nu} dx^\mu dx^\nu. \tag{16.7}$$

系数 $g_{\mu\nu}$ 称为 时空度规，它是对称的，$g_{\nu\mu} = g_{\mu\nu}$. 式中第二步的写法采用了 爱因斯坦约定: 一对相同的上下标意味着对它求和. 于是，在笛卡儿平直坐标的情形，

$$(x^0, x^1, x^2, x^3) = (ct, x, y, z),$$

$$(g_{\mu\nu})_{\text{直}} = \begin{pmatrix} 1 & 0 & 0 & 0 \\ 0 & -1 & 0 & 0 \\ 0 & 0 & -1 & 0 \\ 0 & 0 & 0 & -1 \end{pmatrix}.$$

对于爱因斯坦转盘，涉及坐标系的转动，可以选择以 z 轴为转轴的柱坐标系，

$$(x^0, x^1, x^2, x^3) = (ct, \rho, \phi, z).$$

当转盘静止时，有

$$ds^2 = c^2 dt^2 - d\rho^2 - \rho^2 d\phi^2 - dz^2,$$

$$(g_{\mu\nu})_{\text{柱}} = \begin{pmatrix} 1 & 0 & 0 & 0 \\ 0 & -1 & 0 & 0 \\ 0 & 0 & -\rho^2 & 0 \\ 0 & 0 & 0 & -1 \end{pmatrix}.$$

注意 $(g_{\mu\nu})_{\text{柱}}$ 与 $(g_{\mu\nu})_{\text{直}}$ 一样，描述的时空是平直的，属于欧几里得几何.

b. 转动坐标系的时空

现在来讨论转动坐标系的时空. 对于普遍情形更严谨的讨论，请参阅朗道的书[1]. 考虑上述柱坐标系相对于静止的惯性系围绕 z 轴以匀角速度 ω 转动. 从静止系到转动系的变换，可以取代换

$$\left. \begin{array}{ll} t \longrightarrow t, & \rho \longrightarrow \rho, \\ \phi \longrightarrow \phi + \omega t, & z \longrightarrow z, \end{array} \right\}$$

这相当于用静止系的时间作为转动系的 时间坐标. 在上述代换下，线元成为

$$ds^2 = \left(1 - \frac{\rho^2\omega^2}{c^2}\right) c^2 dt^2 - 2\rho^2\omega d\phi dt - d\rho^2 - \rho^2 d\phi^2 - dz^2, \tag{16.8}$$

---

[1] L. Landau and E. Lifshitz, *Classical Theory of Fields*, Pergamon Press, Oxford, 1971, §82.

$$(g_{\mu\nu})_{\text{转}} = \begin{pmatrix} 1 - \rho^2\omega^2/c^2 & 0 & -\rho^2\omega/c & 0 \\ 0 & -1 & 0 & 0 \\ -\rho^2\omega/c & 0 & -\rho^2 & 0 \\ 0 & 0 & 0 & -1 \end{pmatrix}.$$

从这个线元可以看出, 在转盘上静止的钟, 由于 $d\rho = d\phi = dz = 0$, 有时间间隔

$$d\tau_0 = \left(1 - \frac{\rho^2\omega^2}{c^2}\right)^{1/2} dt.$$

注意 t 是静止系的时间, $\rho\omega$ 是钟随转盘转动的速度, 所以上式正是上一节计算回旋加速器中 μ^- 子固有寿命的公式. 转动的钟比静止的钟慢, 有爱因斯坦时间膨胀关系, 与我们从狭义相对论形成的直觉一致. 由于钟的转速与到转轴的距离 ρ 有关, 盘上不同地点的钟快慢不同, 不可能有统一的时间. 这是广义相对论的一般情形, 广义相对论中的时间坐标只是时间的一种标记, 并不是从时钟直接读出的原时. 与原时相区分, 可把时间坐标的数值称为坐标时.

为了看出空间几何是非欧的, 把 (16.8) 式中的交叉项 $d\phi dt$ 配成平方和, 就得到

$$ds^2 = \left[\left(1 - \frac{\rho^2\omega^2}{c^2}\right)^{1/2} c dt - \frac{\rho^2\omega d\phi}{(1 - \rho^2\omega^2/c^2)^{1/2}c}\right]^2 - d\sigma^2, \qquad (16.9)$$

其中类空项

$$d\sigma = \left[d\rho^2 + \frac{\rho^2 d\phi^2}{1 - \rho^2\omega^2/c^2} + dz^2\right]^{1/2}$$

是两点间的固有距离, 它表示转动的弧长 $\rho d\phi$ 有速度为 $\rho\omega$ 的洛伦兹收缩, 与狭义相对论的物理直觉一致. 这就导致前一节已经指出的非欧几何.

还可以看出, 因为这个时空是由在一定方向的转动形成的, 在 ds^2 中出现含 $d\phi dt$ 的交叉项, 在空间反射 $\phi \to -\phi$ 或时间反演 $t \to -t$ 的变换下, 线元会发生改变, 它所描述的时空演化是有方向的. 一般说来, 转动系中物体沿一个方向运动所经历的时间与沿相反方向的不同, 光沿一个方向的传播与沿相反方向的不同. 这就是下面要分别讨论的双胞胎效应和萨纳克效应.

必须指出, 以上讨论只限于 $\rho\omega < c$ 的情形, 亦即转动坐标系只适用于 $\rho < c/\omega$ 的范围. 超出这个范围, 转盘边沿的线速度超过光速, 物理上就没有意义.

c. 转动系的双胞胎效应

把完全相同的两个钟对准后, 一个固定在转动系中不动, 另一个慢慢移动一周后又回到起点, 这时两个钟的时间差多少?

把 (16.9) 式中的类时项写成 $c^2 \mathrm{d}\tau^2$, 就有

$$\mathrm{d}\tau = \left(1 - \frac{\rho^2\omega^2}{c^2}\right)^{1/2} \mathrm{d}t - \frac{\rho^2\omega\mathrm{d}\phi}{(1 - \rho^2\omega^2/c^2)^{1/2}c^2}.$$

这里 $\mathrm{d}\tau$ 是钟的原时, 也就是与钟在一起的观测者的时间. 右边第一项是钟在转动系中静止时的原时 $\mathrm{d}\tau_0$, 第二项则是因为钟在转动系中移动而引起的时差. 沿闭合回路 C 积分, 可得[①]

$$(\Delta\tau)_{\pm C} = \Delta\tau_0 \mp \frac{2\omega S}{c^2},$$

其中 $\pm C$ 分别表示回路在 (x, y) 平面的投影沿逆时针或顺时针方向, 而

$$S = \oint_C \frac{\rho^2\mathrm{d}\phi}{2(1 - \rho^2\omega^2/c^2)^{1/2}}$$

是回路在 (x, y) 平面上投影的面积, 与回路的形状和方位有关. 于是, 钟在转动系中沿闭合回路移动一周回到起点时, 它与在起点不动的钟的时差, 正比于坐标系的转动角速度和回路在与转轴垂直的平面上投影的面积. 注意 S 是在转动系观测的面积, 仅当 $\rho\omega/c$ 的二次项可以忽略, 洛伦兹收缩因子 $\sqrt{1 - \rho^2\omega^2/c^2}$ 为 1 时, 它才与静止系观测的相等.

时差的正负与 C 在 (x, y) 平面上投影的转向有关. 当它与坐标转动的方向一致时, 时差为负; 当它与坐标转动的方向相反时, 时差为正. 这可以在静止系中来理解, 静止系是惯性系, 我们的物理经验和直觉适用. 随着转动系一起转动的钟有速度 $\rho\omega$, 走时变慢; 而沿着转动方向移动的钟速度比 $\rho\omega$ 快, 走时变得更慢, 所以这两个钟的时差为负. 反之, 逆着转动方向移动的钟速度比 $\rho\omega$ 慢, 走时比没有移动的钟要快, 于是时差为正.

地球是一个转动系, 只是由于地球自转角速度 ω 不高, 我们每天活动范围的投影面积 S 太小, 所以才没有从生活中获得关于上述效应的经验和直觉. 取 C 为地球赤道, 由 $\rho = R = 6.38 \times 10^6\,\mathrm{m}$ 和 $\omega = 7.29 \times 10^{-5}\,\mathrm{s}^{-1}$ 可以算出

$$\frac{2\omega S}{c^2} = \frac{2\pi\omega R^2}{\sqrt{1 - \omega^2 R^2/c^2}\,c^2} \approx \frac{2\pi\omega R^2}{c^2} = 207\,\mathrm{ns}.$$

这是很小的效应, 不过是可以观测的. 在前面 2.6 节 c 中已经提到, 可以把两台原子钟非常仔细地对准后, 把其中一台放到飞机上去绕地球飞行, 然后再拿回来与另一台比较. 海菲尔 (J.C. Hafele) 和克伊廷 (R.E. Keating) 1971 年做了这个实验[②]. 他们把 4 台铯钟放到飞机上, 在赤道上空绕地球飞行一周后再与地面的铯钟比较, 发现向东飞行的时差平均为 $-59 \pm 10\,\mathrm{ns}$, 向西飞行的时差平均为

---

① F.R. 坦盖里尼,《广义相对论导论》, 朱培豫译, 上海科学技术出版社, 1963 年, 16 页.
② J.C. Hafele and R.E. Keating, *Science*, **177** (1972) 166, 168.

$273 \pm 7\,\mathrm{ns}$. 飞机升空后引力场比地面弱, 考虑引力场和飞行的效应后, 理论计算结果在误差范围内与实验相符.

由于这种时差, 转动系中光沿闭合回路正反方向传播一周也会有时差, 这就是下面要讨论的萨纳克效应. 这一小节讨论的效应有时也称为萨纳克效应.

d. 萨纳克效应

考虑光沿一闭合回路 C 的传播, 这可以像光纤那样经由一系列反射而实现. 光的四维间隔为零, $\mathrm{d}s = 0$, (16.9) 式成为

$$c\mathrm{d}\tau_0 = \mathrm{d}\sigma + \frac{\rho^2\omega\mathrm{d}\phi}{(1 - \rho^2\omega^2/c^2)^{1/2}c},$$

$\mathrm{d}\tau_0 = \sqrt{1 - \rho^2\omega^2/c^2}\,\mathrm{d}t$ 是固定在回路起点的钟的原时间隔. 算回路积分, 注意对 $\mathrm{d}\sigma$ 的积分为回路周长 L, 就有

$$(\Delta\tau_0)_{\pm C} = \frac{L}{c} \pm \frac{2\omega S}{c^2}, \tag{16.10}$$

其中 $(\Delta\tau_0)_{\pm C}$ 是光沿回路传播一周回到起点的原时增量. 于是有

$$[(\Delta\tau_0)_{+C} - (\Delta\tau_0)_{-C}] = \frac{4\omega S}{c^2},$$

转动系中光沿闭合回路正反两个方向传播一周的时差, 正比于坐标系的转动角速度和回路在与转轴垂直的平面上投影的面积. 这就是萨纳克效应. 前面已经指出, S 是在转动系观测的面积, 仅当 $\rho\omega/c$ 的二次项可以忽略时, 它才与静止系观测的相等.

根据这个效应, 可以在转动系内通过光学实验来测量系统的转速. 最早建议做这种实验的, 是迈克耳孙 (1904 年), 而最早从理论上透彻分析这个建议的, 是冯劳厄 (M. von Laue, 1911 年). 萨纳克 (G. Sagnac) 1913 年用可控制转速的转台做了这个实验. 迈克耳孙和盖尔 (H.G. Gale) 1925 年在芝加哥设置边长约为 1 公里的矩形闭合光路, 用干涉仪对地球的自转也测得了这个效应. 对这些早期历史有兴趣的读者, 可以在泡利的书中查到有关的文献出处[①].

光沿回路正反向传播一周的时间不同, 就意味着传播的表观速度不同. 从 (16.10) 式可以算出光的表观速度

$$\frac{L}{(\Delta\tau_0)_{\pm C}} = c \mp \frac{2\omega S}{c(\Delta\tau_0)_{\pm C}} = c \mp \frac{2\omega S}{L \pm 2\omega S/c} = \frac{c}{1 \pm 2\omega S/Lc}$$

$$\approx c \mp \frac{2\omega S}{L},$$

[①] W. 泡利, 《相对论》, 凌德洪、周万生译, 上海科学技术出版社, 1979 年, 25 页和 281 页.

由于近似有 $S \propto L^2$, 最后一步是略去了 $L\omega/c$ 的二次项. 上式表明, 光在转动系中的表观速度可以大于或小于 c. 特别是, 当回路 C 是转盘上半径为 R 的圆周时, 在略去 $R\omega/c$ 的二次项的近似下, $S = \pi R^2$, $L = 2\pi R$, 上式右边成为 $c \mp R\omega$, 这正是伽利略变换的结果. 这说明, 在略去 $R\omega/c$ 的二次项的近似下, 萨纳克效应可以用经典理论来推导和解释[①]. 这就是通常对激光陀螺的讲法.

必须注意, 定义光的表观速度所用的, 是固定在转盘上的钟的走时 $\Delta\tau_0$, 而不是两个事件之间的原时间隔 $\Delta\tau$. 若用原时间隔 $\Delta\tau$, 从 (16.10) 式有 $(\Delta\tau)_{\pm C} = L/c$, 从而有

$$\frac{L}{(\Delta\tau)_{\pm C}} = c,$$

由光信号联系的两个事件之间空间距离与原时间隔之比为常数 c, 亦即光速是 c. 这个结论是普遍的, 不限于闭合回路 $\pm C$ 的情形. 实际上, 把 (16.9) 式中的类时项写成 $c^2 \mathrm{d}\tau^2$, 就意味着有上述结论.

值得指出, 时间差引起光程差, 旋转回路正反两束相干光会发生干涉, 所以萨纳克效应是光波波动性的效应. 而像光一样, 一切微观粒子都有波动性. 所以在转动系中, 同样也会有中子波束甚至原子波束的类似效应[②].

e. 环球萨纳克实验

1984 年阿兰 (D.W.Allan)、外斯 (M.A.Weiss) 和阿什比 (N.Ashby) 做了一个实验[③]. 他们利用美国国家标准局 (NBS)、德国物理技术研究院 (PTB) 和东京天文台 (TAO) 的原子钟系统, 以及美国卫星全球定位系统 (GPS) 的四颗卫星, 通过同时接收卫星发来的信号电波对每两台钟的时间进行比对, 在比对时扣除根据钟与卫星的位置算出的萨纳克效应时间差. 实验持续进行了三个月.

用坐标时 t, 计算从 A 到 B 萨纳克效应时间差的公式是

$$\Delta t_{AB} = \frac{2\omega S}{c^2} = 1.6227 \times 10^{-21} \times S \text{ s/m}^2,$$

其中 S 是从地心到信号脉冲的矢径在赤道平面的投影扫过的面积. 这里略去了 $\rho^2\omega^2/c^2$ 的项, 所以这个实验是 $\rho\omega/c$ 的一级效应.

由于卫星在运动, 这样算出电波在三台钟之间环行一周的萨纳克效应约为 240 到 350ns. 扣除萨纳克效应后, $t_{\text{NBS}} - t_{\text{PTB}}$ 约为 4800 到 5800 ns, $t_{\text{PTB}} - t_{\text{TAO}}$ 约为 -3200 到 -2200 ns, $t_{\text{TAO}} - t_{\text{NBS}}$ 约为 -2600 到 -2700 ns.

[①] L. Landau and E. Lifshitz, *Classical Theory of Fields*, Pergamon Press, Oxford, 1971, §89.

[②] Max Dresden and Chen Ning Yang, *Phys. Rev.*, **D20** (1979) 1846; 或杨振宁, 《相位与近代物理》, 在中国科学技术大学研究生院讲授的课程, 1985 年, §1.3 地球旋转的影响.

[③] D.W.Allan, M.A.Weiss and N.Ashby, *Science*, **228** (5 April 1985) 69.

理论上，这三个时间之和应为零：

$$\Delta t = (t_{\mathrm{NBS}} - t_{\mathrm{PTB}}) + (t_{\mathrm{PTB}} - t_{\mathrm{TAO}}) + (t_{\mathrm{TAO}} - t_{\mathrm{NBS}}) = 0.$$

验证这种大数之差为 0 的零实验，设计和精度的要求相当高. 90 天测量的平均值约为 5ns,

$$\overline{\Delta t_{\mathrm{exp}}} \approx 5\mathrm{ns}.$$

这就在小于 2% 的误差内验证了萨纳克效应.

ω 的数据取地心惯性系的地球自转周期，即恒星日 $T = 23$ 小时 56 分 4 秒，所以这个实验也表明，在上述误差内可取地心惯性系为局部惯性系. 由于地球自转，在地面异地对钟时，无论是把两个钟搬到一起对准后再分开，还是用电波传递信号，都与路径相关，结果不唯一. 在对钟时扣除萨纳克效应，则意味着选择地心惯性系的时间作为坐标时.

16.4 引力场中的时空和施瓦西度规

a. 引力场中的钟与尺

在地面附近的重力场中，以重力加速度 g 自由下落的实验室 S' 是一局部惯性系，狭义相对论成立，其中钟与尺的标度不变，时空是平直的. 而地面参考系 S 相对于它以加速度 g 向上运动，却是非惯性系，钟与尺的标度随高度变化，时空是弯曲的.

为了比较重力场 S 中地面和高 H 处的钟与尺，可以让实验室 S' 从高 H 处开始自由下落. 这时重力场中高 H 处的钟和尺相对于 S' 是静止的，它们的标度与 S' 中的钟与尺相同. 实验室 S' 落到地面时，地面的钟和尺相对于 S' 有一速度，所以 S' 中的观测者看到地面的钟变慢，尺在垂直方向缩短. 这也就是说，地面的钟比高处的慢，地面的尺在垂直方向比高处的短. 换句话说，从远离地面的高处看，离地越近，重力势越低的地方，钟越慢，尺在垂直方向越短. 这是广义相对论从等效原理得出的一个普遍结论. 注意在水平方向的尺长与高度无关.

球对称质量分布的引力场，可以类似地考虑. 由于对称性，其场强指向对称中心，大小与场点到中心的距离有关. 在引力场作用下从无限远自由落向中心的实验室 S' 是一局部惯性系. S' 中狭义相对论成立，钟与尺的标度不变，时空是平直的. 从 S' 中的观测者看来，引力场参考系 S 中各点相对于他的速度不同，距中心越近，速度越大. 所以从 S' 看来，引力场中的钟变慢，径向尺变短. 引力场越强，引力势越低的地方，钟越慢，径向尺越短. 同样，横向的尺没有这种收缩. 以上所说引力场中一点相对于 S' 的速度，是指 S' 落到该点时该点相对

于 S' 的相对速度.

b. 施瓦西度规

考虑球对称质量分布 M 的引力场, 以对称中心为坐标原点, 建立球坐标,

$$(x^0, x^1, x^2, x^3) = (ct, r, \theta, \phi). \tag{16.11}$$

在 $M = 0$, 没有引力场时, 时空是平直的, 球坐标线元 $\mathrm{d}s$ 和时空度规 $g_{\mu\nu}$ 分别为

$$\mathrm{d}s^2 = c^2\mathrm{d}t^2 - \mathrm{d}r^2 - r^2(\mathrm{d}\theta^2 + \sin^2\theta\mathrm{d}\phi^2),$$

$$(g_{\mu\nu})_{\text{球}} = \begin{pmatrix} 1 & 0 & 0 & 0 \\ 0 & -1 & 0 & 0 \\ 0 & 0 & -r^2 & 0 \\ 0 & 0 & 0 & -r^2\sin^2\theta \end{pmatrix}. \tag{16.12}$$

有引力场时, 考虑到引力场中钟变慢, 径向尺变短, 应作代换

$$\mathrm{d}t \longrightarrow \sqrt{1 - \frac{v^2}{c^2}}\,\mathrm{d}t, \qquad \mathrm{d}r \longrightarrow \frac{\mathrm{d}r}{\sqrt{1 - v^2/c^2}},$$

其中 v 是 r 处场点相对于局部惯性系 S' 落到该点时的速度. 假设 r 足够大时牛顿万有引力定律成立, 就有

$$v^2 = \frac{2GM}{r}.$$

于是有

$$\mathrm{d}s^2 = c^2\Big(1 - \frac{2GM}{c^2r}\Big)\mathrm{d}t^2 - \frac{\mathrm{d}r^2}{1 - 2GM/c^2r} - r^2(\mathrm{d}\theta^2 + \sin^2\theta\mathrm{d}\phi^2), \tag{16.13}$$

相应的时空度规为

$$(g_{\mu\nu})_M = \begin{pmatrix} 1 - \dfrac{2GM}{c^2r} & 0 & 0 & 0 \\ 0 & -\dfrac{1}{1 - 2GM/c^2r} & 0 & 0 \\ 0 & 0 & -r^2 & 0 \\ 0 & 0 & 0 & -r^2\sin^2\theta \end{pmatrix}. \tag{16.14}$$

这个时空度规称为 施瓦西度规, 它与平直时空球坐标度规 $(g_{\mu\nu})_{\text{球}}$ 的差别, 反映了球对称质量分布 M 的引力场中时空的弯曲. 当 $GM/c^2r \ll 1$ 时, 这种差别可以忽略, 时空近似成为平直的,

$$(g_{\mu\nu})_M \longrightarrow (g_{\mu\nu})_{\text{球}}, \qquad \text{当 } GM/c^2r \ll 1 \text{ 时}. \tag{16.15}$$

c. 爱因斯坦引力场方程的基本思想

没有引力场的平直时空中, 自由粒子运动的世界线是直线, 即时空短程线,

惯性定律可以表述成: 在闵可夫斯基空间中, 自由粒子沿时空短程线运动. 推广到有引力场的情形, 这就是: 在引力场中, 自由粒子沿时空短程线运动. 这是广义相对论关于粒子运动的一个基本假设, 可以称为广义相对论的 *惯性定律*, 其地位相当于牛顿力学中的动力学方程.

时空的几何性质, 包括时空短程线, 完全由时空度规 $g_{\mu\nu}$ 决定. 知道了引力场中的时空度规, 就可以确定粒子在引力场中的运动. 而爱因斯坦发现, 时空的度规又是由物质的分布和运动决定的. 爱因斯坦找到了一组联系时空度规和物质分布及其运动的方程, 称为 *爱因斯坦引力场方程*.

爱因斯坦引力场方程可以写成

$$R_{\mu\nu} - \frac{1}{2} g_{\mu\nu} R = -\frac{8\pi G}{c^4} T_{\mu\nu} - \Lambda g_{\mu\nu}. \tag{16.16}$$

方程左边称为 *爱因斯坦张量*, 其中 $R_{\mu\nu}$ 是描述时空弯曲程度的 *曲率张量*, 依赖于时空度规 $g_{\mu\nu}$ 及其微商, 而 R 是它与 $g_{\mu\nu}$ 的线性组合. 时空度规 $g_{\mu\nu}$ 决定了引力场中时空的弯曲及引力场中粒子的运动, 所以又称为 *引力场张量*. 方程右边的 $T_{\mu\nu}$ 依赖于物质分布及其运动, 称为物质的 *能量 - 动量密度张量*. Λ 是一常数.

爱因斯坦引力场方程中包含了万有引力常数 G 和光速 c, 自然地考虑了物质引力对时空的影响. 在 $c \to \infty$ 的经典极限, 或在没有物质的情形 $T_{\mu\nu} = 0$, 或在引力可以忽略的极限情形 $G \to 0$, 如果 $\Lambda = 0$, 则方程右边为 0, 给出

$$R_{\mu\nu} = 0,$$

时空成为平直的. 而如果 $\Lambda \neq 0$, 时空还会受到非物质成分的影响. 进一步的分析表明, 只有 Λ 足够小, 才能从爱因斯坦引力场方程近似得到牛顿引力定律. 含 Λ 的这项只在宇宙学中才重要, 所以把它称为 *宇宙项*, 而把 Λ 称为 *宇宙常数*. 宇宙项描述非物质因素对时空的影响, 从而为暗能量的存在提供了可能 (见后面 17.6 节 d).

我们在前面用一些简单物理考虑和近似写出的施瓦西度规 $(g_{\mu\nu})_M$, 实际上是静止球对称质量分布 M 情形爱因斯坦引力场方程在质量分布以外的外部空间严格解, 它是 1916 年施瓦西 (K. Schwarzschild) 首先求得的.

如果在 M 的引力场中有一粒子, 这个粒子的质量 m 会使引力场改变, 从而使时空度规 $g_{\mu\nu}$ 偏离施瓦西度规 $(g_{\mu\nu})_M$. 而粒子运动的短程线, 应由总的引力场 $g_{\mu\nu}$, 而不是由 M 的引力场 $(g_{\mu\nu})_M$ 来确定. 所以在原则上, 为了确定粒子 m 在 M 的引力场中的运动, 必须求解 $M + m$ 体系的爱因斯坦引力场方程, 在这个求解中同时确定总的引力场分布 $g_{\mu\nu}$ 和粒子 m 的运动. 只有粒子质量很小,

$m \ll M$ 时, 可以忽略粒子对引力场的贡献, 才可以用施瓦西度规 $(g_{\mu\nu})_M$ 代替 $g_{\mu\nu}$, 来确定粒子的运动:

$$g_{\mu\nu} \approx (g_{\mu\nu})_M, \qquad \text{当 } m \ll M \text{ 时.} \tag{16.17}$$

16.5 行星近日点的进动

a. 近日点的进动问题

在 6.3 节中我们曾经指出, 对于平方反比力

$$\boldsymbol{F} = \frac{\kappa \boldsymbol{r}}{r^3}, \tag{16.18}$$

从牛顿第二定律可以证明隆格 - 楞茨矢量

$$\boldsymbol{e} = \frac{\boldsymbol{r}}{r} - \frac{\boldsymbol{L} \times \boldsymbol{p}}{\kappa m} \tag{16.19}$$

在粒子运动中是守恒的. 对于行星在太阳引力场中的运动, 设太阳位于坐标原点, 则 $\boldsymbol{r}$ 是行星位置矢径, $\boldsymbol{p}$ 是行星动量, $\boldsymbol{L}$ 是行星角动量, m 是行星质量, 而

$$\kappa = -GMm,$$

M 是太阳质量.

取 x 轴沿 $\boldsymbol{e}$ 方向, z 轴沿 $\boldsymbol{L}$ 方向, 则由于角动量守恒, 行星轨道在 xy 平面. 在 $\boldsymbol{e}$ 的定义式两边点乘 $\boldsymbol{r}$, 有

$$er\cos\phi = r - \frac{\boldsymbol{r} \cdot (\boldsymbol{L} \times \boldsymbol{p})}{\kappa m} = r + \frac{L^2}{\kappa m}.$$

由此解得

$$r = \frac{L^2}{GMm^2} \frac{1}{1 - e\cos\phi}. \tag{16.20}$$

这正是行星椭圆轨道方程, 椭圆长轴沿 x 轴, 坐标原点是椭圆左焦点, e 是椭圆偏心率, 近日点在 $\phi = \pi$ 的 $-x$ 轴上, 近日点距离

$$r_{\mathrm{m}} = \frac{L^2}{GMm^2(1+e)}. \tag{16.21}$$

以上是牛顿力学的结果. 根据广义相对论, 在太阳周围空间发生弯曲, 使行星运动轨道进一步弯向太阳, 不再是一个封闭的椭圆. 这样, 行星每转一圈又回到近日点时, 近日点角位置将比上一圈的角位置朝前移动 Δ. 这个现象称为 行星近日点的进动, 是广义相对论非常精细的可观测效应之一.

b. 行星轨道方程及其解

在 xy 平面内, $\mathrm{d}\theta = 0$, 施瓦西度规的时空线元成为

$$\mathrm{d}s^2 = c^2\mathrm{d}\tau^2 = \left(1 - \frac{2GM}{c^2r}\right)c^2\mathrm{d}t^2 - \frac{\mathrm{d}r^2}{1 - 2GM/c^2r} - r^2\mathrm{d}\phi^2, \tag{16.22}$$

其中 τ 是行星固有时, 此式可以改写成方程

$$c^2 = c^2\left(1 - \frac{2GM}{c^2r}\right)\left(\frac{\mathrm{d}t}{\mathrm{d}\tau}\right)^2 - \frac{1}{1 - 2GM/c^2r}\left(\frac{\mathrm{d}r}{\mathrm{d}\tau}\right)^2 - r^2\left(\frac{\mathrm{d}\phi}{\mathrm{d}\tau}\right)^2. \tag{16.23}$$

此外, 行星能量 E 和角动量 L 可以写成

$$E = mc^2\left(1 - \frac{2GM}{c^2r}\right)\frac{\mathrm{d}t}{\mathrm{d}\tau}, \qquad L = mr^2\frac{\mathrm{d}\phi}{\mathrm{d}\tau}. \tag{16.24}$$

为了验证上面的 E 确可用作能量的定义, 我们看 m 沿径向运动的特例. 这时从方程 (16.23) 可得

$$\left[c\left(1 - \frac{2GM}{c^2r}\right)\frac{\mathrm{d}t}{\mathrm{d}\tau}\right]^2 = c^2 + \left(\frac{\mathrm{d}r}{\mathrm{d}\tau}\right)^2 - \frac{2GM}{r},$$

所以当 r 足够大时有

$$mc^2\left(1 - \frac{2GM}{c^2r}\right)\frac{\mathrm{d}t}{\mathrm{d}\tau} \approx mc^2 + \frac{1}{2}m\left(\frac{\mathrm{d}r}{\mathrm{d}\tau}\right)^2 - \frac{GMm}{r},$$

此式右边正是当 r 足够大时体系的总能量.

考虑到能量与角动量守恒, 引入正比于 $1/r$ 的变量 u 和运动常数 A,

$$u = \frac{GM}{c^2r}, \qquad A = \left(\frac{GMm}{Lc}\right)^2, \tag{16.25}$$

可从方程 (16.23) 推得

$$\left(\frac{\mathrm{d}u}{\mathrm{d}\phi}\right)^2 = A\left(\frac{E}{mc^2}\right)^2 - (1 - 2u)(A + u^2).$$

两边对 ϕ 求微商, 最后可得行星轨道的微分方程

$$\frac{\mathrm{d}^2u}{\mathrm{d}\phi^2} + u = A + 3u^2. \tag{16.26}$$

由于 u 是小量, $3u^2 \ll u$. 在上式中略去相对论项 $3u^2$, 即可求得牛顿的椭圆轨道解

$$u = A + B\cos\phi. \tag{16.27}$$

加入 $3u^2$ 项, 我们只讨论 $B = 0$ 的圆形轨道情形. 设改正项为 u_1, 即

$$u = A + u_1, \tag{16.28}$$

代入轨道方程中, 可得 u_1 的方程

$$\frac{\mathrm{d}^2u_1}{\mathrm{d}\phi^2} + u_1 = 3(A + u_1)^2 \approx 3A^2 + 6Au_1,$$

$$\frac{\mathrm{d}^2u_1}{\mathrm{d}\phi^2} + (1 - 6A)\left(u_1 - \frac{3A^2}{1 - 6A}\right) = 0. \tag{16.29}$$

由上式可以解出

$$u_1 = \frac{3A^2}{1-6A} + C\cos(\sqrt{1-6A}\,\phi). \tag{16.30}$$

这正是进动的椭圆轨道方程. 由进动条件

$$\sqrt{1-6A}\,(2\pi+\Delta) = 2\pi,$$

可解得进动角为

$$\Delta = 2\pi\left(\frac{1}{\sqrt{1-6A}} - 1\right) \approx 6\pi A = \frac{6\pi GM}{c^2 r}, \tag{16.31}$$

其中 r 是行星的轨道半径. 对于 $B\neq0$ 的椭圆轨道情形, 上式的 r 应换成 $r_{\mathrm{m}}(1+e)$, r_{m} 是近日点距离, e 是椭圆偏心率,

$$\Delta = \frac{6\pi GM}{c^2 r_{\mathrm{m}}(1+e)}. \tag{16.32}$$

c. 与观测的比较

太阳的 $6\pi GM/c^2 = 27.81\,\mathrm{km}$, 因而即使对于近日点距离 r_{m} 最小的水星, Δ 的数量级也是 10^{-6} 弧度. 幸而这个效应是积累的, 每转一周进动 Δ, 所以通常都是观测和计算每 100 地球年的进动角 $N\Delta$, N 是该行星在 100 地球年中转过的圈数. 这样算得水星近日点每百年进动 $43.0''$. 尽管预言的进动非常小, 但是观测得相当精确. 表 16.1 列出了一些行星的值. 在观测误差范围内, 广义相对论的计算都与观测相符. 对水星的观测精度最高, 相对误差 1%.

表 16.1 行星近日点的进动 (依据参考书 [5] 445 页)

行星	N	e	$r_{\mathrm{m}}/10^6\,\mathrm{km}$	$(N\Delta)_{理论}$	$(N\Delta)_{观测}$
水星	415.2	0.206	46.0	$43.0''$	$43.1\pm0.5''$
金星	162.5	0.0068	107.5	$8.6''$	$8.4\pm4.8''$
地球	100.0	0.017	147.1	$3.8''$	$5.0\pm1.2''$
火星	53.2	0.093	206.7	$1.4''$	
木星	8.43	0.048	740.9	$0.06''$	
Icarus[1]	89.3	0.827	27.9	$10.0''$	$9.8\pm0.8''$

这个观测的困难在于, 行星椭圆轨道的偏心率一般都不大, 不容易测定近日点的位置. 引起近日点进动的因素很多, 广义相对论的效应仅是总进动的一小部分. 例如, 实际观测到的水星总进动每百年 $5601''$, 其中地球自转引起 $5026''$, 其它行星对水星的吸引引起 $532''$, 广义相对论效应只有 $43''$. 值得指出的是, 1967 年普林斯顿 (Princeton) 大学的狄克和戈登伯 (H.M. Goldenberg) 发现太阳不是严格球形, 会引起水星每百年 $3.6''$ 的进动, 还没有找到恰当的解释[2].

---

[1] 1949 年发现的小行星, 用希腊神话人物伊卡鲁斯 (Icarus) 的名字命名.

[2] R.H. Dicke and H. Mark Goldenberg, *Phys. Rev. Lett.*, **18** (1967) 313.

从牛顿力学的观点来看，如果引力不是严格的平方反比力，则隆格 - 楞茨矢量 e 不再守恒，行星轨道也不再是一个封闭的椭圆，近日点位置也会发生进动. 在这个意义上，可以说爱因斯坦广义相对论是对牛顿万有引力定律的修改和推广. 在引力场很弱的近似下，广义相对论给出牛顿万有引力定律的结果.

16.6 星光的引力偏转和雷达回波的延迟

行星近日点的进动，是引力场中时空弯曲对行星运动所产生的效应，而光线在引力场中的弯曲，则是引力场中时空弯曲的直接表现.

a. 星光的引力偏转

根据等效原理，与引力场等效的加速参考系沿径向向外运动，而狭义相对论成立的局部惯性系相对于引力场的加速运动沿径向向里. 所以，射经太阳附近的光在引力场中将弯向太阳，有一 偏向角，如图 16.5.

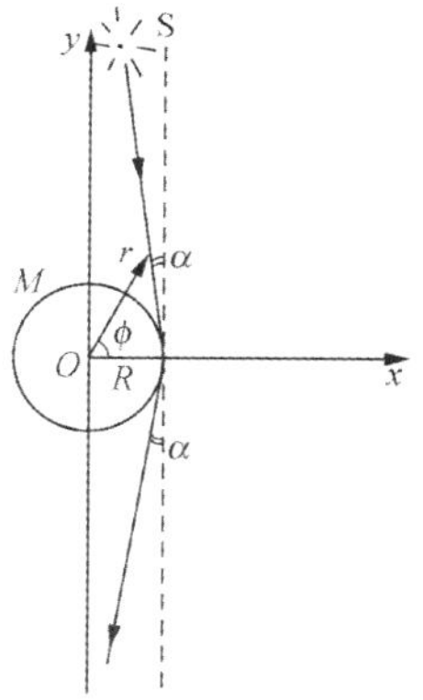

仍取球坐标 (r, θ, ϕ). 设太阳 M 位于坐标原点 O，来自远处的星光在 (x, y) 平面内射向太阳，并于 $\phi = 0$ 处与太阳相切，太阳半径为 R. 根据对称性，光线保持在 (x, y) 平面内， $\mathrm{d}\theta = 0$; 来自无限远的光 $\phi = \alpha + \pi/2$, 射向无限远的光 $\phi = -\alpha - \pi/2$, 偏向角

$$\Delta\phi = 2\alpha. \qquad (16.33)$$

光的四维间隔为 0, $\mathrm{d}s^2 = 0$, 由施瓦西度规可以写出

$$0 = c^2\left(1 - \frac{2GM}{c^2 r}\right)\mathrm{d}t^2 - \frac{\mathrm{d}r^2}{1 - 2GM/c^2 r} - r^2\mathrm{d}\phi^2. \quad (16.34)$$

从 16.5 节能量 E 和角动量 L 的表达式 (16.24) 可得

$$\frac{\mathrm{d}t}{\mathrm{d}\phi} = \frac{E}{L}\left(\frac{r}{c}\right)^2 \frac{1}{1 - 2GM/c^2 r}.$$

把它代入 (16.34) 式，有

$$\left(\frac{\mathrm{d}u}{\mathrm{d}\phi}\right)^2 + (1 - 2u)u^2 - \left(\frac{GME}{Lc^3}\right)^2 = 0,$$

其中 u 是 (16.25) 式定义的变量. 上式两边对 ϕ 求微商，考虑到能量和角动量守恒，上式第三项为运动常数，可得光线的微分方程，即短程线方程，

$$\frac{\mathrm{d}^2 u}{\mathrm{d}\phi^2} + u = 3u^2. \qquad (16.35)$$

略去相对论项 $3u^2$ 的零级近似解

$$u = u_0 \cos\phi \qquad (16.36)$$

图 16.5

是直线方程,表示光近似走直线.这正是牛顿时空观的结果.一级改正项含 $A\sin^2\phi+B$, 代入光线方程后可解得

$$u \approx u_0 \cos\phi + u_0^2(1+\sin^2\phi). \tag{16.37}$$

利用光线在 $\phi=0$ 处与星体相切的条件,可以定出

$$u_0 = u|_{r=R,\phi=0} \approx \frac{GM}{c^2 R}. \tag{16.38}$$

由上述解 $u(\phi)$ 即可求出偏转角 $\Delta\phi$. 在入射和出射的无限远处 $r\to\infty$, 即

$$u \to 0, \qquad \text{当 } \phi \to \pm\left(\frac{\pi}{2}+\alpha\right).$$

代入解 $u(\phi)$ 中,有

$$0 = u_0 \cos\left[\pm\left(\frac{\pi}{2}+\alpha\right)\right] + u_0^2\left\{1+\sin^2\left[\pm\left(\frac{\pi}{2}+\alpha\right)\right]\right\}$$

$$\approx -u_0\alpha + 2u_0^2,$$

$$\alpha = 2u_0 = \frac{2GM}{c^2R}, \qquad \Delta\phi = 2\alpha = \frac{4GM}{c^2R}. \tag{16.39}$$

代入太阳的质量 $M=1.99\times10^{30}\,\text{kg}$ 和半径 $R=6.96\times10^5\,\text{km}$, 算得

$$\Delta\phi = 4\times2.12\times10^{-6} = 8.48\times10^{-6} = 1.75''.$$

由于阳光太强,这种星光只有在日全食时才能看到. 1919 年,英国的两支远征队分别到非洲和南美洲巴西去观测日全食,首次拍到了太阳附近恒星视位置这种偏移的照片,分别为 $1.98\pm0.18''$ 和 $1.69\pm0.45''$. 自此之后,每次日全食都要拍这种照片,与广义相对论的符合在 10% 以内. 观测来自星体的无线电波,也支持广义相对论的结论,符合在 3% 以内.

必须指出,这里用了能量守恒和角动量守恒,这相当于把光束当作质点. 如果把光束当作质点,而用牛顿力学和万有引力定律,算得的偏转角只是这里算得的一半. 这是由于只考虑了能量与质量的等效,而没有考虑空间的弯曲. 这里从施瓦西度规的短程线出发,既考虑了质能等效,也自动考虑了空间弯曲的效应.

b. 雷达回波的延迟

这是沙皮罗 (I.I. Shapiro) 等人于 1967—1971 年期间做的实验[1]. 当地球与水星位于太阳两侧时,他们用雷达波射向水星,测量雷达波从射出到反射回来所用的时间. 这时射出和返回的雷达波都从太阳表面经过,轨道在太阳附近发生弯曲,经过的时间要比不经过太阳表面时的长,亦即接收到反射波的时间有延迟.

这里的情形与星光的引力偏转完全相同,只不过那里的观测量是偏转角,需要求出光线的方程,而这里的测量量是时间延迟,需要求出雷达波经过的时

---

[1] Irvin I. Shapiro *et. al.*, *Phys. Rev. Lett.*, **26** (1971) 1132.

间. 我们仍然取雷达波传播的平面为 xy 平面, $\mathrm{d}\theta = 0$. 从四维时空间隔为 0 的施瓦西度规线元和能量角动量守恒出发, 可以求得

$$\frac{\mathrm{d}r}{\mathrm{d}t} = c\left(1 - \frac{2GM}{c^2 r}\right)\left[1 - \left(1 - \frac{2GM}{c^2 r}\right)\left(\frac{Lc}{Er}\right)^2\right]^{1/2}, \tag{16.40}$$

其中的运动常数 (Lc/E) 可由离太阳最近处 $r = r_0$ 的条件 $\mathrm{d}r/\mathrm{d}t = 0$ 定出,

$$\left(\frac{Lc}{E}\right)^2 = \frac{r_0^2}{1 - 2GM/c^2 r_0}. \tag{16.41}$$

于是 (16.40) 式成为

$$\frac{\mathrm{d}r}{\mathrm{d}t} = c\left(1 - \frac{2GM}{c^2 r}\right)\left[1 - \left(\frac{r_0}{r}\right)^2 \frac{1 - 2GM/c^2 r}{1 - 2GM/c^2 r_0}\right]^{1/2}. \tag{16.42}$$

由于

$$\frac{1 - 2GM/c^2 r}{1 - 2GM/c^2 r_0} \approx 1 - \frac{2GM}{c^2}\left(\frac{1}{r} - \frac{1}{r_0}\right),$$

$$\left[1 - \left(\frac{r_0}{r}\right)^2 \frac{1 - 2GM/c^2 r}{1 - 2GM/c^2 r_0}\right] \approx \left[1 - \left(\frac{r_0}{r}\right)^2\right]\left[1 - \frac{2GM}{c^2}\frac{r_0}{r(r + r_0)}\right],$$

$$\frac{\mathrm{d}r}{\mathrm{d}t} \approx \frac{c}{r}\sqrt{r^2 - r_0^2}\left[1 - \frac{2GM}{c^2 r} - \frac{GM}{c^2}\frac{r_0}{r(r + r_0)}\right],$$

所以

$$\mathrm{d}t \approx \frac{r\mathrm{d}r}{c\sqrt{r^2 - r_0^2}}\left[1 + \frac{2GM}{c^2 r} + \frac{GM}{c^2}\frac{r_0}{r(r + r_0)}\right].$$

对上式从 r_0 到 r 积分, 就得到雷达波从行星传播到太阳所用的时间为

$$t = \frac{\sqrt{r^2 - r_0^2}}{c} + \frac{2GM}{c^3}\left[\ln\frac{r + \sqrt{r^2 - r_0^2}}{r_0} + \frac{1}{2}\sqrt{\frac{r - r_0}{r + r_0}}\right]. \tag{16.43}$$

其中第一项是没有引力场时雷达波从行星传播到太阳所需的时间, 所以雷达回波的时间延迟来自后一项,

$$\Delta t = \frac{4GM}{c^3}\left[\ln\frac{(r_1 + \sqrt{r_1^2 - r_0^2})(r_2 + \sqrt{r_2^2 - r_0^2})}{r_0^2} + \frac{1}{2}\left(\sqrt{\frac{r_1 - r_0}{r_1 + r_0}} + \sqrt{\frac{r_2 - r_0}{r_2 + r_0}}\right)\right],$$

其中, r_1 和 r_2 分别为地球和水星到太阳的距离. 当 $r_0 = R$ 时, $r_1, r_2 \gg r_0$, 我们有

$$\Delta t = \frac{4GM}{c^3}\left[\ln\frac{4r_1 r_2}{R^2} + 1\right]. \tag{16.44}$$

对于水星, 算得的雷达回波延迟为 $\Delta t = 0.240\,\mathrm{ms}$, 而来回的总时间约为 20 多分钟. 所以这是一个很小的延迟. 要测出这样小的延迟, 观测距离的精度要达到几公里, 而水星表面山峦起伏相差也是这个数量级. 射去的雷达波必须瞄得相当准, 所以这个实验的难度相当大. 更难的是, 当行星进入太阳背后时, 回波

能量只有入射波的 10^{-27}, 还不到 10^{-3} eV. 为了能观测到这么微小的能量, 对雷达脉冲的发射序列根据数论的伽洛瓦域 (Galois fields) 作了恰当的选择[①].

沙皮罗等人持续几年对水星和金星的实验结果, 在百分之几的误差范围之内与广义相对论的计算相符. 图 16.6 是他们约在两年的时间内对金星持续测量到的雷达回波延迟. 横坐标是观测的时间, 单位是天. 纵坐标是测到的雷达回波延迟, 单位是 μs. 峰值所对应的日期是 1970 年 1 月 25 日, 在这天金星上合 (superior conjunction, 又称外合), 地球 - 金星与地球 - 太阳的连线间的夹角在黄道上的投影为 0, 地球 - 太阳 - 金星基本上排列在一直线上, 雷达回波经过太阳, 延迟最大. 圆圈和圆点分别是在波多黎各的阿列西玻 (Arecibo) 实验室和麻萨诸塞的海依斯泰克 (Haystack) 天文台测量的结果.

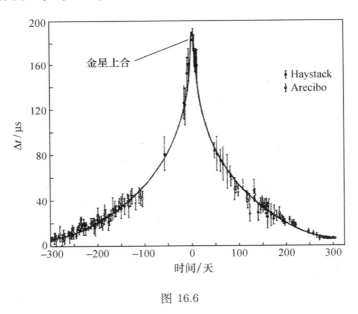

图 16.6

16.7 光频在引力场中的移动

a. 庞德 - 瑞布卡实验

如果时钟标度会受到重力场的影响, 从地面上高 H 处的原子射向地面的光, 与地面同类原子发出的光相比, 频率将会偏高. 因为在从高 H 处开始自由

① M.R. Schroeder, *Number theory in science and communication*, third edition, Springer, 1999, p.275.

下落的局部惯性系 S' 中射向地面的光, 地面观测者由于有一迎向 S' 的速度 v, 测到的频率有多普勒移动,

$$\nu = \nu_0 \sqrt{\frac{1 + v/c}{1 - v/c}}, \tag{16.45}$$

其中 ν_0 为光在 S' 系的频率, 亦即发光原子的固有频率. 代入

$$v = gt = \frac{gH}{c},$$

考虑到 $v/c \ll 1$, 就有

$$\nu \approx \nu_0 \left(1 + \frac{v}{c}\right) = \nu_0 \left(1 + \frac{gH}{c^2}\right). \tag{16.46}$$

于是在地面测到的相对频率移动

$$\frac{\Delta\nu}{\nu_0} = \frac{\nu - \nu_0}{\nu_0} = \frac{gH}{c^2}, \tag{16.47}$$

与 4.8 节根据光子能量与质量的等效性得到的一样, 而这里是从等效原理和光的波动性得到的.

b. 星光的引力红移

这时星体引力场随距离 r 的增大而减弱, 场强不均匀. 但在一小距离 Δr 内, 场强仍可近似看成均匀的, 可用上面的结果. 注意 gH 等于重力场中相距为 H 的两点重力势之差,

$$gH = -(\phi - \phi_0),$$

把它代入 (16.47) 式, 可得

$$\Delta\nu = \nu - \nu_0 = -\nu_0 \frac{\phi - \phi_0}{c^2}.$$

$$\nu = \nu_0 \left(1 - \frac{\phi - \phi_0}{c^2}\right), \tag{16.48}$$

其中 ν, ϕ 为距星体 r 处的频率和引力势, ν_0, ϕ_0 为它们在 r_0 处的值. 在引力场较弱时, 牛顿万有引力定律成立, 有

$$\phi = -\frac{GM}{r}, \qquad \nu = \nu_0 \left(1 - \frac{GM}{c^2 R}\right), \tag{16.49}$$

其中 R 为星体半径, ν_0 为星面 $r_0 = R$ 上的频率, ν 为远离星体处 $r \to \infty$ 测到的频率. 上述结果也与 4.8 节的一致. 这说明在等效原理的基础上, 光的波动性与粒子性是一致的.

原子发光的振动周期 T_0 可用作时钟的标度. T_0 是时钟的原时, 由施瓦西度规有

$$T_0 = \left(1 - \frac{2GM}{c^2 R}\right)^{1/2} T, \tag{16.50}$$

其中 T 是在 $r \to \infty$ 处的读数. 于是有

$$\nu = \nu_0 \left(1 - \frac{2GM}{c^2 R}\right)^{1/2}, \tag{16.51}$$

其中 ν_0 是时钟的固有频率, ν 是在 $r \to \infty$ 处测到的频率. 不难看出, (16.46) 和 (16.49) 式都是上式在弱引力场情形的近似.

16.8 黑 洞

a. 引力半径

黑洞的概念, 可以追溯到早期拉普拉斯的讨论. 球对称分布静止质量 M 的引力场, 能把速度为 v 的粒子束缚在 r 的范围内. 根据牛顿万有引力定律,

$$\frac{1}{2} mv^2 - \frac{GMm}{r} \leqslant 0.$$

若 v 的上限是光速 c, 就得到 r 的上限

$$r_{\mathrm{S}} = \frac{2GM}{c^2}, \tag{16.52}$$

称为质量分布 M 的 引力半径.

若质量 M 全部分布在这个半径 r_{S} 之内, 则不可能从 r_{S} 内传出任何信息. 这种质量完全分布在其引力半径内的体系称为 黑洞, 而这时的引力半径 r_{S} 则称为黑洞的 视界. 表 16.2 给出了一些物体的引力半径 r_{S}.

表 16.2 一些物体的引力半径 r_{S}

物 体	质量 /kg	通常的半径 /m	r_{S}/m
$^{238}\mathrm{U}$	4.0×10^{-25}	7×10^{-15}	6×10^{-52}
1 升水	1	10^{-1}	1.5×10^{-27}
地 球	6×10^{24}	6×10^6	8.9×10^{-3}
太 阳	2×10^{30}	7×10^8	3×10^3
星 云	$\sim 2 \times 10^{41}$	$\sim 10^{20}$	3×10^{14}
宇 宙	$\sim 10^{51}$	$10^{26}(?)$	$\sim 10^{24}$

b. 广义相对论的概念

从广义相对论来看, 引力半径 r_{S} 是施瓦西度规的奇点, 所以又称为 施瓦西半径. 从施瓦西度规可以看出, 在球对称分布静止质量 M 的引力场中, 若 r_{S} 大于质量分布的区域, 施瓦西度规适用, 则 $r \to r_{\mathrm{S}}$ 处钟慢到停止不走, 尺在径向缩到没有长度, 在这里钟与尺的标度与平直时空的差别达到极限, 充分显示出广义相对论弯曲时空与牛顿平直时空的不同.

从远离引力中心处静止的外部观测者 S 来看，落向引力中心的观测者 S' 的钟越走越慢，他的尺在径向越来越短. 当他到达 $r = r_S$ 时，他的钟会停在这一时刻，他的尺在径向缩短为 0，而他则会被冻结在这一点，永远也看不到他穿过 $r = r_S$ 处. 同时，从远处观测者 S 看来，由落向引力中心的观测者 S' 发出的光红移越来越大，当他到达 $r = r_S$ 时红移达到无限大，从而看不见了.

要指出的是，这种奇特的性质完全是从远处的观测者 S 看到的表观现象，而不具有实质上的物理含意. 实际上，落向引力中心的观测者 S' 在 $r = r_S$ 处并没有发现什么物理上的反常或无限大. 当他在下落过程中经过 $r = r_S$ 处时，并没有感到有任何反常，他仍在一有限的时间内落入 $r = r_S$ 以内.

沿径向落入引力中心的观测者，他的四维时空间隔是类时的，

$$ds^2 = c^2\Big(1 - \frac{2GM}{c^2 r}\Big)dt^2 - \frac{dr^2}{1 - 2GM/c^2 r} \geqslant 0.$$

由此可得他沿径向的速度满足

$$\Big(\frac{dr}{dt}\Big)^2 \leqslant c^2\Big(1 - \frac{2GM}{c^2 r}\Big)^2.$$

在外部区域 $r > r_S$ 时，落向视界 $r \to r_S$ 的时间趋于无限大，$t \to \infty$，在内部区域 $r < r_S, dr/dt \neq 0$，即任何粒子在黑洞内不可能静止不动，而他趋向于视界 $r \to r_S$ 的时间，也趋向于无限大，$t \to \infty$. 所以，施瓦西半径 r_S 是两个物理性质很不同的时空区域的分界面. 在这个意义上，r_S 确实是黑洞的视界，因为 r_S 里面的事件完全从外部观测者的视野中隐去了.

c. 黑洞的分类

在广义相对论中，施瓦西度规是球对称分布静止质量的爱因斯坦引力场方程的解. 这个引力源有质量 M，静止不旋转，也不带电荷，相应的黑洞称为 施瓦西黑洞.

除了施瓦西解以外，在广义相对论建立不久莱斯纳 (Reissner) 和诺斯特隆 (Nordstrom) 求出过另一类解，相应的引力源也是球对称分布的静止质量 M，但带电荷 Q. 其度规奇点，即其引力半径或视界为

$$r_R = \frac{1}{c^2}\Big[GM + \sqrt{G^2 M^2 - GQ^2}\Big], \tag{16.53}$$

相应的黑洞称为 莱斯纳黑洞.

到上世纪六十年代，克尔 (Kerr) 找到了轴对称的解，引力源是轴对称分布的质量 M，不带电荷，但在旋转，有角动量，其视界为

$$r_K = \frac{1}{c^2}\Big[GM + \sqrt{G^2 M^2 - a^2}\Big], \tag{16.54}$$

其中 a 是单位质量的角动量. 与这个解相应的黑洞称为 克尔黑洞.

上世纪七十年代初，在理论上证明了：稳定的黑洞必定是轴对称的；一般的黑洞，其引力源是一轴对称分布质量 M，既有自旋 a，也带电荷 Q. 这种一般的稳定黑洞称为 克尔 - 纽曼 (Newman) 黑洞，当 $Q = 0$ 时它成为转动的克尔黑洞，当 $a = 0$ 时它成为荷电的莱斯纳黑洞，而当 $a = Q = 0$ 时它就是既不转动又不带电的施瓦西黑洞.

d. 黑洞的探索

也许自然界真的存在黑洞，也许这仅仅是广义相对论的理论猜测. 但无论如何，它已是当前天体物理学家们热烈探讨的一个问题.

为了形成一个黑洞，要把物质压缩到非常高的密度. 如表 16.2 所示，为了使地球变成一个黑洞，必须把它的质量压缩到半径 1cm 的球内，为了使太阳成为一个黑洞，必须把它的半径压缩到 3km. 根据现在的猜测，有三种可能形成黑洞的现实机制. 首先，早期宇宙的高密度介质，由于密度涨落，可以形成质量约为 10^{12} kg 的小黑洞. 其次，质量约为几个到几十个太阳质量的正常恒星，演化到晚期，可能在引力收缩下塌缩成一个黑洞. 第三，超新星、星团或星系核在引力作用下可以塌缩成质量在 $10^4 \sim 10^9 M_\odot$ 的巨型黑洞.

由于不能从黑洞视界内与外部世界通讯或交流，在引力半径内的任何东西，即使是最亮的星体，从宇宙的其它部分看来，也像是消失了一样. 所以，为了探索黑洞，只可能利用它的引力作用：它还继续对视界外的物体施以引力，或者等效地，按照广义相对论的说法，它还继续引起外部时空的弯曲.

寻找黑洞的一种可行途径，就是观测密度很高而又互相很接近的 密近双星体系. 天文上发现一个密近双星体系，主星 HDE226868 的质量约为 $20 M_\odot$，是 B 型超级巨星. 伴星 CygX-1 的质量大于 $5.5 M_\odot$，是发射 X 射线的暗天体. 它们互相绕质心运转的周期 5.6 天，是密近的. 所以，许多天体物理学家相信 CygX-1 是一个黑洞. 当然，这种认证带有不确定性，所以还存在争论.

离黑洞很远处，它的引力场与普通物体的一样，具有牛顿万有引力的特征，对时空的弯曲效应很弱. 在 $r \gg r_S$ 处，星体受到黑洞的引力可以相当精确地近似成 $1/r^2$，并按平方反比力的方式围绕黑洞转. 而在接近黑洞处，由于它的密度非常高，时空弯曲效应相当显著，广义相对论与牛顿万有引力的差别就会大到易于观测的程度. 所以，若能找到大质量的黑洞，我们就找到了一个观测时空弯曲和检验广义相对论的理想 "实验室".

17　天体和宇宙

17.1　物质结构的层次

a. 微观层次

物质结构按其空间尺度和质量大小可分为微观、宏观和宇观三大层次，其分布如第 1 章的图 1.1 所示. 图中纵坐标是物体的大小，横坐标是它的质量，都是对数标度.

微观层次通常又分为粒子亚原子和原子分子两个子层次. 图 1.1 中有两条线通过质子的位置 ($1\,\mathrm{fm}$, $10^{-27}\,\mathrm{kg}$). 斜线

$$\lambda = \frac{\hbar}{mc} \tag{17.1}$$

是粒子约化康普顿波长 λ 与其质量 m 的关系. 斜线左下方，是粒子物理正在研究的前沿，物理学家们正在探寻这个区域的结构和规律.

另一条从质子画向右上方的粗线段中止于 ($10\,\mathrm{fm}$, $10^{-24}\,\mathrm{kg}$) 附近，是原子核的区域. 原子核作为核子在强相互作用下凝聚成的核物质液滴，密度基本上是常数，

$$\rho_{\mathrm{N}} \sim \frac{m_{\mathrm{N}}}{4\pi r_0^3/3} = 2.4 \times 10^{17}\,\mathrm{kg/m^3}, \tag{17.2}$$

其中 m_{N} 是核子质量，$r_0 = 1.2\,\mathrm{fm}$.

随着原子核增大，质子间静电排斥逐渐增大，最终超过核力的束缚，就不存在稳定的原子核. 强相互作用与电磁相互作用的平衡条件，决定原子核大小的上限. 作为粗略的数量级估计，只考虑体积能和库仑能，稳定条件为

$$a_1 A > a_{\mathrm{C}} \frac{Z^2}{A^{1/3}}.$$

近似取 $Z = A/2$, 可得

$$A < \left(\frac{4a_1}{a_{\mathrm{C}}}\right)^{3/2} = 840.$$

这个估值太大, 实际上, 重核若在静电排斥下裂成两块时能量更低, 它就不稳定. 这样估计出 $Z < 109$, 代入 β 稳定线公式可算出

$$A < 290.$$

更仔细的估计要考虑核的壳结构等精细效应, 预言 Z 在 114~120 之间存在寿命足够长的 *超重核*, A 在 300 左右. 所以原子核的大小

$$R_N < 1.2 \times 300^{1/3}\,\text{fm} = 8\,\text{fm}, \tag{17.3}$$

$$M_N < 300 m_N = 5 \times 10^{-25}\,\text{kg}. \tag{17.4}$$

原子分子结构相应于图中从 H 原子 (1Å, 10^{-27} kg) 附近画向右上方的两条粗线段, 斜率与原子核的基本相同. 它们的密度比原子核的小得多, 但与原子核类似, 它们密度的数量级基本上是常数. 作为粗略的数量级估计,

$$\rho_A \sim \frac{m_N}{4\pi a_0^3/3} \sim 10^3\text{—}10^4 \text{kg/m}^3, \tag{17.5}$$

其中 a_0 是玻尔半径,

$$a_0 = \frac{4\pi\varepsilon_0\hbar^2}{m_e e^2} = 0.529\text{Å}. \tag{17.6}$$

原子的大小, 受原子核大小的限制, 其质量上限也是

$$M_A < 300 m_N = 5 \times 10^{-25}\,\text{kg}. \tag{17.7}$$

分子的大小, 可以比原子大几个数量级, 在图中画到了 10^{-23}—10^{-22}kg 的范围.

b. 宏观层次

宏观层次相应于图 1.1 中从星际尘埃到陨石和流星的那条粗线. 它的斜率比原子核和原子分子的略小, 相应的密度随体积或质量的增加而略有增加. 这是由于随着粒子数的增加, 万有引力逐渐增强, 开始起作用.

宏观物质是由大量原子分子形成的凝聚体系, 其稳定条件, 是电子受原子核的库仑吸引与电子之间因泡利不相容而有的排斥之间的平衡. 作为粗略的数量级估计, 电子库仑能的数量级为

$$\frac{e^2}{4\pi\varepsilon_0 r},$$

其中 r 为泡利原理允许电子占据的空间尺度. 根据测不准关系, 在此限制下的电子动能数量级为

$$\frac{\hbar^2}{m_e r^2}.$$

于是平衡条件为

$$\frac{e^2}{4\pi\varepsilon_0 r} \sim \frac{\hbar^2}{m_e r^2},$$

由此可得

$$r \sim \frac{4\pi\varepsilon_0\hbar^2}{m_e e^2} = a_0.$$

所以，宏观物体密度的数量级与原子分子的相同，

$$\rho_C \sim \frac{m_N}{4\pi r^3/3} \sim \rho_A. \tag{17.8}$$

在这个意义上，宏观与微观之间没有明确的界线.

需要指出，过去数十年间，随着固体微电子技术和低维、表面物理研究的发展，在微观与宏观之间，逐渐形成了一个称之为 介观 (mesoscopic) 的领域. 微观现象的基本特征是量子效应，粒子具有波动性，粒子的两束波叠加会发生干涉 (coherence). 而在一般的宏观现象中，粒子的波动性消失，亦即相干性消失，这又称之为 消干 (decoherence). 当粒子多到一定数目，亦即体系大到一定尺度，粒子就失去相位特征，发生消干. 通常把尺度接近和达到宏观而粒子还仍然保留相位特征没有消干的体系，称为 介观体系. 介观体系的尺度，也就是开始发生消干的尺度，大约在 μm 的量级. 消干是个复杂的微观过程，一般说是大量微观粒子相互作用的平均效应，与体系的具体性质有关. 所以不同体系的消干尺度不同，即使是同一体系，在不同条件下的消干尺度也不同，不能给出一个明确的范围.

c. 宇观层次

宇观与宏观之间也没有明显界线. 在图 1.1 中，从与宏观层次相接的阿波罗神 (Apollo) 小行星 ($1\,\mathrm{km}$, $10^{12}\,\mathrm{kg}$) 附近开始，经过行星、恒星、星系、星系团、超级星系，直到可观测的宇宙，构成一个系列. 在这个系列中，随着尺度和质量的增加，密度逐渐减小. 与电磁相互作用不同，万有引力相互作用不能屏蔽和中和，随着质量的增加，逐渐成为占支配地位的相互作用.

除了上述系列外，图 1.1 中还有从左上画向右下方向的两条短粗线段，分别相应于 白矮星 和 脉冲星，它们是恒星演化到晚期形成的两种致密星体. 此外，图中右方从左下画到右上的那条斜线，是引力半径的关系 (在本章用 G 表示万有引力常数)

$$r_S = \frac{2GM}{c^2}. \tag{17.9}$$

在它右边的区域，相应于在引力塌缩下形成的黑洞，其中万有引力超过了任何抗拒作用，成为主宰一切的唯一因素.

二十世纪六十年代以来，宇观领域的结构、性质、规律和演化，已逐渐汇入物理学的主流，成为研究的前沿和热点.

大体上说, 强、弱和电磁相互作用是支配微观层次的决定性因素, 电磁相互作用是支配宏观层次的决定性因素, 而万有引力相互作用则是支配宇观层次的决定性因素.

17.2 行 星 尺 度

a. 小行星

可以把结构呈球形的天体称为 星球, 而把结构不规则的固态天体称为 星状物. 作为宏观物质构成的星球, 它们的密度数量级为 ρ_C, 质量的数量级为

$$M = \frac{4\pi}{3}\rho_C R^3, \tag{17.10}$$

R 为星球半径. 代入

$$\rho_C = \frac{m_N}{4\pi a_0^3/3},$$

并用星球总核子数 N 来表示 M, 可得数量级关系

$$M = N m_N, \qquad R = a_0 N^{1/3}. \tag{17.11}$$

星面山高 h 由维持山岩结构的岩石晶体结合能与星体万有引力的平衡来决定. 晶格每核子结合能数量级约为

$$E \sim \frac{\hbar^2}{m_N a_0^2}, \tag{17.12}$$

而破坏晶格结构, 使岩石熔化的能量, 应是此值的一部分,

$$E_C \sim f\frac{\hbar^2}{m_N a_0^2}, \qquad 0 < f < 1. \tag{17.13}$$

由此算得岩石摩尔熔解热

$$\Lambda \sim A N_A E_C \sim fA \times 1.42 \times 10^3 \mathrm{J/mol},$$

其中, A 是岩石的分子量. 岩石成分主要是 SiO_2, 它的 $A = 60$, $\Lambda = 8540 \mathrm{J/mol}$, 由此得出 $f \sim 1/10$.

每核子重力势能为 $m_N gh$, 这里

$$g = \frac{GM}{R^2} = \frac{GN m_N}{R^2} \tag{17.14}$$

是星面重力加速度. 于是平衡条件为

$$m_N gh < E_C \sim f\frac{\hbar^2}{m_N a_0^2}. \tag{17.15}$$

由此估计

$$h < h_{max} = \frac{f}{g}\left(\frac{\hbar}{m_N a_0}\right)^2. \tag{17.16}$$

代入 $f = 1/10$ 和地面重力加速度 $g = 9.8\,\mathrm{m/s^2}$, 有

$$h_{\max} \sim \frac{fc^2}{g}\left(\frac{\hbar c}{m_{\mathrm{N}}c^2 a_0}\right)^2 = \frac{9 \times 10^{16}}{10 \times 9.8}\left(\frac{197.3}{939 \times 0.53 \times 10^5}\right)^2 \mathrm{m} = 14\,\mathrm{km}.$$

固态星体呈球形的条件可取

$$h_{\max} < R, \tag{17.17}$$

代入 (17.11), (17.16) 和 (17.14) 式, 可求得

$$N > N_{\min} = \left(\frac{f\hbar^2}{Gm_{\mathrm{N}}^3 a_0}\right)^{3/2}. \tag{17.18}$$

代入 $f = 1/10$ 和 $Gm_{\mathrm{N}}^2 = 5.90 \times 10^{-39}\hbar c$, 得

$$N_{\min} \sim \left(\frac{19.73}{5.90 \times 10^{-39} \times 939 \times 0.53 \times 10^5}\right)^{3/2} = 5.5 \times 10^{47}.$$

于是球形行星质量和半径下限的数量级分别为

$$M_{\min} \sim 5.5 \times 10^{47} \times 1.67 \times 10^{-27}\,\mathrm{kg} = 1 \times 10^{21}\,\mathrm{kg}, \tag{17.19}$$

$$R_{\min} \sim a_0 N_{\min}^{1/3} \sim 0.53 \times 10^{-10} \times (5.5 \times 10^{47})^{1/3}\,\mathrm{m} = 4 \times 10^5\,\mathrm{m}. \tag{17.20}$$

这个估值大约相当于小行星中最大的谷神星. 谷神星是皮亚齐 (G. Piazzi)1801 年发现的, 它的半径只有 $500\,\mathrm{km}$, 比月球还小, 在图 1.1 中位于从阿波罗神小行星开始向右上的星状物系列末端. 表 17.1 给出了一些小行星的质量.

表 17.1　一些小行星的质量

小行星	谷神星	智神星	婚神星	灶神星	春神星	虹神星	健神星	灵神星
质量 /kg	10^{21}	2.5×10^{20}	2×10^{19}	2×10^{20}	10^{19}	1.5×10^{19}	6×10^{19}	4×10^{19}

b. 大行星

由于万有引力作用, 星球内部压强 $P(r)$ 沿半径 r 有一分布. 相应地, 密度 $\rho(r)$ 也有一分布. 若令 $M(r)$ 是星球在半径 r 以内的总质量, 则星内 r 到 $r+\mathrm{d}r$ 的一层所受内外压强差 $\mathrm{d}P$ 与所受万有引力平衡的条件是

$$\begin{cases} 4\pi r^2 \mathrm{d}P = -\dfrac{GM(r)}{r^2}\rho(r)4\pi r^2 \mathrm{d}r, \\[2mm] M(r) = \displaystyle\int_0^r \rho(r)4\pi r^2 \mathrm{d}r, \end{cases} \tag{17.21}$$

或写成微分方程

$$\begin{cases} \dfrac{\mathrm{d}P}{\mathrm{d}r} = -\dfrac{GM(r)\rho(r)}{r^2}, \\[2mm] \dfrac{\mathrm{d}M}{\mathrm{d}r} = 4\pi r^2 \rho(r). \end{cases} \tag{17.22}$$

这是关于 $P(r)$, $\rho(r)$ 和 $M(r)$ 的非线性微分方程组, 称为 星体结构方程.

为了求解星体结构方程, 还要知道星体物质的物态方程

$$P = P(\rho). \tag{17.23}$$

最简单的模型, 是多方物态方程

$$P = \kappa\rho^\gamma, \tag{17.24}$$

其中 κ 与 γ 是与星体物质有关的常数. $\gamma = 1$ 是等温理想气体模型, $\gamma = 5/3$ 是非相对论性费米气体模型, $\gamma \to \infty$ 相当于密度均匀不可压缩理想流体模型. 给定中心密度 $\rho(0)$, 就可联立上述方程解出 星球结构函数 $\rho(r)$.

精确的解要用数值计算才能得到. 作为粗略的数量级估计, 假设密度为常数 ρ_{C}, 就可从结构方程求得

$$M(r) = \frac{4\pi}{3}\,r^3\rho_{\mathrm{C}},$$

$$P(r) = P(0) - \frac{2\pi}{3}\,G\rho_{\mathrm{C}}^2 r^2.$$

在星面 $r = R$ 处压强应为 0, $P(R) = 0$, 由此定出

$$P(0) = \frac{2\pi}{3}\,G\rho_{\mathrm{C}}^2 R^2 = \frac{1}{2}\,\frac{GM\rho_{\mathrm{C}}}{R},$$

$$P(r) = \frac{2\pi}{3}\,G\rho_{\mathrm{C}}^2(R^2 - r^2).$$

对于木星, 平均密度 $\overline{\rho} = 1.3 \times 10^3\,\mathrm{kg/m^3}$, 半径 $R = 7.1 \times 10^4\,\mathrm{km}$, 取 $\rho_{\mathrm{C}} = \overline{\rho}$, 算得中心压强

$$P(0) = \frac{2\pi}{3} \times 6.67 \times 10^{-11} \times (1.3 \times 10^3)^2 \times (7.1 \times 10^7)^2\,\mathrm{Pa}$$

$$= 1.2 \times 10^{12}\,\mathrm{Pa}.$$

这个估值偏低. 实际上, 中心密度高于平均值, 压强相应高于上述值. 图 17.1 是赫巴德 (Hubbard) 等人给出的木星结构[1], $\rho(0) = 4.2 \times 10^3\,\mathrm{kg/m^3}$, $P(0) = 3.7 \times 10^{12}\,\mathrm{Pa}$. 在这么高的压强下, 木星中心的物质处于大约 $20\,000°\mathrm{C}$ 的液态, 热运动开始变得重要.

引力大到一定程度, 原子间电子云重叠很大, 单个原子的结构完全破坏, 星体物质就熔化为原子核与电子气体的等离子体. 这个极限可估计为

$$\frac{GMm_{\mathrm{N}}}{R} < \frac{\hbar^2}{m_{\mathrm{e}}a_0^2}. \tag{17.25}$$

---

[1] 转引自 Josip Kleczek, *The Universe*, D. Reidel Publishing Company, Dordrecht, Holland, 1976, p.160.

代入 (17.6) 和 (17.11) 式, 有

$$N < N_{\max} = \left(\frac{e^2}{4\pi\varepsilon_0 G m_N^2}\right)^{3/2} = \left(\frac{1.44}{5.9 \times 10^{-39} \times 197.3}\right)^{3/2}$$
$$= 1.4 \times 10^{54},$$

$$M < M_{\max} = N_{\max} m_N = 2 \times 10^{27}\,\mathrm{kg}, \tag{17.26}$$

$$R < R_{\max} = a_0 N_{\max}^{1/3} = 6 \times 10^4\,\mathrm{km}. \tag{17.27}$$

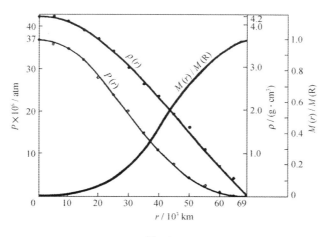

图 17.1

地球质量 $5.98 \times 10^{24}\,\mathrm{kg}$, 还远小于此极限. 而木星质量 (地球的 318 倍) $1.9 \times 10^{27}\,\mathrm{kg}$, 已接近这一极限. 在这个极限以上, 原子核动能大到足以引起核反应, 释放大量能量, 就开始过渡到高温恒星的情况. 在图 1.1 中, 木星位于行星系列最上端, 再上去就是太阳了.

c. 适合人类的行星

行星尺度的一个重要问题, 是适合人类生存的行星尺度. 维持新陈代谢的基础是生物化学反应, 其能量是分子结合能的数量级. 这就要求温度的数量级为

$$k_B T \sim \frac{\hbar^2}{m_N a_0^2} = \frac{(197.3\,\mathrm{MeV \cdot fm})^2}{939\,\mathrm{MeV} \times (0.53\text{Å})^2} = 0.015\,\mathrm{eV},$$
$$T \sim 170\mathrm{K}. \tag{17.28}$$

要在星面维持这个温度, 星面重力应能阻止这个能量的分子逃逸到太空,

$$\frac{GMm_N}{R} > k_B T \sim \frac{\hbar^2}{m_N a_0^2}. \tag{17.29}$$

代入 (17.6) 和 (17.11) 式, 就有

$$N > \left(\frac{m_{\mathrm{e}}e^2}{4\pi\varepsilon_0 Gm_{\mathrm{N}}^3}\right)^{3/2} = \left(\frac{0.511 \times 1.44}{5.90 \times 10^{-39} \times 197.3 \times 939}\right)^{3/2}$$

$$= 1.7 \times 10^{49},$$

$$M > 1.7 \times 10^{49} \times 1.67 \times 10^{-27}\,\mathrm{kg} = 3 \times 10^{22}\,\mathrm{kg}. \tag{17.30}$$

由于上面温度的估值偏低, 所以这两个估值也偏低.

行星也不能太大, 否则星面重力场太强, 人体行动不便, 并易受损伤. 设人体尺度为 h, 则在运动中动能变化的数量级为

$$\Delta E \sim \frac{1}{10}mgh \sim \frac{1}{10}\rho_{\mathrm{C}}gh^4.$$

人的躯体截面积 $\sim h^2$, 在这截面上一层离子的结合能为

$$E \sim \frac{h^2}{a_0^2}\frac{e^2}{4\pi\varepsilon_0 a_0} = \frac{4\pi}{3}\frac{\rho_{\mathrm{C}}h^2 e^2}{4\pi\varepsilon_0 m_{\mathrm{N}}}.$$

在运动中保持人体结构稳定的条件是

$$\Delta E < E.$$

代入 $g = GM/R^2$, $M = Nm_{\mathrm{N}}$ 和 $R = a_0 N^{1/3}$, 并取 $h = 0.5\,\mathrm{m}$, 就有

$$N < \left(\frac{40\pi}{3}\frac{e^2 a_0^2}{4\pi\varepsilon_0 Gm_{\mathrm{N}}^2 h^2}\right)^3 = 2.0 \times 10^{53},$$

$$M < 2.0 \times 10^{53} \times 1.67 \times 10^{-27}\,\mathrm{kg} = 3 \times 10^{26}\,\mathrm{kg}. \tag{17.31}$$

于是, 适合人类生存的行星, 其质量限制为

$$10^{22}\,\mathrm{kg} < M < 10^{26}\,\mathrm{kg}. \tag{17.32}$$

地球的质量 $5.98 \times 10^{24}\,\mathrm{kg}$, 确实在此范围中. 当然, 这个估值范围只是一个必要条件, 不是充分条件, 质量在此范围的行星并不一定适合人类生存. 因为除了大气温度和星面重力场强度以外, 还需要考虑其它人类生存条件.

还要指出, 上述估计是十分粗略的. 特别是上述质量上限反比于 h 的 6 次方, 对 h 的取值很敏感, 可以引起在数量级上的不确定. 所以, 虽然我们的计算结果给出了一位数值 3, 但这只反映出数字运算本身的精确度, 并没有考虑由物理模型、简化近似和参数选取等因素带来的误差. 这个例子表明, 在数量级估计中, 特别是在本章的许多数量级估计中, 由于物理模型简单, 或者过于简化近似, 或者参数选取有一定的任意性, 往往在数量级上就会有误差.

这里需要强调我们所用符号 $\approx$ 和 $\sim$ 的含意和区别: $a \approx b$ 表示 a 与 b 近似相等, 可在有效数字上有误差; $a \sim b$ 表示 a 与 b 大致相近, 可在数量级上有误差. 这两个符号所表示的近似程度不同. 物理学注重数值关系, 而近代物理涉及的数值往往跨越许多个数量级, 所以物理学家这样用符号来进行区分.

17.3 恒星尺度

a. 质量下限

构成恒星的物质, 是原子核与电子组成的气态等离子体. 设平均每个核子或电子占据的空间尺度为 a, 则恒星质量和半径可用核子数 N 表示为

$$M = Nm_{\mathrm{N}}, \qquad R = aN^{1/3}. \tag{17.33}$$

恒星的主要特征, 是体内有自持高温核反应, 并以光子和中微子等形式持续向外辐射能量. 电子能量等于零点能与热运动能之和,

$$E \sim k_{\mathrm{B}}T + \frac{\hbar^2}{2m_{\mathrm{e}}a^2}.$$

它与引力平衡的条件为

$$k_{\mathrm{B}}T + \frac{\hbar^2}{2m_{\mathrm{e}}a^2} \sim \frac{GMm_{\mathrm{N}}}{R}, \tag{17.34}$$

这是体系的万有引力与电子气体因泡利不相容原理而具有的排斥之间的平衡. 代入 (17.33) 式, 即得恒星温度 T 与密度参数 a 的关系

$$k_{\mathrm{B}}T \sim \frac{Gm_{\mathrm{N}}^2 N^{2/3}}{a} - \frac{\hbar^2}{2m_{\mathrm{e}}a^2}.$$

图 17.2 是上述关系的示意, 其中

$$a_{\min} = \frac{\hbar^2}{2Gm_{\mathrm{N}}^2 m_{\mathrm{e}}N^{2/3}}, \tag{17.35}$$

$$a_{\max} = \frac{\hbar^2}{Gm_{\mathrm{N}}^2 m_{\mathrm{e}}N^{2/3}} = 2a_{\min}, \tag{17.36}$$

$$k_{\mathrm{B}}T_{\max} = \frac{G^2 m_{\mathrm{N}}^4 m_{\mathrm{e}}N^{4/3}}{2\hbar^2}. \tag{17.37}$$

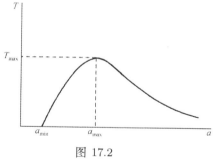

图 17.2

产生核反应的条件, 是核子动能 $k_{\mathrm{B}}T_{\max}$ 大于质子间的库仑能,

$$k_{\mathrm{B}}T_{\max} > \frac{1}{2}\frac{e^2}{4\pi\varepsilon_0 a_{\max}}. \tag{17.38}$$

代入 (17.36) 和 (17.37) 式, 可得

$$N > N_{\min} = \left(\frac{e^2}{4\pi\varepsilon_0 Gm_{\mathrm{N}}^2}\right)^{3/2} = \left(\frac{1.44}{5.90 \times 10^{-39} \times 197.3}\right)^{3/2} = 1.4 \times 10^{54}, \tag{17.39}$$

$$M > M_{\min} = N_{\min}m_{\mathrm{N}} = 1.4 \times 10^{54} \times 1.67 \times 10^{-27}\,\mathrm{kg} = 2 \times 10^{27}\,\mathrm{kg}. \tag{17.40}$$

这就是恒星质量下限数量级的估值, 与上节对行星质量上限数量级的估值相合.

b. 恒星结构和钱德拉斯卡极限

在恒星内, 除了发出光子和中微子的能量辐射外, 还有对流和传热过程. 所

以, 确定恒星内部结构的方程, 除了流体动力学方程和连续方程外, 还有辐射平衡条件和对流平衡条件. 在零温静态情形, 这些方程才简化为上节的结构方程. 这样算得的太阳结构, 从中心向外, 大体上可分为核心区、辐射区和对流区, 而直接观测到的则只是它的表面大气层.

使恒星物质原子核和电子气体等离子体保持稳定的条件, 是电子零点能小于下述反应的 Q 值, 从而不至于被质子吸收:

$$p + e^- \longrightarrow n + \nu_e. \tag{17.41}$$

作为粗略的数量级估计, $Q \sim 2m_e c^2$, 稳定条件可近似写成

$$\frac{\hbar^2}{2m_e a_{\min}^2} < 2m_e c^2. \tag{17.42}$$

代入 (17.35) 式, 可得

$$N < N_{\max} = \left(\frac{\hbar c}{G m_N^2}\right)^{3/2} = \left(\frac{1}{5.90 \times 10^{-39}}\right)^{3/2}$$
$$= 2.2 \times 10^{57},$$
$$M < N_{\max} m_N = 2.2 \times 10^{57} \times 1.67 \times 10^{-27}\,\text{kg} = 3.7 \times 10^{30}\,\text{kg}$$
$$= 1.8\,M_\odot. \tag{17.43}$$

考虑恒星物质的物态方程, 从上节的星体结构方程可以算出

$$M < M_{\text{Ch}} = \frac{1.46}{2x}\,M_\odot. \tag{17.44}$$

这里 M_{Ch} 称为恒星质量的 钱德拉斯卡 (Chandrasekhar) 极限, 其中 x 为电子数与核子数之比, 亦即质子数与核子数之比. 质子与中子数相等的对称情况, $2x = 1$, 有 $M_{\text{Ch}} = 1.46\,M_\odot$.

c. 白矮星

质量低于钱德拉斯卡极限的恒星, 在核反应能量耗尽后, 体积收缩, 密度增加, 表面温度高, 发白光, 成为 白矮星. 随着热能逐渐散尽, 它的表面温度下降, 发光变红变暗, 最后看不见. 这时它的万有引力完全由电子零点能平衡, 位于图 17.2 中横轴 $a_{\min}$ 处. 半径

$$R_{\text{WD}} = a_{\min} N^{1/3} = \frac{\hbar^2}{2G m_N^2 m_e N^{2/3}} N^{1/3} = \frac{\hbar^2}{2G m_N^{5/3} m_e M_{\text{WD}}^{1/3}}, \tag{17.45}$$

即白矮星半径 R_{WD} 与质量 M_{WD} 的 1/3 次方成反比. 所以白矮星质量越大, 半径越小, 密度越高. 白矮星密度上限可由钱德拉斯卡极限来估计:

$$\frac{\hbar^2}{2m_e a_{\min}^2} \sim 2m_e c^2,$$

$$a_{\min} \sim \frac{\hbar}{2m_{\mathrm{e}}c} = 1.93 \times 10^{-13}\,\mathrm{m},$$

$$\rho_{\mathrm{WD}} \sim \frac{m_{\mathrm{N}}}{4\pi a_{\min}^3/3} = \frac{3 \times 1.67 \times 10^{-27}\,\mathrm{kg}}{4\pi \times (1.93 \times 10^{-13}\,\mathrm{m})^3} = 6 \times 10^{10}\,\mathrm{kg/m^3}.$$

以上的估值偏低, 而且只是粗略的平均值. 白矮星结构的详细计算, 要用上节给出的星体结构方程. 这时电子动能可以达到接近静质能 $m_{\mathrm{e}}c^2$ 的数量级, 应采用相对论的能量动量关系. 这样的电子气体称为 相对论性自由电子气体. 代入相对论性自由电子气体物态方程, 用数值计算, 从星体结构方程可以算出白矮星结构函数 $\rho_{\mathrm{WD}}(r)$, 从而得到白矮星质量随中心密度的变化, 如图 17.3 中曲线的左段. 曲线斜率为负的区域, 从动力学考虑是不稳定

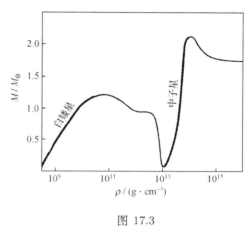

图 17.3

的. 曲线左半第一个峰值就是钱德拉斯卡极限. 表 17.2 给出了某些中心密度值所对应的白矮星质量与半径[①].

表 17.2 白矮星的中心密度 ρ_{C} 、质量 M 和半径 R

$\rho_{\mathrm{C}}/\mathrm{kg\cdot m^{-3}}$	$M/M_{\odot}$	R/km
2.5×10^8	0.22	14000
1.6×10^{10}	0.88	6500
1.9×10^{12}	1.38	2000

d. 中子星

质量超过钱德拉斯卡极限 M_{Ch} 的恒星, 核反应停止后, 在引力作用下收缩, 电子零点能达到 $\mathrm{p}+\mathrm{e}^- \to \mathrm{n}+\bar{\nu}_{\mathrm{e}}$ 过程的 Q 值, 电子被质子吸收, 恒星物质发生由核子电子等离子体到核物质的相变, 恒星转变成一颗以中子物质为主要成分的 中子星.

中子星物质密度低于正常核物质密度 ρ_{N} 时, 是由浸在中子气体和稀薄电子气体中的极丰中子核组成. 密度接近 ρ_{N} 时, 大部分电子都被质子吸收, 极丰中子核的不对称度非常高. 当不对称度 $\delta = 1$ 时, 体系成为纯中子物质.

---

① Josip Kleczek, *The Universe*, D. Reidel Publishing Company, Dordrecht, Holland, 1976, p.174.

知道了这种核物质的物态方程, 就可以讨论中子星结构. 对中子星结构来说, 热运动的效应可以忽略, 只需要基态核物质的物态方程 $\varepsilon(\rho, \delta)$, 这里 $\rho = m_N n$. 由 $\varepsilon(\rho, \delta)$ 可以算出核物质压强 P 对密度 ρ 的依赖关系,

$$P = \rho^2 \left(\frac{\partial \varepsilon}{\partial \rho}\right)_S. \tag{17.46}$$

中子星密度为正常核物质密度 ρ_N 的数量级. 由于密度高, 万有引力强, 需要考虑广义相对论对牛顿万有引力定律的修正. 相应地, 根据星体物质压强与万有引力平衡写出的星体结构方程 (17.22) 应修改为

$$\begin{cases} \dfrac{\mathrm{d}P}{\mathrm{d}r} = -\dfrac{G[M(r) + 4\pi r^3 P/c^2](u + P)/c^2}{r^2[1 - 2GM(r)/c^2 r]}, \\[2mm] \dfrac{\mathrm{d}M(r)}{\mathrm{d}r} = \dfrac{4\pi r^2}{c^2}\, u, \end{cases} \tag{17.47}$$

其中 $u = \varepsilon n$ 是星体物质的能量密度. 这组方程称为奥本海默 - 沃尔科夫方程, 可以从爱因斯坦引力场方程严格推出. 1939 年奥本海默 (J.R. Oppenheimer) 和沃尔科夫 (G.M. Volkoff) 首先用它讨论了由自由中子气体构成的中子星.

在极端相对论情形, 可以忽略中子静质能, 而把物态方程写成与光子气体相同的形式 (参阅 10.4 节),

$$P = \frac{1}{3}\, u. \tag{17.48}$$

即使这样极大简化的物态方程, 代入奥本海默 - 沃尔科夫方程以后, 也要用数值计算才能求出中子星的结构函数 $\rho_{NS}(r)$.

表 17.3 恒星演化按质量的分类

星　　等	大质量	中质量	小质量	极小质量
初始质量 $/M_\odot$	> 8	$8\text{—}4$	$4\text{—}0.08$	< 0.08
中心温度 $/K$	$3 \times 10^9\text{—}5 \times 10^9$ (平衡时)	$3 \times 10^9\text{—}7 \times 10^9$ (爆炸时)	$\sim 10^8$	$< 10^7$
发光源	H,He,C,O,Si 的燃烧和所有放能核聚变	H,He,C 的燃烧 (爆炸时)	H,He 的燃烧	引力收缩
能量损失	光子, 中微子	光子, 中微子	光子, 中微子 (可略)	光子, 无中微子
灭亡的原因	引力塌缩	超新星爆发	质量抛射 (行星状星云)	冷却
演化结局	黑洞	中子星	白矮星	红外矮星
反抗引力的压强	无	中子简并	电子简并	电子简并

图 17.3 中曲线右边上升的一段就是稳定中子星质量与中心密度的关系. 曲线极大值

$$M_{NS} \sim 2M_\odot \qquad (17.49)$$

称为 中子星临界质量, 超过这一点以后曲线斜率为负, 从动力学考虑是不稳定的. 质量大于这个临界质量的中子星, 在万有引力作用下会发生引力塌缩, 最后变成黑洞. 表 17.3 给出了恒星演化按质量的分类, 它在很大程度上带有猜测的成分, 还不是一种完全准确和一致的认识[①].

中子星质量约为 $M_\odot$—$2M_\odot$, 半径约为 10 km, 平均密度约为正常核物质密度 ρ_N. 图 17.4 给出一个算得的中子星结构[②]. 在一由原子组成的很薄的表面层内, 是固体星壳. 它从由原子核

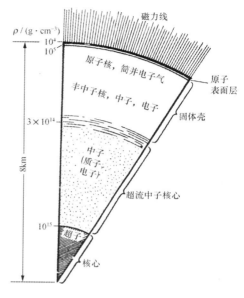

图 17.4

和简并电子气体组成的体系, 逐渐过渡到由丰中子核、中子和电子组成的体系. 再深入进去, 原子核完全被熔解, 就成为由超流态中子、少量质子和电子构成的中子核心. 最中心部分的密度最高, 一部分核子激发成为超子.

e. 脉冲星和超新星爆发

虽然 1932 年发现中子不久朗道就提出中子星概念, 1939 年奥本海默和沃尔科夫又建立了第一个中子星的理论模型, 而在实际上发现中子星, 却等了将近 30 年.

1967 年 10 月, 英国剑桥休伊什 (A. Hewish) 的研究生贝尔 (J. Bell) 偶然发现一个奇怪的射电源, 脉冲周期 1.337 s, 被称为 脉冲星. 脉冲星至今已发现一百多颗, 射电脉冲周期大多在 0.2—2 s 之间, 最长的 3.8 s, 最短的只有 1.56 ms. 它们的周期都非常稳定. 例如 1.56 ms 周期的脉冲星 PSR1917+214, 周期的增长率只有 10^{-19}, 年变化率不超过 5×10^{-9} s, 比精确度最高的原子钟还小 5 个数量级.

---

① 参阅 Josip Kleczek, *The Universe*, D. Reidel Publishing Company, Dordrecht, Holland, 1976, p.226.

② 上注, p.177.

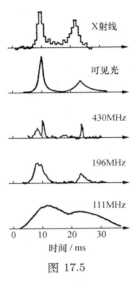

图 17.5

这么短的周期, 这么高的稳定性, 现在大家相信, 这种射电脉冲只可能来自自转的中子星. 演化到最后阶段的恒星, 在引力塌缩过程中, 自转角速度增大, 磁通密度增强, 成为高速转动的中子星. 中子星磁场高达 10^8T, 随着星体转动, 磁极附近荷电粒子的速度接近光速, 发出极强的定向同步辐射. 这种定向同步辐射随着星体的自转周期性地扫过地面的射电天线, 就成为我们接收到的脉冲信号. 图 17.5 是休伊什 1969 年在著名的金牛座蟹状星云中心区域观测到的射电波、可见光和 X 射线脉冲[①].

蟹状星云中心 1054 年发生超新星爆发, 在我国《宋史》和《续资治通鉴》等史籍上都有观察记载. 超新星是目前天体物理正在研究的一个前沿. 现在估计, 一颗质量约在 $4M_\odot$ 以上的恒星, 在核反应燃烧结束后发生引力塌缩的过程中, 光度急剧增大, 大部分物质被塌缩过程的冲击波抛向太空, 形成强烈爆炸, 成为我们观测到的超新星爆发. 如果原来恒星质量不太大, 爆炸后的残核将塌缩成中子星, 否则将塌缩成一黑洞. 休伊什 1969 年的上述观测表明, 蟹状星云超新星爆发后的残核 NP0532 已成为一颗脉冲星.

1987 年 2 月 23 日在南天星空大麦哲伦星云东北爆发的一颗超新星, 被命名为 SN1987A. 1993 年 3 月 28 日, 在螺旋星系 M81 中又发现了引起国际天文学界轰动的超新星 1993J. 它们的爆发, 为天体物理和粒子物理学家提供了丰富的实际信息. 在相当长的一段时间内, 它们都是天体物理学家们关注的焦点.

17.4 恒星中的核反应

大量星际气体在万有引力作用下聚集形成恒星后, 继续发生引力收缩, 使中心温度上升, 引起与温度、密度和气体成分相应的各种核反应. 恒星成分大部分是氢 H, 所以恒星演化过程中, 最重要的是氢及其最初核反应生成物氦 He 以及其它核之间的核反应.

两个核之间的反应截面, 与它们之间的相对动能有关, 平均来说也就是与体系的温度有关. 只有动能达到一定阈值, 它们才能克服静电排斥, 接近到核力起作用的距离. 达到核力起作用的距离时, 它们还必须有一定的相对动量, 使它

---

① A. Hewish, *Ann. Rev. Astron. Astrophys.*, **8** (1970) 268.

们的德布罗意波长小到与它们的大小同数量级，才能有足够大的反应概率. 能量再高，波长小于核子大小，就成为两个核的夸克之间的相互作用. 这种高能过程在恒星中不是主要的.

a. 从 D 反应到 pp 链

引力收缩使恒星中心温度上升到 10^6 K 左右时，首先发生氘 D 的反应，

$$^2D + {}^1H \longrightarrow {}^3He + \gamma,$$

$$^2D + {}^2D \longrightarrow {}^3He + n,$$

$$^2D + {}^2D \longrightarrow {}^3H + p,$$

其中主要是 $^2D(p, \gamma)^3He$ 反应. D 含量只有 H 的 10^{-4} 左右，很快就燃烧完了. 如果开始时 D 比 ^3He 含量多，则 D 反应产生的 ^3He 可能就是恒星早期 ^3He 的重要来源. 由于对流到达恒星表面的这种 ^3He, 有的可能还保留到现在.

Li, Be, B 等轻核和 D 一样结合能很低，含量只是 H 的 2×10^{-9} 左右. 它们当中心温度超过 3×10^6 K 时就开始燃烧，引起 (p, α) 和 (p, d) 反应，很快成为 ^3He 和 ^4He.

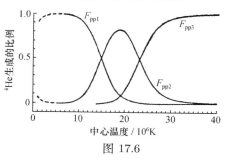

图 17.6

中心温度达到 10^7 K, 密度达到 $10^5 \, kg/m^3$ 左右时，产生 H 转化为 He 的 $4^1H \to {}^4He$ 过程. 这主要是 pp 链和 CNO 循环. 同时含有 ^1H 和 ^4He 时发生 pp 链反应，由以下三个分支组成：

pp-1 (只有 ^1H)	pp-2 (同时有 ^1H, ^4He)	pp-3
$^1H + {}^1H \to {}^2D + e^+ + \nu$		
$^2D + {}^1H \to {}^3He + \gamma$		
$^3He + {}^3He \to {}^4He + 2^1H$ 或	$^3He + {}^4He \to {}^7Be + \gamma$	
	$^7Be + e^- \to {}^7Li + \nu + \gamma$ 或	$^7Be + {}^1H \to {}^8B + \gamma$
	$^7Li + {}^1H \to 2^4He$	$^8B \to {}^8Be^* + e^+ + \nu$
		$^8Be^* \to 2^4He$
$4^1H \to {}^4He + 26.20 \, MeV$	$4^1H \to {}^4He + 25.67 \, MeV$	$4^1H \to {}^4He + 19.23 \, MeV$

图 17.6 是 pp 链 3 个分支生成 ^4He 的比例与中心温度的关系，假设 ^1H 和 ^4He 的重量比相等[①]. 可以看出，随着中心温度升高，反应从 pp-1 逐渐过渡到

① P.D. Parker, J.N. Bahcall and W.A. Fowler, *Astrophys. J.*, **139** (1964) 602.

pp-3, 而当 $T > 1.5 \times 10^7$ K 时, 恒星中燃烧 H 的过程就过渡到以 CNO 循环为主了.

b. CNO 循环

在恒星内混杂有重元素 C 和 N 时, 它们能作为触媒使 ^{1}H 变为 ^{4}He, 这就是 CNO 循环. CNO 循环有两个分支:

CNO-1	CNO-2
$^{12}C + {}^1H \rightarrow {}^{13}N + \gamma$	
$^{13}N \rightarrow {}^{13}C + e^+ + \nu$	
$^{13}C + {}^1H \rightarrow {}^{14}N + \gamma$	
$^{14}N + {}^1H \rightarrow {}^{15}O + \gamma$	
$^{15}O \rightarrow {}^{15}N + e^+ + \nu$	
$^{15}N + {}^1H \rightarrow {}^{12}C + {}^4He$ 或	$^{15}N + {}^1H \rightarrow {}^{16}O + \gamma$
	$^{16}O + {}^1H \rightarrow {}^{17}F + \gamma$
	$^{17}F \rightarrow {}^{17}O + e^+ + \nu$
	$^{17}O + {}^1H \rightarrow {}^{14}N + {}^4He$
$4{}^1H \rightarrow {}^4He + 25.02$ MeV	$4{}^1H \rightarrow {}^4He + 24.80$ MeV

总反应率取决于最慢的 ^{14}N(p, γ)^{15}O. ^{15}N 的 (p, α) 和 (p, γ) 反应分支比约为 2500:1. 这个比值几乎与温度无关, 所以在 2500 次 CNO 循环中有 1 次是 CNO-2 过程.

在 pp 链和 CNO 循环过程中, 净的效果都是 H 燃烧成 He,

$$4{}^1H \longrightarrow {}^4He + 2e^+ + 2\nu_e + 26.7 \text{ MeV}, \tag{17.50}$$

过程中每一反应的 Q 值见表 17.4. 在释放出的 26.7 MeV 能量中, 大部分消耗于给恒星加热和发光, 成为恒星的主要能源. 首先于 1938 年提出 CN 循环的贝特 (H.A. Bethe), 因此获 1967 年诺贝尔物理学奖.

表 17.4 pp 链和 CNO 循环中反应的 Q 值

pp 链反应	Q/MeV	CNO 循环反应	Q/MeV
^{1}H(p, e$^+\nu$)^{2}D	1.442	^{12}C(p, γ)^{13}N	1.944
^{2}D(p, γ)^{3}He	5.493	^{13}C(p, γ)^{14}N	7.550
^{3}He(^{3}He, 2p)^{4}He	12.859	^{14}N(p, γ)^{15}O	7.293
^{3}He(α, γ)^{7}Be	1.586	^{15}N(p, α)^{12}C	4.965
^{7}Li(p, α)^{4}He	17.347	^{15}N(p, γ)^{16}O	12.126
^{7}Be(p, γ)^{8}B	0.135	^{16}O(p, γ)^{17}F	0.601
		^{17}O(p, α)^{14}N	1.193

c. 氦、碳、氧、氖等的燃烧

H 燃烧完后, 恒星内部热源减少, ^{4}He 积累起来, 并进一步发生引力塌缩. 当中心密度达到 $10^6\,\mathrm{kg/m^3}$ 时, 温度上升到 $10^8\,\mathrm{K}$, H 燃烧剩下的残渣 ^{4}He 又能成为燃料, 发生生成 $4N$ 核 ($N = 2, 3, 4, \cdots$) 的 He 反应:

$$^4\mathrm{He} + {}^4\mathrm{He} \rightleftarrows {}^8\mathrm{Be} - 0.092\,\mathrm{MeV},$$

$$^8\mathrm{Be} + {}^4\mathrm{He} \to {}^{12}\mathrm{C} + \gamma + 7.366\,\mathrm{MeV},$$

$$^{12}\mathrm{C} + {}^4\mathrm{He} \to {}^{16}\mathrm{O} + \gamma + 7.161\,\mathrm{MeV},$$

$$^{16}\mathrm{O} + {}^4\mathrm{He} \to {}^{20}\mathrm{Ne} + \gamma + 4.730\,\mathrm{MeV}.$$

发生这些反应的温度为 1×10^8—$3 \times 10^8\,\mathrm{K}$. 到形成 ^{20}Ne 时, ^{4}He 基本上燃烧完. 如果到 $10^9\,\mathrm{K}$ 以上还有 ^{4}He, 则还能形成 ^{20}Ne 以上的核. 前两个反应由 3 个 ^{4}He 形成 1 个 ^{12}C, 所以称为 3α 反应.

在 He 反应初期, 温度达到 $10^8\,\mathrm{K}$ 量级时, CNO 循环产生的 ^{13}C, ^{17}O 能和 ^{4}He 发生新的 (α, n) 反应, 形成 ^{16}O 和 ^{20}Ne. 在 He 反应进行了很长时间后, $^{20}\mathrm{Ne}(\mathrm{p},\gamma)^{21}\mathrm{Na}(\beta^+,\nu)^{21}\mathrm{Ne}$ 中的 ^{21}Ne 以及 ^{14}N 吸收两个 ^{4}He 形成的 ^{22}Ne 能发生 (α,n) 反应形成 ^{24}Mg 和 ^{25}Mg 等. 这些反应作为能源并不重要, 但发出的中子可以进一步引发中子核反应.

He 反应结束后, 当中心温度达到 $10^9\,\mathrm{K}$ 时, 开始发生 C, O, Ne 燃烧反应, 这主要是 CC 反应、OO 反应以及 ^{20}Ne 的 γ, α 反应:

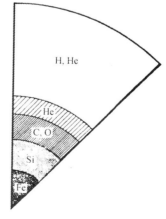

图 17.7

$$^{12}\mathrm{C} + {}^{12}\mathrm{C} \longrightarrow \begin{cases} ^{23}\mathrm{Na} + \mathrm{p} + 2.238\,\mathrm{MeV}, \\ ^{20}\mathrm{Ne} + \alpha + 4.617\,\mathrm{MeV}, \\ ^{24}\mathrm{Mg} + \gamma + 13.930\,\mathrm{MeV}, \end{cases}$$

$$^{16}\mathrm{O} + {}^{16}\mathrm{O} \longrightarrow \begin{cases} ^{28}\mathrm{Si} + \alpha + 9.593\,\mathrm{MeV}, \\ ^{31}\mathrm{P} + \mathrm{p} + 7.676\,\mathrm{MeV}, \\ ^{31}\mathrm{S} + \mathrm{n} + 1.459\,\mathrm{MeV}, \\ ^{32}\mathrm{S} + \gamma + 16.539\,\mathrm{MeV}, \end{cases}$$

$$^{20}\mathrm{Ne} + \gamma \longrightarrow {}^{16}\mathrm{O} + \alpha - 4.730\,\mathrm{MeV},$$

$$^{20}\mathrm{Ne} + \alpha \longrightarrow {}^{24}\mathrm{Mg} + \gamma + 9.317\,\mathrm{MeV}.$$

O 熄火后, Si, Mg 等开始燃烧. 这样, 直到恒星中心剩下的大部分是 Fe, Ni 等元素为止. 因为 Fe, Ni 的每核子结合能最大, 核燃烧的聚变反应到此终止, 恒星进入热死状态. 能够燃烧到哪一级, 取决于中心温度, 亦即取决于恒星质量.

质量不大的恒星, 燃烧到某一阶段就中止熄火, 直接进入热死状态, 如表 17.3 所示. 图 17.7 是一很重的恒星在热核反应熄火后引力塌缩前的剖面示意.

d. 中微子天文学

H 燃烧成 He 的过程中释放的能量, 有相当部分是被中微子带走的. pp-1 过程带走 2%, pp-2 过程带走 4%, pp-3 过程带走 28%, CNO-1 过程带走 6%, 而 CNO-2 过程带走 7%. 中微子带走这么多能量, 对恒星的演化和寿命造成很大影响. 设法在地球上测量太阳中微子, 既是直接了解和验证恒星内部 H 燃烧反应和能量的唯一方法, 也可藉此对恒星演化的相关过程获得实际的信息.

可以利用吸热反应 $^{37}\mathrm{Cl}(\nu, e^-)^{37}\mathrm{Ar}$, 这个反应的 $Q = -0.81\,\mathrm{MeV}$. 美国 BNL 的戴维斯 (R. Davis, Jr.) 小组在南达科塔州 1500 m 深的金矿井中, 用钢制容器装了约 3.8×10^5 L $\mathrm{CCl_4}$, 从 1967 年开始, 对太阳中微子进行了三十多年的测量. 他们测得的太阳中微子通量比巴可尔 (J.N. Bahcall) 根据太阳标准模型的理论算得的一半还少, 引起各种猜测和争论, 被称为 太阳中微子之谜. "太阳中微子问题究竟是由于中微子的未知性质所致, 还是由于对太阳内部的了解不够? 换句话说, 这是有新的物理还是天体物理出了毛病? " (巴可尔语)

另一方面, 在日本神冈町一个 1000 m 深的废砒霜矿井里, 小柴昌俊 (M. Koshiba) 于上世纪八十年代初建立了神冈核子衰变实验室, 简称神冈探测装置或 Kamiokande. 他用 2140 t 的水, 通过切连柯夫探测器探测质子衰变. 受戴维斯实验的影响, 他把神冈探测装置先后改装成神冈探测装置 II 和超级神冈探测装置, 用来探测太阳中微子. 神冈探测装置 II 能够确定入射中微子的方向, 借助这个优点, 小柴昌俊给出了太阳发射中微子的明确证据, 测得的中微子通量是理论值的 0.46, 印证了戴维斯的结果. 而且, 这个结果支持在不同中微子之间存在振荡的假设 (见 15.8 节 e).

在大气中产生中微子的过程是下列衰变链:

$$\pi \longrightarrow \mu + \nu_\mu,$$

$$\mu \longrightarrow \nu_\mu + \nu_e + e.$$

超级神冈探测装置的主要成果, 是探测到大气 μ 中微子丢失, 证实存在 μ 中微子振荡, 给出了 $\nu_\mu \to \nu_\tau$ 的振荡参数. 这是 1998 年的事. 接着, 加拿大在萨德伯瑞 (Sudbury) 地下 2000 m 修建中微子观测站 SNO, 用了 1000 t 超纯重水 $\mathrm{D_2O}$, 用 9456 个光电倍增管来观测中微子在重水中的反应产生的切连柯夫辐射. SNO 1999 年开始运行, 由于使用了氘核 D, 它不仅能够探测电子中微子 ν_e, 也能探测其他两种中微子 ν_μ 和 ν_τ. 实验结果表明, 实际探测到的太阳中微子大约 1/3 是电子中微子, 2/3 是其他两种中微子, 第一次给出了中微子振荡的直接结果, 和中微子质量的范围. 结合萨德伯瑞和神冈两家观测的结果, 给出 m_{ν_e} 在 0.07—2.8eV/c^2, 三种中微子质量之和在 0.05—8.4eV/c^2. 至此, 戴维斯和小柴昌俊的工作得到肯定的确认. 他们因此各分享了 2002 年诺贝尔物理奖的 1/4, 其余 1/2 则是授予了贾可尼 (R. Giacconi), 以表彰他在天体物理中导致一系列宇宙 X 射线源的发现的开创性工作. 有兴趣的读者可以进一步参阅这方面的文章[①].

17.5 宇宙大尺度结构

在宇观结构中, 恒星以上的层次依次是星系、星系团、超级星系团和整个可观测的宇宙, 大小跨过 10 个数量级, 质量相差 20 个数量级, 如图 1.1 所示. 在不同的结构层次, 大小的尺度不同, 方便的长度单位也不同. 我们将分别使用第 1 章 1.3 节中给出的 天文单位 AU 、 光年 ly 、秒差距 pc 及其倍数单位 千秒差距 kpc 和 兆秒差距 Mpc 等. 表 17.5 给出了宇观结构一些层次的大小[②].

表 17.5 宇观结构一些层次的大小

层 次 (代表)	行星 (地球)	恒星 (太阳)	星 团 (球状星团)	星 系 (旋涡星系)	观测到的宇宙
半径 /pc	10^{-10}	10^{-8}	10	10^4	10^{10}(?)
平均距离 /pc	10^{-5}	1	10^3	10^6	
质量 /$M_\odot$	10^{-6}	1	10^6	10^{11}	10^{21}(?)
平均密度 /(kg/m^3)	10^3	10^3	10^{-18}	10^{-20}	10^{-27}(?)

a. 星系和星系团

我们所在的 银河系 是由 10^{11} 个彼此相距约 1pc 的恒星组成的盘状集团. 银盘外面大约有 200 个 球状星团, 每个包含 10^5—10^7 颗恒星. 银盘半径约 15 kpc, 太阳在银盘外沿, 距盘心约 10 kpc. 银盘大约 2.5×10^8 年旋转一周.

银河系大部分质量为恒星所有, 只有约 5% 以气体形式散布在星际空间. 星际气体主要是中性氢原子 (H I 区) 或电离氢 (H II 区), 平均密度每立方厘米 1 个 H 原子, 但也有高出 100 倍的气体星云. 高密度气体凝缩就形成恒星.

距银河系最近的星系是仙女座星系, 它到银河系的距离 680 kpc. 它的形状和质量与银河系相近, 也是一个旋涡星系. 估计在距我们 50 亿光年的范围内, 有 10^9 个星系.

---

① 如顾以藩, 《物理》, **32** (2003) 80; 何景棠, 《物理》, **32** (2003) 560.
② 林忠四郎、早川幸男主编, 师华译, 《宇宙物理学》, 科学出版社, 1981, 3 页.

大多数星系可按形态来分类, 称为哈勃系列, 如图 17.8. 从 E0 到 E7 为椭圆星系, Sa, Sb, Sc 为普通旋涡星系, SB 系列为棒旋星系. S 型和 SB 型的分界点 S0 型有一点旋涡的萌芽, 而右边的 Irr 为不规则星系, 既无旋转对称性, 也没有旋涡结构, 如距离银河系非常近的大麦哲伦星云和小麦哲伦星云[1]. 通常用力学来解释星系的扁度, 认为哈勃系列是按单位质量的自转角动量增加的系列.

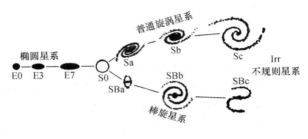

图 17.8

表 17.6 给出了我们周围 1500 个星系的分类, 其中 Pec 是没有确定类型的特殊星系. 星系的质量分布在 10^9—$10^{12} M_{\odot}$ 的范围内, 按照与哈勃系列相反的顺序 (即 Irr → Sc → Sb → Sa → S0 → E) 而增大, 如表 17.7 所示[2]. 此外, 每个星系都有一个与其余区域显然不同的星系核. 银河系的银核和仙女座的星系核以 10^{34}—10^{36} W 的辐射率发出红外线.

表 17.6 星系数的分布

哈勃类型	E	S0	S+SB	Irr	Pec
百分数 (%)	13.0	21.5	61.1	3.4	0.9

表 17.7 各类星系的平均物理量

哈勃类型	E	Sa	Sb	Sc	Irr
质量 /$M_{\odot}$	2.0×10^{11}	1.6×10^{11}	1.3×10^{11}	1.6×10^{10}	1×10^9
(质量 / 光度)/$(M_{\odot}/L_{\odot})$	20—70	6.6	3.6	1.4	0.9
平均密度 /$(M_{\odot}/pc^3)$	0.16	0.08	0.025	0.013	0.003
氢气体质量 /(%)	$\lesssim 0.2$	1.3	3	20	40

星系大体上在空间中均匀分布, 但也有的地方形成密集的 星系团. 估计约有半数以上的星系形成星系团, 它们的大小和密集程度各不相同. 我们的银河

---

[1] 林忠四郎、早川幸男主编, 师华译, 《宇宙物理学》, 科学出版社, 1981, 56 页.
[2] 表 17.6 引自上注 57 页, 表 17.7 转引自上注 58 页.

系属于一个以仙女座星系为主的星系团，由大约 20 个星系组成，称为 **本星系群**. **后发星系团** 是最大的星系团之一，距离我们约 90 Mpc, 半径 5 Mpc, 总质量 $2 \times 10^{15} M_\odot$，包含了几千个星系.

b. 哈勃定律

图 17.9 称为 哈勃图，它给出遥远星系的谱线红移 z 与该星系视星等 m 的关系[①]. 光谱红移

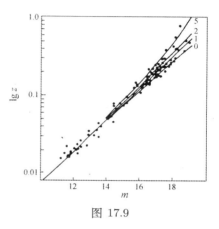

图 17.9

$$z = \frac{\lambda - \lambda_0}{\lambda_0}, \qquad (17.51)$$

其中 λ 是星光的谱线波长，λ_0 是地面光源的该谱线波长. 两个星体视星等的差定义为

$$m_1 - m_2 = -2.5 \lg \frac{L_1}{L_2}, \qquad (17.52)$$

其中 L_1 和 L_2 是它们的测量光度. 选定一个星体作为标准，用上述关系就可从光度测量定出其他星体相对于它的星等. 由于光度 L 与距离 d 的平方成反比，两个星体发光强度相同时，上式成为

$$m_1 - m_2 = 5 \lg \frac{d_1}{d_2}. \qquad (17.53)$$

所以，对于发光强度相同的星体，从它们的相对星等就可推知它们的相对距离 d_1/d_2.

哈勃图表明，遥远星系谱线红移的对数 $\lg z$ 与星系视星等成线性关系，所以其红移 z 与距离 d 成正比，可以写成

$$z = \frac{1}{c} H_0 d. \qquad (17.54)$$

这就是哈勃 (E.P. Hubble) 测定遥远星系团距离后于 1929 年发现的著名定律，称为 哈勃定律. 其中 H_0 称为 哈勃常数，他当初定出的值为 550 km/(s·Mpc), 现在测定的值在 50—85 km/(s·Mpc) 之间，

$$H_0 = 100\, h\, \text{km}/(\text{s} \cdot \text{Mpc}), \qquad 0.5 \lesssim h \lesssim 0.85. \qquad (17.55)$$

1976 年桑代吉 (A.R. Sandage) 定出的值是 $h = 0.55 \pm 0.07$，而最新的推荐值是

$$h = 0.73^{+0.04}_{-0.03}.$$

① J. Kristian, A. Sandage and J. Westphal, *Ap. J.*, **221** (1978) 383.

c. 射电星系和类星体

利用哈勃定律, 可以从星体谱线红移来测定它的距离. 用这种方法求出了上世纪四十年代末以来发现的许多非常强的射电源的距离, 知道它们是一些比较远的 椭圆巨星系. 例如天鹅座 A 源 (CygA)、半人马座 A 源 (CenA)、室女座 A 源 (VirA) 等. 它们的红移 z 在 0.003 (CenA) 到 0.15 (HerA) 之间, 光度为银河系的 1—10 倍, 而射电发射量为银河系的 10^3—10^7 倍.

这种有很强射电源的星系称为 射电星系. 它们大都具有两个大小和强度大致相同的射电发射区, 相距 8—300 kpc, 每个区的直径 3—100 kpc. CenA 具有两对射电源, 小的一对直径 3 kpc, 距离 8 kpc, 大的一对直径 120 kpc, 距离 240 kpc. 根据射电发射区体积、射电强度和频谱类型来估计, 射电源总能量为 10^{48}—10^{53} J.

10^{53} J 相当于 $6 \times 10^7 M_\odot$ 的 H 释放的核能. 是什么机制放出这么大能量, 还不完全清楚. 从 CenA 有两对射电源来判断, 可以设想在椭圆巨星系中心区有过大规模的爆发, 使高能粒子加速形成射电源. 实际上, 观测比较近的射电星系 M82, 可看到其中心区爆发的情形. M82 看起来像不规则星系, 其实是扁平的, 由中心喷射出的垂直于星系面的巨大氢云柱, 是大约 10^8 年前爆发的结果.

对于射电星系, 用射电方法和光学方法观测, 它们都有一定大小. 但 1960 年发现的强射电源 3C48, 小到用射电干涉仪几乎不能分辨, 而用可见光可在其位置处看到恒星状天体. 1963 年施米特 (M. Schmidt) 在强射电源 3C273B 处看到同样的恒星状天体, 红移 $z = 0.16$. 此后又发现许多这样的天体, 对其中 150 多个测出红移 z 在 0.06—3.53 之间.

现在把这种从光学上看像恒星而红移值 z 较大的天体称为 类星体, 而把其中 3C48, 3C273 那样具有强射电源的特别称为 类星射电源. 从 1967 年开始, 用洲际射电干涉仪观测类星体射电辐射区, 达到 10^{-3} 角秒的角分辨率, 了解到多数类星体的辐射区具有层次性结构. 例如 3C273B, 如取 $H_0 = 75 \, \text{km}/(\text{s} \cdot \text{Mpc})$, 则其距离为 630 Mpc, 其辐射区除有 100 pc 和 10 pc 的较大部分外, 还有 1 pc 以下非常致密的部分.

对于类星体巨大的红移, 现在大都认为仍然符合哈勃定律, 表明它距我们非常遥远. 所以类星体结构和物理状态不易观测. 对较近的 赛伏特 (Seyfert) 星系核的仔细观测, 发现它与类星体有很多相似之处. 赛伏特星系是一种特殊旋涡星系, 整体形状和普通星系没有差别, 但有一个恒星状的非常亮的星系核, 发射特殊形状又强又宽的发射线. 目前观测到的赛伏特星系, z 值都在 0.01 以下, 其数目约为旋涡星系的 1%—2%, 其中某些区域也是较弱的射电源.

目前的观测, 已达到 10^{10} 光年的空间范围和 10^{10} 年的时间历程, 在此范围

约有 10^{11} 个星系. 不论哪种星系, 都具有或大或小活动激烈的星系核. 它们活动的规模和程度不同, 这可能是由于星系质量在中心聚集的程度不同. 和类星体一样, 其机制还不清楚.

17.6 膨胀宇宙

a. 哈勃时间和半径

星系物质平均密度极低, 遥远星系谱线的红移不会是引力红移, 只能是相对运动引起的多普勒红移. 所以, 哈勃定律表明, 所有遥远的星系都远离我们退行而去, 离我们越远, 退行速度就越大. 根据 3.7 节相对论多普勒效应,

$$1 + z = \frac{\lambda}{\lambda_0} = \sqrt{\frac{1 + v/c}{1 - v/c}}, \tag{17.56}$$

可解出

$$\frac{v}{c} = \frac{z(2 + z)}{2 + 2z + z^2}.$$

当红移很小时, 近似有

$$\frac{v}{c} \approx z, \qquad \text{当 } z \ll 1. \tag{17.57}$$

这时哈勃定律可以近似写成

$$v = cz = H_0 d, \qquad \text{当 } z \ll 1. \tag{17.58}$$

所以, 红移不大时, 星系退行速度与红移或距离成正比.

红移接近和超过 1 时, 就不能做上述的简化近似. 例如类星体 3C9 的 $z = 2$, 用相对论多普勒效应公式算得退行速度高达 $v = 0.8\,c$. 这时, 即使狭义相对论也是近似的, 还要考虑光从遥远星系射来时, 经过的漫长路径上时空被物质所引起的弯曲.

所以, 我们的宇宙正在膨胀. 按照哈勃定律追溯回去, 所有星系都是在过去某一时刻开始膨胀, 从空间一点散开和互相远离的. 从那时到现在的时间, 可用哈勃常数的倒数来衡量,

$$T_{\mathrm{H}} = \frac{1}{H_0} = \frac{9.78}{h} \times 10^9 \mathrm{a} = 1 \times 10^{10}\text{—}2.5 \times 10^{10}\mathrm{a}. \tag{17.59}$$

这个时间称为 哈勃时间, 它就是宇宙膨胀年龄的尺度. 银河系最老的球状星团的年龄, 就在这个范围内.

另外, 光在哈勃时间内传播的距离称为 哈勃半径,

$$R_{\mathrm{H}} = \frac{c}{H_0} = \frac{3000}{h} \mathrm{Mpc} = \frac{9.25}{h} \times 10^{22} \mathrm{km} = (1\text{—}2) \times 10^{23} \mathrm{km}, \tag{17.60}$$

它给出我们观测到的宇宙半径的尺度.

b. 宇宙学原理与弗里德曼方程

在膨胀过程中, 大星系团所受宇宙其它部分的引力, 大于集团内物质的引力. 大体上说, 星系数目在 10^4 以上, 半径在 10^8 光年以上的系统, 已不能当作孤立系统, 而应作为整个膨胀宇宙的一部分来考虑.

为了从观测信息上来考察膨胀宇宙的总体结构和规律, 我们需要一些基本假设. 在观测到的宇宙范围内, 星系分布基本上均匀. 我们把这一在可观测范围内得到的近似结论推广, 假设 整个宇宙在大范围的结构是均匀的. 这一假设称为宇宙学原理. 根据这一原理, 无论在哪个星系中, 对宇宙的观测结果都相同. 于是, 我们就可以根据在地球上的观测, 来分析宇宙在大范围的结构. 此外, 为简化数学分析, 我们又进一步假设宇宙是各向同性的. 狭义地说, 我们也把宇宙均匀并且各向同性的假设, 称为宇宙学原理.

均匀各向同性空间是处处曲率相同的常曲率空间, 其四维时空线元可写成

$$ds^2 = c^2 dt^2 - R^2(t)\left[\frac{dr^2}{1-kr^2} + r^2(d\theta^2 + \sin^2\theta d\phi^2)\right]. \tag{17.61}$$

这个度规称为 罗伯森 - 瓦尔克 (Robertson-Walker) 度规. 在这里坐标 r 为无量纲纯数, $0 \leqslant r \leqslant 1$. $R(t)$ 有长度量纲, 称为 空间膨胀因子 或 尺度因子, $k \neq 0$ 时它决定空间曲率半径, $k = 0$ 时它决定空间两点间的距离.

$R(t)$ 只依赖于时间, 与位置无关, 所以在给定时刻空间曲率处处相同. k 是空间曲率指标, $k = 0$ 是平坦开放的欧氏空间, 半径 r 处的球面积 $S(r) = 4\pi r^2$, 空间体积无限. $k = 1$ 是球形封闭的 黎曼空间, $S(r) < 4\pi r^2$, 随着 r 的增加, $S(r)$ 增大到一极值, 然后减小至 0, 而空间体积为 $\pi^2 R^3$, 是有限的, 随 $R(t)$ 的增加而增大. $k = -1$ 是双曲型开放的 玻莱伊 - 罗巴切夫斯基 (Bolayi-Lobachevski) 空间, $S(r) > 4\pi r^2$, 空间体积无限. k 取哪种值, $R(t)$ 如何随时间变化, 都由宇宙中物质密度和压强在大范围的平均值 ρ 和 P 来决定.

由爱因斯坦引力场方程可以给出空间膨胀因子 $R(t)$ 的两个方程

$$d(\rho c^2 R^3) = -P d(R^3), \tag{17.62}$$

$$\left(\frac{\dot{R}}{R}\right)^2 + \frac{kc^2}{R^2} = \frac{8\pi G\rho}{3}. \tag{17.63}$$

第一个方程实际上就是热力学关系 $dU = -PdV$. 第二个方程称为 弗里德曼 (Friedmann) 方程, 可以把它理解为宇宙中任意一点的单位质量随着宇宙膨胀的能量关系

$$\frac{1}{2}\left(\frac{dR}{dt}\right)^2 - \frac{G\rho}{R}\frac{4\pi}{3}R^3 = E. \tag{17.64}$$

若令其中 $E = -kc^2/2$, 上式就是弗里德曼方程. $E < 0$ 时, 引力势能超过膨胀动能, 宇宙膨胀到一极限后变为收缩, 空间是有限和封闭的. $E \geqslant 0$ 时, 膨胀动能大于等于引力势能, 可无限地膨胀下去, 空间是无限和开放的. 这就对前面从罗伯森 - 瓦尔克度规讨论的 $k > 0$ 和 $k \leqslant 0$ 的情形给出了动力学的解释.

c. 宇宙年龄和空间性质

定义哈勃常数

$$H = \frac{\dot{R}}{R},$$ (17.65)

则可把弗里德曼方程改写成

$$\frac{kc^2}{H^2 R^2} = \frac{\rho}{3H^2/8\pi G} - 1 = \frac{\rho}{\rho_C} - 1,$$ (17.66)

$$\rho_C = \frac{3H^2}{8\pi G}.$$ (17.67)

所以, 空间性质与密度 ρ 之间有下述对应关系:

ρ/ρ_C	k	空间性质
$= 1$	0	平坦开放欧氏空间
> 1	$+1$	球形封闭黎曼空间
< 1	-1	双曲型开放玻莱伊空间

注意这里定义的哈勃常数 H 与时间有关, 随宇宙的膨胀而改变. 相应地, 临界密度 ρ_C 也随着宇宙的膨胀而改变, 并非常数. 但是, 上述关系不随时间改变. 代入现在 $t = t_0$ 的哈勃常数值 H_0, 有

$$\rho_C = \frac{3H_0^2}{8\pi G} \approx 5 \times 10^{-27} \, \text{kg/m}^3,$$ (17.68)

即每立方米几个质子的数量级. 于是, 只要知道现在的物质密度 ρ_0, 就可以用上述关系来判定空间的性质. 反之, 如果知道空间的性质, 就可推测 ρ_0 的数值.

如果定义减速参数

$$q = -\frac{R\ddot{R}}{\dot{R}^2},$$ (17.69)

则从弗里德曼方程可得

$$q = \frac{4\pi G}{3c^2 H^2}(\rho c^2 + 3P).$$ (17.70)

对于现在 $t = t_0$ 的宇宙, 压强近似为 0, $P \approx 0$, 上式简化为

$$q = \frac{4\pi G}{3H^2} \rho = \frac{1}{2} \frac{\rho}{\rho_C}.$$ (17.71)

所以 $q = 1/2$ 对应于 $k = 0$, $q > 1/2$ 对应于 $k = +1$, $q < 1/2$ 对应于 $k = -1$.

用现在 $t = t_0$ 的哈勃常数 H_0 和减速参数 q_0, 可以把弗里德曼方程写成

$$\dot{y}^2 = H_0^2 \Big(1 - 2q_0 + \frac{2q_0}{y} \Big), \tag{17.72}$$

$$y = \frac{R(t)}{R_0}, \qquad R_0 = R(t_0). \tag{17.73}$$

它的解为

$$H_0 t = \begin{cases} y, & q_0 = 0, \\[2mm] \dfrac{2q_0}{(1 - 2q_0)^{3/2}} \big[\sqrt{x(1+x)} - \operatorname{arsinh}\sqrt{x} \,\big], & 0 < q_0 < \dfrac{1}{2}, \\[4mm] \dfrac{2}{3}\, y^{3/2}, & q_0 = \dfrac{1}{2}, \\[4mm] \dfrac{2q_0}{(2q_0 - 1)^{3/2}} \big[\operatorname{arcsin}\sqrt{x} - \sqrt{x(1-x)} \,\big], & q_0 > \dfrac{1}{2}, \end{cases} \tag{17.74}$$

其中 arsinh 和 arcsin 通常写为 $\sinh^{-1}$ 和 $\sin^{-1}$, 而

$$x = \frac{|1 - 2q_0|}{2q_0}\, y. \tag{17.75}$$

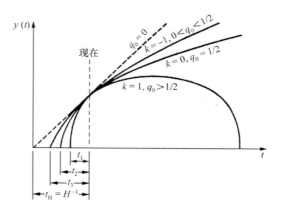

图 17.10

上述解给出的 $R(t)/R_0 = y$ 随时间 t 的变化如图 17.10[1]. 可以看出, $q_0 \leqslant 1/2$ 时, 膨胀因子 $R(t)$ 随 t 单调增大, 是开放空间. $q_0 > 1/2$ 时, 在时刻

$$t_{\mathrm{m}} = \frac{\pi q_0}{(2q_0 - 1)^{3/2} H_0} \tag{17.76}$$

① 转引自 Kenneth S. Krane, *Modern Physics*, John Wiley & Sons, 1983, p.488.

有 $\dot{R}(t) = 0$, 膨胀因子 $R(t)$ 达到极大, 开始收缩, 而到 $t = 2t_m$ 时收缩到 0, $R(2t_m) = 0$, 是封闭空间. 如果知道了 q_0, 在上述解中代入 $y = 1$, 就可求出宇宙从开始膨胀到现在的时间 t_0, 大约为 10^{10} 年的数量级.

对于光的传播, $ds = 0$, 从罗伯森 - 瓦尔克度规可得

$$\int_{t_1}^{t_0} \frac{c\,dt}{R(t)} = \int_0^{r_1} \frac{dr}{\sqrt{1 - kr^2}},$$

它给出 t_1 时刻从星系 r_1 处发出的光, 沿径向在 t_0 时刻到达地球 $r = 0$ 处的运动学关系. 对给定的星系, 上式右边是固定的, 所以有

$$\frac{\Delta t_0}{\Delta t_1} = \frac{R(t_0)}{R(t_1)},$$

它表示在星系上的一时间间隔 Δt_1, 由光波传播到地球时被放大成 Δt_0. 所以, 光波传播到地球时, 波长从 λ_1 放大到 λ_0, 发生红移.

$$1 + z = \frac{\lambda_0}{\lambda_1} = \frac{R(t_0)}{R(t_1)}.$$

经过一些运算, 可推得星系距离 d 与红移 z 的关系为

$$\frac{1}{c} H_0 d = \frac{1}{q_0^2} \left[q_0 z + (q_0 - 1)\left(\sqrt{2q_0 z + 1} - 1\right) \right]. \tag{17.77}$$

当红移 z 小时, 可以展开成

$$\frac{1}{c} H_0 d = z + \frac{1}{2}(1 - q_0)z^2 + \cdots, \tag{17.78}$$

略去 z 的高次项, 就是哈勃定律. 当减速参数 $q_0 = 0, 1, 2, 5$ 时, 上述关系给出的曲线如哈勃图 17.9 所示. 可以看出, 从星系红移的系统观测, 也可以判断空间的性质.

d. 暗能量

一个大型的星系红移测绘计划 GRS (Galaxy Redshift Survey), 到 2002 年已经完成 88%, 得到了 220 000 个星系精确的光谱和红移. 这就可以用来进行广泛和深入的分析, 并与在同一尺度上宇宙背景辐射温度的微小起伏 (见 10.5 节) 进行比较. 其结果倾向于认为宇宙是平坦的, 这意味着 $\rho_0 = \rho_C$.

今天可视宇宙的 ρ_0 值大约只有 ρ_C 的 4%, 大部分的质量都丢失了. 这些质量在哪里? 这就是 丢失质量之谜. SNO 的中微子振荡实验 (见 17.4 节 d) 表明, 中微子也只能为丢失的质量提供很小的一部分. 再加上黑洞、暗物质 (比如超对称理论的中性子 neutralino 和轴子 axion) 以及尚未发现的弱作用重粒子 WIMP 等, 也只能达到 ρ_C 的 35%. 其余的 65%, 最可能的来源是真空. 真空有能量, 能量就相当于质量, 于是特尔纳 (M.S. Turner) 诙谐地称之为 暗能量. 这正是爱因

斯坦宇宙常数项的具体体现，也是当前研究的一个热点.

暗能量的等效质量提供了所需宇宙质量的 65% 这一想法，最初源自对 IIA 型 "标准烛光" 超新星的考察. 距离我们最远的比距离较近的退行速率较慢，这意味着暗能量对应于一种排斥力，加速宇宙的膨胀. 而上述星系红移测绘所呈现的宇宙结构与其背景辐射温度起伏的比较，也独立地支持宇宙在加速膨胀.

17.7 宇宙的演化

a. 大爆炸和膨胀中的 T 与 ρ

弗里德曼方程又可写成

$$\frac{\ddot{R}}{R} = -\frac{4\pi G}{3c^2}\left(\rho c^2 + 3P\right). \tag{17.79}$$

现在 $\dot{R} \geqslant 0$. 如果过去总是 $\rho c^2 + 3P > 0$，则 $\ddot{R}$ 总是负的，必定有一时刻空间尺度因子 $R = 0$. 这个时刻就是时空的起点，我们的宇宙就从这一点发生大爆炸，开始形成、膨胀和演化.

考虑随着一起膨胀的体积

$$V = \frac{4\pi}{3}R^3.$$

可以证明，热平衡时 V 中的熵不变，是绝热膨胀. 于是热力学第二定律成为

$$\mathrm{d}E = -P\mathrm{d}V.$$

用能量密度 u 来表述，就是

$$E = uV, \qquad \frac{\mathrm{d}u}{u+P} = -3\frac{\mathrm{d}R}{R}. \tag{17.80}$$

知道了物态方程，就可解出 u 随 R 的变化.

对于 $k_B T \gg mc^2$ 和 μ 的极端相对论性气体，

$$u = \frac{g}{2\pi^2}\int_{mc^2}^{\infty}\frac{(\varepsilon^2-m^2c^4)^{1/2}}{\mathrm{e}^{(\varepsilon-\mu)/k_B T}\pm 1}\frac{\varepsilon^2\mathrm{d}\varepsilon}{(\hbar c)^3} = \gamma g\frac{\pi^2}{30}\frac{(k_B T)^4}{(\hbar c)^3}, \tag{17.81}$$

$$P = \frac{g}{6\pi^2}\int_{mc^2}^{\infty}\frac{(\varepsilon^2-m^2c^4)^{3/2}}{\mathrm{e}^{(\varepsilon-\mu)/k_B T}\pm 1}\frac{\mathrm{d}\varepsilon}{(\hbar c)^3} = \frac{1}{3}u, \tag{17.82}$$

其中 g 是粒子简并度，γ 与粒子统计性质有关，玻色子 $\gamma = 1$，费米子 $\gamma = 7/8$. 把上述物态方程代入 (17.80) 第二式，可得

$$\frac{\mathrm{d}T}{T} = -\frac{\mathrm{d}R}{R}, \tag{17.83}$$

所以，气体温度 T 与 R 成反比，密度 ρ 与 R^4 成反比，

$$T \propto \frac{1}{R}, \qquad \rho = \frac{1}{c^2}u \propto \frac{1}{R^4}. \tag{17.84}$$

b. 早期宇宙的年龄

早期宇宙 ρ 极大, 弗里德曼方程含 k 的项可略去, 成为

$$\dot{R}^2 = \frac{8\pi G\rho}{3}\,R^2. \tag{17.85}$$

这个方程的解为

$$t = \frac{1}{\sqrt{\dfrac{32\pi}{3}\,G\rho}} \propto R^2. \tag{17.86}$$

代入 $\rho = u/c^2$, 并把 (17.81) 式应用于混合气体, 有

$$t = \frac{3}{4\pi}\sqrt{\frac{5}{\pi}}\,\frac{\hbar m_{\mathrm{P}} c^2}{\sqrt{g^*}\,(k_{\mathrm{B}} T)^2} = \frac{2.42}{\sqrt{g^*}}\left(\frac{\mathrm{MeV}}{k_{\mathrm{B}} T}\right)^2 \mathrm{s}, \tag{17.87}$$

其中组合常数

$$m_{\mathrm{P}} = \left(\frac{\hbar c}{G}\right)^{1/2} = 1.220\,892(61) \times 10^{19}\,\mathrm{GeV}/c^2 \tag{17.88}$$

是普朗克质量, g^* 是混合气体 有效简并度,

$$g^* = g_{\mathrm{B}} + \frac{7}{8}\,g_{\mathrm{F}}, \tag{17.89}$$

g_{B} 是玻色子总简并度, g_{F} 是费米子总简并度. 例如 $k_{\mathrm{B}} T = 1\,\mathrm{MeV}$ 时, 混合气体中有 e^-, e^+, ν_{e}, ν_{μ}, ν_{τ}, $\overline{\nu}_{\mathrm{e}}$, $\overline{\nu}_{\mu}$, $\overline{\nu}_{\tau}$, γ, 有 $g^* = 43/4$, 可算得当时的宇宙年龄 $t = 0.74\,\mathrm{s}$.

气体有效简并度 g^* 与温度有关, 因为气体成分与温度有关. 对于质量为 m 的粒子, 当

$$k_{\mathrm{B}} T < mc^2 \tag{17.90}$$

时, 它就不再在碰撞中产生.

另外, 若这种粒子在气体中两次碰撞间的平均时间 τ 大于宇宙年龄 t,

$$\tau > t, \tag{17.91}$$

它就不再参与气体热平衡. 碰撞时间 τ 反比于碰撞总截面 σ,

$$\tau = \frac{1}{n\sigma v}, \tag{17.92}$$

其中 v 是粒子平均速率, n 是粒子数密度,

$$n \propto \frac{1}{R^3} \propto T^3. \tag{17.93}$$

截面 σ 与粒子间相互作用性质有关, 是动力学因子.

c. 中微子脱耦

早期宇宙中, 中微子通过 $\overline{\nu}\nu \rightleftharpoons \mathrm{e}^+\mathrm{e}^-$, $\nu\mathrm{e} \rightleftharpoons \nu\mathrm{e}$ 等反应与体系耦合, 达到热

平衡. 用 15.6 节的方法, 可估计出上述反应的平均碰撞时间 τ, 有

$$\frac{1}{\tau} \sim \frac{G_{\mathrm{F}}^2 \varepsilon^5}{\hbar^7 c^6} \sim \frac{G_{\mathrm{F}}^2 (k_{\mathrm{B}} T)^5}{\hbar^7 c^6},$$

其中 $G_{\mathrm{F}} = 1.027 \times 10^{-5} \hbar c (\hbar/m_{\mathrm{p}} c)^2$ 是费米弱相互作用常数. 于是

$$\frac{t}{\tau} \sim \frac{\hbar m_{\mathrm{P}} c^2}{(k_{\mathrm{B}} T)^2} \frac{G_{\mathrm{F}}^2 (k_{\mathrm{B}} T)^5}{\hbar^7 c^6} \sim \left(\frac{k_{\mathrm{B}} T}{\mathrm{MeV}} \right)^3,$$

所以中微子从混合气体的热平衡中退出的 *脱耦温度* T_{ν} 为

$$k_{\mathrm{B}} T_{\nu} \lesssim 1\,\mathrm{MeV}. \tag{17.94}$$

脱耦后的中微子气体, 其温度 T_{ν} 独立地按 $1/R$ 的方式下降. 在脱耦过程中, 它把一部分熵传递给剩下的气体, 所以剩下的气体温度下降得比它慢. 剩下的气体包含 e^+, e^- 和 γ. 当温度下降到电子脱耦温度 T_{e} 时,

$$k_{\mathrm{B}} T_{\mathrm{e}} \lesssim m_{\mathrm{e}} c^2, \tag{17.95}$$

电子也退出平衡, 只剩下光子 γ. 电子退出热平衡的过程, 也把一部分熵留给剩下的光子气体, 所以最后的光子气体温度 T_{γ} 比中微子气体温度 T_{ν} 高.

电子脱耦时, 中微子气体和剩下的电子光子气体温度差别还不大. 可以认为, 中微子气体与光子气体的温度, 是在电子脱耦过程中才逐渐拉开的. 熵比例于粒子数和粒子自由度, 所以比例于 T^3 和 g^*. 所以, 在电子脱耦前后光子气体温度之比, 正比于有效简并度立方根之比. 于是有

$$T_{\nu} = \left(\frac{4}{11} \right)^{1/3} T_{\gamma}, \tag{17.96}$$

其中 4/11 是光子气体简并度 2 与电子光子混合气体有效简并度 11/2 之比. 由宇宙微波背景辐射测得 $T_{\gamma} = 2.725\,\mathrm{K}$, 所以现在中微子气体的温度 $T_{\nu} = 1.945\,\mathrm{K}$.

d. 宇宙演化简史

考虑到脱耦后的气体温度不同, 有效简并度 g^* 应定义为

$$g^* T^4 = \sum_i g_{\mathrm{B}i} T_i^4 + \frac{7}{8} \sum_j g_{\mathrm{F}j} T_j^4. \tag{17.97}$$

当 $k_{\mathrm{B}} T \ll 1\,\mathrm{MeV}$ 时, 相对论性气体只包含 3 种中微子和光子, 有 $g^* = 2 + (7/8) \times 6 \times (4/11)^{4/3} = 3.36$. 当 $1\,\mathrm{MeV} \lesssim k_{\mathrm{B}} T \lesssim 100\,\mathrm{MeV}$ 时, 正、负电子加入相对论性气体中, $g^* = 43/4 = 10.75$. 而当 $k_{\mathrm{B}} T \gtrsim 300\,\mathrm{GeV}$ 时, 混合气体包含了所有的基本粒子 ——8 个胶子、光子、$\mathrm{W}^{\pm}$ 和 Z^0 粒子、3 代夸克和轻子, 还有希格斯粒子, $g^* = 106.75$. $g^*(T)$ 随温度的升高而增大.

图 17.11 给出了根据现在对宇宙的观测和我们的粒子物理知识, 用以上方法

推演的宇宙历史[①]. 从大爆炸开始计时，$t \sim 10^{-43}\,\text{s}$ 时 $k_{\text{B}}T \sim 10^{19}\,\text{GeV}$，大统一理论 GUT 时代开始，夸克与轻子不能区分. $t \sim 10^{-35}\,\text{s}$ 时，$k_{\text{B}}T \sim 10^{14}\,\text{GeV}$，GUT 时代结束，强相互作用与电弱相互作用分离，夸克与轻子相互独立，开始夸克 - 轻子时代. $t \sim 10^{-10}\,\text{s}$ 时，$k_{\text{B}}T$ 降到 $300\,\text{GeV}$ 附近，粒子碰撞能量不足以产生自由 $W^{\pm}$ 和 Z^0 粒子，中间玻色子消失，电弱统一结束，弱相互作用与电磁相互作用分离. $t \sim 10^{-5}\,\text{s}$ 时，$k_{\text{B}}T$ 降到 300—$100\,\text{MeV}$，夸克被禁闭，凝聚成重子和介子，开始强子 - 轻子时代. 到大约 $1\,\text{s}$ 时，中微子能量降到不足以与强子 - 轻子体系作用，脱耦退出热平衡. 这时质子不再能通过俘获电子转变为中子，开始核形成时代. 到大约 3 分钟时，核形成结束，这时质子与 α 粒子之比约为 3:1. 从 3 分钟到约 10^5 年，为原子核 - 电子时代，氢核、氦核、电子与辐射处于热平衡. 当 $t \sim 10^{12}\,\text{s}$ 时，$k_{\text{B}}T$ 降到 $13.6\,\text{eV}$，形成氢原子，开始原子时代，光子能量不足以与原子体系作用，辐射脱耦，宇宙成为透明的. 辐射脱耦后，物质密度超过辐射密度，物质为主，万有引力成为宇宙演化的支配因素，密度涨落导致星体和星系形成，到了我们今天的时代.

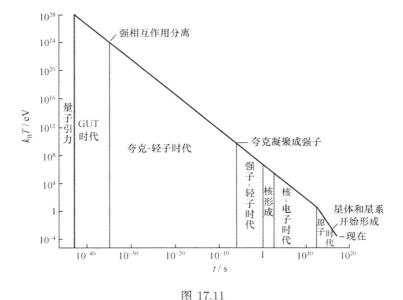

图 17.11

---

① 图中坐标的数值可参考 Edward.W. Kolb and Michael.S. Turner, *The Universe*, Addison-Wesley, 1990, p.73.

早期宇宙辐射密度 $\rho_\gamma \propto 1/R^4$, 重子密度 $\rho_{\mathrm{B}} \propto 1/R^3$,

$$\frac{\rho_\gamma}{\rho_{\mathrm{B}}} \propto \frac{1}{R},$$

所以

$$\frac{\rho_\gamma}{\rho_{\mathrm{B}}} = \left(\frac{\rho_\gamma}{\rho_{\mathrm{B}}}\right)_0 \frac{R_0}{R} = \left(\frac{\rho_\gamma}{\rho_{\mathrm{B}}}\right)_0 \frac{T_\gamma}{T_{\gamma_0}}. \tag{17.98}$$

代入现在的观测值

$$T_{\gamma_0} = 2.725\,\mathrm{K},$$

$$\rho_{\gamma_0} = \frac{\pi^2}{15c^2} \frac{(k_{\mathrm{B}} T_{\gamma_0})^4}{(\hbar c)^3} \approx 4 \times 10^{-31}\,\mathrm{kg/m^3},$$

$$\rho_{\mathrm{B}_0} \approx 10^{-27}\,\mathrm{kg/m^3},$$

可以算出 $\rho_\gamma \geqslant \rho_{\mathrm{B}}$ 时的辐射为主的温度

$$T_\gamma \geqslant \left(\frac{\rho_{\mathrm{B}}}{\rho_\gamma}\right)_0 T_{\gamma_0} \sim 3000\,\mathrm{K}. \tag{17.99}$$

按照现在的理论, 宇宙演化的时间不可能追溯到比 10^{-44}s 更早, 宇宙膨胀的尺度不可能追溯到比 10^{-35}m 更小. 这是把测不准关系运用于引力场中的时钟时, 对时空测量精度所加的限制, 它们给出了时空概念有意义的下限. 下一章将进一步讨论这个问题.

似乎更可能的是，我们目前的了解也是暂时的，
我们的基本概念和理论将进一步经受重大的改变.

—— 李政道
《粒子物理和场论简引》， 1983

18　结　语

作为近代物理学基础的相对论和量子力学，至今还没有遇到原则上的麻烦和问题. 半个多世纪以来，近代物理学的发展主要集中于探索基本相互作用的规律，以及在它们支配下物质结构各个层次的性质、特点和规律.

电磁相互作用研究得最为深入和透彻. 相应地，电磁相互作用占支配地位的原子结构、分子结构和固体结构已经研究得相当详尽，达到了自成体系，形成原子物理学、量子化学和固体物理学这样三门相对独立的学科的程度. 液体结构的研究就远未达到完善和成熟的地步，但这里遇到的困难和挑战还不是理论基础方面和相互作用方面. 液体结构问题中占支配地位的无疑还是电磁相互作用. 这里遇到的困难和挑战在统计方法和数学处理方面. 对于一个有较强长程相互作用的多粒子体系，在短程有序而长程无序的情况下，现在还没有一个全面和成熟的理论. 相比之下，目前正在开拓和发展的对固体表面结构的研究情况要好得多，它基本上是一个受电磁相互作用支配的二维有序结构问题.

原子核和粒子物理的层次，一直是近代物理学基础研究的主要前沿，近四五十年间已经取得了长足的进展. 这主要表现在两方面. 一方面，建立了弱相互作用的微观理论，并且把它与电磁相互作用纳入了一个统一的理论框架. 另一方面，发现了强相互作用粒子的内部结构规律，并在此基础上建立了强相互作用的微观理论量子色动力学 QCD. 这就把研究的前沿推进到了探索弱、电、强这三种基本相互作用的关系的地步，提出和着手研究是否存在引起各种基本相互作用的共同机制以及能否把各种基本相互作用进一步统一起来的问题. 大统一理论 GUT 就是在这个方面的一个引人注目的尝试.

在宇观层次上，占支配地位的相互作用是万有引力相互作用. 而对万有引力相互作用的研究，遇到了真正的困难和挑战. 广义相对论的物理图像是经典的，可以在四维时空中描述粒子运动的轨迹和世界线. 广义相对论的规律是拉普拉斯决定论型的，爱因斯坦引力场方程在给定条件下能给出粒子运动的确定

的描述，在原则上不包含任何统计性的不确定. 为了使广义相对论与量子力学的观念和图像相协调，人们尝试模仿电磁场的情形，设法使引力场量子化. 困难在于，爱因斯坦引力场方程是非线性方程，不满足叠加原理. 引力场的量子化在理论上还是一个敞开的问题，而探寻引力子在实验上更是一个遥远的梦.

　　根据广义相对论，钟和尺的标度与它们所处的引力势和运动速度有关，精确测量时间和距离必须精确知道钟和尺的运动轨道和速度. 而根据量子力学，原则上就不可能精确知道任何物体的运动轨道. 所以结论是，原则上不可能精确测量时间和距离，时间和空间的概念本身就是近似的，只能在一定范围内适用.

　　由能量时间测不准关系

$$\Delta E \Delta t \sim \hbar,$$

钟的能量精度为

$$\Delta E \sim \frac{\hbar}{\Delta t}.$$

与此相应地，钟的质量精度为

$$\Delta m = \frac{\Delta E}{c^2},$$

所以钟的引力势的不准确程度为

$$\Delta \phi = \frac{G \Delta E / c^2}{\Delta x},$$

其中 Δx 是钟的几何尺度. 于是，引力红移效应引起的时间测量的不准确程度为

$$\frac{\Delta t}{t} = \frac{\Delta \phi}{c^2} = \frac{G \Delta E / c^2}{c^2 \Delta x}.$$

这个值应小于 1, 时间测量才有意义，所以

$$\Delta x \geqslant \frac{G \Delta E}{c^4}.$$

代入 $\Delta x \sim c \Delta t$ 和 $\Delta E \sim \hbar / \Delta t$, 就有

$$\Delta t \geqslant \left(\frac{\hbar G}{c^5} \right)^{1/2}, \qquad \Delta x \geqslant \left(\frac{\hbar G}{c^3} \right)^{1/2}. \tag{18.1}$$

这两个式子给出了时间和空间概念适用的限度. 其中

$$t_{\mathrm{P}} = \left(\frac{\hbar G}{c^5} \right)^{1/2} = 5.391\,24(27) \times 10^{-44}\,\mathrm{s}, \tag{18.2}$$

$$l_{\mathrm{P}} = \left(\frac{\hbar G}{c^3} \right)^{1/2} = 1.616\,252(81) \times 10^{-35}\,\mathrm{m}, \tag{18.3}$$

正是普朗克时间和长度 (见 1.3 节 c), 在小于它们的范围，时间和空间已失去原来的意义，既不能区分过去、现在和未来，也无法分辨上下、左右和前后，因果关系也不复存在. 现在把 $t \lesssim t_{\mathrm{P}}$ 的时代称为 普朗克时代 (Planck epoch).

　　对于普朗克时代之后的世界，即便是对于极早期的宇宙，尽管我们的讨论在

很大程度上只是猜测, 但还是能够立足于可以定量表述的理论. 而对于普朗克时代的猜测, 比如宇宙究竟是如何开始的, 我们甚至没有任何可以明确表述的理论作为依据. 这无疑是对近代物理最大的挑战. 研究普朗克时代之后的物理, 只能是检验、发展和改进现有的理论 —— 相对论和量子力学, 而猜测和探索普朗克时代的物理, 必定会导致全新和更基本的理论的创立. 引力的量子化、量子宇宙学和超弦理论就都是在这方面进行的猜测和探索.

作为研究量子引力的第一步, 可以先保留对引力场的经典描述, 而考虑其中粒子的量子行为. 这也就是猜测和探索在弯曲时空中的量子现象. 在这方面, 霍金 (S.W. Hawking) 指出黑洞会有粒子的热辐射, 使得小于一定质量的黑洞会在比宇宙年龄短的时间内蒸发[1]. 于是, 如果存在很小的原始黑洞, 就必然会有一系列天体物理和宇宙学效应, 成为量子引力的可观测证据.

在量子宇宙学方面的一种尝试, 是重新诠释量子力学. 玻恩对量子力学的统计诠释, 要区分观测者与被观测的系统. 而宇宙作为一个包罗万象的整体, 不允许在它之外还存在外部的观测者. 要把量子力学推广运用于整个宇宙, 把观测者也纳入和当作被探索的整个宇宙的一部分, 就自然会想到要重新诠释量子力学. 在这方面, 有埃弗瑞特 (H. Everett)、惠勒 (J.A. Wheeler) 和德威特 (B. DeWitt) 与格拉汉 (N. Graham) 的 *量子力学的多世界诠释*[2] 等. 描述整个宇宙的量子力学波函数, 也就是 *宇宙波函数*, 它既要描述物质的运动, 还要描述时空的几何. 惠勒与德威特用量子力学的方法, 与薛定谔方程类似地, 推出了支配宇宙波函数的方程[3].

作为量子宇宙学研究的另一种尝试, 则是所谓的 *三次量子化* (third quantization). 在历史上, 把引进波函数来描述电子的运动称为 *一次量子化*, 把电子波函数当作算符来描述电子的产生与淹没称为 *二次量子化*. 而三次量子化, 则是把宇宙作为用二次量子化描述的体系, 来考虑它的产生与湮没. 这种发射和吸收小宇宙的量子效应, 就像真空中虚正负电子对的产生与淹没引起的重正化 (参阅 7.6 节对电子反常磁矩和 8.6 节对兰姆移位的解释) 一样, 会引起我们宇宙中一些观测量的改变[4]. 与此相关的婴儿宇宙、虫洞、时空拓扑的改变等, 都是一些热门的话题.

超弦理论与历史上的卡鲁查 - 克莱因 (Kaluza-Klein) 理论一样, 都是尝试引

---

[1]　S.W. Hawking, *Nature*, **248** (1974) 30.

[2]　B. DeWitt and N. Graham, *The Many Worlds Interpretation of Quantum Mechanics*, Princeton University Press, 1973.

[3]　B.S. DeWitt, *Phys. Rev.*, **160** (1967) 1113.

[4]　S. Coleman, *Nucl. Phys.*, **310** (1988) 643.

进高维空间来统一引力与其他非引力的相互作用[1]. 不同的是, 卡鲁查 - 克莱因理论是用四维时空的几何描述引力, 再引进附加的空间维度, 用其几何来描述其他相互作用. 由于不能进行重正化等, 这个理论并不成功. 而超弦理论则完全放弃了对引力的几何描述. 它是一维弦的量子理论, 理论自洽的要求自然地包含了自旋为 2 的零质量粒子, 这就是传递引力的引力子. 所以, 超弦理论用一种自然的方式把引力与强、弱和电磁力统一地纳入它的框架之中[2]. 有意思的是, 超弦的基本表述要求在四维时空之外至少还有六个空间维度. 可以设想这些额外的空间维度卷缩在今天观测不到的很小范围, 但在普朗克时代会与原来三维空间的尺度相当, 这就为理论家敞开了想象的大门.

　　由于缺乏实验和观测事实的指引, 我们还无法判断这类理论的推理究竟能走多远. 可以肯定的是, 尽管相对论与量子力学已经取得了很大成功, 但我们还不能把近代物理看成一门已经完成了的物理学. 在当代物理学的研究中, 绝大部分挑战和机会都是属于近代物理学的. 在未来的一段时期内, 情况肯定也还是如此. 我们还不能肯定地预测在什么时候, 在什么问题上将会有原则性的突破. 不过如果在实验上发现需要对相对论或量子力学作原则上的修改, 也不会是完全出乎预料的. 在 20 世纪之初, 光学、黑体辐射和原子物理成为近代物理的生长点, 产生了相对论和量子力学. 在 21 世纪, 高能粒子、天体和宇宙物理很可能成为又一轮的生长点, 近代物理学基础正期待着原则性的新的突破.

---

[1] T. Kaluza, *Preus. Acad. Wiss.*, **K1** (1921) 966. O. Klein, *Zeit. Phys.*, **37** (1926) 895; *Nature*, **118** (1926) 516.

[2] M.B. Green, J.H. Schwarz and E. Witten, *Superstring Theory*, Cambridge University Press, 1987.

附　录

A1　元素周期表

图例：
| Z号 |
| 符号 |
| 原子量 |

1	2	3	4	5	6	7	8	9	10	11	12	13	14	15	16	17	18
1 H 1.008																	2 He 4.003
3 Li 6.941	4 Be 9.012											5 B 10.811	6 C 12.011	7 N 14.007	8 O 15.999	9 F 18.998	10 Ne 20.180
11 Na 22.990	12 Mg 24.305											13 Al 26.982	14 Si 28.086	15 P 30.974	16 S 32.065	17 Cl 35.453	18 Ar 39.948
19 K 39.098	20 Ca 40.078	21 Sc 44.956	22 Ti 47.867	23 V 50.942	24 Cr 51.996	25 Mn 54.938	26 Fe 55.845	27 Co 58.933	28 Ni 58.69	29 Cu 63.546	30 Zn 65.39	31 Ga 69.723	32 Ge 72.64	33 As 74.922	34 Se 78.96	35 Br 79.904	36 Kr 83.80
37 Rb 85.468	38 Sr 87.62	39 Y 88.906	40 Zr 91.224	41 Nb 92.906	42 Mo 95.94	43 Tc 97.907	44 Ru 101.07	45 Rh 102.91	46 Pd 106.42	47 Ag 107.87	48 Cd 112.41	49 In 114.82	50 Sn 118.71	51 Sb 121.76	52 Te 127.60	53 I 126.90	54 Xe 131.29
55 Cs 132.91	56 Ba 137.33	57-71 La series	72 Hf 178.49	73 Ta 180.95	74 W 183.84	75 Re 186.21	76 Os 190.23	77 Ir 192.22	78 Pt 195.08	79 Au 196.97	80 Hg 200.59	81 Tl 204.38	82 Pb 207.2	83 Bi 208.98	84 Po 208.98	85 At 209.99	86 Rn 222.02
87 Fr 223.02	88 Ra 226.03	89-103 Ac series	104 Rf 261.11	105 Db 262.11	106 Sg 263.12	107 Bh 262.12	108 Hs 277.15	109 Mt 268.14	110 Ds 271.15	111 Rg 272.15	112 277.16						

镧系：

57 La 138.91	58 Ce 140.12	59 Pr 140.91	60 Nd 144.24	61 Pm 144.91	62 Sm 150.36	63 Eu 151.96	64 Gd 157.25	65 Tb 158.93	66 Dy 162.50	67 Ho 164.93	68 Er 167.26	69 Tm 168.93	70 Yb 173.04	71 Lu 174.97

锕系：

89 Ac 227.03	90 Th 232.04	91 Pa 231.04	92 U 238.03	93 Np 237.05	94 Pu 244.06	95 Am 243.06	96 Cm 247.07	97 Bk 247.07	98 Cf 251.08	99 Es 252.08	100 Fm 257.09	101 Md 258.10	102 No 259.10	103 Lr 262.11

本表依据 W.-M. Yao et al. (Particle Data Group), Journal of Physics, **G33** (2006) 1, 但有效数字最多只取 5 位. 用下划线标出的数值, 是该放射性元素的已知最长寿命同位素的原子质量.

A2 凝聚态元素性质

元素	Z	原子质量 /(g·mol^{-1})	密度 (20°C 时) /(g·cm^{-3})	熔点 /°C	沸点 /°C	比热 (25°C 时) /(J·g^{-1}·°C^{-1})
Ac	89	(227)	—	1323	(3473)	(0.092)
Al	13	26.9815	2.699	660	2450	0.900
Am	95	(243)	11.7	1541	—	—
Sb	51	121.75	6.62	630.5	1380	0.205
Ar	18	39.948	1.6626×10^{-3}	−189.4	−185.8	0.523
As	33	74.9216	5.72	817(28at.)	613	0.331
At	85	(210)	—	(302)	—	—
Ba	56	137.34	3.5	729	1640	0.205
Bk	97	(247)	—	—	—	—
Be	4	9.0122	1.848	1287	2770	1.83
Bi	83	208.980	9.80	271.37	1560	0.122
B	5	10.811	2.34	2030	—	1.11
Br	35	79.909	3.12(液体)	−7.2	58	0.293
Cd	48	112.40	8.65	321.03	765	0.226
Ca	20	40.08	1.55	838	1440	0.624
Cf	98	(251)	—	—	—	—
C	6	12.01115	2.25	3727	4830	0.691
Ce	58	140.12	6.768	804	3470	0.188
Cs	55	132.905	1.9	28.40	690	0.243
Cl	17	35.453	3.214×10^{-3}(0°C)	−101	−34.7	0.486
Cr	24	51.996	7.19	1857	2665	0.448
Co	27	58.9332	8.85	1495	2900	0.423
Cu	29	63.54	8.96	1083.40	2595	0.385
Cm	96	(247)	—	—	—	—
Dy	66	162.50	8.55	1409	2330	0.172
Es	99	(254)	—	—	—	—
Er	68	167.26	9.15	1522	2630	0.167
Eu	63	151.96	5.245	817	1490	0.163
Fm	100	(257)	—	—	—	—
F	9	18.9984	1.696×10^{-3}(0°C)	−219.6	−188.2	0.753
Fr	87	(223)	—	(27)	—	—
Gd	64	157.25	7.86	1312	2730	0.234
Ga	31	69.72	5.907	29.75	2237	0.377
Ge	32	72.59	5.323	937.25	2830	0.322
Au	79	196.967	19.32	1064.43	2970	0.131
Hf	72	178.49	13.09	2227	5400	0.144
He	2	4.0026	0.1664×10^{-3}	−269.7	−268.9	5.23

元素	Z	原子质量 /(g·mol^{-1})	密度 (20°C 时) /(g·cm^{-3})	熔点 /°C	沸点 /°C	比热 (25°C 时) /(J·g^{-1}·°C^{-1})
Ho	67	164.930	8.79	1470	2330	0.165
H	1	1.00797	0.08375×10^{-3}	-259.19	-252.7	14.4
In	49	114.82	7.31	156.634	2000	0.233
I	53	126.9044	4.94	113.7	183	0.218
Ir	77	192.2	22.5	2447	(5300)	0.130
Fe	26	55.847	7.87	1536.5	3000	0.447
Kr	36	83.80	3.488×10^{-3}	-157.37	-152	(0.247)
La	57	138.91	6.189	920	3470	0.195
Lw	103	(257)	—	—	—	—
Pb	82	207.19	11.36	327.45	1725	0.129
Li	3	6.939	0.534	180.55	1300	3.58
Lu	71	174.97	9.849	1663	1930	0.155
Mg	12	24.312	1.74	650	1107	1.03
Mn	25	54.9380	7.43	1244	2150	0.481
Md	101	(256)	—	—	—	—
Hg	80	200.59	13.55	-38.87	357	0.138
Mo	42	95.94	10.22	2617	5560	0.251
Nd	60	144.24	7.00	1016	3180	0.188
Ne	10	20.183	0.8387×10^{-3}	-248.597	-246.0	(1.03)
Np	93	(237)	19.5	637	—	1.26
Ni	28	58.71	8.902	1453	2730	0.444
Nb	41	92.906	8.57	2468	4927	0.264
N	7	14.0067	1.1649×10^{-3}	-210	-195.8	1.03
No	102	(255)	—	—	—	—
Os	76	190.2	22.57	3027	5500	0.130
O	8	15.9994	1.3318×10^{-3}	-218.80	-183.0	0.913
Pd	46	106.4	12.02	1552	3980	0.243
P	15	30.9738	1.83	44.25	280	0.741
Pt	78	195.09	21.45	1769	4530	0.134
Pu	94	(244)	—	640	3235	0.130
Po	84	(210)	9.24	254	—	—
K	19	39.012	0.86	63.20	760	0.758
Pr	59	140.907	6.769	931	3020	0.197
Pm	61	(145)	—	(1027)	—	—
Pa	91	(231)	—	(1230)	—	—
Ra	88	(226)	5.0	700	—	—
Rn	86	(222)	$9.96 \times 10^{-3}(0°C)$	(-71)	-61.8	(0.092)

元素	Z	原子质量 /(g·mol^{-1})	密度 (20°C 时) /(g·cm^{-3})	熔点 /°C	沸点 /°C	比热 (25°C 时) /(J·g^{-1}·°C^{-1})
Re	75	186.2	21.04	3180	5900	0.134
Rh	45	102.905	12.44	1963	4500	0.243
Rb	37	85.47	1.53	39.49	688	0.364
Ru	44	101.107	12.2	2250	4900	0.239
Sm	62	150.35	7.49	1072	1630	0.197
Sc	21	44.956	2.99	1539	2730	0.569
Se	34	78.96	4.79	221	685	0.318
Si	14	28.086	2.33	1412	2680	0.712
Ag	47	107.870	10.49	960.8	2210	0.234
Na	11	22.9898	0.9712	97.85	892	1.23
Sr	38	87.62	2.60	768	1380	0.737
S	16	32.064	2.07	119.0	444.6	0.707
Ta	73	180.948	16.6	3014	5425	0.138
Tc	43	(99)	11.46	2200	—	(0.209)
Te	52	127.60	6.24	449.5	990	0.201
Tb	65	158.924	8.25	1357	2530	0.180
Tl	81	204.37	11.85	304	1457	0.130
Th	90	(232)	11.66	1755	(3850)	0.117
Tm	69	168.934	9.31	1545	1720	0.159
Sn	50	118.69	7.2984	231.868	2270	0.226
Ti	22	47.90	4.507	1670	3260	0.523
W	74	183.85	19.3	3380	5930	0.134
U	92	(238)	19.07	1132	3818	0.117
V	23	50.942	6.1	1902	3400	0.490
Xe	54	131.30	5.495×10^{-3}	−111.79	−108	(0.159)
Yb	70	173.04	6.959	824	1530	0.155
Y	39	88.905	4.472	1526	3030	0.297
Zn	30	65.37	7.133	419.58	906	0.389
Zr	40	91.22	6.489	1852	3580	0.276

　　括号中的原子质量是长寿放射性同位素的质量数. 括号中的熔点是不确定的. 括号中的比热是计算值. 除特别指出的外, 所有的值都是在 1 大气压下的.

　　气体的数据是它们处于通常分子状态的, 例如 H_2, He, O_2, Ne 等. 气体比热是定压的.

　　本表引自参考书 [7] 563—565 页, 比热的单位已由原表的卡换算成这里的焦耳.

A3　同位素简表

元素	Z	A	原子质量 /u	丰度或半衰期	元素	Z	A	原子质量 /u	丰度或半衰期
H	1	1	1.007 825	99.985%	Sc	21	45	44.955 914	100%
		2	2.014 102	0.015%	Ti	22	48	47.947 947	73.7%
		3	3.016 049	12.3a	V	23	50	49.947 161	0.250%
He	2	3	3.016 029	0.000 138%			51	50.943 963	99.750%
		4	4.002 603	99.999 86%	Cr	24	52	51.940 510	83.79%
Li	3	6	6.015 123	7.5%			53	52.940 651	9.50%
		7	7.016 005	92.5%	Mn	25	55	54.938 046	100%
Be	4	9	9.012 183	100%	Fe	26	56	55.934 939	91.8%
B	5	10	10.012 938	19.8%			57	56.935 396	2.15%
		11	11.009 305	80.2%	Co	27	59	58.933 198	100%
		12	12.014 353	20.4ms	Ni	28	58	57.935 347	68.3%
C	6	12	12.000 000	98.89%			60	59.930 789	26.1%
		13	13.003 355	1.11%	Cu	29	63	62.929 599	69.2%
		14	14.003 242	5730a			65	64.927 792	30.8%
N	7	14	14.003 074	99.63%	Zn	30	64	63.929 145	48.6%
		15	15.000 109	0.366%			66	65.926 035	27.9%
O	8	16	15.994 915	99.76%			68	67.924 846	18.8%
		17	16.999 131	0.038%	Ga	31	69	68.925 581	60.1%
		18	17.999 159	0.204%			71	70.924 701	39.9%
F	9	19	18.998 403	100%	Ge	32	70	69.924 250	20.5%
Ne	10	20	19.992 439	90.51%			72	71.922 080	27.4%
		21	20.993 845	0.27%			74	73.921 179	36.5%
		22	21.991 384	9.22%	As	33	75	74.921 596	100%
Na	11	23	22.989 770	100%	Se	34	78	77.917 304	23.5%
Mg	12	24	23.985 045	78.99%			80	79.916 521	49.8%
		25	24.985 839	10.00%	Br	35	79	78.918 336	50.69%
		26	25.982 595	11.01%			81	80.916 290	49.31%
Al	13	27	26.981 541	100%	Kr	36	82	81.913 483	11.6%
Si	14	28	27.976 928	92.23%			83	82.914 134	11.5%
P	15	31	30.973 763	100%			84	83.911 506	57.0%
S	16	32	31.972 072	95.02%			86	85.910 614	17.3%
Cl	17	35	34.968 853	75.77%	Rb	37	85	84.911 800	72.17%
		37	36.965 903	24.23%			87	86.909 184	27.83%
Ar	18	40	39.962 383	99.60%	Sr	38	88	87.905 625	82.6%
K	19	39	38.963 708	93.26%	Y	39	89	88.905 856	100%
		40	39.963 999	1.28Ga	Zr	40	90	89.904 708	51.5%
		41	40.961 825	6.73%			92	91.905 039	17.1%
Ga	20	40	39.962 591	96.94%			94	93.906 319	17.4%
		44	43.955 485	2.09%	Nb	41	93	92.906 378	100%

元素	Z	A	原子质量 /u	丰度或半衰期	元素	Z	A	原子质量 /u	丰度或半衰期
Mo	42	92	91.906 809	14.8%	Ce	58	140	139.905 442	88.5%
		95	94.905 838	15.9%			142	141.909 249	11.1%
		96	95.904 676	16.7%	Pr	59	141	140.907 657	100%
		98	97.905 405	24.1%	Nd	60	142	141.907 731	27.2%
Te	43	99	98.906 252	0.214Ma			144	143.910 096	23.8%
Ru	44	102	101.904 348	31.6%			146	145.913 126	17.2%
		104	103.905 422	18.7%	Pm	61	145	144.912 754	17.7a
Rh	45	103	102.905 503	100%	Sm	62	147	146.914 907	15.1%
Pd	46	105	104.905 075	22.2%			148	147.914 832	11.3%
		106	105.903 475	27.3%			149	148.917 193	13.9%
		108	107.903 894	26.7%			152	151.919 741	26.6%
Ag	47	107	106.905 095	51.83%			154	153.922 218	22.6%
		109	108.904 754	48.17%	Eu	63	151	150.919 860	47.9%
Cd	48	110	109.903 007	12.5%			153	152.921 243	52.1%
		111	110.904 182	12.8%	Gd	64	152	151.919 803	0.20%
		112	111.902 761	24.1%			156	155.922 130	20.6%
		113	112.904 401	12.2%			158	157.924 111	24.8%
		114	113.903 361	28.7%			160	159.927 061	21.8%
In	49	113	112.904 056	4.3%	Tb	65	159	158.925 350	100%
		115	114.903 875	95.7%	Dy	66	156	155.924 287	0.057%
Sn	50	116	115.901 744	14.6%			162	161.926 805	25.5%
		118	117.901 607	24.3%			163	162.928 737	24.9%
		119	118.903 310	8.6%			164	163.929 183	28.1%
		120	119.902 199	32.4%	Ho	67	165	164.930 332	100%
Sb	51	121	120.903 824	57.3%	Er	68	166	165.930 305	33.4%
		123	122.904 222	42.7%			167	166.932 061	22.9%
Te	52	123	122.904 278	0.89%			168	167.932 383	27.1%
		126	125.903 310	18.7%	Tm	69	169	168.934 225	100%
		128	127.904 464	31.7%	Yb	70	172	171.936 393	21.9%
		130	129.906 229	34.5%			174	173.938 873	31.6%
I	53	127	126.904 477	100%	Lu	71	175	174.940 785	97.39%
Xe	54	129	128.904 780	26.4%			176	175.942 694	2.61%
		131	130.905 076	21.2%	Hf	72	174	173.940 065	0.16%
		132	131.904 148	26.9%			178	177.943 710	27.1%
Cs	55	133	132.905 433	100%			180	179.946 561	35.2%
Ba	56	137	136.905 816	11.2%	Ta	73	181	180.948 014	99.9877%
		138	137.905 236	71.7%	W	74	182	181.948 225	26.3%
La	57	138	137.907 114	0.089%			184	183.950 953	30.7%
		139	138.906 355	99.911%			186	185.954 377	28.6%

(续　表)

元素	Z	A	原子质量 /u	丰度或半衰期	元素	Z	A	原子质量 /u	丰度或半衰期
Re	75	185	184.952 977	37.40%	Ra	88	226	226.025 406	1602a
		187	186.955 765	62.60%	Ac	89	227	227.027 751	21.77a
Os	76	190	189.958 455	26.4%	Th	90	232	232.038 054	100%
		192	191.961 487	41.0%	Pa	91	231	231.035 881	32800a
Ir	77	191	190.960 603	37.3%	U	92	234	234.040 947	0.245Ma
		193	192.962 942	62.7%			235	235.043 925	0.720%
Pt	78	190	189.959 937	0.013%			238	238.050 786	99.275%
		194	193.962 679	32.9%	Np	93	237	237.048 169	21.4Ma
		195	194.964 785	33.8%	Pu	94	239	239.052 158	24100Ma
		196	195.964 947	25.3%			242	242.058 739	0.376Ma
Au	79	197	196.966 560	100%	Am	95	241	241.056 825	433a
Hg	80	199	198.968 269	16.8%			243	243.061 374	7370a
		200	199.968 316	23.1%	Cm	96	247	247.070 347	15.6Ma
		202	201.970 632	29.8%	Bk	97	247	247.070 300	1380a
Tl	81	203	202.972 336	29.5%	Cf	98	251	251.079 580	898a
		205	204.974 410	70.5%	Es	99	252	252.082 974	472d
Pb	82	204	203.973 037	4.42%	Fm	100	257	257.095 103	100.5d
		206	205.974 455	24.1%	Md	101	258	258.098 594	55d
		207	206.975 885	22.1%	No	102	259	259.100 932	58min
		208	207.976 641	52.3%	Lr	103	260	260.105 346	3.0min
Bi	83	209	208.980 388	100%	Rf	104	261	261.108 588	65s
Po	84	209	208.982 422	102a	Db	105	262	262.113 763	35s
		210	209.982 864	138.4d	Sg	106	263	263.118 310	0.78s
At	85	210	209.987 143	8.3h	Bh	107	262	262.123 081	0.10s
		211	210.987 490	7.21h	Hs	108	267	267.131 770	60ms
Rn	86	222	222.017 574	3.82d	Mt	109	268	268.138 820	70ms
Fr	87	223	223.019 734	21.8min	?	110	273	272.153 480	8.6ms

本表摘自参考书 [5] 496-502 页，Cm 以后根据参考书 [16] AP-14 页作了补充和更新.

A4　太阳系简表

1. 太阳、地球和月亮

性　质	单位	太阳	地球	月亮
质量	kg	1.99×10^{30}	5.98×10^{24}	7.36×10^{22}
平均半径	m	6.96×10^{8}	6.37×10^{6}	1.74×10^{6}
平均密度	kg/m^3	1410	5520	3340
表面重力加速度	m/s^2	274	9.81	1.67
到地球的平均距离	m	1.50×10^{11}	——	3.82×10^{8}

2. 行星的一些性质

	水星	金星	地球	火星	木星	土星	天王星	海王星	冥王星**
到太阳平均距离 /10⁶km	57.9	108	150	228	778	1430	2870	4500	5900
公转周期 /a	0.241	0.615	1.00	1.88	11.9	29.5	84.0	165	248
自转周期 (相对于远处恒星)/d	58.7	243*	0.997	1.03	0.409	0.426	0.451*	0.658	6.39
轨道速度 /(km·s⁻¹)	47.9	35.0	29.8	24.1	13.1	9.64	6.81	5.43	4.74
转轴倾角	< 28°	～3°	23.5°	24.0°	3.08°	26.7°	82.1°	28.8°	?
轨道倾角 (相对于地球)	7.00°	3.39°	0°	1.85°	1.30°	2.49°	0.77°	1.77°	17.2°
轨道偏心率	0.206	0.0068	0.0167	0.0934	0.0485	0.0556	0.0472	0.0086	0.250
赤道半径 /km	2440	6050	6400	3395	71500	60000	25900	24750	1500(?)
质量 (相对于地球)	0.0558	0.815	1	0.107	318	95.1	14.5	17.2	0.01(?)
密度 (相对于水)	5.60	5.20	5.52	3.95	1.31	0.704	1.21	1.67	?
表面重力加速度 /(m·s⁻¹)	3.78	8.60	9.78	3.72	22.9	9.05	7.77	11.0	0.3(?)
已知卫星数	0	0	1	2	16+ 环	17+ 环	15+ 环	2+ 环 (?)	1

* 自转方向与公转相反.

** 按照新的定义, 冥王星属于小行星.

习　题

下列习题用两个数编号, 第一个数是与题目内容相应的章号, 第二个数是章内的序号.

1.1 ①用单位 J · m 表示 $G_N m_p^2$ 的值. ②用单位 MeV · m^2 表示 $\hbar^2/m_p$ 的值. ③结合上面两个结果给出用单位 m 表示的 $\hbar^2/G_N m_p^3$ 的值. ④结合①与②的结果给出用 MeV 作单位的 $G_N^2 m_p^5/\hbar^2$ 的值.

2.1 迈克耳孙干涉仪两臂长都是 10m. 假设其中一条正好在地球穿过以太运动的方向上, 地球穿行速度 $v = 0.0001c$. 试计算光沿两臂行进的时间差.

2.2 在迈克耳孙 - 莫雷实验中, 干涉仪臂长 11m, 用波长 589.3 nm 的钠黄光. 该仪器能测出小至 0.005 个条纹的移动, 而实验未观测到任何条纹移动. 试问地球穿过以太的速度最大只能是多少?

2.3 静止 π^- 介子的平均寿命为 2.6×10^{-8}s. 一束 π^- 介子离开加速器后平均飞行 10.5m 衰变为 μ^- 和 ν_μ, 试问 π^- 介子的速率是多少?

2.4 太阳系是一近似惯性系, 其中观测者 S 测到距他 3×10^9ly 处有一星云正以恒速 $0.60c$ 离去. 设这时在此星云中诞生一星体 S′, 其固有寿命为 10×10^9a. 试问相对于 S 来说, ①星体 S′ 的寿命多长? ② S′ 死亡时离 S 多远? ③ S 接收来自 S′ 的光, 会持续多久?

2.5 在高能直线加速器内, 电子被加速到 $(1 - 2.45 \times 10^{-9})c$, 并以此速度在加速器内飞行 100m. 试问电子看到的这段加速器管长是多少?

2.6 在斯坦福直线加速器 SLAC 的正负电子对撞实验中, 电子与正电子的速率都是 $v = (1 - 10^{-8})c$. 从正电子看来, 电子的速率与光速相差百分之多少?

2.7 静止 K^0 介子衰变成一个 π^+ 介子和一个 π^- 介子, π^+ 和 π^- 的速率都是 $0.827c$. 若 K^0 以 $0.60c$ 的速率飞行中衰变, 其中一个 π 介子可能有的最大速率是多少?

2.8 以 $v = 0.60c$ 的速度沿 x 轴飞行的原子核发出一个与 x 轴成 $\theta' = 60°$ 角的光子, 在静止系中此光子飞行方向与 x 轴成的角度 θ 是多少?

2.9 观测者 S 测得两个事件的空间和时间间隔分别为 600m 和 8.0×10^{-7}s, 而观测者 S′ 测到这两个事件同时发生. 试求 S′ 相对于 S 的速度, 和 S′ 测得的这两个事件的空间距离.

2.10 观测者 S 测得两个事件同时发生于相距 600m 的两处, 而观测者 S′ 测得它们的距离是 1200m, 试问 S′ 测得这两个事件的时间间隔是多少?

3.1 一相对于实验室以 $0.50c$ 的速度运动的放射性原子核, 衰变时沿其运动方向发射一电子, 此电子相对于原子核的速度为 $0.90c$. 试求原子核相对于实验室的快度, 电子相对于原子核的快度, 以及电子相对于实验室的快度.

3.2 动能为 800GeV 的质子与动能为 200GeV 的质子相比, 其速度快多少? 其快度大多少?

3.3 已知质子运动的快度为 2.30, 试求其速度、动量、动能和总能量.

3.4 电子动能为 4.5MeV 时, 其速度和动量各是多少?

3.5 一个以 $0.60c$ 的速度运动的原子核, 在飞行中发生 β 衰变, 发出一个以速度 $0.50c$ 相对于它运动的电子. 试求在实验室中电子的最大动能和最小动能.

3.6 在海拔 100km 高的地球大气层中产生了一个能量为 150GeV 的 π^+ 介子, 竖直向下运动. π^+ 介子质量为 $140\text{MeV}/c^2$, 平均寿命为 2.6×10^{-8}s. 试求它发生衰变的平均高度.

3.7 束流强度为 10^6/s, 速度为 $v/c = 1/\sqrt{2}$ 的 K_L^0 介子通过铅砖后变成 K_S^0 介子. 铅砖内部状态没有变化, 入射 K_L^0 和出射 K_S^0 的运动方向相同. 这称为相干产生. 若已知 K_L^0 的质量为 $500\text{MeV}/c^2$, K_L^0 与 K_S^0 的质量差为 $3.5 \times 10^{-6}\text{eV}/c^2$, 试求此过程中铅砖受力的大小和方向.

3.8 假设核子在靶核中穿过时所受核物质的摩擦力与核子动量 p 成正比, $F = -kpc$, 其中 k 是阻尼系数. 试求以快度 Y_0 入射的核子在靶核中穿过距离 L 时的快度 Y 和能量 E. 核子质量为 m.

3.9 能量为 E 的反质子与静止质子相互作用, 产生两个质量都是 M 的粒子. 在与入射束垂直的方向探测到其中一个粒子, 试求此粒子的能量.

3.10 一个质量为 m、动量为 p 的粒子与另一个质量为 $3m$ 的静止粒子相碰, 并形成一个新粒子. 求新粒子的质量和速度.

3.11 动量为 $5m_\pi c$ 的 π 介子与静止质子弹性碰撞. 近似取 $m_\text{p} \approx 7m_\pi$, 试求①动心系速度, ②动心系总能量, ③ π 介子在动心系的动量.

3.12 一个粒子在静止时衰变为一个质子 p 和一个 π^- 介子. p 与 π^- 在 0.25T 的均匀磁场中, 速度与磁场垂直, 径迹曲率半径都是 1.32m. 求此粒子的质量.

3.13 一动量为 1.4GeV/c 的 K_S^0 介子在飞行中衰变为 $\pi^+\pi^-$, 求实验室系中 π 介子最大动量和最小动量.

3.14 在高能碰撞中, 动量为 100GeV/c 的质子与静止质子发生碰撞, 产生质子与另一 X 粒子. 求 X 粒子的最大质量.

3.15 在反应 $\pi^- + \text{p} \longrightarrow \text{X}^- + \text{p}$ 中, 入射 π 介子的动量为 12GeV/c, 玻色子共振态 X^- 的质量为 $2.4\text{GeV}/c^2$, 试求散射质子与入射束间最大夹角及这时的质子动量.

3.16 一个以速度 v 飞离地球的星体, 向地球发射一束固有频率为 ν 的光, 在地球上接收到的频率是多少? 设 $v = 0.1c$.

3.17 在地球上接收到来自一遥远星体的光, 发现其氢光谱蓝线 $\lambda_0 = 0.434\mu m$ 射到地球时变成了红色, $\lambda = 0.600\mu m$. 设此红移是由于该星体相对于地球的退行而造成的, 试求其退行速度 v.

4.1 用钙阴极光电管做光电效应实验, 用不同波长 λ 的单色光照射, 测出相应光电流的反向截止电压 V_0, 得到下列数据:

照射波长 λ/nm	253.6	313.2	365.0	404.7
截止电压 V_0/V	1.95	0.98	0.50	0.14

试从这些数据定出普朗克常数 h.

4.2　一光电管阴极红限波长为 600nm, 设某入射单色光的光电流反向截止电压为 2.5V, 试求这束光的波长.

4.3　经过电压 V 加速的电子轰击重金属制成的阳极, 所产生的 X 射线轫致辐射谱有一最短波长 λ_0, 试计算 $V = 40$kV 时的 λ_0. 若考虑到该金属有 4eV 的脱出功, 结果应如何修正?

4.4　一电视显像管的工作电压是 20kV, 试求它产生的 X 射线最短波长是多少?

4.5　一束能量为 0.500MeV 的 X 射线在电子上散射, 设电子原来静止, 散射后获得动能 0.100MeV, 试求散射 X 射线的波长, 以及散射 X 射线与入射 X 射线的夹角.

4.6　波长为 0.050nm 的 X 射线在康普顿散射中能传给一个电子的最大能量是多少? 如果换成波长为 500nm 的可见光, 结果又如何?

4.7　一个能量为 12MeV 的光子被一个自由质子散射到垂直方向, 试求散射光子的波长.

4.8　一个 5MeV 的电子与一静止正电子发生湮灭, 产生两个光子, 其中一个光子向入射电子的方向运动, 试求每个光子的能量.

4.9　一正负电子偶在 0.05T 的磁场中产生, 观测到电子和正电子的曲率半径都是 90mm, 试求入射光子的能量.

4.10　强度相同的两束 X 射线, A 的波长 0.03nm, 衰减系数 0.3mm^{-1}, B 的波长 0.05nm, 衰减系数 0.72mm^{-1}. 把它们射到同一材料上, 穿出后 A 的强度比 B 的大一倍, 试求此材料的厚度.

4.11　试计算波长为 300nm、强度为 $3 \times 10^{-14}\text{W/m}^2$ 的单色光束的光子数通量.

4.12　测得一个光子波长 300nm, 精度为 10^{-6}. 试求此光子位置的测不准量.

4.13　一个光子如果处于直径为 10fm 的原子核中, 它的能量至少是多少?

5.1　J.J. 汤姆孙 1897 年用阴极射线管测量电子荷质比 e/m 的数据是: 致偏极板长度 5cm, 电场强度 15 000V/m, 磁场强度 0.55mT, 只用电场时的偏向角 8/110 rad. 试用这些数据算出 e/m. 这个值与近代精确值的偏离如果是由致偏极外区域的磁场引起的, 试问这个磁场的方向与致偏极区域的磁场同向还是反向?

5.2　粗略地说, 粒子运动范围的尺度若小于它的德布罗意波长, 就需要考虑它的波动性. 对于下述情形中的粒子, 是否要考虑它的波动性? ①原子中的电子, 原子尺度约为 0.1nm 的数量级, 其中电子动能约为 10eV 的数量级. ②原子核中的质子, 原子核尺度约为 10fm, 其中质子动能约为 10MeV. ③电视显像管中的电子, 其动能约为 10keV.

5.3　分别计算电子在下述动能时的德布罗意波长: 1eV, 1keV, 1MeV, 1GeV.

5.4　电子经过 40keV 电压加速后, 穿过一片由杂乱微晶构成的薄金属箔, 射向箔后 30cm 处的照相底片上, 得到环形衍射图样, 最内层圆环直径 1.7cm. 试求微晶内与此环对应的原子平面间距是多少?

5.5 一束 60keV 的细电子束穿过一多晶银箔后在距银箔 40cm 处的照相底片上形成衍射图样, 银原子间距 0.408nm, 求一级衍射环半径.

5.6 在蒋森电子双缝干涉实验中, 电子加速电压为 50kV, 缝距约为 2μm, 屏距为 35cm. 试计算电子德布罗意波长和干涉条纹间距.

5.7 用电子显微镜观察直径为 0.02μm 的病毒, 为了形成很清晰的像, 准备让电子德布罗意波长比病毒直径小 1000 倍, 试问电子的加速电压应是多少?

5.8 NaCl 晶体的原子间距为 0.281nm. 一束热中子在 NaCl 晶体上衍射, 一级衍射峰在 20° 方向, 试问这些热中子的动能是多少?

5.9 为了在一束从反应堆引出的多能量中子束中选择出某一单能中子, 可以用一大块晶体来反射中子束. 设晶体的晶格常数为 0.11nm, 试问在 30° 的衍射角方向反射的中子能量是多少?

5.10 美国马里兰大学奥滕斯坦、华莱士和梯奥 1988 年用 500MeV 质子束在 ^{16}O, ^{40}Ca 和 ^{208}Pb 核上散射, 得到衍射斑第一暗环角半径分别为 16°, 11° 和 6°, 试估算这三个核的半径.

5.11 在一原子射束仪中, 金属钾被加热到沸点 760°C, 以单个原子的形式从炉孔射出, 进入真空室. 实验者希望使原子射束狭窄一些, 让它通过一宽 0.1mm 的狭缝. 试问由于衍射, 在离缝 50cm 处得到的射束比原缝宽了百分之多少?

5.12 可用能量很低的气体原子在固体表面的衍射来研究固体表面性质. 设用速率 122 m/s 的氦原子束, 求它的动能和德布罗意波长.

5.13 试估计在半径为 5fm 的原子核中的一个中子的最小动能.

5.14 试讨论一个电子能否被束缚在原子核内, 原子核半径可取 5fm, 电荷可取 50e.

5.15 如果一个电子处于原子某能量状态的时间是 10^{-8}s, 这个原子能量的测不准是多少?

5.16 一个原子核能量的测不准是 33keV, 试求原子核处于这个能量状态的平均时间.

6.1 一个物体的大小为 0.05nm, 若用光束照射, 能观测到物体的最大波长是多少? 若用电子束照射, 能观测到物体的电子最低能量是多少? 若改用质子束, 又是多少?

6.2 美国的连续电子加速器装置 CEBAF 设计的一个实验, 是用电子束在中子上的散射来研究中子内部的电荷分布. 中子半径约为 0.8fm, 试估计电子束的能量至少应是多少?

6.3 用 10.0MeV 的 α 粒子束在厚度为 t 的金箔上散射. 金的密度 $\rho = 1.93 \times 10^4$ kg/m^3, $A = 197$, $Z = 79$, 探测器计数每分钟有 100 个 α 粒子在 45° 角散射, 若①入射 α 粒子能量增到 20.0MeV, 或②改用 10.0MeV 质子束, 或③探测器转到 135° 处, 或④金箔厚度增加为 $2t$, 试问每分钟散射粒子的计数是多少?

6.4 用 2.0MeV 的质子束射到金箔 ($Z = 79$) 上, 求只考虑库仑相互作用时, 质子与金核之间的最近距离. 若金核半径为 8.1fm, 质子半径为 1fm, 2.0MeV 质子能否与金核接触从而发生核反应?

6.5　1913 年盖格和马斯登测量 α 粒子束穿过金箔和银箔每分钟散射到 θ 角度的数目, 如下表:

散射角 θ	45°	75°	135°
金箔	1435	211	43
银箔	989	136	27.4

金箔厚 1.86×10^{-4}cm, 银箔厚 2.82×10^{-4}cm, 密度分别为 1.93×10^4kg/m^3 和 1.05×10^4 kg/m^3, 试把每一散射角处金和银每分钟散射 α 粒子数之比与卢瑟福公式的计算值对比.

6.6　10MeV 的质子束射到铜箔上, 试求质子散射角为 90° 时的碰撞参数, 以及这时质子与铜核的最近距离.

6.7　μ^- 子与质子在库仑相互作用下形成的束缚体系称为 μ 原子. μ^- 子静质能为 105.66MeV, 试估计 μ 原子的半径和能量.

6.8　试确定氢原子光谱的位于可见光谱区 (380—770nm) 的那些波长.

6.9　已知巴耳末系的最短波长为 365nm, 试求氢原子的电离能.

6.10　当氢原子跃迁到激发能为 10.19eV 的状态时, 发出一个波长为 489nm 的光子. 试确定初态的结合能.

6.11　μ^- 子束缚于氘核的电离能比束缚于质子的电离能大多少?

6.12　正电子 e$^+$ 与电子 e$^-$ 在库仑相互作用下形成的束缚体系称为电子偶素. 试用玻尔理论计算电子偶素从 $n=2$ 跃迁到 $n=1$ 的状态时所发射的谱线波长, 并与伯柯等人 1975 年测得的值 243nm 相比.

6.13　两个氢原子分别处于基态和第一激发态, 以速率 $v=0.1683c$ 相向运动, 试用多普勒效应证明, 如果基态氢原子吸收从激发态氢原子发出的光子, 则将跃迁到第二激发态.

6.14　一个电子在一个半径为 R、总电荷为 Ze 的均匀带电球内运动, 试用玻尔理论计算相应于在带电球内运动的那些允许能级.

7.1　设在一维箱 $-a/2 \leqslant x \leqslant a/2$ 中运动的粒子波函数为 $\varphi(x) = C\cos(n\pi x/a)$, $n=1,3,5,\cdots$, 试求归一化常数 C.

7.2　设做一维运动的粒子波函数为 $\varphi(x) = Cxe^{-ax^2}$, $a>0$, 试求测到粒子概率最大处的位置, 以及在这一位置处单位距离内测到粒子的概率.

7.3　设一维箱宽 $a=0.2$nm, 试计算其中电子最低的三个能级值.

7.4　在弗兰克 - 赫兹实验中, 汞原子在放出它从电子吸收的 4.9eV 能量时, 发射波长为 253.6nm 的共振谱线, 试由此计算 h 的值.

7.5　某人设计了一个实验, 打算从显微镜中目测一个小谐振子的量子性质, 该谐振子为一直径为 10^{-4}cm, 质量为 10^{-12}g 的物体, 在一根细丝末端振动, 最大振幅 10^{-3}cm, 频率 1000Hz. ①此系统在上述状态的量子数大约为多少? ②它的基态能量为多少? 试与室温下空气分子平均动能 0.025eV 相比较. ③基态的经典振幅为多少? 试与目测用的照明光波波长约 500nm 相比较. ④若你是此研究项目的审批者, 你是否同意拨款进行此项研究?

7.6　用一束电子轰击氢样品, 如要发射巴耳末系的第一条谱线, 试问加速电子的电压应多大?

7.7 如果定义轨道角动量与 z 轴的夹角 θ 为 $\cos\theta = L_z/L$, 试计算 $l = 3$ 时可能有的夹角 θ.

7.8 一束氢原子以 $2 \times 10^5 \mathrm{m/s}$ 的速度射入梯度为 $200\mathrm{T/m}$ 的磁场并分裂成两束, 试求运动 20cm 以后两束的裂距.

7.9 在银原子束的施特恩 - 格拉赫实验中, 磁场梯度为 $60\mathrm{T/m}$, 运动距离 0.1m, 在接收板上测得裂距为 0.15mm, 银原子质量为 $1.79 \times 10^{-25}\mathrm{kg}$, 试求银原子的速率.

7.10 在施特恩 - 格拉赫实验中, 原子炉的温度 1000K, 磁场梯度 $10\mathrm{T/m}$, 磁场区域长 1m, 从磁场出来后到屏的距离也是 1m, 试估计在屏上观测到的裂距. 如果需要的话, 你可作进一步的假定.

7.11 在射电天文学中用波长 21cm 的这条谱线来描绘银河系的形状, 这条谱线是当银河系中氢原子的电子自旋从与该原子中质子自旋平行变为反平行时发出的. 这些电子受到多大磁场的作用?

7.12 两片同样的金属由一两层原子的氧化物分开, 在中间形成一个高 10eV 、宽 0.4nm 的矩形势垒, 试问动能为 3eV 的电子束射到这个氧化层上, 能够穿透的概率大约是多少?

7.13 动能都是 4MeV 的质子束和氘核束, 入射到 10MeV 高 10fm 宽的矩形势垒上, 试从一般的物理原理推测, 哪种粒子穿透势垒的概率大, 并算出每种粒子束的透射系数.

7.14 金属中自由电子的简化模型, 假设电子在金属中的势能为 0, 在金属边界面上势能突然上升为 V_0, 处于金属中的电子, 其动能 E 必定小于 V_0, 使这个电子离开金属的脱出功为 $V_0 - E$. 已知电子质量 $m = 9.1 \times 10^{-31}\mathrm{kg}$, $V_0 - E = 4\mathrm{eV}$, 试估计此电子能穿出金属表面的距离 Δx.

8.1 试分别计算基态氢原子中电子与质子距离大于 a_0 和大于 $2a_0$ 的概率.

8.2 求在氢原子 $n = 2$ 和 $l = 1$ 的态上电子径向概率密度最大的位置, 和计算在此态上电子径向坐标平均值. 这两个值的差别有什么物理含意?

8.3 试估计氢原子基态电子处于质子所占体积内的概率, 质子半径取 1fm.

8.4 一束波长 600nm, 功率 1W 的圆偏振光垂直投射到一转盘上, 被转盘完全吸收, 试求转盘所受的力矩.

8.5 上题中把转盘换为镀银反射镜, 试问所受力矩为多少? 若改为透明半波片, 结果又如何?

8.6 对于角动量 $l = 1$ 和 $s = 1/2$, 试求 $\boldsymbol{L} \cdot \boldsymbol{S}$ 的可能值.

8.7 对于角动量 $l = 3$ 和 $s = 1/2$, 试求 j 的可能值和 $\boldsymbol{L} \cdot \boldsymbol{S}$ 的可能值.

8.8 试用玻尔理论估计基态氢原子中电子所处的磁场 B 和电子的磁能 U.

8.9 一束自由电子射入磁感应强度为 1.2T 的均匀磁场, 试求自旋与磁场平行和反平行的电子的能量差.

8.10 引起一个电子自旋反向所需要的光子波长是 1.5cm, 试求这个电子所在处的磁场.

8.11 考虑 2p 和 3d 两个能级的精细结构, 试问 3d→2p 跃迁有多少条谱线? 并算出它们的波长.

8.12 若不计及兰姆移位, 在氢原子的下列跃迁中, 哪两个有相同的波长?

$$3^2P_{1/2} \to 2^2S_{1/2}, \qquad 3^2P_{3/2} \to 2^2S_{1/2}, \qquad 3^2S_{1/2} \to 2^2P_{1/2}, \qquad 3^2S_{1/2} \to 2^2P_{3/2}.$$

9.1 已测得氦原子的一级电离能为 24.6eV, 试采用一个简化的模型假设, 估计一下两个电子之间的相互作用能有多大, 并在此基础上估计两个电子间的平均距离.

9.2 作为氦原子基态的简化模型, 可以在玻尔模型的基础上作如下进一步的假设: 假设基态氦原子中两个电子的运动, 总保持处于通过氦核的直径两端, 并且每个电子具有角动量 $\hbar$. 试用此改进了的玻尔模型, 在考虑核对电子的引力和电子间的斥力的情况下, 求出电子运动的半径、基态能量以及一级电离能.

9.3 在宽度为 a 的一维箱中每米有 5×10^9 个电子, 如果所有的单电子最低能级都被填满, 试求能量最高的电子的能量.

9.4 在宽度为 a 的一维箱中每 fm 有 1 个中子, 试求此中子体系处于基态时中子最高能量.

9.5 宽度为 L 的一维箱中两个粒子构成的体系, 一个粒子处于 $n = 1$ 的态, 一个粒子处于 $n = 2$ 的态. 若它们是不同的粒子, 试求两个粒子都在点 $x = L/4$ 左右 $\pm L/20$ 范围内的概率. 若它们是自旋为 0 的两个全同粒子, 概率又是多少?

9.6 试采用一个简化的模型来估计 ^3Li 原子的一级电离能, 并定性解释使你的估计与实验值 5.4eV 有偏差的原因.

9.7 考虑自旋为 1 的粒子和自旋为 1/2 的粒子体系的总自旋态, 试给出总自旋 z 分量的所有可能值, 并证明它们相当于由总自旋 3/2 和 1/2 所构成的自旋态.

9.8 把氚核看成由氘核和一个中子所构成的体系, 氘核自旋为 1, 试问氚核基态自旋是多少? 三个核子之一跃迁到激发态的体系总自旋是多少?

9.9 试求 $^3F_2$ 态的 $\boldsymbol{L} \cdot \boldsymbol{S}$.

9.10 自旋 - 轨道耦合把钠的 3P→3S 跃迁放出的黄光分裂成 589.0nm 和 589.6nm 两条, 分别相应于 $3P_{3/2} \to 3S_{1/2}$ 和 $3P_{1/2} \to 3S_{1/2}$. 试用这些波长计算钠原子外层电子由于其轨道运动而受到的有效磁感应强度.

9.11 铬的电子组态为氩的满壳电子组态之外有 $4s^1 3d^5$. 试求基态的 l 和 s.

9.12 铝原子的电子组态在满壳之外有 $3s^2 3p^1$, 试求它的基态项.

9.13 钾原子主线系第一条谱线的波长为 766.5nm, 系限波长为 285.8nm, 已知钾原子基态为 4s, 试求 4s 和 4p 谱项的量子亏损值.

9.14 锌原子最外层有两个电子, 基态组态为 $4s^2$. 试分别考虑当其中一个电子被激发到 5s 态或 4p 态这两种情况下, LS 耦合的原子态, 画出相应能级图, 并讨论由它们向低能级跃迁时分别有哪几种跃迁?

9.15 铀的 K 吸收限为 0.0107nm, K_α 线为 0.0126nm, 试求 L 吸收限的波长.

9.16 试求在强度为 2T 的磁场中, 钠的态 $^2P_{1/2}$ 和 $^2S_{1/2}$ 的塞曼分裂.

9.17 钠的 $^2P_{1/2} \to {}^2S_{1/2}$ 跃迁辐射的波长为 589.59nm, 求在 2T 的磁场中各波长的改变值.

9.18 假设自旋 - 轨道耦合比它们与外磁场的相互作用强得多, 试求在 0.05T 的磁场中氢的 $^2D_{3/2}$ 和 $^2D_{5/2}$ 态反常塞曼分裂.

10.1 每分钟平均射到每平方厘米地面的太阳辐射能为 1.94cal(1cal=4.18J), 日地距离 1.5×10^{11}m, 太阳直径 1.39×10^9m, 太阳表面温度 6000K. 假定太阳是绝对黑体, 试求斯特藩 - 玻尔兹曼常数 σ.

10.2 试求在真空中与太阳光线垂直的黑色平板的稳定温度, 设太阳光能流为 2cal/(min·cm²), 1cal=4.18J.

10.3 忽略热量在热传导中的损失, 计算直径为 1mm 长为 20cm 的白炽灯丝温度达到 3500K 所必需的电流功率, 假定灯丝辐射遵守斯特藩 - 玻尔兹曼定律.

10.4 天空中最亮的星是天狼星, 它的温度是 $11\,000^\circ$C, 试问它是什么颜色的?

10.5 热核爆炸火球瞬时温度达 10^7K, 试求辐射最强的波长和相应光子的能量.

10.6 一个空腔辐射体温度为 6000K, 在它的壁上开一直径 0.10mm 的小孔, 试求通过小孔发射的波长范围为 550.0—551.0nm 的辐射功率. 假定辐射是以光子的形式发射的, 试求光子的发射速率.

10.7 试求铀原子弹爆炸瞬间弹中心的光压, 设辐射是平衡的, 弹内温度 $T \approx 10$keV, 物质密度 $\rho \approx 20$g/cm³.

10.8 实验测得宇宙微波背景辐射的能量密度为 4.8×10^{-14}J/m³, 试由此计算背景辐射的温度 T, 光子数密度 n, 平均光子能量 E 和最大亮度的波长 λ.

10.9 设有一个两能级系统, 能级差 $E_2 - E_1 = 0.01$eV, 分别求温度 $T = 10^2$K, 10^3K, 10^5K, 10^8K 时粒子数 N_2 与 N_1 之比. $N_2 = N_1$ 的状态相当于多高的温度? $N_2 > N_1$ 的状态又相当于什么温度?

10.10 假如不发生光的受激辐射, 黑体辐射谱 $u(\nu, T)$ 的公式将是什么形式?

10.11 射电天文学家观测到的波长 21cm 的谱线, 是来自我们银河系和其他星系的星际氢气的超精细辐射, 对应于氢原子中两个超精细能级之间的跃迁, 较高能级的自然寿命大约是 5×10^{14}s (近二千万年). 如果辐射衰变的有限寿命是使得谱线增宽的唯一原因, 试问氢的这条发射谱线的相对宽度 $\Delta\nu/\nu$ 是多少? 而星际气体分子热运动所引起的相对宽度 $\Delta\nu/\nu$ 又是多少? 设星际气体的典型温度是 5K.

10.12 红宝石激光器射出的光束几乎平行, 脉冲时间 $\tau = 0.5$ms, 能量 $E = 10$J, 波长 $\lambda = 694.3$nm, 线宽 $\Delta\lambda =0.001$nm, 试根据辐射能的光谱密度来计算激光束的有效温度 T_{eff}.

11.1 H_2 分子中的两个质子相距 0.074nm, 结合能为 4.52eV, 两个质子之间连线的中点上要放多少负电荷, 才能与上述数值相一致?

11.2 F_2, F_2^+ 和 F_2^- 之中哪一个的结合能最高? 哪一个的结合能最低?

11.3 KCl 分子的平衡距离 $r_0 = 0.267$nm, 试由此估计 KCl 分子的电偶极矩, 并说明你所采用的模型假设. 实验测得 KCl 分子的电偶极矩为 $p = 2.64 \times 10^{-29}$C·m, 由此可以看出你的模型假设与实际情况有什么差距?

11.4 两个离子的势能 $V(r)$ 和它们之间距离的近似关系是 $V(r) = -e^2/4\pi\varepsilon_0 r + b/r^9$. 对于 KCl 分子, 已知两离子之间的平衡距离 $r_0 = 0.267\text{nm}$, 试由此计算常数 b, 以及 KCl 分子在平衡距离时的势能.

11.5 KI 分子的离解能为 3.33eV, 要使 K 的电离能是 4.34eV, I 的电子亲和势是 3.06eV, KI 的键长 (离子间的距离) 应是多少? (实验值 $r_0 = 0.323\text{nm}$)

11.6 如果假设 Na^+ 和 Cl^- 离子是点电荷, 由静电库仑力结合在一起, 它们之间的平衡距离是多少? 已知 Na 的电离能为 5.14eV, Cl 的电子亲和势为 3.61eV, NaCl 的离解能为 4.26eV.

11.7 ①已知 NaF 的平衡距离 $r_0 = 0.193\text{nm}$, 试计算它的电偶极矩. ②实验测得 NaF 的电偶极矩 $p = 2.72 \times 10^{-29}\text{C·m}$, 试问它的电离度是多少?

11.8 BaO 的平衡距离为 $r_0 = 0.194\text{nm}$, 测得其电偶极矩为 $p = 2.65 \times 10^{-29}\text{C·m}$, 试求其电离度, 假设有 2 个价电子.

11.9 假设 H_2 分子的行为同具有力常数 $k = 573\text{ N/m}$ 的简谐振子完全一样, 试求相应于它的离解能 4.52eV 的振动量子数.

11.10 ①室温 NaCl 分子中, 处于 $n = 1$ 的振动态的分子数与处于 $n = 0$ 的振动态的分子数之比是多少? ②处于 $n = 2$ 的振动态的分子数与处于 $n = 0$ 的振动态的分子数之比是多少? 忽略分子的转动.

11.11 $^{12}C^{16}O$ 和 $^xC^{16}O$ 的 $l = 0 \to l = 1$ 的转动吸收谱线分别是 $1.153 \times 10^{11}\text{Hz}$ 和 $1.102 \times 10^{11}\text{Hz}$, 试求未知的碳同位素 ^xC 的质量数 x.

11.12 HCl 的转动谱包含以下的波长: $12.03 \times 10^{-5}\text{m}$, $9.60 \times 10^{-5}\text{m}$, $8.04 \times 10^{-5}\text{m}$, $6.89 \times 10^{-5}\text{m}$, $6.04 \times 10^{-5}\text{m}$. 如果所含的同位素是 ^1H 和 ^{35}Cl, 试求 HCl 分子中氢核与氯核之间的距离, ^{35}Cl 的质量是 $5.81 \times 10^{-26}\text{kg}$.

11.13 N_2 分子受激跃迁到 $n = 1$ 的振动能级, 然后通过发射光子退激发, 试问 N_2 分子在退激过程中能发射哪些能量的光子. N_2 分子的 $\hbar^2/2I = 2.5 \times 10^{-4}\text{eV}$, $\hbar\omega = 0.29\text{eV}$. 对于每个振动能级只考虑前 5 个转动能级.

11.14 实验表明在室温下 CO 分子振动 - 转动吸收光谱最强的吸收线对应于 $l = 7$, 试用计算来表明这个值是合理的. CO 分子中两个原子核的平衡距离是 0.113nm.

12.1 ①对于由正负离子相间构成的一维晶体, 试证明其马德隆常数 $\alpha = 2\ln 2$. ②证明 NaCl 的马德隆常数的展式前 5 项是: $\alpha = 6 - 12/\sqrt{2} + 8/\sqrt{3} - 6/\sqrt{4} + 24/\sqrt{5} + \cdots$.

12.2 ①试计算 CsCl 的离子性内聚能 $-V_0$. ②已知 Cs 的电离能为 3.89eV, Cl 的电子亲和势为 3.61eV, 试计算 CsCl 的原子性内聚能, 并与实验值 6.46eV 相比.

12.3 ① K 的电离能是 4.34eV, Cl 的电子亲和势是 3.61eV, KCl 晶体是 fcc 结构, 马德隆常数 $\alpha = 1.7476$, 两离子间距 0.315nm. 试仅用这些数据计算 KCl 的原子性内聚能. ② 实验测得 KCl 的原子性内聚能是 6.46eV, 假设此值与上面计算值之差是由于泡利不相容原理产生的排斥, 试求由此原因引起的势能公式 b/r^n 中指数 n 的数值.

12.4 BaO 晶体的原子性内聚能为 8.90eV, 试问这相当于实验上测量到多少 kJ/mol?

12.5 试计算 CsI 晶体吸收能量的波长是多少, 已知 CsI 的近邻间距 $r_0 = 0.395$nm, 原子性内聚能 $V_0 = 5.35$eV, $n = 12$, 是 bcc 结构.

12.6 ①铜的密度为 8.96g/cm^3, 原子量为 63.5, 试计算在 fcc 结构中铜原子中心之间的距离. ②已知铜的费米能级 $E_F = 7.03$eV, 试计算在此能级上的电子的德布罗意波长, 并与上面算得的原子中心之间的距离相比较. ③试用公式 $\sigma = ne^2l/mv$ 估计铜的电导率, 其中 n 为电子数密度, l 为电子平均自由程, 可取上面算得的原子间距, v 为平均速度, 可由费米能来估计.

12.7 铜在室温下的电导率为 $\sigma = 5.88 \times 10^7$S/m, 试由此估计其电子平均自由程, 并与铜的晶格间距 0.256nm 相比较. 一个电子在被散射之前会遇到多少原子?

12.8 已知铜的室温电导率 $\sigma = 5.88 \times 10^7$S/m, 试用魏德曼 - 夫兰茨定律计算铜的室温导热率. 铜在 0—100°C 之间的洛伦兹数为 2.33×10^{-8}W·Ω/K^2.

12.9 锗的导带与价带之间的能隙 $E_g = 0.72$eV, 若用锗来探测 γ 射线, ①吸收 1 个由 ^{137}Cs 发出的能量为 662keV 的光子, 能把锗的多少个价带电子激发到导带? ②若上面算得的电子数为 n, 则其统计涨落为 $\sqrt{n}$, 相对涨落为 $\sqrt{n}/n$, 试问探测到的 γ 射线的能量涨落是多少? 这个结果就是锗探测器的实验分辨本领.

12.10 锗的导带与价带之间的能隙 $E_g = 0.72$eV, 试求锗吸收电磁波的波长上限.

12.11 若在 NaCl 晶格中缺少一个离子而留下一个正的空位, 则此空位会俘获一个电子, 晶格的这种缺陷称为 F 心. 这个被俘获的电子所处能级比导带低 2.65eV, 试问它吸收的波长是多少? 含有很多这种 F 心的 NaCl 晶体是什么颜色的?

12.12 银的费米能 $E_F = 5.51$eV, ① 0K 时银中自由电子平均能量是多少? ②理想气体中分子平均能量等于此值时温度是多少? ③具有此能量的电子速率是多少?

12.13 锌的密度为 7.13g/cm^3, 原子质量为 65.4u, 其电子组态为 1s^{2}2s^{2}2p^{6}3s^{2}3p^{6}3d^{10}4s^2. 锌中电子有效质量为 0.85m_e, 试求锌的费米能量.

12.14 试求在什么温度下, 银的电子比热是晶格声子比热的 5%, 和在什么温度下, 它们相等. 银的德拜温度 $T_D = 210$K.

13.1 π 介子的自旋为 0, 是玻色子. 假设大量 π 介子的凝聚态在温度足够低时也有超流性, 它的环流量子有多大? π 介子质量为 140MeV/c^2.

13.2 温度相同时, 经典气体、玻色气体和费米气体这三种气体中, 哪一个的压强最大, 哪一个的最小, 为什么?

13.3 1kmol 氦气在 20°C 和 1atm (1atm=101 325Pa) 时的体积为 22.4m^3, 氦原子质量为 4.00u. 试表明这时氦气的玻色 - 爱因斯坦分布当能量在 k_BT 附近时可以简化为麦克斯韦 - 玻尔兹曼分布, 氦气可近似当作经典气体. (提示: 计算 e^{μ/k_BT})

13.4 液氦在 4.2K 和 1atm(1atm=101 325Pa) 时密度为 145kg/m^3, 试表明它的 $e^{\mu/k_BT} \lesssim 1$, 从而不能近似用麦克斯韦 - 玻尔兹曼分布.

13.5 把液氦当作理想玻色子体系, 试求它发生玻色 - 爱因斯坦凝聚的临界温度 T_c. 液氦的摩尔体积为 27.6cm^3/mol, 摩尔质量为 4.0g/mol.

13.6　把 π 介子体系近似当作理想玻色子体系, 试求它发生玻色 - 爱因斯坦凝聚的临界温度 T_c, 用 MeV/k_B 作单位. π 介子质量为 140MeV/c^2, 假设 π 介子是半径为 0.67fm 的刚球, 在发生凝聚时互相接触挤在一起.

13.7　一个由直径 $d=1$mm 的铅丝弯成的直径为 $D=10$cm 的圆环, 处于超导态并通有 100A 的电流, 在持续 1 年的时间内没有观测到电流的变化. 如果检测器能检测到 1μA 的电流变化, 试估计此超导态铅的电阻率上限.

13.8　水银的超导临界温度为 4.2K, ①试估计 $T=0$ 时水银的能隙为多少电子伏特? ②计算能量刚好使 $T=0$ 时水银中的库珀对分解的光子波长, 这种光属于电磁波谱中哪一波段? ③在波长比上述数值短的光波照射下, 水银有没有超导电性?

13.9　金属电子气体的费米能量可以写成 $E_F=p_F^2/2m$, 其中费米动量 p_F 的数量级约为 $p_F \sim \hbar/a$, 而 $a \sim 0.1$nm 是晶格间距. ①试由超导体能隙 $E_g \sim 10^{-4}E_F$ 估计库珀对的大小. ②超导体中形成库珀对的电子数与总自由电子数之比约为 $E_g/E_F \sim 10^{-4}$, 传导电子数密度约为 10^{22}/cm^3, 试估计超导体中库珀对的数密度.

13.10　在室温下铝的电导率大大高于铅, 试由此判断铝与铅哪一个有较高的超导临界温度?

13.11　天然的铅中含 ^{204}Pb, ^{206}Pb, ^{207}Pb 和 ^{208}Pb 四种同位素, 丰度分别为 1.4%, 24.1%, 22.1% 和 52.4%. 假设观测到的铅的超导临界温度 $T_c=7.193$K 是这四种同位素各自的超导临界温度按上述丰度加权平均的结果, 试求纯 ^{204}Pb 的超导临界温度是多少? 铅的同位素效应系数 $\alpha=0.49$.

13.12　核子在原子核内受到的其他核子对它的作用, 可以近似为一较强的平均场加上一个较弱的剩余相互作用. 这种剩余相互作用虽然较弱, 但却可以使核内的核子互相吸引形成库珀对. 实验测出能隙参数近似地有 $\Delta=12$MeV/$\sqrt{A}$, A 是原子核的核子数. 试估计 ^{208}Pb 核的超导转变温度 T_c 是多少 MeV/k_B.

13.13　对于处在超导态的原子核 (参阅上一题), 试用计算表明它有没有迈斯纳效应.

13.14　电子的库珀对是玻色子, 服从玻色 - 爱因斯坦分布, 会发生玻色 - 爱因斯坦凝聚. 忽略库珀对之间的相互作用, 并假设其玻色 - 爱因斯坦凝聚温度就是超导转变温度, 试估计铅在超导态的超导电子数密度 n_s. 铅的超导转变温度 $T_c=7.193$K.

14.1　在发现中子之前, 曾以为原子核是由质子与电子组成的, 而由于电子的波动性, 被束缚在原子核这样小范围内的电子必定具有很大的能量. 若电子的波长为 1fm, 试计算它的动能有多大.

14.2　在卢瑟福的 α 粒子散射实验中, α 粒子的能量至少要有多大, 才能碰到 ^{197}Au 核的表面?

14.3　理论预言存在 $Z=114$ 的超重长寿命核, 如果这个超重核处在 β 稳定线的外推延长线上, 试问它的核子数 A 是多少?

14.4　用电子束来探测原子核的结构, 电子束的波长不能比原子核的尺度大得多. 试问

波长与 ^{197}Au 核半径相等的电子束能量是多少?

14.5 ^{20}Ne 和 ^{56}Fe 的原子质量分别是 19.992 439u 和 55.934 939u, 求它们的比结合能 (每核子结合能).

14.6 从 ^{4}He 核中先移去 1 个中子, 再移去 1 个质子, 最后把剩下的中子与质子也分开, 试问各需要多少能量, 并与 ^{4}He 核的总结合能相比. ^{4}He, ^{3}He 和 D 的原子质量分别是 4.002 603u, 3.016 029u 和 2.014 102u.

14.7 ①试求 ^{40}Ca 的比结合能. ②试求从 ^{40}Ca 中移走 1 个中子所需的能量. ③试求从 ^{40}Ca 中移走 1 个质子所需的能量. ④为什么上述三个值不同? ^{40}Ca, ^{39}Ca 和 ^{39}K 原子的质量分别是 39.962 591u, 38.970 711u 和 38.963 708u.

14.8 ^{3}H 和 ^{3}He 的结合能之差主要是由什么原因造成的? 你能通过简单计算来说明这里核力与电荷几乎是没有关系的吗? ^{3}H 和 ^{3}He 原子的质量分别是 3.016 050u 和 3.016 029u.

14.9 空间飞船对木星磁场的测量表明, 电磁相互作用的力程至少为 5×10^8m. ①这意味着光子质量的上限是多少? ②如果光子质量具有这个上限值, 3 光年以外的星体发出的蓝光比红光到达地球的时间早多少?

14.10 试用液滴模型的半经验公式计算 ^{40}Ca 的结合能. 结果与实际结合能相差百分之几 (参考 14.7 题的结果)?

14.11 在原子核半径的公式 $R = r_0 A^{1/3}$ 中, 实验定出 $r_0 \approx 1.2$fm, 如果这个值有 10% 的误差, 试问在原子核的费米气体模型中, 对 $Z = N$ 和 $R_p = R_n$ 的对称核, 算得的费米能会有多大的误差?

14.12 根据原子核的壳层模型, 试确定: ① ^{15}O, ^{16}O 和 ^{17}O 核的自旋 J 和宇称 P, 即 J^P, ② ^{39}K, ^{41}Ca 和 ^{41}Sc 核基态和第一激发态的自旋和宇称 J^P.

14.13 为了探测质子是否会发生衰变, 设想建造了一个 10 000t 的储水池, 探测器效率为 80%. 如果束缚在原子核内的质子与自由质子一样, 寿命为 10^{32} 年, 预言一年中可探测到多少个质子衰变?

14.14 在考古工作中, 可以从古物样品中 ^{14}C 的含量来推算它的年代. 设 ρ 是古物中 ^{14}C 和 ^{12}C 存量之比, ρ_0 是空气中 ^{14}C 和 ^{12}C 含量之比, 试求古物至今的时间 t. ^{14}C 的半衰期为 $T_{1/2}$.

14.15 最重的核素很可能是在超新星爆发中合成的, 它们合成以后散布在星际空间, 成为随后形成的恒星及其行星的成分. 假设地球上的 ^{235}U 和 ^{238}U 是在以前的一次超新星爆发中形成的, 形成当时它们的丰度相同, 试计算它们形成的时间距今多少年. ^{235}U 和 ^{238}U 的半衰期分别是 7.0×10^8a 和 4.5×10^9a, 它们现在的丰度分别是 0.7% 和 99.3%.

14.16 利用壳层模型的单粒子能级图确定 ^{89}Y 核中第 39 个质子的基态和最低激发态. 应用这一结果和辐射跃迁中的角动量守恒, 解释 ^{89}Y 的同质异能态.

14.17 处于激发态的 ^{60}Ni 核可以通过发射能量为 1.33MeV 的 γ 光子而回到基态, 试求 ^{60}Ni 核的反冲能量和反冲速度各为多少?

14.18 正常核物质处于绝对零度时的核子数密度 $n_0 = 0.15$fm^{-3}, 试用核子的费米气体模型粗略地估计一下，在温度极低时，当核子数密度 n 达到 n_0 的多少倍时，核物质中开始产生 π 介子，π 介子的质量约为 140MeV/c^2.

15.1 光子之间的相互作用可以这样来理解：每个光子在自由空间的传播过程中都会暂时变成"虚"的正负电子对，两个光子的这种"虚"正负电子对之间可以产生电磁相互作用. ①假如 $h\nu \ll 2mc^2$，测不准原理允许虚正负电子对存在多长时间？m 为电子质量. ②假如 $h\nu > 2mc^2$，在产生真实正负电子对时，原子核除了保证能量动量守恒外，还起了什么作用？

15.2 π^0 介子既无电荷又无磁矩，为了解释它能衰变为一对传递电磁相互作用的光子，$\pi^0 \to 2\gamma$，可以假设 π^0 先衰变一对"虚"核子-反核子，它们再发生电磁相互作用，产生两个光子. 测不准原理允许虚核子-反核子对存在多长时间？要观测这个过程这么长的时间够吗？

15.3 试根据守恒定律判断，下列过程哪些能够发生，哪些不能发生，为什么？
① $p+p \longrightarrow n+p+\pi^+$,　② $p+p \longrightarrow p+\Lambda^0+\Sigma^+$,　③ $e^++e^- \longrightarrow \mu^++\pi^-$,
④ $\Lambda^0 \longrightarrow \pi^++\pi^-$,　⑤ $\pi^-+p \longrightarrow n+\pi^0$.

15.4 下列组合中，哪些能出现在总同位旋 $I=1$ 的态，为什么？
① $\pi^0\pi^0$,　② $\pi^+\pi^-$,　③ $\pi^+\pi^+$,　④ $\Sigma^0\pi^0$,　⑤ $\Lambda\pi^0$.

15.5 对于给定的动心系能量，$p+D \to {}^3\mathrm{He}+\pi^0$ 和 $p+D \to {}^3\mathrm{H}+\pi^+$ 的截面比是多少？D 是氘核.

15.6 原子核中一个中子换成束缚的 Λ 超子，就成为一个超核. ${}^4_\Lambda\mathrm{He}$ 和 ${}^4_\Lambda\mathrm{H}$ 就是一对镜像超核（质子和中子数互换的核，称为镜像核）. 试求 $K^- + {}^4\mathrm{He} \to {}^4_\Lambda\mathrm{He} + \pi^-$ 与 $K^- + {}^4\mathrm{He} \to {}^4_\Lambda\mathrm{H} + \pi^0$ 的反应率之比.

15.7 衰变模式 $K_S^0 \to 2\pi^0$ 对 K_S^0 的自旋和宇称能加上什么限制？

15.8 反应堆中引出的反中微子 $\bar{\nu}_e$ 能被原子核中的质子吸收，转化成中子和正电子：$\bar{\nu}_e+p \to n+e^+$. 试从弱相互作用耦合常数估计这一反应的截面的数量级，设 $\bar{\nu}_e$ 的能量为 1MeV.

15.9 设 $K_S^0 \to \pi^+\pi^-$ 衰变的相互作用为 $g\phi_\pi^*\phi_\pi^*\phi_K$ 型，已知 $m_K = 497.671$ MeV/c^2，$m_\pi = 139.6$MeV/c^2，$\tau_{K_S^0} = 0.8922 \times 10^{-10}$s，试估计相互作用常数 g 的数量级.

15.10 为了用反应 $\nu+{}^{37}\mathrm{Cl} \to {}^{37}\mathrm{Ar}+e^-$ 来探测太阳中微子，在美国南达科他州金矿中做的实验，用了大约 4×10^5L(升) $\mathrm{C_2Cl_4}$ 作探测器. 试估计每天可产生多少 ${}^{37}\mathrm{Ar}$ 原子，白天与晚上有没有差别？假设：①太阳常数为 2cal/(min·m^2) (1cal=4.18J)，②太阳热能的 10% 为中微子，中微子平均能量 1MeV，③全部中微子中有 1% 的能量足以引起上述反应，④上述反应的截面为 10^{-45}cm^2，⑤ ${}^{37}\mathrm{Cl}$ 同位素的丰度为 25%，⑥ $\mathrm{C_2Cl_4}$ 的密度为 1.5g/cm^3.

15.11 传递弱相互作用的粒子是 $W^\pm$ 和 Z^0 粒子，它们的质量分别为 80GeV/c^2 和 91GeV/c^2，①它们各是多少个质子的质量？②试由此估计弱相互作用的力程.

15.12 与夸克成分 uus, d$\bar{s}$ 和 uds 相应的粒子分别是什么？

15.13 某一 D 介子由 1 个 c 夸克和 1 个 $\bar{u}$ 夸克组成，试求它的自旋、电荷数、重子数、奇异数和粲数.

15.14 试把下列衰变分析成组分夸克的过程:

① $\Omega^- \longrightarrow \Lambda^0 + K^-$ ② $n \longrightarrow p + e^- + \bar{\nu}_e$

③ $\pi^0 \longrightarrow \gamma + \gamma$ ④ $K^0 \longrightarrow \pi^+ + \pi^-$

⑤ $\Delta^{*++} \longrightarrow p + \pi^+$ ⑥ $\Sigma^- \longrightarrow n + \pi^-$

15.15 试说明为什么观测到 $\Sigma^0 \to \Lambda^0 + \gamma$, 而观测不到 $\Sigma^0 \to p + \pi^-$ 或 $\Sigma^0 \to n + \pi^0$.

15.16 1987 年 2 月南天超新星爆发时地面记录到的中微子能量范围 10—40 MeV, 时间区间约 2s, 假设这些中微子是在这颗超新星爆发时同时辐射出来, 运行大约 17 万光年后到达地球的, 试以此估算中微子质量上限.

16.1 能量为 E 的光子具有有效质量 E/c^2, 根据等效原理, 它通过星球附近时会受到星球质量 M 的吸引. 这个引力很小, 可以把它与星球擦边而过的路径近似为折线. 试用牛顿力学证明光子路径的偏转角 $\Delta\theta = 2GM/Rc^2$, 其中 G 是万有引力常数, R 是星球半径.

16.2 不用 $\Delta\nu/\nu \ll 1$ 的假定, 但忽略空间弯曲效应, 试从等效原理推出引力红移的表达式 $\nu = \nu_0 e^{-GM/c^2 r}$.

16.3 银河系质量约为 8×10^{41}kg, 假设这些质量在 10 000pc (秒差距) 的球内均匀分布, 试估计在银河系外远处观测的从银河系中心发出的光的引力红移.

16.4 一通信卫星位于海拔 150km 的高空, 若用 10^9Hz 的无线电讯号与它通信, 由于重力的作用, 在地面站与卫星之间无线电频率差多少? 忽略重力加速度随高度的变化.

16.5 根据测不准原理, 在庞德 - 瑞布卡实验中为测出频率大小的改变, 时间间隔至少是多少?

16.6 离地球 80.0 光年处有一星体, 在从它到地球的连线上距星体 20.0 光年处有一白矮星. 由于星光被白矮星引力偏转, 使我们看到星体有两个像, 这称为爱因斯坦引力透镜效应. 设白矮星质量等于太阳质量, 半径为 7.0×10^3km, 求这两个像对我们所张的视角.

16.7 地面上空 10km 高处气球内的钟与地面的钟相比, 一年差多少时间?

16.8 以角速度 8.9×10^6/s 高速旋转的圆盘上的试验者测得转盘半径是 10.0m, 试问他测得的转盘周长是多少?

16.9 地球赤道周长为 4 000 万米, 若用 4 000 万根米尺首尾相接地排列, 则刚好在地面赤道上形成一个大圆. 现将这些尺从地面向上升高 1m, 仍然首尾相接, 则第一根与最后一根接不上, 有一间隙. ①不考虑相对论效应, 这个间隙有多大? ②考虑广义相对论效应, 升高的米尺处于较弱的引力场中, 略有伸长, 间隙略有减少, 试问少多少?

16.10 质量为 m 的钟放在以角速度 ω 转动的平台上, 到轴的距离为 r. ①求转动参考系中钟的势能 E_p 和单位质量的势能 $\varphi(r)$. ②当 $\omega r \ll c$ 时, 根据等效原理求出 r 处的钟相对于轴上的钟的快慢的相对变化.

16.11 将钟升高 H 并作水平运动, 为使它与其正下方的钟的快慢一样, 它必须以多大速率运动? 证明这个速率与钟自由下落 H 所获速率相同.

16.12 ①能量为 E 的光子在地面所受重力有多大? ②比较作用于能量为 2.0eV 的可见光子和电子上的重力.

16.13　在自由空间中一宇宙飞船以加速度 a 向前飞行，从舱底发出频率为 ν 的光子，在舱顶接收到的频率为 ν'，设舱长为 H，试求频率的相对改变 $\Delta\nu/\nu$.

16.14　在 200km 高度以 7.0km/s 的速率绕地球航行的飞船，用 300MHz 的频率在几乎与其速度相反的方向向地面发回信号，地面接收机应将频率调到比 300MHz 略低还是略高？差多少？

17.1　将地球内部结构简化为从地心到半径 R_C 处的地核和从半径 R_C 处到地表半径 R 的地幔两部分，分别具有均匀密度 ρ_C 和 ρ_M. 已知地球半径 $R = 6370$km，质量 $M = 6.0 \times 10^{24}$kg，转动惯量 $I = \frac{1}{3}MR^2$，地幔厚度为 2900km. ①试求 ρ_C 和 ρ_M. ②试求地球内部何处重力加速度最大，其数值是多少？

17.2　对于密度均匀的理想氢原子气体，可用均匀密度星体的结构方程 $P(r) = (2\pi/3)G \cdot \rho_C^2(R^2 - r^2)$ 和理想气体状态方程 $R_0 T(0) = \mu P(0)/\rho_C$ 来估计星体中心的温度 $T(0)$. ①试估计太阳的中心温度. 这个温度能点燃核反应吗？太阳半径为 7×10^5km，平均密度 1.4g/cm^3. ②对木星情况如何？木星半径 7×10^4km，平均密度 1.33g/cm^3.

17.3　试估计质量最小的恒星其温度最高约为多少？质量为太阳质量 1.99×10^{30}kg 的恒星其温度最高又是多少？

17.4　①计算太阳自身的引力势能. ②以太阳当前的总辐射率来计算，这能量可维持多长时间，约占太阳至今寿命 5×10^9 年的多少？③太阳质量中约 70% 是氢，其中 10% 左右可供燃烧，试估计燃烧这些氢能维持多长时间？每燃烧 4 个氢核可获得 25MeV 的热能.

17.5　①对于质量与太阳相同的白矮星，计算在费米能级的电子的德布罗意波长. ②假设此白矮星是由均匀分布的铁原子构成，计算原子间距并与上述电子波长比较. ③电子能"看"到铁原子格点吗？它容易被原子散射吗？

17.6　①太阳的自转周期为 27 天，若它在角动量守恒的情况下收缩到核物质的密度，其自转周期将变为多少？②太阳极区磁场为 0.1mT 的数量级，若它在磁通守恒的情况下收缩到核物质密度，其极区磁场将为多少？③一中子星质量与太阳相同，半径为 20km，表面磁场高达 10^8T. 试定量地估计一下，这个磁场能否用中子的极化来解释.

17.7　①一个球形星体以角速度 ω 自转，如果万有引力是唯一阻止这个星体离心分解的力，星体密度至少是多少？蟹状星云脉冲星周期是 0.033s，试估计它的密度下限. ②如果该脉冲星的质量为 1 个太阳质量，它的半径最大是多少？③事实上它的密度接近于核物质密度，它的半径是多少？

17.8　一中子星，质量为太阳的 2.00 倍，自转周期为 1.00s，密度均匀，若其自转速度每天慢 10^{-9}，损失的转动能都变成辐射，均匀辐射到太空中，试求地球上 1.0m^2 的天线接收到的功率是多少？设它距离地球 10^4 光年.

17.9　一中子星质量为太阳的 2 倍，半径为 10km，中微子 - 中子截面为 10^{-43}cm^2，试求中微子在此中子星中的平均自由程.

17.10　在质子 - 质子循环中，燃烧每一质子约释放出 6MeV 动能. 设太阳辐射功率为 1×10^{23}kW，试求每秒钟燃烧掉多少质子？

17.11 在质子 - 质子循环中, 每产生 25MeV 热能的同时放出 2 个中微子. 试估计地面上的太阳中微子通量.

17.12 ①将全部可观测宇宙看作一半径为 10^{10} 光年的巨大黑洞, 则宇宙的平均密度至少是多少? ②设宇宙的平均密度为 10^{-28}g/cm^3, 试用宇宙半径 R 来表示逃逸速度, 并求逃逸速度等于光速 c 时的半径值 R.

17.13 试用哈勃定律估计从远处的星系发射来的钠黄光 590nm 谱线的波长, 若星系到我们的距离分别为 1.0×10^6 光年, 1.0×10^8 光年和 1.0×10^{10} 光年.

17.14 可见光光子能量约在 2—3eV 之间. ①计算在此区间的 2.7K 宇宙背景辐射光子数密度. 人眼能看到这种光子数密度吗? ②假设人眼能看到的光子数密度约为 100/cm^3, 在什么温度下宇宙背景辐射才可以看到? 这是发生在多久以前?

17.15 ①在什么温度下宇宙足够热得可以由光子产生出 K 介子? K 介子质量为 500 MeV/c^2. ②宇宙在什么年代时有这么高温度?

17.16 假设来自宇宙大爆炸的中微子数密度与今天的光子数密度一样, 试求能提供使宇宙封闭所需临界密度的中微子质量.

17.17 哈勃常数可能低到 50km/(s·Mpc), 也可能高到 100km/(s·Mpc). 试对这两个值分别计算使宇宙封闭所必须的临界密度.

18.1 普朗克时间约为 10^{-43}s. 由于我们还没有引力的量子理论, 我们不能分析宇宙在这个时间之前的性质. 假设宇宙在那个时代的性质由量子论、相对论和引力来决定, 普朗克时间 t 就应该由这三个理论的基本常数 $\hbar, c$ 和 G 来表征, 于是我们可以写出 $t \propto \hbar^i c^j G^k$. 试用量纲分析定出指数 i, j 和 k. 并假设上式比例常数为 1, 算出 t.

习 题 参 考 答 案

1.1 $1.866 \times 10^{-64} \text{J} \cdot \text{m}$,
$4.149 \times 10^{-29} \text{MeV} \cdot \text{m}^2$,
$3.561 \times 10^{22} \text{m}$, $3.270 \times 10^{-74} \text{MeV}$.

2.1 $3.3 \times 10^{-16} \text{s}$.

2.2 $1.2 \times 10^{-5} c$.

2.3 $0.80 c$.

2.4 $1.25 \times 10^{10} \text{a}$, $1.05 \times 10^{10} \text{ly}$,
$2.00 \times 10^{10} \text{a}$.

2.5 7.00mm.

2.6 $5 \times 10^{-15} \%$.

2.7 $0.95 c$.

2.8 $\theta = 32.2°$.

2.9 $0.40 c$, 550m.

2.10 $3.46 \times 10^{-6} \text{s}$.

3.1 0.55, 1.47, 2.02.

3.2 $1.02 \times 10^{-5} c$, 1.38.

3.3 $0.980 c$, $4.63 \text{GeV}/c$, 3.79GeV,
4.73GeV.

3.4 $0.995 c$, $4.98 \text{MeV}/c$.

3.5 0.45MeV, 5.3keV.

3.6 92km.

3.7 $-1.9 \times 10^{-27} \text{N}$.

3.8 $Y = Y_0 - kL$, $E = mc^2 \text{ch}(Y_0 - kL)$.

3.9 $m_{\text{p}} c^2$.

3.10 $m(10 + 6\sqrt{1 + p^2/m^2 c^2})$,
$pc/(3mc + \sqrt{p^2 + m^2 c^2})$.

3.11 $0.41 c$, $11 m_\pi c^2$, $3.2 m_\pi c$.

3.12 $1115 \text{MeV}/c^2$.

3.13 $1.3 \text{GeV}/c$, $85 \text{MeV}/c$.

3.14 $12.8 \text{GeV}/c^2$.

3.15 $46°$, $0.80 \text{GeV}/c$.

3.16 0.9ν.

3.17 $0.31 c$.

4.1 $6.6 \times 10^{-34} \text{J} \cdot \text{s}$.

4.2 271.5nm.

4.3 0.031nm.

4.4 0.062nm.

4.5 0.0031nm, $42°$.

4.6 2.19keV, $24.1 \mu\text{eV}$.

4.7 $1.05 \times 10^{-4} \text{nm}$.

4.8 0.27MeV, 5.75MeV.

4.9 2.9MeV.

4.10 1.7mm.

4.11 $4.5 \times 10^4 /\text{s} \cdot \text{m}^2$.

4.12 23.9mm.

4.13 4.9MeV.

5.1 $0.7 \times 10^{11} \text{C/kg}$, 相反.

5.2 要, 要, 不要.

5.3 1.23nm, 0.0388nm, 872fm, 1.24fm.

5.4 0.21nm.

5.5 0.48cm.

5.6 0.005nm, $0.9 \mu\text{m}$.

5.7 4kV.

5.8 0.0221eV.

5.9 为 0.068eV.

5.10 2.5fm, 3.6fm, 6.6fm.

5.11 0.13%.

5.12 $0.001\,55 \text{eV}$, 0.162nm.

5.13 0.013MeV.

5.14 否.

5.15 $3.3 \times 10^{-8} \text{eV}$.

5.16 $1.0 \times 10^{-20} \text{s}$.

6.1 0.05nm, 0.60keV, 0.33eV.

6.2 约 1.5GeV.

6.3 25, 25, 2.9, 200.

6.4 57fm, 不能.

6.5 1.45, 1.55, 1.57, 计算值 1.88.

6.6 2.1fm, 5.0fm.

6.7 285fm, −2.53keV.

6.8 巴耳末系中 $n = 3, 4, 5, 6, 7, 8,$ 9 的谱线.

6.9 13.6eV.

6.10 0.87eV.

6.11 135eV.

6.12 243nm.

6.14 $\dfrac{Ze^2}{4\pi\varepsilon_0 R}\left[\dfrac{n\hbar}{e}\sqrt{\dfrac{4\pi\varepsilon_0}{ZmR}} - \dfrac{3}{2}\right].$

7.1 $\sqrt{2/a}.$

7.2 $\sqrt{1/2a}, 2\sqrt{2a}/e\sqrt{\pi}.$

7.3 9.40eV, 37.6eV, 84.6eV.

7.4 6.64×10^{-34} J · s.

7.5 $3 \times 10^{12}, 2 \times 10^{-12}$ eV, 4×10^{-12} m, 否.

7.6 12eV.

7.7 $150°, 125.3°, 106.8°, 90°, 73.2°,$ $54.7°, 30°.$

7.8 $1.1\mu m.$

7.9 455m/s.

7.10 假定是银原子, μ 近似等于 μ_B, 6.6mm.

7.11 0.051T.

7.12 $6.6 \times 10^{-5}.$

7.13 $0.8 \times 10^{-4}, 1.0 \times 10^{-6}.$

7.14 $\Delta x = \hbar/\sqrt{2m(V_0 - E)} = 0.1$nm.

8.1 68%, 24%.

8.2 $4a_0, 5a_0.$

8.3 $0.9 \times 10^{-14}.$

8.4 3×10^{-16} N · m.

8.5 $0, 6 \times 10^{-16}$ N · m.

8.6 $\hbar^2/2, -\hbar^2.$

8.7 $7/2, 5/2, 3\hbar^2/2, -2\hbar^2.$

8.8 12.5T, 0.72×10^{-3} eV.

8.9 1.4×10^{-4} eV.

8.10 0.71T.

8.11 (656.0981 ± 0.0087)nm, (656.0981 ± 0.0071)nm.

8.12 第 1 与第 3 个跃迁.

9.1 29.8eV, 0.049nm.

9.2 0.0302nm, −83.4eV, 29.0eV.

9.3 2.35eV.

9.4 51MeV.

9.5 0.0194, 0.0386.

9.8 1/2, 1/2 或 3/2.

9.9 $-4\hbar^2.$

9.10 18.5T.

9.11 0, 3.

9.12 $^2P_{1/2}.$

9.13 2.23, 1.77.

9.14 $5^1S_0 \to 4^1P_1, 5^3S_1 \to 4^3P_{2,1,0},$ $4^1P_1 \to 4^1S_0.$

9.15 0.0710nm.

9.16 $\pm 3.859 \times 10^{-5}$ eV, $\pm 11.58 \times 10^{-5}$ eV.

9.17 ± 0.0216nm, ± 0.0433nm.

9.18 $\pm 3.47\mu eV, \pm 1.16\mu eV; \pm 8.68\mu eV,$ $\pm 5.21\mu eV, \pm 1.74\mu eV.$

10.1 4.9×10^{-8} W/(m² · K⁴).

10.2 约 400K.

10.3 约 5 300W.

10.4 白色略带蓝色.

10.5 0.29nm, 4.3keV.

10.6 0.755×10^{-3} W, 0.209×10^{16} /s.

10.7 4.6×10^{16} Pa.

10.8 2.8K, 4.6×10^8 /m³, 6.6×10^{-4} eV,

1.0mm.

10.9 0.313, 0.890, 0.999, 1.000, $\pm\infty$, 负温度.

10.10 $\dfrac{8\pi h\nu^3}{c^3}\mathrm{e}^{-h\nu/k_\mathrm{B}T}$.

10.11 10^{-24}, 2×10^{-6}.

10.12 $T_\mathrm{eff}\approx\lambda^2 E/8c\tau k_\mathrm{B}\Delta\lambda\approx3\times10^{17}\mathrm{K}$.

11.1 $-0.308e$.

11.2 F_2^+, F_2^-.

11.3 $4.28\times10^{-29}\mathrm{C\cdot m}$.

11.4 $4.13\times10^{-6}\mathrm{eV\cdot nm^9}$, $-4.79\mathrm{eV}$.

11.5 $0.312\mathrm{nm}$.

11.6 $0.249\mathrm{nm}$.

11.7 $3.09\times10^{-29}\mathrm{C\cdot m}$, 88%.

11.8 42.6%.

11.9 8.

11.10 0.082, 0.0067.

11.11 13.

11.12 $0.129\mathrm{nm}$.

11.13 $(0.29\pm0.5\times10^{-3}k)\mathrm{eV}$,
$k=1,2,3,4$.

12.2 $6.45\mathrm{eV}$, $6.17\mathrm{eV}$.

12.3 $7.26\mathrm{eV}$, 10.

12.4 $859\mathrm{kJ/mol}$.

12.5 $72.6\mathrm{\mu m}$.

12.6 $0.255\mathrm{nm}$, $0.463\mathrm{nm}$,
$3.88\times10^5\mathrm{S/m}$.

12.7 $38.6\mathrm{nm}$, 151.

12.8 $4.01\times10^2\mathrm{W/(m\cdot K)}$.

12.9 0.92×10^6, $0.69\mathrm{keV}$.

12.10 $1.7\mathrm{\mu m}$.

12.11 $468\mathrm{nm}$, 蓝色.

12.12 $3.31\mathrm{eV}$, $2.56\times10^4\mathrm{K}$,
$1.08\times10^6\mathrm{m/s}$.

12.13 $11\mathrm{eV}$.

12.14 $7.82\mathrm{K}$, $1.75\mathrm{K}$.

13.1 $2.65\times10^{-6}\mathrm{m^2/s}$.

13.2 费米气体最大, 玻色气体最小.

13.3 $\mathrm{e}^{\mu/k_\mathrm{B}T}=(N/V)(2\pi\hbar/\sqrt{2\pi mk_\mathrm{B}T})^3$
$=3.56\times10^{-6}\ll1$.

13.5 $3.14\mathrm{K}$.

13.6 $513\mathrm{MeV}/k_\mathrm{B}$.

13.7 $1.6\times10^{-29}\mathrm{\Omega\cdot m}$.

13.8 $1.3\times10^{-3}\mathrm{eV}$, $0.95\mathrm{mm}$, 没有.

13.9 $4\mathrm{\mu m}$, $10^{18}/\mathrm{cm^3}$.

13.10 铅.

13.11 $7.249\mathrm{K}$.

13.12 $0.47\mathrm{MeV}/k_\mathrm{B}$.

13.13 穿透深度 $\lambda=19\mathrm{fm}$.

13.14 $6.9\times10^{23}/\mathrm{m^3}$.

14.1 $1.24\mathrm{GeV}$.

14.2 $25.6\mathrm{MeV}$.

14.3 303.

14.4 $177\mathrm{MeV}$.

14.5 $8.03\mathrm{MeV}$, $8.79\mathrm{MeV}$.

14.6 $20.6\mathrm{MeV}$, $5.5\mathrm{MeV}$, $2.2\mathrm{MeV}$,
$28.3\mathrm{MeV}$.

14.7 $8.55\mathrm{MeV}$, $15.64\mathrm{MeV}$, $8.33\mathrm{MeV}$.

14.8 结合能差 $0.763\mathrm{MeV}$,
库仑能 $0.746\mathrm{MeV}$.

14.9 $4\times10^{-16}\mathrm{eV}/c^2$, $2\times10^{-24}\mathrm{s}$.

14.10 $342.85\mathrm{MeV}$, 0.23%.

14.11 $\mp7\mathrm{MeV}$.

14.12 0^+, $1/2^-$, $5/2^+$, $3/2^+$, $7/2^-$,
$7/2^-$, $1/2^+$, $3/2^-$, $3/2^-$.

14.13 26.8.

14.14 $t=T_{1/2}\ln(\rho_0/\rho)/\ln2$.

14.15 $5.9\times10^9\mathrm{a}$.

14.16 基态 $3\mathrm{p}_{1/2}$, 最低激发态 $5\mathrm{g}_{9/2}$,
它们之间跃迁概率极小.

14.17 $15.8\mathrm{eV}$, $7.14\times10^3\mathrm{m/s}$.

14.18 3.0.

15.1 $6.4\times10^{-22}\mathrm{s}$; 原子核的强电场使正

负电子对分开足够远, 从而不能再合成为光子.

15.2 3.8×10^{-25}s, 不够.

15.3 ①和⑤能发生; ②重子数和自旋不守恒, ③轻子数和自旋不守恒, ④重子数和自旋不守恒.

15.4 ①否, 只能 $I = 0, 2$, ②能, ③否, $I \geqslant 2$, ④否, 只能 $I = 0, 2$, ⑤能.

15.5 1/2.

15.6 2/1.

15.7 自旋为 0 或偶数, 对宇称无限制.

15.8 约为 4×10^{-44}cm^2.

15.9 $g^2/4\pi \sim 2.3 \times 10^{-15}/(\text{MeV} \cdot \text{fm}^3)$.

15.10 0.16/d, 日夜无差别.

15.11 85, 97; $(2.2$—$2.5) \times 10^{-3}$fm.

15.12 Σ^+, K^0, Σ^0 或 Λ^0.

15.13 0, 0, 0, 0, 1.

15.14 ① s $\longrightarrow$ u + d + $\bar{\text{u}}$,

② d $\longrightarrow$ u + e$^-$ + $\bar{\nu}_e$,

③ u + $\bar{\text{u}}$ $\longrightarrow$ γ + γ,

  d + $\bar{\text{d}}$ $\longrightarrow$ γ + γ,

④ $\bar{\text{s}}$ $\longrightarrow$ u + $\bar{\text{d}}$ + $\bar{\text{u}}$,

⑤ 能量 $\longrightarrow$ d + $\bar{\text{d}}$,

⑥ s $\longrightarrow$ u + $\bar{\text{u}}$ + d.

15.15 第一个衰变奇异数守恒, 是电磁相互作用过程. 后两个衰变奇异数不守恒, 是弱相互作用过程, 强度弱得多.

15.16 9eV.

16.3 -3×10^{-6}.

16.4 1.6×10^{-2}Hz.

16.5 0.93×10^{-5}s.

16.6 1.02×10^{-7}.

16.7 3.44×10^{-5}s.

16.8 65.8m.

16.9 2πm, 4.36×10^{-9}m.

16.10 $-m\omega^2 r^2/2$, $-\omega^2 r^2/2$, $-\omega^2 r^2/2c^2$.

16.11 $\sqrt{2gH}$

16.12 Eg/c^2, 3.5×10^{-35}N, 8.9×10^{-30}N.

16.13 $-aH/c^2$.

16.14 -7.0kHz.

17.1 $\rho_C = 12.4$g/cm^3, $\rho_M = 4.2$g/cm^3, R_C 面上最大, $g_{max} = 12.0$m/s^2.

17.2 1×10^7K, 能; 10^5K, 不能.

17.3 1.6×10^5K, 1.3×10^9K.

17.4 2.3×10^{41}J, 1.9×10^7a, 0.4%, 6.9×10^9a.

17.5 2.8×10^{-3}nm, 4.2×10^{-3}nm, 能.

17.6 0.8ms, 3×10^5T, 能.

17.7 1.3×10^{11}g/cm^3, 1.5×10^2km, 13km.

17.8 6.23×10^{-16}W.

17.9 180m.

17.10 4×10^{38}/s.

17.11 $7 \times 10^{14}/(\text{m}^2 \cdot \text{s})$.

17.12 1.8×10^{-26}kg/m^3, $7.48 \times 10^{-18} R/$s, 4.24×10^9l.y.

17.13 590nm, 594nm, 1018nm.

17.14 10^{-3717}/m^3, 不能; 1000K, 7×10^6a.

17.15 5.80×10^{12}K, 6.8×10^{-6}s.

17.16 13eV.

17.17 4.7×10^{-27}kg/m^3, 1.9×10^{-26}kg/m^3.

18.1 $t = \sqrt{\hbar G/c^5} = 5.39 \times 10^{-44}$s.

索 引

这里给出正文中不易由内容目录查到的部分人名、名词和论题的索引.

主 要 参 考 书 目

1. 褚圣麟. 原子物理学. 北京: 高等教育出版社, 1984 年.

2. 方励之. 近代物理学讲稿. 北京大学物理系、北京物理学会印 (油印), 1985 年; 天体物理学讲稿. 国家教委理科物理教材编审委员会现代物理教材教学研讨会复印, 1987 年.

3. A. 爱因斯坦. 狭义与广义相对论浅说. 杨润殷译, 胡刚复校. 上海科学技术出版社, 1964 年.

4. F.R. 坦盖里尼. 广义相对论导论. 朱培豫译. 上海科学技术出版社, 1963 年.

5. Krane K. Modern Physics. John Wiley & Sons, 1983.

6. Beiser A. Concepts of Modern Physics. McGraw-Hill, 1987.

7. Wehr M R, Richards J A Jr, Adair T W III. Physics of The Atom. Addison-Wesley, 1984.

8. Gautreau R, Savin W. Theory and Problems of Modern Physics. McGraw-Hill, 1978.

9. Haken H, Wolf H C. Atomic and Quantum Physics. Springer-Verlag, 1987.

10. Kittel C. Introduction to Solid State Physics. John Wiley & Sons, 1986.

11. Feynman R P. Statistical Mechanics. Benjamin, 1972.

12. Williams W S C. Nuclear and Particle Physics. Oxford, 1991.

13. Weinberg S. Gravitation and Cosmology. John Wiley & Sons, 1972.

14. Kolb E W, Turner M S. The Early Universe. Addison-Wesley, 1990.

15. Kleczek J. The Universe. Dordrecht, Holland: D. Reidel Publishing Company, 1976.

16. Tipler P A, Llewellyn R A. Modern Physics. 4th edition, 3rd printing. Freeman, 2004.